建设项目工程总承包合同（示范文本）（GF-2020-0216）使用指南

曹　珊　主编

中国建筑工业出版社

图书在版编目（CIP）数据

建设项目工程总承包合同（示范文本）GF-2020-0216
使用指南/曹珊主编. —北京：中国建筑工业出版社，
2021.4（2021.8重印）
ISBN 978-7-112-26123-9

Ⅰ. ①建⋯ Ⅱ. ①曹⋯ Ⅲ. ①建筑施工-经济合同-
范文-中国-指南 Ⅳ. ①TU723.1-62

中国版本图书馆 CIP 数据核字（2021）第 074168 号

本书依据现行国家法律、行政法规、司法解释、部门规章、规范性文件、国
家标准以及国际上通行做法等，对《建设项目工程总承包合同（示范文本）》
（GF-2020-0216）条文进行了逐条解释，就使用方法进行指引，并提示了风险识别
和防范措施，以便能够帮助大家对该合同示范文本构建更加全面、完备的理解和
更加科学、合理地使用。

本书的解释结构分为五部分，即条文原文、条文释义、使用指引、风险识别
和防范、法条索引。其中，条文释义是对条文的全面阐述，包括对条文背景、专
业术语、合同履行程序、当事人权利义务等的解释，便于合同当事人正确理解和
适用条文；使用指引针对工程实践中的常见问题，结合合同条文，就当事人应注
意的事项进行了说明；风险识别和防范是本书的亮点，就工程实践和司法实践中
高发风险点进行了必要提示和防范指导；法条索引引述条文所涉及法律、法规、
规范性文件、标准等，以便当事人正确理解和使用该合同示范文本。

责任编辑：封　毅　朱晓瑜
责任校对：张　颖

建设项目工程总承包合同（示范文本）
（GF-2020-0216）使用指南
曹　珊　主编
＊
中国建筑工业出版社出版、发行（北京海淀三里河路 9 号）
各地新华书店、建筑书店经销
霸州市顺浩图文科技发展有限公司制版
北京中科印刷有限公司印刷
＊
开本：787 毫米×1092 毫米　1/16　印张：39½　字数：885 千字
2021 年 5 月第一版　　2021 年 8 月第二次印刷
定价：**118.00** 元
ISBN 978-7-112-26123-9
（37633）

建设项目工程总承包合同（示范文本）（GF-2020-0216）使用指南
编 委 会

顾　问：朱树英

主　编：曹　珊

编　委（以姓氏拼音排序）：

车　丽　　陈佳佳　　陈宁宁　　陈　然　　德　慧

范项林　　高　攀　　郭勇初　　何学源　　何郁宁

李晓航　　李　玉　　林　隐　　刘战胜　　尚婉淇

石　鹏　　庹惠铭　　王馨苡　　王　洋　　邢冠华

颜　妍　　张　琦　　朱　洁

前　言

2020 年 11 月 25 日，住房和城乡建设部、国家市场监督管理总局联合印发了《建设项目工程总承包合同（示范文本）》（GF-2020-0216，以下简称《2020 版工程总承包合同》）。与《建设项目工程总承包合同示范文本（试行）》（GF-2011-0216，以下简称《2011 版工程总承包合同》）相比，《2020 版工程总承包合同》具有更加广泛吸收国内外先进经验，结合实际情况对《发包人要求》作出创新规定，扩大和明晰了工程师的权限并配套了具体制度，对联合体进行了细化制度设计，结合《房屋建筑和市政基础设施项目管理办法》和工程实践对风险分担进行了细化规定，高度重视建筑工人权利保护，为新技术的应用预留了接口等核心亮点。同时，《2020 版工程总承包合同》进一步完善了合同结构体系和合同价格方式，更加注重对发承包人市场行为的引导、规范和权利平衡，加强了与现行法律法规和规范性文件、标准、政策等的衔接以保证合同的适用性。为了帮助建设项目工程总承包合同当事人、各级行政主管部门及社会各界更好地理解《2020 版工程总承包合同》，上海市建纬律师事务所编写了《建设项目工程总承包合同（示范文本）(GF-2020-0216) 使用指南》（以下简称《使用指南》）。

《使用指南》依据现行国家法律、行政法规、司法解释、部门规章、规范性文件、国家标准以及国际上通行做法等，对《2020 版工程总承包合同》条文进行了逐条解释，就使用方法进行指引，并提示了风险识别和防范措施，以便能够帮助大家对《2020 版工程总承包合同》构建更加全面、完备的理解和更加科学、合理地使用。

《使用指南》的解释结构分为五部分，即条文原文、条文释义、使用指引、风险识别和防范、法条索引。其中，条文释义是对条文的全面阐述，包括对条文背景、专业术语、合同履行程序、当事人权利义务等的解释，便于合同当事人正确理解和适用条文；使用指引针对工程实践中的常见问题，结合合同条文，就当事人应注意的事项进行了说明；风险识别和防范是本《使用指南》的亮点，就工程实践和司法实践中高发风险点进行了必要提示和防范指导；法条索引引述条文所涉及法律、法规、规范性文件、标准等，以便当事人正确理解和使用《2020 版工程总承包合同》。

建设项目工程总承包合同当事人在使用本《使用指南》时，应根据现行法律法规、国家和行业标准以及工程项目实际情况，审慎填写专用合同条件相关内容。

由于时间和能力所限，本《使用指南》难免存在疏漏，各单位和个人在使用《使用指南》过程中，如发现任何问题的，可向编者反映。

《使用指南》编写课题组
2021 年 2 月

目　录

第一部分　合同协议书

发包人（全称）：＿＿＿＿＿＿＿＿＿＿＿＿＿＿＿＿＿＿＿＿＿

承包人（全称）：＿＿＿＿＿＿＿＿＿＿＿＿＿＿＿＿＿＿＿＿＿

根据《中华人民共和国民法典》、《中华人民共和国建筑法》及有关法律规定，遵循平等、自愿、公平和诚实信用的原则，双方就＿＿＿＿＿＿＿项目的工程总承包及有关事项协商一致，共同达成如下协议：

一、工程概况

1. 工程名称：＿＿＿＿＿＿＿＿＿＿＿＿＿＿＿＿＿＿＿＿＿。
2. 工程地点：＿＿＿＿＿＿＿＿＿＿＿＿＿＿＿＿＿＿＿＿＿。
3. 工程审批、核准或备案文号：＿＿＿＿＿＿＿＿＿＿＿。
4. 资金来源：＿＿＿＿＿＿＿＿＿＿＿＿＿＿＿＿＿＿＿＿＿。
5. 工程内容及规模：＿＿＿＿＿＿＿＿＿＿＿＿＿＿＿＿＿。
6. 工程承包范围：＿＿＿＿＿＿＿＿＿＿＿＿＿＿＿＿＿＿＿。

【条文释义】

《建设项目工程总承包合同（示范文本）》（GF-2020-0216，以下简称《2020版工程总承包合同》）第一部分"合同协议书"第一条的内容为"工程概况"，"工程概况"的条文包括"工程名称，工程地点，工程审批、核准或备案文号，资金来源，工程内容及规模，工程承包范围"等6项内容，与《建设项目工程总承包合同示范文本（试行）》（GF-2011-0216，以下简称《2011版工程总承包合同》）第一部分"合同协议书"第一条［工程概况］的内容相比，《2020版工程总承包合同》第一部分"合同协议书"第一条［工程概况］增加了"资金来源"项目，并将"工程批准、核准或备案文号"修改为"工程审批、核准或备案文号"，将"工程所在省市详细地址"修改为"工程地点"，当事人通过对"工程概况"的6项内容进行概括性描述，实现对工程项目的初步界定，是发包人和承包人确定工程项目要求的直接依据之一，为确定发包人和承包人之间的权利义务提供依据。

【使用指引】

"合同协议书"第一条［工程概况］包括6项内容，条文内容的结构形式列明了需发包人和承包人作具体约定的项目，即需发包人和承包人在签署"合同协议书"前对相关内容作具体约定。

1. 工程名称。发包人和承包人在签署"合同协议书"时，需列明工程全称，不可使用代号。实践中工程项目的名称，通常是依据项目立项文件确定的，但不排除不同阶段、不同类型的文件所确定的工程项目名称不一致，如建设工程规划许可证、建筑工程施工许可证等文件确定的项目名称，可能与项目立项批复、核准或备案文件确定的工程名称不一致，因此应注意甄别确定不同文件关于工程名称的规定。对于以招标方式选择承包人的工程总承包项目，因工程总承包合同是依据招标文件、投标文件及中标通知书等文件确定的，因此通常要求工程总承包合同中约定的工程名称与招标文件、投标文件及中标通知书等文件中确定的工程名称保持一致。

2. 工程地点。关于工程地点，实践中通常有两种约定方式：一种是写明工程所在的行政区、街道及门牌号，如×××省×××市×××区×××路/街道×××号；一种是写明工程所在地块的宗地编号，以及工程所在地块的四至，如××总地块，南至×××，北至×××，东至×××，西至×××。当然在确定工程地点时，也需关注工程总承包项目的特征，如涉及市政道路的工程总承包项目，在确定工程地点时，除了前述关于工程地点的约定方式外，还可以考虑通过项目的起点、终点来作为确定工程地点的方式。

3. 工程审批、核准或备案文号。工程审批、核准或备案文号，是指工程项目在开工建设前，必须办理的审批、核准或备案手续的结果性文件所记载的文件编号，即立项文件号。自《国务院关于投资体制改革的决定》（国发〔2004〕20号）将投资项目的管理决策机制划分为审批制、核准制和备案制起，我国投资项目管理体制逐步形成了政府投资项目和企业投资项目的二元划分体系，其中政府投资项目适用审批制，主要规范依据是《政府投资条例》，实践中要求除涉及国家秘密的项目外，投资主管部门和其他有关部门应当通过投资项目在线审批监管平台，使用在线平台生成的项目代码办理政府投资项目审批手续。

企业投资项目实行核准制或备案制①，主要规范依据是《企业投资项目核准和备案管理条例》和《企业投资项目核准和备案管理办法》，其中对关系国家安全、涉及全国重大生产力布局、战略性资源开发和重大公共利益等项目，实行核准管理，实行核准管理的具体项目范围以及核准机关、核准权限，依据国务院颁布的《政府核准的投资项目目录》②确定。其余的企业投资项目实行备案管理。实践中要求除涉及国家秘密的项目外，项目的核准、备案应通过全国投资项目在线审批监管平台实行网上受理、办理、监管和服务。

因此，根据工程总承包项目内容、性质的差异，工程总承包项目在开工建设前需办理相应的审批、核准或备案手续，其直接证据就是工程项目审批、核准或备案的结果性文件。因一个文号对应一份结果性文件，发包人和承包人在工程总承包合同中明确工程审批、核准或备案的文号，至少表明项目已按照规定办理了立项手续。发包人和承包人在填写时，应注意完整填写审批、核准或备案的结果性文件的文号。当然，实践中各地方审

---

① 外商投资项目实行的也是核准和备案两种管理方式，主要规范依据是《外商投资项目核准和备案管理办法》，此处的主要内容是阐述"工程审批、核准或备案文号"的内涵和要求，因此不再对外商投资项目单独作论述。
② 现行有效的是《政府核准的投资项目目录（2016年本）》。

批、核准或备案文件的编号机制并不统一，而且通过审批、核准或备案的结果性文件的文号查询、验证工程项目信息的渠道相对匮乏，实际上审批、核准或备案文号难以发挥协助承包人查询、验证工程项目信息的作用。但是，《政府投资条例》第十条规定，投资主管部门和其他主管部门使用投资项目在线审批监管平台生成的项目代码办理政府投资项目审批手续。《企业投资项目核准和备案管理条例》第四条规定，核准机关、备案机关以及其他有关部门统一使用投资项目在线审批监管平台生成的项目代码办理相关手续。即项目通过投资项目在线审批监管平台申报时，将生成作为项目整个建设周期身份标识的唯一项目代码。项目的审批信息、监管（处罚）信息，以及工程实施过程中的重要信息，统一汇集至项目代码，并与社会信用体系对接，为后续监管奠定基础条件①。

《固定资产投资项目代码管理规范》第十一条规定，项目代码是项目单位办理第 1 项行政手续之前通过相应的投资项目在线审批监管平台申请生成的代码。项目代码由 4 位时间代码、6 位地区代码、2 位中央业务指导部门代码、2 位项目类型代码、5 位随机码和 1 位校验码共 5 段依次组成；每段代码之间由短横线"-"连接，共 24 位。通过项目代码可以及时归集审批事项的收件、受理、办理、办结等信息，项目审批事项办结后，可以及时归集办结意见及批复文件的文号、标题、批复文件电子版。项目开工建设后，开工建设、建设进度、竣工的基本信息等可以归集至项目代码。

因此投资项目在线审批监管平台生成的项目代码作为工程项目的身份标识，可用于查询审批信息、监管（处罚）信息，以及工程实施过程中的重要信息。考虑到项目代码拥有统一、完整的编码形式，以及可协助承包人查询、验证工程项目信息的便捷渠道——投资项目在线审批监管平台，发包人和承包人在确定工程审批、核准或备案文号的内容时，可以考虑将投资项目在线审批监管平台生成的项目代码作为《2020 版工程总承包合同》第一部分"合同协议书"第一条［工程概况］中的"审批、核准或备案文号"的填写内容，通过"合同协议书"约定的项目代码，进一步确定工程项目的范围和内容。

4. 资金来源。资金来源，是指工程总承包项目中发包人用于支付工程价款的资金来源和形式。承包人履行工程总承包合同的直接目的是获取发包人支付的工程价款，为保障发包人支付工程价款的能力，降低承包人获得工程价款的风险，"工程概况"要求发包人和承包人明确约定资金的来源。实践中工程总承包项目的资金来源形式和途径主要有 3 种：财政预算资金、发包人自有资金和金融机构融资资金。因此发包人和承包人在拟定工程总承包项目合同时，应注意结合工程项目的实际情况，完整地填写项目资金来源的条文内容。若项目资金来源存在多种形式的，应在条文内容中逐一列明不同资金来源的形式、途径和比例。

《2020 版工程总承包合同》的"资金来源"属于新增条文，主要目的是平衡发包人和承包人之间的权利义务，解决建设工程领域长期存在的拖欠工程款的问题。与之配套适用的是《2020 版工程总承包合同》第二部分"通用合同条件"、第三部分"专用合同条件"

---

① 《企业投资项目核准和备案管理办法》第 13 条。

第2.5条［支付合同价款］等条文内容。由于第2.5条［支付合同价款］要求发包人在特定情形下提供资金来源证明，因此发包人和承包人在拟定第一条［工程概况］的"资金来源"内容时，应同时注意满足提供《2020版工程总承包合同》中"通用合同条件""专用合同条件"第2.5条［支付合同价款］约定的提供资金来源证明的要求。

5. 工程内容及规模。工程内容，反映的是工程总承包项目所包含的各项工程的名称，而工程规模，反映的是项目大小、产量等方面的指标。《政府投资条例》第二十一条规定，政府投资项目的建设规模和建设内容均属于投资主管部门或者其他有关部门批准的事项。《企业投资项目核准和备案管理条例》第六条、第十三条规定，企业投资项目的建设规模和建设内容属于办理项目核准或备案手续时必须予以明确的内容。因此发包人和承包人在拟定招标投标文件（如有）、工程总承包合同等文本的内容时，可参考项目审批、核准或备案文件中所确定的建设内容和建设规模。

6. 工程承包范围。工程承包范围，是指承包人按照合同约定必须完成的承包义务对应的范围和内容，"合同协议书"约定的工程承包范围是确定承包人义务内容的基础。发包人和承包人在拟定"工程承包范围"的内容时，应注意与招标投标文件（如有）、《发包人要求》等文件的约定保持一致。工程承包范围，决定了承包人进行施工的边界，但应注意的是，工程承包范围不是工程地点的四至范围，而是指承包人必须完成的工作内容。因此工程承包范围的约定内容应填写完整，避免因工程承包范围的约定内容产生争议，特别是约定以固定总价形式发包的工程项目，以固定总价形式确定的工程价款直接对应合同所约定的工程承包范围，而对于超过合同约定的工程承包范围的事项，承包人可以要求作为合同变更事项进行处理。

【风险识别与防范】

虽然《2020版工程总承包合同》第一部分"合同协议书"第一条［工程概况］的条文内容是对工程总承包项目作概括性描述，但"工程概况"的部分条文内容，因构成合同的标的属于工程总承包合同的实质性条款，也可以用于核查验证合同的缔结方式、合同的效力等，因此有必要对发包人和承包人在确定"工程概况"的条文内容时应注意的风险进行说明。

1. 工程承包范围作为工程总承包合同实质性内容的问题。《招标投标法》第四十六条第1款规定："招标人和中标人应当自中标通知书发出之日起三十日内，按照招标文件和中标人的投标文件订立书面合同。招标人和中标人不得再行订立背离合同实质性内容的其他协议。"《招标投标法实施条例》第五十七条第一款规定："招标人和中标人应当依照招标投标法和本条例的规定签订书面合同，合同的标的、价款、质量、履行期限等主要条款应当与招标文件和中标人的投标文件的内容一致。招标人和中标人不得再行订立背离合同实质性内容的其他协议。"即对工程总承包项目而言，若发包人以招标方式选择承包人的，确定的工程总承包合同，应注意不得背离合同实质性内容。

2020年《最高人民法院关于审理建设工程施工合同纠纷案件适用法律问题的解释（一）》第二条第一款规定："招标人和中标人另行签订的建设工程施工合同约定的工程范围、建设工期、工程质量、工程价款等实质性内容，与中标合同不一致，一方当事人请求按照中标合同确定权利义务的，人民法院应予支持。"即合同实质性内容，通常包括工程范围、建设工期、工程质量、工程价款等，而"工程概况"条文中，"工程内容及规模"和"工程承包范围"是确定承包人工作边界的主要依据[1]，即"工程内容及规模"和"工程承包范围"的内容是确定工程范围的直接依据。因此，在确定该部分内容时，应重点关注条文中与工程范围相关的内容，避免出现"合同协议书"的条文内容和招标文件、投标文件及中标通知书约定的工程范围不一致的情形，而被认定为另行签订了与中标合同实质性内容不一致的合同，进而影响发包人和承包人之间权利义务的确定。

《房屋建筑和市政基础设施项目工程总承包管理办法》第三条规定："本办法所称工程总承包，是指承包单位按照与建设单位签订的合同，对工程设计、采购、施工或者设计、施工等阶段实行总承包，并对工程的质量、安全、工期和造价等全面负责的工程建设组织实施方式。"即本轮推行的工程总承包项目通常包括设计、采购、施工或者设计、施工等阶段，在发包人进行发包以及与承包人确定《2020版工程总承包合同》内容时，工程总承包项目通常仅完成了项目审批、核准或者备案程序。即使是政府投资项目，根据《房屋建筑和市政基础设施项目工程总承包管理办法》第七条的规定，也仅原则性地要求完成项目初步设计审批后进行发包。即与工程施工总承包项目相比，工程总承包项目在发包时缺乏详细的设计文件，发包人是通过《发包人要求》等文件，列明项目的目标、范围、设计和其他技术标准等内容。随着工程实施和设计进度、深度不断加强，工程范围等内容才能够逐步准确确定，也即最终确定的工程范围可能与发包人发包时的工程范围存在差异[2]。

在合同履行过程中发生的因发包人原因等引起的设计变更、建设工程规划指标调整等客观因素，发包人与承包人以补充协议、会谈纪要甚至签证等变更工程范围的，若能够证明工程范围的变化或差异符合工程总承包项目特点的，不能认定为是对《2020版工程总承包合同》的实质性内容的变更。

2. 资金来源对工程总承包项目发包方式选择的影响。《房屋建筑和市政基础设施项目工程总承包管理办法》第八条规定："建设单位依法采用招标或者直接发包等方式选择工程总承包单位。工程总承包项目范围内的设计、采购或者施工中，有任一项属于依法必须进行招标的项目范围且达到国家规定规模标准的，应当采用招标的方式选择工程总承包单位。"即要求发包人通过恰当的发包方式选择工程总承包项目的承包人。

《2020版工程总承包合同》第一部分"合同协议书"第一条［工程概况］中要求发包人和承包人明确"资金来源"。《招标投标法》第三条所规定的必须招标项目类型中，涉及资金来源的项目类型包括：（1）全部或者部分使用国有资金投资或者国家融资的项目；（2）使用国际组织或者外国政府贷款、援助资金的项目。

对于全部或者部分使用国有资金投资或者国家融资的项目，《必须招标的工程项目规

① 最高人民法院民事审判第一庭编著. 最高人民法院建设工程施工合同司法解释（二）理解与适用［M］. 北京：人民法院出版社，2019.
② 常设中国建设工程法律论坛第十工作组. 建设工程总承包合同纠纷裁判指引［M］. 北京：法律出版社，2020.

定》第二条规定，包括：（1）使用预算资金200万元人民币以上，并且该资金占投资额10％以上的项目；（2）使用国有企业事业单位资金，并且该资金占控股或者主导地位的项目。其中的"预算资金"是指《预算法》规定的预算资金，包括一般公共预算资金、政府性基金预算资金、国有资本经营预算资金、社会保险基金预算资金。而所谓"占控股或者主导地位"，应参照《公司法》第二百一十六条关于控股股东和实际控制人的理解执行，即通常是指"其出资额占有限责任公司资本总额百分之五十以上或者其持有的股份占股份有限公司股本总额百分之五十以上的股东；出资额或者持有股份的比例虽然不足百分之五十，但依其出资额或者持有的股份所享有的表决权已足以对股东会、股东大会的决议产生重大影响的股东"。当然国有企业事业单位通过投资关系、协议或者其他安排，能够实际支配项目建设的，也属于占控股或者主导地位。工程总承包项目中前述国有资金的比例，应当按照项目资金来源中所有国有资金之和计算。

使用国际组织或者外国政府贷款、援助资金的项目。《必须招标的工程项目规定》第三条规定，包括：（1）使用世界银行、亚洲开发银行等国际组织贷款、援助资金的项目；（2）使用外国政府及其机构贷款、援助资金的项目。

因此工程总承包项目的资金来源，在特定情形下直接影响发包人发包方式的选择，发包人在确定"资金来源"的内容时，应将"资金来源"的条文内容作为判断工程总承包项目的发包方式是否符合法律、行政法规规定的依据，若依据"资金来源"的条文内容确定工程总承包项目属于必须招标项目的，则应以招标的发包方式选择承包人。若依据"资金来源"的条文内容确定工程总承包项目不属于必须招标项目的，则发包人应按照法律、行政法规的规定选择恰当的发包方式。

3. 工程建设内容及规模对承包人资质要求的影响。《2020版工程总承包合同》第一部分"合同协议书"第一条［工程概况］要求发包人和承包人明确"工程内容及规模"和"工程承包范围"的内容，前述内容既是对承包人必须履行的工作内容和义务范围的界定，也是确定承接工程总承包项目的承包人资质要求的直接依据。

《建筑法》第二十六条第一款规定："承包建筑工程的单位应当持有依法取得的资质证书，并在其资质等级许可的业务范围内承揽工程。"因此承包人必须具备相应的资质才能承接工程总承包项目。对于工程总承包项目承包人的资质要求，《房屋建筑和市政基础设施项目工程总承包管理办法》第十条第一款规定："工程总承包单位应当同时具有与工程规模相适应的工程设计资质和施工资质，或者由具有相应资质的设计单位和施工单位组成联合体。工程总承包单位应当具有相应的项目管理体系和项目管理能力、财务和风险承担能力，以及与发包工程相类似的设计、施工或者工程总承包业绩。"即房屋建筑和市政基础设施项目工程总承包，要求承包人单独或组建的联合体具备与工程规模相适应的设计资质和施工资质。

因此，通过发包人和承包人约定的"工程内容及规模"和"工程承包范围"内容，可以判断承包人应具备的资质要求，实践中发包人应注意选择的承包人的资质与工程规模相适应。

【法条索引】

·《建筑法》

第二十六条　承包建筑工程的单位应当持有依法取得的资质证书，并在其资质等级许可的业务范围内承揽工程。/禁止建筑施工企业超越本企业资质等级许可的业务范围或者以任何形式用其他建筑施工企业的名义承揽工程。禁止建筑施工企业以任何形式允许其他单位或者个人使用本企业的资质证书、营业执照，以本企业的名义承揽工程。

·《招标投标法》

第三条　在中华人民共和国境内进行下列工程建设项目包括项目的勘察、设计、施工、监理以及与工程建设有关的重要设备、材料等的采购，必须进行招标：（一）大型基础设施、公用事业等关系社会公共利益、公众安全的项目；（二）全部或者部分使用国有资金投资或者国家融资的项目；（三）使用国际组织或者外国政府贷款、援助资金的项目。/前款所列项目的具体范围和规模标准，由国务院发展计划部门会同国务院有关部门制订，报国务院批准。/法律或者国务院对必须进行招标的其他项目的范围有规定的，依照其规定。

·《必须招标的工程项目规定》

第二条　全部或者部分使用国有资金投资或者国家融资的项目包括：（一）使用预算资金200万元人民币以上，并且该资金占投资额10％以上的项目；（二）使用国有企业事业单位资金，并且该资金占控股或者主导地位的项目。

第三条　使用国际组织或者外国政府贷款、援助资金的项目包括：（一）使用世界银行、亚洲开发银行等国际组织贷款、援助资金的项目；（二）使用外国政府及其机构贷款、援助资金的项目。

·《房屋建筑和市政基础设施项目工程总承包管理办法》

第八条　建设单位依法采用招标或者直接发包等方式选择工程总承包单位。/工程总承包项目范围内的设计、采购或者施工中，有任一项属于依法必须进行招标的项目范围且达到国家规定规模标准的，应当采用招标的方式选择工程总承包单位。

第十条　工程总承包单位应当同时具有与工程规模相适应的工程设计资质和施工资质，或者由具有相应资质的设计单位和施工单位组成联合体。工程总承包单位应当具有相应的项目管理体系和项目管理能力、财务和风险承担能力，以及与发包工程相类似的设计、施工或者工程总承包业绩。/设计单位和施工单位组成联合体的，应当根据项目的特点和复杂程度，合理确定牵头单位，并在联合体协议中明确联合体成员单位的责任和权利。联合体各方应当共同与建设单位签订工程总承包合同，就工程总承包项目承担连带责任。

·《最高人民法院关于审理建设工程施工合同纠纷案件适用法律问题的解释（一）》

第二条　招标人和中标人另行签订的建设工程施工合同约定的工程范围、建设工期、工程质量、工程价款等实质性内容，与中标合同不一致，一方当事人请求按照中标合同确定权利义务的，人民法院应予支持。/招标人和中标人在中标合同之外就明显高于市场价格购买承建房产、无偿建设住房配套设施、让利、向建设单位捐赠财物等另行签订合同，变相降低工程价款，一方当事人以该合同背离中标合同实质性内容为由请求确认无效的，人民法院应予支持。

• **《政府投资条例》**

第十条　除涉及国家秘密的项目外，投资主管部门和其他有关部门应当通过投资项目在线审批监管平台（以下简称在线平台），使用在线平台生成的项目代码办理政府投资项目审批手续。/投资主管部门和其他有关部门应当通过在线平台列明与政府投资有关的规划、产业政策等，公开政府投资项目审批的办理流程、办理时限等，并为项目单位提供相关咨询服务。

• **《企业投资项目核准和备案管理条例》**

第三条　对关系国家安全、涉及全国重大生产力布局、战略性资源开发和重大公共利益等项目，实行核准管理。具体项目范围以及核准机关、核准权限依照政府核准的投资项目目录执行。政府核准的投资项目目录由国务院投资主管部门会同国务院有关部门提出，报国务院批准后实施，并适时调整。国务院另有规定的，依照其规定。/对前款规定以外的项目，实行备案管理。除国务院另有规定的，实行备案管理的项目按照属地原则备案，备案机关及其权限由省、自治区、直辖市和计划单列市人民政府规定。

二、合同工期

计划开始工作日期：_____年____月____日。

计划开始现场施工日期：_____年____月____日。

计划竣工日期：_____年____月____日。

工期总日历天数：_____天，工期总日历天数与根据前述计划日期计算的工期天数不一致的，以工期总日历天数为准。

【条文释义】

《2020 版工程总承包合同》第一部分"合同协议书"第二条的内容是"合同工期"，工期，按照《2020 版工程总承包合同》第二部分"通用合同条件"第 1.1.4.5 条约定，是指承包人完成合同工作所需的期限，包括按照合同约定所作的期限变更及按照合同约定承包人有权取得的工期延长。通过"合同工期"的条文内容，发包人和承包人应确定完成工程总承包合同约定的承包工作所需的期限。

《2011 版工程总承包合同》中使用的是"合同期限"[①] 的概念，无"工期"的概念。《2020 版工程总承包合同》中引入了"工期"的概念，且考虑到实践中存在承包人在工程总承包项目中开始工作的日期与开始设计工作的日期不一致的情形，为准确界定和计算工程总承包项目的工期，《2020 版工程总承包合同》在保留《2011 版工程总承包合同》关于

---

① 《2011 版工程总承包合同》第二部分"通用条款"第 1.1.31 条明确"合同期限"，指从合同生效之日起，至双方在合同下的义务履行完毕之日止的期间。

重要日期节点"三分法"的文本结构的基础上，将竣工日期前的主要日期修改为开始工作日期和开始现场施工日期。在《2020 版工程总承包合同》中，开始工作日期包括计划开始工作日期和实际开始工作日期，开始现场施工日期包括计划开始现场施工日期和实际开始现场施工日期，竣工日期包括计划竣工日期和实际竣工日期，"合同工期"条文的约定内容是"计划开始工作日期、计划开始现场施工日期、计划竣工日期"。条文约定的各项计划日期通常是由发包人和承包人基于已有资料对工程总承包项目的工期所作的计划性约定。

"合同工期"中的"工期总日历天数"，是指工程总承包项目中承包人完成合同工作所需的期限，通常是以计划开始工作日期作为起始时间节点，计划竣工日期作为截止时间节点计算所得的日历天数，除特别说明外，"工期总日历天数"包括法定节假日。

因"合同工期"中的各项内容，直接与《2020 版工程总承包合同》第二部分"通用合同条件"第 1.1.4 条［日期和期限］中的条文内容关联，因此实践中需注意结合对应的条文内容所明确的概念、定义，确定和区分各项计划日期和各项实际日期。

【使用指引】

在工程总承包项目中，工期作为合同的实质性内容之一，是确定发包人和承包人之间是否按照约定履行权利义务的重要依据，发包人和承包人经常因如何确定工期的起止时间节点、是否存在工期延误以及工期延误的原因等事项产生争议，因此发包人和承包人在工程总承包合同中合理约定、计算工期，对发包人和承包人均至关重要。

《2011 版工程总承包合同》第一部分"合同协议书"第三条［主要日期］的约定形式包括绝对日期和相对日期，即发包人和承包人可以基于项目实际情况自由选择如何确定合同中的日期。一般而言，绝对日期是指以年、月、日所界定的具体日期，如×××年×××月×××日。而相对日期是指以起算时间节点和日历天数共同确定的具体日期，如"合同生效之日起×××日"。《2020 版工程总承包合同》第一部分"合同协议书"第二条［合同工期］中的各项计划日期舍弃了《2011 版工程总承包合同》中的相对日期的约定形式，即各项计划日期均采用绝对日期的约定形式进行确定。要求发包人和承包人在确定各项计划日期时，直接填写"×××年×××月×××日"。当然在工程总承包项目实际需要的情况下，发包人和承包人可以考虑以相对日期的约定形式确定各项计划日期，也可以考虑增加时间节点，如增加单位/区段工程的计划现场施工日期和计划竣工日期。

《2020 版工程总承包合同》第一部分"合同协议书"第二条［合同工期］中的各项内容，均需发包人和承包人在缔结合同时予以填写。实践中无论是否通过招标方式选择承包人，"合同工期"中的计划日期和工期总日历天数一般由发包人预先确定，承包人对发包人确定的计划日期和工期总日历天数等内容进行实质性响应，而承包人的实质性响应，是指承包人所承诺的计划日期和工期总日历天数不得超出发包人所确定的计划日期和工期总日历天数，因此不排除承包人响应的计划日期和工期总日历天数早于和短于发包人约定的计划日期和工期总日历天数，因此"合同工期"中的各项条文内容，发包人和承包人在签署"合同协议书"时应注意结合发包过程中的往来文件确定。

除特别约定外，"合同工期"中的"工期总日历天数"是包括法定节假日的，通常是以计划开始工作日期和计划竣工日期计算的日历天数，即工期总日历天数与以计划开始工作日期和计划竣工日期计算所得的日历天数一致，但不排除在特定情况下，"合同工期"中的"工期总日历天数"与各项计划日期计算所得的日历天数不一致，当发生此种情形的不一致时，《2020版工程总承包合同》明确约定"以工期总日历天数为准"，此时应以"工期总日历天数"为基础，相应调整各项计划日期。

《房屋建筑和市政基础设施项目工程总承包管理办法》第三条规定，工程总承包项目通常包括工程设计、采购、施工或者设计、施工等阶段。即工程总承包项目通常包括项目设计的内容。《建筑工程施工许可管理办法》第三条规定，应当申请领取施工许可证的建筑工程未取得施工许可证的，一律不得开工。即对工程总承包工程项目而言，通常开始现场施工日期应晚于取得施工许可证的日期。而《建筑工程施工许可管理办法》第四条规定，申请施工许可证，应当具备以下条件：（1）依法应当办理用地批准手续的，已经办理该建筑工程用地批准手续；（2）在城市、镇规划区的建筑工程，已经取得建设工程规划许可证；（3）施工场地已经基本具备施工条件，需要征收房屋的，其进度符合施工要求；（4）已经确定施工企业。按照规定应当招标的工程没有招标，应当公开招标的工程没有公开招标，或者肢解发包工程，以及将工程发包给不具备相应资质条件的企业的，所确定的施工企业无效；（5）有满足施工需要的技术资料，施工图设计文件已按规定审查合格。

因此工程总承包项目在开始工作时，通常不具备申请领取施工许可证的条件，甚至尚未领取到工程规划许可证，发包人和承包人在确定工程总承包项目计划开始现场施工日期时，一定要考虑与计划开始工作日期之间留有合理的期限。

【风险识别与防范】

"合同工期"中提及的开始工作日期通常是指工程总承包项目中，承包人计划开始第一项工作任务的日期，开始现场施工日期，通常是指承包人在施工现场开始工程建设的日期。其中开始工作日期通常是以工程师发出的开始工作通知确定，而开始现场施工日期通常以"符合法律规定"的开工通知确定，比较二者的定义可知，《2020版工程总承包合同》并未要求"开始工作通知"的形式和内容"符合法律规定"。但对发包人而言，并不意味着在合同履行过程中可以随意签认开始工作通知，签认开始工作通知的前提是完成《2020版工程总承包合同》约定的开始工作准备工作。在工程师发出签认的开始工作通知后，若发现承包人未按照开始工作通知的要求开始工作，发包人应注意收集承包人未按照要求开始工作的证据。对承包人而言，在收到工程师发出的开始工作通知后，应复核是否满足《2020版工程总承包合同》约定的开始工作条件，若发现不满足开始工作条件的，如发包人未能按照约定提供基础资料、现场障碍资料等相关资料，或者提供的资料达不到勘察设计条件的①，应注意及时向工程师及发包人提出不满足工作条件的主张，并注意收

---

① 常设中国建设工程法律论坛第十工作组. 建设工程总承包合同纠纷裁判指引［M］. 北京：法律出版社，2020.

集项目不满足开始工作条件的相关证据。

【法条索引】

·《民法典》

第八百零三条　发包人未按照约定的时间和要求提供原材料、设备、场地、资金、技术资料的，承包人可以顺延工程日期，并有权请求赔偿停工、窝工等损失。

·《最高人民法院关于审理建设工程施工合同纠纷案件适用法律问题的解释（一）》

第八条　当事人对建设工程开工日期有争议的，人民法院应当分别按照以下情形予以认定：（一）开工日期为发包人或者监理人发出的开工通知载明的开工日期；开工通知发出后，尚不具备开工条件的，以开工条件具备的时间为开工日期；因承包人原因导致开工时间推迟的，以开工通知载明的时间为开工日期。（二）承包人经发包人同意已经实际进场施工的，以实际进场施工时间为开工日期。（三）发包人或者监理人未发出开工通知，亦无相关证据证明实际开工日期的，应当综合考虑开工报告、合同、施工许可证、竣工验收报告或者竣工验收备案表等载明的时间，并结合是否具备开工条件的事实，认定开工日期。

第九条　当事人对建设工程实际竣工日期有争议的，人民法院应当分别按照以下情形予以认定：（一）建设工程经竣工验收合格的，以竣工验收合格之日为竣工日期；（二）承包人已经提交竣工验收报告，发包人拖延验收的，以承包人提交验收报告之日为竣工日期；（三）建设工程未经竣工验收，发包人擅自使用的，以转移占有建设工程之日为竣工日期。

三、质量标准

工程质量标准：_____。

【条文释义】

《2020 版工程总承包合同》第一部分"合同协议书"第三条的内容为"质量标准"，要求发包人和承包人在"合同协议书"中明确约定工程总承包项目必须满足的质量标准。在约定形式上，《2011 版工程总承包合同》分别约定了"工程设计质量标准"和"工程施工质量标准"，《2020 版工程总承包合同》将"工程设计质量标准"和"工程施工质量标准"合并为"工程质量标准"。理由是在工程总承包项目中，《房屋建筑和市政基础设施项目工程总承包管理办法》要求承包人对"工程的质量、安全、工期和造价等全面负责"，并要求发包人通过"发包人要求"，列明项目的目标、范围、设计和其他技术标准，包括项目的内容、范围、规模、标准、功能、质量、安全、节约能源、生态环境保护、工期、验收等的明确要求。即工程总承包模式下要求承包人向发包人提供一个能满足合同约定并符合预期目标的工程项目，因此不能机械地将设计、施工、勘察等质量要求进行简单叠加，而应考虑工程稳定、安全和有效运行所需的与工程质量相关的其他要求，质量要求的边界是工程性能和功能的要求①。

---

①　常设中国建设工程法律论坛第十工作组. 建设工程总承包合同纠纷裁判指引［M］. 北京：法律出版社，2020.

对于工程质量标准，《建筑法》第五十二条第一款规定："建筑工程勘察、设计、施工的质量必须符合国家有关建筑工程安全标准的要求，具体管理办法由国务院规定。"即要求工程总承包项目在勘察、设计和施工等阶段的质量均需符合国家的建筑工程安全标准。《建设工程质量管理条例》第十条第二款规定："建设单位不得明示或者暗示设计单位或者施工单位违反工程建设强制性标准，降低建设工程质量。"可知勘察、设计和施工阶段的建筑工程安全标准以工程建设强制性标准为最低标准。同时《房屋建筑和市政基础设施项目工程总承包管理办法》第二十二条第一款规定："建设单位不得迫使工程总承包单位以低于成本的价格竞标，不得明示或者暗示工程总承包单位违反工程建设强制性标准、降低建设工程质量，不得明示或者暗示工程总承包单位使用不合格的建筑材料、建筑构配件和设备。"因此法律规范层面要求工程总承包项目的质量标准也不得违反工程建设强制性标准。

因工程总承包项目的合同目的是获得符合《发包人要求》的最终可正常运行的符合约定质量标准的工程[①]，因此除满足传统工程施工总承包模式下的勘察、设计和施工等各个阶段的质量要求外，现有的国家标准、强制性规范可能无法完全涵盖工程总承包项目的质量要求和标准，如承包人在竣工验收前一般需按照《2020版工程总承包合同》的约定完成"竣工试验"，因此发包人和承包人可以考虑在《2020版工程总承包合同》第一部分"合同协议书"第三条［质量标准］中，列明发包人对工程总承包项目的功能和性能要求。

【使用指引】

工程总承包项目满足工程建设强制性标准是其最低限度的质量标准要求。在满足工程建设强制性标准的基础上，《建筑工程施工质量验收统一标准》（GB 50300—2013）第2.0.7条"验收"规定："建筑工程质量在施工单位自行检查合格的基础上，由工程质量验收责任方组织，工程建设相关单位参加，对检验批、分项、分部、单位工程及其隐蔽工程的质量进行抽样检验，对技术文件进行审核，并根据设计文件和相关标准以书面形式对工程质量是否达到合格作出确认。"即《建筑工程施工质量验收统一标准》（GB 50300—2013）是以"合格"和"不合格"评定工程质量的。因工程总承包项目中发包人的合同目的是获得符合《发包人要求》的最终可正常运行的符合约定质量标准的工程，因此传统的施工总承包项目中的关于工程质量的国家标准、强制性规范可能无法完全涵盖发包人的合同目的，因此不建议在缔结合同时将"质量标准"的内容约定为"合格""符合国家标准"或"符合法定标准"。

《2020版工程总承包合同》中要求《发包人要求》明确规定工程总承包项目的"产能、功能、用途、质量、环境、安全"，并且要规定"偏离的范围和计算方法，以及检验、试验、试运行的具体要求"。因此在发包人和承包人在缔结合同时，除在《2020版工程总承包合同》第一部分"合同协议书"第3条"质量标准"中列明工程质量标准所对应的质

---

① 曹文衔：《2020版〈建设项目工程总承包合同（示范文本）〉评述（一）—示范文本总体及〈合同协议书〉》，载微信公众号"天同诉讼圈"，2020年12月17日。

量标准规范性文件名称外，可以考虑进一步列明包括质量标准内容的合同文件名称，或者概括性地列明合同文件中约定的经检验、试验、试运行后项目工程应达到的前述主要技术指标及其允许偏差，以及承包人负责提供的有关设备、对发包人人员的培训等服务和提供的耗材、备件等的质量标准①。特别是在发包人对工程总承包项目的质量标准有特殊要求的情况下，如发包人对于工程的技术标准、功能要求高于或严于现行国家、行业或地方标准的，建议在"合同协议书"中详细列明发包人关于质量标准的特殊要求。

【风险识别与防范】

《发包人要求》中包括"技术要求"和"质量标准"等内容，发包人和承包人在缔结合同时，通常要求"合同协议书"和《发包人要求》中所约定的质量标准的内容保持一致，因此若"合同协议书"中约定的质量标准的内容存在错误，或者《发包人要求》的内容导致工程总承包项目无法满足"合同协议书"中约定的质量标准，即可能构成《发包人要求》中的错误。《2020版工程总承包合同》第1.12条约定："《发包人要求》或其提供的基础资料中的错误导致承包人增加费用和（或）工期延误的，发包人应承担由此增加的费用和（或）工期延误，并向承包人支付合理利润。"在《发包人要求》存在错误且导致承包人增加费用和（或）工期延误的情况下，承包人可以要求费用增加和（或）工期延长，并要求发包人支付合理利润。

因此，发包人在拟定《2020版工程总承包合同》第一部分"合同协议书"第三条［质量标准］的内容时，应注意复核"质量标准"的条文内容和《发包人要求》等合同文件中关于质量标准要求的内容是否一致，注意复核《发包人要求》是否存在导致工程总承包项目质量不符合质量标准要求的内容，否则存在承包人因《发包人要求》的错误要求增加费用和（或）延长工期的风险。

【法条索引】

•《建筑法》

第五十二条　建筑工程勘察、设计、施工的质量必须符合国家有关建筑工程安全标准的要求，具体管理办法由国务院规定。/有关建筑工程安全的国家标准不能适应确保建筑安全的要求时，应当及时修订。

•《建设工程质量管理条例》

第十条　建设工程发包单位，不得迫使承包方以低于成本的价格竞标，不得任意压缩合理工期。/建设单位不得明示或者暗示设计单位或者施工单位违反工程建设强制性标准，降低建设工程质量。

•《房屋建筑和市政基础设施项目工程总承包管理办法》

第二十二条　建设单位不得迫使工程总承包单位以低于成本的价格竞标，不得明示或者暗示工程总承包单位违反工程建设强制性标准、降低建设工程质量，不得明示或者暗示

---

①　曹文衔：《2020版〈建设项目工程总承包合同（示范文本）〉评述（一）—示范文本总体及〈合同协议书〉》，载微信公众号"天同诉讼圈"，2020年12月17日。

工程总承包单位使用不合格的建筑材料、建筑构配件和设备。/工程总承包单位应当对其承包的全部建设工程质量负责，分包单位对其分包工程的质量负责，分包不免除工程总承包单位对其承包的全部建设工程所负的质量责任。/工程总承包单位、工程总承包项目经理依法承担质量终身责任。

四、签约合同价与合同价格形式

1. 签约合同价（含税）为：

人民币（大写）＿＿＿＿＿＿＿＿＿（￥＿＿＿＿＿＿＿＿元）。

具体构成详见价格清单。其中：

（1）设计费（含税）：

人民币（大写）＿＿＿＿＿＿＿＿（￥＿＿＿＿＿＿元）；适用税率：＿＿＿＿％，税金为人民币（大写）＿＿＿＿＿（￥＿＿＿＿＿元）；

（2）设备购置费（含税）：

人民币（大写）＿＿＿＿＿＿＿＿（￥＿＿＿＿＿＿元）；适用税率：＿＿＿＿％，税金为人民币（大写）＿＿＿＿＿（￥＿＿＿＿＿元）；

（3）建筑安装工程费（含税）：

人民币（大写）＿＿＿＿＿＿＿＿（￥＿＿＿＿＿＿元）；适用税率：＿＿＿＿％，税金为人民币（大写）＿＿＿＿＿（￥＿＿＿＿＿元）；

（4）暂估价（含税）：

人民币（大写）＿＿＿＿＿＿＿＿（￥＿＿＿＿＿＿元）；

（5）暂列金额（含税）：

人民币（大写）＿＿＿＿＿＿＿＿（￥＿＿＿＿＿＿元）；

（6）双方约定的其他费用（含税）：

人民币（大写）＿＿＿＿＿＿＿＿（￥＿＿＿＿＿＿元）；适用税率：＿＿＿＿＿％，税金为人民币（大写）＿＿＿＿＿＿（￥＿＿＿＿＿元）。

2. 合同价格形式：

合同价格形式为总价合同，除根据合同约定的在工程实施过程中需进行增减的款项外，合同价格不予调整，但合同当事人另有约定的除外。

合同当事人对合同价格形式的其他约定：＿＿＿＿＿＿＿＿。

【条文释义】

《2020版工程总承包合同》第一部分"合同协议书"第四条为"签约合同价与合同价格形式"，条文内容包括两个部分：一是签约合同价；二是合同价格形式。

对于签约合同价部分，从条文内容可以看出，签约合同价及其组成均为含税价格，考虑到工程总承包项目涉及设计、施工等多个环节，可能涉及多个应税行为，因此对能够直接明确税率的项目，条文内容要求发包人和承包人填写明确的税率，并依据确定的税率计算税金的数额。在建筑行业实行"营改增"政策后，按照《住房和城乡建设部办公厅关于做好建筑业"营改增"建设工程计价依据调整准备工作的通知》的规定，工程造价＝税前工程造价×（1＋增值税税率），其中税前工程造价为人工费、材料费、施工机具使用费、企业管理费、利润和规费之和，各费用项目均以不包含增值税可抵扣进项税额的价格计算。因此本条提及的"含税"和"税率"，均是指建筑工程领域的增值税，且条文中税率的设置和划分基本上是按照货物、服务、工程等三种基本类型划分，为发包人和承包人在缔结合同时确定税率和计算税金提供了可能。

《2020 版工程总承包合同》区分了"签约合同价"和"合同价格"，其中"签约合同价"是指发包人和承包人在合同协议书中确定的总金额，而"合同价格"是指发包人用于支付承包人按照合同约定完成承包范围内全部工作的金额，包括合同履行过程中按合同约定发生的价格变化。改变了《2011 版工程总承包合同》的"合同价格"和"合同总价"的规定形式，因《2011 版工程总承包合同》约定价格形式为总价合同，因此实践中经常对"合同价格"和"合同总价"的理解与适用产生混淆。《2020 版工程总承包合同》中采用"签约合同价"和"合同价格"的区分，在概念体系上更为规范、简便，也更符合一般的语言使用习惯。

"合同协议书"在界定"签约合同价"的基础上，以价格清单为依据，细化了价格的组成，要求发包人和承包人在明确签约合同价的数额基础上，进一步明确设计费、设备购置费、建筑安装工程费、暂估价、暂列金额和其他费用，实现了合同价格的精细化构造，也为发包人和承包人进行合同价格组成的个性化约定提供可能。

对于合同价格形式，与《2011 版工程总承包合同》的约定形式不同的是，《2020 版工程总承包合同》直接明确了合同价格形式为"总价合同"，原则上"除根据合同约定的在工程实施过程中需进行增减的款项外，合同价格不予调整"，但发包人和承包人可以通过另行约定的方式对前述条文内容进行修正。工程变更通常是调整合同价格的重要依据，《2020 版工程总承包合同》中未直接约定工程变更的情形和范围，而是通过发包人行使变更权、接受承包人的合理化建议发出变更指示等程序要件，界定是否构成变更，因此合同履行过程中应注意合同价格调整与变更程序的衔接。此外，发包人和承包人可以在"合同协议书"中对合同价格形式所涉及的其他内容进行约定，为当事人细化合同价格形式的内容提供可能。

【使用指引】

发包人和承包人在确定条文中的"签约合同价"的条文内容时，应注意以中标通知书（如有）、价格清单等文件确定签约合同价的数额，并依据价格清单等文件确定签约合同价的各组成部分的数额。对于涉及税率确定的内容，应注意发包人和承包人不得随意修改应税项目所适用的法定税率，而是应按照法律、行政法规、部门规章及国家税务总局等发布的规范性文件确定适用的税率。通常税金＝工程造价÷（1＋增值税税率）×增值税税率[①]，

---

① 此计算方式未考虑小规模纳税人增值税计算的特殊情形。

因此发包人和承包人应注意复核"合同协议书"中填写的税率及税金的数额，若发现价格清单中所列的合同价款组成适用税率不准确的，应注意按照正确适用的税率调整合同价款。

对于"签约合同价"的条文内容，在缔结合同时，应注意签约合同价的数额与价格清单中约定的具体构成的计算结果一致，若签约合同价的数额与价格清单中约定的具体构成的计算结果不一致，应注意分情形予以处理，属于算术错误的，可以考虑按照单价计算结果修正总价。若有证据证明，承包人在订立合同时同意对合同订立前提出的价格清单记载数额作出减让，且合同记载的签约合同价低于价格清单具体构成的计算结果的，应以合同记载的签约合同价为准[①]。当然，若招标文件中对价格清单与中标通知书等文件记载签约合同价数额不一致的处理方式有约定的，应按照招标文件的约定进行处理，发包人也可以考虑在合同专用合同条件中对此类情形的处理方式进行约定，避免因签约合同价数额与价格清单具体构成的计算结果不一致而产生争议。

对于合同价格形式，《房屋建筑和市政基础设施项目工程总承包管理办法》第十六条第一款规定："企业投资项目的工程总承包宜采用总价合同，政府投资项目的工程总承包应当合理确定合同价格形式。采用总价合同的，除合同约定可以调整的情形外，合同总价一般不予调整。"因此，《房屋建筑和市政基础设施项目工程总承包管理办法》并未强制要求工程总承包项目采用"总价合同"的价格形式，即法律、行政法规并不禁止发包人基于工程建设组织形式及项目客观需求，选择其他类型的合同价格形式，包括固定单价、成本加酬金或定额下浮等。因此发包人和承包人可以结合项目的实际情况对合同价格形式作出例外约定。

《2020 版工程总承包合同》第一部分"合同协议书"第四条中明确由发包人和承包人对"合同价格形式的其他约定"进行约定，因此若发包人决定对合同价格形式进行细化或修正，可以在"合同价格形式的其他约定"中进行约定。

【风险识别与防范】

"签约合同价"条文内容中，设计费、设备购置费、建筑安装工程费和其他费用等项目约定了税率和税金的内容，签约合同价、暂估价和暂列金额等项目仅明确了包括增值税，但未明确所适用的税率和税金数额。自建筑行业实行"营改增"政策以来，建筑行业的增值税税率作了多次变更，因此不排除在合同履行过程中增值税税率发生变更的可能性，《2020 版工程总承包合同》中并未直接约定税率发生变更、调整时，合同价款的调整方式。为避免因增值税税率调整而产生合同价款调整方式的争议，发包人和承包人可以在"合同价格形式的其他约定"中对增值税税率调整对应的合同价款的调整方式作出明确约定。如果是固定税率的，可以约定：合同适用固定税率，发包人依据本合同需要支付的所有费用均适用该固定税率计算；该税率不受国家税收政策变化影响，不适用 13.7［法律变化引起的调整］的影响。因国家税收政策变化影响导致的税金差额由承包人承担或享

---

① 曹文衔：《2020 版〈建设项目工程总承包合同（示范文本）〉评述（一）—示范文本总体及〈合同协议书〉》，载于微信公众号"天同诉讼圈"，2020 年 12 月 17 日。

有。如果是非固定税率的，可以约定：承包人在依据本合同第 14 条［合同价格与支付］申请支付时，应当按照申请支付时现行有效的税收政策计算当期应当支付的税金，列入当期支付申请，由发包人依据第 14 条［合同价格与支付］进行审核并支付。

对于"签约合同价"中约定税率和税金的条文，发包人应注意复核价格清单的具体构成所适用的税率和对应计算的税金，若发现承包人在价格清单中所适用的税率不是法律、行政法规、部门规章及其他规范性文件规定的法定税率，原则上应按照法定税率重新计算调整合同价款。因增值税实行的是价税分离的计算方式，发包人和承包人可能对是以不含税价按照正确税率重新计算，还是以含税总价按照正确税率重新计算税金产生争议。考虑到价格清单是承包人提报文件，为避免承包人故意适用错误税率而获益的情形发生，可以考虑在"合同价格形式的其他约定"中对此种情形调整合同价款的方式进行约定：（1）若承包人在价格清单中适用的税率低于法定税率的，则以价格清单中该项构成的含税价为基数适用正确税率重新计算税金，签约合同价不作调整；（2）若承包人在价格清单中适用的税率高于法定税率的，则以价格清单中该项构成的不含税价为基数适用正确税率重新计算税金，签约合同价作相应调整。

对于"合同价格形式"的条文内容，除《2020 版工程总承包合同》第一部分"合同协议书"第四条的约定内容外，"通用合同条件"和"专用合同条件"第 14.1 条的约定内容也涉及合同价格形式的约定。考虑到"通用合同条件"第 1.5 条约定的解释，合同文件的优先顺序是"合同协议书"在"专用合同条件"和"通用合同条件"之前。若"合同协议书"第四条约定的合同价格形式与"通用合同条件"和"专用合同条件"第 14.1 条的约定内容不一致的，可能对合同价格形式的解释确定产生争议。因此发包人决定不适用"总价合同"，或者对"总价合同"作修正或细化的，应注意"合同协议书"第四条的约定内容与"通用合同条件"和"专用合同条件"第 14.1 条的约定内容保持一致。

【法条索引】

•《最高人民法院关于审理建设工程施工合同纠纷案件适用法律问题的解释（一）》

第二十八条　当事人约定按照固定价结算工程价款，一方当事人请求对建设工程造价进行鉴定的，人民法院不予支持。

•《房屋建筑和市政基础设施项目工程总承包管理办法》

第十六条　企业投资项目的工程总承包宜采用总价合同，政府投资项目的工程总承包应当合理确定合同价格形式。采用总价合同的，除合同约定可以调整的情形外，合同总价一般不予调整。/建设单位和工程总承包单位可以在合同中约定工程总承包计量规则和计价方法。/依法必须进行招标的项目，合同价格应当在充分竞争的基础上合理确定。

五、工程总承包项目经理

工程总承包项目经理：＿＿＿＿＿＿＿＿＿＿＿＿＿＿＿＿＿＿＿＿。

【条文释义】

《2020版工程总承包合同》第一部分"合同协议书"第五条的内容为"工程总承包项目经理"。工程总承包项目经理，是指由承包人任命的，在承包人授权范围内负责合同履行的管理，且按照法律规定具有相应资格的项目负责人。发包人和承包人通过"工程总承包项目经理"条文的约定，主要目的是确定承包人在工程总承包项目中指定的项目负责人的姓名。

【使用指引】

在工程总承包项目中，项目经理的专业水平和管理能力直接影响工程建设的质量、安全、工期及成本控制，因此，为顺利实现合同约定的工程质量、安全、进度、成本管理目标，及时处理工程建设过程中遇到的各类问题以及各类往来函件，要求承包人在"合同协议书"中指定工程总承包项目经理。

《房屋建筑和市政基础设施项目工程总承包管理办法》第十九条规定，承包人应当设立项目管理机构，设置项目经理。且工程总承包项目经理应当具备以下条件：（1）取得相应工程建设类注册执业资格，包括注册建筑师、勘察设计注册工程师、注册建造师或者注册监理工程师等；未实施注册执业资格的，取得高级专业技术职称；（2）担任过与拟建项目类似的工程总承包项目经理、设计项目负责人、施工项目负责人或者项目总监理工程师；（3）熟悉工程技术和工程总承包项目管理知识以及相关法律法规、标准规范；（4）具有较强的组织协调能力和良好的职业道德。同时工程总承包项目经理不得同时在两个或者两个以上工程项目担任工程总承包项目经理、施工项目负责人。

因此，发包人和承包人在确定工程总承包项目经理的人选时，应注意复核工程总承包项目经理是否满足资质要求和任职条件。考虑到"通用合同条件"和"专用合同条件"第4.3条对工程总承包项目经理的信息、职责权限等内容作了更为明确、细致的约定，因此发包人和承包人在拟定"合同协议书"第五条［工程总承包项目经理］的条文内容时，填写项目经理的姓名即可，不需要对工程总承包项目经理的详细信息作进一步约定，当然对于"通用合同条件"和"专用合同条件"第4.3条没有约定的信息和内容，发包人和承包人可以考虑在"合同协议书"中予以约定。

【法条索引】

•《建设工程质量管理条例》

第二十六条　施工单位对建设工程的施工质量负责。/施工单位应当建立质量责任制，确定工程项目的项目经理、技术负责人和施工管理负责人。/建设工程实行总承包的，总承包单位应当对全部建设工程质量负责；建设工程勘察、设计、施工、设备采购的一项或者多项实行总承包的，总承包单位应当对其承包的建设工程或者采购的设备的质量负责。

•《房屋建筑和市政基础设施项目工程总承包管理办法》

第十九条　工程总承包单位应当设立项目管理机构，设置项目经理，配备相应管理人员，加强设计、采购与施工的协调，完善和优化设计，改进施工方案，实现对工程总承包项目的有效管理控制。

第二十条 工程总承包项目经理应当具备下列条件：（一）取得相应工程建设类注册执业资格，包括注册建筑师、勘察设计注册工程师、注册建造师或者注册监理工程师等；未实施注册执业资格的，取得高级专业技术职称；（二）担任过与拟建项目相类似的工程总承包项目经理、设计项目负责人、施工项目负责人或者项目总监理工程师；（三）熟悉工程技术和工程总承包项目管理知识以及相关法律法规、标准规范；（四）具有较强的组织协调能力和良好的职业道德。／工程总承包项目经理不得同时在两个或者两个以上工程项目担任工程总承包项目经理、施工项目负责人。

六、合同文件构成

本协议书与下列文件一起构成合同文件：

（1）中标通知书（如果有）；

（2）投标函及投标函附录（如果有）；

（3）专用合同条件及《发包人要求》等附件；

（4）通用合同条件；

（5）承包人建议书；

（6）价格清单；

（7）双方约定的其他合同文件。

上述各项合同文件包括双方就该项合同文件所作出的补充和修改，属于同一类内容的合同文件应以最新签署的为准。专用合同条件及其附件须经合同当事人签字或盖章。

【条文释义】

本条是关于合同文件构成的约定。

合同是平等民事主体之间设立、变更、终止民事法律关系的协议，即合同的本质是一种合意，要求体现当事人之间的真实意思表示，就合同内容达成一致意见。实践中当事人订立合同，可以采用书面形式、口头形式或者其他形式。根据《民法典》第七百八十九条规定，建设工程合同应当采用书面形式，因此在工程总承包领域，反映当事人之间的真实意思表示的通常是载明合同内容的书面文件。考虑到工程总承包项目的复杂性，《2020 版工程总承包合同》对通常能够体现工程总承包项目的主要工作内容和合同目的的书面文件进行了列示，即本条所列示文件通常可以共同作为一个合同，通过各个文件内容的约定和解释，可以完整体现工程总承包项目的主要工作内容和合同目的的。

本条在约定合同文件构成时，考虑了招标项目和非招标项目的区别，即无论工程总承包项目是否开展招投标程序均可适用。若是开展招投标程序的工程总承包项目，合同文件构成包括：合同协议书、中标通知书、投标函及投标函附录、专用合同条件及《发包人要求》等附件、通用合同条件、承包人建议书、价格清单、双方约定的其他合同文件。若是未开展招投标程序的工程总承包项目，则其合同文件构成不包括中标通知书、投标函及投标函附录，其他合同构成文件与开展招投标程序的工程总承包项目相同。

与《2011 版工程总承包合同》关于合同文件构成的约定相比，《2020 版工程总承包合同》关于合同文件构成的约定主要存在如下变化：

工程总承包合同文件的构成

《2011 版工程总承包合同》合同文件构成	《2020 版工程总承包合同》合同文件构成	变化
合同协议书	合同协议书	—
中标通知书	中标通知书	—
招投标文件及其附件	投标函及投标函附录	招标文件和投标文件不再完整地构成合同文件，替代为"投标函及投标函附录"构成合同文件
合同专用条款	专用合同条件及《发包人要求》等附件	"专用条款"变化为"专用合同条件"，并增加"专用合同条件附件"并列，删除"合同附件，标准、规范及有关技术文件"
合同附件	—	
标准、规范及有关技术文件		
合同通用条款	通用合同条件	"通用条款"变化为"通用合同条件"
设计文件、资料和图纸	承包人建议书	"设计文件、资料和图纸"不再独立构成合同文件，成为"承包人建议书"的组成部分
—	价格清单	投标文件中的价格清单构成合同文件
双方约定构成合同组成部分的其他文件	双方约定的其他合同文件	—

本条约定构成合同的文件中，中标通知书是指发包人接受承包人投标文件的承诺，中标通知书包括随附的澄清、说明、补正事项纪要等，通常载明了工程总承包项目的名称、合同价款、工期等内容。

投标函及投标函附录是承包人响应招标文件向发包人发出的要约。其内容通常包括对项目工期、安全、质量的承诺，投标金额和投标文件的有效期，中标后履约保函的金额和形式。招标人提供的文件格式通常要求承包人在投标函中承诺，如中标将在约定时间内签署合同，承诺在招标过程中不弄虚作假，不违反招投标的法律规定等。投标函附录是对投标函内容的细化说明，通常包括工程进度完成节点表，进度款支付数据表、里程碑，质量标准，工期误期损害赔偿，进度款付款限额，质保金比例，工程保险的缴纳，材料调差，工程结算审核程序等。

专用合同条件及《发包人要求》等附件分为两个部分，第一部分是专用合同条件，是当事人结合工程项目的具体情况对通用合同条件作出的细化、增删、修改和补充。第二部分是专用合同条件附件，《2020 版工程总承包合同》列明的附件包括：附件 1《发包人要求》、附件 2〔发包人供应材料设备一览表〕、附件 3〔工程质量保修书〕、附件 4〔主要建设工程文件目录]、附件 5［承包人主要管理人员表]、附件 6［价格指数权重表]。

通用合同条件，是当事人就工程总承包项目的实施和相关事项，以及当事人之间权利义务的一般性约定，体现的是示范文本对工程总承包项目风险分配的基本原则，因此不推荐对通用合同条件的条款进行补充或修改。"通用合同条件"中共计 20 个条文，分别是：一般约定，发包人，发包人的管理，承包人，设计，材料、工程设备，施工，工期和进度，竣工试验，验收和工程接收，缺陷责任与保修，竣工后试验，变更与调整，合同价格与支付，违约，合同解除，不可抗力，保险，索赔，争议解决。

承包人建议书是承包人响应招标文件和《发包人要求》，提出的设计和方案以及对《发包人要求》提出的修改意见和合理化建议。通常包括 5 个部分的内容：一是设计方案或者图纸，设计方案和图纸的完善性应当满足发包人对工程项目的需求，且设计图预算应当控制在招标控制价内。二是工程详细说明，比如各单体建构筑物的位置、面积、层数、建设使用年限，装修工程的标准和方案，排水工程的材质、流量、埋深，绿化工程比例、密度、树木直径、冠幅等，还包括设计工作的具体内容和服务，包括施工阶段的具体工作内容。三是设备方案，包括设备采购的方式，设备采购的来源，设备的规格、品牌、数量，设备的技术参数、生产能力、保养的方案，设备的保修期限等，包括设备必需备品备件的数量和价值，有的还需根据招标文件的要求提供备选方案和保修方案。四是专业工程的分包方案，分包方案应当完全响应招标文件的要求，不得将其承包的全部工程转包给第三人，也不得将承包的工程肢解后以分包的名义转包给第三人，承包人应当列明计划分包的专业工程的目录及分包单位能力和资质的要求。五是对《发包人要求》中错误的提示和合理化建议。

价格清单是由承包人按发包人提供的项目清单规定的格式和要求填写并标明价格的清单，是合同价款的分解。价格清单是《2020 版工程总承包合同》引入的新的文件，其定义为"构成合同文件组成部分的由承包人按发包人提供的项目清单规定的格式和要求填写并标明价格的清单"。价格清单通常包括勘察费、设计费、建筑安装工程费、设备购置费、暂估价、暂列金额、其他费用。价格清单反映了合同双方基于《发包人要求》，在工作项目范围、单价和总价等方面的合意。值得注意的是，《2020 版工程总承包合同》第二部分"通用合同条件"第 14.1.2 款约定："价格清单列出的任何数量仅为估算的工作量，不得将其视为要求承包人实施的工程的实际或准确的工作量。在价格清单中列出的任何工作量和价格数据应仅限用于变更和支付的参考资料，而不能用于其他目的。"因此可以认定，价格清单是承包人自主报价的结果，承包人对价格清单的准确性和完整性负责，即价格清单记载的数量原则上不得作为限定承包人执行合同范围的依据。实践中工程总承包项目的价格清单并无统一形式，各省市也在探索工程总承包价格清单的编制方法和规程，比如福建省的模拟清单、广西壮族自治区的工程量清单、江苏省的概算清单（扩大项目清单），因此发包人应注意结合项目所在地的规范要求和实践经验，确定价格清单的格式和内容。

双方约定的其他合同文件，通常是指《2020 版工程总承包合同》列示的典型的合同文件无法涵盖，但基于执行工程总承包项目的需要约定为合同组成部分的文件，具体合同文件由当事人另行约定。

考虑到工程总承包项目的复杂性，被当事人确定为合同文件组成部分的文件在招标、谈判或履行过程中，也可能出现无法满足工程总承包项目实施需要的情形，因此需要当事人进行补充、说明，《2020版工程总承包合同》明确约定"上述各项合同文件包括双方就该项合同文件所作出的补充和修改"，即当事人针对工程总承包项目达成的补充协议，也自然构成合同文件的组成部分。且考虑到实践中当事人可能对合同文件进行多次补充和修改，因此，《2020版工程总承包合同》明确约定"属于同一类内容的合同文件应以最新签署的为准"。

【使用指引】

本条是关于合同文件构成的约定，当事人通过本条约定即可确定构成工程总承包项目的合同文件的形式和内容。本条是确定发包人和承包人权利义务范围的基础，当事人应将构成合同的文件详细列明，避免出现遗漏。虽然本条不涉及不同类型的合同文件相互之间的解释顺序的约定，但本条约定了构成合同的文件的名称、类型和范围，是当事人确定不同类型的合同文件相互之间解释顺序的基础，因此实践中本条的约定应与《2020版工程总承包合同》第二部分"通用合同条件"、第三部分"专用合同条件"的第1.5款〔合同文件的优先顺序〕约定的合同文件名称、类型、范围保持一致，否则在解释合同时，可能对某一文件是否构成合同文件以及该文件的解释顺序等事项产生争议。

与《2011版工程总承包合同》相比，《2020版工程总承包合同》将《发包人要求》等附件与专用合同条件并列。对此应注意：一是"《发包人要求》等附件"，是指《2020版工程总承包合同》中约定的"专用合同条件附件"，并不仅指《发包人要求》，即在"专用合同条件附件"中列明的附件文件，均应包括在"《发包人要求》等附件"中；二是"《发包人要求》等附件"与专用合同条件并列，即在《2020版工程总承包合同》约定的"合同文件的优先顺序"中，"《发包人要求》等附件"和专用合同条件的解释顺位相同。当事人在确定合同文本时，应注意核查《2020版工程总承包合同》中"专用合同条件附件"中列示的附件文件类型和内容，确认是否将附件文件与专用合同条件在解释顺位上并列。若确认某一附件文件在解释顺位上不宜与专用合同条件并列，则建议将此附件文件调整出"专用合同条件附件"约定范围。同时为避免当事人在解释"《发包人要求》等附件"的范围时产生争议，也可以考虑直接将"《发包人要求》等附件"修改为"专用合同条件附件"。

构成合同的文件中，实践中比较容易忽略的是"双方约定的其他合同文件"，"双方约定的其他合同文件"的表述在《2020版工程总承包合同》中出现了3次，分别是《2020版工程总承包合同》第一部分"合同协议书"第六条、第二部分"通用合同条件"第1.1.1款和第1.5款。梳理前述约定"双方约定的其他合同文件"的条款内容可知，《2020版工程总承包合同》中并未设置条款以供发包人和承包人补充、细化约定"双方约定的其他合同文件"的具体内容。为避免对"双方约定的其他合同文件"的范围和内容产生争议，发包人和承包人在缔结合同时，可以考虑在《2020版工程总承包合同》第一部分"合同协议书"第六条中，明确约定"双方约定的其他合同文件"的范围和内容，也可以考虑在第三部分"专用合同条件"第1.5款〔合同文件的优先顺序〕中增加条款，详细约定"双方约定的其他合同文件"的范围和内容。

【风险识别与防范】

本条是关于合同文件构成的约定，但并不表示本条约定的构成合同文件范围以外的文件不能成为合同文件的组成部分。《2020版工程总承包合同》第二部分"通用合同条件"第1.5款［合同文件的优先顺序］约定："在合同订立及履行过程中形成的与合同有关的文件均构成合同文件组成部分，并根据其性质确定优先解释顺序。"实践中合同文件的表现形式各异，虽未冠以合同或协议等字样，但当文件的内容反映当事人之间权利义务的约定时，也可能被认定为构成合同文件的组成部分。如发包人和承包人以工作联系单等来往函件的形式对合同履行情况进行沟通，并形成书面记录文件，此类文件也可能构成合同文件的组成部分。因此对于过程中形成的文件是否构成文件的组成部分，当事人可以从两个方面进行判断：一是过程文件是否包括设定权利义务的内容；二是当事人对设定权利义务的内容是否形成一致意见，包括明确的一致意见或可推知的一致意见。

本条的核心是确定构成合同的文件范围和内容，并约定了在同一种类型的合同文件发生补充和修改的情形下，同一类内容的合同文件应以最新签署的为准。但当事人可能对补充或修改形成文件的解释顺序产生争议，因此在发包人和承包人对合同文件进行补充和修改时，应注意识别和确认需补充和修改的合同文件的类型和内容，建议在补充和修改形成的文件中明确补充和修改针对的合同文件类型，确定补充和修改形成的合同文件的适用顺序，若补充和修改的内容涉及不同类型的合同文件的，建议详细列明各补充和修改内容的适用范围和适用顺序，并注明补充和修改形成的文件的形成日期和签订日期，为当事人准确判断和适用《2020版工程总承包合同》约定的"以最新签署的为准"提供条件。

虽然本条允许当事人对合同文件的内容进行补充和修改。但并不意味着当事人可以对合同文件的内容进行任意补充或修改。对合同文件内容的补充或修改的限制主要是指开展招投标程序的工程总承包项目的合同文件。根据《招标投标法》《招标投标法实施条例》的规定，当事人通过招投标程序开展工程总承包项目的，不得再行订立背离合同实质性内容的其他协议。因此实践中对于开展招投标程序的工程总承包项目，在合同条件没有改变时需要补充和修改合同文件内容时，注意补充和修改形成的合同文件也不得背离中标合同的实质性内容。

此外，值得注意的是本条约定"专用合同条件及其附件须经合同当事人签字或盖章"，即要求当事人对专用合同条件及其附件的内容以签字或盖章的方式进行确认，但《2020版工程总承包合同》中并未对"专用合同条件及其附件"预留签字或盖章的内容，本条约定可以作两种解释：一是当事人在合同协议书预留的签字或盖章的位置处进行签字或盖章，等同于当事人已通过签字或盖章的形式确认"专用合同条件及其附件"的内容；二是当事人在"专用合同条件及其附件"中增加签字或盖章位置，签订合同时当事人除在合同协议书中签字或盖章外，也对"专用合同条件及其附件"签字或盖章，以遵守本条约定的"专用合同条件及其附件须经合同当事人签字或盖章"。若《2020版工程总承包合同》约定合同文件统一装订成册的，按照前述第一种解释即可满足"专用合同条件及其附件须经合同当事人签字或盖章"的要求。若《2020版工程总承包合同》约定合同文件构成未统一装订成册的，则建议在"专用合同条件及其附件"中增加签字或盖章位置，对"专用合同条件及其附件"签字或盖章，以满足"专用合同条件及其附件须经合同当事人签字或盖章"的要求。

【法条索引】

• **《民法典》**

第四百七十一条　当事人订立合同，可以采取要约、承诺方式或者其他方式。

第七百八十九条　建设工程合同应当采用书面形式。

• **《招标投标法》**

第四十六条　招标人和中标人应当自中标通知书发出之日起三十日内，按照招标文件和中标人的投标文件订立书面合同。招标人和中标人不得再行订立背离合同实质性内容的其他协议。/招标文件要求中标人提交履约保证金的，中标人应当提交。

• **《建筑法》**

第二十八条　禁止承包单位将其承包的全部建筑工程转包给他人，禁止承包单位将其承包的全部建筑工程肢解以后以分包的名义分别转包给他人。

第二十九条　建筑工程总承包单位可以将承包工程中的部分工程发包给具有相应资质条件的分包单位；但是，除总承包合同中约定的分包外，必须经建设单位认可。施工总承包的，建筑工程主体结构的施工必须由总承包单位自行完成。

• **《招标投标法实施条例》**

第五十七条　招标人和中标人应当依照招标投标法和本条例的规定签订书面合同，合同的标的、价款、质量、履行期限等主要条款应当与招标文件和中标人的投标文件的内容一致。招标人和中标人不得再行订立背离合同实质性内容的其他协议。/招标人最迟应当在书面合同签订后5日内向中标人和未中标的投标人退还投标保证金及银行同期存款利息。

• **《最高人民法院关于审理建设工程施工合同纠纷案件适用法律问题的解释（一）》**

第二条　当事人签订的建设工程施工合同与招标文件、投标文件、中标通知书载明的工程范围、建设工期、工程质量、工程价款不一致，一方当事人请求将招标文件、投标文件、中标通知书作为结算工程价款的依据的，人民法院应予支持。/招标人和中标人在中标合同之外就明显高于市场价格购买承建房产、无偿建设住房配套设施、让利、向建设单位捐赠财物等另行签订合同，变相降低工程价款，一方当事人以该合同背离中标合同实质性内容为由请求确认无效的，人民法院应予支持。

第二十三条　发包人将依法不属于必须招标的建设工程进行招标后，与承包人另行订立的建设工程施工合同背离中标合同的实质性内容，当事人请求以中标合同作为结算建设工程价款依据的，人民法院应予支持，但发包人与承包人因客观情况发生了在招标投标时难以预见的变化而另行订立建设工程施工合同的除外。

第二十四条　当事人就同一建设工程订立的数份建设工程施工合同均无效，但建设工程质量合格，一方当事人请求参照实际履行的合同关于工程价款的约定折价补偿承包人的，人民法院应予支持。/实际履行的合同难以确定，当事人请求参照最后签订的合同关于工程价款的约定折价补偿承包人的，人民法院应予支持。

七、承诺

1. 发包人承诺按照法律规定履行项目审批手续、筹集工程建设资金并按照合同约定的期限和方式支付合同价款。

2. 承包人承诺按照法律规定及合同约定组织完成工程的设计、采购和施工等工作，确保工程质量和安全，不进行转包及违法分包，并在缺陷责任期及保修期内承担相应的工程维修责任。

【条文释义】

本条是关于发包人和承包人对履行《2020 版工程总承包合同》所作的一般性承诺的约定，其中第 1 款是发包人对承包人的承诺，第 2 款是承包人对发包人的承诺。

发包人对承包人的承诺，是发包人在《2020 版工程总承包合同》中应当履行义务的概括性描述。主要包括 3 个方面的内容：（1）履行项目审批手续；（2）筹集工程建设资金；（3）支付合同价款。《2020 版工程总承包合同》中"通用合同条件"第 2 条［发包人］分别从 7 个方面对发包人应当履行的义务作了约定，分别是：遵守法律；提供施工现场和工作条件；提供基础资料；办理许可和批准；支付合同价款；现场管理配合；其他义务。本条中发包人对承包人承诺的内容，分别对应的是《2020 版工程总承包合同》中"通用合同条件"第 2 条［发包人］中的第 2.1 款［遵守法律］、第 2.4 款［办理许可和批准］和第 2.5 款［支付合同价款］。因此可以借助《2020 版工程总承包合同》中"通用合同条件"第 2 条［发包人］的条款内容，理解和解释本条约定的发包人对承包人承诺的适用范围。

承包人对发包人的承诺，是承包人在《2020 版工程总承包合同》中应当履行义务的概括性描述。主要包括 4 个方面的内容：（1）按照法律规定和合同约定完成工作；（2）保证工程质量和安全；（3）不进行转包及违法分包；（4）按照约定承担工程维修责任。《2020 版工程总承包合同》中"通用合同条件"第 4 条［承包人］分别从 9 个方面对承包人应当履行的义务作了约定，分别是：承包人的一般义务；履约担保；工程总承包项目经理；承包人人员；分包；联合体；承包人现场查勘；不可预见的困难；工程质量管理。承包人对发包人承诺的内容，分别对应的是《2020 版工程总承包合同》"通用合同条件"中第 4 条［承包人］中的第 4.1 款［承包人的一般义务］、第 4.5 款［分包］和第 4.9 款［工程质量管理］。因此实践中可以借助《2020 版工程总承包合同》"通用合同条件"中第 4 条［承包人］的条款内容，理解和解释本条约定的承包人对发包人承诺的具体含义。

【使用指引】

无论是发包人对承包人的承诺，还是承包人对发包人的承诺，均为一方当事人向另一方当事人作出的关于应当履行义务内容的概括性约定。本条关于应当履行义务的概括性约定，可以在《2020 版工程总承包合同》第二部分"通用合同条件"和第三部分"专用合同条件"中的具体条文中找到对应的细化性规定。因此在确定发包人或承包人应当履行义务的内容和范围时，不需要直接适用本条的约定。只有在《2020版工程总承包合同》第二部分"通用合同条件"和第三部分"专用合同条件"中的具体条文中未作细化约定或者约定不明确时，可以基于本条约定的内容，对具体条文中未作细化约定或者约定不明确的内容作进一步的解释和适用。

【风险识别与防范】

本条约定发包人应按照法律规定履行项目审批手续，理解此项义务的内容时，应注意：一是发包人履行项目审批手续的目的是符合法律规定，即工程总承包项目需要办理的审批手续以法律规定为限，因此理解此项义务的核心是确定法律的范围。《2020版工程总承包合同》第二部分"通用合同条件"第1.3款〔法律〕规定，法律是指中华人民共和国法律、行政法规、部门规章，以及工程所在地的地方法规、自治条例、单行条例和地方政府规章等。因此实践中应注意按照法律约定范围确定需要办理的项目审批手续。二是"审批手续"并不仅限于行政管理机制中的审批管理方式，即所谓的"审批手续"应作宽泛解释，既包括行政管理机制中的审批管理方式，也包括行政管理机制中的核准方式和备案方式，因此当工程总承包项目需要办理的手续是按照核准方式或备案方式管理的，也应认定为发包人需按照本条约定履行办理项目审批手续义务。

本条约定了承包人不得进行转包和违法分包，理解此项义务的内容时，应关注工程总承包项目对工程总承包单位资质的要求。《房屋建筑和市政基础设施项目工程总承包管理办法》第十条第一款规定："工程总承包单位应当同时具有与工程规模相适应的工程设计资质和施工资质，或者由具有相应资质的设计单位和施工单位组成联合体。工程总承包单位应当具有相应的项目管理体系和项目管理能力、财务和风险承担能力，以及与发包工程相类似的设计、施工或者工程总承包业绩。"即工程总承包单位承接工程总承包项目时，应当具备与工程规模相适应的工程设计资质和施工资质，或者由具有相应资质的设计单位和施工单位组成联合体。在要求工程总承包单位具备与工程规模相适应的工程设计资质和施工资质的情况下，虽然允许工程总承包单位进行分包，但分包形式和范围应符合法律的规定。根据《民法典》第七百九十一条、《建筑法》第二十九条的规定，工程的主体结构必须由总承包单位自行完成，在工程总承包单位同时要求设计和施工资质的情况下，无论是工程总承包项目中的设计部分的主体结构、关键性工作，还是工程总承包项目中的施工部分的主体结构、关键性工作，均应由工程总承包单位自行实施，即不得以分包名义对外进行发包。

【法条索引】

·《民法典》

第七百九十一条　发包人可以与总承包人订立建设工程合同，也可以分别与勘察人、设计人、施工人订立勘察、设计、施工承包合同。发包人不得将应当由一个承包人完成的建设工程肢解成若干部分发包给数个承包人。／总承包人或者勘察、设计、施工承包人经发包人同意，可以将自己承包的部分工作交由第三人完成。第三人就其完成的工作成果与总承包人或者勘察、设计、施工承包人向发包人承担连带责任。承包人不得将其承包的全部建设工程转包给第三人或者将其承包的全部建设工程肢解以后以分包的名义分别转包给第三人。/禁止承包人将工程分包给不具备相应资质条件的单位。禁止分包单位将其承包的工程再分包。建设工程主体结构的施工必须由承包人自行完成。

• 《建筑法》

第二十九条　建筑工程总承包单位可以将承包工程中的部分工程发包给具有相应资质条件的分包单位；但是，除总承包合同中约定的分包外，必须经建设单位认可。施工总承包的，建筑工程主体结构的施工必须由总承包单位自行完成。/建筑工程总承包单位按照总承包合同的约定对建设单位负责；分包单位按照分包合同的约定对总承包单位负责。总承包单位和分包单位就分包工程对建设单位承担连带责任。/禁止总承包单位将工程分包给不具备相应资质条件的单位。禁止分包单位将其承包的工程再分包。

• 《房屋建筑和市政基础设施项目工程总承包管理办法》

第十条　工程总承包单位应当同时具有与工程规模相适应的工程设计资质和施工资质，或者由具有相应资质的设计单位和施工单位组成联合体。工程总承包单位应当具有相应的项目管理体系和项目管理能力、财务和风险承担能力，以及与发包工程相类似的设计、施工或者工程总承包业绩。/设计单位和施工单位组成联合体的，应当根据项目的特点和复杂程度，合理确定牵头单位，并在联合体协议中明确联合体成员单位的责任和权利。联合体各方应当共同与建设单位签订工程总承包合同，就工程总承包项目承担连带责任。

八、订立时间

本合同于_____年_____月_____日订立。

【条文释义】

本条是关于《2020 版工程总承包合同》订立时间的约定。

合同订立的时间，即为合同成立的时间。当事人应在本条填写"年""月""日"，通过当事人填写的日期即可确定《2020 版工程总承包合同》的成立时间。

【使用指引】

因订立时间即为合同成立的时间，因此当事人在确定本条填写内容时，应注意以法律规定为依据，结合工程总承包项目的实际情况，合理确定《2020 版工程总承包合同》成立的时间，按照确定的合同成立的时间在本条填写具体的"年""月""日"。

《民法典》第七百八十九条规定："建设工程合同应当采用书面形式。"即《2020 版工程总承包合同》应当采用合同书的形式订立。《民法典》第四百九十条第一款规定："当事人采用合同书形式订立合同的，自当事人均签名、盖章或者按指印时合同成立。在签名、盖章或者按指印之前，当事人一方已经履行主要义务，对方接受时，该合同成立。"即当事人在确定《2020 版工程总承包合同》订立的时间时，原则上应以发包人和承包人均签名、盖章或者按指印的最早日期为合同的订立时间。若在签名、盖章或者按指印之前，承包人一方已经履行主要义务，则合同的订立时间应为发包人接受承包人履行的主要义务的最早日期。

因此，当事人应按照前述规定确定和填写本条约定内容，若本条填写的日期不符合前述规定的，则应以前述规定认定的日期为《2020 版工程总承包合同》的订立时间。

【风险识别与防范】

对于开展招投标程序的工程总承包项目，在确定合同订立时间时，应注意区分承包人收到中标通知书的日期和合同订立时间的区别。招标投标程序中承包人的投标文件视为要约，发包人发出的中标通知书视为承诺。《民法典》第四百八十三条规定："承诺生效时合同成立，但是法律另有规定或者当事人另有约定的除外。"承诺送达时生效，但建设工程承包人收到中标通知书之日并非合同成立之日。《招标投标法》第四十六条第一款规定："招标人和中标人应当自中标通知书发出之日起三十日内，按照招标文件和中标人的投标文件订立书面合同。招标人和中标人不得再行订立背离合同实质性内容的其他协议。"

《民法典》第七百八十九条规定："建设工程合同应当采用书面形式。"即发包人和承包人是以合同书形式订立《2020 版工程总承包合同》的，《民法典》第四百九十条第一款规定："当事人采用合同书形式订立合同的，自当事人均签名、盖章或者按指印时合同成立。在签名、盖章或者按指印之前，当事人一方已经履行主要义务，对方接受时，该合同成立。"因此《2020 版工程总承包合同》的订立属于《民法典》第四百八十三条规定的"法律另有规定或者当事人另有约定的除外"情形。发包人和承包人不能以承包人收到中标通知书之日为合同成立的日期。

虽然《民法典》第七百八十九条规定建设工程合同应当采用书面形式，但在发包人和承包人未采用书面形式订立《2020 版工程总承包合同》的情况下，按照《民法典》第四百九十条第二款规定："法律、行政法规规定或者当事人约定合同应当采用书面形式订立，当事人未采用书面形式但是一方已经履行主要义务，对方接受时，该合同成立。"此时应当以承包人履行主要义务，且发包人予以接受的最早日期为合同的成立日期。

【法条索引】

• 《民法典》

第四百八十三条　承诺生效时合同成立，但是法律另有规定或者当事人另有约定的除外。

第四百九十条　当事人采用合同书形式订立合同的，自当事人均签名、盖章或者按指印时合同成立。在签名、盖章或者按指印之前，当事人一方已经履行主要义务，对方接受时，该合同成立。/法律、行政法规规定或者当事人约定合同应当采用书面形式订立，当事人未采用书面形式但是一方已经履行主要义务，对方接受时，该合同成立。

第七百八十九条　建设工程合同应当采用书面形式。

•《招标投标法》

第四十六条　招标人和中标人应当自中标通知书发出之日起三十日内，按照招标文件和中标人的投标文件订立书面合同。招标人和中标人不得再行订立背离合同实质性内容的其他协议。/招标文件要求中标人提交履约保证金的，中标人应当提交。

九、订立地点

本合同在＿＿＿＿＿＿＿＿＿＿＿＿＿＿＿＿订立。

【条文释义】

本条是关于《2020 版工程总承包合同》订立地点的约定。要求当事人在订立合同时，填写合同订立的具体地点。

【使用指引】

合同的订立地点，即为合同成立的地点。《民法典》第四百九十三条规定："当事人采用合同书形式订立合同的，最后签名、盖章或者按指印的地点为合同成立的地点，但是当事人另有约定的除外。"《2020 版工程总承包合同》是以合同书形式订立的合同，因此通常是以当事人明确约定地点为合同订立地点。若当事人未明确约定合同订立地点的，则以当事人最后签名、盖章或者按指印的地点为合同订立的地点。

当事人在确定合同订立地点时，通常应当选择与合同履行事项有实际联系的地点，如当事人住所地、项目所在地等。当事人在填写合同订立地点时，当事人可以考虑以下两种形式：一种是详细约定合同订立的地点，写明合同订立地点的行政区、街道及门牌号，如×××省×××市×××区×××路/街道×××号；一种是间接约定合同订立地点，如"工程所在地""发（承）包人住所地"。无论当事人采用何种方式约定合同订立地点，当事人约定的合同地点应具备确定至县（区）级行政区域的条件。

【法条索引】

•《民事诉讼法》

第三十三条　下列案件，由本条规定的人民法院专属管辖：（一）因不动产纠纷提起的诉讼，由不动产所在地人民法院管辖；（二）因港口作业中发生纠纷提起的诉讼，由港口所在地人民法院管辖；（三）因继承遗产纠纷提起的诉讼，由被继承人死亡时住所地或者主要遗产所在地人民法院管辖。

第三十四条　合同或者其他财产权益纠纷的当事人可以书面协议选择被告住所地、合同履行地、合同签订地、原告住所地、标的物所在地等与争议有实际联系的地点的人民法院管辖，但不得违反本法对级别管辖和专属管辖的规定。

•《最高人民法院关于适用〈中华人民共和国民事诉讼法〉的解释》

第二十八条　民事诉讼法第三十三条第一项规定的不动产纠纷是指因不动产的权利确认、分割、相邻关系等引起的物权纠纷。/农村土地承包经营合同纠纷、房屋租赁合同纠纷、建设工程施工合同纠纷、政策性房屋买卖合同纠纷，按照不动产纠纷确定管辖。/不动产已登记的，以不动产登记簿记载的所在地为不动产所在地；不动产未登记的，以不动产实际所在地为不动产所在地。

十、合同生效

本合同经双方签字或盖章后成立，并自＿＿＿＿＿＿＿＿＿生效。

【条文释义】

本条是关于合同成立和合同生效的约定。

合同的成立，因《2020 版工程总承包合同》是以合同书形式订立的合同，因此一般是在当事人签名、盖章或者按指印时成立。若当事人签字或盖章有先后顺序的，通常是在当事人均签字或盖章后的日期成立。

合同的生效，《民法典》第五百零二条第一款规定："依法成立的合同，自成立时生效，但是法律另有规定或者当事人另有约定的除外。"通常是在合同成立时便生效，除非法律另有规定或者当事人另有约定。此处的法律另有规定，是指依照法律、行政法规的规定，合同应当办理批准等手续，未办理批准等手续影响合同生效的情形。当事人约定，是指当事人自行约定合同生效的日期或合同生效的前提条件。

【使用指引】

因《2020 版工程总承包合同》第一部分"合同协议书"第八条［订立时间］已对合同订立的时间作了约定，即可以通过"合同协议书"第八条［订立时间］确定合同的成立时间，为避免"合同协议书"第八条［订立时间］和第十条［合同生效］关于合同成立的约定产生争议，可以考虑本条约定的"经双方签字或盖章后成立"内容删除，将本条内容修改为"本合同自＿＿＿＿＿＿＿＿＿生效。"

本条要求当事人在订立合同时，明确《2020 版工程总承包合同》开始生效的情形。因此当事人在确定本条约定的内容时，可考虑基于不同情形填写不同内容：（1）若当事人对于合同生效无特殊要求，则当事人可以约定自成立时生效；（2）若法律或行政法规要求办理批准手续，且未办理批准等手续影响合同生效的，则当事人可以约定自取得批准等手续时生效；（3）若当事人计划对《2020 版工程总承包合同》约定生效条件或生效日期的，则当事人可以约定合同生效的条件或生效的日期。

【风险识别与防范】

本条约定"本合同经双方签字或盖章后成立"，但本条约定并不表示《2020 版工程总承包合同》只能在当事人签字或盖章后才成立。对于实践中存在的先施工后签合同的情形，即使当事人约定"合同经双方签字或盖章后成立"，也不能直接认定合同成立的日期在双方签字或盖章后。理由是《民法典》第四百九十条第一款规定："当事人采用合同书形式订立合同的，自当事人均签名、盖章或者按指印时合同成立。在签名、盖章或者按指印之前，当事人一方已经履行主要义务，对方接受时，该合同成立。"即在双方当事人签字或盖章前，承包人已履行主要义务且为发包人接受的，应当认定发包人接受承包人履行主要义务的最早日期为合同成立之日。

【法条索引】

•《民法典》

　　第四百九十条　当事人采用合同书形式订立合同的，自当事人均签名、盖章或者按指印时合同成立。在签名、盖章或者按指印之前，当事人一方已经履行主要义务，对方接受时，该合同成立。/法律、行政法规规定或者当事人约定合同应当采用书面形式订立，当事人未采用书面形式但是一方已经履行主要义务，对方接受时，该合同成立。

　　第五百零二条　依法成立的合同，自成立时生效，但是法律另有规定或者当事人另有约定的除外。/依照法律、行政法规的规定，合同应当办理批准等手续的，依照其规定。未办理批准等手续影响合同生效的，不影响合同中履行报批等义务条款以及相关条款的效力。应当办理申请批准等手续的当事人未履行义务的，对方可以请求其承担违反该义务的责任。/依照法律、行政法规的规定，合同的变更、转让、解除等情形应当办理批准等手续的，适用前款规定。

十一、合同份数

　　本合同一式＿＿＿＿＿份，均具有同等法律效力，发包人执＿＿＿＿＿份，承包人执＿＿＿＿＿份。

【条文释义】

　　本条是关于合同份数的约定，其中的"一式"是指包括《2020 版工程总承包合同》第一部分"合同协议书"约定的构成合同的全部文件的书面文件。

　　发包人和承包人持有的合同文本，无论数量多少，其在形式、内容等方面均保持一致，即无论是发包人持有的合同文本，还是承包人持有的合同文本，均具有同等法律效力。

【使用指引】

　　当事人需自行填写合同文本的份数，而合同份数的确定，需基于当事人存档、备案的需求确定。当事人在准备合同文本时，应确保各文本在形式、内容等方面保持一致，避免不同文本之间在形式、内容等方面出现差异。

【法条索引】

•《民法典》

　　第七百八十九条　建设工程合同应当采用书面形式。

发包人：（公章）　　　　　　　承包人：（公章）

法定代表人或其委托代理人：　　法定代表人或其委托代理人：

（签字）　　　　　　　　　　　（签字）

统一社会信用代码：_____　　统一社会信用代码：_____

地址：_____　　地址：_____

邮政编码：_____　　邮政编码：_____

法定代表人：_____　　法定代表人：_____

委托代理人：_____　　委托代理人：_____

电话：_____　　电话：_____

传真：_____　　传真：_____

电子信箱：_____　　电子信箱：_____

开户银行：_____　　开户银行：_____

账号：_____　　账号：_____

【条文释义】

本条是关于当事人通过签字或盖章订立合同的形式和要求的约定。

通常情况下发包人和承包人加盖公章，各自的法定代表人或委托代理人签字，即可认定发包人和承包人订立的合同已成立。

《2020 版工程总承包合同》要求当事人在订立合同时提供地址、电话、银行账户等基本信息，目的是为当事人履行合同义务提供便利。

【使用指引】

当事人在订立合同时，《2020 版工程总承包合同》要求发包人和承包人加盖公章，公章是指发包人和承包人使用的印章。实践中发包人和承包人基于业务需要，可能同时使用不同印章，如公章、财务章、合同专用章、发票专用章，为避免当事人因订立合同的印章形式、内容产生争议，原则上要求当事人使用的印章与其注册登记的名称保持一致，且当事人使用公章的类型应与文件种类相匹配。建议在订立合同时，核查当事人订立合同使用印章的真实性和印章的使用范围。若发现当事人印章的使用范围和合同文件不匹配的，当事人应以书面形式进行补充说明。

法定代表人或其委托代理人的签字，基于《2020 版工程总承包合同》的内容设置，要求法定代表人或其委托代理人直接签署，即不推荐使用法定代表人或其委托代理人的印鉴签署。若是法定代表人签署的，应注意核查法定代表人是否与注册登记的人员一致，若签署合同的法定代表人与注册登记的人员不一致的，应要求当事人以书面形式进行补充说明。若是委托代理人签署的，应注意核查委托代理人的授权文件，重点关注授权期限和授权权限，确认委托代理人是否有权签署合同。

对于《2020 版工程总承包合同》要求当事人提供地址、电话、银行账户等基本信息，该基本信息是当事人履行合同义务时的辅助信息，因此原则上要求填写的基本信息与当事人一一对应，若发现提供基本信息与当事人无法一一对应的，应要求当事人以书面形式提供补充说明。

【风险识别与防范】

实践中公司可能有意刻制两套甚至多套公章，其法定代表人或者代理人甚至私刻公章，订立合同时恶意加盖非备案的公章或者假公章，发生纠纷后法人以加盖的是假公章为由否定合同效力，因此在订立合同时应注意核查订立合同所使用印章的真实性和使用范围。

值得注意的是，是否加盖了非备案的公章或者假公章并不是认定合同是否成立和合同效力的关键因素，司法机关重点关注的是订立合同人员在加盖公章之时有无代表权或者代理权，原则上法定代表人在订立合同时加盖当事人公章的行为，即表明是以当事人名义签订合同，除法律特别规定的情形外，应由当事人承担相应的法律后果。委托代理人以被代理人名义加盖公章的行为，也应认定为以当事人名义签订合同，但代理人必须取得合法授权，因此在委托代理人签订合同的情况下，应重点关注委托代理人的授权。

若发生《2020 版工程总承包合同》仅有法定代表人或代理人的签字，合同未加盖公章的情形，司法机关通常是以签字等同于盖章的规则，核查法定代表人或委托代理人是否以当事人名义而非自身名义签订合同，若法定代表人或委托代理人以当事人名义订立合同的，应由当事人承担责任。若法定代表人或委托代理人以自身名义订立合同的，则要求当事人承担责任缺乏依据。

因此，实践中应注意搜集和留存合同订立过程中的来往函件和沟通资料，重点关注能够直接或间接证明法定代表人或委托代理人以当事人名义订立合同的资料，以应对当事人恶意加盖非备案的公章、假公章或者不加盖公章的行为，降低当事人订立合同的风险。

【法条索引】

• 《民法典》

第六十一条　依照法律或者法人章程的规定，代表法人从事民事活动的负责人，为法人的法定代表人。法定代表人以法人名义从事的民事活动，其法律后果由法人承受。法人章程或者法人权力机构对法定代表人代表权的限制，不得对抗善意相对人。

第一百六十二条　代理人在代理权限内，以被代理人名义实施的民事法律行为，对被代理人发生效力。

第一百六十五条　委托代理授权采用书面形式的，授权委托书应当载明代理人的姓名或者名称、代理事项、权限和期限，并由被代理人签名或者盖章。

• 《最高人民法院关于印发〈全国法院民商事审判工作会议纪要〉的通知》

第四十一条　司法实践中，有些公司有意刻制两套甚至多套公章，有的法定代表人或者代理人甚至私刻公章，订立合同时恶意加盖非备案的公章或者假公章，发生纠纷后法人以加盖的是假公章为由否定合同效力的情形并不鲜见。人民法院在审理案件时，应当主要审查签约人于盖章之时有无代表权或者代理权，从而根据代表或者代理的相关规则来确定合同的效力。/法定代表人或者其授权之人在合同上加盖法人公章的行为，表明其是以法人名义签订合同，除《公司法》第十六条等法律对其职权有特别规定的情形外，应当由法人承担相应的法律后果。法人以法定代表人事后已无代表权、加盖的是假章、所盖之章与备案公章不一致等为由否定合同效力的，人民法院不予支持。/代理人以被代理人名义签订合同，要取得合法授权。代理人取得合法授权后，以被代理人名义签订的合同，应当由被代理人承担责任。被代理人以代理人事后已无代理权、加盖的是假章、所盖之章与备案公章不一致等为由否定合同效力的，人民法院不予支持。

第二部分 通用合同条件

第1条 一般约定

1.1 词语定义和解释

合同协议书、通用合同条件、专用合同条件中的下列词语应具有本款所赋予的含义：

1.1.1 合同

1.1.1.1 合同：是指根据法律规定和合同当事人约定具有约束力的文件，构成合同的文件包括合同协议书、中标通知书（如果有）、投标函及其附录（如果有）、专用合同条件及其附件、通用合同条件、《发包人要求》、承包人建议书、价格清单以及双方约定的其他合同文件。

【条文释义】

第1.1.1.1项明确了合同的定义和构成合同的文件（与合同协议书第六条一致），以及合同协议书等词语的定义和解释。

合同定义中除了说明其构成文件外，主要指根据法律规定和合同当事人约定具有约束力的文件。

合同的约束力是指，除合同当事人同意或有解除原因外，任何一方当事人都不得无故反悔解约、撤销合同①。而合同具有约束力的前提条件包括：（1）合同的设立、变更和终止应当符合法律规定。依法成立是合同受到法律认可和保护，在当事人之间产生法律约束力的前提，这一点在建设工程合同中表现得尤为突出。建设工程项目往往关系到社会公共利益，因此受到较多的行政监管，实践中因违反招投标领域的法律法规、建筑领域资质管理规定、非法转包或肢解发包、违法分包等情形都可能导致建设工程合同无效，而无效的建设工程合同就不存在法律约束力。（2）合同的设立、变更和终止时取决于当事人的约定。应当注意的是，本目中合同是一种"文件"，《民法典》第七百八十九条规定："建设工程合同应当采用书面形式"，也就是说构成合同的文件在形式上应当符合《民法典》要式合同的要求，应当采用书面形式。

---

① 韩世远. 合同法总论［M］. 北京：法律出版社，2018：105.

构成合同的文件包括合同协议书、中标通知书（如果有）、投标函及其附录（如果有）、专用合同条件及其附件、通用合同条件、《发包人要求》、承包人建议书、价格清单以及双方约定的其他合同文件，也就是说在本合同示范文本中提及"合同"一词，均可以指全部构成合同的文件。

在构成合同的文件中，合同协议书、专用合同条件及其附件、通用合同条件是比较直观的组成部分。合同协议书载明了具体工程建设项目的主要内容，包括工程概况、合同工期、质量标准、签约合同价与合同价格形式等。通用合同条件是根据法律规定、结合工程建设的一般规律制定的合同条款，专用合同条件是合同当事人根据具体工程特点，在不违反法律规定的前提下，对通用合同条件的细化、补充和完善，体现合同当事人的意思自治和具体工程的特点。

中标通知书、投标函及其附录适用于通过招标方式发包的工程总承包项目。招投标程序是典型的当事人采取要约、承诺的方式订立合同，招标文件构成要约邀请、投标函及其附录构成要约、中标通知书构成承诺，因此中标通知书、投标函及其附录也是构成合同的文件。

《发包人要求》、承包人建议书、价格清单等商务、技术文件也是工程实施过程中的依据，构成合同的文件。

其他合同文件是经当事人约定的与工程实施有关的具有法律约束力的文件。

1.1.1.2　合同协议书：是指构成合同的由发包人和承包人共同签署的称为"合同协议书"的书面文件。

【条文释义】

合同协议书共十一条，包括工程概况、合同工期、质量标准、签约合同价与合同价格形式、工程总承包项目经理、合同文件构成、承诺、订立时间、订立地点、合同生效、合同份数，合同协议书应由合同当事人共同签署。通过招标方式发包的工程总承包项目应在中标通知书规定的时间内，按照招标文件和中标人的投标函及其附录、中标通知书签订合同协议书，合同协议书内容应与中标结果的实质性内容保持一致。

1.1.1.3　中标通知书：是指构成合同的由发包人通知承包人中标的书面文件。中标通知书随附的澄清、说明、补正事项纪要等，是中标通知书的组成部分。

【条文释义】

根据《招标投标法》第四十五条的规定："中标人确定后，招标人应当向中标人发出中标通知书，并同时将中标结果通知所有未中标的投标人。中标通知书对招标人和中标人具有法律效力。中标通知书发出后，招标人改变中标结果的，或者中标人放弃中标项目的，应当依法承担法律责任。"中标通知书是招标人确定中标人后向中标人发出的通知其中标的书面凭证，中标通知书中载明的中标价、质量标准、合同工期等内容应当与投标函的实质性内容保持一致。中标通知书的法律效力体现在根据《招标投标法》的规定，招标人和中标人应当自中标通知书发出之日起三十日内订立书面合同，且所订立的合同内容不得改变中标结果，招标人改变中标结果或者投标人放弃中标项目的，均应当依法承担法律责任。

中标通知书随附的澄清、说明、补正事项纪要等，是中标通知书的组成部分。此处"中标通知书随附的澄清、说明、补正事项纪要"主要涉及对招标文件的澄清和评标过程中的澄清。

对招标文件的澄清、说明、补正事项纪要主要包括：应潜在投标人要求的澄清和招标人主动澄清。应潜在投标人要求的澄清是指，当潜在投标人在获取资格预审文件或招标文件之后，发现标书中存在要求、规则不明确的，或者存在错误的，可以在标书规定的异议期限内，向招标人提交异议，请招标人予以澄清。招标人主动澄清是指，招标人在标书发出之后，如果发现标书中存在要求、规则不明确的，或者存在错误的，可以主动发起澄清。法律法规对于澄清的时间点有明确规定，《招标投标法》第二十三条规定，招标人对已发出的招标文件进行必要的澄清或者修改的，应当在招标文件要求提交投标文件截止时间至少十五日前，以书面形式通知所有招标文件收受人。《招标投标法实施条例》第二十一条进一步明确，招标人有权对已发出的资格预审文件或者招标文件进行必要的澄清或者修改，同时，细化了因"澄清或者修改的内容可能影响资格预审申请文件或者投标文件编制的，招标人应当在提交资格预审申请文件截止时间至少 3 日前，或者投标截止时间至少15 日前，以书面形式通知所有获取资格预审文件或者招标文件的潜在投标人"。《招标投标法》同时规定，澄清应以书面形式通知所有获取标书的潜在投标人，澄清或者修改的内容为招标文件的组成部分，是评委进行评审的依据之一。

评标过程中的澄清是指，评标委员会要求投标人对投标文件中特定内容进行解释、说明。该操作一方面有利于评标委员会准确地理解投标文件的内容，把握投标人的真实意思表示，从而对投标文件做出更为公正客观的评价；另一方面也有助于消除评标委员会和投标人对招标文件、投标文件理解上的偏差，避免招标人和中标人在合同履行过程中出现不必要的争议。《招标投标法》第三十九条、《招标投标法实施条例》第五十二条均授权评标委员会有权向投标人发起澄清，评标委员会不得接受投标人主动发起的澄清。

【使用指引】

合同文件中是否包括中标通知书、投标函及其附录主要取决于工程总承包项目的发包方式。《房屋建筑和市政基础设施项目工程总承包管理办法》第八条第一款规定了工程总承包项目的发包方式包括招标或者直接发包等方式，第八条第二款规定了通过招标方式确定工程总承包单位的项目范围，工程总承包项目范围内的设计、采购或者施工中，有任意一项属于依法必须进行招标的项目范围且达到国家规定规模标准的，就应当采用招标的方式选择工程总承包单位，也就是说，根据《招标投标法》《招标投标法实施条例》《必须招标的工程项目规定》（发展改革委 16 号令）等相关规定，依法必须招标的工程应当依法进行招标。对于非依法必须招标的工程，可由发包人自行选择是否采用招标方式选定承包人，若发包人对非必须招标项目决定不采用招标方式的，可以通过直接发包形式选定承包人，对于直接发包项目，合同文件中就不包括中标通知书、投标函及其附录。

【风险识别与防范】

本项"中标通知书"的定义中明确了中标通知书随附的澄清、说明、补正事项纪要等，是中标通知书的组成部分。对于此处"中标通知书随附的澄清、说明、补正事项纪要"应当注意的是，一般认为投标文件具有合同法上要约的法律属性，招标人一旦确定中标人，招标人需要按照中标文件载明的实质性内容发出中标通知书，招标人不得在中标通知书中任意地添加除了对招标文件的澄清和评标过程中的澄清之外的其他澄清、说明、补正事项纪要，否则可能导致中标通知书与中标文件的实质性内容相悖，中标通知书被视为新的要约，而不是承诺，进而影响中标结果。

【法条索引】

• 《招标投标法》

第二十三条　招标人对已发出的招标文件进行必要的澄清或者修改的，应当在招标文件要求提交投标文件截止时间至少十五日前，以书面形式通知所有招标文件收受人。该澄清或者修改的内容为招标文件的组成部分。

• 《招标投标法实施条例》

第二十一条　招标人可以对已发出的资格预审文件或者招标文件进行必要的澄清或者修改。澄清或者修改的内容可能影响资格预审申请文件或者投标文件编制的，招标人应当在提交资格预审申请文件截止时间至少 3 日前，或者投标截止时间至少 15 日前，以书面形式通知所有获取资格预审文件或者招标文件的潜在投标人；不足 3 日或者 15 日的，招标人应当顺延提交资格预审申请文件或者投标文件的截止时间。

• 《房屋建筑和市政基础设施项目工程总承包管理办法》

第八条　建设单位依法采用招标或者直接发包等方式选择工程总承包单位。

工程总承包项目范围内的设计、采购或者施工中，有任一项属于依法必须进行招标的项目范围且达到国家规定规模标准的，应当采用招标的方式选择工程总承包单位。

第九条　建设单位应当根据招标项目的特点和需要编制工程总承包项目招标文件，主要包括以下内容：

（一）投标人须知；

（二）评标办法和标准；

（三）拟签订合同的主要条款；

（四）发包人要求，列明项目的目标、范围、设计和其他技术标准，包括对项目的内容、范围、规模、标准、功能、质量、安全、节约能源、生态环境保护、工期、验收等的明确要求；

（五）建设单位提供的资料和条件，包括发包前完成的水文地质、工程地质、地形等勘察资料，以及可行性研究报告、方案设计文件或者初步设计文件等；

（六）投标文件格式；

（七）要求投标人提交的其他材料。

建设单位可以在招标文件中提出对履约担保的要求，依法要求投标文件载明拟分包的内容；对于设有最高投标限价的，应当明确最高投标限价或者最高投标限价的计算方法。

推荐使用由住房和城乡建设部会同有关部门制定的工程总承包合同示范文本。

1.1.1.4　投标函：是指构成合同的由承包人填写并签署的用于投标的称为"投标函"的文件。

【条文释义】

投标函是由投标人按照法律规定和招标文件的要求填写并签署，投标函应当对招标文件提出的实质性要求和条件作出响应，投标函的内容一般包括投标报价、工期、质量以及投标人承诺其受投标函约束的意思表示。

【使用指引】

使用者应当注意区分"投标函"与"投标文件"之间的差异，投标文件除了包括投标函及投标函附录外，参考《标准设计施工总承包招标文件（2012 年版）》投标文件的组成包括：

（1）投标函及投标函附录；

（2）法定代表人身份证明或附有法定代表人身份证明的授权委托书；

（3）联合体协议书；

（4）投标保证金；

（5）价格清单；

（6）承包人建议书；

（7）承包人实施计划；

（8）资格审查资料；

（9）投标人须知前附表规定的其他资料。

上述投标文件中有些文件如法定代表人身份证明或附有法定代表人身份证明的授权委托书、承包人实施计划不宜作为合同文件组成，故使用者应当注意构成合同的文件是投标函及其附录，而非投标文件。

1.1.1.5　投标函附录：是指构成合同的附在投标函后的称为"投标函附录"的文件。

【条文释义】

投标函附录是附在投标函之后的文件，主要响应招标文件中涉及的关键性或实质性的内容条款，并进行细化、说明或强调，如工期、质量要求、项目经理、赔偿的限额等。投标人提交的投标函附录内容、格式需严格按照招标文件提供的统一格式编写，不得随意增减内容。

1.1.1.6 《发包人要求》：指构成合同文件组成部分的名为《发包人要求》的文件，其中列明工程的目的、范围、设计与其他技术标准和要求，以及合同双方当事人约定对其所作的修改或补充。

【条文释义】

　　《建设工程施工合同（示范文本）》（GF-2017-0201）（以下简称《2017版施工合同示范文本》）中体现"工程的目的、范围、设计与其他技术标准和要求"的文件是"技术标准和要求、图纸"，这也是传统的施工总承包模式与工程总承包模式最大的区别，在传统的施工总承包模式下，发包人提供具体的施工图纸，承包人的义务是按图施工，施工图纸非常详实，从总体概念到细部构造均有明确的图纸予以注明，并且对于尺寸、材质、工艺要求等通常都有明确具体的标注。而工程总承包模式则不同，工程总承包模式下，发包人提供的是《发包人要求》。《发包人要求》来源于FIDIC合同体系中的"Employer's Requirements"这一概念，直接翻译为"雇主要求"，本土化后翻译为"发包人要求"。2017版FIDIC《生产设备和设计　施工合同条件》（以下简称《2017版FIDIC黄皮书》）第1.1.33款规定："'雇主要求'系指合同中包括的，题为雇主要求的文件，以及根据合同对此项文件所作的任何补充和修改。该文件描述了工程拟达到的目标，并列明了工程的范围、和/或设计、和/或其他履行、技术和评估标准。"工程总承包模式中的"发包人要求"与施工总承包模式中的"施工图纸"法律本质是一致的，都是承发包人的合同目的，即发包人希望通过合同取得的目标建设工程，亦即承包人的承揽工作范围。

　　根据《房屋建筑和市政基础设施项目工程总承包管理办法》第九条规定，建设单位编制的招标文件中包括发包人要求，列明项目的目标、范围、设计和其他技术标准，包括对项目的内容、范围、规模、标准、功能、质量、安全、节约能源、生态环境保护、工期、验收等的明确要求，投标人根据《发包人要求》制定投标设计、采购、施工方案，依据《发包人要求》开展各项工作，工程竣工后承包人按照《发包人要求》提供竣工图纸和竣工资料，按《发包人要求》组织各阶段验收。

　　目前，工程总承包项目的一大风险在于工程总承包发包时，基于前期咨询服务成果限制，导致发包人难以提出合理、准确、科学的招标要求，令承包人报价、实施方案缺乏针对性，一旦工程进入到履约阶段，随着发包人要求的不断明确以及设计深度的推进，极易引发工程价款争议。《发包人要求》应尽可能清晰准确，对于可以进行定量评估的工作，《发包人要求》不仅应明确规定其产能、功能、用途、质量、环境、安全，并且要规定偏离的范围和计算方法，以及检验、试验、试运行的具体要求。对于承包人负责提供的有关设备和服务，对发包人人员进行培训和提供一些消耗品等，在《发包人要求》中应一并明确规定。发包人对于工程的技术标准、功能要求高于或严于现行国家、行业或地方标准的，应当在《发包人要求》中予以明确。

需要注意的是，本项定义中的《发包人要求》是有书名号的，特指发包人在项目招标文件中编制的并构成合同组成部分的文件。通用合同条件第14.1.1条约定："除专用合同条件中另有约定外，本合同为总价合同，除根据第13条［变更与调整］，以及合同中其他相关增减金额的约定进行调整外，合同价格不作调整。"固定总价所覆盖的工作范围是在合同文件内明确列示的工作，也包括虽未明确列示但是承包商必须完成的其他工作，因此与固定总价对应的工程的目的、范围、设计与其他技术标准和要求必须是指向明确、内容固定的。作为构成合同工作范围和义务基础的《发包人要求》明确指向发包人在项目招标文件中编制的并构成合同组成部分的文件，可以减少合同当事人对合同工作范围和义务的分歧。另外，通用合同条件第1.1.6.3条对"变更"的定义为"变更：指根据第13条［变更与调整］的约定，经指示或批准对《发包人要求》或工程所做的改变。"因此，《发包人要求》也是判断发包人指示是否构成"变更"的基础。工程总承包项目发包时往往在初步设计阶段，在工程实施过程中随着设计的深化、工作内容逐渐明朗时，双方对于哪些工作包含在固定总价中不可避免地会产生分歧。通常是，承包人会认为一些其未预见到的设计深化工作属于变更，而发包人则会认为其属于固定总价的正常工作内容，不是变更。根据通用合同条件对"变更"的定义可知，变更指的是对报价原始工作范围的修改，判断一项发包人指示是否构成变更也需要《发包人要求》指向明确、内容固定。一般来说，区别变更与设计深化的最重要的判断标准就是承包人的设计是否满足了《发包人要求》，如果承包人提交的设计已经满足了《发包人要求》，发包人仍然要求承包人修改设计，则发包人指示有较大的可能构成变更，否则，发包人指示仅构成设计深化过程的一部分。

【使用指引】

《发包人要求》是整个合同中约定承包人合同义务的最重要文件，是发包人实现合同目的的关键。使用者应当注意的是：（1）《发包人要求》是承包人报价的基础性依据文件，一般应当在基准日前完成，基准日后对于《发包人要求》的实质性变更可能引起合同的变更；（2）因为《发包人要求》的变更可能引发合同工期、质量、价款的调整，发包人应特别谨慎地对待《发包人要求》的稳定性，切忌随意提出变更要求。如发包人的变更要求可能引发合同工期、质量、价款的调整，承包人应为相应的索赔、签证做好准备。

1.1.1.7 项目清单：是指发包人提供的载明工程总承包项目勘察费（如果有）、设计费、建筑安装工程费、设备购置费、暂估价、暂列金额和双方约定的其他费用的名称和相应数量等内容的项目明细。

【条文释义】

项目清单类似于现行国家标准《建设工程工程量清单计价规范》（GB 50500—2013）中的招标工程量清单，但计费项目的具体分类有所不同：前者按照勘察费、设计费、建筑安装工程费、设备购置费、暂估价、暂列金额、其他费用等项目名称分类，后者则按照工程的分部分项工程项目、措施项目、其他项目、规费、税金等费用项目名称分类。

1.1.1.8　价格清单：指构成合同文件组成部分的由承包人按发包人提供的项目清单规定的格式和要求填写并标明价格的清单。

【条文释义】

价格清单指构成合同文件组成部分的由承包人按发包人提供的项目清单规定的格式和要求填写并标明价格的清单。类似于《2011 版工程总承包合同》中的"价格清单分项表"。

"项目清单"与"价格清单"的关系是项目清单是价格清单的基础。通用合同条件第14.1.2 条约定："除专用合同条件另有约定外，（3）价格清单列出的任何数量仅为估算的工作量，不得将其视为要求承包人实施的工程实际或准确的工作量。在价格清单中列出的任何工作量和价格数据应仅限用于变更和支付的参考资料，而不能用于其他目的。"所以，项目清单中载明的计价项目名称和项目数量（随后即转化为价格清单中的项目及其数量）仅反映发包人的单方意思表示，列出的数量仅为估算的工作量，未必与项目实际情形一致，而价格清单则反映了承发包人双方基于发包人给定的计价项目和项目数量的单价和合同总价的合意，将用于变更和支付的参考资料。但是，发包人不应基于通用合同条件第 14.1.2 条约定而认为编制的项目清单的准确性不重要。因为在招标或者存在多个候选承包人的比选程序中，项目清单作为各投标人或者候选人统一的报价基础，发包人编制的项目清单越接近于工程实际的项目及其数量，工程最终结算价将越接近于发包人期望的最优价格。

1.1.1.9　承包人建议书：指构成合同文件组成部分的名为承包人建议书的文件。承包人建议书由承包人随投标函一起提交。

【条文释义】

承包人建议书是承包人响应招标文件和《发包人要求》，提出的设计和方案以及对《发包人要求》提出的修改意见和合理化建议。通常情况下包括五个部分：第一部分是设计方案或者图纸，设计方案和图纸的完善性应当满足发包人对工程项目的需求，且设计图预算应当控制在招标控制价内。第二部分是工程详细说明，比如各单体建构筑物的位置、面积、层数、建设使用年限，装修工程的标准和方案，排水工程的材质、流量、埋深，绿化工程比例、密度、树木直径、冠幅等，还应包括设计工作的具体内容和服务，包括施工阶段的具体工作内容。第三部分是设备方案，包括设备采购的方式，设备采购的来源，设备的规格、品牌、数量，设备的技术参数、生产能力、保养的方案，设备的保修期限等，包括设备必需备品备件的数量和价值，有的还需根据招标文件的要求提供备选方案和保修方案。第四部分是专业工程的分包方案，分包方案应当完全响应招标文件的要求，不得将其承包的全部工程转包给第三人，也不得将承包的工程肢解后以分包的名义转包给第三人，承包人应当列明计划分包的专业工程的目录及分包单位能力和资质的要求。第五部分是对《发包人要求》中错误的提示和合理化建议。

【使用指引】

"承包人建议书"在合同文件的解释顺序上排在《发包人要求》之后，因此，如果"承包人建议书"的内容涉及对《发包人要求》的有关内容的偏离，承包人应特别留意，确保这些偏离被补充进入新的《发包人要求》，否则，这些与《发包人要求》不符的内容将在解释合同时，被《发包人要求》的优先解释所覆盖。

1.1.1.10　其他合同文件：是指经合同当事人约定的与工程实施有关的具有合同约束力的文件或书面协议。合同当事人可以在专用合同条件中进行约定。

【条文释义】

其他合同文件主要指补充协议、工程洽商、变更签证等对双方构成约束的书面文件。工程实践中存在发包人存编制的招标文件不详细，或者部分工程存在前期勘察设计不充分、不细致的情况，导致承包人编制的投标文件无法全面客观地反映合同订立后实际履行的工程现实条件，特别是项目实施计划、项目进度计划等在发生较大变化，这时候合同当事人就可以通过补充协议、工程洽商、变更签证等方式对原合同条件作出补充和修改。对于本目的理解还应当结合合同协议书第六条合同文件构成，即合同文件包括双方就该项合同文件所作出的补充和修改，属于同一类内容的合同文件应以最新签署的为准。

【使用指引】

合同当事人可以在专用合同条件中，对合同文件的组成进行补充，特别是对于工程实施具有重要指导意义或有助于界定合同当事人权利义务的文件，合同当事人可以将其纳入合同文件组成。

关于招标文件是否可以约定为合同文件，虽然从其法律属性上分析，其一般为要约邀请，但招标文件不同于其他类型的要约邀请，投标人的投标文件必须对招标文件提出的实质性要求和条件作出响应。实践中，合同当事人对合同的理解存在分歧时，经常借助招标文件等进行整体解释，故合同当事人可以结合项目的具体情况和特点，在必要时可以选择将招标文件作为合同文件组成部分，以便于合同当事人更好地理解和适用合同。

1.1.2　合同当事人及其他相关方

1.1.2.1　合同当事人：是指发包人和（或）承包人。

【条文释义】

合同当事人是指发包人和（或）承包人。合同当事人仅包括依法签订合同并按照合同约定行使合同权利、履行合同义务的发包人和承包人，不包括工程师、分包人等。合同当事人可以将其合同约定的部分权利委托第三方行使，比如发包人委托造价咨询机构负责审核承包人工程进度付款申请，但造价咨询机构不会因此成为合同当事人，也不改变合同当事人的地位。经过合同对方当事人同意，合同当事人也可以将其合同义务委托第三方履行，比如发包人委托第三方代付工程款。

【风险识别与防范】

招标发包的工程，合同当事人在订立合同时应注意订立合同主体与招投标主体的一致性，如签订合同的承包人与中标人为不同主体，则可能因违反《招标投标法》规定影响合同效力。另外，合同当事人应注意订立合同主体与实际履行合同主体的一致性，防止违法分包、转包以及出借资质的情形。

1.1.2.2　发包人：是指与承包人订立合同协议书的当事人及取得该当事人资格的合法继受人。本合同中"因发包人原因"里的"发包人"包括发包人及所有发包人人员。

【条文释义】

发包人是指与承包人订立合同协议书的当事人及取得该当事人资格的合法继受人，发包人又称为"业主""建设单位"等。现行法律主要针对承包人的资质作出了严格要求，并未对发包人资质作出特别要求，发包人可以是法人或其他组织，自然人以个人名义发包工程的情形比较罕见，但法律并未限定自然人不能成为工程的发包人。

发包人和承包人定义中都包括取得该当事人资格的合法继受人，如作为发包人的有限责任公司合并，导致原签约主体消灭的，根据《民法典》第六十七条第一款："法人合并的，其权利和义务由合并后的法人享有和承担"，由合并后的主体作为发包人，继续行使合同权利、履行合同义务。作为非合同文本的签订主体，在发生合同当事人权利继受的特殊情况时，继受人的地位只能基于法律规定或者当事人符合法律规定的特别约定而确定，因此在定义中强调发包人和承包人的继受人的合法性。

1.1.2.3　承包人：是指与发包人订立合同协议书的当事人及取得该当事人资格的合法继受人。

【条文释义】

承包人是指与发包人订立合同协议书的当事人及取得该当事人资格的合法继受人。根据《建筑法》的相关规定，承包建筑工程的单位应当持有依法取得的资质证书，并在其资质等级许可的业务范围内承揽工程。法律禁止建筑施工企业超越本企业资质等级许可的业务范围或者以任何形式用其他建筑施工企业的名义承揽工程，禁止建筑施工企业以任何形式允许其他单位或者个人使用本企业的资质证书、营业执照，以本企业的名义承揽工程。根据《房屋建筑和市政基础设施项目工程总承包管理办法》的规定，承包人应当具有工程设计和施工"双资质"，或者由具有相应资质的设计单位和施工单位组成联合体。工程总承包单位应当具有相应的项目管理体系和项目管理能力、财务和风险承担能力，以及与发包工程相类似的设计、施工或者工程总承包业绩。同时，工程总承包单位不得是工程总承包项目的代建单位、项目管理单位、监理单位、造价咨询单位、招标代理单位。对于政府投资项目的承包人，要求项目建议书、可行性研究报告、初步设计文件编制单位及其评估单位，一般不得成为该项目的工程总承包单位。政府投资项目招标人公开已经完成的项目建议书、可行性研究报告、初步设计文件的，上述单位可以参与该工程总承包项目的投标，经依法评标、定标，成为工程总承包单位。

【法条索引】

·《建筑法》

第二十六条　承包建筑工程的单位应当持有依法取得的资质证书，并在其资质等级许可的业务范围内承揽工程。

禁止建筑施工企业超越本企业资质等级许可的业务范围或者以任何形式用其他建筑施工企业的名义承揽工程。禁止建筑施工企业以任何形式允许其他单位或者个人使用本企业的资质证书、营业执照，以本企业的名义承揽工程。

·《房屋建筑和市政基础设施项目工程总承包管理办法》

第十条　工程总承包单位应当同时具有与工程规模相适应的工程设计资质和施工资质，或者由具有相应资质的设计单位和施工单位组成联合体。工程总承包单位应当具有相应的项目管理体系和项目管理能力、财务和风险承担能力，以及与发包工程相类似的设计、施工或者工程总承包业绩。

设计单位和施工单位组成联合体的，应当根据项目的特点和复杂程度，合理确定牵头单位，并在联合体协议中明确联合体成员单位的责任和权利。联合体各方应当共同与建设单位签订工程总承包合同，就工程总承包项目承担连带责任。

第十一条　工程总承包单位不得是工程总承包项目的代建单位、项目管理单位、监理单位、造价咨询单位、招标代理单位。

政府投资项目的项目建议书、可行性研究报告、初步设计文件编制单位及其评估单位，一般不得成为该项目的工程总承包单位。政府投资项目招标人公开已经完成的项目建议书、可行性研究报告、初步设计文件的，上述单位可以参与该工程总承包项目的投标，经依法评标、定标，成为工程总承包单位。

1.1.2.4　联合体：是指经发包人同意由两个或两个以上法人或者其他组织组成的，作为承包人的临时机构。

【条文释义】

联合体是指经发包人同意由两个或两个以上法人或者其他组织组成的，作为承包人的临时机构。《建筑法》第二十七条规定："大型建筑工程或者结构复杂的建筑工程，可以由两个以上的承包单位联合共同承包。共同承包的各方对承包合同的履行承担连带责任。两个以上不同资质等级的单位实行联合共同承包的，应当按照资质等级低的单位的业务许可范围承揽工程。"目前国内工程总承包商需具备设计、施工的"双资质"，考虑到我国目前工程总承包市场的发展现状，《房屋建筑和市政基础设施项目工程总承包管理办法》进一步规定对于暂时缺乏条件实现"双资质"的设计、施工企业，也可以通过联合体方式准入工程总承包市场。联合体在招投标阶段形成，直接发包的项目在合同谈判阶段形成。联合体成立的前提是发包人接受联合体方式。联合体的法律性质是"承包人的临时机构"，联合体成员间的组织方式仅为联合体协议，该联合体有可能刻制项目印章，但并不进行工商登记，不具备法人资格。

【使用指引】

具体项目是否适用联合体模式由发包人决定，在招标项目中，招标人一般在资格预审公告、招标公告或者投标邀请书中载明是否接受联合体投标。联合体一般采取资质互补的原则，联合体性质属于临时性的组织，如果联合体中标，则联合体通过联合体协议约束各自的工作范围和职责，如果联合体未中标，则联合体解散。

【法条索引】

•《建筑法》

第二十七条　大型建筑工程或者结构复杂的建筑工程，可以由两个以上的承包单位联合共同承包。共同承包的各方对承包合同的履行承担连带责任。

两个以上不同资质等级的单位实行联合共同承包的，应当按照资质等级低的单位的业务许可范围承揽工程。

•《招标投标法》

第三十一条　两个以上法人或者其他组织可以组成一个联合体，以一个投标人的身份共同投标。

联合体各方均应当具备承担招标项目的相应能力；国家有关规定或者招标文件对投标人资格条件有规定的，联合体各方均应当具备规定的相应资格条件。由同一专业的单位组成的联合体，按照资质等级较低的单位确定资质等级。

联合体各方应当签订共同投标协议，明确约定各方拟承担的工作和责任，并将共同投标协议连同投标文件一并提交招标人。联合体中标的，联合体各方应当共同与招标人签订合同，就中标项目向招标人承担连带责任。

招标人不得强制投标人组成联合体共同投标，不得限制投标人之间的竞争。

•《招标投标法实施条例》

第三十七条　招标人应当在资格预审公告、招标公告或者投标邀请书中载明是否接受联合体投标。

招标人接受联合体投标并进行资格预审的，联合体应当在提交资格预审申请文件前组成。资格预审后联合体增减、更换成员的，其投标无效。

联合体各方在同一招标项目中以自己名义单独投标或者参加其他联合体投标的，相关投标均无效。

•《政府采购法》

第二十四条 两个以上的自然人、法人或者其他组织可以组成一个联合体，以一个供应商的身份共同参加政府采购。

以联合体形式进行政府采购的，参加联合体的供应商均应当具备本法第二十二条规定的条件，并应当向采购人提交联合协议，载明联合体各方承担的工作和义务。联合体各方应当共同与采购人签订采购合同，就采购合同约定的事项对采购人承担连带责任。

•《房屋建筑和市政基础设施项目工程总承包管理办法》

第十条 工程总承包单位应当同时具有与工程规模相适应的工程设计资质和施工资质，或者由具有相应资质的设计单位和施工单位组成联合体。工程总承包单位应当具有相应的项目管理体系和项目管理能力、财务和风险承担能力，以及与发包工程相类似的设计、施工或者工程总承包业绩。

设计单位和施工单位组成联合体的，应当根据项目的特点和复杂程度，合理确定牵头单位，并在联合体协议中明确联合体成员单位的责任和权利。联合体各方应当共同与建设单位签订工程总承包合同，就工程总承包项目承担连带责任。

1.1.2.5 发包人代表：是指由发包人任命并派驻工作现场，在发包人授权范围内行使发包人权利和履行发包人义务的人。

1.1.2.6 工程师：是指在专用合同条件中指明的，受发包人委托按照法律规定和发包人的授权进行合同履行管理、工程监督管理等工作的法人或其他组织；该法人或其他组织应雇用一名具有相应执业资格和职业能力的自然人作为工程师代表，并授予其根据本合同代表工程师行事的权利。

【条文释义】

发包人代表是指由发包人任命并派驻工作现场，在发包人授权范围内行使发包人权利和履行发包人义务的人。"工程师"是指在专用合同条件中指明的，受发包人委托按照法律规定和发包人的授权进行合同履行管理、工程监督管理等工作的法人或其他组织；该法人或其他组织应雇用一名具有相应执业资格和职业能力的自然人作为工程师代表，并授予其根据本合同代表工程师行事的权利。

本示范文本首次采用与FIDIC工程合同表述相同的"工程师"一词。《2017版FIDIC黄皮书》中由业主方聘用代表其管理项目的一方称为"工程师"，FIDIC《设计采购施工（EPC）/交钥匙工程合同条件》（简称《2017版FIDIC银皮书》）中的"业主代表"替代了"工程师"，银皮书中业主代表的职权范围与工程师相比受到了明显的限制，这是由于银皮书采用承包商承担大多数风险的固定总价合同，银皮书模式下大大减轻业主在项目实施阶段的管理压力，所以业主代表及其团队人员的配备可以相对比较精干[①]。考虑到国内工程

---

① 陈勇强，吕文学，张水波等. FIDIC 2017版系列合同条件解析［M］. 北京：中国建筑工业出版社，2019：25-35.

管理中建设单位对工程质量的首要责任、项目负责人的终身责任制，以及法律规定的监理制度，本示范文本同时借鉴了《2017 版 FIDIC 黄皮书》和《2017 版 FIDIC 银皮书》的思路，在具体的管理方式上，体现为"发包人代表""发包人人员"和"工程师"的管理。"发包人代表"是指由发包人任命并派驻工作现场，在发包人授权范围内行使发包人权利和履行发包人义务的人，发包人代表应当是自然人，而不是法人或其他组织。"工程师"是指在受发包人委托按照法律规定和发包人的授权进行合同履行管理、工程监督管理等工作，工程师应当是法人或其他组织，该法人或其他组织应雇用一名具有相应执业资格和职业能力的自然人作为工程师代表，并授予其根据本合同代表工程师行事的权利。

尽管本示范文本同时借鉴了《2017 版 FIDIC 黄皮书》和《2017 版 FIDIC 银皮书》，但是从承包人的风险承担、发包人对承包人工作的监督力度的角度而言，不同于银皮书完全交钥匙式的工程总承包模式，本合同示范文本更接近《2017 版 FIDIC 黄皮书》。这一风险分担原则延续了《房屋建筑和市政基础设施项目工程总承包管理办法》的相关规定，《房屋建筑和市政基础设施项目工程总承包管理办法》第十五条规定："建设单位和工程总承包单位应当加强风险管理，合理分担风险"，建设单位承担的风险包括不可预见的地质条件造成的工程费用和工期的变化、因建设单位原因产生的工程费用和工期的变化等。既然要求发包人合理地分担风险，那么相较于交钥匙模式，发包人就需要投入较多的精力加强风险管理。本合同示范文本中发包人对承包人中间过程的工程技术监督（即工程师职责的内容）较多，目的在于减少承包人对工作最终成果应承担的风险责任。

【使用指引】

1. 发包人代表和工程师的区别。发包人代表和工程师的工作职责均来源于发包人的授权，但发包人代表的工作职责是代表发包人处理发包人自身的合同履约事宜，同时负责合同履行过程中的信息的反馈、决策，由发包人代表决策的一般是商务事项，例如合同权利的减让、对方合同义务的豁免等。而工程师的工作职责集中于合同履行中对于承包人在工程质量、工期和工程量价等方面的技术监督以及工程实施过程中的安全监督管理，侧重于基于工程专业技术性判断进行决策。采用本合同示范文本时，使用者应特别注意明确界分两者之间的职责，避免出现职责交叉重叠或者空白，导致因两者职责划分不当而引发合同履行争议。

2. 与《2017 版施工合同示范文本》《标准设计施工总承包招标文件（2012 年版）》相比，本合同的一个重大突破是未沿用《2011 版工程总承包合同》中的"监理人"角色，而是通过 3.3［工程师］"根据国家相关法律法规规定，如本合同工程属于强制监理项目的，由工程师履行法定的监理相关职责"的约定，将"工程师"与监理制度相关联衔接。示范文本的使用者应当注意，若工程属于强制监理项目，工程师可以同时作为监理人，完成监理人的工作内容，也可以既有工程师，又有监理人。

【风险识别与防范】

1. 除非经合同特别约定，依据法律规定和发包人的授权，发包人代表与发包人之间构成代理关系，发包人对发包人代表的授权范围应具体明确，否则发包人代表的行为超出发包人的授权范围且构成表见代理的，发包人仍应对发包人代表的行为承担责任。而工程师不能代替或者代表发包人履行发包人与承包人之间的合同。

2. 发包人代表、工程师、工程总承包项目经理、设计负责人、采购负责人、施工负责人一旦经由合同双方当事人确定，任何该等人员的调整更换均需经由发包人同意，否则构成违约。

【法条索引】

•《房屋建筑和市政基础设施项目工程总承包管理办法》

第十五条　建设单位和工程总承包单位应当加强风险管理，合理分担风险。

建设单位承担的风险主要包括：

（一）主要工程材料、设备、人工费价格与招标时基期价相比，波动幅度超过合同约定幅度的部分；

（二）因国家法律法规政策变化引起的合同价格的变化；

（三）不可预见的地质条件造成的工程费用和工期的变化；

（四）因建设单位原因产生的工程费用和工期的变化；

（五）不可抗力造成的工程费用和工期的变化。

具体风险分担内容由双方在合同中约定。

鼓励建设单位和工程总承包单位运用保险手段增强防范风险能力。

第十七条　建设单位根据自身资源和能力，可以自行对工程总承包项目进行管理，也可以委托勘察设计单位、代建单位等项目管理单位，赋予相应权利，依照合同对工程总承包项目进行管理。

1.1.2.7　工程总承包项目经理：是指由承包人任命的，在承包人授权范围内负责合同履行的管理，且按照法律规定具有相应资格的项目负责人。

【条文释义】

通用合同条件第4.3条明确了工程总承包项目经理的指派、权限确定、更换等。工程总承包项目经理在项目管理中具有重要地位，项目经理的职权一般包括组织项目管理班子，以工程总承包单位代表人的身份处理与所承担的工程项目有关的外部关系，指挥工程项目建设的生产经营活动，调配并管理进入工程项目的人力、资金、物资、机械设备等生产要素等。同时，与施工总承包单位的责任相比，工程总承包模式要求承包人通过加强设计、采购与施工的协调，完善和优化设计，改进施工方案，实现对工程总承包项目的有效管理控制，因此《房屋建筑和市政基础设施项目工程总承包管理办法》对项目经理的任职资格提出了执业资格、业绩、专业知识、工作能力等方面的严格要求，包括：（1）取得相应工程建设类注册执业资格，包括注册建筑师、勘察设计注册工程师、注册建造师或者注册监理工程师等；未实施注册执业资格的，取得高级专业技术职称；（2）担任过与拟建项目相类似的工程总承包项目经理、设计项目负责人、施工项目负责人或者项目总监理工程师；（3）熟悉工程技术和工程总承包项目管理知识以及相关法律法规、标准规范；（4）具有较强的组织协调能力和良好的职业道德，以及工程总承包项目经理不得同时在两个或者两个以上工程项目中担任工程总承包项目经理、施工项目负责人。

【法条索引】

· **《房屋建筑和市政基础设施项目工程总承包管理办法》**

第十九条 工程总承包单位应当设立项目管理机构，设置项目经理，配备相应管理人员，加强设计、采购与施工的协调，完善和优化设计，改进施工方案，实现对工程总承包项目的有效管理控制。

1.1.2.8 设计负责人：是指承包人指定负责组织、指导、协调设计工作并具有相应资格的人员。

1.1.2.9 采购负责人：是指承包人指定负责组织、指导、协调采购工作的人员。

1.1.2.10 施工负责人：是指承包人指定负责组织、指导、协调施工工作并具有相应资格的人员。

【条文释义】

《2011版工程总承包合同》中仅提到"项目经理"岗位，但实际上按照《建设项目工程总承包管理规范》（GB/T 50358—2017）的规定，工程总承包项目管理架构除了由项目经理负责总体的协调管控之外，还应设置设计负责人、采购负责人、施工负责人等各专业内容负责人。因此，本合同示范文本中增加了设计负责人、采购负责人、施工负责人的定义，并在附件5［承包人主要管理人员表］中区分"总部人员"和"现场人员"，列举了工程总承包项目管理架构的关键内容以供市场主体参考，其中现场人员就包括设计负责人、采购负责人、施工负责人等。

1.1.2.11 分包人：是指按照法律规定和合同约定，分包部分工程或工作，并与承包人订立分包合同的具有相应资质或资格的法人或其他组织。

【条文释义】

《建筑法》第二十九条规定，施工总承包的，建筑工程主体结构的施工必须由总承包单位自行完成。《建设工程勘察设计管理条例》也规定，建设工程主体部分的勘察、设计不可以分包。因此承包人只可以将非主体、非关键工作进行分包，分包前承包人应获得发包人的同意。同时，分包人应具有相应资质或资格，应当参考《工程设计资质标准》《建筑业企业资质标准》的要求，对承包人所承揽的设计、施工工作中的某些专业进行分包，其中施工分包中还存在劳务分包。

1.1.3 工程和设备

【条文释义】

本项定义了工程和设备，除了新增"工程实施"的定义，"工程设备"的定义与《2017 版施工合同示范文本》变化较大，其他定义基本与《2017 版施工合同示范文本》一致，仅有顺序、文字表述上的调整。

1.1.3.1 工程：是指与合同协议书中工程承包范围对应的永久工程和（或）临时工程。

【条文释义】

交付合格的工程是承包人首要的合同义务，也是合同目的，明确"工程"的概念有助于判断合同当事人履行合同权利义务情况，也是确定实现合同目的的基本前提，合同当事人应当在合同协议书中明确工程名称、工程地点、工程审批、核准或备案文号、资金来源、工程内容及规模、工程承包范围。

1.1.3.2 工程实施：是指进行工程的设计、采购、施工和竣工以及对工程任何缺陷的修复。

【条文释义】

实践中工程总承包的模式是多样化的，包括设计、施工总承包模式，设计采购总承包模式，采购施工总承包模式，设计采购施工总承包模式等。《民法典》第七百九十一条第一款规定："发包人可以与总承包人订立建设工程合同，也可以分别与勘察人、设计人、施工人订立勘察、设计、施工承包合同。发包人不得将应当由一个承包人完成的建设工程肢解成若干部分发包给数个承包人。"《建筑法》第二十四条第二款规定："建筑工程的发包单位可以将建筑工程的勘察、设计、施工、设备采购一并发包给一个工程总承包单位，也可以将建筑工程勘察、设计、施工、设备采购的一项或者多项发包给一个工程总承包单位；但是，不得将应当由一个承包单位完成的建筑工程肢解成若干部分发包给几个承包单位。"也就是说勘察、设计、施工、采购四个阶段的自由组合均可以称之为工程总承包。但是，考虑到工程总承包模式的核心特征在于设计、施工的融合，因此《房屋建筑和市政基础设施项目工程总承包管理办法》对其管理的工程总承包范围作出了规制，即《房屋建筑和市政基础设施项目工程总承包管理办法》适用于同时包含设计、施工两阶段的工程总承包模式。同时，考虑到目前尚在推进工程总承包模式的前提下，为保障合同参与方对工程总承包合同的可履行性，《房屋建筑和市政基础设施项目工程总承包管理办法》中工程总承包单位承包的范围不包括勘察阶段。本合同示范文本作为《房屋建筑和市政基础设施项目工程总承包管理办法》配套的示范文本，从条款内容设计中不难发现，本合同示范文本以承包人的承包范围也不包括勘察阶段、承包人承担设计义务为前提。因此，本合同中的工程实施是指进行工程的设计、采购、施工和竣工以及对工程任何缺陷的修复。

【法条索引】

·**《房屋建筑和市政基础设施项目工程总承包管理办法》**

　　第三条　本办法所称工程总承包，是指承包单位按照与建设单位签订的合同，对工程设计、采购、施工或者设计、施工等阶段实行总承包，并对工程的质量、安全、工期和造价等全面负责的工程建设组织实施方式。

1.1.3.3　永久工程：是指按合同约定建造并移交给发包人的工程，包括工程设备。

【条文释义】

　　永久工程即为承包人按照《发包人要求》等合同文件的约定建造并最终交付发包人的标的物。建设永久工程需取得用地规划许可证、建设工程规划许可证等许可及批准。《城乡规划法》第四十条规定："在城市、镇规划区内进行建筑物、构筑物、道路、管线和其他工程建设的，建设单位或者个人应当向城市、县人民政府城乡规划主管部门或者省、自治区、直辖市人民政府确定的镇人民政府申请办理建设工程规划许可证。"

1.1.3.4　临时工程：是指为完成合同约定的永久工程所修建的各类临时性工程，不包括施工设备。

【条文释义】

　　临时工程是指为完成合同约定的永久工程所修建的各类临时性工程，如施工道路、施工现场围墙等。临时工程不包括施工设备，施工设备属于可移动设备。根据《城乡规划法》的规定，在城市、镇规划区内进行临时建设的，应当经城市、县人民政府城乡规划主管部门批准。临时建设影响近期建设规划或者控制性详细规划的实施以及交通、市容、安全等的，不得批准。临时建设应当在批准的使用期限内自行拆除。

1.1.3.5　单位/区段工程：是指在专用合同条件中指明特定范围的，能单独接收并使用的永久工程。

【条文释义】

　　工程项目可以划分为单项工程、单位工程、分部工程和分项工程，根据《建设工程分类标准》（GB/T 50841—2013），单位工程是指具备独立施工条件并能形成独立使用功能的建筑物或构筑物，是单项工程的组成部分，可分为多个分部工程。在公路专业里，介于单项工程和单位工程之间，由几个单位工程组成的叫做"区段工程"。单位/区段工程是合同约定的工程的组成部分，工程的竣工验收以单位/区段工程为基础，发包人在全部工程竣工前，可以以分阶段接收的已经竣工的单位/区段工程，来界定其是否有利于做好工程的过程管理。此外，发包人发包工程时应当以单位工程为最小单位，将其发包给一个承包人，发包人将单位工程发包给多个承包人的，视为肢解发包。

【使用指引】

合同当事人应当在专用合同条件中约定单位/区段工程的范围，单位/区段工程是合同约定的工程组成部分，工程的中间验收、竣工验收等都以单位工程为基础，界定单位工程有利于做好工程的过程管理。

1.1.3.6 工程设备：指构成永久工程的机电设备、仪器装置、运载工具及其他类似的设备和装置，包括其配件及备品、备件、易损易耗件等。

【条文释义】

工程设备指构成永久工程的如空调系统、电梯系统、消防设备等，不构成永久工程的设备不属于工程设备，如施工电梯、挖掘机、推土机等。工程设备主要分为发包人提供的和承包人提供的。发包人自行供应工程设备的，应在订立合同时在专用合同条件的附件 2［发包人供应材料设备一览表］中明确材料、工程设备的品种、规格、型号、主要参数、数量、单价、质量等级和交接地点等。承包人提供工程设备的，承包人应按照专用合同条件的约定，将各项材料和工程设备的供货人及品种、技术要求、规格、数量和供货时间等报送工程师批准。承包人应根据合同约定的质量标准，对材料、工程设备质量负责。

1.1.3.7 施工设备：指为完成合同约定的各项工作所需的设备、器具和其他物品，不包括工程设备、临时工程和材料。

【条文释义】

施工设备不同于工程设备、临时工程和材料，工程设备最终需要安装于永久工程中，作为构成永久工程的一部分。临时工程是为了完成永久工程修建的临时性建筑物或设施。材料是在施工过程中消耗或物化为工程的一部分，如钢筋、水泥等，一般不具备独立使用功能。而施工设备是为完成合同约定的各项工作所需的设备、器具和其他物品，如施工电梯、挖掘机、推土机、打桩机等。一般来说，承包人应按项目进度计划的要求配置施工设备，若有发包人提供的施工设备或临时设施应在专用合同条件中约定。

1.1.3.8 临时设施：指为完成合同约定的各项工作所服务的临时性生产和生活设施。

【条文释义】

临时设施是承包人为保证工程施工和管理的进行而建造的各种临时性的生产和生活设施，如临时给水排水管线、临时供电管线等临时设施。

对于临时设施的理解需要了解临时设施与临时工程的区别，两者虽然都是临时建造，但一个是工程，一个是设施。例如，红线外至工地变电箱的临时供电线路属于临时工程，而工地变电箱至电力机械或者生活用电设备的临时供电线路属于临时设施；临时搭建的码头、便桥属于临时工程，而临时搭建的钢筋作业台、搅拌机工作台则属于临时设施。临时设施在施工生产过程中发挥着劳动资料的作用①。

1.1.3.9　施工现场：是指用于工程施工的场所，以及在专用合同条件中指明作为施工场所组成部分的其他场所，包括永久占地和临时占地。

【条文释义】

施工现场是指用于工程施工的场所，以及在专用合同条件中指明作为施工场所组成部分的其他场所，包括永久占地和临时占地。施工现场是发包人按专用合同条件约定应向承包人移交的施工场所，同时要求承包人在提交投标文件前对施工现场及周围环境进行踏勘，了解评估施工场所及周围环境对工程可能产生的影响，在竣工退场时要求承包人对施工现场进行清理，合同当事人的权利义务与施工现场紧密关联，因此应当明确施工现场的定义和范围，并在专用合同条件中指明作为施工场所组成部分的其他场所。施工现场包括用于建设永久工程和临时工程的工程用地，也包括用于承包人施工所需的场地，如临建用地、仓储用地、组装用地等。

1.1.3.10　永久占地：是指专用合同条件中指明为实施工程需永久占用的土地。

【条文释义】

永久占地是指专用合同条件中指明为实施工程需永久占用的土地。合同当事人应当按照建设用地规划、建设工程规划等要求利用永久占地。除法律另有规定外，合同当事人不得在永久占地范围之外修建永久工程。

【使用指引】

合同当事人应在专用合同条件中明确永久占地、临时占地的范围，一般来说永久占地的范围与工程规划红线范围内的土地范围一致。

【法条索引】

•《土地管理法》

第五十六条　建设单位使用国有土地的，应当按土地使用权出让等有偿使用合同的约定或者土地使用权划拨批准文件的规定使用土地；确需改变该幅土地建设用途的，应当经有关人民政府自然资源主管部门同意，报原批准用地的人民政府批准。其中，在城市规

---

① 本书编委会. 建设工程施工合同（示范文本）（GF-2013-0201）使用指南［M］. 北京：中国建筑工业出版社，2013：18.

划区内改变土地用途的，在报批前，应当先经有关城市规划行政主管部门同意。

第七十七条　未经批准或者采取欺骗手段骗取批准，非法占用土地的，由县级以上人民政府自然资源主管部门责令退还非法占用的土地，对违反土地利用总体规划擅自将农用地改为建设用地的，限期拆除在非法占用的土地上新建的建筑物和其他设施，恢复土地原状，对符合土地利用总体规划的，没收在非法占用的土地上新建的建筑物和其他设施，可以并处罚款；对非法占用土地单位的直接负责的主管人员和其他直接责任人员，依法给予处分；构成犯罪的，依法追究刑事责任。

超过批准的数量占用土地，多占的土地以非法占用土地论处。

· 《城乡规划法》

第四十条　在城市、镇规划区内进行建筑物、构筑物、道路、管线和其他工程建设的，建设单位或者个人应当向城市、县人民政府城乡规划主管部门或者省、自治区、直辖市人民政府确定的镇人民政府申请办理建设工程规划许可证。

申请办理建设工程规划许可证，应当提交使用土地的有关证明文件、建设工程设计方案等材料。需要建设单位编制修建性详细规划的建设项目，还应当提交修建性详细规划。对符合控制性详细规划和规划条件的，由城市、县人民政府城乡规划主管部门或者省、自治区、直辖市人民政府确定的镇人民政府核发建设工程规划许可证。

城市、县人民政府城乡规划主管部门或者省、自治区、直辖市人民政府确定的镇人民政府应当依法将经审定的修建性详细规划、建设工程设计方案的总平面图予以公布。

1.1.3.11　临时占地：是指专用合同条件中指明为实施工程需临时占用的土地。

【条文释义】

临时占地是指专用合同条件中指明为实施工程需临时占用的土地。临时占地主要用于施工用临时工程的建设或者仓储、居住、装配等，临时占地应履行必要的审批手续并及时做好场地复原工作。《土地管理法》第五十七条规定："建设项目施工和地质勘查需要临时使用国有土地或者农民集体所有的土地的，由县级以上人民政府自然资源主管部门批准。其中，在城市规划区内的临时用地，在报批前，应当先经有关城市规划行政主管部门同意。土地使用者应当根据土地权属，与有关自然资源主管部门或者农村集体经济组织、村民委员会签订临时使用土地合同，并按照合同的约定支付临时使用土地补偿费。临时使用土地的使用者应当按照临时使用土地合同约定的用途使用土地，并不得修建永久性建筑物。临时使用土地期限一般不超过二年。"

【风险识别与防范】

临时用地的风险防范。通用合同条件第7.2.1条约定："除专用合同条件另有约定外，承包人应自行承担修建临时设施的费用，需要临时占地的，应由发包人办理申请手续并承担相应费用。"也就是说，除非专用合同条件另有约定，提供临时用地是发包人的义务。

发包人在申请临时用地时，需要先取得规划主管部门的同意，再报土地管理部门批准。临时使用土地的期限一般不超过二年，如超过二年，则需要重新办理审批手续。同时还要注意如临时用地为基本农田、林地、草地、公路控制范围土地、水利工程控制范围土地等特殊土地，还需要根据相关法律法规的要求先行取得有关部门同意。

【法条索引】

• 《土地管理法》

第五十七条　建设项目施工和地质勘查需要临时使用国有土地或者农民集体所有的土地的，由县级以上人民政府自然资源主管部门批准。其中，在城市规划区内的临时用地，在报批前，应当先经有关城市规划行政主管部门同意。土地使用者应当根据土地权属，与有关自然资源主管部门或者农村集体经济组织、村民委员会签订临时使用土地合同，并按照合同的约定支付临时使用土地补偿费。

临时使用土地的使用者应当按照临时使用土地合同约定的用途使用土地，并不得修建永久性建筑物。

临时使用土地期限一般不超过二年。

第八十一条　依法收回国有土地使用权当事人拒不交出土地的，临时使用土地期满拒不归还的，或者不按照批准的用途使用国有土地的，由县级以上人民政府自然资源主管部门责令交还土地，处以罚款。

• 《城乡规划法》

第四十四条　在城市、镇规划区内进行临时建设的，应当经城市、县人民政府城乡规划主管部门批准。临时建设影响近期建设规划或者控制性详细规划的实施以及交通、市容、安全等的，不得批准。

临时建设应当在批准的使用期限内自行拆除。

临时建设和临时用地规划管理的具体办法，由省、自治区、直辖市人民政府制定。

第六十六条　建设单位或者个人有下列行为之一的，由所在地城市、县人民政府城乡规划主管部门责令限期拆除，可以并处临时建设工程造价一倍以下的罚款：

（一）未经批准进行临时建设的；

（二）未按照批准内容进行临时建设的；

（三）临时建筑物、构筑物超过批准期限不拆除的。

1.1.4　日期和期限

1.1.4.1　开始工作通知：指工程师按第8.1.2项［开始工作通知］的约定通知承包人开始工作的函件。

【条文释义】

针对工程总承包项目包含设计、施工等主要工作内容，《2011版工程总承包合同》合同协议书第三条［主要日期］分别约定了设计开工日期、施工开工日期、工程竣工日期，并在通用合同条件中，分别约定了设计进度计划、采购进度计划、施工进度计划的编制和审查工作，但是本合同示范文本合同协议书第二条"合同工期"仅区分了"计划开始工作日期""计划开始现场施工日期"和"计划竣工日期"。这是因为对发包人而言，工程总承包模式的一大优势是通过设计施工融合提高建设效率、按期交付工程成果；对承包人而言，承包人应当对项目总进度和各阶段的进度进行管理，通过设计、采购、施工、试运行各阶段的协调、配合与合理交叉，科学制定、实施、控制进度计划，确保工程按期竣工。此外，国家及各地政策鼓励工程总承包项目分阶段出图、分阶段办理施工许可手续①，设计、采购、施工工作相互融合交叉并行，割裂地约定项目的设计、采购、施工不利于总体工期的管理和建设效率的提高。因此，在本合同示范文本中仅区分了开始工作日期和开始现场施工日期，在工期和进度中也不再过于强调设计、采购、施工某一单项进度。

开始工作通知是指工程师按第8.1.2项［开始工作通知］的约定通知承包人开始工作的函件。根据通用合同条件第8.1.2项［开始工作通知］第1款规定："经发包人同意后，工程师应提前7天向承包人发出经发包人签认的开始工作通知，工期自开始工作通知中载明的开始工作日期起算。"

应当注意区分本合同示范文本中的"开始工作通知"不同于施工总承包模式下的开工通知或开工令。根据《2017版施工合同示范文本》通用合同条件第7.3.2项第1款规定："发包人应按照法律规定获得工程施工所需的许可。经发包人同意后，监理人发出的开工通知应符合法律规定。监理人应在计划开工日期7天前向承包人发出开工通知，工期自开工通知中载明的开工日期起算。"本合同示范文本中的"开始工作通知"和《2017版施工合同示范文本》中的"开工通知"主要区别在于：在施工总承包模式下，监理人发出开工通知前建设单位应按照法律规定获得工程施工所需的许可，包括用地批准手续、规划许可证、施工许可证，而在工程总承包模式下工程师发出开始工作通知并没有明确的法律规定，《房屋建筑和市政基础设施项目工程总承包管理办法》对工程总承包发包前应当完成的程序和条件作出了规定，举重以明轻，在工程师发出开始工作通知前，"建设单位应当在发包前完成项目审批、核准或者备案程序。采用工程总承包方式的企业投资项目，应当在核准或者备案后进行工程总承包项目发包。采用工程总承包方式的政府投资项目，原则上应当在初步设计审批完成后进行工程总承包项目发包；其中，按照国家有关规定简化报批文件和审批程序的政府投资项目，应当在完成相应的投资决策审批后进行工程总承包项目发包"。另外，本合同示范文本中也规定了承发包双方在发出开始工作通知前应当完成的工作，如第3.4.1项规定："发包人应在发出开始工作通知前将工程师的任命通知承包人"，第4.4.1项规定："除专用合同条件另有约定外，承包人应在接到开始工作通知之日起14天内，向工程师提交承包人的项目管理机构以及人员安排的报告，其内容应包括管

---

① 《住房城乡建设部关于进一步推进工程总承包发展的若干意见》（建市〔2016〕93号）第13条规定："按照法规规定进行施工图设计文件审查的工程总承包项目，可以根据实际情况按照单体工程进行施工图设计文件审查……"目前，允许分阶段进行施工图审查和申领施工许可证的省份包括广西、广东、上海、浙江等。

理机构的设置、各主要岗位的关键人员名单及注册执业资格等证明其具备担任关键人员能力的相关文件，以及设计人员和各工种技术负责人的安排状况。”

另外，本合同示范文本同时规定，如果发承包双方订立本合同协议书后的 84 天内，承包人未收到根据第 8.1 款［开始工作］的开始工作通知，构成发包人违约，承包人有权解除合同。

1.1.4.2　开始工作日期：包括计划开始工作日期和实际开始工作日期。计划开始工作日期是指合同协议书约定的开始工作日期；实际开始工作日期是指工程师按照第 8.1 款［开始工作］约定发出的符合法律规定的开始工作通知中载明的开始工作日期。

【条文释义】

开始工作日期包括计划开始工作日期和实际开始工作日期。计划开始工作日期是指合同协议书约定的开始工作日期；实际开始工作日期是指工程师按照第 8.1 款［开始工作］约定发出的符合法律规定的开始工作通知中载明的开始工作日期。计划开工日期是计算合同约定的工期总日历天数的起算点，实际开工日期是计算实际完成工期所需的工期总日历天数的起算点。

计划开始工作日期是指合同协议书中约定的日期，该日期在签订合同时就已经确定，在合同履行过程中不再发生变化。

实际开始工作日期是指工程师按照第 8.1 款［开始工作］约定发出的符合法律规定的开始工作通知中载明的开始工作日期。第 8.1 款［开始工作］主要规定了合同当事人应按专用合同条件约定完成开始工作准备工作，经发包人同意后，工程师应提前 7 天向承包人发出经发包人签认的开始工作通知，工期自开始工作通知中载明的开始工作日期起算。

1.1.4.3　开始现场施工日期：包括计划开始现场施工日期和实际开始现场施工日期。计划开始现场施工日期是指合同协议书约定的开始现场施工日期；实际开始现场施工日期是指工程师发出的符合法律规定的开工通知中载明的开始现场施工日期。

【条文释义】

与开始工作日期一样，计划开始现场施工日期是指合同协议书中约定的日期，该日期在签订合同时就已经确定，在合同履行过程中不再发生变化。实际开始现场施工日期是开工通知中载明的开始现场施工日期。

本合同示范文本中规定了承发包双方在发出开始现场工作通知前应当完成的工作，如第 2.2.1 项规定："如专用合同条件没有约定移交时间的，则发包人应最迟于计划开始现场施工日期 7 天前向承包人移交施工现场"，第 7.9.2 项规定："承包人应在计划开始现场施工日期 28 天前或双方约定的其他时间，按专用合同条件中约定的发包人能够提供的临时用水、用电等类别，向发包人提交施工（含工程物资保管）所需的临时用水、用电等的品质、正常用量、高峰用量、使用时间和节点位置等资料。"自开始现场施工日期起，承包人应承担工程现场、材料、设备及承包人文件的照管和维护工作。

工程总承包模式下工程师发出的开工通知应当符合法律规定。《建筑法》第七条规定，除了国务院建设行政主管部门确定的限额以下的小型工程、按照国务院规定的权限和程序批准开工报告的建筑工程以外，建筑工程开工前，建设单位应当按照国家有关规定向工程所在地县级以上人民政府建设行政主管部门申请领取施工许可证。另外，工程师发出开工通知前施工现场应具备开工条件，参照监理人发出开工通知的要求，根据《建设工程监理规范》（GB/T 50319—2013）第 5.1.8 条规定，总监理工程师应组织专业监理工程师审查施工单位报送的工程开工报审表及相关资料；同时具备下列条件时，应由总监理工程师签署审核意见，并应报建设单位批准后，总监理工程师签发工程开工令：（1）设计交底和图纸会审已完成；（2）施工组织设计已由总监理工程师签认；（3）施工单位现场质量、安全生产管理体系已建立，管理及施工人员已到位，施工机械具备使用条件，主要工程材料已落实；（4）进场道路及水、电、通信等已满足开工要求。如果工程师发出开工通知前，施工现场不具备开工条件或未取得施工许可证，开工通知中载明的"开始现场施工日期"不应视为实际开始现场施工日期。当然，若是因承包人原因拖延具备开工条件的除外。

【风险识别与防范】

我国《建筑法》对于工程实际开工日期是实行监管的。建设单位应当自领取施工许可证之日起三个月内开工。因故不能按期开工的，应当向发证机关申请延期；延期以两次为限，每次不超过三个月。既不开工又不申请延期或者超过延期期限的，施工许可证自行废止。按照国务院有关规定批准开工报告的建筑工程，因故不能按期开工或者中止施工的，应当及时向批准机关报告情况。因故不能按期开工超过六个月的，应当重新办理开工报告的批准手续。工程总承包项目中实际开始现场施工日期应当符合上述规定。

【法条索引】

•《建筑法》

第七条　建筑工程开工前，建设单位应当按照国家有关规定向工程所在地县级以上人民政府建设行政主管部门申请领取施工许可证；但是，国务院建设行政主管部门确定的限额以下的小型工程除外。

按照国务院规定的权限和程序批准开工报告的建筑工程，不再领取施工许可证。

第九条　建设单位应当自领取施工许可证之日起三个月内开工。因故不能按期开工的，应当向发证机关申请延期；延期以两次为限，每次不超过三个月。既不开工又不申请延期或者超过延期时限的，施工许可证自行废止。

第六十四条　违反本法规定，未取得施工许可证或者开工报告未经批准擅自施工的，责令改正，对不符合开工条件的责令停止施工，可以处以罚款。

1.1.4.4 竣工日期：包括计划竣工日期和实际竣工日期。计划竣工日期是指合同协议书约定的竣工日期；实际竣工日期按照第8.2款［竣工日期］的约定确定。

【条文释义】

工程总承包模式下确定竣工日期相比施工总模式的特殊之处在于，工程总承包涉及的范围更广，其工程的移交流程及相关流程文件也与施工总承包模式存在一定的差异，对于化工、电力工程等涉及生产运营的工程总承包项目，发包人通常要求在竣工验收前须进行试运行或竣工试验，部分项目在竣工验收后可能还会涉及竣工后试验，由此会引申出实际竣工日期如何确定的问题，进而影响到缺陷责任期和保修期的起算时点以及质量保证金的支付。

竣工日期包括计划竣工日期和实际竣工日期。计划竣工日期是指合同协议书约定的竣工日期；实际竣工日期按照第8.2款［竣工日期］的约定确定。计划竣工日期是指合同当事人在合同协议书中约定的竣工日期，根据计划开始工作日期和计划竣工日期计算出的工期总天数为计划的工期，该工期总日历天数是衡量工程是否如期竣工的标准。实际竣工日期按照第8.2款［竣工日期］的约定确定，"通用合同条件"第8.2款规定："除专用合同条件另有约定外，工程的竣工日期以第10.1条［竣工验收］的约定为准，并在工程接收证书中写明。""通用合同条件"第10.1款的规定对于实际竣工日期的理解应当包括以下三层含义：（1）工程经竣工验收合格的，以竣工验收合格之日为实际竣工日期，并在工程接收证书中载明；完成竣工验收但发包人不予签发工程接收证书的，视为竣工验收合格，以完成竣工验收之日为实际竣工日期；（2）竣工验收不合格的，工程师应按照验收意见发出指示，要求承包人对不合格工程返工、修复或采取其他补救措施，承包人在完成不合格工程的返工、修复或采取其他补救措施后，应重新提交竣工验收申请报告，并重新进行验收；（3）因发包人原因，未在工程师收到承包人竣工验收申请报告之日起42天内完成竣工验收的，以承包人提交竣工验收申请报告之日作为工程实际竣工日期；（4）工程未经竣工验收，发包人擅自使用的，以转移占有工程之日为实际竣工日期。

1.1.4.5 工期：是指在合同协议书约定的承包人完成合同工作所需的期限，包括按照合同约定所作的期限变更及按合同约定承包人有权取得的工期延长。

【条文释义】

合同协议书约定的承包人完成工程所需的期限是根据计划开始工作日期和计划竣工日期计算所得的天数，但该天数不能直接作为判断承包人是否如期竣工的依据，需要结合合同履行过程中按照合同约定所作的期限变更及按合同约定承包人有权取得的工期延长共同考虑。通用合同条件中明确因变更、法律变化引起工期调整的，合同当事人可以要求调整合同工期。通用合同条件中同时明确了工期可以延长的情形，包括：因国家有关部门审批迟延造成工期延误；发包人未能按约定的类别和时间将施工临时用水、用电等接至约定的节点位置，使开工时间延误；因发包人原因导致竣工试验未能通过等。

【使用指引】

基于《房屋建筑和市政基础设施项目工程总承包管理办法》对于禁止发包人任意压缩合理工期的规定，"通用合同条件"在第 2.1 条［遵守法律］中明确发包人不得以任何理由，要求承包人在工程实施过程中违反法律、行政法规以及建设工程质量、安全、环保标准，任意压缩合理工期或者降低工程质量。合同使用者应当在设置合同工期时符合法律规定和合同约定。

1.1.4.6 缺陷责任期：是指发包人预留工程质量保证金以保证承包人履行第 11.3 款［缺陷调查］下质量缺陷责任的期限。

【条文释义】

根据《建设工程质量保证金管理办法》（建质〔2017〕138 号）规定，缺陷是指建设工程质量不符合工程建设强制性标准、设计文件，以及承包合同的约定。缺陷责任期一般为 1 年，最长不超过 2 年，由发、承包双方在合同中约定。发包人与承包人在建设工程承包合同中约定，从应付的工程款中预留，用以保证承包人在缺陷责任期内对建设工程出现的缺陷进行维修的资金。因此，在缺陷责任期内承包人应当按照合同约定承担缺陷修补义务，发包人在缺陷责任期内有权扣留质量保证金。

"通用合同条件"第 11.2 款规定了缺陷责任期的起算点，缺陷责任期原则上从工程竣工验收合格之日起计算，合同当事人应在专用合同条件约定缺陷责任期的具体期限，但该期限最长不超过 24 个月，第 11.2 款同时规定了单位/区段工程先于全部工程进行验收；因发包人原因导致工程未在合同约定期限进行验收；因发包人原因导致工程未能进行竣工验收；由于承包人原因造成某项缺陷或损坏使某项工程或工程设备不能按原定目标使用而需要再次检查、检验和修复等特殊情形下缺陷责任期的起算。"通用合同条件"第 11.3 款规定了缺陷责任期内承包人应当履行的缺陷调查义务，即如果发包人指示承包人调查任何缺陷的原因，承包人应在发包人的指导下进行调查。缺陷责任期内，由承包人原因造成的缺陷，承包人应负责维修，并承担鉴定及维修费用，经查验非承包人原因造成的，发包人应承担修复的费用，并支付承包人合理利润。缺陷责任期届满之日，发包人应向承包人颁发缺陷责任期终止证书，并返还质量保证金。

【法条索引】

•**《建设工程质量保证金管理办法》**

第二条 本办法所称建设工程质量保证金（以下简称保证金）是指发包人与承包人在建设工程承包合同中约定，从应付的工程款中预留，用以保证承包人在缺陷责任期内对建设工程出现的缺陷进行维修的资金。

缺陷是指建设工程质量不符合工程建设强制性标准、设计文件，以及承包合同的约定。

缺陷责任期一般为 1 年，最长不超过 2 年，由发、承包双方在合同中约定。

1.1.4.7 保修期：是指承包人按照合同约定和法律规定对工程质量承担保修责任的期限，该期限自缺陷责任期起算之日起计算。

【条文释义】

根据《建设工程质量管理条例》规定，建设工程承包单位在向建设单位提交工程竣工验收报告时，应当向建设单位出具质量保修书。质量保修书中应当明确建设工程的保修范围、保修期限和保修责任等，同时规定了建设工程的最低保修期限。合同当事人可以在《建设工程质量管理条例》的基础上对保修期作出更为严格的约定。

值得注意的是，与《建设工程质量管理条例》规定的"建设工程的保修期，自竣工验收合格之日起计算"不同，本合同示范文本中约定保修期"自缺陷责任期起算之日起计算"，保修期的起算时间应当结合通用合同条件第 11.2 款缺陷责任期规定的起算点。

【使用指引】

本合同示范文本的使用者应当注意区分缺陷责任期和保修期：（1）缺陷责任期是扣留质量保证金的期限，缺陷责任期满，发包人就应按照合同约定退还质量保证金；（2）法律规定了部分工程的保修期最低期限，当事人约定的保修期不得低于法律规定，但缺陷责任期法律仅约定了最长不得超过 2 年，并无最低期限的规定；（3）保修期限内，承包人对于建设工程的保修义务属于法定义务，不能通过合同约定予以排除，但法律对于质量保修期未作约定的，合同当事人可以协商确定。

【法条索引】

•《建设工程质量管理条例》

第三十九条　建设工程实行质量保修制度。

建设工程承包单位在向建设单位提交工程竣工验收报告时，应当向建设单位出具质量保修书。质量保修书中应当明确建设工程的保修范围、保修期限和保修责任等。

第四十条　在正常使用条件下，建设工程的最低保修期限为：

（一）基础设施工程、房屋建筑的地基基础工程和主体结构工程，为设计文件规定的该工程的合理使用年限；

（二）屋面防水工程、有防水要求的卫生间、房间和外墙面的防渗漏，为 5 年；

（三）供热与供冷系统，为 2 个采暖期、供冷期；

（四）电气管线、给排水管道、设备安装和装修工程，为 2 年。

其他项目的保修期限由发包方与承包方约定。

建设工程的保修期，自竣工验收合格之日起计算。

第四十一条　建设工程在保修范围和保修期限内发生质量问题的，施工单位应当履行保修义务，并对造成的损失承担赔偿责任。

1.1.4.8　基准日期： 招标发包的工程以投标截止日前 28 天的日期为基准日期，直接发包的工程以合同订立日前 28 天的日期为基准日期。

【条文释义】

基准日期是一个固定的时间节点，招标发包的工程以投标截止日前 28 天，即按照投标截止日的前 1 天为起算日往前计算至第 28 天，该天为基准日期；直接发包的工程以合同订立日前 28 天的日期为基准日期，即按照合同签订日的前 1 天为起算日往前计算至第 28 天，该天为基准日期。

基准日期作为判定某种风险是否属于承包商在投标阶段所应考虑到的分界日，用以分担因工程所在地法律法规以及国家、行业和地方的规范和标准变化导致的风险，例如通用合同条件第 5.1.3 项规定："在基准日期之后，因国家颁布新的强制性规范、标准导致承包人的费用变化的，发包人应合理调整合同价格；导致工期延误的，发包人应合理延长工期。"通用合同条件第 13.7.1 项规定："基准日期后，法律变化导致承包人在合同履行过程中所需要的费用发生除第 13.8 款［市场价格波动引起的调整］约定以外的增加时，由发包人承担由此增加的费用；减少时，应从合同价格中予以扣减。基准日期后，因法律变化造成工期延误时，工期应予以顺延。"

1.1.4.9　天： 除特别指明外，均指日历天。合同中按天计算时间的，开始当天不计入，从次日开始计算。期限最后一天的截止时间为当天 24：00。

【条文释义】

实践中，"天"既可以指工作日，也可以指日历天，合同当事人的不同理解将导致对合同义务履行是否及时产生分歧，如送达是否及时、工期是否逾期等。另外，对于天的起算时间和截止时间的认定不同，也会对判断合同当事人是否及时履行合同义务产生直接影响。

本合同示范文本中的"天"，除特别指明为工作日外，均指日历天，即包含法定节假日和休息日。合同中按天计算时间的，开始当天不计入，从次日开始计算。期限最后一天的截止时间为当天 24：00。根据《民法典》第二百零三条第二款规定，期间的最后一日的截止时间为二十四时；有业务时间的，停止业务活动的时间为截止时间。结合工程建设的特点以及某些工序的技术要求，无法准确界定"业务时间"，因此以 24：00 为截止时间较为适宜。

【法条索引】

•《民法典》

第二百零一条　按照年、月、日计算期间的，开始的当日不计入，自下一日开始计算。

按照小时计算期间的，自法律规定或者当事人约定的时间开始计算。

第二百零三条　期间的最后一日是法定休假日的，以法定休假日结束的次日为期间的最后一日。

期间的最后一日的截止时间为二十四时；有业务时间的，停止业务活动的时间为截止时间。

1.1.4.10　竣工试验：是指在工程竣工验收前，根据第 9 条［竣工试验］要求进行的试验。

【条文释义】

根据第 9 条［竣工试验］的规定，承包人进行启动试验，主要是为了证明工程或区段工程能够在所有可利用的操作条件下安全运行，并按照专用合同条件和《发包人要求》中的规定操作，竣工试验应分阶段进行，即只有在工程或区段工程已通过上一阶段试验的情况下，才可进行下一阶段试验，如第一阶段对单车试验，第二阶段对联动试车、投料试车，第三阶段对性能测试及其他竣工试验。完成竣工试验是工程竣工验收的前提。

1.1.4.11　竣工验收：是指承包人完成了合同约定的各项内容后，发包人按合同要求进行的验收。

【条文释义】

本目中"合同约定的各项内容"应当理解为"除因第 13 条［变更与调整］导致的工程量删减和第 14.5.3 项［扫尾工作清单］列入缺陷责任期内完成的扫尾工程和缺陷修补工作外，合同范围内的全部单位/区段工程以及有关工作，包括合同要求的试验和竣工试验均已完成，并符合合同要求"，"按合同要求进行的验收"包括验收的程序、单位/区段工程的验收等。工程竣工验收合格是工程进入缺陷责任期、承包人提交竣工结算申请单的前提。

1.1.4.12　竣工后试验：是指在工程竣工验收后，根据第 12 条［竣工后试验］约定进行的试验。

【条文释义】

根据第 12 条［竣工后试验］的规定，竣工后试验是指工程或区段工程被发包人接收后，发包人应提供全部电力、水、污水处理、燃料、消耗品和材料，以及全部其他仪器、协助、文件或其他信息、设备、工具、劳力，启动工程设备，并组织安排有适当资质、经验和能力的工作人员实施竣工后试验。

1.1.5　合同价格和费用

1.1.5.1　签约合同价：是指发包人和承包人在合同协议书中确定的总金额，包括暂估价及暂列金额等。

【条文释义】

由于建设工程周期长、资金大、技术复杂、不可控因素多等特点，使得合同的价格存在较大的调整的可能性，即合同的"签约价"（初始价）和"结算价"（最终价）之间存在差异，甚至有时存在极大的差异。因此，有必要结合工程实践的实际需要和语言使用规范及习惯，对这一对概念进行明晰、简洁地定义并在合同文本中准确地使用，从而消除语义误解和使用不规范的现象。

《2011版工程总承包合同》将签约价称为"合同价格"，并将调整后的合同结算价格称为"合同总价"，一定程度上建立了概念体系，但用该方法使用合同价格和合同总价的概念，容易让人产生误解。工程总承包合同本身就是总价合同，签约价也可以理解为合同总价，与作为结算价概念的合同总价较易混淆。本合同示范文本重新梳理了相关概念，将签约价直接称为"签约合同价"，将结算价称为"合同价格"，概念的使用更为规范、简便，也符合一般的语言使用习惯。在此基础上，在具体条文中准确体现了上述新概念的使用场景和差异性。

签约合同价是指发包人和承包人在合同协议书中确定的总金额，包括暂估价及暂列金额等。是指合同当事人在合同协议书中确定的总金额，是合同当事人签订合同时，就承包人完成《发包人要求》等合同约定的工程内容所对应的工程价款。明确签约合同价以便于合同的履行，如编制资金安排计划、付款计划表、计算违约金等。另外，招标发包的工程，投标价、中标价及签约合同价原则上应一致，除非经过法定程序，才能对文字错误或计算错误予以澄清；直接发包的工程，签约合同价由合同当事人协商确定。

1.1.5.2　合同价格：是指发包人用于支付承包人按照合同约定完成承包范围内全部工作的金额，包括合同履行过程中按合同约定发生的价格变化。

【条文释义】

合同价格是承包人履行全部合同义务，发包人所支付的全部对价。在竣工结算确认的合同价格为全部合同权利义务的清算价格，不仅指构成工程实体的造价，还包括合同当事人应支付的违约金、赔偿金等。

"通用合同条件"中规定的应当调整合同价格的情形包括：在基准日期之后，因国家颁布新的强制性规范或标准导致承包人的费用变化的；承包人的合理化建议经发包人批准的；变更执行；主要工程材料、设备、人工价格与招标时基期价相比，波动幅度超过合同约定幅度等。在合同履行过程中，涉及合同价格调整时，合同当事人应当按照合同约定的要求履行相应的程序。

1.1.5.3 费用：是指为履行合同所发生的或将要发生的所有合理开支，包括管理费和应分摊的其他费用，但不包括利润。

【条文释义】

《2017 版 FIDIC 黄皮书》第 1.1.19 条对费用（Cost）的定义是"系指承包商在现场内外履行合同过程中所发生（或将发生）的所有合理开支，包括税金、管理费用及类似的支出，但不包括利润。如承包商有权根据本条件的任何条款就成本（费用）获得支付，该数额应加入合同价格"。本合同示范文本中对费用的定义与《2017 版 FIDIC 黄皮书》基本一致。在合同履行过程中，会产生很多承包人在签订合同时不可预见的支出或损失，在此情况下，为了平衡发包人和承包人之间的权利义务，需要根据不同的情况，对合同当事人增加的支出或损失进行合理分担。本条款关于费用的定义便于合同履行过程中，就额外增加的支出或损失进行合理分担。

费用的具体组成中其他费可以参考《江苏省房屋建筑和市政基础设施项目工程总承包计价规则（试行）》[①] 第 2.5 条规定："工程总承包其他费包括工程总承包管理费、试运行服务费和其他费用。

1. 工程总承包管理费包括因工程总承包增加的工作人员工资及相关费用、办公费、办公场地租用费、差旅交通费、劳动保护费、工具用具使用费、固定资产使用费、招募生产工人费、技术图书资料费（含软件）、业务招待费、施工现场津贴、竣工验收费、保险费、税金和其他管理性质的费用等。不包括建安工程费中的管理费。

2. 试运行服务费用包括工程总承包企业派驻具有相应资格和经验的试运行指导人员，并提供所需要的其它临时辅助设备、设施、工具和器具及相应的准备工作所发生的费用。

3. 其他费用：可以按三级编码详列。例如：

（1）土地租用、占道及补偿费

承包人在建设期间因需要而用于租用土地使用权或临时占用道路而发生的费用以及用于土地复垦、植被或道路恢复等的费用。

（2）临时设施费

承包人用于未列入建安工程费的临时水、电、路、讯、气等工程和临时仓库、生活设施等建（构）筑物的建造、维修、拆除的摊销或租赁费用，以及铁路码头租赁等费用。

（3）系统集成费

承包人用于系统集成等信息工程的费用（如网络租赁、BIM、系统运行维护等）。

（4）工程保险费

承包人在项目建设期内对建筑工程、安装工程、机械设备和人身安全进行投保而发生的费用。包括建设工程设计责任险、建筑安装工程一切险、人身意外伤害险等，不包括已列入建安工程费中的施工企业的人员、财产、车辆保险费。"

---

① 江苏省住房和城乡建设厅于 2020 年 10 月 26 日发布《江苏省房屋建筑和市政基础设施项目工程总承包计价规则（试行）》（〔2020〕第 27 号）。

1.1.5.4 人工费：是指支付给直接从事建筑安装工程施工作业的建筑工人的各项费用。

【条文释义】

《保障农民工工资支付条例》于 2020 年 5 月 1 日正式生效，第二十四条、第二十六条、第二十九条明确规定建设单位人工费拨付周期不得超过一个月；工程价款中的人工费与其他工程款应实行分账管理；发生争议时，建设单位不得暂停人工费拨付；如因建设单位未按照合同约定及时拨付工程款导致农民工工资拖欠的，建设单位应当以未结清的工程款为限先行垫付被拖欠的农民工工资。上述规定创立了工程款项的分账制度，即要求人工费用与其他工程款分别拨付，人工费用至少要按月拨付至农民工工资专用账户；并且，实施风险隔离机制，即建设单位不得因工程争议不拨付人工费用。

《保障农民工工资支付条例》保护范围为农民工，本合同示范文本不仅对农民工进行了保护，同时考虑到城市居民，将"农民工"扩大为"建筑工人"，进行全面保护。在具体制度设计上，一方面建立保障建筑工人工资支付的专门条款，如现场劳动用工条款、工程进度款中的人工费条款等。"通用合同条件"第 14.3.1 项［工程进度付款申请］从约定角度完善了承发包双方之间对于人工费的支付周期、申请和审批流程等。人工费的定义明确了人工费的范围，即为支付给直接从事建筑安装工程施工作业的建筑工人的各项费用。应当注意的是，此处的人工费不包括从事工程设计、采购人员的工资，这也与《保障农民工工资支付条例》的立法主旨一致，即有效解决农民工工资拖欠问题，积极保护农民工利益。

1.1.5.5 暂估价：是指发包人在项目清单中给定的，用于支付必然发生但暂时不能确定价格的专业服务、材料、设备、专业工程的金额。

【条文释义】

暂估价中列明的专业服务、材料、设备、专业工程属于必然发生但在招标阶段和签订合同时暂时不能确定价格的项目，暂估价由发包人在项目清单中明确，发包人在项目清单中对专业服务、材料、设备、专业工程给定暂估价的，该暂估价构成签约合同价的组成部分。

另外，《招标投标法实施条例》第二十九条规定："招标人可以依法对工程以及与工程建设有关的货物、服务全部或者部分实行总承包招标。以暂估价形式包括在总承包范围内的工程、货物、服务属于依法必须进行招标的项目范围且达到国家规定规模标准的，应当依法进行招标。""通用合同条件"第 13.4.1 项将行政法规的规定转化为双方当事人的约定，对于依法必须招标的暂估价项目，合同当事人可以在专用合同条件中约定由承包人作为招标人或由发包人和承包人共同作为招标人。对于不属于依法必须招标的暂估价项目，承包人具备实施暂估价项目的资格和条件的，经发包人和承包人协商一致后，可由承包人自行实施暂估价项目，具体的协商和估价程序以及发包人和承包人权利义务关系可在专用合同条件中约定。确定后的暂估价项目金额与价格清单中所列暂估价的金额差以及相应的税金等其他费用应列入合同价格。

1.1.5.6 暂列金额：是指发包人在项目清单中给定的，用于在订立协议书时尚未确定或不可预见变更的设计、施工及其所需材料、工程设备、服务等的金额，包括以计日工方式支付的金额。

【条文释义】

暂列金额是为了应对签订合同时尚未确定或不可预见变更的设计、施工及其所需材料、工程设备、服务等的金额，合同履行过程中，该费用是否实际发生存在不确定性，最终以实际发生的数额为准进行结算。合同当事人应在合同协议书中明确暂列金额的数额。除专用合同条件另有约定外，每一笔暂列金额只能按照发包人的指示全部或部分使用，并对合同价格进行相应调整。

【使用指引】

暂列金额与暂估价虽然在形式上均体现为暂定的数额，但两者存在根本区别，暂列金额的发生存在不确定性，而暂估价则属于必然发生但暂时无法确定金额的项目。明确暂列金额可以尽可能地保证发包人工程估算的准确性，便于发包人组织资金，也可以减少合同履行过程中合同当事人之间的重复磋商。对暂列金额所列项目以外可能存在的风险，合同当事人双方也可以另行约定风险费。

1.1.5.7 计日工：是指合同履行过程中，承包人完成发包人提出的零星工作或需要采用计日工计价的变更工作时，按合同中约定的单价计价的一种方式。

【条文释义】

计日工适用的零星工作一般是指为实现合同目的发生的额外工作。根据"通用合同条件"第13.6.1项的约定，需要采用计日工方式的，经发包人同意后，由工程师通知承包人以计日工计价方式实施相应的工作，其价款按列入价格清单或预算书中的计日工计价项目及其单价进行计算；价格清单或预算书中无相应的计日工单价的，按照合理的成本与利润构成的原则，由工程师按照第3.6款［商定或确定］确定计日工的单价。

1.1.5.8 质量保证金：是指按第14.6款［质量保证金］约定承包人用于保证其在缺陷责任期内履行缺陷修复义务的担保。

【条文释义】

合同当事人应当在专用合同条件中明确是否采用质量保证金的担保方式，如果采用质量保证金的担保方式，可以采用提交工程质量保证担保、预留相应比例的工程款或双方约定的其他方式。

　　在缺陷责任期内，承包人未能按照合同约定履行缺陷修复义务导致发包人费用增加或损失的，发包人有权从质量保证金中予以扣除。缺陷责任期内，承包人认真履行合同约定的责任，缺陷责任期满，发包人向承包人颁发缺陷责任期终止证书后，经承包人申请，发包人将质量保证金返还承包人。

　　另外，在国家大力清理建筑业各类保证金，推行保函等担保手段替代现金的背景下，本合同示范文本中也明确在工程项目竣工前，承包人已经提供履约担保的，发包人不得同时要求承包人提供质量保证金，同时强调质保金原则上采用工程质量担保的方式提交，且不论承包人以何种方式提供质量保证金，累计金额均不得高于工程价款结算总额的3%。

1.1.6　其他

1.1.6.1　书面形式：指合同文件、信函、电报、传真、数据电文、电子邮件、会议纪要等可以有形地表现所载内容的形式。

【条文释义】

　　书面形式与口头形式相对应，既包括传统的纸质形式，也可以是电报、电子邮件等电子形式。采用书面形式有助于在产生争议时，及时查清事实、明确合同当事人的责任。

　　通用合同条件中明确规定与合同有关的通知、批准、证明、证书、指示、指令、要求、请求、同意、意见、确定和决定等，均应采用书面形式，如工程师的指示应采用书面形式，盖有工程师授权的项目管理机构章，并由工程师的授权人员签字。

　　构成其他合同文件的资料在形式上应当符合《民法典》规定的要式合同的要求，即应当采用书面形式。建设工程合同纠纷中常常出现文件签署人并未获得授权的情形，该文件只有在获得了有权签署人的追认之后才发生法律效力。为避免争议，建议在专用合同条件中对其他合同文件（特别是有关双方结算价款的文件）的签约权限、签约程序作出细化。

【法条索引】

•《民法典》

　　第七百八十九条　建设工程合同应当采用书面形式。

1.1.6.2　承包人文件：指由承包人根据合同约定应提交的所有图纸、手册、模型、计算书、软件、函件、洽商性文件和其他技术性文件。

【条文释义】

　　根据第1.6.2项［承包人文件的提供］的规定，承包人文件包括：（1）《发包人要求》中规定的相关文件；（2）满足工程相关行政审批手续所必需的应由承包人负责的相关文件；（3）第5.4款［竣工文件］与第5.5款［操作和维修手册］中要求的相关文件。对承包人文件的定义有利于合同当事人理解承包人文件审查、承包人文件错误等合同权利义务。

1.1.6.3 变更：指根据第 13 条［变更与调整］的约定，经指示或批准对《发包人要求》或工程所做的改变。

【条文释义】

变更主要是指经指示或批准对《发包人要求》或工程所做的改变。本合同示范文本中对变更的定义与 2017 版 FIDIC 系列合同条件中的定义基本一致。2017 版 FIDIC 系列合同条件中将变更（Variation）的定义统一为"对工程所作的任何更改，且该更改是根据第 13 条［变更和调整］规定指示为变更"。从变更的定义可以看出，该变更为通常所说的工程变更，属于合同范围内工作的自然延续或改变，或与完成合同下的工程紧密相关，表现为工程量、工作性质（质量、功能、功效或技术指标等）、工作范围、施工程序或顺序等方面的变化。变更与合同变更或修改有实质性的区别，变更不影响合同的效力，由承包人根据已签署的合同执行。

通用合同条件中适用第 13 条［变更与调整］的情形包括：

（1）承包人发现《发包人要求》以及其提供的基础资料错误，发包人作相应修改的；

（2）工程师应按照发包人的授权发出指示；

（3）因承包人遇到不可预见的困难时，工程师发出的指示；

（4）承包人完成设计工作所应遵守的法律规定，以及国家、行业和地方的规范和标准，在基准日期之后发生重大变化，或者有新的法律，以及按照国家、行业和地方的规范和标准实施的，经承包人向工程师提出遵守新规定的建议。发包人或其委托的工程师发出是否遵守新规定的指示；

（5）发包人对承包人文件审查的意见构成变更的；

（6）政府有关部门或第三方审查单位的对承包人文件的审查意见，需要修改《发包人要求》的；

（7）发包人需要对发包人提供的材料和工程设备进场计划进行变更的；

（8）因承包人克服异常恶劣的气候条件继续施工而采取的合理措施，工程师发出的指示；

（9）发包人指示承包人提前竣工且被承包人接受的；

（10）承包人提出提前竣工的建议且发包人接受的；

（11）根据第 8.9.1 项［由发包人暂停工作］暂停工作持续超过 56 天的，承包人向发包人发出要求复工的通知后，发包人没有在收到书面通知后 28 天内准许已暂停工作的全部或部分继续工作；

（12）因法律变化而需要对工程的实施进行任何调整的；

（13）在合同执行过程中，新颁布适用的法律法规规定由承包人投保的强制保险。

1.2 语言文字

合同文件以中国的汉语简体语言文字编写、解释和说明。专用术语使用外文的，应附有中文注释。合同当事人在专用合同条件约定使用两种及以上语言时，汉语为优先解释和说明合同的语言。

与合同有关的联络应使用专用合同条件约定的语言。如没有约定，则应使用中国的汉语简体语言文字。

【条文释义】

鉴于本合同示范文本主要适用于中国大陆地区，因此约定了合同语言文字以汉语简体文字编写、解释和说明。专用术语使用外文的，也应当附有中文注释。合同当事人在专用合同条件约定使用两种及以上语言，且对不同语言版本的合同理解存在分歧时，应当以汉语作为优先解释和说明合同的语言。

【使用指引】

合同当事人可以在专用合同条件中约定采用的除汉语简体之外的其他语言文字，但应保证不同语言文字的合同版本之间意思表示的一致性。

1.3　法律

合同所称法律是指中华人民共和国法律、行政法规、部门规章，以及工程所在地的地方法规、自治条例、单行条例和地方政府规章等。

合同当事人可以在专用合同条件中约定合同适用的其他规范性文件。

【条文释义】

1. 对于法律的解释既有狭义层面的，也有广义层面的。狭义的解释指全国人民代表大会和全国人民代表大会常务委员会制定、补充和修改的法律，广义的解释包括法律、行政法规、地方性法规、自治条例和单行条例等。本条款约定，本合同示范文本适用的法律指中华人民共和国法律、行政法规、部门规章，以及工程所在地的地方法规、自治条例、单行条例和地方政府规章等。合同当事人在签订合同时，应当遵守相关法律、行政法规，如果合同违反相关法律、行政法规，可能导致合同全部或部分无效。如果合同违反相关部门规章，以及工程所在地的地方法规、自治条例、单行条例和地方政府规章等，可能会面临行政处罚等不利后果。

2. 合同当事人也可以在专用合同条件中约定合同适用的其他规范性文件。一般认为"规范性文件"是行政主体为实施法律和执行政策，在法定权限内制定的除行政立法以外，涉及公民、法人和其他组织权利义务，具有普遍约束力，在一定期限内反复适用的公文的总称，简称为"规章以下的规范性文件"或"规章以外的规范性文件"[①]。由于《立法法》等法律对其缺乏应有的规范，因此，理论界和实务界对于此类"规范性文件"的范围、效力等级等问题存在不同的认识。

---

① 汪君. 行政规范性文件之民事司法适用［J］. 法学家，2020（1）.

【使用指引】

使用者可以在专用合同条件中明确用以调整合同履行的其他规范性文件的名称和文号，以便于指导工程实施，如使用者可以在专用合同条件中将《房屋建筑和市政基础设施项目工程总承包管理办法》作为适用于合同的其他规范性文件。法律和行政法规层面，关于工程总承包有限的几个条款主要集中在《民法典》《建筑法》《招标投标法》与《建设工程质量管理条例》，对于工程总承包以概念阐述与原则性规定为主，并没有对工程总承包的发包和承包，工程总承包项目的实施、监督管理、法律责任等问题作出系统的、详细的规定。国家与地方关于工程总承包的政策性规定也存在矛盾冲突。而《房屋建筑和市政基础设施项目工程总承包管理办法》从工程总承包方式的适用项目、发包前应当完成的程序和条件、发包方式等方面对工程总承包项目提出了操作性较强的指引，有利于规范房屋建筑和市政基础设施项目工程总承包活动，提升工程建设质量和效益。

再如江苏省的工程总承包项目可以在专用合同条件中将《江苏省房屋建筑和市政基础设施项目工程总承包计价规则（试行）》作为适用于合同的其他规范性文件，按照该文件确定合同价款的确定与调整、价款结算等计价活动的规则。

1.4 标准和规范

1.4.1 适用于工程的国家标准、行业标准、工程所在地的地方性标准，以及相应的规范、规程等，合同当事人有特别要求的，应在专用合同条件中约定。

1.4.2 发包人要求使用国外标准、规范的，发包人负责提供原文版本和中文译本，并在专用合同条件中约定提供标准规范的名称、份数和时间。

1.4.3 没有相应成文规定的标准、规范时，由发包人在专用合同条件中约定的时间向承包人列明技术要求，承包人按约定的时间和技术要求提出实施方法，经发包人认可后执行。承包人需要对实施方法进行研发试验的，或须对项目人员进行特殊培训及其有特殊要求的，除签约合同价已包含此项费用外，双方应另行订立协议作为合同附件，其费用由发包人承担。

1.4.4 发包人对于工程的技术标准、功能要求高于或严于现行国家、行业或地方标准的，应当在《发包人要求》中予以明确。除专用合同条件另有约定外，应视为承包人在订立合同前已充分预见前述技术标准和功能要求的复杂程度，签约合同价中已包含由此产生的费用。

【条文释义】

明确技术标准和要求是承包人组织工程设计、采购、施工，保证工程质量和施工安全的前提条件，也是判断工程质量是否合格的依据。

首先，根据《标准化法》的规定，标准包括国家标准、行业标准、地方标准和团体标准、企业标准。国家标准分为强制性标准、推荐性标准，行业标准、地方标准是推荐性标准。强制性标准是合同当事人必须遵照执行的，属于合同文件的当然组成部分，合同当事人不能排除适用，但合同当事人可以提出比强制性标准更高的要求。合同当事人可以在专用合同条件中约定比强制性标准更高的要求和合同适用的推荐性标准。

其次，发包人要求使用国外标准、规范的，发包人负责提供原文版本和中文译本，相关费用由发包人承担，并且发包人要求使用的国外标准、规范，也不得低于国内强制性标准、规范。

最后，承包人在签订合同前，对工程所采用的技术标准和规范应当有充分的预见，并在报价时考虑满足技术标准和规范所需支付的费用以及对工期的影响，除了专用合同条件另有约定外，签约合同价应被视为已经包含了适用合同约定的技术标准和规范所需的费用。如果发包人在合同签订后，对合同约定的标准和规范提出更高或更严格的要求的，由此增加的费用和延误的工期应由发包人承担。

【使用指引】

如果《发包人要求》或者构成合同的其他文件中对于工程的产能、功能、环境等有具体量化保证技术指标的内容，应明确允许的指标偏差范围，建议在实际填写具体工程总承包项目《合同协议书》的质量标准时，应当列明包含约定工程质量要求的合同文件名称（如《发包人要求》和其他包含工程质量标准的合同文件），或者更具体地列明合同文件中约定的经检验、试验、试运行后项目工程应达到的前述主要技术指标及其允许偏差，以及承包人负责提供的有关设备、对发包人人员的培训等服务和提供的耗材、备件等的质量标准，不宜笼统地约定为"符合国家标准""符合法定标准"，因为国家标准、法定标准往往不能涵盖合同约定的承包人所有承包内容的质量标准。

【风险识别与防范】

1. 合同约定的标准低于强制性标准时的效力

建设工程领域的强制性标准包括质量、安全、卫生和环境保护等方面的标准。强制性标准是工程领域最低技术、质量等方面的标准要求。建设工程领域强制性标准繁多，涉及勘查、设计、施工、计价等方方面面，因违反强制性标准导致工程质量问题，该约定可能因违反强制性标准而导致约定无效。如《北京市高级人民法院关于审理建设工程施工合同纠纷案件若干疑难问题的解答》（京高法发〔2012〕245号）中就规定："建设工程施工合同中约定的建设工程质量标准低于国家规定的工程质量强制性安全标准的，该约定无效；合同约定的质量标准高于国家规定的强制性标准的，应当认定该约定有效。"但也并非违反强制性标准的条款一律无效，如《建设工程工程量清单计价规范》下的经济性强制性标准，违反该标准并不必然导致工程质量问题，认定合同效力时还应结合立法宗旨和公平原则作进一步判断。

【法条索引】

• **《标准化法》**

第二条 本法所称标准（含标准样品），是指农业、工业、服务业以及社会事业等领域需要统一的技术要求。

标准包括国家标准、行业标准、地方标准和团体标准、企业标准。国家标准分为强制性标准、推荐性标准，行业标准、地方标准是推荐性标准。

强制性标准必须执行。国家鼓励采用推荐性标准。

• 《标准化法实施条例》

第十一条　对需要在全国范围内统一的下列技术要求，应当制定国家标准（含标准样品的制作）：

......

（七）工程建设的重要技术要求；

......

第十八条　国家标准、行业标准分为强制性标准和推荐性标准。

下列标准属于强制性标准：

......

（三）工程建设的质量、安全、卫生标准及国家需要控制的其他工程建设标准；

......

国家需要控制的重要产品目录由国务院标准化行政主管部门会同国务院有关行政主管部门确定。

强制性标准以外的标准是推荐性标准。

省、自治区、直辖市人民政府标准化行政主管部门制定的工业产品的安全、卫生要求的地方标准，在本行政区域内是强制性标准。

• 《建筑法》

第三条　建筑活动应当确保建筑工程质量和安全，符合国家的建筑工程安全标准。

第五十二条　建筑工程勘察、设计、施工的质量必须符合国家有关建筑工程安全标准的要求，具体管理办法由国务院规定。

有关建筑工程安全的国家标准不能适应确保建筑安全的要求时，应当及时修订。

• 《建设工程质量管理条例》

第十条　建设工程发包单位，不得迫使承包方以低于成本的价格竞标，不得任意压缩合理工期。

建设单位不得明示或者暗示设计单位或者施工单位违反工程建设强制性标准，降低建设工程质量。

第十九条　勘察、设计单位必须按照工程建设强制性标准进行勘察、设计，并对其勘察、设计的质量负责。

注册建筑师、注册结构工程师等注册执业人员应当在设计文件上签字，对设计文件负责。

第二十二条　设计单位在设计文件中选用的建筑材料、建筑构配件和设备，应当注明规格、型号、性能等技术指标，其质量要求必须符合国家规定的标准。

除有特殊要求的建筑材料、专用设备、工艺生产线等外，设计单位不得指定生产厂、供应商。

1.5 合同文件的优先顺序

组成合同的各项文件应互相解释，互为说明。除专用合同条件另有约定外，解释合同文件的优先顺序如下：

（1）合同协议书；

（2）中标通知书（如果有）；

（3）投标函及投标函附录（如果有）；

（4）专用合同条件及《发包人要求》等附件；

（5）通用合同条件；

（6）承包人建议书；

（7）价格清单；

（8）双方约定的其他合同文件。

上述各项合同文件包括合同当事人就该项合同文件所作出的补充和修改，属于同一类内容的文件，应以最新签署的为准。

在合同订立及履行过程中形成的与合同有关的文件均构成合同文件组成部分，并根据其性质确定优先解释顺序。

【条文释义】

工程总承包项目周期长、投资大，构成合同的组成文件多，且合同文件之间可能存在不一致甚至相互矛盾，从而影响合同的理解和履行，容易产生争议，明确解释合同文件的优先顺序，以便在合同文件内容出现不一致或矛盾时，确定合同文义，减少双方分歧。

本款确定了解释组成合同的各项文件的优先顺序，除专用合同条件另有约定外，按照本款约定的合同文件的优先顺序解释合同文件，合同当事人就该项合同文件所作出的补充和修改，属于同一类内容的文件，应以最新签署的为准。但是后签署的文件优先于先签署文件的前提是两个文件属于同一类内容的文件，如对《发包人要求》进行了修改，解释顺序上修改后的《发包人要求》优先于原先的《发包人要求》，但在解释顺序上仍排在第四位。

【使用指引】

解释合同文件的优先顺序须尊重合同当事人的意思表示，合同当事人认为某些合同文件更为准确地表达了双方真实意思的，可以在专用合同条件中另行约定合同文件的优先顺序。

1.6 文件的提供和照管

1.6.1 发包人文件的提供

发包人应按照专用合同条件约定的期限、数量和形式向承包人免费提供前期工作相关资料、环境保护、气象水文、地质条件进行工程设计、现场施工等工程实施所需的文件。因发包人未按合同约定提供文件造成工期延误的，按照第 8.7.1 项［因发包人原因导致工期延误］约定办理。

1.6.2　承包人文件的提供

除专用合同条件另有约定外，承包人文件应包含下列内容，并用第 1.2 款［语言文字］约定的语言制作：

（1）《发包人要求》中规定的相关文件；

（2）满足工程相关行政审批手续所必需的应由承包人负责的相关文件；

（3）第 5.4 款［竣工文件］与第 5.5 款［操作和维修手册］中要求的相关文件。

承包人应按照专用合同条件约定的期限、名称、数量和形式向工程师提供应当由承包人编制的与工程设计、现场施工等工程实施有关的承包人文件。工程师对承包人文件有异议的，承包人应予以修改，并重新报送工程师。合同约定承包人文件应经审查的，工程师应在合同约定的期限内审查完毕，但工程师的审查并不减轻或免除承包人根据合同约定应当承担的责任。承包人文件的提供和审查还应遵守第 5.2 款［承包人文件审查］和第 5.4 款［竣工文件］的约定。

1.6.3　文件错误的通知

任何一方发现文件中存在明显的错误或疏忽，应及时通知另一方。

1.6.4　文件的照管

除专用合同条件另有约定外，承包人应在现场保留一份合同、《发包人要求》中列出的所有文件、承包人文件、变更以及其他根据合同收发的往来信函。发包人和工程师有权在任何合理的时间查阅和使用上述所有文件。

【条文释义】

1. 在施工总承包项目中要求发包人向承包人提供图纸，并要求发包人组织承包人、监理人和设计人进行图纸会审和设计交底。而发包人在工程总承包模式下仅需要提供前期工作相关资料、环境保护、气象水文、地质条件等进行工程设计、现场施工的工程实施所需的文件。"通用合同条件"第 2.3 款［提供基础资料］约定："发包人应按专用合同条件和《发包人要求》中的约定向承包人提供施工现场及工程实施所必需的毗邻区域内的供水、排水、供电、供气、供热、通信、广播电视等地上、地下管线和设施资料，气象和水文观测资料，地质勘察资料，相邻建筑物、构筑物和地下工程等有关基础资料。"发包人文件提供的条款设计与《房屋建筑和市政基础设施项目工程总承包管理办法》的规定相互衔接，《房屋建筑和市政基础设施项目工程总承包管理办法》规定的是对工程设计、采购、施工或者设计、施工等阶段实行总承包，不包括勘察阶段，作为《房屋建筑和市政基础设施项目工程总承包管理办法》配套合同的本合同示范文本也建议发包人完成可行性研究勘察、初步勘察后发包，发包人可在提供可行性研究勘察或初步勘察资料后，将详细勘察作为工程总承包的一部分发包，此时发包人提供的地质勘察资料包括可行性研究勘察或初步勘察资料。

2. 承包人应按照专用合同条件约定的期限、名称、数量和形式向工程师提供应当由承包人编制的与工程设计、现场施工等工程实施有关的承包人文件，前述文件都属于承包人文件。另外，本款约定了对承包人文件的审查，工程师对承包人文件有异议的，承包人应予以修改，并重新报送工程师。合同约定承包人文件应经审查的，工程师应在合同约定的期限内审查完毕。但是，无论工程师对于承包人文件的审查批准意见如何，根据法律规定和合同约定，承包人均需对其编制的承包人文件承担责任，即工程师的审查并不减轻或免除承包人根据合同约定应当承担的责任。

3. 本条款同时约定了任何一方发现文件中存在明显的错误或疏忽，应及时通知另一方。承包人应在现场保留一份合同、《发包人要求》中列出的所有文件、承包人文件、变更以及其他根据合同收发的往来信函。发包人和工程师有权在任何合理的时间查阅和使用上述所有文件。

【使用指引】

合同当事人应当在专用合同条件中约定发包人应当向承包人提供的前期工作相关资料、环境保护、气象水文、地质条件进行工程设计、现场施工等工程实施所需的文件的期限、数量和形式。承包人应按照在专用合同条件中约定的承包人应当向发包人提供的工程设计、现场施工等工程实施有关的承包人文件提供，并明确提供的期限、名称、数量和形式。

1.7　联络

1.7.1　与合同有关的通知、批准、证明、证书、指示、指令、要求、请求、同意、意见、确定和决定等，均应采用书面形式，并应在合同约定的期限内（如无约定，应在合理期限内）通过特快专递或专人、挂号信、传真或双方商定的电子传输方式送达收件地址。

1.7.2　发包人和承包人应在专用合同条件中约定各自的送达方式和收件地址。任何一方合同当事人指定的送达方式或收件地址发生变动的，应提前3天以书面形式通知对方。

1.7.3　发包人和承包人应当及时签收另一方通过约定的送达方式送达至收件地址的来往文件。拒不签收的，由此增加的费用和（或）延误的工期由拒绝接收一方承担。

1.7.4 对于工程师向承包人发出的任何通知，均应以书面形式由工程师或其代表签认后送交承包人实施，并抄送发包人；对于合同一方向另一方发出的任何通知，均应抄送工程师。对于由工程师审查后报发包人批准的事项，应由工程师向承包人出具经发包人签认的批准文件。

【条文释义】

为保证合同履行过程中准确、及时地传递信息，本款约定了与合同有关的通知、批准、证明、证书、指示、指令、要求、请求、同意、意见、确定和决定等，均应采用书面形式，并应在合同约定的期限内（如无约定，应在合理期限内）通过特快专递或专人、挂号信、传真或双方商定的电子传输方式送达收件地址，拒不签收来往文件将承担相应的责任。本款同时明确了，双方之间的通知、批准文件的联络应当由工程师出具或者抄送工程师。

【使用指引】

发包人和承包人应在专用合同条件中约定各自的送达方式和收件地址，使用者在填写时应当确保信息尽可能地详尽，包括接受人员的姓名、职务、电话、邮箱、地址等信息，当指定的送达方式或收件地址发生变动的，应提前3天以书面形式通知对方。

1.8 严禁贿赂

合同当事人不得以贿赂或变相贿赂的方式，谋取非法利益或损害对方权益。因一方合同当事人的贿赂造成对方损失的，应赔偿损失，并承担相应的法律责任。

承包人不得与工程师或发包人聘请的第三方串通损害发包人利益。未经发包人书面同意，承包人不得为工程师提供合同约定以外的通讯设备、交通工具及其他任何形式的利益，不得向工程师支付报酬。

【条文释义】

本款所指的贿赂只指工程实施过程中存在的商业贿赂。根据最高院《关于办理商业贿赂刑事案件适用法律若干问题的意见》，商业贿赂犯罪涉及刑法规定的以下八种罪名：（1）非国家工作人员受贿罪（刑法第一百六十三条）；（2）对非国家工作人员行贿罪（刑法第一百六十四条）；（3）受贿罪（刑法第三百八十五条）；（4）单位受贿罪（刑法第三百八十七条）；（5）行贿罪（刑法第三百八十九条）；（6）对单位行贿罪（刑法第三百九十一条）；（7）介绍贿赂罪（刑法第三百九十二条）；（8）单位行贿罪（刑法第三百九十三条）。为了防止工程实施过程中承包人通过贿赂工程师或发包人聘请的第三方串通损害发包人利益，乃至影响工程质量及施工安全，本款对严禁贿赂单独列出予以规范。

【使用指引】

2018年，国务院国有资产监督管理委员会制定了《中央企业合规管理指引》（国资发法规〔2018〕106号），为了推动中央企业全面加强合规管理，提高合规管理水平，保障企业健康持续性的发展，国资委要求各个中央企业加快建立合规管理体系。而建设工程领域有许多大型企业为国资委履行出资人义务的企业，发包人可以参考《中央企业合规管理指引》开展包括制度制定、风险识别、合规审查、风险应对、责任追究、考核评价、合规培训等有组织、有计划的管理活动。

1.9　化石、文物

在施工现场发掘的所有文物、古迹以及具有地质研究或考古价值的其他遗迹、化石、钱币或物品属于国家所有。一旦发现上述文物，承包人应采取合理有效的保护措施，防止任何人员移动或损坏上述物品，并立即报告有关政府行政管理部门，同时通知工程师。

发包人、工程师和承包人应按有关政府行政管理部门要求采取妥善的保护措施，由此增加的费用和（或）延误的工期由发包人承担。

承包人发现文物后不及时报告或隐瞒不报，致使文物丢失或损坏的，应赔偿损失，并承担相应的法律责任。

【条文释义】

根据《古生物化石保护条例》第二条第二款规定："本条例所称古生物化石，是指地质历史时期形成并赋存于地层中的动物和植物的实体化石及其遗迹化石。"而根据《文物保护法》的相关规定，文物一般指具有历史、艺术、科学价值的古文化遗址、古墓葬、古建筑、石窟寺和石刻、壁画等。

在施工过程中施工现场出现化石、文物将直接影响施工，导致费用增加和工期延误，乃至工程取消。同时，为了避免合同当事人因欠缺专业知识未能辨识化石、文物，或者为了推进工程进度，故意隐瞒化石、文物，本款对承包人和发包人分别约定了不同的义务和责任。

对于承包人而言，考虑到承包人是施工现场的实际控制人，具备首先发现化石、文物和采取保护措施的条件，本款约定一旦发现上述文物，承包人应当采取合理有效的保护措施，防止任何人员移动或损坏上述物品，并立即报告有关政府行政管理部门，同时通知工程师，承包人发现文物后不及时报告或隐瞒不报，致使文物丢失或损坏的，应赔偿损失，并承担相应的法律责任。

对于发包人而言，保护化石、文物并不是在承包人的工程承包范围内，因此由此增加的费用和（或）延误的工期由发包人承担。同时，鉴于化石、文物的出现，属于不可归责于发包人的原因，因此发包人无需承担承包人的合理利润。

【法条索引】

•《文物保护法》

第十七条　文物保护单位的保护范围内不得进行其他建设工程或者爆破、钻探、挖掘等作业。但是，因特殊情况需要在文物保护单位的保护范围内进行其他建设工程或者爆破、钻探、挖掘等作业的，必须保证文物保护单位的安全，并经核定公布该文物保护单位的人民政府批准，在批准前应当征得上一级人民政府文物行政部门同意；在全国重点文物保护单位的保护范围内进行其他建设工程或者爆破、钻探、挖掘等作业的，必须经省、自治区、直辖市人民政府批准，在批准前应当征得国务院文物行政部门同意。

第二十条　建设工程选址，应当尽可能避开不可移动文物；因特殊情况不能避开的，对文物保护单位应当尽可能实施原址保护。

实施原址保护的，建设单位应当事先确定保护措施，根据文物保护单位的级别报相应的文物行政部门批准；未经批准的，不得开工建设。

无法实施原址保护，必须迁移异地保护或者拆除的，应当报省、自治区、直辖市人民政府批准；迁移或者拆除省级文物保护单位的，批准前须征得国务院文物行政部门同意。全国重点文物保护单位不得拆除；需要迁移的，须由省、自治区、直辖市人民政府报国务院批准。

依照前款规定拆除的国有不可移动文物中具有收藏价值的壁画、雕塑、建筑构件等，由文物行政部门指定的文物收藏单位收藏。

本条规定的原址保护、迁移、拆除所需费用，由建设单位列入建设工程预算。

•《古生物化石保护条例》

第十八条　单位和个人在生产、建设等活动中发现古生物化石的，应当保护好现场，并立即报告所在地县级以上地方人民政府自然资源主管部门。

县级以上地方人民政府自然资源主管部门接到报告后，应当在 24 小时内赶赴现场，并在 7 日内提出处理意见。确有必要的，可以报请当地人民政府通知公安机关协助保护现场。发现重点保护古生物化石的，应当逐级上报至国务院自然资源主管部门，由国务院自然资源主管部门提出处理意见。

生产、建设等活动中发现的古生物化石需要进行抢救性发掘的，由提出处理意见的自然资源主管部门组织符合本条例第十一条第二款规定条件的单位发掘。

1.10　知识产权

1.10.1　除专用合同条件另有约定外，由发包人（或以发包人名义）编制的《发包人要求》和其他文件，就合同当事人之间而言，其著作权和其他知识产权应归发包人所有。承包人可以为实现合同目的而复制、使用此类文件，但不能用于与合同无关的其他事项。未经发包人书面同意，承包人不得为了合同以外的目的而复制、使用上述文件或将之提供给任何第三方。

1.10.2　除专用合同条件另有约定外，由承包人（或以承包人名义）为实施工程所编制的文件、承包人完成的设计工作成果和建造完成的建筑物，就合同当事人之间而言，其著作权和其他知识产权应归承包人享有。发包人可因实施工程的运行、调试、维修、改造等目的而复制、使用此类文件，但不能用于与合同无关的其他事项。未经承包人书面同意，发包人不得为了合同以外的目的而复制、使用上述文件或将之提供给任何第三方。

1.10.3 合同当事人保证在履行合同过程中不侵犯对方及第三方的知识产权。承包人在工程设计、使用材料、施工设备、工程设备或采用施工工艺时，因侵犯他人的专利权或其他知识产权所引起的责任，由承包人承担；因发包人提供的材料、施工设备、工程设备或施工工艺导致侵权的，由发包人承担责任。

1.10.4 除专用合同条件另有约定外，承包人在投标文件中采用的专利、专有技术、商业软件、技术秘密的使用费已包含在签约合同价中。

1.10.5 合同当事人可就本合同涉及的合同一方或合同双方（含一方或双方相关的专利商或第三方设计单位）的技术专利、建筑设计方案、专有技术、设计文件著作权等知识产权，订立知识产权及保密协议，作为本合同的组成部分。

【条文释义】

1. 除了合同当事人在专用合同条件中另行约定外，在工程实施过程中，由发包人（或以发包人名义）编制的《发包人要求》和其他文件属于发包人作品，著作权归属于发包人。同样的，由承包人（或以承包人名义）为实施工程所编制的文件、承包人完成的设计工作成果和建造完成的建筑物属于承包人作品，著作权归属于承包人。但是，对于双方而言，双方都有权为了实现合同目的而复制、使用此类文件，但不能用于与合同无关的其他事项，未经对方书面同意，任何一方不得为了合同以外的目的而复制、使用上述文件或将之提供给任何第三方。

2. 针对第三方起诉要求合同当事人共同承担侵犯知识产权的连带责任，本款明确了侵犯知识产权的责任承担。第一，合同当事人保证在履行合同过程中不侵犯对方及第三方的知识产权。第二，承包人在工程设计、使用材料、施工设备、工程设备或采用施工工艺时，因侵犯他人的专利权或其他知识产权所引起的责任，由承包人承担；因发包人提供的材料、施工设备、工程设备或施工工艺导致侵权的，由发包人承担责任。

3. 除专用合同条件另有约定外，承包人在编制投标文件时就应当确定工程实施过程中采用的专利、专有技术、商业软件、技术秘密，并将该笔费用包含在签约合同价中。

【使用指引】

合同当事人可以在专用合同条件中约定著作权的归属，如约定复制权、改编权、翻译权等。同时，合同当事人应注意因法律规定署名权属于作者，不得就署名权进行特别约定。否则，该约定违反法律，属于无效约定。

【法条索引】

•《著作权法》

第十条 著作权包括下列人身权和财产权：

（一）发表权，即决定作品是否公之于众的权利；

（二）署名权，即表明作者身份，在作品上署名的权利；

（三）修改权，即修改或者授权他人修改作品的权利；

（四）保护作品完整权，即保护作品不受歪曲、篡改的权利；

（五）复制权，即以印刷、复印、拓印、录音、录像、翻录、翻拍等方式将作品制作一份或者多份的权利；

（六）发行权，即以出售或者赠与方式向公众提供作品的原件或者复制件的权利；

（七）出租权，即有偿许可他人临时使用电影作品和以类似摄制电影的方法创作的作品、计算机软件的权利，计算机软件不是出租的主要标的的除外；

（八）展览权，即公开陈列美术作品、摄影作品的原件或者复制件的权利；

（九）表演权，即公开表演作品，以及用各种手段公开播送作品的表演的权利；

（十）放映权，即通过放映机、幻灯机等技术设备公开再现美术、摄影、电影和以类似摄制电影的方法创作的作品等的权利；

（十一）广播权，即以无线方式公开广播或者传播作品，以有线传播或者转播的方式向公众传播广播的作品，以及通过扩音器或者其他传送符号、声音、图像的类似工具向公众传播广播的作品的权利；

（十二）信息网络传播权，即以有线或者无线方式向公众提供作品，使公众可以在其个人选定的时间和地点获得作品的权利；

（十三）摄制权，即以摄制电影或者以类似摄制电影的方法将作品固定在载体上的权利；

（十四）改编权，即改变作品，创作出具有独创性的新作品的权利；

（十五）翻译权，即将作品从一种语言文字转换成另一种语言文字的权利；

（十六）汇编权，即将作品或者作品的片段通过选择或者编排，汇集成新作品的权利；

（十七）应当由著作权人享有的其他权利。

著作权人可以许可他人行使前款第（五）项至第（十七）项规定的权利，并依照约定或者本法有关规定获得报酬。

著作权人可以全部或者部分转让本条第一款第（五）项至第（十七）项规定的权利，并依照约定或者本法有关规定获得报酬。

• 《专利法》

第六条　执行本单位的任务或者主要是利用本单位的物质技术条件所完成的发明创造为职务发明创造。职务发明创造申请专利的权利属于该单位；申请被批准后，该单位为专利权人。

非职务发明创造，申请专利的权利属于发明人或者设计人；申请被批准后，该发明人或者设计人为专利权人。

利用本单位的物质技术条件所完成的发明创造，单位与发明人或者设计人订有合同，对申请专利的权利和专利权的归属作出约定的，从其约定。

1.11　保密

合同当事人一方对在订立和履行合同过程中知悉的另一方的商业秘密、技术秘密，以及任何一方明确要求保密的其他信息，负有保密责任。

除法律规定或合同另有约定外，未经对方同意，任何一方当事人不得将对方提供的文件、技术秘密以及声明需要保密的资料信息等商业秘密泄露给第三方或者用于本合同以外的目的。

一方泄露或者在本合同以外使用该商业秘密、技术秘密等保密信息给另一方造成损失的，应承担损害赔偿责任。当事人为履行合同所需要的信息，另一方应予以提供。当事人认为必要时，可订立保密协议，作为合同附件。

【条文释义】

本款提及的承包人的技术秘密主要是指承包人凭借经验或技能产生的，在工程建设过程中获得不为他人所知的技术情报、数据或知识，包括产品配方、工艺流程、施工工艺、设计、图纸、试验数据和记录等，而且这些技术秘密尚未获得专利保护等知识产权法上的特别保护①。根据《反不正当竞争法》第九条规定："本法所称的商业秘密，是指不为公众所知悉、具有商业价值并经权利人采取相应保密措施的技术信息、经营信息等商业信息。"而《最高人民法院关于审理侵犯商业秘密民事案件适用法律若干问题的规定》（法释〔2020〕7号）第一条明确与技术有关的结构、原料、组分、配方、材料、样品、样式、植物新品种繁殖材料、工艺、方法或其步骤、算法、数据、计算机程序及其有关文档等信息，人民法院可以认定构成反不正当竞争法第九条第四款所称的技术信息。与经营活动有关的创意、管理、销售、财务、计划、样本、招投标材料、客户信息、数据等信息，人民法院可以认定构成反不正当竞争法第九条第四款所称的经营信息。前款所称的客户信息，包括客户的名称、地址、联系方式以及交易习惯、意向、内容等信息。

合同当事人的保密义务既有法律规定，更多的保密义务来源于合同当事人的约定，本条款约定了承发包人的保密义务，未经对方同意，任何一方当事人不得将对方提供的文件、技术秘密以及声明需要保密的资料信息等商业秘密泄露给第三方或者用于本合同以外的目的。

【使用指引】

合同当事人认为必要时，可订立保密协议，并且在专用合同条件中明确。且采取合理的保密措施，如标注资料的密级等。

---

① 本书编委会. 建设工程施工合同（示范文本）（GF-2013-0201）使用指南［M］. 北京：中国建筑工业出版社，2013：50.

1.12 《发包人要求》和基础资料中的错误

承包人应尽早认真阅读、复核《发包人要求》以及其提供的基础资料，发现错误的，应及时书面通知发包人补正。发包人作相应修改的，按照第13条［变更与调整］的约定处理。

《发包人要求》或其提供的基础资料中的错误导致承包人增加费用和（或）工期延误的，发包人应承担由此增加的费用和（或）工期延误，并向承包人支付合理利润。

【条文释义】

结合《房屋建筑和市政基础设施项目工程总承包管理办法》对于工程总承包项目承发包双方风险分配的规定，本款约定承包人负有认真阅读、复核《发包人要求》以及其提供的基础资料并通知发包人补正的义务，如发包人做出相应修改的，或者发包人《发包人要求》或其提供的基础资料中的错误导致承包人增加费用和（或）工期延误的，发包人应承担由此增加的费用和（或）工期延误，并向承包人支付合理利润。

在FIDIC黄皮书下，承包商在收到开工通知后应仔细检查雇主要求，如发现存在错误的，应在开工日期后42天内通知工程师。如果该错误是一个有经验的承包商（在考虑到成本和时间的情况下）尽到应有的注意义务，通过在投标前检查现场和雇主要求（在错过42天期限的情况下，则是通过在期限内仔细检查雇主要求）仍无法发现的错误，则工程师可视其为变更进行处理，且承包商有权就工期、费用和利润进行索赔。

本条款在设置上参照了《2017版FIDIC黄皮书》的相关内容，但在内容上有三点没有采纳：

一是承包人发现《发包人要求》中的错误后及时通知发包人即可，而没有设置通知的具体期限。一方面是考虑到国内项目招投标阶段和工期相比国际工程普遍较短，承包人在开始相关工作前往往没有足够的时间对现场和《发包人要求》详细检查；另一方面是与《民法典》第七百七十六条的规定相符，即"承揽人发现定作人提供的图纸或者技术要求不合理的，应当及时通知定作人。因定作人怠于答复等原因造成承揽人损失的，应当赔偿损失"。

二是没有将"有经验的承包商尽到应有的注意义务"作为承包人是否承担责任的判断原则。因这一概念主要适用于英美法系，在我国法律体系下并不适用。

三是承包人发现错误后直接通知发包人而非工程师。这主要是考虑到《发包人要求》中出现错误属于较为重大的变更，实践中往往需要发包人确认，目前以工程师中心进行项目实施管理的体系还未完全建立，工程师可能一般没有权限对此进行确认。

1.13 责任限制

承包人对发包人的赔偿责任不应超过专用合同条件约定的赔偿最高限额。

若专用合同条件未约定，则承包人对发包人的赔偿责任不应超过签约合同价。但对于因欺诈、犯罪、故意、重大过失、人身伤害等不当行为造成的损失，赔偿的责任限度不受上述最高限额的限制。

【条文释义】

本款约定了承包人基于工程总承包合同的赔偿最高限额，将承包人的风险限定在可预见的合理范围之内，但对于因欺诈、犯罪、故意、重大过失、人身伤害等不当行为造成的损失，赔偿的责任限度不受该最高限额的限制。这个条款，较大程度改善了以往承包人较难与发包人谈判争取赔偿最高额的境地，可以增强承包人实施工程总承包项目的安全感。

【使用指引】

承包人对发包人赔偿责任的最高限额遵守合同当事人的意思自治，合同当事人可以在专用合同条件中另行约定承包人对发包人赔偿责任的最高限额，例如签约合同价的 10% 或 20%，但如果约定的限额过高，则将承包人的风险限定在可预见的合理范围的条款设置目的也就落空了。

【法条索引】

• 《民法典》

第五百零六条 合同中的下列免责条款无效：

（一）造成对方人身损害的；

（二）因故意或者重大过失造成对方财产损失的。

1.14 建筑信息模型技术的应用

如果项目中拟采用建筑信息模型技术，合同双方应遵守国家现行相关标准的规定，并符合项目所在地的相关地方标准或指南。合同双方应在专用合同条件中就建筑信息模型的开发、使用、存储、传输、交付及费用等相关内容进行约定。除专用合同条件另有约定外，承包人应负责与本项目中其他使用方协商。

【条文释义】

随着住房和城乡建设部在 2015 年发布《关于印发推进建筑信息模型应用指导意见》（建质函〔2015〕159 号），以及《建筑信息模型分类和编码标准》《建筑信息模型设计交付标准》等标准的出台，建筑信息模型（Building Information Modeling，BIM）技术等新技术的应用和发展进入井喷期。在新形势下，为了更好地将建筑信息模型技术应用于工程总承包项目，本合同示范文本专门规定了建筑信息模型技术的应用，并在专用合同条件中预留了当事人自行约定的条款。

在综合设计、咨询服务、集成管理等建筑业价值链中技术含量高、知识密集型的环节大力推进 BIM 应用，可以优化项目实施方案，合理协调各阶段工作，缩短工期、提高质量、节省投资。实现与设计、施工、设备供应、专业分包、劳务分包等单位的无缝对接，优化供应链，提升自身价值。如按照方案设计、初步设计、施工图设计等阶段的总包管理需求，逐步建立适宜的多方共享的 BIM 模型，使设计优化、设计深化、设计变更等业务基于统一的 BIM 模型，并实施动态控制。

第 2 条　发包人

2.1　遵守法律

发包人在履行合同过程中应遵守法律，并承担因发包人违反法律给承包人造成的任何费用和损失。发包人不得以任何理由，要求承包人在工程实施过程中违反法律、行政法规以及建设工程质量、安全、环保标准，任意压缩合理工期或者降低工程质量。

【条文释义】

第 2.1 款旨在要求发包人在合同履行过程中，遵守相应的法律法规，不得以任何理由，要求承包人违反法律、行政法规以及建设工程质量、安全、环保标准，不得任意压缩合理工期或降低工程质量，否则发包人将承担其违反法律给承包人造成的费用和损失。

【使用指引】

基于《房屋建筑和市政基础设施项目工程总承包管理办法》第二十四条"建设单位不得设置不合理工期，不得任意压缩合理工期。工程总承包单位应当依据合同对工期全面负责，对项目总进度和各阶段的进度进行控制管理，确保工程按期竣工"中对于禁止发包人任意压缩合理工期的规定，新版合同在本款［遵守法律］中明确发包人不得以任何理由，要求承包人在工程实施过程中违反法律、行政法规以及建设工程质量、安全、环保标准，任意压缩合理工期或者降低工程质量。

合理工期的概念首次出现于国务院《建设工程质量管理条例》第十条规定："建设工程发包单位，不得强迫承包方以低于成本的价格竞标，不得任意压缩合理工期。"国务院法制办在《建设工程质量管理条例释义》中对合理工期的解释为："在正常建设条件下，采取科学合理的施工工艺和管理方法，以现行的建设行政主管部门颁布的工期定额为基础，结合项目建设的具体情况，而确定的使投资方、各参加单位均获得满意的经济效益的工期。"因此，一般认为合理工期是以当地定额工期为基础，综合工程施工的各种条件和情形而确定的一个相对合理的时间。

国家标准《建设工程工程量清单计价规范》（GB 50500—2013）第 9.11.1 规定："招标人应依据相关工程的工期定额合理计算工期，压缩的工期天数不得超过定额工期的20%，超过者，应在招标文件中明示增加赶工费用。"该规定确立了合理工期的量化标准，工期压缩率在 20% 以内的为合理工期。

【风险识别与防范】

对本款约定而言，在合同签订阶段，难点在于如何定义合理工期，以及事先对"不得压缩合理工期"各种情形作出具体、明确的约定。

虽然《建设工程质量管理条例》第十条规定发包单位不得任意压缩合理工期。2019年7月1日起施行的《政府投资条例》对非法干预政府投资建设项目的合理工期也作出了禁止性的规定，但法律和行政法规并未对"合理工期"的定义及"压缩合理工期"的情形作出明确规定，同时在工程实践中难以避免各方出于各种原因对约定工期进行超出合理范围的调整，从而给工程质量与安全带来极大危害，比如江西丰城发电厂三期扩建工程的冷却塔施工平台坍塌特别重大事故、杭州地铁塌陷事故等都与过度压缩工期有关。

同时，在司法实践中，关于对合理工期的压缩是否导致合同工期条款无效存在不同的裁判观点。比如（2018）最高法民再163号案件中，最高院的观点为："定额工期通常依据施工规范、典型工程设计、施工企业的平均水平等多方面因素制订，虽具有合理性，但在实际技术专长、管理水平和施工经验存在差异的情况下，并不能完全准确反映不同施工企业在不同工程项目的合理工期。其次，本案中施工单位作为大型专业施工企业，基于对自身施工能力及市场等因素的综合考量，经与建设单位平等协商，在《建设工程施工合同》中约定的工期条款，系对自身权利的处分，亦为其真实意思表示，在无其他相反证据证明的情况下，不能当然推定建设单位迫使施工单位压缩合理工期，合同不因此而无效，施工单位应承担工期逾期责任。"（2017）黔06民终901号案件中，贵州省铜仁市中级人民法院则认为："涉案发承包双方签订的《建设工程施工合同》约定工期为183天，而江口县住房和城乡规划建设局证实涉案工程正常工期至少为381天，故双方对工程工期的约定违反我国《建设工程质量管理条例》第十条第一款'建设工程发包单位不得迫使承包方以低于成本的价格竞标，不得任意压缩合理工期'及《贵州省建筑市场管理条例》第18条第（四）款'发包人不得任意压缩工期'的规定，双方签订的合同因任意压缩合理工期违反工程建设强制性标准，应当认定无效。"

因此，在对"不得任意压缩合理工期"的风险识别与防范的问题上，发承包双方可以在签订合同时，对合同条款中所涉及的属于不得任意压缩合理工期的各种情形的条款进行全面梳理和列举，并在此基础上，结合具体工程的实际情况，对这些合同条款进行修改和完善。

【法条索引】

• **《建设工程质量管理条例》**

第十条　建设工程发包单位，不得迫使承包方以低于成本的价格竞标，不得任意压缩合理工期。

第五十六条　违反本条例规定，建设单位有下列行为之一的，责令改正，处20万元以上50万元以下的罚款：（二）任意压缩合理工期的。

• **《建设工程工程量清单计价规范》（GB 50500—2013）**

第9.11.1　招标人应依据相关工程的工期定额合理计算工期，压缩的工期天数不得超过定额工期的 20%，超过者，应在招标文件中明示增加赶工费用。

2.2 提供施工现场和工作条件

2.2.1 提供施工现场

发包人应按专用合同条件约定向承包人移交施工现场，给承包人进入和占用施工现场各部分的权利，并明确与承包人的交接界面，上述进入和占用权可不为承包人独享。如专用合同条件没有约定移交时间的，则发包人应最迟于计划开始现场施工日期 7 天前向承包人移交施工现场，但承包人未能按照第 4.2 款［履约担保］提供履约担保的除外。

2.2.2 提供工作条件

发包人应按专用合同条件约定向承包人提供工作条件。专用合同条件对此没有约定的，发包人应负责提供开展本合同相关工作所需要的条件，包括：

（1）将施工用水、电力、通讯线路等施工所必需的条件接至施工现场内；

（2）保证向承包人提供正常施工所需要的进入施工现场的交通条件；

（3）协调处理施工现场周围地下管线和邻近建筑物、构筑物、古树名木、文物、化石及坟墓等的保护工作，并承担相关费用；

（4）对工程现场临近发包人正在使用、运行、或由发包人用于生产的建筑物、构筑物、生产装置、设施、设备等，设置隔离设施，竖立禁止入内、禁止动火的明显标志，并以书面形式通知承包人须遵守的安全规定和位置范围；

（5）按照专用合同条件约定应提供的其他设施和条件。

2.2.3 逾期提供的责任

因发包人原因未能按合同约定及时向承包人提供施工现场和施工条件的，由发包人承担由此增加的费用和（或）延误的工期。

【条文释义】

第 2.2 款为发包人向承包人提供施工现场和工作条件，旨在要求发包人按照合同约定向承包人提供施工现场、施工条件，保证施工的顺利进行，并且承担未能提供施工现场和施工条件而增加的费用和（或）延误的工期。

【使用指引】

施工现场和施工工作条件是保证承包人进场正常施工的基本前提，关系到合同工期的起算时间，因此无论是发包人还是承包人均应当加以重视。

第 2.2.1 项中的"施工现场"与 1.1.3.9［施工现场］相同：是指用于工程施工的场所，以及在专用合同条件中指明作为施工场所组成部分的其他场所，包括永久占地和临时占地。在专用合同条件没有另行约定的情况下，为保证承包人进场做好开工准备工作，发包人应当在开工日期 7 天前向承包人移交施工场地，如果专用合同条件对移交施工场地另有约定的，以专用合同条件约定为准。

本项要注意与第 4.2 款［履约担保］的协调和衔接。第 4.2 款［履约担保］约定发包人需要承包人提供履约担保的，由合同当事人在专用合同条件中约定履约担保的方式、金额及提交的时间等。本项中约定如专用合同条件没有约定移交时间的，则发包人应最迟于计划开始现场施工日期 7 天前向承包人移交施工现场，但承包人未能按照第 4.2 款［履约担保］提供履约担保的除外。

第 2.2.2 项明确规定了发包人应按专用合同条件约定向承包人提供工作条件，若专用合同条件中未约定，施工工作条件应根据每个工程的特点、所面临的施工环境确定，但一般情况下，施工条件包括但不限于以下几个方面：（1）施工用水、电力、通信线路等施工所必需的条件；（2）施工设备和工程设备、材料及车辆等所需要的进入施工现场的交通条件；（3）施工现场周围地下管线和邻近建筑物、构筑物、古树名木的保护；（4）工程现场临近发包人正在使用、运行、或由发包人用于生产的建筑物、构筑物、生产装置、设施、设备等；（5）根据工程特点及施工环境所需要提供的其他设施和条件。

第 2.2.3 项所述致使施工造成延误的情况。此处延误情况，发包人仅补偿承包人由此增加的费用和延误的工期，而没有相应的利润。

【风险识别与防范】

合同当事人在使用本条款时应注意以下事项：

1. 因施工现场、施工条件关系到承包人施工能否顺利进行，因此，发包人与承包人在订立合同时均应重视该项工作，并在专用合同条件中就施工现场、工作条件的内容和标准作出明确的规定。对于施工现场和工作条件的标准，发包人提供的施工场地的条件应当与招标文件中明确的施工场地的标准一致，以保证承包人能够按照投标文件中的施工组织设计组织施工。

2. 如果因发包人原因未能按照合同约定的时间和标准及时向承包人提供施工场地和工作条件，由发包人承担由此增加的费用和（或）延误的工期。承包人应当及时提出异议，并就增加的费用和（或）延误的工期按照合同约定和法律规定的程序及时向发包人提出索赔。

如果发包人提供的施工场地和工作条件能够满足一部分施工需要，但需要承包人调整施工组织设计，发包人应当与承包人共同评估因此所可能增加的费用和（或）对工期的影响，并达成补充协议，对增加费用的承担和（或）工期的调整达成一致，以避免由此引起合同争议，甚至影响合同的正常履行。

【法条索引】

• 《民法典》

第八百零三条　发包人未按照约定的时间和要求提供原材料、设备、场地、资金、技术资料的，承包人可以顺延工程日期，并有权请求赔偿停工、窝工等损失。

• 《建筑法》

第四十条　建设单位应当向建筑施工企业提供与施工现场相关的地下管线资料，建筑施工企业应当采取措施加以保护。

2.3　提供基础资料

发包人应按专用合同条件和《发包人要求》中的约定向承包人提供施工现场及工程实施所必需的毗邻区域内的供水、排水、供电、供气、供热、通信、广播电视等地上、地下管线和设施资料，气象和水文观测资料，地质勘察资料，相邻建筑物、构筑物和地下工程等有关基础资料，并根据第 1.12 款［《发包人要求》和基础资料中的错误］承担基础资料错误造成的责任。按照法律规定确需在开工后方能提供的基础资料，发包人应尽其努力及时地在相应工程实施前的合理期限内提供，合理期限应以不影响承包人的正常履约为限。因发包人原因未能在合理期限内提供相应基础资料的，由发包人承担由此增加的费用和延误的工期。

【条文释义】

第 2.3 款为发包人向承包人提供基础资料，旨在要求发包人按照合同约定及时向承包人提供符合合同约定的基础资料，并对基础资料的真实性、完整性和准确性负责。

本款应注意，与第 1.6.1 项［发包人文件的提供］、第 1.12 款［《发包人要求》和基础资料中的错误］和第 8.7.1 项［因发包人原因导致工期延误］的联系与衔接。第 1.6.1 项中约定：发包人应按照专用合同条件约定的期限、数量和形式向承包人免费提供前期工作相关资料、环境保护、气象水文、地质条件进行工程设计、现场施工等工程实施所需的文件。因发包人未按合同约定提供文件造成工期延误的，按照第 8.7.1 项［因发包人原因导致工期延误］约定办理：发包人未能提供材料和工程设备导致工期延误和（或）费用增加的，由发包人承担由此延误的工期和（或）增加的费用，且发包人应支付承包人合理的利润。第 1.12 款［《发包人要求》和基础资料中的错误］约定，承包人负有认真阅读、复核《发包人要求》以及其提供的基础资料并通知发包人补正的义务，如发包人做出相应修改的，或者发包人《发包人要求》或其提供的基础资料中的错误导致承包人增加费用和（或）工期延误的，发包人应承担由此增加的费用和（或）工期延误，并向承包人支付合理利润。与 2011 版合同中要求承包人限期 15 日对发包人提供的基础资料进行复核，否则由承包人承担基础资料、现场障碍资料短缺、遗漏、错误的风险相比，新版合同对承包人更为友好。

【使用指引】

本款中的"基础资料"是指《建设工程质量管理条例》第六条、《建设工程安全生产管理条例》第六条所规定的："施工现场及工程施工所必需的毗邻区域内供水、排水、供电、供气、供热、通信、广播电视等地下管线资料，气象和水文观测资料，地质勘察资料，相邻建筑物、构筑物和地下工程等有关基础资料。"

发包人应在移交施工现场前向承包人提交基础资料，而且按照法律规定确需在开工后方能提供的基础资料，发包人应尽其努力及时地在相应工程施工前的合理期限内提供，合理期限应以不影响承包人的正常施工为限，一般不超过 14 天，但对于具体工艺或分部分项工程而言，差别较大，因此必须在专用合同条件中加以明确，否则将会导致严重的纠纷。

《建设工程质量管理条例》第九条规定："建设单位必须向有关的勘察、设计、施工、工程监理等单位按期提供与建设工程有关的原始资料。原始资料必须真实、准确、齐全。"

发包人应首先对资料的正确与完整性负责任，以保证承包人能够按时进场开工，延迟提供资料或有错的，发包人应当承担由此造成的工期延误的后果和增加的造价，并支付给承包方相应利润。《民法典》第八百零三条规定："发包人未按照约定的时间和要求提供原材料、设备、场地、资金、技术资料的，承包人可以顺延工程日期，并有权请求赔偿停工、窝工等损失。"实践中承包人能证明发包人延期提供资料或者资料有错的，通常能够证明工期延误、工程造价增加系发包人责任并能成功主张相应赔偿。

关于项目设计相关内容《2020 版工程总承包合同》较《2011 版工程总承包合同》有较大的修改。《2011 版工程总承包合同》中约定："发包人应按合同约定、法律或行业规定，向承包人提供设计所需的项目基础资料，并对其真实性、准确性、齐全性和及时性负责，上述项目基础资料不真实、不准确或不齐全时，发包人有义务按约定的时间向承包人进一步补充材料……"而在《2020 版工程总承包合同》中，删除了发包人需向承包人提交设计相关资料的义务，这一修改是我国建设工程总承包模式不断与国际接轨的一种进步，同时也反映出我国建设工程总承包模式中，发包人在工程中项目设计工作内容的减少，承包人项目设计义务和责任范围逐步扩大的趋势。

【风险识别与防范】

1. 发包方确保相关资料的真实、准确和完整

比如：土方工程是建设工程施工必要的组成部分，了解地下埋藏物的构成对于后期顺利开挖施工非常重要。除了一般的土层、岩层和地下水外，地下人工埋藏物也极其复杂。作为建设施工场地的提供方，发包人有责任和义务向承包人提供场地地上、地下各种情况的详细资料和说明，确保相关资料的真实、准确和完整，并承担相应的风险。

2. 承包方承担审核风险

作为工程承包方，应及时对于发包人所提供的施工条件和各种资料进行审核，确定其是否满足施工要求，不满足时应向发包人及时提出，改正或补充，避免延误工程，否则，承包人应当对由此造成的经济损失和其他不利后果承担相应的法律责任。

此处存在着承包人的巨大风险——承包人对于相关资料的有效判断非常关键，由于不同的施工工艺对于相关资料的需求状况不同，承包人需要根据自身的技术工艺措施对于发

包人提供的资料进行判断，当相关资料不满足时，承包人必须按照程序提出，由发包人补充，而不能直接从其他渠道获取——非发包人提供的资料仅限于通用性的法律法规、国家强制性标准等，承包人可以自行获取。如果承包人对相关资料未作评估，当这些资料中出现以一名"合格的有经验的工程技术人员"应该识别的缺陷或疏漏并导致施工错误或中断时，承包人则应当承担判断失误的风险，而不是由发包人承担"未有效提供资料"的风险。

　　3. 风险防范措施

　　总承包模式下，总承包人在签订工程合同前应尽可能地进行实地勘测、收集项目资料、审慎制定投标文件，请专业人员核实招标文件及附带资料的完整性和正确性，对存在的问题或可能导致不利后果的错误资料与业主进行进一步接洽，并在报价中予以充分考虑，如发包人提供的资料确有错误要及时提出、留存证据并积极协商解决办法。此外，总承包人更要认真理解招标文件及附随资料，理解发包人要求并及时充分的沟通，确保设计成果符合合同约定，并按照设计进度完成每一阶段的设计义务，不应作出在数量、质量、工期延期责任等方面过于笼统的承诺。对于确系发包人原因导致的问题，应积极行使权利，按期提出索赔，督促承包人及时提出索赔。

【法条索引】

•《建筑工程质量管理条例》

　　第六条　建设单位应当向施工单位提供施工现场及毗邻区域内供水、排水、供电、供气、供热、通信、广播电视等地下管线资料，气象和水文观测资料，相邻建筑物和构筑物、地下工程的有关资料，并保证资料的真实、准确、完整。

　　建设单位因建设工程需要，向有关部门或者单位查询前款规定的资料时，有关部门或者单位应当及时提供。

　　第九条　建设单位必须向有关的勘察、设计、施工、工程监理等单位提供与建设工程有关的原始资料。原始资料必须真实、准确、完整。

•《建设工程安全生产管理条例》

　　第六条　建设单位应当向施工单位提供施工现场及毗邻区域内供水、排水、供电、供气、供热、通信、广播电视等地下管线资料，气象和水文观测资料，相邻建筑物和构筑物、地下工程的有关资料，并保证资料的真实、准确、完整。

•《民法典》

　　第八百零三条　发包人未按照约定的时间和要求提供原材料、设备、场地、资金、技术资料的，承包人可以顺延工程日期，并有权请求赔偿停工、窝工等损失。

　　注：实践中承包人能证明发包人延期提供资料或者资料有错的，通常能够证明工期延误、工程造价增加系发包人责任并能成功主张相应赔偿。

2.4　办理许可和批准

2.4.1　发包人在履行合同过程中应遵守法律，并办理法律规定或合同约定由其办理的许可、批准或备案，包括但不限于建设用地规划许可证、建设工程规划许可证、建设工程施工许可证等许可和批准。对于法律规定或合同约定由承包人负责的有关设计、施工证件、批件或备案，发包人应给予必要的协助。

2.4.2　因发包人原因未能及时办理完毕前述许可、批准或备案，由发包人承担由此增加的费用和（或）延误的工期，并支付承包人合理的利润。

【条文释义】

第2.4款为办理许可和批准，旨在要求发包人遵守法律、办理法律规定由其办理的许可、批准或备案，并协助承包人办理法律规定的施工证件和批件，以解决项目本身及施工的合法性问题。本条列举了应由发包人办理的许可、批准或备案：包括但不限于建设用地规划许可证、建设工程规划许可证、建设工程施工许可证等许可和批准，以保证工程建设的合法合规性。同时，对于应由承包人办理的施工证件和批件，发包人负有协助义务。

如果发包人未能办理或协助承包人办理上述有关许可、批准或备案，承包人有权拒绝进场施工，由此增加的费用和（或）延误的工期应由发包人承担。

【使用指引】

在工程所在地政府有关行政主管部门办理工程实施的各种文件、许可、备案、批准等，是发包人的责任或义务。第2.4.1项列举了应由发包人办理的许可、批准或备案的建设用地规划许可证、建设工程规划许可证、建设工程施工许可证，以保证工程建设的合法合规性。

（1）建设用地规划许可证。《城乡规划法》第三十七条规定："在城市、镇规划区内以划拨方式提供国有土地使用权的建设项目，经有关部门批准、核准、备案后，建设单位应当向城市、县人民政府城乡规划主管部门提出建设用地规划许可申请，由城市、县人民政府城乡规划主管部门依据控制性详细规划核定建设用地的位置、面积、允许建设的范围，核发建设用地规划许可证。

建设单位在取得建设用地规划许可证后，才可向县级以上地方人民政府土地主管部门申请用地，经县级以上人民政府审批后，由土地主管部门划拨土地。"

第三十八条规定："在城市、镇规划区内以出让方式提供国有土地使用权的，在国有土地使用权出让前，城市、县人民政府城乡规划主管部门应当依据控制性详细规划，提出出让地块的位置、使用性质、开发强度等规划条件，作为国有土地使用权出让合同的组成部分。未确定规划条件的地块，不得出让国有土地使用权。以出让方式取得国有土地使用权的建设项目，在签订国有土地使用权出让合同后，建设单位应当持建设项目的批准、核准、备案文件和国有土地使用权出让合同，向城市、县人民政府城乡规划主管部门领取建设用地规划许可证。

城市、县人民政府城乡规划主管部门不得在建设用地规划许可证中，擅自改变作为国有土地使用权出让合同组成部分的规划条件。"

（2）建设工程规划许可证。《城乡规划法》第四十条规定："在城市、镇规划区内进行建筑物、构筑物、道路、管线和其他工程建设的，建设单位或者个人应当向城市、县人民政府城乡规划主管部门或者省、自治区、直辖市人民政府确定的镇人民政府申请办理建设工程规划许可证。"

申请办理建设工程规划许可证，应当提交使用土地的有关证明文件、建设工程设计方案等材料。需要建设单位编制修建性详细规划的建设项目，还应当提交修建性详细规划。对符合控制性详细规划和规划条件的，由城市、县人民政府城乡规划主管部门或者省、自治区、直辖市人民政府确定的镇人民政府核发建设工程规划许可证。

城市、县人民政府城乡规划主管部门或者省、自治区、直辖市人民政府确定的镇人民政府应当依法将经审定的修建性详细规划、建设工程设计方案的总平面图予以公布。

（3）建设工程施工许可证。《建筑法》第七条规定："建筑工程开工前，建设单位应当按照国家有关规定向工程所在地县级以上人民政府建设行政主管部门申请领取施工许可证；但是，国务院建设行政主管部门确定的限额以下的小型工程除外。"

按照国务院规定的权限和程序批准开工报告的建筑工程，不再领取施工许可证。

《建筑法》第八条规定："申请领取施工许可证，应当具备下列条件：（一）已经办理该建筑工程用地批准手续；（二）在城市规划区的建筑工程，已经取得规划许可证；（三）需要拆迁的，其拆迁进度符合施工要求；（四）已经确定建筑施工企业；（五）有满足施工需要的施工图纸及技术资料；（六）有保证工程质量和安全的具体措施；（七）建设资金已经落实；（八）法律、行政法规规定的其他条件。"

【风险识别与防范】

合同当事人在使用本条款时应注意以下事项：

1. 发包人与承包人应当在专用合同条件中就项目本身和施工的许可、批准或备案办理期限作出明确的约定，同时约定逾期办理应当承担的违约责任，并约定如果未能取得工程施工所需的许可、批准或备案，承包人有权拒绝进场施工，由此增加的费用和（或）延误的工期由责任方承担。

2. 在合同履行过程中，如果在项目本身或施工未取得许可、批准或备案的情况下，承包人进场施工，由此造成的经济损失或其他不利法律后果，承包人存在过错的，也应当在其过错范围内承担相应的责任。

3. 第2.4.2项中"由发包人承担由此增加的费用和（或）延误的工期，并支付承包人合理的利润"说法较笼统，"增加的费用和（或）延误的工期"较容易理解，也容易具体核算，但是"延误"和"合理的利润"表述都较为模糊。首先，在此种延误的前提下，承包人是否因此实施了某些与工程有关的工作——这是承包人获得利润的基本前提。一般认为，简单的延误不会导致承包人必须实施的特殊性工作，因此也不会产生利润。其次，"合理的利润"表述中，"合理"的度量较为模糊，极易产生纠纷。因此，承发包双方应就此条款作出专项的解释。

【法条索引】

·《建筑法》

第七条　建筑工程开工前，建设单位应当按照国家有关规定向工程所在地县级以上人民政府建设行政主管部门申请领取施工许可证；但是，国务院建设行政主管部门确定的限额以下的小型工程除外。

按照国务院规定的权限和程序批准开工报告的建筑工程，不再领取施工许可证。

第八条　申请领取施工许可证，应当具备下列条件：

（1）已经办理该建筑工程用地批准手续；

（2）在城市规划区的建筑工程，已经取得规划许可证；

（3）需要拆迁的，其拆迁进度符合施工要求；

（4）已经确定建筑施工企业；

（5）有满足施工需要的施工图纸及技术资料；

（6）有保证工程质量和安全的具体措施；

（7）建设资金已经落实；

（8）法律、行政法规规定的其他条件。

建设行政主管部门应当自收到申请之日起十五日内，对符合条件的申请颁发施工许可证。

·《建筑工程施工许可管理办法》

第二条　在中华人民共和国境内从事各类房屋建筑及其附属设施的建造、装修装饰和与其配套的线路、管道、设备的安装，以及城镇市政设施工程的施工，建设单位在开工前应当依照本办法的规定，向工程所在地的县级以上地方人民政府住房城乡建设主管部门（以下简称发证机关）申请领取施工许可证。

工程投资额在30万元以下或者建筑面积在300平方米以下的建筑工程，可以不申请办理施工许可证，省、自治区、直辖市人民政府住房城乡建设主管部门可以根据当地的实际情况，对限额进行调整，并报国务院住房城乡建设主管部门备案。

按照国务院规定的权限和程序批准开工报告的建筑工程，不再领取施工许可证。

第三条　本办法规定应当申请领取施工许可证的建筑工程未取得施工许可证的，一律不得开工。

第四条　建设单位申请领取施工许可证，应当具备下列条件，并提交相应的证明文件：

（一）依法应当办理用地批准手续的，已经办理该建筑工程用地批准手续；

（二）在城市、镇规划区的建筑工程，已经取得建设工程规划许可证；

（三）施工场地已经基本具备施工条件，需要征收房屋的，其进度符合施工要求；

（四）已经确定施工企业。按照规定应当招标的工程没有招标，应当公开招标的工程没有公开招标，或者肢解发包工程，以及将工程发包给不具备相应资质条件的企业的，所确定的施工企业无效；

（五）有满足施工需要的技术资料，施工图设计文件已按规定审查合格；

（六）有保证工程质量和安全的具体措施。施工企业编制的施工组织设计中有根据建筑工程特点制定的相应质量、安全技术措施。建立工程质量安全责任制并落实到人。专业性较强的工程项目编制了专项质量、安全施工组织设计，并按照规定办理了工程质量、安全监督手续；

（七）按照规定应当委托监理的工程已委托监理；

（八）建设资金已经落实。建设工期不足一年的，到位资金原则上不得少于工程合同价的50％，建设工期超过一年的，到位资金原则上不得少于工程合同价的30％。建设单位应当提供本单位截至申请之日无拖欠工程款情形的承诺书或者能够表明其无拖欠工程款情形的其他材料，以及银行出具的到位资金证明，有条件的可以实行银行付款保函或者其他第三方担保；

（九）法律、行政法规规定的其他条件。

县级以上地方人民政府住房城乡建设主管部门不得违反法律法规规定，增设办理施工许可证的其他条件。

• 《城乡规划法》

第三十七条 在城市、镇规划区内以划拨方式提供国有土地使用权的建设项目，经有关部门批准、核准、备案后，建设单位应当向城市、县人民政府城乡规划主管部门提出建设用地规划许可申请，由城市、县人民政府城乡规划主管部门依据控制性详细规划核定建设用地的位置、面积、允许建设的范围，核发建设用地规划许可证。

建设单位在取得建设用地规划许可证后，才可向县级以上地方人民政府土地主管部门申请用地，经县级以上人民政府审批后，由土地主管部门划拨土地。

第三十八条 在城市、镇规划区内以出让方式提供国有土地使用权的，在国有土地使用权出让前，城市、县人民政府城乡规划主管部门应当依据控制性详细规划，提出出让地块的位置、使用性质、开发强度等规划条件，作为国有土地使用权出让合同的组成部分。未确定规划条件的地块，不得出让国有土地使用权。以出让方式取得国有土地使用权的建设项目，在签订国有土地使用权出让合同后，建设单位应当持建设项目的批准、核准、备案文件和国有土地使用权出让合同，向城市、县人民政府城乡规划主管部门领取建设用地规划许可证。

2.5 支付合同价款

2.5.1 发包人应按合同约定向承包人及时支付合同价款。

2.5.2 发包人应当制定资金安排计划，除专用合同条件另有约定外，如发包人拟对资金安排做任何重要变更，应将变更的详细情况通知承包人。如发生承包人收到价格大于签约合同价10％的变更指示或累计变更的总价超过签约合同价30％；或承包人未能根据第14条［合同价格与支付］收到付款，或承包人得知发包人的资金安排发生重要变更但并未收到发包人上述重要变更通知的情况，则承包人可随时要求发包人在 28 天内补充提供能够按照合同约定支付合同价款的相应资金来源证明。

2.5.3　发包人应当向承包人提供支付担保。支付担保可以采用银行保函或担保公司担保等形式，具体由合同当事人在专用合同条件中约定。

【条文释义】

第 2.5 款为支付合同价款。第 2.5.1 项旨在要求在承包人按照合同约定履行施工建设义务的情况下，发包人应当按照合同约定履行合同价款支付义务。

第 2.5.2 项旨在要求发包人证明其具有按合同约定支付工程价款的能力，并最终避免因资金不足终止工程建设或拖欠工程款。

本项增加了履约过程中出现约定情况时发包人提供资金来源证明的义务，合理平衡各方风险，促进合同的顺利履行。以往的工程实践中，发包人往往是在工程建设实施之前通过承诺备案、支付预付款、预存一定比例资金等方式，来证明资金来源已经落实，从而启动项目，但工程建设实施期间，如发生工程建设内容、建设标准、建设规模的较大变更，导致变更增加价款超出签约合同金额一定比例的，则该部分变更增加的款项缺乏对应的支付保障。

对此新版合同借鉴 FIDIC《施工合同条件》[2.4 雇主的资金安排]，与其表述意义相同："在接到承包商的请求后，雇主应在 28 天内提供合理的证据表明他已做出了资金安排，并将一直坚持实施这种安排，此安排能够使雇主按照规定支付合同价格的款项。如果雇主对其资金安排做出任何实质性变更，应向承包商发出通知并提供详细资料"，在第 2.5 款［支付合同价款］中第 2.5.2 项约定："如发生承包人收到价格大于签约合同价 10％的变更指示或累计变更的总价超过签约合同价 30％；或承包人未能根据第 14 条［合同价格与支付］收到付款，或承包人得知发包人的资金安排发生重要变更但并未收到发包人上述重要变更通知的情况，则承包人可随时要求发包人在 28 天内补充提供能够按照合同约定支付合同价款的相应资金来源证明。"

第 2.5.3 项旨在明确发包人提供工程款支付担保的义务。本项强化了发包人应当提供支付担保的义务，以及发包人未按约提供支付担保情形下承包人的合同解除权。2011 版合同中虽约定发包人应当提供支付保函，但实践中执行情况并不理想。随着《政府投资条例》《保障农民工工资支付条例》的出台，均从行政法规的立法层面明确了发包人提供支付担保、施工单位不得垫资建设等要求，对此新版合同从双方约定角度进一步强化了发包人提供工程款支付担保的义务，在第 2.5 款［支付合同价款］第 2.5.3 项约定"发包人应当向承包人提供支付担保。支付担保可以采用银行保函或担保公司担保等形式，具体由合同当事人在专用合同条件中约定"中明确了发包人提供支付担保的义务，同时约定发包人未遵守约定提供支付担保的，构成［16.2.1 因发包人违约解除合同］的情形，以保障工程价款支付的安全性。

本项需注意与第 16.2.1 项［因发包人违约解除合同］的衔接。第 16.2.1 项规定了：除专用合同条件另有约定外，承包人有权基于下列原因，以书面形式通知发包人解除合同，解除通知中应注明是根据第 16.2.1 项发出的，承包人应在发出正式解除合同通知 14 天前告知发包人其解除合同意向，除非发包人在收到该解除合同意向通知后 14 天内采取了补救措施，否则承包人可向发包人发出正式解除合同通知立即解除合同。解除日期应为发包人收到正式解除合同通知的日期，但在第（5）目的情况下，承包人无须提前告知发包人其解除合同意向，可直接发出正式解除合同通知立即解除合同：……（6）发包人未能遵守第 2.5.3 项的约定提交支付担保。

【使用指引】

《民法典》第八百零七条："发包人未按照约定支付价款的，承包人可以催告发包人在合理期限内支付价款。发包人逾期不支付的，除根据建设工程的性质不宜折价、拍卖外，承包人可以与发包人协议将该工程折价，也可以请求人民法院将该工程依法拍卖。建设工程的价款就该工程折价或者拍卖的价款优先受偿。"

发包人按照合同约定及时向承包人支付合同价款是发包人最主要的合同义务。合同价款的支付包括预付款、进度款、结算价款和质量保证金支付。

关于发包人提供资金来源证明，主要是要求发包人落实建设资金。根据不同的资金来源渠道，资金来源证明也有所区别。当前建设投资资金的来源渠道主要有以下几方面：（1）财政预算投资；（2）自筹资金投资；（3）银行贷款投资；（4）利用外资；（5）利用有价证券市场筹措建设资金。对于财政预算投资的工程，项目立项批复文件应当对此载明，故项目立项批复文件即为资金来源证明；对于自筹资金投资，银行贷款投资，利用外资、证券市场筹措资金等工程，发包人应当取得资金来源方的投资文件或资金提供文件。尤其是对使用财政预算资金的，在单项超出签约合同价 10％及累计超过签约合同价 30％时可能需要调概算并申请预算资金，所以需要特别关注其资金保障情况。

支付担保是指担保人为发包人提供的，保证发包人按照合同约定支付工程款的担保，较为常见的支付担保包括银行或担保公司的保函，也有母公司为其子公司提供的担保以及其他第三人提供的担保。根据《工程建设项目施工招标投标办法》（七部委〔2013〕30 号令）第六十二条的规定："招标人要求中标人提供履约保证金或其他形式履约担保的，招标人应当同时向中标人提供工程款支付担保。如果发包人需要承包人提供履约保函，则与之相对应，发包人也应当向承包人提供支付担保。"但在实践中发包人往往利用其优势地位，要求承包人提供履约担保而不向承包人提供支付担保。2017 版施工合同对此进行明确，除专用合同条件另有约定外，发包人要求承包人提供履约担保的，发包人应当向承包人提供支付担保。但是现在该要求是法定的，《保障农民工工资支付条例》第二十四条规定："建设单位应当向施工单位提供工程款支付担保。"所以不提供则是构成违法的行为。

无论是履约担保还是支付担保的形式，目前法律法规并没有作出强制性要求，由合同当事人根据工程实际需要确定需要对方提供的担保形式。如果合同当事人需要对方提供的是保函，则无论是履约保函还是支付保函，建议采取无条件不可撤销保函形式，以有效约束保函提供方的履约行为。

【风险识别与防范】

合同当事人在使用本条款时应注意以下事项：

关于工程价款的支付，无论是预付款、进度款、结算款还是质量保证金，发包人与承包人均应当在专用合同条件中就支付条件、支付期限和支付程序作出明确且易操作的规定，并在合同履行过程中严格按照合同约定履行，避免因工程价款的支付产生争议。

对于发包人来说，尤其要注意《保障农民工工资支付条例》第二十三条的规定，没有做好资金安排可能无法获得施工许可证，以及要注意《建设工程价款结算暂行办法》第十六条第一款规定和通用合同条件关于对承包人工程价款调整或结算文件逾期不予答复则视为认可的规定或约定，以避免因此承担不利的法律后果。

对于承包人来讲，因按合同约定及时获得工程款的支付是其核心合同权利，所以在订立和履行合同中均应当重视相关条款的约定和运用，条款的约定一定要做到清晰明确，合同履行过程中主张工程款的支付应严格以合同条款约定作为依据，以避免引发争议。对于发包人提供支付担保，要避免其使用担保协议的方式用在建工程来担保以规避上述法律法规的要求。

【法条索引】

•《民法典》

第八百零七条　发包人未按照约定支付价款的，承包人可以催告发包人在合理期限内支付价款。发包人逾期不支付的，除根据建设工程的性质不宜折价、拍卖外，承包人可以与发包人协议将该工程折价，也可以请求人民法院将该工程依法拍卖。建设工程的价款就该工程折价或者拍卖的价款优先受偿。

•《招标投标法》

第九条　招标项目按照国家有关规定需要履行项目审批手续的，应当先履行审批手续，取得批准。

招标人应当有进行招标项目的相应资金或者资金来源已经落实，并应当在招标文件中如实载明。

•《保障农民工工资支付条例》

第二十三条　建设单位应当有满足施工所需的资金安排。没有满足施工所需要的资金安排的，工程建设项目不得开工建设；依法需要办理施工许可证的，相关行业工程建设主管部门不予颁发施工许可证。

政府投资项目所需资金，应当按照国家有关规定落实到位，不得由施工单位垫资建设。

第二十四条：建设单位应当向施工单位提供工程款支付担保。

第四十九条：建设单位未依法提供工程款支付担保或者政府投资项目拖欠工程款，导致拖欠农民工工资的，县级以上地方人民政府应当限制其新建项目，并记入信用记录，纳入国家信用信息系统进行公示。

第五十七条：下列情形之一的，由人力资源社会保障行政部门、相关行业工程建设主管部门按照职责责令限期改正；逾期不改正的，责令项目停工，并处 5 万元以上 10 万元以下的罚款：

（一）建设单位未依法提供工程款支付担保；

（二）建设单位未按约定及时足额向农民工工资专用账户拨付工程款中的人工费用；

（三）建设单位或者施工总承包单位拒不提供或者无法提供工程施工合同、农民工工资专用账户有关资料。

2.6　现场管理配合

发包人应负责保证在现场或现场附近的发包人人员和发包人的其他承包人（如有）：

（1）根据第 7.3 款［现场合作］的约定，与承包人进行合作；

（2）遵守第 7.5 款［现场劳动用工］、第 7.6 款［安全文明施工］、第 7.7 款［职业健康］和第 7.8 款［环境保护］的相关约定。

发包人应与承包人、由发包人直接发包的其他承包人（如有）订立施工现场统一管理协议，明确各方的权利义务。

【条文释义】

第 2.6 款为现场管理配合，旨在解决发包人直接发包某些专业工程情况下施工现场统一管理的问题，约定发包人应当与承包人和发包人直接发包的专业工程承包人订立施工现场统一管理协议，并在协议中明确各方的权利义务。

同时本款还需注意与第 7.3 款［现场合作］、第 7.5 款［现场劳动用工］、第 7.6 款［安全文明施工］、第 7.7 款［职业健康］和第 7.8 款［环境保护］的衔接。第 7.3 款约定承包人应按合同约定或发包人的指示，与发包人人员、发包人的其他承包人等人员在现场或附近实施与工程有关的各项工作进行合作并提供适当条件，包括使用承包人设备、临时工程或进入现场等；发包人应负责保证在现场或现场附近的发包人人员和发包人的其他承包人遵守第 7.5 款-第 7.8 款的相关约定；第 7.5 款约定承包人及其分包人招用建筑工人的，应当依法与所招用的建筑工人订立劳动合同，实行建筑工人劳动用工实名制管理，承包人应当按照有关规定开设建筑工人工资专用账户、存储工资保证金，专项用于支付和保障该工程建设项目建筑工人工资；第 7.6 款约定合同当事人均应当遵守国家和工程所在地有关安全生产的要求，合同当事人有特别要求的，应在专用合同条件中明确安全生产标准化目标及相应事项。承包人应当按照法律、法规和工程建设强制性标准进行设计，在设计文件中注明涉及施工安全的重点部位和环节，提出保障施工作业人员和预防安全事故的措施建议，防止因设计不合理导致生产安全事故的发生；第 7.7 款约定承包人应遵守适用的职业健康的法律和合同约定（包括对雇用、职业健康、安全、福利等方面的规定），负责现场实施过程中其人员的职业健康和保护；第7.8款约定承包人负责在现场施工过程中对现场周围的建筑物、构筑物、文物建筑、古树、名木，及地下管线、线缆、构筑物、文物、化石和坟墓等进行保护。因承包人未能通知发包人，并在未能得到发包人进一步指示的情况下，所造成的损害、损失、赔偿等费用增加，和（或）竣工日期延误，由承包人负责。如承包人已及时通知发包人，发包人未能及时作出指示的，所造成的损害、损失、赔偿等费用增加，和（或）竣工日期延误，由发包人负责。

【使用指引】

施工现场会有多个承包人同时承担发包人不同的施工任务，这是非常正常的情况，由单一的总承包人独立完成全部施工工作的情况反而少见。如果现场存在多个均与发包人直接签约的承包人，各个承包人之间的工作协作关系、设备相互协调关系将很重要。发包人多选择土建主体承包方作为现场的总协调方——承担总承包管理方的职责。承担总承包管理方应获得发包人的授权，获得相关管理费，并与其他承包方签订合作协议。

但实际上，作为主体施工的承包人并不愿意承担总承包管理的角色，当发包人另外委托总承包管理时，作为承包人可以针对总承包管理者的不当协调向发包人提出索赔；而直接作为总承包管理方时，这种既是运动员又是裁判员的身份，在与其他承包人进行协作时，会影响其自身的施工计划安排——向其他承包人倾斜会有损自身利益，但又无法索赔；向自身倾斜无疑会产生纠纷。

因此，由发包人负责统一协调是最基本、最常见的做法。同时，还必须满足国家有关安全生产的基本要求。

《安全生产法》第四十条规定："两个以上生产经营单位在同一作业区域内进行生产经营活动，可能危及对方生产安全的，应当签订安全生产管理协议，明确各自的安全生产管理职责和应当采取的安全措施，并指定专职安全生产管理人员进行安全检查与协调。"

第一百零一条规定："两个以上生产经营单位在同一作业区域内进行可能危及对方安全生产的生产经营活动，未签订安全生产管理协议或者未指定专职安全生产管理人员进行安全检查与协调的，责令限期改正，可以处五万元以下的罚款，对其直接负责的主管人员和其他直接责任人员可以处一万元以下的罚款；逾期未改正的，责令停产停业。"

【法条索引】

•《安全生产法》

第四十条 两个以上生产经营单位在同一作业区域内进行生产经营活动，可能危及对方生产安全的，应当签订安全生产管理协议，明确各自的安全生产管理职责和应当采取的安全措施，并指定专职安全生产管理人员进行安全检查与协调。

第一百零一条 两个以上生产经营单位在同一作业区域内进行可能危及对方安全生产的生产经营活动，未签订安全生产管理协议或者未指定专职安全生产管理人员进行安全检查与协调的，责令限期改正，可以处五万元以下的罚款，对其直接负责的主管人员和其他直接责任人员可以处一万元以下的罚款；逾期未改正的，责令停产停业。

2.7 其他义务

发包人应履行合同约定的其他义务，双方可在专用合同条件内对发包人应履行的其他义务进行补充约定。

【条文释义】

第 2.7 款约定了发承包人双方可在专用合同条件内对发包人应履行的其他义务进行补充约定。

第 3 条 发包人的管理

3.1 发包人代表

发包人应任命发包人代表，并在专用合同条件中明确发包人代表的姓名、职务、联系方式及授权范围等事项。发包人代表应在发包人的授权范围内，负责处理合同履行过程中与发包人有关的具体事宜。发包人代表在授权范围内的行为由发包人承担法律责任。

除非发包人另行通知承包人，发包人代表应被授予并且被认为具有发包人在授权范围内享有的相应权利，涉及第 16.1 款［由发包人解除合同］的权利除外。

发包人代表（或者在其为法人的情况下，被任命代表其行事的自然人）应：

（1）履行指派给其的职责，行使发包人托付给的权利；

（2）具备履行这些职责、行使这些权利的能力；

（3）作为熟练的专业人员行事。

如果发包人代表为法人且在签订本合同时未能确定授权代表的，发包人代表应在本合同签订之日起 3 日内向双方发出书面通知，告知被任命和授权的自然人以及任何替代人员。此授权在双方收到本通知后生效。发包人代表撤销该授权或者变更授权代表时也应同样发出该通知。

发包人更换发包人代表的，应提前 14 天将更换人的姓名、地址、任务和权利以及任命的日期书面通知承包人。发包人不得将发包人代表更换为承包人根据本款发出通知提出合理反对意见的人员，不论是法人还是自然人。

发包人代表不能按照合同约定履行其职责及义务，并导致合同无法继续正常履行的，承包人可以要求发包人撤换发包人代表。

【条文释义】

本款是对发包人代表的管理条款，包括对发包人代表的授权、任命、变更的程序要求。

发包人代表可为自然人，即为发包人项目经理；也可为法人，则为委托的项目管理公司，如为法人则应任命自然人作为授权代表行事。

发包人代表是由发包人任命并派驻工作现场，在发包人授权范围内行使发包人权利和履行发包人义务的人。从发包人代表的定义看，发包人代表是发包人派驻在现场的委托代理人，本款第一项明确了发包人与发包人代表之间的委托代理关系。《民法典》第一百六十二条规定："代理人在代理权限内，以被代理人名义实施的民事法律行为，对被代理人发生效力。"发包人代表经发包人委托代理授权，为发包人的代理人，在代理权限内，以被代理人名义实施的民事法律行为，对被代理人发生效力。

代理关系涉及第三人，应将被代理人与代理人之间的代理关系以及被代理人对代理人的代理权限向第三人示明。当然，委托代理授权并不要求具有一定要式，从法律上说采用书面形式或者口头形式均可。鉴于工程总承包项目的复杂性，《2020版工程总承包合同》对发包人的委托代理授权采用书面形式，且直接在合同专用条件中进行代理授权。《民法典》第一百六十五条规定："委托代理授权采用书面形式的，授权委托书应当载明代理人的姓名或者名称、代理事项、权限和期限，并由被代理人签名或者盖章。"《2020版工程总承包合同》按此规定执行。

发包人代表尽管被授予代理权，但仍并非合同的当事人，本项将发包人代表的代理权及于发包人行使合同的权利，以便于发包人行使代理权，但对发包人代表代理行使发包人合同权利进行了限定，将解除合同的权利保留，只有发包人本人才能行使。则无论对发包人代表的授权范围是否将解除合同的代理权去除，发包人代表都无权代理解除合同。

《民法典》第一百七十二条规定："行为人没有代理权、超越代理权或者代理权终止后，仍然实施代理行为，相对人有理由相信行为人有代理权的，代理行为有效。"被代理人取消委托或者代理人辞去委托将导致委托代理终止，为防止发包人代表在代理权终止后仍然实施代理行为从而构成表见代理，发包人应将更换发包人代表的决定通知承包人，从而排除"相对人有理由相信行为人有代理权"。

对发包人代表的选任应有利于《工程总承包合同》的正常履行，所以本款最后两项给予承包人对发包人代表选任人选的反对权和撤换请求权。

【使用指引】

对发包人来说，发包人代表由其委任管理现场，其管理行为效果归于发包人，为避免自身利益受损，建议做到以下几点：

1. 做好对发包人代表的内部管理。本款虽为对发包人代表的管理，但远非发包人对发包人代表的管理，而仅为将对发包人代表的权限、任命和更换向承包人示明程序的管理。对承包人示明程序固然重要，发包人对发包人代表的管理更不容忽视，发包人对发包人代表的管理体现在《委托合同》和内部管理规范。《委托合同》应对双方的权利义务进行明确约定，防止发包人代表玩忽职守或肆意妄为，内部管理规范对发包人代表的行为加以规范，对重要事项的处理决定增加审核程序。

2. 在专用合同条件中明确发包人代表的身份和授权范围。发包人代表作为发包人的委托代理人，日常处理合同履行过程中与发包人有关的具体事宜，将严重影响合同的履行，所以无论对于发包人还是承包人，都要求发包人代表本人身份明确，发包人代表的授权范围具体、明确。发包人代表本人身份不明确极易引起多头管理或推诿管理；发包人代表授权范围不具体明确则容易导致有问题得不到解决或超越代理权的代理行为。同时，为了积极履行合同，对发包人代表的授权范围应限制在履行合同具体事宜的层面，而合同本身的解除等宏观层面权利应由发包人保留。

3. 本款除第一项在专用合同条件中明确，其他项约定的程序需要在合同履行时遵循，特别是对发包人代表更换的通知程序。发包人务必以书面形式通知承包人，在通知中应将对现任发包人代表代理权终止的决定向承包人表明。

对于承包人，本款虽然给予了对发包人代表选任人选的反对权和撤换请求权，但并没有约定何种意见为"合理反对意见"及达到撤换发包人代表的具体情形，为防止某些发包人代表恶劣行为影响合同的正常履行，有必要加以约定，以达到极端情形下能够更换为称职的发包人代表。

【风险识别与防范】

对发包人来说，对内的委托和管理、对外的授权是同等重要的，同时要做到内外衔接，对发包人代表的授权事项在内部管理中应有对应的举措，保证发包人代表能够积极行使权利又在权利的限界内行使。

针对本款，最大风险在于对发包人代表的授权范围不明确，发包人容易因为发包人代表越权代理行为被认定构成表见代理，其代理效果归于发包人。对该风险的防范措施在于最大程度地明确发包人代表的授权范围，包括肯定性的也包括否定性的。承包人对发包人代表的某具体代理事项不能确定是否在其代理权之内的，应催告发包人自收到通知之日起三十日内予以追认，否则可以拒绝履行。

另外，发包人更换发包人代表时，如果程序不规范，未向承包人明确在任的发包人代表的代理权终止的决定，也可能让承包人误以为其代理权仍然存在，从而构成表见代理。

对于承包人来说，即便专用合同条件已经明确了发包人代表的授权范围，但对于发包人代表的代理行为将使合同履行不正常化，甚至走向僵局的，以及发包人代表的重大决定，建议承包人征得发包人确认。

【法条索引】

• **《民法典》**

第一百六十一条　民事主体可以通过代理人实施民事法律行为。

第一百六十二条　代理人在代理权限内，以被代理人名义实施的民事法律行为，对被代理人发生效力。

第一百六十五条　委托代理授权采用书面形式的，授权委托书应当载明代理人的姓名或者名称、代理事项、权限和期限，并由被代理人签名或者盖章。

第一百七十条　执行法人或者非法人组织工作任务的人员，就其职权范围内的事项，以法人或者非法人组织的名义实施的民事法律行为，对法人或者非法人组织发生效力。

法人或者非法人组织对执行其工作任务的人员职权范围的限制，不得对抗善意相对人。

第一百七十一条　行为人没有代理权、超越代理权或者代理权终止后，仍然实施代理行为，未经被代理人追认的，对被代理人不发生效力。

相对人可以催告被代理人自收到通知之日起三十日内予以追认。被代理人未作表示的，视为拒绝追认。行为人实施的行为被追认前，善意相对人有撤销的权利。撤销应当以通知的方式作出。

行为人实施的行为未被追认的，善意相对人有权请求行为人履行债务或者就其受到的损害请求行为人赔偿。但是，赔偿的范围不得超过被代理人追认时相对人所能获得的利益。

相对人知道或者应当知道行为人无权代理的，相对人和行为人按照各自的过错承担责任。

第一百七十二条　行为人没有代理权、超越代理权或者代理权终止后，仍然实施代理行为，相对人有理由相信行为人有代理权的，代理行为有效。

第一百七十三条有下列情形之一的，委托代理终止：

（一）代理期限届满或者代理事务完成；

（二）被代理人取消委托或者代理人辞去委托；

（三）代理人丧失民事行为能力；

（四）代理人或者被代理人死亡；

（五）作为代理人或者被代理人的法人、非法人组织终止。

3.2　发包人人员

发包人人员包括发包人代表、工程师及其他由发包人派驻施工现场的人员，发包人可以在专用合同条件中明确发包人人员的姓名、职务及职责等事项。发包人或发包人代表可随时对一些助手指派和托付一定的任务和权利，也可撤销这些指派和托付。这些助手可包括驻地工程师或担任检验、试验各项工程设备和材料的独立检查员。这些助手应具有适当的资质、履行其任务和权利的能力。以上指派、托付或撤销，在承包人收到通知后生效。承包人对于可能影响正常履约或工程安全质量的发包人人员保有随时提出沟通的权利。

发包人应要求在施工现场的发包人人员遵守法律及有关安全、质量、环境保护、文明施工等规定，因发包人人员未遵守上述要求给承包人造成的损失和责任由发包人承担。

【条文释义】

本款有两个主旨：一、发包人人员具体包括哪些？二、认定为发包人人员的后果。

发包人人员包括发包人代表、工程师及其他由发包人派驻施工现场的人员。由发包人派驻施工现场的人员当然为发包人人员。发包人代表按照第 3.1 款，可为自然人，即建设单位项目经理，也可为法人，则为发包人委托的项目管理公司，由项目管理公司派遣代表行使权利。发包人代表即使与其没有从属关系，作为发包人的代理人行使发包人权利和履行发包人义务，理应为发包人人员。工程师为发包人委托进行合同履行管理、工程监督管理等工作的项目咨询机构，尽管作为中立方并以自己的名义行事，但《2020 版工程总承包合同》将工程师作为发包人人员。另，无论是作为发包人代表的项目管理公司派遣的代表，还是发包人委托的项目咨询公司派遣的工程师代表，均需要辅助人员，这些辅助人员均为发包人人员。

发包人人员中主要人员的职权需要在专用合同条件中明确，助手的职权可以不在专用合同条件中明确，对其指派、托付或撤销可根据需要，并在通知到达承包人时对承包人发生效力。

认定为发包人人员的直接后果就是其合同履行行为应作为"因发包人原因"，发包人需要承担违约责任。发包人人员的合同履行行为或不履行，因为不遵守法律及有关安全、质量、环境保护、文明施工等规定而给承包人造成的损失，应由发包人承担。

【使用指引】

从本款的内容看，发包人人员不但包括作为代理人的发包人代表由以及发包人派驻施工现场的人员，还包括中立的工程师。而《2017 版施工合同示范文本》对发包人人员的定义是"发包人人员包括发包人代表及其他由发包人派驻施工现场的人员"，并未将中立的监理人作为发包人人员。使用者应了解之间的变化。

《2020 版工程总承包合同》第 1.1.2.2 目阐明"因发包人原因"里的"发包人"包括发包人及所有发包人人员，即所有被认定为发包人人员的，其履行合同的行为作为"因发包人原因"，对发包人的权利和义务产生影响。

工程师作为发包人人员，其履行职权的行为应作为"因发包人原因，发包人应承担其违约责任"。反观《2017 版施工合同示范文本》，其条款中对监理人的指示也约定"因监理人未能按合同约定发出指示、指示延误或发出了错误指示而导致承包人费用增加和（或）工期延误的，由发包人承担相应责任"，可见，即便《2017 版施工合同示范文本》未将监理人的错误指示作为"因发包人原因"，但客观上也由发包人承担相应责任。

所以，《2020 版工程总承包合同》将工程师的行为影响纳入到"因发包人原因"则更为直接，并未改变相应责任承担规则。

本合同示范文本多个条款出现"因发包人原因"，应根据语境理解，涉及工程师行为的应将"因工程师原因"包括在内，比如第 6.4.1 项中"因发包人原因造成工程质量未达到合同约定标准的，由发包人承担由此增加的费用和（或）延误的工期，并支付承包人合理的利润"则包括因工程师的失职导致工程质量未达到合同约定的标准这一情形；而第 8.7.1 项更是明确"发包人、发包人代表、工程师或发包人聘请的任意第三方造成或引起的任何延误、妨碍和阻碍"作为因发包人原因导致工期延误，将"发包人聘请的任意第三方"也作为发包人原因。

根据第 15.3 款［第三人造成的违约］约定的"在履行合同过程中，一方当事人因第三人的原因造成违约的，应当向对方当事人承担违约责任。一方当事人和第三人之间的纠纷，依照法律规定或者按照约定解决"，该第三人包括发包人委托的第三方、承包人委托的第三方以及独立的第三方，则如无另有规定，即便是发包人委托的第三方造成承包人违约的，也不能认定为是"因发包人原因"。因此，对发包人人员的理解应该应仅限于发包人直接派遣的职员以及发包人代表和工程师，不包括其他发包人委托的第三方。

【风险识别与防范】

本款最大的风险点在于不能识别发包人人员的范围及认定为发包人人员的后果。

对于发包人，应认识到本款明确将其委托的工程师作为发包人人员，承担其行为的后果，发包人在承担违约责任后应将责任转嫁给造成其违约的工程师，因一般不存在工程师对发包人的侵权，即便存在侵权行为，从举证难度来看，由发包人追究工程师的违约责任则更为方便。那么在与工程师的《委托合同》中的权利义务条款和违约责任条款就特别重要，发包人也很有必要为工程师订立内部管理规范作为《委托合同》的附件。

对于承包人，将工程师行为影响作为"因发包人原因"，工程师的某些不当指示或行为造成承包人损失的，承包人得以违约径行向发包人主张。

【法条索引】

•《民法典》

第一百六十一条　民事主体可以通过代理人实施民事法律行为。

第一百六十二条　代理人在代理权限内，以被代理人名义实施的民事法律行为，对被代理人发生效力。

第五百七十七条　当事人一方不履行合同义务或者履行合同义务不符合约定的，应当承担继续履行、采取补救措施或者赔偿损失等违约责任。

3.3　工程师

3.3.1　发包人需对承包人的设计、采购、施工、服务等工作过程或过程节点实施监督管理的，有权委任工程师。工程师的名称、监督管理范围、内容和权限在专用合同条件中写明。根据国家相关法律法规规定，如本合同工程属于强制监理项目的，由工程师履行法定的监理相关职责，但发包人另行授权第三方进行监理的除外。

【条文释义】

工程师是指在专用合同条件中指明的，受发包人委托按照法律规定和发包人的授权进行合同履行管理、工程监督管理等工作的法人或其他组织；该法人或其他组织应雇用一名具有相应执业资格和职业能力的自然人作为工程师代表，并授予其根据本合同代表工程师行事的权利。

工程师又称咨询工程师，由发包人委托从事工程总承包项目的监督管理，相比监理仅提供施工环节监督管理服务，工程总承包中工程师对承包人的各个环节（包括设计、采购、施工、服务）进行监督管理，提供更全面的咨询服务，包括监督承包人提供的设计成果是否符合相关规范的规定以及合同的约定，监督采购的设备是否符合设计要求和质量要求，根据工程建设标准、勘察设计文件和合同对工程建设质量、造价、进度、安全进行控制，对相关工程材料、信息进行管理等，若发包人就不同阶段委托了多个咨询工程师，则此处的工程师应当是指在多个咨询工程师中起统筹管理的一方。从监督管理的内容看，工程师的监督管理范围是包括监理人的监理范围的，所以即便是强制监理工程也可以由工程师履行法定的监理相关职责。当然，也可以单独委托监理单位，也就是说工程师可以与监理并行，此时工程师的授权范围则不应包括监理的职责，当然也无需具备工程监理的相应法定资质。

目前，多地启动建设工程非强制监理试点改革，对具有工程项目建设管理能力的社会工程建设单位，经其申请并出具工程质量安全承诺函后，可以不强制委托监理。非强制监理试点改革意在促使监理公司向项目管理公司转型，或项目公司整合监理、设计咨询、造价咨询、投资控制等业务，能够提供项目全过程咨询服务。

关于强制监理项目，《建筑法》第三十条规定："国家推行建筑工程监理制度。国务院可以规定实行强制监理的建筑工程的范围。"《建设工程质量管理条例》第十二条第二款规定："下列建设工程必须实行监理：（一）国家重点建设工程；（二）大中型公用事业工程；（三）成片开发建设的住宅小区工程；（四）利用外国政府或者国际组织贷款、援助资金的工程；（五）国家规定必须实行监理的其他工程。"《建设工程监理范围和规模标准规定》又作了进一步细化。

【使用指引】

发包人可以委托具备全过程咨询服务能力的一个项目咨询公司，也可以委托数个项目咨询公司从事某一项或某几项监督管理工作，但应授权其中经验丰富的机构作为首席工程师，统领监督管理工作，做到监管不冲突、不遗漏、有衔接。

对于强制监理的项目，由工程师履行法定的监理相关职责，并不代表可以避开强制监理的规定，工程师所任职的项目咨询公司应具有相应的监理资质，工程师本人应具有相应的监理资格。

【风险识别与防范】

本项的风险主要为：同时委托几家咨询企业，对各自的监管范围约定不明，导致管理混乱。

工程师的监督管理范围、内容和权限应因项目所属行业不同而有所区别，因为工程总承包会涉及诸多行业，特别是一些专业性很强的行业，很难有项目咨询公司同时对该行业的设计、设备采购和工程施工都具有监管能力，可能需要同时委托几家咨询机构，如果发包人对几家咨询机构的监管范围约定不明，则在合同履行过程中可能会出现多头监管且监管意见不统一、部分内容监管缺位、专业交叉部分监管无人协调。

发包人需要优选数个项目咨询公司，了解其优势领域，有针对性地分配监督管理范围。发包人可以同时委托几家咨询机构分别对设计、采购、施工进行监督管理，并授权其中一家作为总体监督管理，也可以由几家咨询机构作为联合体，由牵头人负责总体统筹工作。

【法条索引】

•《建筑法》

第十三条　从事建筑活动的建筑施工企业、勘察单位、设计单位和工程监理单位，按照其拥有的注册资本、专业技术人员、技术装备和已完成的建筑工程业绩等资质条件，划分为不同的资质等级，经资质审查合格，取得相应等级的资质证书后，方可在其资质等级许可的范围内从事建筑活动。

第十四条　从事建筑活动的专业技术人员，应当依法取得相应的执业资格证书，并在执业资格证书许可的范围内从事建筑活动。

第三十条　国家推行建筑工程监理制度。

国务院可以规定实行强制监理的建筑工程的范围。

第三十一条　实行监理的建筑工程，由建设单位委托具有相应资质条件的工程监理单位监理。建设单位与其委托的工程监理单位应当订立书面委托监理合同。

第三十三条　实施建筑工程监理前，建设单位应当将委托的工程监理单位、监理的内容及监理权限，书面通知被监理的建筑施工企业。

•《建设工程质量管理条例》

第十二条　实行监理的建设工程，建设单位应当委托具有相应资质等级的工程监理单位进行监理，也可以委托具有工程监理相应资质等级并与被监理工程的施工承包单位没有隶属关系或者其他利害关系的该工程的设计单位进行监理。

下列建设工程必须实行监理：

（一）国家重点建设工程；

（二）大中型公用事业工程；

（三）成片开发建设的住宅小区工程；

（四）利用外国政府或者国际组织贷款、援助资金的工程；

（五）国家规定必须实行监理的其他工程。

•《建设工程监理范围和规模标准规定》

全文。

3.3.2 工程师按发包人委托的范围、内容、职权和权限，代表发包人对承包人实施监督管理。若承包人认为工程师行使的职权不在发包人委托的授权范围之内的，则其有权拒绝执行工程师的相关指示，同时应及时通知发包人，发包人书面确认工程师相关指示的，承包人应遵照执行。

【条文释义】

本项为发包人对工程师的授权。

对工程师的委托范围，即工程师的工作范围和工作内容，可以根据专业和阶段划分，具体到分部工程。工程师的职权和权限，是指发包人授权工程师从事监督管理工作的处理权限。

"代表发包人对承包人实施监督管理"应理解为以工程师自己的名义实施监督管理，不应理解为代理关系。

工程师的权利来源于发包人授予，所以工程师只能在授权范围内行使，不得超越。

本项赋予承包人拒绝工程师越权监管的权利，同时也约定承包人及时通知的义务，目的在于防止因为监管范围划分不合理、权限授予不足导致某些监管缺位。即便是工程师越权监管，发包人仍有权书面确认其相关指示。

【使用指引】

发包人将工程师的名称、监督管理范围、内容和权限在专用合同条件中写明，是将工程师的委托范围和授权向承包人书面通知。工程师行使其职权应限制在发包人委托的监管范围之内，工程师超越监管范围实施的行为，为无权监管，因此作出的指示，承包人有权拒绝执行。但为了合同的正常履行，即便不在工程师的监管范围之内，也在发包人的监管范围之内，承包人有必要及时通知发包人，由发包人决定是否采纳工程师的指示。

发包人与工程师之间是委托合同关系，工程师以自己的名义从事监督管理业务，工程师并非直接是发包人的代理人，并不适用《民法典》第一百七十一条第二款关于催告的规则，所以对工程师超越监管范围的监管行为确认的程序需要明确约定，本项即为该程序规定，合同双方均须按此程序执行。

【风险与防范】

对于发包人来说，因为对工程师的监管范围约定不明确具体，可能导致监管不全面，部分工作监管缺位。在此情形下，工程师代表的经验显得较为重要，但仅依赖工程师代表的经验明显不足以弥补，发包人应在与工程师的《委托合同》中对工程师及其代表的补位需求作出要求并给予奖励。

对于承包人来说，不能因为工程师超过监管范围作出指示即拒绝执行，应以该指示是否正确以及不执行指示之后是否会有风险作为判断，按照本项的程序报发包人确认。提醒注意的是，本项的程序安排仍有不足之处，比如发包人应在多长时间之内予以确认，以及发包人不作表示时应如何处理并未明确，建议承包人与发包人明确约定。特别是发包人不作表示时承包人如何处理，需要承包人对涉及的事项有正确的认识。

【法条索引】

•《民法典》

第一百七十一条 行为人没有代理权、超越代理权或者代理权终止后，仍然实施代理行为，未经被代理人追认的，对被代理人不发生效力。

相对人可以催告被代理人自收到通知之日起三十日内予以追认。被代理人未作表示的，视为拒绝追认。行为人实施的行为被追认前，善意相对人有撤销的权利。撤销应当以通知的方式作出。

行为人实施的行为未被追认的，善意相对人有权请求行为人履行债务或者就其受到的损害请求行为人赔偿。但是，赔偿的范围不得超过被代理人追认时相对人所能获得的利益。

相对人知道或者应当知道行为人无权代理的，相对人和行为人按照各自的过错承担责任。

•《建筑法》

第三十二条 建筑工程监理应当依照法律、行政法规及有关的技术标准、设计文件和建筑工程承包合同，对承包单位在施工质量、建设工期和建设资金使用等方面，代表建设单位实施监督。

工程监理人员认为工程施工不符合工程设计要求、施工技术标准和合同约定的，有权要求建筑施工企业改正。

工程监理人员发现工程设计不符合建筑工程质量标准或者合同约定的质量要求的，应当报告建设单位要求设计单位改正。

•《建设工程质量管理条例》

第三十六条 工程监理单位应当依照法律、法规以及有关技术标准、设计文件和建设工程承包合同，代表建设单位对施工质量实施监理，并对施工质量承担监理责任。

3.3.3 在发包人和承包人之间提供证明、行使决定权或处理权时，工程师应作为独立专业的第三方，根据自己的专业技能和判断进行工作。但工程师或其人员均无权修改合同，且无权减轻或免除合同当事人的任何责任与义务。

【条文释义】

本项约定工程师的独立性。

在发包人和承包人之间提供证明，是指工程师作为类似鉴证人的角色，在合同任何一方要求提供证明时，工程师均应提供，并且根据自己的专业判断进行说明。行使决定权或处理权的独立性，是指工程师作出的决定或处理某项事务的依据应为法律法规规定、工程规范标准、合同约定和专业知识。

工程师虽由发包人委托代表发包人从事监督管理工作，但本项要求工程师工作不依附于任何一方，也赋予工程师独立工作的权利，有权作为独立的第三方根据合同条款独立作出自己客观的判断。即：在立场上，工程师应作为独立的第三人，不偏不倚；在提供证据时，应以事实为依据，客观公正；在行使决定权或处理权时，应依据合同和相关规范、标准，遵循科学。

工程师职责上的监督管理者角色与其行事时独立第三方角色并不冲突，监督管理为发包人的权利，工程师从事监督管理是代替发包人行使权利，但工程师从事监督管理工作应遵循事实，以法律、行政法规及有关的技术标准和工程总承包合同为依据。

本项后部分对工程师的权利进行限制。发包人与工程师之间为委托关系，工程师并非直接为发包人的代理人，所以工程师当然无权修改合同；工程师认为承包人的设计、采购和施工不符合法律、行政法规及有关的技术标准和工程总承包合同约定的，有权要求承包人整改，但工程师不能作为合同当事人追究另一方的责任，更无权减轻或免除合同当事人的任何责任与义务。值得注意的是，工程师无权减轻或免除合同当事人的任何责任与义务，其中的合同当事人既包括承包人也包括发包人。

【使用指引】

目前并无任何的法律法规授权工程师作为独立的第三方行使权利，工程师可以独立行使决定权或处理权应基于有权方的授权或合同的约定，本项即为实现工程师独立性的约定。对于工程师作出的决定，发包人无权干涉，也不得以工程师未维护委托人为理由而追究其责任。

本项明确约定工程师无权修改合同、无权减轻或免除合同当事人的任何责任与义务，如果工程师超越职权修改合同，应为确定无权修改，承包人有权按照原合同执行；工程师作出的处理决定减轻或免除了某一方的责任和义务，则相对方可以要求变更处理决定中减轻或免除了某一方的责任和义务的部分，或要求补足损失。

【风险识别与防范】

本项的风险在于工程师受发包人委托代表发包人行使监管权利这种身份上的依赖性，与要求工程师作为独立的第三方之间本身具有一定的矛盾。对于此，承包人要充分使用异议权，要求工程师提供作出决定的依据，并做好记录、留存证据以便之后权利的主张。

【法条索引】

•《建筑法》

第三十二条 建筑工程监理应当依照法律、行政法规及有关的技术标准、设计文件和建筑工程承包合同，对承包单位在施工质量、建设工期和建设资金使用等方面，代表建设单位实施监督。

工程监理人员认为工程施工不符合工程设计要求、施工技术标准和合同约定的，有权要求建筑施工企业改正。

工程监理人员发现工程设计不符合建筑工程质量标准或者合同约定的质量要求的，应当报告建设单位要求设计单位改正。

•《建设工程质量管理条例》

第三十六条 工程监理单位应当依照法律、法规以及有关技术标准、设计文件和建设工程承包合同，代表建设单位对施工质量实施监理，并对施工质量承担监理责任。

3.3.4 通用合同条件中约定由工程师行使的职权如不在发包人对工程师的授权范围内的，则视为没有取得授权，该职权应由发包人或发包人指定的其他人员行使。若承包人认为工程师的职权与发包人（包括其人员）的职权相重叠或不明确时，应及时通知发包人，由发包人予以协调和明确并以书面形式通知承包人。

【条文释义】

本项为工程师授权范围的确定。

关于通用合同条件与专业合同条件的关系，专用合同条件是合同当事人根据不同建设项目的特点及具体情况，通过双方的谈判和协商对通用合同条件原则性约定作细化、完善、补充、修改或另行约定的合同条件，所以某一通用合同条件与专用合同条件不一致时是否继续适用，合同应明确约定。对于散落在各通用合同条件中的约定由工程师行使的职权，如果没有在"专用合同条件"第3.3款中约定，按照本项，则为工程师未取得本项授权，工程师无权行使。但工程师无权行使并不代表发包人此项权利因无人行使而消灭，该权利仍归属发包人，发包人可以指定其他人员行使。如工程师认为自己有权，承包人应按照第3.3.2项约定的程序通知发包人确认。

值得注意的是，如果专业合同条件中工程师的授权范围内如果没有第3.6款［商定或确定］的约定处理合同约定的事项的权利时，因为［商定或确定］为工程师专属权利，要求行使者为中立方，由发包人行使并不合适，除非发包人另行指定其他中立方行使，则应认为均无权行使［商定或确定］权利。

本合同示范文本同时设置发包人代表和工程师，都有监管权限。对于发包人人员之间存在职权相重叠时，可能会导致管理上的混乱，在处理同一事项的指示不一致时，承包人无法根据发包人授权来判断应该遵循哪一个指示。承包人在鉴别清楚谁有权发布指示前，不应择一有利的指示行使，应将授权重叠的情况通知发包人，让发包人确定有权的发包人人员。对于发包人人员职权授权不明确时，无论是按本项还是按照第3.3.2项都是相同的程序。

【使用指引】

承包人理解本项可按以下顺序：

1. 搜集通用合同条件中工程师的权利；

2. 对比专用合同条件中工程师的权限；

3. 通用合同条件中工程师的权利在专用合同条件中未授予的，在专用合同条件中查找发包人是否另行指定人员行使；

4. 如发包人亦未指定人员行使，则为发包人自己行使，是否可以由发包人代表行使仍需查看发包人代表的权限；

5. 如也不在发包人代表的权限内，承包人应通知发包人确定。

【风险识别与防范】

本项风险在于对工程师监管范围的遗漏导致监管缺位。

对于发包人来说，对工程师的监管范围应尽量囊括通用合同条件中约定由工程师行使的职权，或者在专用合同条件工程师监管范围里加上概括性语句"以及通用合同条件中约定由工程师行使的职权"，对于未由工程师行使的职权应授权其他人员行使，但强制监理项目施工监理范围的职权应授予有相应监理资质的机构。对于委托多个项目咨询机构行使工程师职权的，建议按照设计、采购、施工进行划分，并由首席工程师进行总体协调，授权首席工程师在冲突时作出协调，但授权的明确还需要发包人作出。

同第 3.3.2 项，本项也未对发包人确认的期限以及发包人未作确认时应如何处理作出约定，建议承包人与发包人就此作出约定。

3.4 任命和授权

3.4.1 发包人应在发出开始工作通知前将工程师的任命通知承包人。更换工程师的，发包人应提前 7 天以书面形式通知承包人，并在通知中写明替换者的姓名、职务、职权、权限和任命时间。工程师超过 2 天不能履行职责的，应委派代表代行其职责，并通知承包人。

【条文释义】

本项为工程师的任命和更换通知安排。

发包人与工程师之间为委托合同关系，根据《民法典》第九百三十三条规定："委托人或者受托人可以随时解除委托合同。"发包人对工程师有任意解除权，而委托合同关系是工程师取得监管权限的基础，对内委托合同关系解除，对外应将撤销监管权限通知第三人。

《民法典》第九百二十三条规定："受托人应当亲自处理委托事务。经委托人同意，受托人可以转委托。转委托经同意或者追认的，委托人可以就委托事务直接指示转委托的第三人，受托人仅就第三人的选任及其对第三人的指示承担责任。转委托未经同意或者追认的，受托人应当对转委托的第三人的行为承担责任；但是，在紧急情况下受托人为了维护委托人的利益需要转委托第三人的除外。"工程师在短时间内转委托给其委派的代表，应取得发包人的同意或追认，否则应对其委派的代表的行为承担责任。本项是工程师在短时间不能履职应作出替代安排的义务，不能理解为是对工程师短时间转委托的预先同意。

【使用指引】

发包人应按本项约定向承包人通知工程的任命和更换。特别是更换工程师的通知，需要将替换工程师的事项、被替换的工程师姓名、撤销对被替换工程师的监管权等事项均通知承包人，而不应仅仅是通知替换者的姓名、职务、职权、权限和任命时间，否则会造成承包人不确定是替换工程师还是增加工程师。承包人对不确定发包人是替换还是增加工程师时，应通知发包人确认。

【风险识别与防范】

本项风险在于变更工程师通知不明确，导致已经被撤换的工程师仍然作出决定，承包人继续相信其有权作出该决定而执行。对此，前述的解决方法，即要求发包人将替换事项以及撤销被替换工程师的权利等信息及时告知承包人外，承包人在得知该工程师无权作出此决定时，应及时通知发包人是否接受该决定。

【法条索引】

•《民法典》

第九百二十三条　受托人应当亲自处理委托事务。经委托人同意，受托人可以转委托。转委托经同意或者追认的，委托人可以就委托事务直接指示转委托的第三人，受托人仅就第三人的选任及其对第三人的指示承担责任。转委托未经同意或者追认的，受托人应当对转委托的第三人的行为承担责任；但是，在紧急情况下受托人为了维护委托人的利益需要转委托第三人的除外。

第九百三十三条　委托人或者受托人可以随时解除委托合同。

3.4.2　工程师可以授权其他人员负责执行其指派的一项或多项工作，但第3.6款［商定或确定］下的权利除外。工程师应将被授权人员的姓名及其授权范围通知承包人。被授权的人员在授权范围内发出的指示视为已得到工程师的同意，与工程师发出的指示具有同等效力。工程师撤销某项授权时，应将撤销授权的决定及时通知承包人。

【条文释义】

本项为工程师转授权的程序。

工程师将发包人授予的权限部分转授权给其他人员，其基础法律关系是工程师将发包人委托的监管事项部分转委托出去，由其他人员以自己的名义执行委托事务。发包人、工程师以及其他人员之间的委托、转委托法律关系是其内部关系，对外作为受托人的工程师应将转授权通知给承包人。被授权的人员经有效授权，有权在授权范围内以自己名义执行监督管理，其发出的指示承包人应予遵循。工程师在解除转委托合同时，应同时撤销对转委托人的授权，并应通知承包人。

对于发包人，是基于对工程师的信任，将监管权限授予工程师，工程师再行转委托应取得发包人的认可或追认。本合同约束发包人和承包人，工程师并非合同当事人，不能基于本项约定即认为有权转委托，工程师尚需得到发包人的认可或追认才有权转委托。但即使工程师未得到发包人的认可，之后也未得到追认，即将部分监督管理范围转委托给其他人员，除非发包人明确向承包人表示工程师不得转授权外，在工程师转授权的通知到达承包人时，承包人有权依据本项认为达到转授权的效果，承包人无需通知发包人确认。

【使用指引】

发包人应理解本项对其的意义在于：如果发包人没有特别向承包人通知工程师不允许转授权发包人授予的权利，那么承包人有理由相信工程师有权将发包人授予的权利转授权给其他人员，并接受经转授权的其他人员的指示。如受经转授权的其他人员的指示造成发包人或承包人损失，其责任承担本应按照《民法典》第九百二十三条执行，但根据本合同示范文本第 3.5.3 项约定"由于工程师未能按合同约定发出指示、指示延误或指示错误而导致承包人费用增加和（或）工期延误的，发包人应承担由此增加的费用和（或）工期延误，并向承包人支付合理利润"，即应理解为"因发包人原因"造成承包人损失，发包人应承担赔偿责任，发包人只能向工程师主张违约责任。

对于工程师来说，如有转委托的安排，应与发包人在《委托合同》里预先约定，否则可能因事后得不到追认承担责任。另，根据本项约定，转委托的第三人发出的指示"视为已得到工程师的同意，与工程师发出的指示具有同等效力"，对转委托的第三人的选任极为重要，更重要的是管理把控，限制其签字权，重大指示应经工程师同意方能发出等。

【风险识别与防范】

本项风险在于工程师授权的其他人员水平不足，作出的决定错误或不适时，导致发包人赔偿承包人损失。如果发包人希望工程师转授权人员需达到某种专业水平的，应在《委托合同》里明确约定其职称、资格、从业经验，或约定仅在发包人也认可转委托的第三人时同意工程师转委托，并书面通知承包人；并应约定因工程师决定错误的违约责任，将风险转移出去。

【法条索引】

•《民法典》

第九百二十三条　受托人应当亲自处理委托事务。经委托人同意，受托人可以转委托。转委托经同意或者追认的，委托人可以就委托事务直接指示转委托的第三人，受托人仅就第三人的选任及其对第三人的指示承担责任。转委托未经同意或者追认的，受托人应当对转委托的第三人的行为承担责任；但是，在紧急情况下受托人为了维护委托人的利益需要转委托第三人的除外。

3.5　指示

3.5.1　工程师应按照发包人的授权发出指示。工程师的指示应采用书面形式，盖有工程师授权的项目管理机构章，并由工程师的授权人员签字。在紧急情况下，工程师的授权人员可以口头形式发出指示或当场签发临时书面指示，承包人应遵照执行。工程师应在授权人员发出口头指示或临时书面指示后24小时内发出书面确认函，在24小时内未发出书面确认函的，该口头指示或临时书面指示应被视为工程师的正式指示。

【条文释义】

本项确定工程师发出指示的程序和形式。

发包人委托工程师在监督管理范围内开展业务，并授予工程师处理一定事务的权利，工程师应在发包人授予的权限内作出指示。本项所指"工程师应按照发包人的授权发出指示"并非指工程师每次指示都需要发包人的授权，工程师可以依据自己的专业技能和判断作出指示。需要注意的是，本项工程师发出的指示包括工程师根据第3.4.2项授权的其他工作人员所发出的指示。

第1.7.4项约定："对于工程师向承包人发出的任何通知，均应以书面形式由工程师或其代表签认后送交承包人实施，并抄送发包人；对于合同一方向另一方发出的任何通知，均应抄送工程师。"根据该约定，工程师发出的指示采用书面形式，并由工程师本人或者工程师的授权人员签字，本项特别约定指示应"盖有工程师授权的项目管理机构章"。

口头指示以及当场签发临时书面指示不符合指示的约定形式，所以仅在紧急情况下方具有强制执行效力，承包人应遵照执行，但必须在较短的时间内将不符合约定形式的口头指示和当场签发临时书面指示转化为符合约定的书面指示，本项给出解决方案为"工程师应在授权人员发出口头指示或临时书面指示后24小时内发出书面确认函"，同时为了避免工程师懈怠或因其他原因不在规定时间内作出书面确认，本项同时约定"在24小时内未发出书面确认函的，该口头指示或临时书面指示应被视为工程师的正式指示。"

【使用指引】

对于发包人，发出指示的主体是工程师，且工程师作出指示可以基于专业知识和自己的判断，不必须经发包人同意，并且按照第1.7.4项约定，工程师发出指示后仅需抄送发包人，所以指示的形成和发出并不在发包人掌控范围之内。作为发包人，有必要参与决定重大问题的指示，并且有必要要求工程师对指示发出进行管理控制，确保指示的正确性、及时性，在确保公正的前提下保障最大化的利益。

对于工程师，应做好指示的管理、存档以及指示发出后的跟踪执行工作，为保证指示的正确性、及时性，并排除发出指示的不合约定，工程师应明确有签字权的工作人员，并要求专人负责项目管理机构章的使用，做好记录并留存，要求在发出指示后一定期限内向工程师汇报，并限制授权签字人员的签发指示的权限，保留重要事项指示的签发权，并将以上安排通知承包人；严格限制口头指示以及当场签发临时书面指示的发出情形，并要求发出人在规定时间内形成合乎约定的书面指示。

对于承包人，在指示签发前应积极与工程师沟通以便工程师形成能够有效解决问题又将损失降到最低的方案，但在收到工程师作出的指示后应遵照执行，除非该指示有重大缺陷或者涉及重大利益；做好指示的存档工作，并做好按照指示执行的记录工作；对于非紧急情况下工程师授权人员签发的指示，应积极与工程师沟通要求采用书面指示；对于紧急情况下发出的口头指示或临时书面指示应遵照执行。

【风险识别与防范】

本项风险在于工程师授权人员口头指示的错误，承包人无法固定而遭受了损失，无法向发包人主张。

主要防范措施如下：

1. 尽可能事先约定构成紧急情况的事项；
2. 指定有出口头指示权限的授权人员并录音录像；
3. 执行口头指示应通知工程师确认；
4. 执行后积极要求工程师在规定时间内形成书面指示；
5. 工程师在规定时间内未形成合乎约定的书面指示，应向发包人详细汇报；
6. 积极索赔。

3.5.2　承包人收到工程师作出的指示后应遵照执行。如果任何此类指示构成一项变更时，应按照第 13 条［变更与调整］的约定办理。

【条文释义】

本项约定工程师指示的效力。

工程师发出指示后，应及时送达承包人，并监督其执行。工程师的指示具有严肃性和强制性，除非工程师发出的指示违反法律规定（如第 7.6.1 项违章作业、冒险施工）或合同约定（如第 8.8.1 项），承包人有权按照第 4.9.2 项拒绝实施，承包人在收到工程师作出的指示后都应遵照执行。承包人不执行工程师指示，工程师有权根据自己的授权以及合同约定进行处理。

如果工程师发出的指示构成变更，则应按照第 13 条［变更与调整］的约定办理，比如在涉及第 13.1.2 项列举的情形下，承包人有权在合理期限内提出不能执行该变更指示的理由，工程师接到承包人的通知后，应作出经发包人签认的取消、确认或改变原指示的书面回复；或在认为可以执行变更时，有权书面说明实施该变更指示需要采取的具体措施及对合同价格和工期的影响，向工程师提交变更估价申请以及变更工期申请。

【使用指引】

工程师的权利来自于发包人的授予，工程师必须在发包人授权范围内行事，而发包人对承包人的权利来自于双方合同的约定，所以工程师在承包人不执行指示时可以采取何种对待措施应根据合同约定。

如承包人不执行工程师的某项指示，则承包人应按合同约定承担违约责任，如第 4.4.2 项约定，"工程师指示撤换不能按照合同约定履行职责及义务的主要施工管理人员的，承包人应当撤换。承包人无正当理由拒绝撤换的，应按照专用合同条件的约定承担违约责任"；或承担不按指示执行的不利后果，比如第 6.2.3 项约定，"合同约定或法律规定材料和工程设备使用前必须进行检验或试验的，承包人应按工程师的指示进行检验或试验",承包人拒绝执行,工程师可以材料或设备不合格而不允许其使用。

【风险识别与防范】

本项风险在于工程师指示造成承包人损失时的责任承担问题,详见第3.5.3项。

3.5.3 由于工程师未能按合同约定发出指示、指示延误或指示错误而导致承包人费用增加和(或)工期延误的,发包人应承担由此增加的费用和(或)工期延误,并向承包人支付合理利润。

【条文释义】

本项约定了因工程师不正当的指示导致承包人损失以及工期延误的责任承担。

"按合同约定发出指示"是指根据合同条款应发出指示但未发出指示或未按合同约定的情形发出指示。

"指示延误"是指工程师发出的指示不及时或不适时。

"指示错误"是指工程师发出的指令不科学、不严谨,或者判断错误。

根据第3.2款,工程师及其他由发包人派驻施工现场的人员均为发包人人员,第1.1.2.2目约定本合同中"因发包人原因"里的"发包人"包括发包人及所有发包人人员,所以工程师的不正当指示应理解为"因发包人原因",导致承包人费用增加和(或)工期延误的,应由承包人承担违约责任。《民法典》第五百八十四条规定:"当事人一方不履行合同义务或者履行合同义务不符合约定,造成对方损失的,损失赔偿额应当相当于因违约所造成的损失,包括合同履行后可以获得的利益。"发包人应向承包人赔偿可得利益,即合理利润。

【使用指引】

承包人在收到工程师指示时,应与工程师沟通清楚指示的确切意思,并确定指示是否及时且符合约定,对工程师作出的指示未能按合同约定发出或指示延误或指示错误,应积极与工程师沟通,向发包人反馈,并积极向发包人索赔。

在合同履行的时候,承包人应注意自己有没有提请作出通知的义务,比如第7.8.1项约定:"承包人负责在现场施工过程中对现场周围的建筑物、构筑物、文物建筑、古树、名木,及地下管线、线缆、构筑物、文物、化石和坟墓等进行保护。因承包人未能通知发包人,并在未能得到发包人进一步指示的情况下,所造成的损害、损失、赔偿等费用增加,和(或)竣工日期延误,由承包人负责。"不限于本项,承包人在因需要一定时间准备而需要得到指示的时候,应提前向工程师提请。

【风险识别与防范】

本项风险在于承包人无法向发包人主张因工程师指示而导致自己的损失。承包人向发包人主张因工程师指示的原因导致损失时,应同时主张工程师作出的指示未能按合同约定发出或指示延误或指示错误,并应证明自己所受的损失。承包人应积极搜集证据并按照索赔的程序向发包人索赔。

【法条索引】

·《民法典》

第五百八十四条　当事人一方不履行合同义务或者履行合同义务不符合约定，造成对方损失的，损失赔偿额应当相当于因违约所造成的损失，包括合同履行后可以获得的利益。

3.6　商定或确定

3.6.1　合同约定工程师应按照本款对任何事项进行商定或确定时，工程师应及时与合同当事人协商，尽量达成一致。工程师应将商定的结果以书面形式通知发包人和承包人，并由双方签署确认。

【条文释义】

本项为商定的形式和程序。

商定是指由工程师作为中立方居中协调，促成发包人与承包人协商一致。确定是指双方经协商无法达成一致时，工程师作为中立方，依据合同和专业能力确定一个解决方案，双方暂按该方案执行。

工程师作出确定前应组织双方进行协商，如果协商一致，则为商定，为双方均同意的解决方案，是终局性的；如未协商一致，则需工程师作出确定。

本项里的工程师仅为工程师本人，按照第3.4.2项，工程师授权的其他人员没有按本项进行商定或确定的权利。

【使用指引】

商定或确定制度是赋予工程师解决复杂的或当事双方纠扯不清的问题时按此制度解决的权利。

工程师有权采用商定或确定制度进行解决的事项仅限于本合同条款中明确约定的，合同条款中未有约定的工程师无权适用该制度。约定工程师有权采用商定或确定制度进行解决的有以下条款：

1. 第13.3.4项［变更引起的工期调整］

因变更引起工期变化的，合同当事人均可要求调整合同工期，由合同当事人按照第3.6款［商定或确定］并参考工程所在地的工期定额标准确定增减工期天数。

2. 第13.6.1项　需要采用计日工方式的，经发包人同意后，由工程师通知承包人以计日工计价方式实施相应的工作，其价款按列入价格清单或预算书中的计日工计价项目及其单价进行计算；价格清单或预算书中无相应的计日工单价的，按照合理的成本与利润构成的原则，由工程师按照第3.6款［商定或确定］确定计日工的单价。

3. 第13.7.2项　因法律变化引起的合同价格和工期调整，合同当事人无法达成一致的，由工程师按第3.6款［商定或确定］的约定处理。

4. 第 14.4.1 项［付款计划表的编制要求］（2）

实际进度与项目进度计划不一致的，合同当事人可按照第 3.6 款［商定或确定］修改付款计划表；

5. 第 16.1.3 项［因承包人违约解除合同后的估价、付款和结算］

因承包人原因导致合同解除的，则合同当事人应在合同解除后 28 天内完成估价、付款和清算，并按以下约定执行：合同解除后，按第 3.6 款［商定或确定］商定或确定承包人实际完成工作对应的合同价款，以及承包人已提供的材料、工程设备、施工设备和临时工程等的价值；

6. 第 17.6 款［因不可抗力解除合同］

因单次不可抗力导致合同无法履行连续超过 84 天或累计超过 140 天的，发包人和承包人均有权解除合同。合同解除后，承包人应按照第 10.5 款［竣工退场］的规定进行。由双方当事人按照第 3.6 款［商定或确定］商定或确定发包人应支付的款项……

7. 第 19.2 款［承包人索赔的处理程序］（2）

工程师应按第 3.6 款［商定或确定］商定或确定追加的付款和（或）延长的工期，并在收到上述索赔报告或有关索赔的进一步证明材料后及时书面告知发包人，并在 42 天内，将发包人书面认可的索赔处理结果答复承包人。工程师在收到索赔报告或有关索赔的进一步证明材料后的 42 天内不予答复的，视为认可索赔。

【风险识别与防范】

第 3.4.2 项约定商定或确定职权是工程师的专属职权，但如发包人将该权利保留由自己行使，将会导致自己既是裁判者又是运动员，影响商定或确定制度的公正行使。

工程师的职权来源于发包人的授予，工程师是否有商定或确定职权尚需看专用合同条件中工程师的授权范围中是否包括商定或确定。如不包括商定或确定职权，按第 3.3.4 项约定，通用合同条件中约定由工程师行使的职权如不在发包人对工程师的授权范围内的，视为没有取得授权，那么应由发包人或发包人指定的其他人员行使。但商定或确定职权为工程师专属职权，且基于工程师的中立立场以及专业水平，发包人行使并不贴合商定或确定制度的立意，如发包人亦未指定其他中立方行使商定或确定职权，则应认为任何人均无权行使商定或确定职权，则很容易导致争议事项因双方分歧过大无法解决，从而影响合同的履行。

商定或确定制度能够暂时平抑争议，避免合同履行僵局，是一个较好的制度，建议发包人在专用合同条件中授权给工程师。

3.6.2　除专用合同条件另有约定外，商定的期限应为工程师收到任何一方就商定事由发出的通知后 42 天内或工程师提出并经双方同意的其他期限。未能在该期限内达成一致的，由工程师按照合同约定审慎做出公正的确定。确定的期限应为商定的期限届满后 42 天内或工程师提出并经双方同意的其他期限。

工程师应将确定的结果以书面形式通知发包人和承包人，并附详细依据。

【条文释义】

本项为工程师行使确定权的程序。

关于两个期限：应以商定或确定程序解决的条款事项发生争议时，合同任一方应先将需商定的事由向工程师发出通知，工程师收到该通知时，商定的期限开始计算，由工程师组织协商，如在商定的期限内未协商一致，商定的期限经过，进入确定的期限，确定的期限内工程师应作出确定。

商定的期限，专用合同条件中有约定的按约定，如未约定，为42天，针对某一事项如果工程师认为42天不合理，可由工程师根据事实和经验提出一个合理的期限并经双方同意。

确定的期限为42天，也可由工程师根据事实和经验提出一个合理的期限并经双方同意。

有权力作出确定的仅为工程师本人，其他工程师授权人员无权作出。工程师作出确定应按照合同约定，并应作为独立专业的第三方，根据自己的专业技能和判断作出。

工程师将作出的确定通知合同双方时，应将依据的法律法规规定、相关文件和规范、合同条文等详细向双方释明。

【使用指引】

商定的期限截止应理解为工程师有权作出确定的起点，确定的期限截止应理解为工程师有权作出确定的终点，这都是约束工程师行使商定和确定职权的，合同双方当事人在任何阶段都可以继续就争议进行磋商，哪怕是在工程师作出确定之后。

【风险识别与防范】

本项要求工程师作出的确定应按照合同约定并持审慎态度，但工程师为发包人所委托，有可能作出的确定偏向发包人，虽然承包人可以通过异议排除其终局性，但仍可能造成对承包人不利的后果。比如第14.4.1项［付款计划表的编制要求］当实际进度与项目进度计划不一致时，合同当事人可按照第3.6款［商定或确定］修改付款计划表，但进度是与承包人的投入是直接相关的，如果实际进度超期，经过商定或确定，工程师确定按项目计划进度付款，虽然经过承包人异议，工程师的确定终局性被否定，但仍会影响承包人的现金流，并增加承包人的财务成本。这是商定或确定制度的一个缺陷，需建立在工程师的良好职业操守之上，但相对于不采用商定或确定制度形成的合同僵局，缺陷也是在容忍范围之内，所以本合同示范文本仅对少数争议较大容易形成合同僵局的事项约定工程师按照商定或确定的制度执行，同时商定或确定制度仍需在实践中不断完善。

3.6.3　任何一方对工程师的确定有异议的，应在收到确定的结果后28天内向另一方发出书面异议通知并抄送工程师。除第19.2款［承包人索赔的处理程序］另有约定外，工程师未能在确定的期限内发出确定的结果通知的，或者

任何一方发出对确定的结果有异议的通知的，则构成争议并应按照第 20 条
［争议解决］的约定处理。如未在 28 天内发出上述通知的，工程师的确定应被
视为已被双方接受并对双方具有约束力，但专用合同条件另有约定的除外。

【条文释义】

本项为对工程师的确定的异议程序。

合同任一方对工程师的确定有异议，应向合同相对方而非向工程师发出异议通知，对
工程师仅需抄送。

异议期为合同任何一方收到确定的结果开始计 28 天内，异议的方式为书面异议。

工程师对承包人索赔的商定或确定应按照第 19.2 款处理。

只要合同任何一方对工程师作出的确定有异议，则工程师作出的确定即为非终局性
的，仍需按照第 20 条［争议解决］约定的方式解决，或和解或调解，或争议评审，或仲
裁或诉讼。另，在确定的期限内，工程师因故未能作出确定的，则该事项既未经商定也未
经确定，则合同当事人当然有权要求按照第 20 条［争议解决］的约定解决。

合同双方均未在异议期内发出异议通知，则工程师就该项作出的确定即为终局性的，
双方均应遵照该确定执行。

【使用指引】

合同当事人应把握对确定的异议期，异议期经过，双方均未对工程师作出的确定有异
议，则确定即为终局性的，只要任何一方在异议期进行异议，则确定即为暂时性的，无论
是异议方还是未作异议的一方均有权按照第 20 条［争议解决］寻求解决。

【风险识别与防范】

本项风险在于异议期的经过导致当事人无权按照第 20 条［争议解决］主张权利。建
议重视对工程师的确定的异议，应做到如下几点：

1. 充分理解本项的程序：异议应在异议期内提出；异议应向合同相对方而非工程师
提出；异议应以书面形式提出。

2. 对工程师的确定的异议应达到异议的效果。异议应直接指出对工程师确定的否定，要
求不予采纳，不应只推荐自己的方案而不否定工程师确定的方案，或只反对对方的方案。

3. 异议的理由并不要求能够推翻工程师的确定。

3.6.4　在该争议解决前，双方应暂按工程师的确定执行。按照第 20 条［争议
解决］的约定对工程师的确定作出修改的，按修改后的结果执行，由此导致
承包人增加的费用和延误的工期由责任方承担。

【条文释义】

所谓争议解决是指按照第 20 条［争议解决］约定的方式解决争议，或和解或调解，
或争议评审，或仲裁或诉讼。

"争议解决前"，即争议既未经双方商定也未经工程师确定或合同任何一方对工程师作出的确定在异议期内提出异议，且争议尚未通过第 20 条［争议解决］约定的方式得到解决的状态。

争议在解决前，任何一方提出异议的确定都是非终局性的，双方应暂时按工程师的确定执行，但保留要求按照第 20 条［争议解决］约定的方式解决的权利。争议按照第 20 条［争议解决］约定方式得以解决，为终局性的，对合同双方都具有约束力。

争议按照第 20 条［争议解决］约定方式得以解决的，解决的方案与工程师的确定不同，即为对工程师确定的修改，工程师确定与争议解决方案的偏差应予以纠正，偏差应由责任方补齐，达到填平的效果。不能因为确定为工程师作出，工程师为发包人人员，则认为是"因发包人原因"而要求发包人承担引起偏差的责任。

【使用指引】

即便合同任一方对工程师的确定进行了异议导致工程师作出的确定并非最终解决方案，但在该争议解决前，双方应暂按工程师的确定执行，合同任一方按工程师的确定执行不会导致违约责任，哪怕后续按照第 20 条［争议解决］的约定对工程师的确定作出修改。

相对于第 3.5.3 项"在工程师未能按合同约定发出指示、指示延误或指示错误而导致承包人费用增加和（或）工期延误时发包人应承担责任"，本项并未将工程师确定与争议解决方案的偏差确定为工程师的失误或错误从而让发包人承担责任。第 3.6 款赋予工程师临时居中裁判的权利，同时也赋予工程师临时居中裁判不受追究的权利。

【风险识别与防范】

商定或确定制度对平抑争议有价值，但工程师的确定如果偏差过大，导致合同一方产生的附加损失也不容忽视（但工程师作出确定按本项约定是不受追究的），要么是工程师能力不足，要不是工程师作出的确定偏向于其中一方，尤其是发包人，则按理发包人至少要承担选任责任。为防止工程师作出的确定偏差过大，双方可以补充约定在偏差超过一定幅度时，损失方可以要求补偿。

3.7 会议

3.7.1 除专用合同条件另有约定外，任何一方可向另一方发出通知，要求另一方出席会议，讨论工程的实施安排或与本合同履行有关的其他事项。发包人的其他承包人、承包人的分包人和其他第三方可应任何一方的请求出席任何此类会议。

【条文释义】

召开会议是合同当事人寻求解决合同履行问题的一种方法，召开会议可以集思广益对议题进行讨论，并协调矛盾。召开会议应符合一定程序，要形成成果并可据此付诸行动，第 3.7 款即为规范化召开会议而设立。

第 3.7.1 项为会议的发起程序。

与合同履行有关的会议，发起人只能是合同当事人，即发包人和承包人，且任何一方都可以基于工程的实施安排或与本合同履行发起会议。发包人的其他承包人、承包人的分包人和其他第三方只能应请求出席会议，没有发起会议的权限。所有参与会议的人员均有权发表意见参与讨论。

发包人的其他承包人详见第 2.6 款释义；分包人的定义详见第 1.1.2.11 目；其他第三方应限缩理解为与本次会议议题相关的第三方。

【使用指引】

会议的形式本身具有成本高、程序复杂、效率低等缺陷，所以除非重大复杂问题，一般性问题不建议采用会议方式解决。

会议是解决合同双方甚至多方争议的一种较为民主的方案，会议的召开应具有严肃性，会议的程序应有一定之规则。

会议经过利益关联方的充分争论和妥协形成决定，所以发起者应邀请与议题相关的单位参会，并保证其发言权。对于有关联的单位未能参会，该单位所涉及的议题可以暂时搁置，也可以议而不决，不能剥夺其权利；如必须做出决定，应有不利后果的责任分配安排，且在会后应允许利益关联方提出异议。

【风险识别与防范】

在工程总承包合同履行过程中，很多争议会涉及多个参与方的利益，约定只有合同当事人发起会议且其他只能通过邀请加入会议，在合同当事人故意不邀请某一利益相关方，则一方面导致会议讨论不充分、解决的问题不全面，另一方面作出的决定会使利益相关方的利益受损。

为正确的利用会议解决问题，应给予各参与方发起会议和申请参与会议的权利。可以约定统一将出现的问题汇总给发包人代表或者工程师，有工程师组织会议并邀请相关方参会，其他认为与议题有关联的参与方可以以申请的方式参会。

3.7.2　除专用合同条件另有约定外，发包人应保存每次会议参加人签名的记录，并将会议纪要提供给出席会议的人员。任何根据此类会议以及会议纪要采取的行动应符合本合同的约定。

【条文释义】

本项为会议的记录以及根据会议执行的要求。

会议纪要指以书面形式记载会议讨论的主要内容和作出的决定，会议纪要一般是在会议讨论的基础上经过整理形成。

会议的决定应作为任何当事人以及会议参与方行动的依据，但会议的决定不应与合同相抵触。会议的决定与合同相抵触的不能直接认为是对合同约定的变更，如构成变更则应按合同第 13 条变更与调整执行。

【使用指引】

一场规范的会议，组织方应提前数日向请求参会方提交本次会议的议题及议程，组织方应做好会议安排，与会人员应在签到表上签名，主持会议并按照议程逐项进行讨论，安排人员对会议发言进行记录，主持人将讨论成果提炼成会议纪要。会议结束时应将会议纪要提供给出席会议的每一方，并由发包人保留会议记录并存档。

【风险识别与防范】

本项风险在于会议作不出决定或者所作的决定不具有可执行性。主要体现在：

1. 会议组织混乱，没有议题，或未按议题展开；
2. 主持者一言堂，限制参会方的发言权；
3. 作出的决定明显具有偏向性；
4. 作出的决定没有科学的依据；
5. 作出的决定损害不在场方的权利；
6. 作出的决定与合同主旨相违背；
7. 作出的决定不合法不合规；
8. 以群体决策的方式躲避决策责任。

防范措施在于制定一套合理的会议制度，尽量保证利益相关人员能够参与讨论，能够解决实际问题。

第 4 条　承包人

4.1　承包人的一般义务

除专用合同条件另有约定外，承包人在履行合同过程中应遵守法律和工程建设标准规范，并履行以下义务：

（1）办理法律规定和合同约定由承包人办理的许可和批准，将办理结果书面报送发包人留存，并承担因承包人违反法律或合同约定给发包人造成的任何费用和损失；

（2）按合同约定完成全部工作并在缺陷责任期和保修期内承担缺陷保证责任和保修义务，对工作中的任何缺陷进行整改、完善和修补，使其满足合同约定的目的；

（3）提供合同约定的工程设备和承包人文件，以及为完成合同工作所需的劳务、材料、施工设备和其他物品，并按合同约定负责临时设施的设计、施工、运行、维护、管理和拆除；

（4）按合同约定的工作内容和进度要求，编制设计、施工的组织和实施计划，保证项目进度计划的实现，并对所有设计、施工作业和施工方法，以及全部工程的完备性和安全可靠性负责；

（5）按法律规定和合同约定采取安全文明施工、职业健康和环境保护措施，办理员工工伤保险等相关保险，确保工程及人员、材料、设备和设施的安全，防止因工程实施造成的人身伤害和财产损失；

（6）将发包人按合同约定支付的各项价款专用于合同工程，且应及时支付其雇用人员（包括建筑工人）工资，并及时向分包人支付合同价款；

（7）在进行合同约定的各项工作时，不得侵害发包人与他人使用公用道路、水源、市政管网等公共设施的权利，避免对邻近的公共设施产生干扰。

【条文释义】

本款旨在规定承包人在工程总承包合同中应当履行的义务和承担的责任。承包人的义务主要有两个方面：一方面是法定义务，包括法律、法规、规章、规范性文件等规定的义务，还包括设计、施工等工程建设领域的标准规范；另一方面是合同约定的义务，这其中既包括通用合同条件约定的义务，也包括专用合同条件和《发包人要求》等附件、合同书等约定的义务。其中关于施工应当获得的批准和许可、设计文件和工程均需质量合格、采购的设备要满足项目要求并质量合格、保障施工生产安全、履行缺陷保证责任和保修义务、发放雇佣人员工资及向分包人支付合同价款等既是法律法规所规定的法定义务，也涉及合同约定义务。而进行良好的设计、施工组织和向分包商、设备商、材料商支付价款义务所体现的是合同义务。同时承包人在进行设计、采购、施工时还负有避免侵权的责任。

本条款中，对承包人所应承担的合同内容表述为"合同约定的工作内容（各项工作）"，这是与工程总承包的特点相适应的。在工程总承包中，承包人的工作内容主要包括设计、施工、采购、试运行，由于每个项目各具特点，通常会在合同中对工作内容进行明确、具体的约定，因此本条款表述为以合同约定为准。本条款对于承包人义务的约定也相应涉及工程总承包的各个环节，相应增加设计、采购等工作内容，如第（3）项约定了承包人须采购符合合同要求的工程设备；第（4）项对于设计组织和实施计划的制定作出了规定。所以，承包人要深入理解本条款与施工总承包合同的差异，把握设计、采购等工作内容的特点及其在合同条款上的反映，履行好合同义务。

【使用指引】

合同当事人在使用本条款时应注意以下事项：

1. 基于本款开篇即强调了专用合同条件，当事人对此应予以重视，可将通用合同条件中无法涵盖的重要合同义务，抽象成为一般义务条款，规定于专用合同条件。例如，根据工程特点，若对承包人履行合同义务的方式、条件和期限等内容有特别要求，可在专用合同条件作出相应约定，该约定的内容应符合法律法规的规定，以保证合法有效。

2. 本条款关于承包人义务的规定体现了工程总承包的特点，承包人的工作内容包括设计、施工、采购、试运行等诸多内容，应注意把握各工作环节之间的衔接和配合。第一，由于设计和施工均属于承包人的工作内容，因此要求承包人统筹考虑设计和施工（包括施工作业和施工方法），制定组织和实施计划，以保证工程的完备性和可靠性。第二，承包人应以整个合同内容为基础，进行设备采购和文件编制，组织好工程施工，对于临时设施，也要在工程进行过程中同步做好从设计到拆除的全周期管理。第三，明确了缺陷责任期的保证责任和整改、修补义务为承包人的一般义务。第四，承包人的责任与施工总承包相比，有一定变化。除第（7）项规定承包人不得侵害他人使用公共设施的责任以外，本款第（1）项规定了承包人应对其未办理审批手续造成的损失和费用对发包人承担责任。发包人可以在合同中约定承包人协助办理审批手续的具体内容，或者委托承包人代为办理；此外，根据法律规定，部分审批手续的办理也需要承包人协助配合。

3. 承包人对于发包人违反有关建筑质量和安全法律规定的要求，应明确拒绝。承包人对于工程涉及的设计、施工、采购等要整体考虑，在每个环节都要做到符合国家法律法规要求，确保工程质量。对发包人有上述行为的，可在合同中约定发包人应当承担法律责任和赔偿损失。

4. 工程师和发包人代表应当严格按照法律法规及合同约定，对承包人设计、采购、施工、服务等方面的合同履行情况进行监督管理。若工程师和发包人代表怠于行使权利和履行义务，导致承包人履行设计、采购、施工、服务义务不符合法律规定，影响工程质量、工期、造价时，应承担相应的法律责任。

5. 工程质量监督和设计文件审查机构应当严格按照法律法规规定对施工质量（包括竣工验收）进行监督、对施工图纸进行审查，防止使用未经审查的施工图进行施工，防止发包人将不符合竣工验收标准的工程进行虚假验收或擅自使用未经验收的工程，行政主管部门发现以上违法违规行为后应依法及时予以处理。

【风险识别与防范】

1. 专用合同条件的内容若与效力性强制性法律规范相冲突，则存在条款无效的风险，因此，制定专用合同条件应注意符合有关强制性法律法规的规定，承包人实施工程时也应注意不要突破强制性法律规范的要求；若合同条款的内容与管理性强制性规范相冲突，则在合同合法有效的前提下，承包人仍应以合同约定为准。

2. 由于本款规定了承包人不履行、未履行或未完全按合同约定履行其配合义务时，应承担损害赔偿责任，故承包人应高度重视，对于配合义务的内容、范围、条件、期限等作出明确约定，认真订约、严格守约，以避免因不注重配合工作而承担不必要的损失。

3. 发包人违反有关建筑质量和安全法律规定要求的行为，包括但不限于以下各项：发包人要求承包人违反设计、施工质量安全的法律法规规定、降低工程质量安全标准、采购低于法定和约定质量标准的产品或服务等行为。对于因发包人该等行为使得工程出现质量或安全问题的，发包人应承担相应的责任，故为保证工程质量，发包人应遵守法律规定，不得在发包人要求及其他工程实施中的文件中提出危害工程实施和建筑质量及安全的条款。承包人也应相应地做好往来函件、会议、协商等过程的记录和整理，对于发包人有关损害建筑质量和安全的要求，应予以拒绝；若发生争议，应根据有关争议解决的合同条款解决。

【法条索引】

• **《房屋建筑和市政基础设施项目工程总承包管理办法》**

第十条　工程总承包单位应当同时具有与工程规模相适应的工程设计资质和施工资质，或者由具有相应资质的设计单位和施工单位组成联合体。工程总承包单位应当具有相应的项目管理体系和项目管理能力、财务和风险承担能力，以及与发包工程相类似的设计、施工或者工程总承包业绩。

设计单位和施工单位组成联合体的，应当根据项目的特点和复杂程度，合理确定牵头单位，并在联合体协议中明确联合体成员单位的责任和权利。联合体各方应当共同与建设单位签订工程总承包合同，就工程总承包项目承担连带责任。

第十九条　工程总承包单位应当设立项目管理机构，设置项目经理，配备相应管理人员，加强设计、采购与施工的协调，完善和优化设计，改进施工方案，实现对工程总承包项目的有效管理控制。

4.2　履约担保

发包人需要承包人提供履约担保的，由合同当事人在专用合同条件中约定履约担保的方式、金额及提交的时间等，并应符合第 2.5 款［支付合同价款］的规定。履约担保可以采用银行保函或担保公司担保等形式，承包人为联合体的，其履约担保由联合体各方或者联合体中牵头人的名义代表联合体提交，具体由合同当事人在专用合同条件中约定。

承包人应保证其履约担保在发包人竣工验收前一直有效，发包人应在竣工验收合格后 7 天内将履约担保款项退还给承包人或者解除履约担保。

因承包人原因导致工期延长的，继续提供履约担保所增加的费用由承包人承担；非因承包人原因导致工期延长的，继续提供履约担保所增加的费用由发包人承担。

【条文释义】

本款是关于承包人履约担保的规定。

1. 若发包人要求承包人提供履约担保的，发承包双方应将履约担保的主要条款，如方式、金额、提交时间等在专用合同条件中进行约定。同时，发包人应履行第 2.5 款［支付合同价款］规定的合同义务。发包人可以在招标文件中提出履约担保的要求。

2. 若承包人为联合体，则履约担保由联合体各方共同提交，或者由联合体牵头人代表联合体提交，具体提交主体应在专用合同条件中进行明确约定。

3. 履约担保可采用银行保函或担保公司担保等形式，具体形式应在专用合同条件中作出明确约定。

4.承包人应保证履约担保在工程接受证书颁发前持续有效。发包人应在竣工验收合格后 7 天内向承包人退还履约担保款项或者解除履约担保。

5.若工期延长导致履约担保的保证期限延长，则相应继续提供履约担保所增加的费用应根据归责事由进行分配，因承包人原因导致的工期延长，增加的费用应由承包人承担；非因承包人原因导致工期延长的，增加的费用应由发包人承担。

【使用指引】

合同当事人在使用本款时应注意以下事项：

1.履约担保通常采用银行保函的形式，一般来说是银行开具不可撤销的见索即付担保，只要发包人向银行提出承包人违约，银行即应向发包人承担担保责任，而不需要发包人证明承包人违约。采用的担保形式应由发承包双方在专用合同条件中明确约定。

2.发包人应履行第 2.5 款［支付合同价款］规定的合同义务，即依约按时支付工程价款、向承包人提供支付担保、须保证支付工程款的能力并将履约能力的重大变化及时通知承包人。

3.承包人为联合体的，应明确提交履约担保的主体，采纳的主体形式应与本合同、招投标文件、联合体协议等有关联合体各方的权利义务等规定相一致。

4.关于担保期限，本条款规定应自提供担保之日起至竣工验收之日，因此承包人应保持履约担保在工程竣工验收前一直有效。在竣工验收合格后 7 天内，发包人应将履约担保款项退还承包人。如果发生工期延误，承包人仍应当保持担保有效，对于所增加担保费用的承担，则根据归责事由而有所不同：如果因承包人的原因导致工期延误，则由承包人承担，反之，则应由发包人承担。

【风险识别与防范】

1.银行通常只为实力较强的承包人客户提供保函服务，在无法获得银行保函的情况下，承包人应积极地与发包人协商，以其他方式进行履约担保。发包人亦应具体情况具体分析，根据项目特点和承包人实际情况，合理确定履约担保方式，避免因小失大，延误工程实施。

2.承包人应注意发包人支付工程款及提供支付担保的情况，根据具体情况调整施工进度和节奏，避免因发包人丧失付款能力而承担重大损失。

【法条索引】

•《房屋建筑和市政基础设施项目工程总承包管理办法》

第九条第二款　建设单位可以在招标文件中提出对履约担保的要求，依法要求投标文件载明拟分包的内容；对于设有最高投标限价的，应当明确最高投标限价或者最高投标限价的计算方法。

•《招标投标法》

第四十六条第二款　招标文件要求中标人提交履约保证金的，中标人应当提交。

4.3　工程总承包项目经理

4.3.1　工程总承包项目经理应为合同当事人所确认的人选，并在专用合同条件中明确工程总承包项目经理的姓名、注册执业资格或职称、联系方式及授权范围等事项。工程总承包项目经理应具备履行其职责所需的资格、经验和能力，并为承包人正式聘用的员工，承包人应向发包人提交工程总承包项目经理与承包人之间的劳动合同，以及承包人为工程总承包项目经理缴纳社会保险的有效证明。承包人不提交上述文件的，工程总承包项目经理无权履行职责，发包人有权要求更换工程总承包项目经理，由此增加的费用和（或）延误的工期由承包人承担。同时，发包人有权根据专用合同条件约定要求承包人承担违约责任。

【条文释义】

本项是有关项目经理任职的规定。关于工程总承包项目经理的任职资格，至少应当满足以下两项基本条件：（1）工程总承包项目经理必须是承包人合法聘用的员工，这就要求：①项目经理与承包人签订了合法有效的劳动合同；②承包人为该项目经理缴纳了社会保险。（2）工程总承包项目经理具有满足项目条件的工程建设类注册执业资格、负责过类似项目的设计、施工、监理、工程总承包等。（3）熟悉工程技术和工程总承包项目管理知识以及相关法律法规、标准规范；具有较强的组织协调和管理能力。如果不具备规定的任职资格，就不能担任工程总承包项目经理，若已担任，则发包人可更换项目经理。

【使用指引】

合同当事人在使用本条款时应注意：

1. 因项目经理的管理和专业能力是承包人履约的关键因素之一，因此关于工程总承包项目经理的任职资格和专业能力、管理协调能力，发包人应加以应有的重视，在合同中作出高标准的严格的要求和规定，力求将规定细化并方便实施。

2. 项目经理对项目实施至关重要，尤其在项目经理已经驻场一段时间后，更不应随意更换。若允许承包人在符合较低标准的情况下就随意更换项目经理，则对于新项目经理任职资格和专业能力的审查又要重来一遍，人为增加了成本，且新项目经理熟悉工程又需一段过程，对发包人和工程质量的保证而言均极为不利。故为防止承包人随意更换项目经理，发承包双方可在专用合同条件中就承包人更换项目经理的条件和程序作出约定，并约定违约责任。

【风险识别与防范】

1. 由于合格的工程总承包项目经理属于稀缺资源，承包人在合同履行过程中有时会出于各种目的将项目经理更换为不满足法律规定和合同约定的人员。为此，发包人除应在合同中就项目经理的资质、业绩、能力等作出严格的要求和规定外，更应当在合同履行过程中加强对工程总承包项目经理的监管，尤其是加强对承包人更换项目经理和项目经理在施工现场履职两方面的监管。

2. 项目经理的更换条件和程序应明确具体，违约责任的约定应适合项目特点和发承包人具体情况，对承包人真正起到限制作用，如果不痛不痒，则承包人在衡量后果后可能仍然要选择更换项目经理，故发包人应设计好违约条款，使得承包人不愿、不能随意更换项目经理。

3. 发包人应严格审查项目经理的注册执业资格证书、授权委托书等资质证书和文件，确保其与合同条款和招投标文件相一致，确定项目经理具备应有的与项目相适应的资质和业务能力、工作经验，确定项目经理的授权范围适应项目实施的范围和特点，避免因授权范围不确定或授权事项与工程项目不匹配而影响项目经理履职，进而影响工程实施。

【法条索引】

· **《房屋建筑和市政基础设施项目工程总承包管理办法》**

第二十条第一款　工程总承包项目经理应当具备下列条件：

（一）取得相应工程建设类注册执业资格，包括注册建筑师、勘察设计注册工程师、注册建造师或者注册监理工程师等；未实施注册执业资格的，取得高级专业技术职称；

（二）担任过与拟建项目相类似的工程总承包项目经理、设计项目负责人、施工项目负责人或者项目总监理工程师；

（三）熟悉工程技术和工程总承包项目管理知识以及相关法律法规、标准规范；

（四）具有较强的组织协调能力和良好的职业道德。

4.3.2　承包人应按合同协议书的约定指派工程总承包项目经理，并在约定的期限内到职。工程总承包项目经理不得同时担任其他工程项目的工程总承包项目经理或施工工程总承包项目经理（含施工总承包工程、专业承包工程）。工程在现场实施的全部时间内，工程总承包项目经理每月在施工现场时间不得少于专用合同条件约定的天数。工程总承包项目经理确需离开施工现场时，应事先通知工程师，并取得发包人的书面同意。工程总承包项目经理未经批准擅自离开施工现场的，承包人应按照专用合同条件的约定承担违约责任。工程总承包项目经理的通知中应当载明临时代行其职责的人员的注册执业资格、管理经验等资料，该人员应具备履行相应职责的资格、经验和能力。

【条文释义】

本项是关于工程总承包项目经理驻场履职的规定。

主要从到职期限、单一现场履职、履职时间比重、离开现场的审批程序和违约责任、履职资格等方面进行了细化的规定。项目经理应严格按照合同约定的期限进场履职，否则会是工程迟延开工，影响工程实施进度。工程总承包项目涉及的环节多，项目难度比施工总承包项目更大，故项目经理更应只在一个项目现场履职，并应切实保证现场履职时间，将精力只投入一个项目，这才为项目顺利实施打下坚实的基础。项目经理的驻场指挥对项目实施意义重大，所以对于离开现场，项目经理应慎重对待，严格履行请假报批程序。

【使用指引】

为防止工程总承包项目经理无正当理由不在现场履职，发包人可在专用合同条件中约定项目经理离开施工现场的条件、批准程序和离开期间，离开的期间应当从一次离开的天数和累计离开的天数两方面加以限制，并分别约定违约责任。临时代行工程总承包项目经理职责的人员应具备相应的资格、经验、能力，应提供相应的资格、能力等证明，发包人和工程师亦应做好审核和衔接工作，确保工程顺利实施。

【风险识别与防范】

项目经理花费足够的时间和精力来驻场履行，对工程实施具有极其重要的作用，为确保这一点，发包人和工程师应严格实施项目经理驻场制度，做好考勤，并应做好规定：（1）项目经理不得担任两个以上项目的工程总承包项目经理或施工总承包项目经理；（2）项目经理驻场时间不得少于合同约定的时间；（3）项目经理不得随意离开施工现场。若确需离开的，应履行请假报批程序，取得发包人审查同意后方可离开。对于临时代行项目经理职责的人员，发包人应做好资格审核、现场监督管理等工作，使项目不因项目经理为临时代行人员而受到影响。

【法条索引】

• **《房屋建筑和市政基础设施项目工程总承包管理办法》**

第二十条第二款 工程总承包项目经理不得同时在两个或者两个以上工程项目担任工程总承包项目经理、施工项目负责人。

4.3.3 承包人应根据本合同的约定授予工程总承包项目经理代表承包人履行合同所需的权利，工程总承包项目经理权限以专用合同条件中约定的权限为准。经承包人授权后，工程总承包项目经理应按合同约定以及工程师按第3.5款［指示］作出的指示，代表承包人负责组织合同的实施。在紧急情况下，且无法与发包人和工程师取得联系时，工程总承包项目经理有权采取必要的措施保证人身、工程和财产的安全，但须在事后48小时内向工程师送交书面报告。

【条文释义】

本项是关于工程总承包项目经理授权的规定。项目经理作为工程总承包企业的授权代表，在授权范围内代表承包人履行合同，其负责组织工程实施的权力来源于承包人的授权及法律的规定和工程师的指令，其行为后果由承包人承担。项目经理在紧急情况下为保证安全且无法联系发包人和工程师，以上两个条件均具备时可以决定采取必要措施，事后在规定的时间内应向工程师以书面形式进行报告。

【使用指引】

1. 承包人应当在专用合同条件中就对于工程总承包项目经理的授权作出具体明确的约定，尤其是对于项目经理某些权力的限制，更应当明确在专用合同条件中作出约定，以避免为项目经理的某些不当行为承担不利后果。项目经理应严格根据该合同条款行事，其行为不得超出授权范围。

2. 当出现危及人身、工程和财产安全的紧急情况，而项目经理又无法按照合同约定与发包人和工程师取得联系时，如果项目经理不采取必要措施对紧急情况临时处置，将可能造成安全事故，严重危及工程及人身财产的安全，因此应授予项目经理在紧急情况下的临时处置权以应对这些紧急情况。同时，项目经理应在临时处置后48小时内向工程师提交书面报告。

【风险识别与防范】

若合同条款对项目经理的授权范围的约定不够明确，则有可能出现项目经理超越授权范围进行签字、确认收款等行为，会有被认定为表见代理的风险，因此承包人应重视该等合同条款，对项目经理的授权范围，从变更种类和幅度、签证金额等方面进行细化规定。

【法条索引】

•《北京市高级人民法院关于审理建设工程施工合同纠纷案件若干疑难问题的解答》

第八条　承包人项目经理在合同履行过程中所施行为的效力如何认定？

施工合同履行过程中，承包人的项目经理以承包人名义在结算报告、签证文件上签字确认、加盖项目部章或者收取工程款、接受发包人供材等行为，原则上应当认定为职务行为或表见代理行为，对承包人具有约束力，但施工合同另有约定或承包人有证据证明相对方知道或应当知道项目经理没有代理权的除外。

4.3.4　承包人需要更换工程总承包项目经理的，应提前14天书面通知发包人并抄送工程师，征得发包人书面同意。通知中应当载明继任工程总承包项目经理的注册执业资格、管理经验等资料，继任工程总承包项目经理继续履行本合同约定的职责。未经发包人书面同意，承包人不得擅自更换工程总承包项目经理，在发包人未予以书面回复期间内，工程总承包项目经理将继续履行其职责。工程总承包项目经理突发丧失履行职务能力的，承包人应当及时委派一位具有相应资格能力的人员担任临时工程总承包项目经理，履行工程总承包项目经理的职责，临时工程总承包项目经理将履行职责直至发包人同意新的工程总承包项目经理的任命之日止。承包人擅自更换工程总承包项目经理的，应按照专用合同条件的约定承担违约责任。

【条文释义】

本项是关于承包人更换和临时委派工程总承包项目经理的规定。

1. 当承包人需要更换工程总承包项目经理时,其程序为:通知发包人并取得同意,并抄送工程师。通知中应载明继任项目经理的资格、经验等资料。

2. 当出现项目经理突然丧失履职能力的情况时,承包人应临时委派具有相应资格、经验、能力的项目经理,直至任命新的项目经理。

3. 未经发包人书面同意,承包人不得擅自更换项目经理,否则应当按照合同约定承担违约责任。

【使用指引】

合同当事人在使用本项时应注意以下事项:

1. 项目经理一经选定,不宜频繁变动,故发包人可在专用合同条件中约定承包人更换项目经理的条件,并在专用合同条件中就擅自更换项目经理的违约责任作出明确约定,当承包人违约时追究其违约责任,以保证合同顺利履行。

2. 当发包人收到承包人更换项目经理的通知后,首先应当依据合同约定及实际情况审查承包人要求更换项目经理的理由是否成立,此项工作可会同工程师一起进行,听取工程师的意见。若更换理由成立,则进一步审查继任项目经理是否具备满足合同约定项目经理应具备的资格、经验、能力。若更换理由不成立,或者拟委派的继任项目经理的资格、经验、能力不满足合同约定的条件和要求,发包人有权否决项目经理的更换。

【风险识别与防范】

基于审查承包人继任项目经理是否具备任职资格和能力时发包人、工程师仅能从形式上进行审查,对于继任项目经理的实际情况并不了解,发包人可以在专用合同条件中约定,若继任项目经理无法胜任岗位职责致使费用增加或工期延误的,由承包人承担责任。这样也使得承包人加强对继任项目经理的审查,不降低选任标准,以避免承担合同约定的责任。

【法条索引】

• **《北京市房屋建筑和市政基础设施工程施工合同管理办法》**

第二十五条第一款　项目负责人发生变更的,发包人与承包人应当订立书面变更协议。发包人应当自签订变更协议之日起七日内持变更协议到市或者区县住建委备案。变更后人员的注册建造师资格应当符合注册建造师执业管理的相关规定。实行招标投标的工程项目,项目负责人是否承担在建项目的起止时间,以备案时间为准。

4.3.5　发包人有权书面通知承包人要求更换其认为不称职的工程总承包项目经理,通知中应当载明要求更换的理由。承包人应在接到更换通知后 14 天内向发包人提出书面的改进报告。如承包人没有提出改进报告,应在收到更换通知后 28 天内更换项目经理。发包人收到改进报告后仍要求更换的，承包人应在接到第二次更换通知的 28 天内进行更换，并将新任命的工程总承包项目经理的注册执业资格、管理经验等资料书面通知发包人。继任工程总承包项目经理继续履行本合同约定的职责。承包人无正当理由拒绝更换工程总承包项目经理的，应按照专用合同条件的约定承担违约责任。

【条文释义】

本项是关于发包人更换工程总承包项目经理的规定。对于不称职的项目经理，发包人有权书面通知承包人更换，但应当在通知中载明要求更换的理由。对此，承包人有一次改进的机会，需在收到更换通知后 14 天内向发包人提交书面改进报告。但如果发包人在收到承包人书面改进报告后 28 天内仍要求更换的，承包人应当予以更换，并应当将新任人选的注册执业资格、管理经验等资料书面通知发包人。若承包人无正当理由拒绝更换项目经理的，应承担违约责任。

【使用指引】

合同当事人在使用本条款时应注意以下事项：

虽然发包人对工程总承包项目经理有监督考核甚和更换的权利，但一般来讲，发包人应在项目经理不称职的情况下才行使该项权利。为限制发包人滥用该权利，双方应在专用合同条件中就项目经理不称职的情形作出明确具体的约定，以防止在合同履行过程中发生争议。如果发包人滥用要求更换项目经理的权利，承包人有权予以拒绝。

【风险识别与防范】

为防止承包人在项目经理不称职的情况下拒绝更换，发包人应当要求在专用合同条件中对承包人拒绝更换的违约责任作出明确约定，以追究承包人的违约责任。承包人不管是从工程合格实施还是从避免承担不利后果的角度出发，均应通盘考虑项目经理的具体情况，若发现项目经理不适格，应坚决予以更换。

4.3.6　工程总承包项目经理因特殊情况授权其下属人员履行其某项工作职责的，该下属人员应具备履行相应职责的能力，并应事先将上述人员的姓名、注册执业资格、管理经验等信息和授权范围书面通知发包人并抄送工程师，征得发包人书面同意。

【条文释义】

本项是关于项目经理对下属人员授权的规定。根据本项规定，项目经理授权下属人员履行某项工作职责需满足以下几个条件：（1）只有在特殊的情况下才能授权其下属人员履行其某项工作职责；（2）被授权人员应当具备履行相应职责的资格、经验、能力；（3）应提前将被授权人员的信息及授权范围书面通知发包人并征得书面同意。

【使用指引】

合同当事人在使用本条款时应注意以下事项：

1. 为避免对本条款内容产生争议，双方应当在专用合同条件中就特殊情况作出约定，以限制项目经理滥用特殊情况进行授权。

2. 为防止发包人滥用拒绝权，在项目经理授权确有合理的理由时拒绝该请求，建议发承包双方在合同中明确约定，当发包人在项目经理有合理理由时，其作出拒绝决定所应承担的责任。

【风险识别与防范】

在工程实施中，项目经理所需履行的职责是综合性的而不是限定于某个专业，是兼具管理、技术属性的而不是仅仅涉及技术层面，因此，项目经理将自己的某项工作职责授权给下属人员履行的，同样需要下属人员具备管理协调与技术能力。也因此，对于该被授权的下属人员，除考察专业能力外，亦应考察其管理能力，各方面能力均具备的情况下方可进行授权。

4.4　承包人人员

4.4.1　人员安排

承包人人员的资质、数量、配置和管理应能满足工程实施的需要。除专用合同条件另有约定外，承包人应在接到开始工作通知之日起 14 天内，向工程师提交承包人的项目管理机构以及人员安排的报告，其内容应包括管理机构的设置、各主要岗位的关键人员名单及注册执业资格等证明其具备担任关键人员能力的相关文件，以及设计人员和各工种技术负责人的安排状况。

关键人员是发包人及承包人一致认为对工程建设起重要作用的承包人主要管理人员或技术人员。关键人员的具体范围由发包人及承包人在附件 5 [承包人主要管理人员表] 中另行约定。

4.4.2　关键人员更换

承包人派驻到施工现场的关键人员应相对稳定。承包人更换关键人员时，应提前 14 天将继任关键人员信息及相关证明文件提交给工程师，并由工程师报发包人征求同意。在发包人未予以书面回复期间内，关键人员将继续履行其职务。关键人员突发丧失履行职务能力的，承包人应当及时委派一位具有相应资格能力的人员临时继任该关键人员职位，履行该关键人员职责，临时继任关键人员将履行职责直至发包人同意新的关键人员任命之日止。承包人擅自更换关键人员，应按照专用合同条件约定承担违约责任。

工程师对于承包人关键人员的资格或能力有异议的，承包人应提供资料证明被质疑人员有能力完成其岗位工作或不存在工程师所质疑的情形。工程师指示撤换不能按照合同约定履行职责及义务的主要施工管理人员的，承包人应当撤换。承包人无正当理由拒绝撤换的，应按照专用合同条件的约定承担违约责任。

4.4.3　现场管理关键人员在岗要求

除专用合同条件另有约定外，承包人的现场管理关键人员离开施工现场每月累计不超过 7 天的，应报工程师同意；离开施工现场每月累计超过 7 天的，应书面通知发包人并抄送工程师，征得发包人书面同意。现场管理关键人员因故离开施工现场的，可授权有经验的人员临时代行其职责，但承包人应将被授权人员信息及授权范围书面通知发包人并取得其同意。现场管理关键人员未经工程师或发包人同意擅自离开施工现场的，应按照专用合同条件约定承担违约责任。

【条文释义】

本款是关于承包人人员安排、关键人员在岗要求和更换的规定。

1. 承包人的人员，包括设计、施工、采购、管理等各方面的人员，应在资格、经验、能力、数量等方面能够满足工程实施的要求。承包人应做好实施工程所需的组织机构的设置、人员配备等安排，并在规定时间内提交给工程师。

2. 关键人员，是发承包双方共同认可的对工程实施有重要作用的管理人员或技术人员。

现场管理关键人员是履行好合同的重要因素，应保证关键人员驻场履职，若需离开现场的，均要履行向工程师或发包人报批同意的手续，并应严格控制离开现场的时间。同时，承包人还应在取得发包人同意后，临时委派有经验的人员代为履职，以免影响工程实施。

3. 更换关键人员。承包人要更换关键人员的，应先履行报批同意的程序，通过工程师报送发包人同意后方可更换。若关键人员突然丧失履职能力的，承包人应临时委派履职人员，并选任新的关键人员。

4. 撤换关键人员。若工程师指示撤换不能履职的关键人员，承包人应当撤换，否则应承担违约责任。

【使用指引】

承包人人员是直接承担工程实施的人员，其中关键的管理人员和专业技术人员，对于合同的正常履行、工程的顺利实施都起着极为基础和重要的作用。因此，本条款对关键人员的驻场履职、更换、临时委派进行了详细的规定，与对项目经理的规定有相似之处。关键人员的资格、经验、能力都要符合工程要求，一旦确定后需要驻场履职，应严格执行离场报批制度。若承包人需要更换关键人员，需要有正当理由且经过发包人同意，在关键人员因更换或突发事件无法履职时，承包人应及时委派称职的人员代为履职。发包人和工程师对关键人员有监督管理权和否决权，若有合理理由认为不满足合同约定的要求，有权进行撤换。

【风险识别与防范】

现场管理关键人员是技术和管理骨干，对工程顺利实施具有极其重要的作用，其履职资格和能力、驻场履职时间、更换撤换等方面都会对工程产生重要影响，故对于以上各方面进行规制的规定，可参照项目经理有关规定，结合工程特点和实际情况进行拟定、实施。发包人也需同样重视这个问题，对以上有关条款加以重视，认真审查，不忽视现场管理关键人员这一工程实施的关键群体，确保工程质量。

【法条索引】

• **《房屋建筑和市政基础设施项目工程总承包管理办法》**

第十九条　工程总承包单位应当设立项目管理机构，设置项目经理，配备相应管理人员，加强设计、采购与施工的协调，完善和优化设计，改进施工方案，实现对工程总承包项目的有效管理控制。

• **《北京市高级人民法院关于审理建设工程施工合同纠纷案件若干疑难问题的解答》**

第九条　当事人工作人员签证确认的效力如何认定？

当事人在施工合同中就有权对工程量和价款洽商变更等材料进行签证确认的具体人员有明确约定的，依照其约定，除法定代表人外，其他人员所作的签证确认对当事人不具有约束力，但相对方有理由相信该签证人员有代理权的除外；没有约定或约定不明，当事人工作人员所作的签证确认是其职务行为的，对该当事人具有约束力，但该当事人有证据证明相对方知道或应当知道该签证人员没有代理权的除外。

4.5　分包

4.5.1　一般约定

承包人不得将其承包的全部工程转包给第三人，或将其承包的全部工程肢解后以分包的名义转包给第三人。承包人不得将法律或专用合同条件中禁止分包的工作事项分包给第三人，不得以劳务分包的名义转包或违法分包工程。

【条文释义】

本项是关于禁止承包人转包或违法分包工程的规定。

1. 禁止转包：本条款明确禁止承包人将承包的全部工程转包或肢解后以分包名义转包给第三人。

2. 禁止违法分包：由于违法分包形态较多，故本项不再一一列举，而是规定对法律和专用合同条件禁止分包的工作内容，承包人不得分包。

3. 禁止以劳务分包的名义进行转包或违法分包。

【使用指引】

合同当事人在使用本条款时应注意：对于法律禁止转包或违法分包的工作事项，应理解为现行法律、法规、规章、规范性文件的规定中，有关对违法分包进行规定的条款，均作为本项适用的依据。若违反即构成转包或违法分包。特别是施工、设计的主体部分、关键性工作不得分包。

【风险识别与防范】

我国目前对于建筑活动实行资质制度，转包和违法分包行为严重违反资质制度，影响合同效力，也会导致不利法律后果。对此，承包人应遵守法律规定，无论是在施工领域还是在设计领域，均不得进行转包、违法分包；若为联合体的，各成员也应注意在自己具备资质的范围内承担相应的设计、施工工作，不得交叉。作为监督工程实施的工程师，应切实做好现场管理，特别注意是否存在转包、违法分包的现象，若有则及时报告发包人并及时查处。

【法条索引】

• **《建筑法》**

第二十八条　禁止承包单位将其承包的全部建筑工程转包给他人，禁止承包单位将其承包的全部建筑工程肢解以后以分包的名义分别转包给他人。

• **《建筑法》**

第二十九条第三款　禁止总承包单位将工程分包给不具备相应资质条件的单位。禁止分包单位将其承包的工程再分包。

• **《建筑工程施工发包与承包违法行为认定查处管理办法》**

第十二条　存在下列情形之一的，属于违法分包：

（一）承包单位将其承包的工程分包给个人的；

（二）施工总承包单位或专业承包单位将工程分包给不具备相应资质单位的；

（三）施工总承包单位将施工总承包合同范围内工程主体结构的施工分包给其他单位的，钢结构工程除外；

（四）专业分包单位将其承包的专业工程中非劳务作业部分再分包的；

（五）专业作业承包人将其承包的劳务再分包的；

（六）专业作业承包人除计取劳务作业费用外，还计取主要建筑材料款和大中型施工机械设备、主要周转材料费用的。

4.5.2　分包的确定

承包人应按照专用合同条件约定对工作事项进行分包，确定分包人。

专用合同条件未列出的分包事项，承包人可在工程实施阶段分批分期就分包事项向发包人提交申请，发包人在接到分包事项申请后的 14 天内，予以批准或提出意见。未经发包人同意，承包人不得将提出的拟分包事项对外分包。发包人未能在 14 天内批准亦未提出意见的，承包人有权将提出的拟分包事项对外分包，但应在分包人确定后通知发包人。

4.5.3 分包人资质

分包人应符合国家法律规定的资质等级，否则不能作为分包人。承包人有义务对分包人的资质进行审查。

【条文释义】

该两项条款是对承包人分包工程的条件、方式、分包人应具备的资质等作出规定。

按照相关法律规定，承包人应当根据施工合同中有关分包的约定或取得发包人同意后，将工程分包给具有相应设计、施工资质的分包人。若专用合同条件对于分包有明确的约定，承包人应当严格按专用合同条件进行分包。若专用合同条件未对分包进行约定，承包人应在取得发包人同意后进行分包。对于专用合同条件未列出的分包事项，承包人应经发包人审批同意后方可分包。发包人在规定期限内不批准也未提出意见的，承包人有权对外分包，但应对发包人履行通知义务。

【使用指引】

合同当事人在使用本条款时应注意以下事项：

1. 承包人分包工程时，对于施工部分，只能分包法律法规及国家标准规定的主体结构和关键性工作以外的工作内容；对于设计部分，只能分包法律法规及国家标准规定的主体部分和关键性工作以外的工作内容。

2. 承包人应根据合同约定或取得发包人同意才能分包工程，分包人应当具备与分包工程相匹配的设计、施工资质。

3. 对于专用合同条件未列出的分包事项，承包人应经发包人审批同意后方可分包。工程分包后，承包人仍应对分包工程负责，与分包人共同对分包工程承担连带责任。

【风险识别与防范】

1. 应严格审查分包人是否具备与分包工程相匹配的资质，绝不能将工程分包给无资质或超越资质的企业。

2. 工程师应加强管理和核查，避免承包人将主体结构、主体部分和关键性工作的设计、施工等工程进行分包。

【法条索引】

• 《建筑法》

第二十九条 建筑工程总承包单位可以将承包工程中的部分工程发包给具有相应资质条件的分包单位；但是，除总承包合同中约定的分包外，必须经建设单位认可。施工总承包的，建筑工程主体结构的施工必须由总承包单位自行完成。

建筑工程总承包单位按照总承包合同的约定对建设单位负责；分包单位按照分包合同

的约定对总承包单位负责。总承包单位和分包单位就分包工程对建设单位承担连带责任。

禁止总承包单位将工程分包给不具备相应资质条件的单位。禁止分包单位将其承包的工程再分包。

•《建设工程勘察设计管理条例》

第十九条　除建设工程主体部分的勘察、设计外，经发包方书面同意，承包方可以将建设工程其他部分的勘察、设计再分包给其他具有相应资质等级的建设工程勘察、设计单位。

•《房屋建筑和市政基础设施项目工程总承包管理办法》

第二十二条第二款　工程总承包单位应当对其承包的全部建设工程质量负责，分包单位对其分包工程的质量负责，分包不免除工程总承包单位对其承包的全部建设工程所负的质量责任。

4.5.4　分包管理

承包人应当对分包人的工作进行必要的协调与管理，确保分包人严格执行国家有关分包事项的管理规定。承包人应向工程师提交分包人的主要管理人员表，并对分包人的工作人员进行实名制管理，包括但不限于进出场管理、登记造册以及各种证照的办理。

【条文释义】

本项是关于承包人对分包人进行管理的规定。承包人对于工程一体考虑、整体管理，其管理与协调职能的履行，尤其是设计、采购、施工各环节的整体协调与管理，对于工程顺利实施具有重要作用，故特作此规定。另外，本条款也规定了工程师对分包人的管理，主要措施是：对分包人的施工人员进行实名制管理，管理的措施包括但不限于进出场管理，登记造册以及各种证照的办理。

【使用指引】

合同当事人在使用本条款时应注意：对于分包人的管理和协调工作，主要由承包人承担，承包人应切实根据法律规定和合同约定，履行好管理分包人的义务。同时亦应重视工程师对分包人的管理，按照合同约定，配合工程师做好对分包人的管理工作。

【风险识别与防范】

在甲方指定分包等情况下，存在分包人不好管理的问题，但若其出现工程质量问题，承包人一样要承担连带责任，故承包人应将其与自己分包工程的分包人一视同仁，做好现场管理工作，以保证工程质量。发包人在自行指定分包人的情况下，应协助承包人管理好分包人，避免因指定分包人不服从承包人的管理而导致工程在质量、工期等方面出现问题。发包人与承包人可对指定分包人的管理等方面工作作出相应约定，若指定分包人因发包人原因不服从现场管理，导致出现质量问题，承包人有权要求发包人赔偿损失。

4.5.5　分包合同价款支付

（1）除本项第（2）目约定的情况或专用合同条件另有约定外，分包合同价款由承包人与分包人结算，未经承包人同意，发包人不得向分包人支付分包合同价款；

（2）生效法律文书要求发包人向分包人支付分包合同价款的，发包人有权从应付承包人工程款中扣除该部分款项，将扣款直接支付给分包人，并书面通知承包人。

【条文释义】

本项规定旨在限制发包人直接向分包人支付分包工程价款，以保障承包人的利益。

在合同中没有约定或没有生效法律文书要求发包人直接向分包人支付合同价款的情况下，发包人不得直接向分包人支付分包价款，但承包人同意的除外。

【使用指引】

合同当事人在使用本条款时应注意：根据合同相对性原则，分包人只与承包人存在分包合同关系，而与发包人并不存在合同关系，因此分包价款应当由承包人与分包人结算，在合同没有约定或无生效法律文书确认发包人直接向分包人支付款项的情况下，发包人直接向分包人支付款项是对承包人合同权益的侵害。

【风险识别与防范】

为防止发包人绕过承包人与分包人直接结算而损害承包人合同利益的行为，承包人可要求与发包人在合同专用条件中对此进行约定：若发包人擅自向分包人支付分包价款，就分包价款不免除发包人对承包人的付款义务。

4.5.6　责任承担

承包人对分包人的行为向发包人负责，承包人和分包人就分包工作向发包人承担连带责任。

【条文释义】

工程分包后，承包人仍应当对分包工程负责，承包人和分包人就分包工程向发包人承担连带责任。

【使用指引】

承包人将工程总承包项目一体考虑，并全面完成设计、采购、施工等工作，其应对项目的质量、安全、工期、造价、环境保护负总责，因此，分包并不能免除承包人的合同义务，其应与分包人一起对建设单位承担连带责任。

【法条索引】

· **《房屋建筑和市政基础设施项目工程总承包管理办法》**

第二十二条第二款　工程总承包单位应当对其承包的全部建设工程质量负责，分包单位对其分包工程的质量负责，分包不免除工程总承包单位对其承包的全部建设工程所负的质量责任。

- •《住房城乡建设部关于进一步推进工程总承包发展的若干意见》

（十一）工程总承包企业的义务和责任。工程总承包企业应当加强对工程总承包项目的管理，根据合同约定和项目特点，制定项目管理计划和项目实施计划，建立工程管理与协调制度，加强设计、采购与施工的协调，完善和优化设计，改进施工方案，合理调配设计、采购和施工力量，实现对工程总承包项目的有效控制。工程总承包企业对工程总承包项目的质量和安全全面负责。工程总承包企业按照合同约定对建设单位负责，分包企业按照分包合同的约定对工程总承包企业负责。工程分包不能免除工程总承包企业的合同义务和法律责任，工程总承包企业和分包企业就分包工程对建设单位承担连带责任。

4.6　联合体

4.6.1　经发包人同意，以联合体方式承包工程的，联合体各方应共同与发包人订立合同协议书。联合体各方应为履行合同向发包人承担连带责任。

4.6.2　承包人应在专用合同条件中明确联合体各成员的分工、费用收取、发票开具等事项。联合体各成员分工承担的工作内容必须与适用法律规定的该成员的资质资格相适应，并应具有相应的项目管理体系和项目管理能力，且不应根据其就承包工作的分工而减免对发包人的任何合同责任。

4.6.3　联合体协议经发包人确认后作为合同附件。在履行合同过程中，未经发包人同意，不得变更联合体成员和其负责的工作范围，或者修改联合体协议中与本合同履行相关的内容。

【条文释义】

本款系对联合体相关制度作出规定，主要包括联合体作为承包人与发包人订立合同书，联合体协议的订立，联合体成员的资质要求、连带责任、工作内容，联合体协议的合同地位等。

我国设计和施工企业大多具有单资质，随着工程总承包双资质要求的落地，联合体模式会被承包人比较多地采用。在联合体承包工程的情况下，联合体各成员首先应当签订联合体协议，并共同与发包人签订合同协议书，联合体各方为履行合同承担连带责任。联合体协议经发包人确认后作为合同附件，且未经发包人同意不得修改联合体协议。联合体承包可以迅速实现外延式的设计、施工一体化，但仍然是两家企业，在项目管理、信息沟通等方面需要加大融合力度，发挥各自的优势，让联合体制度发挥在工程总承包中的独特作用。

【使用指引】

合同当事人在使用本条款时应注意以下事项：

1. 随着《房屋建筑和市政基础设施项目工程总承包管理办法》发布实施，工程总承包确定了双资质要求，即要求承包人同时具备设计、施工资质，而我国设计和施工企业大多仍为单资质，因此，为承揽工程总承包项目，这些企业就具有组成联合体以满足双资质要求的现实动力。而管理办法也明文规定联合体可作为工程总承包单位。

2. 联合体成员应当在联合体协议中明确各自的分工，也就是各自承担的工作范围，以及费用收取、发票开具等程序性事项。联合体成立后，各成员单位应共同与发包人订立合同。在合同履行过程中，联合体各成员各自承担的工作内容应与其资质相适应，例如，具有设计资质的联合体成员负责设计工作。

3. 联合体应根据项目具体特点，合理确定成员中的设计或施工单位作为牵头单位，牵头单位应当组织联合体全面履行合同。如因牵头单位原因致使未能全面履行合同，联合体仍应当先共同对发包人负责，之后再由牵头单位根据联合体协议和法律规定对其他成员承担责任。其他联合体成员因过错而导致的责任承担，也应由联合体对发包人承担后，再由联合体成员根据联合体协议和过错程度分别承担。

4. 由于联合体协议构成了联合体制度的基础，故经发包人确认后，将联合体协议列入合同附件，作为合同文件，并且未经发包人同意，对联合体协议中的联合体成员、分工、工程总承包合同履行相关条款等约定，不得修改。

【风险识别与防范】

1. 工程总承包实行双资质要求，具体而言，落实到联合体制度上，就是联合体成员企业应当具备与工程规模相适应的设计、施工资质，联合体自身应当具备进行项目管理和设计、施工、采购等各方面工程内容的实施能力，真正作为一个整体进行工程实施。

2. 注意联合体内部一方不承担工作只收取管理费等的情形被认定为转包行为。

3. 联合体成员应重视联合体协议中有关责任承担的条款。这是因为联合体成员应就工程总承包项目承担连带责任，不因为其进行设计、施工、采购等分工而影响合同责任，仍然是就整个合同承担责任。例如，对于施工产生的质量问题，设计企业也需要承担责任，这就加大了设计企业的风险。工程总承包的联合体成员承担的风险是大于单纯的施工总承包联合体成员的，因此，联合体成员应重视联合体协议中的责任承担合同条款，在自己因其他成员原因而对外承担责任后，能够迅速有效地对联合体其他成员进行追偿。

【法条索引】

•《房屋建筑和市政基础设施项目工程总承包管理办法》

第十条 工程总承包单位应当同时具有与工程规模相适应的工程设计资质和施工资质，或者由具有相应资质的设计单位和施工单位组成联合体。工程总承包单位应当具有相应的项目管理体系和项目管理能力、财务和风险承担能力，以及与发包工程相类似的设计、施工或者工程总承包业绩。

设计单位和施工单位组成联合体的，应当根据项目的特点和复杂程度，合理确定牵头单位，并在联合体协议中明确联合体成员单位的责任和权利。联合体各方应当共同与建设单位签订工程总承包合同，就工程总承包项目承担连带责任。

•《招标投标法》

　　第三十一条　两个以上法人或者其他组织可以组成一个联合体，以一个投标人的身份共同投标。

　　联合体各方均应当具备承担招标项目的相应能力；国家有关规定或者招标文件对投标人资格条件有规定的，联合体各方均应当具备规定的相应资格条件。由同一专业的单位组成的联合体，按照资质等级较低的单位确定资质等级。

　　联合体各方应当签订共同投标协议，明确约定各方拟承担的工作和责任，并将共同投标协议连同投标文件一并提交招标人。联合体中标的，联合体各方应当共同与招标人签订合同，就中标项目向招标人承担连带责任。

　　招标人不得强制投标人组成联合体共同投标，不得限制投标人之间的竞争。

•《四川省房屋建筑和市政基础设施项目工程总承包推进方案》

　　第二十四条　工程总承包单位不得将工程总承包项目转包。采用联合体方式承包工程总承包项目的，在联合体分工协议中约定或者在项目实际实施过程中，联合体一方既不实施工程设计或者施工业务，也不对工程实施组织管理，且向联合体其他成员或者以分包形式收取管理费或者其他类似费用的，属于联合体一方将承包的工程转包给其他方。

4.7　承包人现场查勘

4.7.1　除专用合同条件另有约定外，承包人应对基于发包人提交的基础资料所做出的解释和推断负责，因基础资料存在错误、遗漏导致承包人解释或推断失实的，按照第2.3项［提供基础资料］的规定承担责任。承包人发现基础资料中存在明显错误或疏忽的，应及时书面通知发包人。

4.7.2　承包人应对现场和工程实施条件进行查勘，并充分了解工程所在地的气象条件、交通条件、风俗习惯以及其他与完成合同工作有关的其他资料。承包人提交投标文件，视为承包人已对施工现场及周围环境进行了踏勘，并已充分了解评估施工现场及周围环境对工程可能产生的影响，自愿承担相应风险与责任。在全部合同工作中，视为承包人已充分估计了应承担的责任和风险，但属于4.8款［不可预见的困难］约定的情形除外。

【条文释义】

　　1. 本款是对承包人现场勘查的规定。承包人应对发包人提交基础资料作出的解释和推断负责，且应对承担施工现场和施工条件查勘的风险负责。

　　2. 根据相关法律法规规定和本合同通用合同条件第2.3条，发包人应向承包人提交工程实施相关资料，并保证资料的真实、准确、完整。但承包人对于其对基础资料所作的解释和推断，应当负责。若因基础资料存在错误、遗漏而导致承包人解释或推断失实的，则由发包人承担责任。

3. 承包人应对工程现场和实施条件进行严格准确的踏勘和了解，承包人提交投标文件即视为已进行了充分查勘，并充分了解了现场和施工环境所可能产生的影响，应承担相应的风险和责任。但当发生第4.8款约定的情形时，对风险的分配应适用该条款。

【使用指引】

合同当事人在使用本条款时应注意以下事项：

1. 对于承包人来讲，承包人应在投标前充分了解和掌握发包人提交的基础资料和踏勘施工现场和施工条件，及时发现发包人提供的基础资料的错误并通知发包人，以避免承担本不应承担的风险。

2. 对于发包人，如果发包人提供给承包人的基础资料存在错误，导致承包人作出错误的解释和推断，则发包人应当承担增加的费用或延误的工期。

【风险识别与防范】

若承包人截至投标时仍未通知发包人基础资料的错误，则应承担的是对基础资料解释或推断失实导致的费用和工期损失，而不是资料错误本身导致的费用的增加和工期的延误。当然，承包人仍应注意时间节点，认真研读发包人提供的基础资料，做好现场查勘，利用好招标答疑，将能够发现的错误和疑问全部提出，方便准确把控项目的全貌，有针对性地投标。发包人亦应做好答疑和回应工作，尽量提高基础资料的准确度，尽早发现错误或疏漏，以便及时补救。发包人应设法提供高质量的基础资料，为承包人更好地完成工作奠定基础，这与发包人的利益是一致的。

【法条索引】

• **《建筑法》**

第四十条 建设单位应当向建筑施工企业提供与施工现场相关的地下管线资料，建筑施工企业应当采取措施加以保护。

• **《建设工程质量管理条例》**

第九条 建设单位必须向有关的勘察、设计、施工、工程监理等单位提供与建设工程有关的原始资料。

原始资料必须真实、准确、齐全。

• **《建设工程安全生产管理条例》**

第六条第一款 建设单位应当向施工单位提供施工现场及毗邻区域内供水、排水、供电、供气、供热、通信、广播电视等地下管线资料，气象和水文观测资料，相邻建筑物和构筑物、地下工程的有关资料，并保证资料的真实、准确、完整。

• **《房屋建筑和市政基础设施项目工程总承包管理办法》**

第九条第一款第五项 建设单位应当根据招标项目的特点和需要编制工程总承包项目招标文件，主要包括以下内容：……（五）建设单位提供的资料和条件，包括发包前完成的水文地质、工程地质、地形等勘察资料，以及可行性研究报告、方案设计文件或者初步设计文件等；……

4.8 不可预见的困难

不可预见的困难是指有经验的承包人在施工现场遇到的不可预见的自然物质条件、非自然的物质障碍和污染物，包括地表以下物质条件和水文条件以及专用合同条件约定的其他情形，但不包括气候条件。

承包人遇到不可预见的困难时，应采取克服不可预见的困难的合理措施继续施工，并及时通知工程师并抄送发包人。通知应载明不可预见的困难的内容、承包人认为不可预见的理由以及承包人制定的处理方案。工程师应当及时发出指示，指示构成变更的，按第13条［变更与调整］约定执行。承包人因采取合理措施而增加的费用和（或）延误的工期由发包人承担。

【条文释义】

本款不可预见的困难是在不可抗力制度外增加的平衡发承包人之间权利义务的一个制度

1. 可以从主客观方面认定不可预见的困难：（1）从客观方面看，是承包人在施工现场遭遇到不利自然物质条件、非自然的物质障碍和污染物，其范围包括：地表以下物质条件和水文条件及专业条款约定的其他情形；（2）主观要件为：承包人无法预见。其判断标准并非以具体的某个承包人实际认识能力为准，而是以"有经验的承包人"作为标准。

2. 当发生不可预见的困难时，可能会引发工期延误或费用增加的风险，本款规定将此风险分配给发包人承担。发包人应顺延工期并承担承包人因采取合理措施而增加的费用。

3. 当不可预见的困难发生时，承包人具有以下义务：一是采取克服不可预见的困难的合理措施继续施工，若承包人未履行减损义务，则无权就损失扩大部分获得补偿；二是及时通知工程师并抄送发包人，报送不可预见的困难的具体内容、构成不可预见的理由和克服措施，若工程师认可，可作为变更处理。

【使用指引】

合同当事人在使用本条款时应注意以下事项：

1. 发包人和承包人可以在专用合同条件中列明构成"不可预见的困难"的具体情形，以作为本款的补充。例如可约定地勘资料未涉及的地下管道、地雷、岩层等障碍物。

2. 承包人在遭遇不可预见的困难后，应及时通知工程师、抄送发包人，并立即采取措施避免损失扩大。工程师收到通知后，应尽快组织检验、核查，确认是否构成不可预见的困难，并对承包人报送的克服方案进行指示，按规定确认是否构成变更，核定并通知发包人及时支付相关费用、合理延长工期。

【风险识别与防范】

1. 对于是否构成不可预见的困难，发承包双方可能会有不同理解，因此，承包人需注意收集相关证据材料，如施工区域的气象资料、水文地质资料等，这样有利于在发生争议时己方的举证，争取能够使本条款成功适用。

2. 发包人的责任承担方式是顺延工期并承担承包人因采取合理措施而增加的费用，而不需支付利润。这是因为，发包人对于不可预见的困难的出现，是没有过错的，因此无需承担过错责任，也就是不需要支付承包人的利润损失。因此，发包人应注意理解好本款规定，准确把握自己承担责任的范围，而承包人也应注意利润损失是无法利用本款进行索要的，在遇到有关物质条件时应注意准确适用合同条款，以免花费精力而无法得到利润损失。

3. 本款约定，当不可预见的困难发生时，承包人应及时通知，而工程师亦应及时对此发出指示，可以看到，双方的通知或指示是否及时发出，对双方的权利义务有着实质的影响。为消除歧义，减少解释的模糊空间，建议发包人和承包人在合同中对本款中的"及时"进行明确的定义，使双方对此有明确的预期，以免因拖沓而使得不可预见的困难造成的损失扩大。

4.9　工程质量管理

4.9.1　承包人应按合同约定的质量标准规范，建立有效的质量管理系统，确保设计、采购、加工制造、施工、竣工试验等各项工作的质量，并按照国家有关规定，通过质量保修责任书的形式约定保修范围、保修期限和保修责任。

4.9.2　承包人按照第8.4款［项目进度计划］约定向工程师提交工程质量保证体系及措施文件，建立完善的质量检查制度，并提交相应的工程质量文件。对于发包人和工程师违反法律规定和合同约定的错误指示，承包人有权拒绝实施。

4.9.3　承包人应对其人员进行质量教育和技术培训，定期考核人员的劳动技能，严格执行相关规范和操作规程。

4.9.4　承包人应按照法律规定和合同约定，对设计、材料、工程设备以及全部工程内容及其施工工艺进行全过程的质量检查和检验，并作详细记录，编制工程质量报表，报送工程师审查。此外，承包人还应按照法律规定和合同约定，进行施工现场取样试验、工程复核测量和设备性能检测，提供试验样品、提交试验报告和测量成果以及其他工作。

【条文释义】

1. 本款是有关承包人进行工程质量管理的规定，要求承包人统筹考虑工程总承包各个环节，建立有效的质量管理体系，确保设计、施工、采购、试运行、竣工验收等各项工作均质量合格。对于发包人或工程师违反法定规定或合同约定作出的损害工程质量的指示，承包人应拒绝实施。并按照法律规定，出具质量保修责任书，对保修责任、范围、期限等相关要素作出约定。

2. 承包人应在合同签订后 14 天内，向工程师提交详细的质量保证体系和措施文件，建立设计、施工等各环节的质量检查制度，提交工程质量文件。质量管理体系建立后，承包人应严格遵守，切实施行：对承包人人员进行质量教育、技术培训和考核；对设计、材料、工程设备以及全部工程内容进行全过程的质量检查和检验，做好记录，编制报表后报送工程师审查；在施工现场，应做好工程测量、设备检测、取样试验，并将成果进行提交。

【使用指引】

合同当事人在使用本项约定时，应注意以下事项：

1. 承包人应严格按照法律规定和合同约定，做好工程实施的质量管理。深刻理解发包人要求，做好现场踏勘，用好发包人提供的基础资料，根据项目特点做好设计工作，高质量地做好设计、采购、施工、试运行等各环节的衔接。在工程实施过程中，对材料、工程设备以及工程的所有部位及其施工工艺进行全过程的质量检查和检验，尤其注意对隐蔽工程和隐蔽部位的质量检查和检验。

2. 对于发包人与工程师的损害工程质量的指示，承包人应拒绝实施。

【风险识别与防范】

1. 对于发包人和工程师违反法律规定和合同约定的错误指示，承包人有权拒绝实施，若承包人出于其他考虑实施，则应承担相应责任。承包人应对建筑质量负责、应遵守法律，故应严格依法办事，保证工程质量，对于发包人和工程师的错误指示不应执行。

2. 对于各类施工过程中的报告、报表、检测记录、测量成果等，承包人应做好记录、报送、保存等工作，发包人和工程师应做好保存、复核等工作，各方均做好自身范围内的工作，以保障建筑质量，并能在发生争议时进行正确举证，厘清各方责任。

【法条索引】

• 《房屋建筑和市政基础设施项目工程总承包管理办法》

第十八条　工程总承包单位应当建立与工程总承包相适应的组织机构和管理制度，形成项目设计、采购、施工、试运行管理以及质量、安全、工期、造价、节约能源和生态环境保护管理等工程总承包综合管理能力。

• 《住房城乡建设部关于进一步推进工程总承包发展的若干意见》

（十七）加强工程总承包项目管理体系建设。工程总承包企业要不断建立完善包括技术标准、管理标准、质量管理体系、职业健康安全和环境管理体系在内的工程总承包项目管理标准体系。加强对分包企业的跟踪、评估和管理，充分利用市场优质资源，保证项目的有效实施。积极推广应用先进实用的项目管理软件，建立与工程总承包管理相适应的信息网络平台，完善相关数据库，提高数据统计、分析和管控水平。

• 《建筑法》

第五十五条　建筑工程实行总承包的，工程质量由工程总承包单位负责，总承包单位将建筑工程分包给其他单位的，应当对分包工程的质量与分包单位承担连带责任。分包单位应当接受总承包单位的质量管理。

第五十九条　建筑施工企业必须按照工程设计要求、施工技术标准和合同的约定，对建筑材料、建筑构配件和设备进行检验，不合格的不得使用。

•《建设工程质量管理条例》

第十九条　勘察、设计单位必须按照工程建设强制性标准进行勘察、设计，并对其勘察、设计的质量负责。

注册建筑师、注册结构工程师等注册执业人员应当在设计文件上签字，对设计文件负责。

第二十六条　施工单位对建设工程的施工质量负责。

施工单位应当建立质量责任制，确定工程项目的项目经理、技术负责人和施工管理负责人。

建设工程实行总承包的，总承包单位应当对全部建设工程质量负责；建设工程勘察、设计、施工、设备采购的一项或者多项实行总承包的，总承包单位应当对其承包的建设工程或者采购的设备的质量负责。

第二十九条　施工单位必须按照工程设计要求、施工技术标准和合同约定，对建筑材料、建筑构配件、设备和商品混凝土进行检验，检验应当有书面记录和专人签字；未经检验或者检验不合格的，不得使用。

第三十条　施工单位必须建立、健全施工质量的检验制度，严格工序管理，做好隐蔽工程的质量检查和记录。隐蔽工程在隐蔽前，施工单位应当通知建设单位和建设工程质量监督机构。

第三十一条　施工人员对涉及结构安全的试块、试件以及有关材料，应当在建设单位或者工程监理单位监督下现场取样，并送具有相应资质等级的质量检测单位进行检测。

第三十三条　施工单位应当建立、健全教育培训制度，加强对职工的教育培训；未经教育培训或者考核不合格的人员，不得上岗作业。

•《建设工程勘察设计管理条例》

第五条第二款　建设工程勘察、设计单位必须依法进行建设工程勘察、设计，严格执行工程建设强制性标准，并对建设工程勘察、设计的质量负责。

第5条　设计

5.1　承包人的设计义务

5.1.1　设计义务的一般要求

承包人应当按照法律规定，国家、行业和地方的规范和标准，以及《发包人要求》和合同约定完成设计工作和设计相关的其他服务，并对工程的设计负责。承包人应根据工程实施的需要及时向发包人和工程师说明设计文件的意图，解释设计文件。

【条文释义】

本项明确了承包人在工程总承包合同中的设计义务的一般要求，承包人的设计义务主要来源于法律规定，国家、行业和地方的规范和标准，以及《发包人要求》和合同约定。此处需要注意的是，根据合同意思自治的原则，当合同当事人之间存在明确约定之时，原则上优先适用合同约定，只有当合同无约定、约定不明或约定无效时，才有适用法律规定、国家、行业和地方的规范和标准的空间。当然，涉及工程质量、安全、环境保护等方面，合同约定的标准不得低于法律法规和强制性规范的规定，否则存在被认定为无效的风险。

根据权责统一的要求，承包人在承担相关设计义务的同时必然对工程总承包项目的设计质量负责。由于在工程总承包项目中，承包人不同于传统施工总承包的承包人仅是对工程的施工负责，而是对工程的设计、采购、施工或者设计、施工等阶段负总责。即工程总承包模式的精髓在于施工与设计的深度融合，工程总承包模式一改传统的设计、施工分离的模式，实现了总承包人进行统一设计、施工管理，但是也会导致发包人与工程师对设计环节的把控不足，而设计的质量在很大程度上将影响施工工艺、组织方案和材料、设备采购方案等，对工程的进度、造价乃至质量、安全产生系统性的影响，因此，设计的质量应是发包人高度重视的。所以，承包人需要根据工程实施的需要及时向发包人和工程师说明设计文件的意图，解释设计文件，这既是承包人应尽的合同义务，也是保证项目顺利推进的前提条件。

【使用指引】

本款关于承包人设计义务的约定为通用合同条件，且仅是对一般要求的约定，较为原则，因此需要发包人与承包人在专用合同条件中作出具体的约定，尤其需要重视在合同附件《发包人要求》中约定。对于法律，原则上应当无例外情形地适用，但需要考察法律适用的前提是否具备。对于法律未作规定或允许当事人自行约定的，以当事人的意思自治为准。对于国家、行业和地方的规范和标准需要区别对待，对于强制性标准应当适用，但未适用的并不当然导致合同无效；对于行业和地方标准，由于其不具备强制性，合同约定适用的，则以合意的形式赋予了其在本合同项下的强制执行力，未约定适用的，则不应径行作为执行标准。

【风险识别与防范】

1. 发承包双方均应高度重视《发包人要求》的约定。《发包人要求》是发包人对项目最为全面系统的描述，是发承包双方履行合同的重要依据，应尽可能清晰准确。《发包人要求》不仅应明确规定其产能、功能、用途、质量、环境、安全，并且要规定偏离的范围和计算方法，以及检验、试验、试运行的具体要求等，其中必然涉及发包人对设计的具体要求，包括但不限于设计的时间要求、设计阶段和任务、设计标准和规范、设计文件等，发包人需要高度重视在《发包人要求》中明确提出对设计的具体要求，而承包人则需要在合同履行过程中对发包人提出的要求予以落实。对发包人而言，《发包人要求》不明确将可能导致项目最终状态不能完全满足自身的预期，甚至严重偏离预期导致项目建设的目的实现受损。对于承包人而言，《发包人要求》是发包人向承包人提出的关于项目最为全面的描述，承包人应当高度重视《发包人要求》，将其作为项目履约的重要依据，避免应达不到《发包人要求》而构成违约，承担相应的法律责任。

2. 对于发承包双方都应明确，对于法律应无例外情形地适用。需注意的是，此处所指法律，应作广义理解，包括法律、行政法规、地方性法规、有权解释（立法解释、行政解释和司法解释）等。对于规章和规范性文件，虽不是民法上的正式法源，通常也非"法律"所涵摄的范畴，但在具体情形的认定和司法实践的裁判说理中，仍有适用的空间。如《建筑法》《建设工程勘察设计管理条例》和《建设工程质量管理条例》都规定禁止设计单位超越其资质等级许可的范围承揽工程，《最高人民法院关于审理建设工程施工合同纠纷案件适用法律问题的解释（一）》第一条也明确规定，承包人超越资质等级订立的合同无效。但关于设计单位的资质分级和具体技术标准，规定在《建设工程勘察设计资质管理规定》和《工程设计资质标准》中，因此，适用上述法律规定，仍离不开规章和规范性文件等的支撑。

3. 对于国家、行业和地方的规范和标准的适用应当有区别地对待。根据《标准化法》第二条第二款的规定："标准包括国家标准、行业标准、地方标准和团体标准、企业标准。国家标准分为强制性标准、推荐性标准，行业标准、地方标准是推荐性标准。"可见，仅国家标准中包括强制性标准。而第三款规定："强制性标准必须执行。国家鼓励采用推荐性标准。"也就是说，仅有国家标准中的强制性标准具有强制执行力。值得注意的是，并非违反国家标准中的强制性标准就一律导致合同无效。合同无效是对合同效力最根本的否定，是对民事行为最彻底的干预，需要严格依照法律规定。《民法典》第一百五十三条规定："违反法律、行政法规的强制性规定的民事法律行为无效。但是，该强制性规定不导致该民事法律行为无效的除外。"强制性国家标准本身的法律性质不属于法律、行政法规，更不属于法律、行政法规的效力性强制性规定，因而，一般不宜仅因违反强制性国家标准的规定而认定合同无效，除非法律、行政法规本身将符合该强制性国家标准规定为效力强制性条件，或者被违反的强制性国家标准属于关涉人身健康、生命财产安全、国家安全、生态环境安全等社会公共利益或者国家安全利益的技术标准。例如，《建设工程工程量清单计价规范》（GB 50500—2013）第 4.1.2 项为强制性条款，规定："招标工程量清单必须作为招标文件的组成部分，其准确性和完整性应由招标人负责。"但这并不应理解为禁止承包人在获得合理对价的前提下承担清单缺漏项风险，而直接否定类似约定的效力，否则与民法的自愿原则相冲突。此外，第 11.1.1 项规定："工程完工后，发承包双方必须在合同约定时间内办理工程竣工结算。"如果将该强制性条款作为影响合同效力的条款来对待，直接否定超过合同约定时间办理的竣工结算的效力，显然不具备任何法的依据，在司法实践中也无实操可行性。

4. 合同当事人通过约定将具体的国家、行业和地方的规范和标准纳入到合同条款中，则赋予了该规范、标准在合同当事人之间的强制执行力。根据合同法的基本原理，合同即为当事人之间的"法"，是当事人的最高行为准则，在不存在违反法的规定的前提下，应当充分尊重当事人之间的意思自治。因此，当不当然具有强制执行力的规范、标准被纳入到合同条款中时，即认为合同当事人通过合意赋予了该规范、标准以强制执行力，应当依照合同当事人的合意执行。因此，合同当事人在订立合同条款时需要特别注意，如果将具体规范、标准约定为合同履行标准时，需要认真审查该标准、规范，厘清是否有超出己方真实意思表示的内容，以免作出超越己方真实意思表示的承诺。

【法条索引】

• 《民法典》

第一百五十三条　违反法律、行政法规的强制性规定的民事法律行为无效。但是，该强制性规定不导致该民事法律行为无效的除外。

• 《建筑法》

第二十六条　承包建筑工程的单位应当持有依法取得的资质证书，并在其资质等级许可的业务范围内承揽工程。

禁止建筑施工企业超越本企业资质等级许可的业务范围或者以任何形式用其他建筑施工企业的名义承揽工程。禁止建筑施工企业以任何形式允许其他单位或者个人使用本企业的资质证书、营业执照，以本企业的名义承揽工程。

• 《标准化法》

第二条　本法所称标准（含标准样品），是指农业、工业、服务业以及社会事业等领域需要统一的技术要求。

标准包括国家标准、行业标准、地方标准和团体标准、企业标准。国家标准分为强制性标准、推荐性标准，行业标准、地方标准是推荐性标准。

强制性标准必须执行。国家鼓励采用推荐性标准。

• 《建设工程勘察设计管理条例》

第八条　建设工程勘察、设计单位应当在其资质等级许可的范围内承揽建设工程勘察、设计业务。

禁止建设工程勘察、设计单位超越其资质等级许可的范围或者以其他建设工程勘察、设计单位的名义承揽建设工程勘察、设计业务。禁止建设工程勘察、设计单位允许其他单位或者个人以本单位的名义承揽建设工程勘察、设计业务。

• 《建设工程质量管理条例》

第十八条　从事建设工程勘察、设计的单位应当依法取得相应等级的资质证书，并在其资质等级许可的范围内承揽工程。

禁止勘察、设计单位超越其资质等级许可的范围或者以其他勘察、设计单位的名义承揽工程。禁止勘察、设计单位允许其他单位或者个人以本单位的名义承揽工程。

勘察、设计单位不得转包或者违法分包所承揽的工程。

•**《最高人民法院关于审理建设工程施工合同纠纷案件适用法律问题的解释（一）》**

第一条 建设工程施工合同具有下列情形之一的，应当依据民法典第一百五十三条第一款的规定，认定无效：

（一）承包人未取得建筑业企业资质或者超越资质等级的；

（二）没有资质的实际施工人借用有资质的建筑施工企业名义的；

（三）建设工程必须进行招标而未招标或者中标无效的。

承包人因转包、违法分包建设工程与他人签订的建设工程施工合同，应当依据民法典第一百五十三条第一款及第七百九十一条第二款、第三款的规定，认定无效。

•**《建设工程工程量清单计价规范》**

4.1.2 招标工程量清单必须作为招标文件的组成部分，其准确性和完整性应由招标人负责。

11.1.1 工程完工后，发承包双方必须在合同约定时间内办理工程竣工结算。

5.1.2 对设计人员的要求

承包人应保证其或其设计分包人的设计资质在合同有效期内满足法律法规、行业标准或合同约定的相关要求，并指派符合法律法规、行业标准或合同约定的资质要求并具有从事设计所必需的经验与能力的设计人员完成设计工作。承包人应保证其设计人员（包括分包人的设计人员）在合同期限内，都能按时参加发包人或工程师组织的工作会议。

【条文释义】

本项是对承包人及其分包人的设计资质和设计人员资质、经验、能力等提出的概括性要求。我国对建筑业实行资质分级准入制度，《建筑法》第十二、十三、十四条分别对设计单位和专业技术人员的从业资格进行了明确规定，另外，第六十五、六十六条对超越资质等级、未取得或骗取资质证书、转让或出借资质证书等违法行为的法律责任进行了明确规定。《建设工程质量管理条例》第十八、六十、六十一条也有类似规定。同时，《建设工程勘察设计管理条例》第二章专章规定了"资质资格管理"的相关制度，明确了建设工程设计单位和从事建设工程设计活动的专业技术人员的资质管理制度。作为工程总承包项目的承包人，需要确保自身及其设计分包人的设计资质在合同有效期内满足法律法规、行业标准或合同约定的相关要求，同时也需要确保其自身及其设计分包人指派的设计人员符合法律法规、行业标准或合同约定的资质要求并具有从事设计所必需的经验与能力。

同时，设计是工程总承包项目的前端工作环节，设计质量的高低直接影响到项目的造价、安全、质量、工期等，甚至会影响到项目是否最终可以顺利推进。设计人员在合同期限内按时参加发包人或工程师组织的工作会议，至少可以从形式上确保发包人和承包人之间的必要沟通机制，同时，设计人员的有效参会，能帮助承包人更好地理解发包人的项目需求，及时反馈承包人在设计过程中遇到的新情况和面临的困难，对于及时、高效地推进项目建设大有裨益。

【使用指引】

在本项的使用中，承包人尤其要注意对其设计分包人的设计资质和设计人员的资格状况审查，确保在合同有效期内均满足法律法规、行业标准的要求。对于合同存在资质和资格特殊要求的，承包人需要引起重视并重点审核。此外，承包人对分包人的设计人员业务能力和经验应充分考核，确保其能保质保量地完成设计任务；应当加强对分包人设计人员的监督，确保其能按时参加发包人或工程师组织的工作会议。上述约束性内容，承包人在与分包人订立合同时应当进行进一步的细化约定。

【风险识别与防范】

1. 承包人需明确保证资质符合要求的义务既可以是法定义务，也可以是约定义务。《建筑法》《建设工程质量管理条例》和《建设工程勘察设计管理条例》等均对设计单位的资质提出了明确的要求，设计单位不得超越资质等级承揽工程，不得在未取得或骗取资质证书的情况下承揽工程，不得转让或出借资质证书。因此，承包人保证资质符合法律法规的要求是承包人的法定义务。同时，为了提高项目质量和水平，发包人可以对承包人的资质提出高于法律法规规定的要求，只要双方在合同订立过程中达成一致的意思表示，原则上法律并不干涉这类行为。但需注意的是，合同约定的要求不得低于法律法规的强制性要求，否则可能因为违反法律、行政法规的强制性规定而导致约定无效。由此可见，承包人保证资质符合要求的义务既是法定义务，也可以因为双方的特别约定而转化为约定义务，在约定有效的前提下，约定要求的优先效力高于法定要求，承包人及其设计分包人必须遵守约定具备相应的资质条件。

2. 承包人需注意保证资质符合要求的义务主体范围不仅包括其自身，还包括其设计分包人。建设工程合同是发包人支付价款、承包人按照约定的时间和质量交付建设工程产品的合同，因此，承包人有义务确保提供的设计产品的质量，而保证设计单位的资质符合要求是确保设计产品质量的前置条件之一，该义务应当作为承包人的合同义务。从合同相对性角度出发，合同设定的义务原则上只能约束合同相对方，而不及第三方。因此，需要注意的是，承包人保证其设计分包人的设计资质在合同有效期内满足法律法规、行业标准或合同约定的相关要求，是为承包人设定的保证义务，而非直接设定第三方义务。因此，承包人既要确保自身资质符合要求，也要审查其设计分包人的资质，确保其符合要求。

3. 承包人保证资质符合要求的义务需满足从业主体和从业人员的双重要求。我国对建筑业从业资格进行双重准入管理，即既对相关单位资质进行准入管理，也对相关从业人员资格进行准入管理。只有通过双重准入管理，才能更有效地约束市场主体，确保建设工程的质量和安全。对于工程总承包项目，承包人确保设计单位和设计人员均符合资格管理的要求，既是法律规定的法定义务，也是其应当向发包人履行的合同义务。

4. 对设计人员的要求既有形式要求，更有实质要求。设计人员是直接从事项目设计活动的技术人员，其本身的资质条件、业务能力和实践经验将直接影响到项目设计文件的质量。尤其是工程总承包项目，虽然从资质审查角度可以一定程度上界定设计人员的基本素质，但不同的行业、项目类型对设计人员的业务能力和具体从业经验有显著差异的要求。因此，对于设计人员的要求，不仅需要其具备从事相关设计工作的资质，还需要具体考察其是否具有从事该项目设计工作所必需的经验与能力。综合起来，对设计人员既要有符合资质要求的形式审查，也要有具备相应能力和经验的实质审查。

5. 设计人员按时参加发包人或工程师组织的工作会议是确保项目顺利进行的必要前提，发承包双方都应高度重视。建设工程具有建设周期长、投入资金量大、技术复杂、不确定因素多等特点，因此，在建设工程合同履行过程中，合同的顺利履约高度依赖于合同相对方之间的有效沟通。而工程总承包项目中，发包人以《发包人要求》的方式向承包人提出需求，而《发包人要求》不是最终依据执行的技术文件，其本身具有意思表示的抽象性和二次解释的必要性，在需求的具体细化过程中，发包人和承包人必须继续反复沟通确认。设计作为工程总承包项目开展的前端环节，其本身是将《发包人要求》转化为具体技术文件并指导后续建设的重要过程，因此，设计人员按时参加发包人或工程师组织的工作会议是加强发承包双方沟通协调，确保项目顺利进行的必要前提。

【法条索引】

• **《民法典》**

第七百八十八条　建设工程合同是承包人进行工程建设，发包人支付价款的合同。

建设工程合同包括工程勘察、设计、施工合同。

• **《建筑法》**

第十二条　从事建筑活动的建筑施工企业、勘察单位、设计单位和工程监理单位，应当具备下列条件：

（一）有符合国家规定的注册资本；

（二）有与其从事的建筑活动相适应的具有法定执业资格的专业技术人员；

（三）有从事相关建筑活动所应有的技术装备；

（四）法律、行政法规规定的其他条件。

第十三条　从事建筑活动的建筑施工企业、勘察单位、设计单位和工程监理单位，按照其拥有的注册资本、专业技术人员、技术装备和已完成的建筑工程业绩等资质条件，划分为不同的资质等级，经资质审查合格，取得相应等级的资质证书后，方可在其资质等级许可的范围内从事建筑活动。

第十四条　从事建筑活动的专业技术人员，应当依法取得相应的执业资格证书，并在执业资格证书许可的范围内从事建筑活动。

第六十五条　发包单位将工程发包给不具有相应资质条件的承包单位的，或者违反本法规定将建筑工程肢解发包的，责令改正，处以罚款。

超越本单位资质等级承揽工程的，责令停止违法行为，处以罚款，可以责令停业整顿，降低资质等级；情节严重的，吊销资质证书；有违法所得的，予以没收。

未取得资质证书承揽工程的，予以取缔，并处罚款；有违法所得的，予以没收。

以欺骗手段取得资质证书的，吊销资质证书，处以罚款；构成犯罪的，依法追究刑事责任。

第六十六条 建筑施工企业转让、出借资质证书或者以其他方式允许他人以本企业的名义承揽工程的，责令改正，没收违法所得，并处罚款，可以责令停业整顿，降低资质等级；情节严重的，吊销资质证书。对因该项承揽工程不符合规定的质量标准造成的损失，建筑施工企业与使用本企业名义的单位或者个人承担连带赔偿责任。

• **《建设工程质量管理条例》**

第十八条 从事建设工程勘察、设计的单位应当依法取得相应等级的资质证书，并在其资质等级许可的范围内承揽工程。

禁止勘察、设计单位超越其资质等级许可的范围或者以其他勘察、设计单位的名义承揽工程。禁止勘察、设计单位允许其他单位或者个人以本单位的名义承揽工程。

勘察、设计单位不得转包或者违法分包所承揽的工程。

第六十条 违反本条例规定，勘察、设计、施工、工程监理单位超越本单位资质等级承揽工程的，责令停止违法行为，对勘察、设计单位或者工程监理单位处合同约定的勘察费、设计费或者监理酬金1倍以上2倍以下的罚款；对施工单位处工程合同价款百分之二以上百分之四以下的罚款，可以责令停业整顿，降低资质等级；情节严重的，吊销资质证书；有违法所得的，予以没收。

未取得资质证书承揽工程的，予以取缔，依照前款规定处以罚款；有违法所得的，予以没收。

以欺骗手段取得资质证书承揽工程的，吊销资质证书，依照本条第一款规定处以罚款；有违法所得的，予以没收。

第六十一条 违反本条例规定，勘察、设计、施工、工程监理单位允许其他单位或者个人以本单位名义承揽工程的，责令改正，没收违法所得，对勘察、设计单位和工程监理单位处合同约定的勘察费、设计费和监理酬金1倍以上2倍以下的罚款；对施工单位处工程合同价款百分之二以上百分之四以下的罚款；可以责令停业整顿，降低资质等级；情节严重的，吊销资质证书。

• **《建设工程勘察设计管理条例》**

第七条 国家对从事建设工程勘察、设计活动的单位，实行资质管理制度。具体办法由国务院建设行政主管部门商国务院有关部门制定。

第八条 建设工程勘察、设计单位应当在其资质等级许可的范围内承揽建设工程勘察、设计业务。

禁止建设工程勘察、设计单位超越其资质等级许可的范围或者以其他建设工程勘察、设计单位的名义承揽建设工程勘察、设计业务。禁止建设工程勘察、设计单位允许其他单位或者个人以本单位的名义承揽建设工程勘察、设计业务。

第九条 国家对从事建设工程勘察、设计活动的专业技术人员，实行执业资格注册管理制度。

未经注册的建设工程勘察、设计人员，不得以注册执业人员的名义从事建设工程勘察、设计活动。

第十条　建设工程勘察、设计注册执业人员和其他专业技术人员只能受聘于一个建设工程勘察、设计单位；未受聘于建设工程勘察、设计单位的，不得从事建设工程的勘察、设计活动。

第十一条　建设工程勘察、设计单位资质证书和执业人员注册证书，由国务院建设行政主管部门统一制作。

5.1.3　法律和标准的变化

除合同另有约定外，承包人完成设计工作所应遵守的法律规定，以及国家、行业和地方的规范和标准，均应视为在基准日期适用的版本。基准日期之后，前述版本发生重大变化，或者有新的法律，以及国家、行业和地方的规范和标准实施的，承包人应向工程师提出遵守新规定的建议。发包人或其委托的工程师应在收到建议后7天内发出是否遵守新规定的指示。如果该项建议构成变更的，按照第13.2款［承包人的合理化建议］的约定执行。

在基准日期之后，因国家颁布新的强制性规范、标准导致承包人的费用变化的，发包人应合理调整合同价格；导致工期延误的，发包人应合理延长工期。

【条文释义】

根据通用合同条件第1.1.4.8目的约定，基准日期是指招标发包的工程以投标截止日前28天的日期，或直接发包的工程以合同签订日前28天的日期。本项约定除非在合同另有约定的情形下，承包人完成设计工作所应遵守的法律规定，国家、行业和地方的规范和标准，均应适用在基准日期的版本。若发生在基准日期之后，前述版本发生重大变化或有新的法律及国家、行业和地方的规范和标准实施的，承包人应向工程师提出建议，发包人或工程师需要在收到建议后7天内作出指示。因国家颁布新的强制性规范、标准导致承包人的费用变化的，发包人应合理调整合同价格；导致工期延误的，发包人应合理延长工期。之所以这样约定，是因为通常情况下，法律和标准变化属于发包人风险范围，《房屋建筑和市政基础设施项目工程总承包管理办法》第十五条也将"因国家法律法规政策变化引起的合同价格的变化"规定为建设单位承担的风险。但作为有经验的承包商，对于基准日期前的法律和标准变化，属于知道或应当知道的变化，且有足够的时间（28天）在报送投标文件或订立合同前根据新的法律或标准调整技术文件和报价，因此，基准日期前的法律和标准变化的风险由承包人承担。

【使用指引】

法律和标准变化引起的合同工期、价格的调整历来是争议频发的领域，也是发承包双方都应高度关注的领域。对于本项的使用，需要重点把握对基准日期这一关键时间节点的理解和约定，以及基准日期前后义务主体和责任承担规则的区分。原则上，基准日期前的变化属于有经验的承包人可以应对的合同风险，由承包人承担；基准日期后的变化属于发包人应当承担的合同风险，由发包人承担延长的工期和增加的费用。

【风险识别与防范】

1. 合同可另行约定承包人完成设计工作所应遵守的法律规定，以及国家、行业和地方的规范和标准，该约定主要是针对时间轴标准，即发承包人可以协商调整适用法律、国家、行业和地方的规范和标准的具体时间节点。根据本项约定，在无特别约定的情况下，适用法律和标准的版本为基准日版本，即招标发包的工程以投标截止日前 28 天，或直接发包的工程以合同签订日前 28 天的版本。发承包人可以通过约定来调整时间节点，如可调整为招标发包的工程以投标截止日前 14 天，或直接发包的工程以合同签订日前 14 天的版本。当然，日期后调意味着将更多的合同风险转嫁给承包人，发包人须以合同对价原则向承包人支付相应的风险对价。需要注意的是，这里对时间节点的调整，不能突破基本的法律适用原则，如已经明确废止的法律及国家、行业和地方的规范和标准等，不应作为合同约定适用的版本。

2. 对基准日期点的具体调整，并不影响承包人应当就基准日期后的变化向工程师提出遵守新规定的建议和发包人或其委托的工程师应在收到建议后 7 天内发出是否遵守新规定的指示。即使合同约定对作为基准日期点的具体时间节点进行了调整，也并不导致相应程序的变化，对于基准日期后的变化，承包人仍有义务向工程师提出遵守新规定的建议，发包人或其委托的工程师也应在收到建议后 7 天内发出是否遵守新规定的指示。时间节点的调整并无碍于上述程序的适用，需要准确理解本项约定避免作出错误的意思表示或因理解不一致导致产生争议。

3. 构成变更的，应当按照第 13.2 款［承包人的合理化建议］的约定执行。根据通用合同条件第 1.1.6.3 目的约定，所谓变更，是指根据第 13 条［变更与调整］的约定，经指示或批准对《发包人要求》或工程所做的改变。构成变更的，按照第 13.2 款［承包人的合理化建议］的约定，引起的合同价格调整需执行变更估价调整合同价格，合理化建议降低了合同价格、缩短了工期或者提高了工程经济效益的，双方可以按照专用合同条件的约定进行利益分享，该约定也是承包人可以争取的合理收益和发包人建立激励机制的立足点，双方都应当重视。

【法条索引】

• 《房屋建筑和市政基础设施项目工程总承包管理办法》

第十五条　建设单位和工程总承包单位应当加强风险管理，合理分担风险。

建设单位承担的风险主要包括：

（一）主要工程材料、设备、人工价格与招标时基期价相比，波动幅度超过合同约定幅度的部分；

（二）因国家法律法规政策变化引起的合同价格的变化；

（三）不可预见的地质条件造成的工程费用和工期的变化；

（四）因建设单位原因产生的工程费用和工期的变化；

（五）不可抗力造成的工程费用和工期的变化。

具体风险分担内容由双方在合同中约定。

鼓励建设单位和工程总承包单位运用保险手段增强防范风险能力。

5.2 承包人文件审查

5.2.1 根据《发包人要求》应当通过工程师报发包人审查同意的承包人文件，承包人应当按照《发包人要求》约定的范围和内容及时报送审查。

除专用合同条件另有约定外，自工程师收到承包人文件以及承包人的通知之日起，发包人对承包人文件审查期不超过 21 天。承包人的设计文件对于合同约定有偏离的，应在通知中说明。承包人需要修改已提交的承包人文件的，应立即通知工程师，并向工程师提交修改后的承包人文件，审查期重新起算。

发包人同意承包人文件的，应及时通知承包人，发包人不同意承包人文件的，应在审查期限内通过工程师以书面形式通知承包人，并说明不同意的具体内容和理由。

承包人对发包人的意见按以下方式处理：

（1）发包人的意见构成变更的，承包人应在 7 天内通知发包人按照第 13 条［变更与调整］中关于发包人指示变更的约定执行，双方对是否构成变更无法达成一致的，按照第 20 条［争议解决］的约定执行；

（2）因承包人原因导致无法通过审查的，承包人应根据发包人的书面说明，对承包人文件进行修改后重新报送发包人审查，审查期重新起算。因此引起的工期延长和必要的工程费用增加，由承包人负责。

合同约定的审查期满，发包人没有做出审查结论也没有提出异议的，视为承包人文件已获发包人同意。

发包人对承包人文件的审查和同意不得被理解为对合同的修改或改变，也并不减轻或免除承包人任何的责任和义务。

【条文释义】

本项约定承包人向发包人报送文件，发包人进行审查以及承包人对审查意见的处理程序等。首先，承包人报送文件的依据是《发包人要求》，即承包人应当按照《发包人要求》约定的范围和内容报送文件供发包人审查。需要注意的是，承包人文件的准确性应当由承包人负责，增加发包人审查程序只是赋予发包人审查并提出意见的权利，不意味着承包人确保文件准确性的义务转嫁给发包人，故发包人对承包人文件的审查和同意不得被理解为对合同的修改或改变，也并不减轻或免除承包人任何的责任和义务。同时，法律并不限制发包人放弃审查权利而全权交由承包人负责，但考虑到工程总承包项目的复杂性，且将《发包人要求》转化为具体的技术文件是一个复杂并关键的环节，故发包人原则上须进行审查以利于自身权利的维护和项目的顺利推进。对于承包人报送的文件，发包人须按照约定的时间进行审查并给出明确、具体的审查意见，以便于承包人的后续处理。需要注意的是，合同约定的审查期满，发包人没有做出审查结论也没有提出异议的，视为承包人文件已获发包人同意。对于发包人意见构成变更的，变更产生的费用、工期等应由发包人承担，故承包人在执行发包人意见的同时，应按照变更与调整的程序对合同价格、工期等进行调整，双方无法对变更达成一致的，则转入争议解决程序。对于因承包人原因导致无法通过审查的，则因重新审查导致增加的费用和工期由承包人承担。

【使用指引】

在对本项的理解与使用上，需要高度重视承包人文件审查的程序性约定，发承包双方可在专用合同条件就审查时限进行专门性约定，也需要严格按照约定的程序和时限来履行在承包人文件审查项下的合同义务。对发包人而言，宜充分行使审查权以期更好地实现合同目的，避免因为逾期没有做出审查结论也没有提出异议，而被视为对承包人文件的同意；对承包人而言，需要明确本项中的发包人行使审查权并不减轻承包人的合同义务，承包人仍然是文件编制的责任主体。同时，承包人应当重视基于构成变更的承包人文件调整向发包人主张权利。

【风险识别与防范】

1. 承包人文件是否报送发包人审查取决于《发包人要求》的约定，但原则上承包人均应将文件报送发包人审查。从本项约定来看，根据《发包人要求》应当通过工程师报发包人审查同意的承包人文件，承包人应当按照《发包人要求》约定的范围和内容及时报送审查。因此，对于《发包人要求》未约定须通过工程师报发包人审查同意的承包人文件的，可以不进行报送。建设工程合同是发包人支付价款、承包人交付建设工程的合同，发包人的主合同义务是支付价款，文件审查制度是为发包人创设的项目管理权利，而非义务，且法律也未限制发包人放弃文件审查的权利，故并不必然要求发包人必须审查承包人文件。但考虑到工程总承包项目的复杂性，过程交互和确认手续对推进项目和减少争议都是必要的，原则上承包人均应将文件报送发包人审查，经发包人确认后实施，以减少合同履行过程中潜在的争议风险。

2. 发包人应当在约定期限内审查承包人文件，并给出是否同意的明确结论，发包人逾期没有做出审查结论也没有提出异议的，视为承包人文件已获发包人同意。如前所述，发包人对文件的审查是为其创设的一项权利，法谚有云："法律不保护躺在权利上睡觉的人。"故发包人行使审查权应设定合理的除斥期间。根据工程实践的情况，本项设定了21天的除斥期间，且发承包双方可根据实际情况在专用合同条件中另行约定该期间。但须引起重视的是，如果发包人逾期没有做出审查结论也没有提出异议的，视为承包人文件已获发包人同意。

3. 应注意对发包人意见，承包人的不同处理方式和程序。对于发包人的意见，承包人应进行甄别并区分为由发包人原因导致的和由承包人原因导致的。对于由发包人原因导致的情形，在执行发包人意见的同时，承包人应启动变更调整程序，对上述意见导致的合同价格、工期的变化进行调整，如果发承包双方对变更不能达成一致的，则转入争议解决程序。对于由承包人自身原因导致的，则承包人应当根据发包人的书面说明，对承包人文件进行修改后重新报送发包人审查。该程序导致审查期限延长，由于上述原因引起的工期延长和必要的工程费用增加，理应由承包人负责。

4. 发包人对承包人文件的审查和同意不得被理解为对合同的修改或改变，也并不减轻或免除承包人任何的责任和义务。因为发包人对承包人文件的审查和同意，只是发包人行使审查权的过程，该过程并未增加发包人的义务，除了因发包人意见构成变更从而由发包人承担相应增加的工期和费用外，确保文件准确性的义务仍由承包人承担，并不因为发包人的审查和同意，就减轻或免除承包人任何的责任和义务，否则将有违建设工程合同权利义务划分的基本规则。

【法条索引】

•《民法典》

第一百九十九条　法律规定或者当事人约定的撤销权、解除权等权利的存续期间，除法律另有规定外，自权利人知道或者应当知道权利产生之日起计算，不适用有关诉讼时效中止、中断和延长的规定。存续期间届满，撤销权、解除权等权利消灭。

第七百八十八条　建设工程合同是承包人进行工程建设，发包人支付价款的合同。

建设工程合同包括工程勘察、设计、施工合同。

5.2.2　承包人文件不需要政府有关部门或专用合同条件约定的第三方审查单位审查或批准的，承包人应当严格按照经发包人审查同意的承包人文件设计和实施工程。

发包人需要组织审查会议对承包人文件进行审查的，审查会议的审查形式、时间安排、费用承担，在专用合同条件中约定。发包人负责组织承包人文件审查会议，承包人有义务参加发包人组织的审查会议，向审查者介绍、解答、解释承包人文件，并提供有关补充资料。

发包人有义务向承包人提供审查会议的批准文件和纪要。承包人有义务按照相关审查会议批准的文件和纪要，并依据合同约定及相关技术标准，对承包人文件进行修改、补充和完善。

【条文释义】

本项是对不需要政府有关部门或专用合同条件约定的第三方审查单位审查或批准的承

包人文件的审查程序的约定。对于不需要政府有关部门或第三方审查或批准的承包人文件，直接由发包人审查即可。对于审查的具体形式，发包人可直接审查，也可组织审查会议审查。对于组织审查会议审查的，发包人的义务包括组织审查会议、向承包人提供审查会议的批准文件和纪要等。承包人的义务包括参加发包人组织的审查会议；向审查者介绍、解答、解释承包人文件，并提供有关补充资料；按照相关审查会议批准的文件和纪要，并依据合同约定及相关技术标准，对承包人文件进行修改、补充和完善等。对于审查会议的审查形式、时间安排、费用承担，双方可在专用合同条件中约定。

【使用指引】

对于不需要政府有关部门或第三方审查单位审查或批准的承包人文件，其审查的程序和形式原则上属于合同当事人完全意思自治的范畴。因此，对于发包人而言，在选择审查形式时宜基于项目的具体情况和自身的审查能力来综合考量，既不宜盲目提高审查标准而对所有承包人文件均采用组织审查会议的方式进行，也不宜过于降低审查标准而使得审查流于形式，发包人的审查权得不到充分行使。对于承包人而言，应基于自身的项目经验就不同文件的审查形式和程序向发包人提出合理建议，供发包人决策参考。在平等协商的基础上，发承包双方可在专用合同条件中约定审查会议的审查形式、时间安排和相关费用承担等事项。

【风险识别与防范】

1. 对于不需要政府有关部门或第三方审查或批准的承包人文件，发包人可以采取直接审查和组织审查会议审查两种形式。对于承包人文件的审查主体，需按照法律规定和合同约定确定。按照法律规定和合同约定，既不需要政府有关部门，也不需要第三方进行审查或批准的，则由发包人审查确认。关于发包人采用何种形式审查，是发包人具体行使审查权的权限范围。采用直接审查方式的，发包人可按照第 5.2.1 项约定的程序进行。采用审查会议审查的，则按照本项约定的程序进行。无论采用何种形式，合同当事人都应当严格按照合同约定的形式和程序进行，妥善地履行己方的合同义务。

2. 须注意审查会议审查形式的适用场景及发承包人的义务范围。原则上，发包人可自由决定采取直接审查还是审查会议审查，但考虑到审查会议审查的形式更为复杂，且组织审查会议必然涉及时间协调、费用增加等情况，故发包人采取审查会议审查形式时需慎重。对于文件较为简单，发包人或发包人委托的工程师即可审查的，建议采用直接审查形式。对于文件较为复杂，涉及较多专业知识的，建议组织审查会议，邀请有关专家参与文件审查工作，以确保发包人有效行使审查权。确定采用审查会议形式的，发包人需要组织审查会议，并在会后向承包人提供审查会议的批准文件和纪要等，以供承包人作为文件修改、补充和完善的必要资料。承包人则应当按时参加发包人组织的审查会议，向审查者介绍、解答、解释承包人文件，并提供有关补充资料。发包人提供了相关审查会议批准的文件和纪要的，承包人应当依据前述文件、合同约定及相关技术标准，对承包人文件进行修改、补充和完善。

3. 发承包人可就审查会议的审查形式、时间安排、费用承担另行约定。虽然审查会议的组织方为发包人，但发承包双方在审查会议中都有相应义务，故需对审查会议的审查形式、时间安排、费用承担达成一致的意思表示，方能有效地推动审查会议的进行。考虑到审查会议由发包人组织，故在审查形式和时间安排上通常以发包人为主，承包人进行必要配合。对于费用承担，因是发包人行使审查权，故相关费用可作为发包人行使权利的对价，由发包人承担，但也可由承包人在充分报价的基础上承担。

【法条索引】

•《民法典》

第五百零二条　依法成立的合同，自成立时生效，但是法律另有规定或者当事人另有约定的除外。

依照法律、行政法规的规定，合同应当办理批准等手续的，依照其规定。未办理批准等手续影响合同生效的，不影响合同中履行报批等义务条款以及相关条款的效力。应当办理申请批准等手续的当事人未履行义务的，对方可以请求其承担违反该义务的责任。

依照法律、行政法规的规定，合同的变更、转让、解除等情形应当办理批准等手续的，适用前款规定。

5.2.3　承包人文件需政府有关部门或专用合同条件约定的第三方审查单位审查或批准的，发包人应在发包人审查同意承包人文件后7天内，向政府有关部门或第三方报送承包人文件，承包人应予以协助。

对于政府有关部门或第三方审查单位的审查意见，不需要修改《发包人要求》的，承包人需按该审查意见修改承包人的设计文件；需要修改《发包人要求》的，承包人应按第13.2款［承包人的合理化建议］的约定执行。上述情形还应适用第5.1款［承包人的设计义务］和第13条［变更与调整］的有关约定。

政府有关部门或第三方审查单位审查批准后，承包人应当严格按照批准后的承包人文件实施工程。政府有关部门或第三方审查单位批准时间较合同约定时间延长的，竣工日期相应顺延。因此给双方带来的费用增加，由双方在负责的范围内各自承担。

【条文释义】

本项是对需政府有关部门或专用合同条件约定的第三方审查单位审查或批准的承包人文件的审查程序的约定。对于该类文件，首先应由发包人按照第5.2.1项的约定进行审查，在审查同意后的7天内向政府有关部门或第三方报送审查。由政府有关部门审查的文件类型由法律规定，由第三方审查机构审查的文件类型由合同当事人约定。我国实行施工图审查制度，此前施工图审查是行政审批事项，2000 版《建设工程质量管理条例》第十一条即规定"建设单位应当将施工图设计文件报县级以上人民政府建设行政主管部门或者其他有关部门审查"。后逐步由行政审批改为委托第三方机构审查，如 2018 年颁布的住房和城乡建设部令第 46 号将《施工图设计文件审查管理办法》第五条第一款改为"省、自治区、直辖市人民政府住房城乡建设主管部门应当会同有关主管部门按照本办法规定的审查机构条件，结合本行政区域内的建设规模，确定相应数量的审查机构，逐步推行以政府购买服务方式开展施工图设计文件审查。具体办法由国务院住房城乡建设主管部门另行规定"。目前，随着简政放权的进一步推进，上海、广东、山西等多地在试点取消施工图审查，改为告知承诺制。但目前为止，施工图审查并未完全退出历史舞台，且随着由审查制改为告知承诺制，则未来合同当事人委托第三方审查机构审查的情形将显著增加。

【使用指引】

对于本项的使用，首先，发承包双方需要明确"需政府有关部门或第三方审查单位审查或批准"的文件范围。对于需政府有关部门批准的文件范围，由法律、法规、规章和规范性文件等规定，发承包双方需要熟悉和本项目相关的规定内容并及时报送。对于第三方审查单位审查的文件范围，可由合同当事人在专用合同条件中进行细化约定。在程序上，本项范围内的文件需要经过发包人审查和外送审查的双重审查。在责任承担方面，是否外送审查并不实质性影响判断规则。

【风险识别与防范】

1. 发包人需要注意，外部审查并不剥夺其前置审查权。无论是由政府有关部门还是第三方审查机构审查，其前提条件都是"发包人审查同意"，因此，对于需要进行外部审查的承包人文件，发包人仍享有先行审查的权利，并不因为需要外部审查而剥夺了发包人的前置审查权。

2. 对于审查意见，仍需按照是否修改《发包人要求》来明确是否构成变更，进而确定增加费用和工期的承担主体。对于外部审查意见，可能导致承包人文件的调整，并最终影响到合同价格和工期，因此，对于审查意见，仍应从是否构成对《发包人要求》的修改作为判断标准，对于构成修改的，应认定为属于发包人的变更，发包人应为增加费用和工期的主要承担主体；对于不构成《发包人要求》的，则应认为不构成变更，在此情况下的文件修改属于承包人的义务范围，原则上增加的费用和工期由承包人承担。

3. 外部审查导致时间延长的，竣工日期相应顺延。因此给双方带来的费用增加，由双方在负责的范围内各自承担。需要强调的是，由于外部审查的具体时间并不由发承包人控制，故原则上不应将增加的费用径行划分给一方，而是应当分析鉴别导致审批时间过长的具体原因，按照各自的责任范围进行分担。例如，如审批时间过长的直接原因是承包人文件的修改和重新报送，而导致修改的主要责任方为承包人，则增加费用应主要由承包人承担，反之亦然。

【法条索引】

• **《建设工程质量管理条例》（国务院令〔2000〕第 279 号）**

第十一条　建设单位应当将施工图设计文件报县级以上人民政府建设行政主管部门或者其他有关部门审查。施工图设计文件审查的具体办法，由国务院建设行政主管部门会同国务院其他有关部门制定。

施工图设计文件未经审查批准的，不得使用。

• **《建设工程质量管理条例》（国务院令第 687 号）**

第十一条　施工图设计文件审查的具体办法，由国务院建设行政主管部门、国务院其他有关部门制定。

施工图设计文件未经审查批准的，不得使用。

• **《房屋建筑和市政基础设施工程施工图设计文件审查管理办法》**

第五条　省、自治区、直辖市人民政府住房城乡建设主管部门应当会同有关主管部门按照本办法规定的审查机构条件，结合本行政区域内的建设规模，确定相应数量的审查机构，逐步推行以政府购买服务方式开展施工图设计文件审查。具体办法由国务院住房城乡建设主管部门另行规定。

审查机构是专门从事施工图审查业务，不以营利为目的的独立法人。

省、自治区、直辖市人民政府住房城乡建设主管部门应当将审查机构名录报国务院住房城乡建设主管部门备案，并向社会公布。

5.3　培训

承包人应按照《发包人要求》，对发包人的雇员或其他发包人指定的人员进行工程操作、维修或其他合同中约定的培训。合同约定接收之前进行培训的，应在第 10.1 款［竣工验收］约定的竣工验收前或试运行结束前完成培训。

培训的时长应由双方在专用合同条件中约定，承包人应为培训提供有经验的人员、设施和其他必要条件。

【条文释义】

本款是对承包人按照《发包人要求》对发包人雇员或其他指定人员进行培训的约定。首先，承包人对相关人员培训的要求和标准应当以《发包人要求》为依据，培训主要指向工程操作、维修或其他合同中约定的内容。考虑到工程接收和试运行、竣工验收等环节的紧密关系，对于合同中约定在接收之前进行培训的，应在约定的竣工验收前或试运行结束前完成培训。对于未明确约定培训时点的，也应根据工程的实际需要和培训的具体内容，在合理的期限内完成培训。另外，双方可以在专用合同条件中约定培训的时长、人员、设施和其他必要条件等。

【使用指引】

按照《发包人要求》对发包人的雇员或其他发包人指定的人员进行培训是承包人的合

同义务，因此，承包人应当基于《发包人要求》和自身的实践经验，合理地安排培训的内容、时长，提前准备培训必要的人员、设施和其他必要条件。因此，承包人需要高度重视专用合同条件中对于培训时长、人员、设施和其他必要条件的约定。一方面，专用合同条件的约定是基于项目需要的细化安排，是保障项目顺利进行的必要条件；另一方面，专用合同条件的约定也是承包人的合同义务，承包人需要按约定组织培训。

【风险识别与防范】

1. 《发包人要求》是发包人和承包人开展培训的主要依据，应当高度重视。关于承包人对发包人的雇员或其他发包人指定的人员进行培训的具体内容，约定在《发包人要求》第十一条［其他要求］的第（三）项［对项目业主人员的操作培训］，该条款是发承包人对培训的人员、内容、标准、时限等进行细化约定的主要条款。发承包双方应当在《发包人要求》中就培训的主要条款达成一致，并以此为依据开展培训。需要注意的是，对于存在时限和流程要求的培训，应当在《发包人要求》中明确培训完成的时间节点，以免因为未约定或约定不明而导致未能及时完成培训，影响工程进度。

2. 对于培训时点有约定的，应当严格按照约定的时点完成培训。例如，对于工程操作、维修等的培训，都应当在工程移交前完成，发包人相关人员才能够在接收工程后及时展开相应的管理工作，但考虑到工程流程的紧密性和必要的容错时间，须在约定的竣工验收前或试运行结束前完成培训。除此之外，对于其他需要合同履行过程中由发包人相关人员介入的或存在流程衔接的培训，也应约定具体的培训节点并严格按照约定时点完成培训。

3. 承包人应为培训安排合理的时长，提供有经验的人员、设施和其他必要条件。专用合同条件为双方提供了约定培训的时长、人员、设施和其他必要条件等的机会，但考虑到承包人是培训的提供方，其对培训需要的合理时长、人员、设施及其他必要条件具有更清晰的认识，故承包人在与发包人洽商上述内容时，应以满足培训的必要合理条件为标准确定上述内容，避免因准备不足而导致培训达不到实质性效果。对于其他必要条件，应以完成培训内容为判断标准，包括但不限于为了完成培训内容所必需的场地、资料、软件等。

5.4 竣工文件

5.4.1 承包人应编制并及时更新反映工程实施结果的竣工记录，如实记载竣工工程的确切位置、尺寸和已实施工作的详细说明。竣工文件的形式、技术标准以及其他相关内容应按照相关法律法规、行业标准与《发包人要求》执行。竣工记录应保存在施工现场，并在竣工试验开始前，按照专用合同条件约定的份数提交给工程师。

【条文释义】

竣工文件是指项目竣工时形成的反映施工过程和项目真实面貌的文件，主要由项目施工文件、项目竣工图和项目监理文件组成。其中，项目施工文件包括施工技术文件、设备文件、材料文件等，是项目施工过程中真实情况的记录。项目竣工图是对项目施工的最终真实情况的反映，是在施工图基础上将各类变更纳入到图件中的最终结果。项目监理文件是监理单位对项目工程质量、进度和建设资金使用等进行相关风险控制的一整套组织管理文件，是项目实施情况的佐证和重要参考。因此，竣工文件是对项目施工过程和最终状态最为全面真实的记录，应当充分认识到编制竣工文件的重要性。竣工文件的编制，要求真实、全面、及时，真实即竣工文件能够真实反映项目的实施过程和最终结果，尽量避免因人为原因导致失真情况发生；全面即竣工文件的类型不得有缺失，否则无法反映工程的某一方面具体细节，如缺少技术文件将无法还原施工过程的技术细节，缺少监理文件将不能佐证施工文件的准确性等；及时是指竣工文件既要及时反映出工程实施过程中的变化，也要及时编制完成并按约提交工程师。

【使用指引】

从承包人角度来看，竣工文件的形成是一个跨越整个工程建设周期的全过程，竣工记录应当可以及时更新反映工程实施结果。因此，承包人在项目管理过程中就要注重相关记录的收集和整理，而非在项目进入竣工文件编制阶段才开始相关工作，否则将导致大量的文件难以反映项目实施的真实情况。竣工文件的形式、份数、技术标准以及其他相关要求既要符合法律法规的规定，也要满足合同当事人的约定。合同当事人可就竣工文件的形式、提供的份数、技术标准以及其他相关要求在专用合同条件中细化约定。

【风险识别与防范】

1. 编制竣工文件虽是承包人的合同义务，但发包人也应重视。在工程总承包项目中，承包人的主合同义务是按时保质保量交付建设工程，由于承包人是项目的主要实施人，对项目的整体情况最为熟悉，故编制竣工文件也是承包人的合同义务，如未妥善履行该义务，则构成承包人对发包人的违约，故承包人应当高度重视竣工文件的编制。同时，竣工文件编制工作是完成竣工验收和备案的必要前置程序，是否完成竣工验收是决定项目是否可以顺利使用投产的必要条件，而完成竣工备案则是建设单位的法定义务，因此，虽然编制竣工文件是承包人的合同义务，但对发包人的相关权益也会产生直接影响，故发包人也应重视。

2. 编制竣工文件的依据是法律法规、行业标准与《发包人要求》。就建设工程领域而言，《房屋建筑和市政基础设施工程竣工验收规定》第五条明确规定了进行竣工验收的前置条件，其中就包括有完整的技术档案和施工管理资料。另外，根据我国《档案法》《科学技术档案工作条例》《建设工程质量管理条例》《城市建设档案管理规定》等的要求，房屋建筑和市政基础设施工程应当报送符合规定的建设工程档案。上述法律法规和规范性文件均是编制竣工文件的法律依据。此外，《发包人要求》第二条［工程范围］的第（二）项中第3款设置了［竣工验收工作范围］；第五条［技术要求］设置了第（二）款［设计标准和规范］、第（三）款［技术标准和要求］和第（四）款［质量标准］；第九条［文件要求］的第（四）款设置了［竣工文件和工程的其他记录］。上述条款均是对竣工文件编制的技术性约定，构成竣工文件编制的合同依据。无论是承包人编制竣工文件还是发包人审查竣工文件，都应当以上述内容作为依据。

3. 承包人重视竣工记录的保存和提交，避免因相关记录缺失而承担违约责任。竣工记录一般保存在项目现场，承包人应当加强竣工记录的保管，避免出现错漏、遗失等情况。同时，应及时编制完成竣工文件，在竣工试验开始前，按照专用合同条件约定的份数提交给工程师。

【法条索引】

• 《档案法》

第二条　从事档案收集、整理、保护、利用及其监督管理活动，适用本法。

本法所称档案，是指过去和现在的机关、团体、企业事业单位和其他组织以及个人从事经济、政治、文化、社会、生态文明、军事、外事、科技等方面活动直接形成的对国家和社会具有保存价值的各种文字、图表、声像等不同形式的历史记录。

• 《科学技术档案工作条例》

第三条　科技档案工作是生产管理、技术管理、科研管理的重要组成部分，各工业、交通、基建、科研、农林、军事、地质、测绘、水文、气象、教育、卫生等单位（以下简称各单位），都应当把科技档案工作纳入生产管理工作、技术管理工作、科研管理工作之中，加强领导。

• 《建设工程质量管理条例》

第十六条　建设单位收到建设工程竣工报告后，应当组织设计、施工、工程监理等有关单位进行竣工验收。

建设工程竣工验收应当具备下列条件：

（一）完成建设工程设计和合同约定的各项内容；

（二）有完整的技术档案和施工管理资料；

（三）有工程使用的主要建筑材料、建筑构配件和设备的进场试验报告；

（四）有勘察、设计、施工、工程监理等单位分别签署的质量合格文件；

（五）有施工单位签署的工程保修书。

建设工程经验收合格的，方可交付使用。

第十七条　建设单位应当严格按照国家有关档案管理的规定，及时收集、整理建设项目各环节的文件资料，建立、健全建设项目档案，并在建设工程竣工验收后，及时向建设行政主管部门或者其他有关部门移交建设项目档案。

第五十九条　违反本条例规定，建设工程竣工验收后，建设单位未向建设行政主管部门或者其他有关部门移交建设项目档案的，责令改正，处 1 万元以上 10 万元以下的罚款。

• 《城市建设档案管理规定》

第二条　本规定适用于城市内（包括城市各类开发区）的城建档案的管理。

本规定所称城建档案，是指在城市规划、建设及其管理活动中直接形成的对国家和社会具有保存价值的文字、图纸、图表、声像等各种载体的文件材料。

第五条　城建档案馆重点管理下列档案资料：

（一）各类城市建设工程档案：

1. 工业、民用建筑工程；

2. 市政基础设施工程；

3. 公用基础设施工程；

4. 交通基础设施工程；

5. 园林建设、风景名胜建设工程；

6. 市容环境卫生设施建设工程；

7. 城市防洪、抗震、人防工程；

8. 军事工程档案资料中，除军事禁区和军事管理区以外的穿越市区的地下管线走向和有关隐蔽工程的位置图。

（二）建设系统各专业管理部门（包括城市规划、勘测、设计、施工、监理、园林、风景名胜、环卫、市政、公用、房地产管理、人防等部门）形成的业务管理和业务技术档案。

（三）有关城市规划、建设及其管理的方针、政策、法规、计划方面的文件、科学研究成果和城市历史、自然、经济等方面的基础资料。

第六条　建设单位应当在工程竣工验收后三个月内，向城建档案馆报送一套符合规定的建设工程档案。凡建设工程档案不齐全的，应当限期补充。

停建、缓建工程的档案，暂由建设单位保管。

撤销单位的建设工程档案，应当向上级主管机关或者城建档案馆移交。

•《房屋建筑和市政基础设施工程竣工验收规定》

第五条　工程符合下列要求方可进行竣工验收：

（一）完成工程设计和合同约定的各项内容。

（二）施工单位在工程完工后对工程质量进行了检查，确认工程质量符合有关法律、法规和工程建设强制性标准，符合设计文件及合同要求，并提出工程竣工报告。工程竣工报告应经项目经理和施工单位有关负责人审核签字。

（三）对于委托监理的工程项目，监理单位对工程进行了质量评估，具有完整的监理资料，并提出工程质量评估报告。工程质量评估报告应经总监理工程师和监理单位有关负责人审核签字。

（四）勘察、设计单位对勘察、设计文件及施工过程中由设计单位签署的设计变更通知书进行了检查，并提出质量检查报告。质量检查报告应经该项目勘察、设计负责人和勘察、设计单位有关负责人审核签字。

（五）有完整的技术档案和施工管理资料。

（六）有工程使用的主要建筑材料、建筑构配件和设备的进场试验报告，以及工程质量检测和功能性试验资料。

（七）建设单位已按合同约定支付工程款。

（八）有施工单位签署的工程质量保修书。

（九）对于住宅工程，进行分户验收并验收合格，建设单位按户出具《住宅工程质量分户验收表》。

（十）建设主管部门及工程质量监督机构责令整改的问题全部整改完毕。

（十一）法律、法规规定的其他条件。

5.4.2　在颁发工程接收证书之前，承包人应按照《发包人要求》的份数和形式向工程师提交相应竣工图纸，并取得工程师对尺寸、参照系统及其他有关细节的认可。工程师应按照第5.2款［承包人文件审查］的约定进行审查。

【条文释义】

根据"通用合同条件"第10.1.1项［竣工验收条件］的约定，承包人申请竣工验收需要满足四个条件：一是除因第13条［变更与调整］导致的工程量删减和第14.5.3项［扫尾工作清单］列入缺陷责任期内完成的扫尾工程和缺陷修补工作外，合同范围内的全部单位/区段工程以及有关工作，包括合同要求的试验和竣工试验均已完成，并符合合同要求；二是已按合同约定编制了扫尾工作和缺陷修补工作清单以及相应实施计划；三是已按合同约定的内容和份数备齐竣工资料；四是已完成合同约定要求在竣工验收前应完成的其他工作。在通过竣工验收之后，发包人方才向承包人颁发工程接收证书。但在实践中，可能存在承包人提交的竣工资料格式、份数不完全符合竣工验收要求的情形，往往会要求承包人事后补充完善，在竣工验收报告上备注需要补充的资料。但是，承包人至迟不能在颁发工程接收证书之前，还未按照《发包人要求》的份数和形式向工程师提交相应竣工图纸，并取得工程师对尺寸、参照系统及其他有关细节的认可。工程师对竣工文件的审查标准，应当和审查承包人文件的标准一致。

【使用指引】

本项的使用应注意竣工图纸的提交时间节点和程序。时间节点上，竣工图纸的提交应当在颁发工程接收证书之前；程序上，提交的竣工图纸应经工程师审查并认可后方为完成。

【风险识别与防范】

1. 发承包双方均应关注提交竣工图纸的最后时间节点和要求。如前所述，按照竣工验收和工程移交的一般流程，在竣工验收前，承包人应当已经完成了竣工文件的编制并提交发包人，因此，此时的竣工图纸已经准备完毕并经工程师确认无误。但在工程实践中，竣工图纸在格式、份数或其他细节方面存在一些瑕疵但不构成重大错误而影响到竣工验收的情况下，可以先行竣工验收并在竣工验收报告上备注需要补充完善的图纸内容。但是，当工程进入移交环节，就意味着承包人在建设阶段的全部义务移交履行完毕，工程将进入保修阶段，此时，建设阶段的竣工图纸必须全部完成编制和确认手续，才能确保承包人完全履行了建设阶段的义务。因此，将提交确认竣工图纸的时间节点放宽到颁发工程接收证书，发承包双方都需要高度重视该时间节点，对承包人而言，不能按时完成竣工图纸的提交和确认，将构成承包人违约；对发包人而言，不能按时接受经确认无误的竣工图纸，将影响到工程的移交和竣工验收备案，迟滞项目的使用投产。

2. 承包人应高度重视工程师审查竣工图纸的技术标准和程序。理论上，竣工图纸也属于承包人提交的图纸文件的一类，工程师在审查竣工图纸时应当采用和其他承包人文件审查一致的技术标准和程序。从技术标准上，工程师应当审查竣工图纸是否符合法律法规、标准规范和《发包人要求》约定的范围、内容、技术标准、格式份数等要求，程序上应当在收到承包人提交的竣工图纸和通知后的21天内完成审查并由发包人最终确认，后向承包人发出是否认可的明确通知。对于不同意的，工程师须以书面形式通知承包人，并说明不同意的具体内容和理由。

5.4.3　除专用合同条件另有约定外，在工程师收到本款下的文件前，不应认为工程已根据第10.1款［竣工验收］和第10.2款［单位/区段工程的验收］的约定完成验收。

【条文释义】

根据《房屋建筑和市政基础设施工程竣工验收规定》等的规定，有完整的技术档案和施工管理资料是进行竣工验收的前置条件。但需注意的是，由于竣工文件的范围可以通过《发包人要求》进行约定，故较上述规定可能范围更大，本项结合第5.4.1项的约定，可能在法律规定的基础上扩大了承包人应当提交资料范围，相当于提高了竣工验收程序的标准，一定程度上加重了承包人义务，但从项目管理的角度而言，及时保质保量提交竣工文件具有重要意义，且本项已经设置了专用合同条件供双方协商，故不存在权利义务失衡之虞。

【使用指引】

在本项的使用上，发承包双方，尤其是承包人应当高度重视专用合同条件中对竣工文件的特别约定，包括但不限于对竣工文件的范围、内容等的扩大化和细化约定。在扩大承包人义务范围的情况下，本项的视为条款将可能增加承包人完成竣工验收的难度。

【风险识别与防范】

1. 合同约定的竣工验收前提交竣工文件范围可能较法律规定更大，承包人应引起重视。如前所述，竣工文件范围可以通过《发包人要求》进行约定，故承包人应当重视《发包人要求》中对于该部分内容的约定，如存在约定范围过大、部分资料不受承包人掌控的情况，应当充分预估合同风险，在谈判过程中尽量予以规避或计取合理的对价。常见情况是发包人要求承包人对暂估价工程中分包人资料进行归集并作为竣工文件提交，甚至要求承包人整理发包人、监理人等在项目中形成的资料。那么，承包人应当充分评估工作量以及相关各方的配合程度，或者设置一些风险转移条款，避免责任范围过大而影响竣工文件的提交。

2.合同当事人应充分利用专用合同条件展开风险分担和合同对价谈判。在专用合同条件中，承包人应当在充分评估风险和对价的基础上，和发包人就竣工文件的范围、竣工文件提交完毕的认定条件等进行谈判，并充分争取合同对价。对于承包人认为难以控制暂估价工程中的分包人，建议可进行排除性约定，或在与分包人的合同中设置风险转移条款，并在报价时向发包人计取合理的管理费。

【法条索引】

•《房屋建筑和市政基础设施工程竣工验收规定》

第五条 工程符合下列要求方可进行竣工验收：

（一）完成工程设计和合同约定的各项内容。

（二）施工单位在工程完工后对工程质量进行了检查，确认工程质量符合有关法律、法规和工程建设强制性标准，符合设计文件及合同要求，并提出工程竣工报告。工程竣工报告应经项目经理和施工单位有关负责人审核签字。

（三）对于委托监理的工程项目，监理单位对工程进行了质量评估，具有完整的监理资料，并提出工程质量评估报告。工程质量评估报告应经总监理工程师和监理单位有关负责人审核签字。

（四）勘察、设计单位对勘察、设计文件及施工过程中由设计单位签署的设计变更通知书进行了检查，并提出质量检查报告。质量检查报告应经该项目勘察、设计负责人和勘察、设计单位有关负责人审核签字。

（五）有完整的技术档案和施工管理资料。

（六）有工程使用的主要建筑材料、建筑构配件和设备的进场试验报告，以及工程质量检测和功能性试验资料。

（七）建设单位已按合同约定支付工程款。

（八）有施工单位签署的工程质量保修书。

（九）对于住宅工程，进行分户验收并验收合格，建设单位按户出具《住宅工程质量分户验收表》。

（十）建设主管部门及工程质量监督机构责令整改的问题全部整改完毕。

（十一）法律、法规规定的其他条件。

第六条 工程竣工验收应当按以下程序进行：

（一）工程完工后，施工单位向建设单位提交工程竣工报告，申请工程竣工验收。实行监理的工程，工程竣工报告须经总监理工程师签署意见。

（二）建设单位收到工程竣工报告后，对符合竣工验收要求的工程，组织勘察、设计、施工、监理等单位组成验收组，制定验收方案。对于重大工程和技术复杂工程，根据需要可邀请有关专家参加验收组。

（三）建设单位应当在工程竣工验收7个工作日前将验收的时间、地点及验收组名单书面通知负责监督该工程的工程质量监督机构。

（四）建设单位组织工程竣工验收。

1. 建设、勘察、设计、施工、监理单位分别汇报工程合同履约情况和在工程建设各个环节执行法律、法规和工程建设强制性标准的情况；

2. 审阅建设、勘察、设计、施工、监理单位的工程档案资料；

3. 实地查验工程质量；

4. 对工程勘察、设计、施工、设备安装质量和各管理环节等方面作出全面评价，形成经验收组人员签署的工程竣工验收意见。

参与工程竣工验收的建设、勘察、设计、施工、监理等各方不能形成一致意见时，应当协商提出解决的方法，待意见一致后，重新组织工程竣工验收。

5.5　操作和维修手册

5.5.1　在竣工试验开始前，承包人应向工程师提交暂行的操作和维修手册并负责及时更新，该手册应足够详细，以便发包人能够对工程设备进行操作、维修、拆卸、重新安装、调整及修理，以及实现《发包人要求》。同时，手册还应包含发包人未来可能需要的备品备件清单。

【条文释义】

在提交最终的操作和维修手册前，承包人需要在竣工试验开始前向工程师提交暂行的操作和维修手册，该手册的主要目的是帮助发包人对工程设备的操作、维修、拆卸、重新安装、调整及修理进行基本的了解，最终确保项目在竣工试验时各项技术指标达到《发包人要求》。而备品备件清单则是帮助发包人了解维修工作所必需的备品备件情况，便于提前准备。

【使用指引】

在本项的使用上，承包人需要注意时间节点和义务内容。时间节点上，提交暂行的操作和维修手册应当在竣工试验前，延期提交将构成承包人违约。义务内容是区别于最终的操作和维修手册，本项下提交的为暂行手册，这意味着在交互过程中承包人应当及时对手册进行更新维护，否则也将构成承包人违约。

【风险识别与防范】

1. 竣工试验前提交的暂行操作和维修手册是为了帮助发包人熟悉项目运行的基本流程和操作、维修、排障的基本方法，最终目的是在竣工试验时达到《发包人要求》约定的功能要求。如前所述，项目最终要从承包人移交给发包人，在这个过程中，发包人必须在承包人的帮助下尽快熟悉项目运维，等到项目竣工验收环节再开始学习了解最终的操作和维修手册，将不利于发包人相关人员与项目的磨合。因此，在竣工试验开始前，由承包人先行将暂行版操作和维修手册提交发包人，并在发承包双方交互过程中不断调整和完善操作和维修手册，既能提前帮助发包人熟悉项目，也能帮助承包人发现手册编写中的问题，便于完善形成最终的操作和维修手册。

2. 承包人应当在竣工试验准备阶段根据具体情况不断对手册进行调整修改，并及时向发包人更新。因为手册在具体使用过程中会不断暴露出一些问题，在发包人与承包人就上述问题进行交流过程中，将推进手册的修改完善。对于此类修改，承包人应做到及时响应，在更新版本后第一时间告知发包人，以便于提高手册的学习和使用效率。

3. 手册中的备品备件清单是为了帮助发包人了解维修工作所必需的备品备件情况，便于提前准备，应尽量详细、充分。备品是指未完成的加工品；备件是指为加工品和母机准备的已完成的加工件。在工程上，无论在建造还是维修环节，都需要提前准备一些物品和零配件，这些提前准备的并可能在将来使用的物品和零配件被称为备品备件。在大多数情况下，由于发包人是工程总承包项目的实际使用人，其不仅需要对项目的运营和维修储备一定的技术和人员，还需要对可能更替的设备、构件等进行准备，但由于承包人相对发包人对项目本身更加熟悉，故由承包人拟定备品备件清单，将很大程度地帮助发包人有效地开展运维工作。因此，承包人提交的备品备件清单，应尽量做到详细、充分。所谓详细，是指承包人尽可能告知发包人备品备件的型号、性能、功效、关键技术特点等，并给出一定范围的替代品建议；所谓充分，是指承包人应根据自身经验尽可能充分地预料到项目运营中的不利情况，提供最大范围的备品备件清单，并给出一定的优先级别，供发包人采购时作为参考。

5.5.2 工程师收到承包人提交的文件后，应依据第5.2款［承包人文件审查］的约定对操作和维修手册进行审查，竣工试验过程中，承包人应为任何因操作和维修手册错误或遗漏引起的风险或损失承担责任。

【条文释义】

在承包人按照第5.5.1项的约定提交了暂行的操作和维修手册后，工程师应当按照第5.2款［承包人文件审查］中约定的标准和程序对上述文件进行审查。对于审查不通过的，也应按照第5.2款的相关程序进行后续处理和责任承担。需要注意的是，"任何因操作和维修手册错误或遗漏引起的风险或损失"均应由承包人承担责任，也就是说，承包人需要对因为操作和维修手册错误或遗漏造成的一切后果承担责任。

【使用指引】

承包人需要注意，本项明确了承包人是操作和维修手册错误或遗漏的责任承担主体，这本是应有之义，此处进行了强调。此处值得说明的是，即使是暂行手册在与发包人进行交互过程中因发包人人员原因导致承包人编写的操作手册存在错误和遗漏，其责任主体仍是承包人。但在手册无误的情况下因发包人自身操作错误导致的损失不由承包人承担。

【风险识别与防范】

1. 发承包双方均应注意工程师审查操作和维修手册的技术标准和程序。由于操作和维修手册也属于承包人提交的文件中的一类，故工程师在审查操作和维修手册时应当秉持和其他承包人文件审查一致的技术标准和程序。从技术标准上，工程师应当审查操作和维修手册是否足够指导现场操作并达到《发包人要求》约定的要求，程序上应当在收到承包人提交的操作和维修手册和通知后的 21 天内完成审查并由发包人最终确认，后向承包人发出是否认可的明确通知。对于不同意的，工程师须以书面形式通知承包人，并说明不同意的具体内容和理由。

2. 注意承包人的责任范围是"任何因操作和维修手册错误或遗漏引起的风险或损失"，但发包人操作不当不在其列。通常情况下，在合同用于中使用"任何"等词汇时，表示义务方应当履行该合同约定项下的所有义务并承担所有责任，这是对义务方设定义务的最严格形式，因此，承包人在编制操作和维修手册上有极大的合同义务，应当审慎履行并尽力避免发生不利后果。但需要注意的是，本项下的责任承担仍然采过错原则，即产生的风险和损失由承包人全部承担的前提是由于承包人编制的操作和维修手册存在错误或遗漏导致，而非因承包人编制的操作和维修手册存在错误或遗漏导致的，则不在承包人应当承担的责任之列。例如，由于发包人未能充分理解操作和维修手册的内容从而操作不当导致的损失，应当由发包人自行承担。

5.5.3　除专用合同条件另有约定外，承包人应提交足够详细的最终操作和维修手册，以及在《发包人要求》中明确的相关操作和维修手册。除专用合同条件另有约定外，在工程师收到上述文件前，不应认为工程已根据第 10.1 款［竣工验收］和第 10.2 款［单位/区段工程的验收］的约定完成验收。

【条文释义】

考虑到工程总承包项目，尤其是市政基础设施项目，往往涉及项目的投产和运维，承包人不可能始终驻扎项目现场提供技术支持，故有必要帮助发包人建立基本的操作和维修团队及技术储备。一方面，承包人需要按照约定为发包人相关人员提供培训，以帮助技术团队的建立；另一方面，承包人应当向发包人提交足够详细的最终操作和维修手册，以及在《发包人要求》中明确的相关操作和维修手册，作为发包人使用的技术辅导文件，帮助发包人尽快熟悉投产和运维工作。最终操作和维修手册及相关操作和维修手册，一方面要结合培训的情况确保发包人相关人员可以熟练使用，另一方面也可以在《发包人要求》中明确约定需要达到的技术水平。上述文件的提交，应当在竣工验收前完成。

【使用指引】

根据本项的约定，承包人需要秉持满足发包人顺利开展操作和维修工作的详细程度编制最终操作和维修手册，该标准具有一定的主观性，但作为有经验的承包人，在项目实施和对发包人人员进行培训的过程中对项目和发包人人员的具体情况均有较为深入的了解，故承包人可在此基础上编制出足够详细的最终操作和维修手册。需要注意的是，最终操作和维修手册的提交是认定完成竣工验收的前提条件。此外，合同当事人可在专用合同条件中就最终操作和维修手册进行个性化的约定。

【风险识别与防范】

1. 足够详细应结合承包人的培训和提交的最终操作和维修手册，一般情况下以发包人相关人员可以顺利开展操作和维修工作为标准，也可在《发包人要求》中明确约定。如前所述，发包人应当建立必要的运维技术团队，而承包人对项目建设较为熟悉，因此将发包人相关人员的培训和配套技术指导手册的编写设置为承包人合同义务。承包人在履行合同义务时，应当统筹考虑培训的内容和实际情况，结合项目特征和发包人技术团队的特点编制相关技术手册，尽量做到详细、准确、实用，便于发包人相关人员学习和操作。此外，《发包人要求》第九条［文件要求］的第（五）款设置了［操作和维修手册］，供发承包人专款约定操作和维修手册的具体要求，双方可在本款中详细约定操作和维修手册的类型、内容、形式、技术要求、易用性标准和详细程度等。

2. 需要引起重视的是，不同于竣工图纸，最终操作和维修手册的提交时间节点没有放宽，应在竣工验收以前。由于最终操作和维修手册对于发包人顺利开展运维工作有重要意义，且发包人在接收到最终操作和维修手册后，还需要合理时间交由相关人员进行熟悉并提出反馈意见，因此，提交最终操作和维修手册是进行竣工验收的前置刚性条件，在工程师收到上述文件前，不应认为工程已依据合同约定完成竣工验收和单位/区段工程的验收。

5.6 承包人文件错误

承包人文件存在错误、遗漏、含混、矛盾、不充分之处或其他缺陷，无论承包人是否根据本款获得了同意，承包人均应自费对前述问题带来的缺陷和工程问题进行改正，并按照第5.2款［承包人文件审查］的要求，重新送工程师审查，审查日期从工程师收到文件开始重新计算。因此款原因重新提交审查文件导致的工程延误和必要费用增加由承包人承担。《发包人要求》的错误导致承包人文件错误、遗漏、含混、矛盾、不充分或其他缺陷的除外。

【条文释义】

本款是关于承包人文件错误的责任承担条款。根据工程总承包项目的基本特点，发包人提出项目需求并支付合同价款，承包人按照发包人的需求进行设计、施工，最终交付满足需求的建设工程项目。因此，原则上除了因《发包人要求》的错误导致的承包人文件错误外，其余的承包人文件错误的首要责任都在承包人，这是工程总承包项目与施工总承包项目最大的区别之一。承包人承担了更多的合同风险，也对应获得更高的合同对价。

【使用指引】

考虑到承包人是承包人文件的编制主体，故承包人文件错误的责任主体原则上应为承包人，包括对增加费用和延误工期的责任承担等。但仍需注意例外情形，即《发包人要求》错误导致的承包人文件错误，其本质是发包人的错误，发包人的错误导致的损失应当由发包人承担。

【风险识别与防范】

1. 承包人应转变思路，审慎对待承包人文件，确保承包人文件的准确、全面。在传统施工总承包模式下，设计文件由发包人委托设计单位编制并提供给承包人，因此，设计文件错误的责任在发包人，而发包人可依据设计合同向设计单位追责。因此，在施工总承包模式下，承包人鲜有承担设计文件错误的情形。但在工程总承包模式下，设计和施工都由承包人完成，故包括设计文件在内的承包人文件的错误，其首要责任方都是承包人，承包人不能再以文件错误等为由向发包人主张权利，反而会因承包人文件错误而被发包人追责。在此大背景下，承包人应主动转变思路，积极应对，审慎地编制承包人文件并逐步提高自身编制能力，尽量确保承包人文件的准确、全面，减少错误、规避风险。此外，高质量的设计文件能够显著降低承包人建造成本，提高项目的整体效益和承包人的利润水平。

2. 虽然承包人文件错误的首要责任在承包人，但须注意并非所有情况下的承包人文件错误均由承包人承担责任。这里需要区分导致错误的实质原因，如果是因为《发包人要求》的错误，那么其主要责任方不在承包人而在发包人，在这种情况下，应当由发包人承担相应责任。因此，合同当事人在进行责任认定时，应当充分考量导致错误的根本原因，而不能简单直接地将责任归咎到任何一方。

【法条索引】

•《民法典》

第五百七十七条　当事人一方不履行合同义务或者履行合同义务不符合约定的，应当承担继续履行、采取补救措施或者赔偿损失等违约责任。

第6条　材料、工程设备

6.1　实施方法

承包人应按以下方法进行材料的加工、工程设备的采购、制造和安装以及工程的所有其他实施作业：

（1）按照法律规定和合同约定的方法；

（2）按照公认的良好行业习惯，使用恰当、审慎、先进的方法；

（3）除专用合同条件另有规定外，应使用适当配备的实施方法、设备、设施和无危险的材料。

【条文释义】

本款是关于承包人进行"材料的加工、工程设备的采购、制造和安装以及工程的所有其他实施作业"的实施方法的约定。本款虽然是放在第6条"材料、工程设备"之下，但本款中所约定内容不仅是针对"材料、工程设备"的实施方法，还包括对"工程的所有其他实施作业"的实施方法。

根据本款约定，承包人在进行"材料的加工、工程设备的采购、制造和安装以及工程的所有其他实施作业"时，应当采取以下方法：（1）按照法律规定和合同约定的方法；亦即在法律和合同中对承包人应采取的实施方法有规定和约定时，承包人应采取该实施方法。如果合同当事人需要对承包人应采取的具体实施方法作出约定，可以在与本款相对应的专用合同条件中作出约定，也可以在合同中的其他条款中作出约定。（2）按照公认的良好行业习惯，使用恰当、审慎、先进的方法；该项约定中使用了较多的模糊概念，如"公认的良好行业习惯""恰当""审慎""先进"等均非内涵和外延非常精确的概念，需要结合具体工程的实际情况，从一个"有经验的承包人"的角度出发，来确定具体实施方法是否符合"公认的良好行业习惯"，是否"恰当、审慎、先进"。（3）除专用合同条件另有约定外，应使用适当配备的实施方法、设备、设施和无危险的材料；其中"适当配备"亦非内涵和外延精确的概念，合同当事人可以在专用合同条件中对承包人需要配备的"实施方法、设备、设施和材料"及其相应要求作出具体约定。

本款系对承包人在工程实施过程中需采取的实施方法的原则性要求，在工程实施过程中，确保工程质量和施工安全是其中最重要的两项要求，随着国家对环保问题的重视，施工过程中的环保问题也越来越受到重视。无论合同当事人是否在合同条款中对承包人应采取的实施方法作出约定以及作出何种约定，承包人都应当采取能够保证工程质量和施工安全的实施方法，同时，并应采取符合环保要求的实施方法，避免对工程和周边环境产生不利影响或者将该不利影响控制在最低限度。

【使用指引】

本款第（3）项中规定"除专用合同条件另有规定外"，承包人应采用适当配备的实施方法、设备、设施和无危险的材料。专用合同条件中相应设置了第6.1款［实施方法］，供合同当事人对承包人应配备的实施方法、设备、设施和材料的具体要求作出约定，发包人和承包人应当在专用合同条件第6.1款［实施方法］中对此作出相应约定。在约定时需要注意，本项通用合同条件中约定承包人"应使用适当配备的实施方法、设备、设施和无危险的材料"，这应当属于是对承包人最低限度的要求，即无论双方如何约定，承包人都应当使用"适当配备"的实施方法、设备、设施和"无危险"的材料；虽然合同当事人可以在专用合同条件中对此作出"另有约定"，但双方的另有约定，不应低于通用合同条件中所约定的标准和要求，而应高于该标准和要求。

承包人在采取实施方法时，应当符合适用于工程的国家标准、行业标准、工程所在地的地方性标准中的要求。在部分工程实施过程中，发包人可能会就工程施工的相关要求等制作专门、详细的技术要求，如发包人就工程施工提供具体详细的技术要求，而该等技术要求中对承包人所应采取的实施方法有规定的，承包人应当按照该等技术要求采取相应的实施方法。合同第1.4.3项约定："没有相应成文规定的标准、规范时，由发包人在专用合同条件中按约定的时间向承包人列明技术要求，承包人按约定的时间和技术要求提出实施方法，经发包人认可后执行。承包人需要对实施方法进行研发试验的，或须对项目人员进行特殊培训及其有特殊要求的，除签约合同价已包含此项费用外，双方应另行订立协议作为合同附件，其费用由发包人承担。"

本合同专用合同条件附件 1 为《发包人要求》，其中第五部分即为"技术要求"，包括：（一）设计阶段和设计任务；（二）设计标准和规范；（三）技术标准和要求；（四）质量标准；（五）设计、施工和设备监造、试验（如有）；（六）样品；（七）发包人提供的其他条件，如发包人或其委托的第三人提供的设计、工艺包、用于试验检验的工器具等，以及据此对承包人提出的予以配套的要求。第十部分"工程项目管理规定"中第（四）款为"HSE（健康、安全与环境管理体系）"。发包人可在《发包人要求》中对承包人应采取的实施方法作出具体、明确的规定和要求，而承包人应当按照《发包人要求》中所规定的实施方法来进行"材料的加工、工程设备的采购、制造和安装以及工程的所有其他实施作业"。

【风险识别与防范】

本款中对承包人应采取的实施方法作出了原则性约定，需要结合相关法律规定或合同约定，或者双方在专用合同条件中的具体细化约定，以及具体工程的实际情况等因素，来进一步具体确定承包人所应采取的实施方法，或者据此判断承包人所采取的实施方法是否符合本款约定。如本款第（1）项约定承包人应"按照法律规定和合同约定的方法"来实施工程，这就涉及需要结合相关法律规定或合同约定的问题；本款第（2）项中使用了众多内涵和外延并不精确的词语，那么容易导致在合同履行过程中对承包人所采取的具体实施方法是否符合该项约定产生争议；本款第（3）项约定承包人应使用适当配备的实施方法、设备、设施和无危险的材料，"适当配备"亦非精确的概念，以及何为"无危险"的材料，也需进一步明确或界定。

因本款的约定比较原则，发包人和承包人在签订合同时对本款约定进行补充、明确、细化时可能会存在着一定的难度，一方面是合同的其他条款或者其他组成部分中可能已经对此作了相应的约定，如对本款第（3）项约定，对于承包人应使用的实施方法、设备、设施和材料等，专用合同条件中设置了供合同当事人作另有约定的条款，但因本项涉及内容众多，不仅涉及承包人应使用的实施方法，还涉及承包人应使用的设备、设施和材料，如在专用合同条件第 6.1 款［实施方法］中对此作出具体、详细约定，可能会导致该款约定内容过多，条款篇幅严重失衡；同时，对于承包人应使用的设备、设施和材料等，合同的其他条款或其他组成部分中可能已经作了相应约定，再在本款的专用合同条件中作出重复约定，也无必要。对承包人应采取的实施方法问题，建议发包人在专门的一份文件中对此作出具体、详细的约定，如可在专用合同条件附件《发包人要求》中对此作出约定。

而对承包人来说，在签订合同时，应对发包人就其应采取的实施方法、设备、设施和材料的特殊要求予以高度关注，如果相应要求不合理或者会造成费用显著增加的，承包人应当及时提出并提出相应的要求（包括工期顺延和费用增加要求等）；而在合同履行过程中，承包人应当按照合同约定采取相应的实施方法，在合同对具体实施方法未作约定时，应当按照法律规定、标准规范规定予以实施，在法律规定、标准规范中亦未有规定时，承包人应按合同第1.4.3项约定执行，由发包人列明技术要求，承包人按约定的时间和技术要求提出实施方法，经发包人认可后执行。以避免因采取实施方法不符合合同约定而承担责任。

【法条索引】

·《建筑法》

第四条　国家扶持建筑业的发展，支持建筑科学技术研究，提高房屋建筑设计水平，鼓励节约资源和保护环境，提倡采用先进技术、先进设备、先进工艺、新型建筑材料和现代管理方式。

第四十一条　建筑施工企业应当遵守有关环境保护和安全生产的法律、法规的规定，采取措施和处理施工现场的各种粉尘、废气、废水、固体废物以及噪声、振动对环境的污染和危害的措施。

6.2　材料和工程设备

6.2.1　发包人提供的材料和工程设备

发包人自行供应材料、工程设备的，应在订立合同时在专用合同条件的附件《发包人供应材料设备一览表》中明确材料、工程设备的品种、规格、型号、主要参数、数量、单价、质量等级和交接地点等。

承包人应根据项目进度计划的安排，提前28天以书面形式通知工程师供应材料与工程设备的进场计划。承包人按照第8.4款［项目进度计划］约定修订项目进度计划时，需同时提交经修订后的发包人供应材料与工程设备的进场计划。发包人应按照上述进场计划，向承包人提交材料和工程设备。

发包人应在材料和工程设备到货7天前通知承包人，承包人应会同工程师在约定的时间内，赴交货地点共同进行验收。除专用合同条件另有约定外，发包人提供的材料和工程设备验收后，由承包人负责接收、运输和保管。

发包人需要对进场计划进行变更的，承包人不得拒绝，应根据第13条［变更与调整］的规定执行，并由发包人承担承包人由此增加的费用，以及引起的工期延误。承包人需要对进场计划进行变更的，应事先报请工程师批准，由此增加的费用和（或）工期延误由承包人承担。

发包人提供的材料和工程设备的规格、数量或质量不符合合同要求，或由于发包人原因发生交货日期延误及交货地点变更等情况的，发包人应承担由此增加的费用和（或）工期延误，并向承包人支付合理利润。

【条文释义】

第 6.2 款［材料和工程设备］中根据材料和工程设备的供应方的不同，分别约定了"发包人提供的材料和工程设备"（第 6.2.1 项）、"承包人提供的材料和工程设备"（第 6.2.2 项）、"材料和工程设备的保管"（第 6.2.3 项，其中亦根据供应方的不同，分别约定了发包人供应材料与工程设备的保管与使用，以及承包人采购材料与工程设备的保管与使用）、"材料和工程设备的所有权"（第 6.2.4 项）。

本项（第 6.2.1 项）约定了"发包人提供的材料和工程设备"，其中约定了以下内容：

1. 发包人自行供应材料设备的范围及其具体要求：合同当事人应在专用合同条件的附件《发包人供应材料设备一览表》中明确由发包人自行供应的材料、工程设备的品种、规格、型号、主要参数、数量、单价、质量等级和交接地点等内容。

2. 发包人供应材料设备的进场计划的提交、修订：承包人应根据项目进度计划的安排，提前 28 天以书面形式通知工程师由发包人供应的材料与工程设备的进场计划；承包人按照第 8.4 款［项目进度计划］约定修订项目进度计划时，需同时提交经修订后的发包人供应材料与工程设备的进场计划。发包人应按照上述进场计划，向承包人提交材料和工程设备。

3. 发包人供应材料设备的验收及验收后的保管等责任：发包人应在材料和工程设备到货 7 天前通知承包人，承包人应会同工程师在约定的时间内，赴交货地点共同进行验收。除专用合同条件另有约定外，发包人提供的材料和工程设备验收后，由承包人负责接收、运输和保管。

4. 进场计划的变更以及相应责任和后果的承担：发包人有权变更进场计划，发包人需要对进场计划进行变更的，承包人不得拒绝，应根据第 13 条［变更与调整］的规定执行，并由发包人承担由此增加的费用，以及引起的工期延误。承包人需要对进场计划进行变更的，应事先报请工程师批准，由此增加的费用和（或）工期延误由承包人承担。

5. 发包人供应材料设备不符合合同要求时的责任承担：发包人提供的材料和工程设备的规格、数量或质量不符合合同要求，或由于发包人原因发生交货日期延误及交货地点变更等情况的，发包人应承担由此增加的费用和（或）工期延误，并向承包人支付合理利润。

【使用指引】

本项约定需要合同当事人在专用合同条件中作出具体、细化约定的内容有两项：

1. 对本项第 1 段中约定的发包人自行供应材料、工程设备的范围及其具体要求，合同当事人需要在专用合同条件的附件 2《发包人供应材料设备一览表》中作出具体、细化的约定。专用合同条件附件 2 为《发包人供应材料设备一览表》，其中的项目包括：序号，材料、设备品种，规格型号，单位，数量，单价（元），质量等级，供应时间，送达地点，备注。如果双方还需要对发包人供应材料设备的其他项目或要求作出约定，可在该表格中增加栏目或者在"备注"一栏中作出约定。附件 2《发包人供应材料设备一览表》中的项目包括"供应时间"，该项目显然已经属于本项第 2 段中所约定的承包人应提交的发包人供应材料设备的进场计划中的内容了。发包人和承包人应当注意附件 2 中的"供应时间"与承包人提交的进场计划中的供应时间之间的协调。

2. 本项第 3 段中约定"除专用合同条件另有约定外"，发包人提供的材料和工程设备验收后，由承包人负责接收、运输和保管。专用合同条件中相应设置了第 6.2.1 项，供合同当事人在其中对发包人提供的材料和工程设备验收后由哪一方负责接收、运输和保管作出约定。具体约定方式有两种，要么由发包人负责，要么由承包人负责。究竟约定由哪一方来负责接收、运输和保管，从权利义务对等、等价有偿和公平原则角度出发，应当要看合同价款中是否包含了承包人实施该项工作的费用，如已包含，则应由承包人负责，如未包含，则应当由发包人负责或者由承包人负责但发包人应承担因此而产生的合理费用。

本项约定（包括专用合同条件中的约定）在使用过程中还需要注意与第 6.2.3 项［材料和工程设备的保管］第（1）目"发包人供应材料与工程设备的保管与使用"之间的协调，避免两者之间出现不一致，该目中约定："发包人供应的材料和工程设备，承包人清点并接收后由承包人妥善保管，保管费用由承包人承担，但专用合同条件另有约定除外。"但该目所对应的专用合同条件中仅设置了供合同当事人对"发包人供应的材料和工程设备的保管费用由哪一方承担"作另有约定的内容，而并未设置供合同当事人对"发包人供应的材料和工程设备由哪一方保管"作另有约定的内容。如合同当事人在本项专用合同条件中约定发包人供应材料设备由发包人保管，则第 6.2.3 项第（1）目通用合同条件中的约定应作相应修改。

除此之外，对本项中所约定的各种期限（如承包人应提前 28 天提交进场计划、发包人应在到货前 7 天提前通知承包人材料设备到货等期限），虽然通用合同条件中并未约定合同当事人可作出另行约定，专用合同条件中也未设置相应的条款供当事人对此作出约定，但合同当事人可以根据具体工程的实际情况对本项中所涉及的各种期限作出另行约定。

【风险识别与防范】

在发包人供应材料和工程设备过程中涉及以下风险需要予以避免和防范：

1. 发包人自行供应材料、工程设备的范围的确定，双方应在专用合同条件附件 2《发包人供应材料设备一览表》中作出约定，对发包人而言，应当对需要自行供应的材料、工程设备的范围约定清楚，避免出现遗漏，同时，为了防范出现约定遗漏情形，可以在合同中约定在合同履行过程中发包人有权将由承包人供应的相关材料和工程设备改为由发包人供应。

2. 关于发包人供应的材料设备的进场计划或供应时间问题，专用合同条件附件 2《发包人供应材料设备一览表》中设置有"供应时间"一栏，同时，本项第 2 段中约定承包人还应提交发包人供应材料设备的进场计划，进场计划中也包括有"供应时间"，就发包人供应材料设备的"供应时间"问题，合同当事人需要协调两处约定之间的关系，避免两处约定出现不一致，或者明确约定在两者之间出现不一致时的处理方式。当然，如果在签订合同时在附件2《发包人供应材料设备一览表》中不对"供应时间"作出约定，则不存在前述问题；如果在一栏表中对"供应时间"作出明确约定，承包人需要注意所约定的"供应时间"应符合项目进度计划，否则，如承包人之后提交进场计划对其中的"供应时间"作出变更，而发包人不同意，或者发包人虽然同意但要求承包人承担由此而增加的费用和（或）工期延误，承包人就会比较被动。因为此种情形可以理解为是本项第4段中所约定的"承包人需要对进场计划进行变更"的情形，而按本项第4段约定，此种情形所导致的增加费用和（或）工期延误系由承包人承担。

3. 在本项约定履行过程中有几个关键节点需要注意：（1）进场计划的提交和修订，承包人应按约定提交和修订进场计划，并保留相应证据，因为进场计划是发包人向承包人提交材料和工程设备的依据，以及判断发包人提供的材料和工程设备是否符合合同要求、发包人是否发生交货日期延误及交货地点变更等情况的依据。同时，因为发包人有权对进场计划进行变更，而承包人要变更不仅需要事先报请工程师同意，还要承担由此增加的费用和（或）延误的工期，故对承包人而言，应当要确保所提交的进场计划合理、满足项目进度计划要求，避免出现因承包人原因而需要对进场计划进行变更的情形。（2）发包人供应材料设备的验收和接收，因为验收直接关系到发包人供应材料设备是否符合合同约定，同时，如果在验收后系由承包人负责接收、运输和保管，验收和接收也是划分相关责任和风险的时间节点，故发包人和承包人都应当做好发包人供应材料设备的验收和接收工作，并保留好验收和接收的相关证据。

【法条索引】

•《最高人民法院关于审理建设工程施工合同纠纷案件适用法律问题的解释（一）》（法释〔2020〕25号）

第十三条 发包人具有下列情形之一的，造成建设工程质量缺陷，应当承担过错责任：（二）提供或者指定购买的建筑材料、建筑构配件、设备不符合强制性标准；……。承包人有过错的，也应当承担相应的过错责任。

6.2.2 承包人提供的材料和工程设备

承包人应按照专用合同条件的约定，将各项材料和工程设备的供货人及品种、技术要求、规格、数量和供货时间等报送工程师批准。承包人应向工程师提交其负责提供的材料和工程设备的质量证明文件，并根据合同约定的质量标准，对材料、工程设备质量负责。

承包人应按照已被批准的第8.4款［项目进度计划］规定的数量要求及时间要求，负责组织材料和工程设备采购（包括备品备件、专用工具及厂商提供的技术文件），负责运抵现场。合同约定由承包人采购的材料、工程设备，除专用合同条件另有约定外，发包人不得指定生产厂家或供应商，发包人违反本款约定指定生产厂家或供应商的，承包人有权拒绝，并由发包人承担相应责任。

对承包人提供的材料和工程设备，承包人应会同工程师进行检验和交货验收，查验材料合格证明和产品合格证书，并按合同约定和工程师指示，进行材料的抽样检验和工程设备的检验测试，检验和测试结果应提交工程师，所需费用由承包人承担。

因承包人提供的材料和工程设备不符合国家强制性标准、规范的规定或合同约定的标准、规范，所造成的质量缺陷，由承包人自费修复，竣工日期不予延长。在履行合同过程中，由于国家新颁布的强制性标准、规范，造成承包人负责提供的材料和工程设备，虽符合合同约定的标准，但不符合新颁布的强制性标准时，由承包人负责修复或重新订货，相关费用支出及导致的工期延长由发包人负责。

【条文释义】

本项中约定了"承包人提供的材料和工程设备"，除了双方在合同中约定由发包人提供的材料和工程设备之外，工程实施中所需的材料和工程设备都应当由承包人提供。本项中约定了以下内容：

1. 承包人供货前的报批义务：承包人应按专用合同条件约定的条件，将各项材料和工程设备的供货人及品种、技术要求、规格、数量和供货时间等报送工程师批准。承包人应向工程师提交其负责提供的材料和工程设备的质量证明文件，并根据合同约定的质量标准对材料、工程设备质量负责。

2. 承包人负责组织采购及发包人不得指定生产厂家或供应商：承包人应按已被批准的第8.4款［项目进度计划］规定的数量要求及时间要求，负责组织材料和工程设备采购（包括备品备件、专用工具及厂商提供的技术文件），负责运抵现场。对合同约定由承包人采购的材料、工程设备，除专用合同条件另有约定外，发包人不得指定生产厂家或供应商，发包人违反本款约定指定生产厂家或供应商的，承包人有权拒绝，并由发包人承担相应责任。

3. 承包人供应材料设备的检验和交货验收：对承包人提供的材料和工程设备，承包人应会同工程师进行检验和交货验收，查验材料合格证明和产品合格证书，并按合同约定和工程师指示，进行材料的抽样检验和工程设备的检验测试，检验和测试结果应提交工程师，所需费用由承包人承担。

4. 承包人供应材料设备不符合合同约定时的责任承担：因承包人提供的材料和工程设备不符合国家强制性标准、规范的规定或合同约定的标准、规范，所造成的质量缺陷，由承包人自费修复，竣工日期不予延长。在履行合同过程中，由于国家新颁布的强制性标准、规范，造成承包人负责提供的材料和工程设备，虽符合合同约定的标准，但不符合新颁布的强制性标准时，由承包人负责修复或重新订货，相关费用支出及导致的工期延长由发包人负责。该约定与合同第 13.7.1 项约定内容相一致，该项约定："基准日期后，法律变化导致承包人在合同履行过程中所需要的费用发生除第 13.8 款 [市场价格波动引起的调整] 约定以外的增加时，由发包人承担由此增加的费用；减少时，应从合同价格中予以扣减。基准日期后，因法律变化造成工期延误时，工期应予以顺延。"

【使用指引】

本项中需要合同当事人在专用合同条件中作出具体、细化约定的内容有以下几项：

1. 本项第 1 段中约定承包人应"按照专用合同条件的约定"，将各项材料和工程设备的供货人及品种、技术要求、规格、数量和供货时间等报送工程师批准。专用合同条件第 6.2.2 项 [承包人提供的材料和工程设备] 中要求合同当事人对"材料和工程设备的类别、估算数量"作出约定，合同当事人应当在该专用合同条件中对需要由承包人负责采购的"材料和工程设备的类别、估算数量"作出约定。在合同履行过程中，承包人应当按照本项第 1 段约定，将由其负责采购的各项材料和工程设备的供货人及品种、技术要求、规格、数量和供货时间等报送工程师审批。同时，双方还可以对承包人报送工程师审批、工程师和（或）发包人进行审批的具体程序和期限等问题作出明确约定，以增加本项第 1 段约定的操作性和可执行性。

2. 本项第 2 段中约定，对合同约定的由承包人采购的材料、工程设备，除专用合同条件另有约定外，发包人不得指定生产厂家或供应商。根据该约定，合同当事人可以在专用合同条件中约定发包人是否可以指定生产厂家或供应商。但专用合同条件第 6.2.2 项中并未相应设置供合同当事人对此作出另有约定的内容，如合同当事人需要对此作出约定，可在专用合同条件第 6.2.2 项中增加内容对此作出约定。

3. 本项第 3 段中约定，承包人供应的材料和工程设备，除了要进行检验和交货验收之外，还应当"按合同约定和工程师指示"，进行材料的抽样检验和工程设备的检验测试，且所需费用由承包人承担。则合同当事人应当对承包人供应的材料和工程设备是否需要进行、以及如何进行"抽样检验"和"检验测试"作出约定，同时，因"抽样检验"和"检验测试"所需费用系由承包人承担，对承包人而言，则承包人要么将所需费用纳入合同价款中，要么将该费用约定由其所采购材料和工程设备的供货方来承担，以避免承包人无端自行承担了该费用。

4. 专用合同条件第 6.2.2 项中设置了供合同当事人对"竣工后试验的生产性材料的类别或（和）清单"作出约定的内容，但该内容在通用合同条件第 6.2.2 项中找不到直接相对应的条款约定。如果具体工程需要进行竣工后试验，竣工后试验需要生产性材料的，则双方应当对竣工后试验所需的生产性材料的类别或（和）清单作出约定。对竣工后试验的生产性材料由哪一方负责采购以及所需费用是否已包含在合同价款中（如未包含在合同价款中应由哪一方承担），合同当事人亦应在合同中作出相应约定。

【风险识别与防范】

在承包人供应材料和工程设备过程中涉及以下风险需要注意防范：

1. 关于承包人提供材料和工程设备的具体要求，本项第 1 段中约定承包人应将"各项材料和工程设备的供货人及品种、技术要求、规格、数量和供货时间等报送工程师批准"，则承包人报送工程师批准的内容应当作为承包人进行材料和工程设备采购的依据。同时，本项第 2 段中约定承包人应按照"已被批准的第 8.4 款［项目进度计划］规定的数量要求和时间要求"，负责组织材料和工程设备采购。那么，承包人按照本项第 1 段约定报送工程师批准的内容，应当符合"已被批准的第 8.4 款［项目进度计划］规定的数量要求及时间要求"，当两者出现不一致时，除双方另有约定外，应当以在后的文件为准。

2. 关于发包人是否可以指定生产厂家或供应商的问题，虽然按照本项第 2 段中的约定，合同当事人可以在专用合同条件中约定发包人是否可以指定生产厂家或供应商。但是从规避自身风险和责任角度出发，对由承包人负责采购的材料和工程设备，发包人不应指定生产厂家或供应商。对此，《建筑法》第二十五条规定："按照合同约定，建筑材料、建筑构配件和设备由工程承包单位采购的，发包单位不得指定承包单位购入用于工程的建筑材料、建筑构配件和设备或者指定生产厂、供应商。"《最高人民法院关于审理建设工程施工合同纠纷案件适用法律问题的解释（一）》（法释〔2020〕25 号）第十三条规定，发包人指定购买的建筑材料、建筑构配件、设备不符合强制性标准，造成建设工程质量缺陷，发包人应当承担过错责任。除对有特殊要求的建筑材料、专用设备、工艺生产线等外，发包人不应指定生产厂、供应商。而对发包人违法指定生产厂家和供应商的，承包人有权予以拒绝。

3. 对承包人供应的材料和工程设备，承包人应当会同工程师做好检验和交货验收工作，如果按照合同约定和工程师指示需要进行材料的抽样检验和工程设备的检验测试，承包人应做好该工作，并保留好相应证据，如需要将相关情况（如检验和测试结果）提交工程师的，承包人应及时提交。

4. 在合同履行过程中，如果出现本项第 4 段中约定的"国家新颁布的强制性标准、规范，造成承包人负责提供的材料和工程设备，虽符合合同约定的标准，但不符合新颁布的强制性标准"的情形时，承包人应当及时向发包人提出，如需修复或重新订货的，应保留好相应证据，并及时将因此而导致的相关费用支出及导致的工期延长天数提交发包人并取得发包人的签认手续。

【法条索引】

• **《建筑法》**

第二十五条　按照合同约定，建筑材料、建筑构配件和设备由工程承包单位采购的，发包单位不得指定承包单位购入用于工程的建筑材料、建筑构配件和设备或者指定生产厂、供应商。

• **《建设工程质量管理条例》**

第二十二条第二款　除有特殊要求的建筑材料、专用设备、工艺生产线等外，设计单位不得指定生产厂、供应商。

•《最高人民法院关于审理建设工程施工合同纠纷案件适用法律问题的解释（一）》（法释〔2020〕25号）

第十三条　发包人具有下列情形之一，造成建设工程质量缺陷，应当承担过错责任：……；（二）提供或者指定购买的建筑材料、建筑构配件、设备不符合强制性标准；……。承包人有过错的，也应当承担相应的过错责任。

6.2.3　材料和工程设备的保管

（1）发包人供应材料与工程设备的保管与使用

发包人供应的材料和工程设备，承包人清点并接收后由承包人妥善保管，保管费用由承包人承担，但专用合同条件另有约定除外。因承包人原因发生丢失毁损的，由承包人负责赔偿。

发包人供应的材料和工程设备使用前，由承包人负责必要的检验，检验费用由发包人承担，不合格的不得使用。

（2）承包人采购材料与工程设备的保管与使用

承包人采购的材料和工程设备由承包人妥善保管，保管费用由承包人承担。合同约定或法律规定材料和工程设备使用前必须进行检验或试验的，承包人应按工程师的指示进行检验或试验，检验或试验费用由承包人承担，不合格的不得使用。

工程师发现承包人使用不符合设计或有关标准要求的材料和工程设备时，有权要求承包人进行修复、拆除或重新采购，由此增加的费用和（或）延误的工期，由承包人承担。

【条文释义】

本项约定了"材料和工程设备的保管"，本项分为两目，根据材料和工程设备供应方的不同，分别约定了发包人供应材料与工程设备的保管与使用，以及承包人采购材料与工程设备的保管与使用。

本项第（1）目中约定了发包人供应材料与工程设备的保管与使用。①保管：对发包人供应的材料和工程设备，承包人清点并接收后由承包人妥善保管，保管费用由承包人承担，但专用合同条件中另有约定的除外。由承包人负责保管的，如因承包人原因发生丢失毁损的，由承包人负责赔偿。②使用：发包人供应的材料和工程设备在使用前，由承包人负责必要的检验，检验费用由发包人承担，不合格的不得使用。

本项第（2）目中约定了承包人采购材料与工程设备的保管与使用。①保管：承包人采购的材料和工程设备由承包人妥善保管，保管费用由承包人承担。②使用：合同约定或法律规定材料和工程设备使用前必须进行检验或试验的，承包人应按工程师的指示进行检验或试验，检验或试验费用由承包人承担，不合格的不得使用。本目中还约定了承包人使用不符合要求的材料和工程设备时的处理方式和责任承担：工程师发现承包人使用不符合设计或有关标准要求的材料和工程设备时，有权要求承包人进行修复、拆除或重新采购，由此增加的费用和（或）延误的工期，由承包人承担。

【使用指引】

本项第（1）目中需要当事人在专用合同条件中作出约定的是对发包人供应的材料和工程设备在承包人清点并接收后由承包人保管之后，保管费用由哪一方承担。专用合同条件第6.2.3项［材料和工程设备的保管］中相应设置了内容供合同当事人对发包人供应的材料和工程设备在由承包人保管之后的保管费用由哪一方来承担作出约定。合同当事人可以根据具体工程的实际情况（如合同价款中是否已包含了发包人供应材料设备的保管费用等）来对此作出约定。但本项第（1）目条款（包括通用合同条件和专用合同条件）的约定需要与第6.2.1项［发包人提供的材料和工程设备］第3段条款（包括通用合同条件和专用合同条件）的约定相协调、保持一致。通用合同条件第6.2.1项第3段通用合同条件中约定除专用合同条件中另有约定外，发包人提供的材料和工程设备验收后由承包人负责接收、运输和保管，专用合同条件中设置了内容供合同当事人对"发包人提供的材料和工程设备验收后"由哪一方负责接收、运输和保管作出约定。故如果根据第6.2.1项约定，合同当事人已约定发包人供应的材料设备在验收后系由承包人负责接收、运输和保管，则本项第（1）目通用合同条件的约定不需作修改，合同当事人只需在本项专用合同条件中对由承包人保管时的保管费用由哪一方承担作出约定。但如果根据第6.2.1项约定，合同当事人系约定发包人供应的材料设备在验收后系由发包人负责接收、运输和保管，则本项第（1）目通用合同条件中的相应约定就需要根据第6.2.1项约定进行相应修改，以保持两者之间约定的协调、统一，此时就需要在本项专用合同条件中对通用合同条件中所约定"发包人供应的材料和工程设备，承包人清点并接收后由承包人妥善保管，保管费用由承包人承担"作出相应修改，修改为由发包人妥善保管，保管费用由发包人承担。

本项第（1）目中约定对发包人供应的材料和工程设备使用前，由承包人负责必要的检验，检验费用由发包人承担，对承包人而言，需要注意合同价款中是否已包含了该项费用，如未包含，则在签订合同时应当提出将该约定修改为检验费用由发包人承担。同时，检验费用由哪一方承担，也应当区分检验是否合格，如果经检验不合格，因发包人对由其供应的材料设备负有保证其质量合格、符合工程要求的义务，则此时的检验费用约定由发包人来承担，更为公平合理。

本项第（2）目中约定，对承包人采购的材料和工程设备，如合同约定或法律规定材料和工程设备使用前必须进行检验或试验，承包人应按工程师的指示进行检验或试验，检验或试验费用由承包人承担。除法律规定需要在使用前进行检验或试验的材料和工程设备外，如还有其他材料和工程设备需要在使用前进行检验或试验的，合同当事人应当在合同中对此作出明确约定，包括检验或试验费用的承担。

专用合同条件第6.2.3项中还设置了内容供合同当事人对"承包人提交保管、维护方案的时间"以及"发包人提供的库房、堆场、设施和设备"作出约定，但这两项内容在本项通用合同条件中并不存在直接的对应条款内容。但这两项内容都是与材料和工程设备的保管相关的，首先，无论是对发包人供应的材料设备双方约定由承包人负责保管，还是对承包人采购的材料设备由承包人负责保管，都会涉及保管、维护方案的问题，因此，如果需要承包人对由其负责保管的材料和工程设备提交保管、维护方案的，合同当事人可在专用合同条件中对承包人提交保管、维护方案的时间及其他要求作出约定，同时还可以对工程师或发包人收到承包人提交的保管、维护方案后进行审批的时间作出约定，并可约定经工程师（或发包人）审批的保管、维护方案作为承包人对材料和工程设备进行保管和维护的依据。其次，通常情况下，由承包人负责保管材料和工程设备的，进行材料和工程设备保管所需的库房、堆场、设施和设备系由承包人来负责提供，但如果需要由发包人来全部或部分提供这些库房、堆场、设施和设备的，则合同当事人应当在专用合同条件中对此作出明确约定，包括发包人应提供哪些库房、堆场、设施和设备，以及提供的期限和具体要求，包括逾期提供应承担的违约责任等。

【风险识别与防范】

本项中约定了两项内容，一项是材料和工程设备的保管；一项是材料和工程设备的使用，其中主要涉及使用前的检验或试验以及检验试验费用的承担。

关于材料和工程设备的保管，约定由哪一方保管主要涉及以下两方面的问题和风险：

1. 保管费用的承担。对由承包人采购的材料和工程设备系由承包人来保管，保管费用由承包人来承担。而对由发包人供应的材料和工程设备由哪一方保管，保管费用由哪一方承担，合同当事人可以在专用合同条件中作出约定。在约定时应当根据权利义务对等、等价有偿和公平原则对保管费用由哪一方承担作出约定。

2. 保管后发生丢失毁损等责任和风险的承担。对由承包人负责保管的材料和工程设备，包括由发包人供应的材料设备但双方约定系由承包人负责保管以及由承包人自行采购的材料设备，如在保管期间发生丢失毁损等情形，由承包人承担责任，承包人承担完责任之后，如果有第三方责任人的，承包人可以依法向第三方进行追偿。对由发包人供应的材料设备如由发包人自行保管的，则在保管期间发生丢失毁损等情形的，由发包人自行承担责任或者向有责任的第三方进行追偿。因此，合同当事人应当在签订合同时对由发包人供应的材料设备的保管方及其保管费用的承担作出明确约定。在合同履行过程中，负有保管责任的一方应当妥善保管有关材料和工程设备。

关于工程和材料设备的使用问题，无论是由发包人供应的材料设备，还是由承包人采购的材料设备，也不论该材料设备系由哪一方进行保管，如果按照合同约定或法律规定相应材料设备在使用前需要进行检验或试验的，则承包人都应当在使用前进行必要的检验或试验，在检验或试验合格之后再进行使用。在合同签订阶段，合同当事人应当在合同中对需要在使用前进行检验或试验的材料和工程设备以及检验或试验费用的承担作出明确约定；在合同履行阶段，承包人应按合同约定或法律规定做好材料和工程设备使用前的检验或试验工作，并保留好相应证据，而发包人应当及时监督检查承包人的检验或试验工作，避免将不合格的材料和工程设备使用于工程上，而给双方造成不必要的损失。

【法条索引】

•《建筑法》

第五十九条　建筑施工企业必须按照工程设计要求、施工技术标准和合同的约定，对建筑材料、建筑构配件和设备进行检验，不合格的不得使用。

第七十四条　建筑施工企业在施工中偷工减料的，使用不合格的建筑材料、建筑构配件和设备的，或者有其他不按照工程设计图纸或者施工技术标准施工的行为的，责令改正，处以罚款；情节严重的，责令停业整顿，降低资质等级或者吊销资质证书；造成建筑工程质量不符合规定的质量标准的，负责返工、修理，并赔偿因此造成的损失；构成犯罪的，依法追究刑事责任。

6.2.4　材料和工程设备的所有权

除本合同另有约定外，承包人根据第6.2.2项［承包人提供的材料和工程设备］约定提供的材料和工程设备后，材料及工程设备的价款应列入第14.3.1项第（2）目的进度款金额中，发包人支付当期进度款之后，其所有权转为发包人所有（周转性材料除外）；在发包人接收工程前，承包人有义务对材料和工程设备进行保管、维护和保养，未经发包人批准不得运出现场。

承包人按第6.2.2项提供的材料和工程设备，承包人应确保发包人取得无权利负担的材料及工程设备所有权，因承包人与第三人的物权争议导致的增加的费用和（或）延误的工期，由承包人承担。

【条文释义】

本项约定的是材料和工程设备的所有权。对由发包人供应的材料和工程设备而言，因系发包人与材料设备供应商之间签订买卖合同并由发包人直接向材料设备供应商支付货款，故在发包人与承包人之间，通常并不会就由发包人供应的材料设备的所有权产生争议，故本项中并未对由发包人供应的材料设备的所有权问题作出约定，而仅约定了由承包人采购的材料设备的所有权问题。

本项中约定除本合同另有约定外，承包人根据第6.2.2项［承包人提供的材料和工程设备］约定提供材料和工程设备后，材料及工程设备的价款应列入第14.3.1项第（2）目的进度款金额中，发包人支付当期进度款之后，其所有权转为发包人所有（周转性材料除外）；但专用合同条件中并未设置相应条款供合同当事人对由承包人提供的材料和工程设备的所有权转为发包人所有的条件和时间点作出约定。

本项中约定在发包人接收工程前，承包人有义务对材料和工程设备进行保管、维护和保养，未经发包人批准不得运出现场，此处所约定的承包人负有保管、维护和保养义务的材料和工程设备应当是指由承包人采购的材料设备或者由发包人供应但双方约定由承包人负责保管的材料设备，而并不包括由发包人供应但双方并未约定由承包人保管的材料设备。但对已进入工程现场的材料和工程设备而言，无论是由发包人所供应，还是由承包人所供应，无论是否由承包人负责保管，未经发包人批准，承包人都不得将已经进入工程现场的材料和工程设备运出现场。

对承包人按第 6.2.2 项提供的材料和工程设备，承包人应确保发包人取得无权利负担的材料及工程设备所有权，否则，如因承包人与第三人的物权争议导致费用增加和（或）工期延误的，由承包人承担。材料及工程设备属于动产，《民法典》第二百二十四条规定："动产物权的设立和转让，自交付时发生效力，但是法律另有规定的除外。"因此，在通常情况下，对承包人采购的材料设备，如果已经运抵施工现场、交付给了承包人，则该材料设备的所有权即已转为承包人所有，但就该材料设备的所有权在发包人和承包人之间的归属问题，则应根据本项第 1 段中的约定或者双方对此另有约定的其他合同条款中的约定处理。但是，在承包人采购材料设备时，在承包人与材料设备供应商所签订的买卖合同中可能会约定有所有权保留的条款，而如果存在该约定，一旦材料设备供应商行使买卖合同中约定的所有权保留的权利（如要求取回其仍享有所有权的材料设备），可能就会出现本项第 2 段中所约定的"因承包人与第三人的物权争议导致的增加的费用和（或）延误的工期"的情形，因该原因导致的费用增加和（或）延误工期应当由承包人承担。但如果系因发包人拖欠承包人工程预付款、进度款等款项而导致承包人无法向材料设备供应商支付货款，致使材料设备供应商行使所有权保留的权利而发生前述情形，则发包人也应承担相应的责任。

【使用指引】

本项通用合同条件中约定合同当事人可以对承包人采购的材料和工程设备的所有权转为发包人所有的时间和条件作出"另有约定"，但是专用合同条件中并未相应设置条款供合同当事人对此作出"另有约定"。根据本项通用合同条件中的约定，由承包人采购的材料和工程设备的所有权转为发包人所有的时间和条件为：承包人应将其根据第 6.2.2 项［承包人提供的材料和工程设备］约定提供的材料和工程设备的价款列入第 14.3.1 项第（2）目的进度款金额中，在发包人支付当期进度款之后，承包人所采购的材料设备的所有权转为发包人所有。而在此之前，承包人所采购的材料设备的所有权归承包人所有。

本项通用合同条件中所约定的由承包人采购的材料和工程设备的所有权转为发包人所有的条件相对而言比较复杂，不仅承包人要将材料及工程设备的价款列入承包人按照第 14.3.1 项第（2）目所申报的进度款金额中，还要求在发包人支付当期进度款之后，相应材料和工程设备的所有权才转为发包人所有。根据本项通用合同条件中的约定，如果出现发包人并未按期支付进度款的情形，则相关材料和工程设备的所有权一直不能转为由发包人所有，而仍然归承包人所有，相关材料和工程设备毁损灭失的责任和风险仍然由承包人来承担，因发包人的违约行为（逾期支付进度款）却导致承包人要承担额外的风险，则对承包人而言亦可能会产生不公平、不合理的结果。同时，如果出现发包人仅支付部分进度款的情形，则此时是否意味着由承包人申报进进度款金额中的材料和工程设备中仅有部分（根据发包人实际支付进度款金额占应支付进度款金额的比例）材料和工程设备的所有权转为发包人所有，剩余材料和工程设备的所有权仍归承包人所有，因材料和工程设备往往属于种类物，如按比例确定所有权转移，则哪部分材料和工程设备的所有权发生转移？即本项通用合同条件中对由承包人采购的材料和工程设备的所有权转为发包人所有的条件的约定相对复杂，或者说将"发包人支付当期进度款"作为相应材料和工程设备的所有权转为发包人所有的条件，可能会导致出现前述不合理或难以操作的情形。故合同当事人在签订合同时可以对此作出相对简单、更具操作性的约定，如可约定相应材料和工程设备的价款已被承包人列入第 14.3.1 项第（2）目的进度款金额中，且经发包人（或工程师）审批确认的应付进度款中已包括该材料及工程设备的价款之后，相应材料及工程设备的所有权即转为发包人所有。至于发包人在审批确认应付进度款之后，并未按约及时向承包人支付的，所产生的法律后果应当是发包人对承包人的违约，发包人除了应将应付进度款支付给承包人之外，还应承担逾期支付进度款的违约责任，但发包人的该违约行为完全可以不影响该部分材料和工程设备所有权的转移。

当然，对该部分材料和工程设备的所有权转移，合同当事人还可以约定更为简单、更具有操作性的标准，如以相关材料和工程设备是否已运至施工现场（包括是否已经会同发包人/工程师验收合格）来确定所有权的转移。合同第 17.4 款［不可抗力后果的承担］中约定："永久工程，包括已运至施工现场的材料和工程设备（因不可抗力而产生）的损害"由发包人承担，根据该约定，似乎应当得出"已运至施工现场的材料和工程设备"的所有权已经转为发包人所有，这样在出现不可抗力导致"已运至施工现场的材料和工程设备"发生损害时，由发包人来承担该损害，才具有法律依据和合理性，否则，在该部分材料和工程设备的所有权仍归承包人所有的情况下，应当由该部分材料和工程设备的所有权人，即承包人来承担因不可抗力所导致的损害。

【风险识别与防范】

承包人采购的材料和工程设备的所有权转为发包人所有具有非常重要的意义，所有权的转移意味着责任和风险的转移，在所有权转移给发包人之前，如承包人所采购的材料设备因不可抗力等非发包人和承包人原因导致发生毁损灭失，则该责任和风险系由承包人来承担；在所有权转移给发包人之后，如该部分材料设备因不可抗力等非发包人和承包人原因导致发生毁损灭失，则该责任和风险转由发包人来承担。因此，合同当事人应当高度重视该问题，并在签订合同时对此作出具有操作性且合理的约定，具体可参照上述【使用指引】中的方式进行约定。

本项中约定"在发包人接收工程前，承包人有义务对材料和工程设备进行保管、维护和保养"，但如果工程上存在着由发包人供应材料设备但双方约定由发包人进行保管（而非由承包人进行保管）的情形，则承包人应当注意对此作出相应的修改。另外，不管是发包人供应的材料设备，还是由承包人采购的材料设备，也不论承包人对相关材料设备是否负有保管义务，一旦材料和工程设备被使用于工程上，即成为工程的一部分，则承包人即负有对工程（包括已完工程、未完工程）进行照管的义务，直至发包人接收工程，此时承包人对工程所负有的照管义务已覆盖、包含对已使用于工程上的材料设备的照管。

承包人应当注意本项第2段中的约定，为防范该风险，承包人在与材料设备供应商签订买卖合同时，应当尽量避免约定材料设备供应商保留所有权的条款，或者在买卖合同中已约定材料设备供应商保留所有权的情况下，承包人应当按照买卖合同约定及时支付货款或履行其他合同义务，避免因未及时支付货款或有其他违约行为，而导致材料设备供应商行使所有权保留的权利，而导致承包人对发包人出现本项第2段中所约定情形，导致承包人需承担因此产生的费用增加和（或）工期延误。

【法条索引】

•《民法典》

第二百二十四条 动产物权的设立和转让，自交付时发生效力，但是法律另有规定的除外。

第六百四十一条 当事人可以在买卖合同中约定买受人未履行支付价款或者其他义务的，标的物的所有权属于出卖人。

出卖人对标的物保留的所有权，未经登记，不得对抗善意第三人。

6.3 样品

6.3.1 样品的报送与封存

需要承包人报送样品的材料或工程设备，样品的种类、名称、规格、数量等要求均应在专用合同条件中约定。样品的报送程序如下：

（1）承包人应在计划采购前28天向工程师报送样品。承包人报送的样品均应来自供应材料的实际生产地，且提供的样品的规格、数量足以表明材料或工程设备的质量、型号、颜色、表面处理、质地、误差和其他要求的特征。

（2）承包人每次报送样品时应随附申报单，申报单应载明报送样品的相关数据和资料，并标明每件样品对应的图纸号，预留工程师审批意见栏。工程师应在收到承包人报送的样品后7天向承包人回复经发包人签认的样品审批意见。

（3）经工程师审批确认的样品应按约定的方法封样，封存的样品作为检验工程相关部分的标准之一。承包人在施工过程中不得使用与样品不符的材料或工程设备。

（4）工程师对样品的审批确认仅为确认相关材料或工程设备的特征或用途，不得被理解为对合同的修改或改变，也并不减轻或免除承包人任何的责任和义务。如果封存的样品修改或改变了合同约定，合同当事人应当以书面协议予以确认。

【条文释义】

第 6.3 款为"样品"，分两项规定了"样品的报送与封存"（第 6.3.1 项）和"样品的保管"（第 6.3.2 项）。本项约定的是样品的报送与封存，其中约定了两部分内容，一是合同当事人应当在专用合同条件中对需要承包人报送样品的材料或工程设备时样品的种类、名称、规格、数量等要求作出约定，专用合同条件中也相应设置了第 6.3.1 项供合同当事人对此作出约定；二是对样品的报送程序（包括封存）作出了具体约定。本项中所约定的样品报送程序（含封存）如下：

（1）承包人向工程师报送样品（报送的期限和具体要求）：承包人应在计划采购前 28 天向工程师报送样品，报送的样品均应来自供应材料的实际生产地，且提供的样品的规格、数量足以表明材料或工程设备的质量、型号、颜色、表面处理、质地、误差和其他要求的特征。承包人每次报送样品时应随附申报单，申报单应载明报送样品的相关数据和资料，并标明每件样品对应的图纸号，预留工程师审批意见栏。

（2）工程师/发包人审批样品：工程师应在收到承包人报送的样品后 7 天内向承包人回复经发包人签认的样品审批意见，即发包人需在一个更短的时间内完成对样品的审批，并将其签认的样品审批意见通知工程师，由工程师向承包人回复。

（3）审批确认后封存样品：经工程师审批确认的样品应按约定的方法封样，封存的样品作为检验工程相关部分的标准之一，承包人在施工过程中不得使用与样品不符的材料或工程设备。

（4）封存的样品修改或改变合同约定时签订书面协议予以确认：工程师对样品的审批确认仅为确认相关材料或工程设备的特征或用途，不得被理解为对合同的修改或改变，也并不减轻或免除承包人任何的责任和义务；如果封存的样品修改或改变了合同约定，合同当事人应当以书面协议予以确认。此处虽约定以书面协议予以确认，但如果合同当事人以其他方式予以确认的，也应当认可其效力。

【使用指引】

针对本项约定，如在工程实施中存在需要由承包人报送样品的材料或工程设备，合同当事人应当在专用合同条件第 6.3.1 项中对需要承包人报送样品的种类、名称、规格、数量等要求作出具体、明确的约定。

关于样品的报送程序和封存方法，合同当事人亦可在合同中作出具体约定。本项通用合同条件中对承包人报送样品的程序，包括报送期限和具体报送要求、以及所需提交的材料等，合同当事人都可以在专用合同条件中作出更具体、更明确的约定。关于工程师（发包人）审批承包人报送样品的期限，本项通用合同条件中约定："工程师应在收到承包人报送的样品后 7 天向承包人回复经发包人签认的样品审批意见。"但工程师收到报送样品后需传送给发包人，而发包人完成审批后还需将其审批意见传送给工程师以便工程师回复给承包人，扣除两次传送所需时间后留给发包人审批的时间可能就所剩无几了，所以，为保证发包人有合理的审批时间，避免因工程师传送延误等原因而导致发包人无法在期限内完成样品审批，并增加本项该部分约定的可操作性，对发包人审批承包人报送的样品的期限问题，合同当事人可在合同中分别约定工程师收到承包人报送样品后完成审批并提交发包人审核的期限，以及发包人收到工程师审批意见后完成审核的期限。

关于样品审批确认之后的封样方法，本项第（3）目中约定："经工程师审批确认的样品应按约定的方法封存"，合同当事人还应对样品的封样方法作出约定，所约定的封样方法应当足以保证样品的品质等在封存期间不会发生改变。

如果经审批确认并封存的样品修改或改变了合同约定，则合同当事人应当及时通过书面方式对此予以确认，确认方式既可以采用本项第（4）目中所要求的书面协议，也可以采取其他书面方式来确认，只要确认方式足以体现样品对合同约定的修改或改变是合同当事人的真实意思表示，即应认可其效力。

【风险识别与防范】

在合同签订时，如果存在需要承包人报送样品的材料或工程设备，合同当事人应当在专用合同条件中对此作出具体、详细的约定，包括承包人报送样品的种类、名称、规格、数量等要求，以便在合同履行过程中作为承包人报送样品和发包人（工程师）对样品进行审批的依据。本项第（1）目中约定承包人提供样品的规格、数量应当满足"足以表明材料或工程设备的质量、型号、颜色、表面处理、质地、误差和其他要求的特征"的要求，但对何为"足以表明"该等特征的规格、数量，并未作明确约定，容易产生争议，故应当对需要承包人报送样品的规格、数量作出明确约定。

在承包人报送样品经审批确认之后应当按照约定的方式进行封存，合同当事人应当对封存方法作出明确约定，在合同中对封存方法有约定时，应当采取合同约定的封存方法，如果合同中对封存方法未作约定，则应当采取足以保证被封存的样品的各项品质在封存期间不会发生改变的封存方法。

因经审批确认并封存的样品系作为检验工程相关部分的标准之一，承包人在施工过程中不得使用与样品不符的材料和工程设备，承包人在工程实施过程中应当按照审批确认并封存的样品进行材料和工程设备的采购，确保所采购并用于工程上的材料和工程设备与该样品相符。如果承包人因故无法按照封存样品采购相关材料或工程设备的，承包人应当及时办理相应的样品变更手续，而不能径行采购并使用与样品不符的材料和工程设备，否则，在工程验收过程中，如发包人对此不予认可，承包人将会处于非常不利的被动局面，并需承担相应的责任。同时，如果封存的样品修改或改变了合同约定，承包人应当及时通过书面协议或其他书面方式对此予以确认。

6.3.2　样品的保管

经批准的样品应由工程师负责封存于现场，承包人应在现场为保存样品提供适当和固定的场所并保持适当和良好的存储环境条件。

【条文释义】

本项是关于样品保管的约定。第6.3.1项中约定了样品的审批确认和封存，样品在审批确认后应按约定的方式进行封存，而样品封存之后至工程施工完成对工程进行检验和竣工验收，通常会有一段较长的时间，因此，样品在封存之后需要进行妥善保管，以确保在工程进行检验和竣工验收时，封存样品的品质等未发生改变，可以作为检验工程相关部分的标准。

本项中约定经批准的样品应由工程师负责封存于现场，并约定承包人应在现场为保存样品提供适当和固定的场所并保持适当和良好的存储环境条件。本项中所约定的"适当的"场所以及"适当和良好的"存储环境条件，应能确保封存样品的品质等（包括其质量、型号、颜色、表面处理、质地、误差和其他要求的特征）在封存期间不会发生改变。

【使用指引】

本项中约定"经批准的样品应由工程师负责封存于现场"，而第 6.3.1 项第（3）目约定"经工程师审批确认的样品应按约定的方法封存"，关于样品封存的约定，需注意避免两处约定出现不一致。本项中约定系由工程师负责将样品封存于现场，合同当事人亦可约定由承包人在工程师的监督之下负责将样品封存于现场。另外，如果存在特殊情况需要将样品封存于现场之外的其他地方的，合同当事人应当对此作出明确约定。

关于保管场所的提供和保管环境的要求，本项中约定系由承包人为保存样品提供适当和固定的场所并保持适当和良好的存储环境条件，如有必要，合同当事人可以对保管场所和保管环境作出更加具体、详细的约定。另外，为避免产生争议，合同当事人还可对以下事项作出具体、明确的约定：（1）承包人提供样品保管场所及保持保管环境所产生的费用的承担；（2）因封存和保管不当而导致样品的品质等发生改变、无法作为检验工程相关部分的标准时如何处理，以及相应责任如何承担等。因保管场所和保管环境系由承包人负责提供和保持，如果因承包人未能提供适当的保管场所以及适当和良好的存储环境条件而导致样品的品质等发生改变的，应由承包人承担因此而产生的责任和后果。

【风险识别与防范】

关于样品的封存，第 6.3.1 项第（3）目中约定"经工程师审批确认的样品应按约定的方法封存"，并未约定由谁负责封存，而本项中约定"经批准的样品应由工程师负责封存于现场"，明确了由工程师负责将经批准的样品封存于现场。对发包人而言，如果约定由工程师负责封存，一旦出现封存不当的情形，如工程师未采取合同约定的封存方法，或虽采取合同约定的封存方法但仍出现了样品的品质等发生改变，而无法作为检验工程相关部分的标准的情形，此时的相应责任和后果应由发包人来承担。故对发包人而言，为避免承担该责任和后果，可以将本项中该部分约定进行相应修改，如可改为"经批准的样品应由承包人负责封存于现场"或"经批准的样品应由承包人在工程师的监督下封存于现场"，将样品封存的义务主体约定为承包人。

关于保管场所和保管环境的提供，在合同当事人对保管场所和保管环境有具体约定的情况下，承包人应按约定提供，在合同当事人未作约定的情况下，承包人应当提供足以保证封存样品的品质等在封存期间不会发生改变的保管场所和保管环境，以避免因其提供的保管场所和保管环境"不适当"而导致样品品质等发生改变，而导致承包人需要承担相应责任和后果。

6.4　质量检查

6.4.1　工程质量要求

工程质量标准必须符合现行国家有关工程施工质量验收规范和标准的要求。有关工程质量的特殊标准或要求由合同当事人在专用合同条件中约定。

因承包人原因造成工程质量未达到合同约定标准的，发包人有权要求承包人返工直至工程质量达到合同约定的标准为止，并由承包人承担由此增加的费用和（或）延误的工期。因发包人原因造成工程质量未达到合同约定标准的，由发包人承担由此增加的费用和（或）延误的工期，并支付承包人合理的利润。

【条文释义】

第 6 条为"材料、工程设备"，第 6.4 款约定的是"质量检查"，包括"工程质量要求"（第 6.4.1 项）、"质量检查"（第 6.4.2 项）、"隐蔽工程检查"（第 6.4.3 项），第 6.4 款中所约定的主要是关于工程的质量标准、质量检查程序（包括隐蔽工程质量检查），而不仅仅限于材料和工程设备的质量标准和质量检查程序。

本项是关于对工程质量要求的约定，本项第 1 段中约定工程质量标准必须符合现行国家有关工程施工质量验收规范和标准的要求，并约定合同当事人可以在专用合同条件中对有关工程质量的特殊标准或要求作出约定。本项第 2 段中分别约定了因承包人和发包人的原因导致工程质量未达到合同约定标准时所应承担的责任：（1）因承包人原因造成工程质量未达到合同约定标准的，发包人有权要求承包人返工直至工程质量达到合同约定的标准为止，并由承包人承担由此增加的费用和（或）延误的工期；（2）因发包人原因造成工程质量未达到合同约定标准的，由发包人承担由此增加的费用和（或）延误的工期，并支付承包人合理的利润。

【使用指引】

工程质量标准必须符合现行国家有关工程施工质量验收规范和标准的要求，属于题中应有之义，本项在使用时需要注意的是合同当事人如果对工程质量有特殊标准或要求的，应当在专用合同条件中作出具体、明确约定。专用合同条件中也相应设置了第 6.4.1 项供合同当事人对"工程质量的特殊标准或要求"作出约定。

需要注意的是，本项在适用时，应当与合同第 1.4 款［标准和规范］相结合适用，并保持两者之间的协调统一。合同第 1.4.1 项约定："适用于工程的国家标准、行业标准、工程所在地的地方性标准，以及相应的规范、规程等，合同当事人有特别要求的，应在专用合同条件中约定。"第 1.4.2 项中约定了"发包人要求使用国外标准、规范"的情形，第 1.4.3 项中约定"没有相应成文规定的标准、规范时，由发包人在专用合同条件中约定的时间向承包人列明技术要求，承包人按约定的时间和技术要求提出实施方法，经发包人认可后执行"，第 1.4.4 项中约定"发包人对于工程的技术标准、功能要求高于或严于现行国家、行业或地方标准的，应当在《发包人要求》中予以明确"。合同第 1.4 款［标准和规范］中所约定的这些标准规范（包括外国标准规范、发包人向承包人列明的技术要求、《发包人要求》中明确的高于或严于现行国家、行业或地方标准的技术标准、功能要求等），其中都可能包含对工程质量标准的规定和要求（包括特殊标准和要求），工程质量标准必须符合这些标准规范。因此，合同当事人在签订合同时，应当结合合同第 1.4 款［标准和规范］中的约定（包括专用合同条件和《发包人要求》中的相关约定），来对专用合同条件第 6.4.1 项作出约定，如其他专用合同条件和《发包人要求》中已经对"工程质量的特殊标准或要求"作出明确约定的，则合同当事人即可在专用合同条件第 6.4.1 项约定"工程质量的特殊标准或要求"参见相关专用合同条件和《发包人要求》中的相关约定即可，无需再重复作出约定。

【风险识别与防范】

质量是工程的根基和生命，我国现行法律、行政法规中对工程质量有大量的明文规定，包括对建设单位、设计单位、施工单位的质量责任和义务，以及违反该等质量责任和义务所应承担的法律责任和后果（包括刑事法律责任），均有相应的明确规定。建设单位、设计单位、施工单位在工程实施中必须遵守法律、行政法规中关于工程质量的规定，以及国家有关工程施工质量验收规范和标准的要求。

因工程建设方面的标准规范众多，既有强制性标准，也有推荐性标准，相关标准中还有部分条文被明确为强制性条文，国务院住建部门对外发布有《工程建设标准强制性条文》（分各专业），这些强制性条文是工程建设现行国家和行业标准中直接涉及人民生命财产安全、人身健康、环境保护和公共利益的条文，列入《工程建设标准强制性条文》中的所有条文都必须严格执行。在工程实施过程中，合同当事人都必须遵守这些工程建设标准强制性条文，不得违反，合同当事人在专用合同条件中对"有关工程质量的特殊标准或要求"的约定不能与这些强制性条文相违背，否则无效。

合同当事人除了要在专用合同条件中对"有关工程质量的特殊标准或要求（如有）"作出具体、明确约定外，在合同履行过程中还要加强工程质量管理，确保按照法律、行政法规和现行国家有关工程施工质量验收规范和标准的要求，以及合同中约定的有关工程质量的特殊标准或要求进行工程实施，避免因己方原因造成工程质量未达到合同约定标准而向对方当事人承担违约责任。对发包人而言，虽然如果因承包人原因造成工程质量未达到合同约定标准的，发包人有权追究承包人的违约责任，但发包人因此所遭受的损失往往无法得到全部赔偿，因此，发包人在工程实施过程中也应当加强对工程质量（包括隐蔽工程）的检查。

【法条索引】

• **《建筑法》**

第三条　建筑活动应当确保建筑工程质量和安全，符合国家的建筑工程安全标准。

第五十二条第一款　建筑工程勘察、设计、施工的质量必须符合国家有关建筑工程安全标准的要求，具体管理办法由国务院规定。

第五十四条　建设单位不得以任何理由，要求建筑设计单位或者建筑施工企业在工程设计或者施工作业中，违反法律、行政法规和建筑工程质量、安全标准，降低工程质量。

建筑设计单位和建筑施工企业对建设单位违反前款规定提出的降低工程质量的要求，应当予以拒绝。

第五十六条　建筑工程的勘察、设计单位必须对其勘察、设计的质量负责。勘察、设计文件应当符合有关法律、行政法规的规定和建筑工程质量、安全标准、建筑工程勘察、设计技术规范以及合同的约定。设计文件选用的建筑材料、建筑构配件和设备，应当注明其规格、型号、性能等技术指标，其质量要求必须符合国家规定的标准。

第五十八条　建筑施工企业对工程的施工质量负责。

建筑施工企业必须按照工程设计图和施工技术标准施工，不得偷工减料。工程设计的修改由原设计单位负责，建筑施工企业不得擅自修改工程设计。

6.4.2　质量检查

发包人有权通过工程师或自行对全部工程内容及其施工工艺、材料和工程设备进行检查和检验。承包人应为工程师或发包人的检查和检验提供方便，包括到施工现场，或制造、加工地点，或专用合同条件约定的其他地方进行察看和查阅施工原始记录。承包人还应按工程师或发包人指示，进行施工现场的取样试验，工程复核测量和设备性能检测，提供试验样品、提交试验报告和测量成果以及工程师或发包人指示进行的其他工作。工程师或发包人的检查和检验，不免除承包人按合同约定应负的责任。

【条文释义】

本项中约定了发包人对工程质量进行检查和检验的权利，以及承包人的配合和协助义务。本项中约定了以下内容：

1. 发包人对工程质量进行检查和检验的权利：发包人有权通过工程师或自行对全部工程内容及其施工工艺、材料和工程设备进行检查和检验。质量检查方式包括发包人通过工程师进行检查和检验，以及发包人自行进行检查和检验，质量检查和检验的对象包括"全部工程内容及其施工工艺、材料和工程设备"。这是发包人所享有的一项法定权利，《民法典》第七百九十七条规定："发包人在不妨碍承包人正常作业的情况下，可以随时对作业进度、质量进行检查。"

2. 承包人在发包人对质量进行检查和检验时的配合和协助义务：（1）承包人应为工程师或发包人的检查和检验提供方便，包括到施工现场，或制造、加工地点，或专用合同条件约定的其他地方进行察看和查阅施工原始记录。（2）承包人还应按工程师或发包人的指示，进行施工现场的取样试验，工程复核测量或设备性能检测，提供试验样品、提交试验报告和测量成果以及工程师或发包人指示进行的其他工作。

3. 工程师或发包人的检查和检验，不免除承包人按合同约定应负的责任。因为工程师或发包人对工程质量的检查和检验系发包人所享有的一项权利，而并非发包人的义务，同时，承包人作为工程实施方，其负有按照合同约定（包括按照合同中关于工程质量的约定）完成工程实施的直接义务，故工程师或发包人的检查或检验不免除承包人按合同约定应负的责任。

【使用指引】

本项通用合同条件约定承包人应为工程师或发包人到"施工现场，或制造、加工地点，或专用合同条件约定的其他地方"进行察看提供方便，专用合同条件中相应设置了第6.4.2项供合同当事人对"除通用合同条件已列明的质量检查的地点外，发包人有权进行质量检查的其他地点"作出约定，如果在工程实施中存在该等其他地点的，合同当事人应当在专用合同条件中对此作出明确约定。

另外，本项通用合同条件中对发包人进行质量检查和检验时承包人所负有的配合和协助义务作了约定，包括承包人应当提供的方便和应当进行的工作，但并未对发包人进行质量检查和检验时的程序问题作出约定，如在发包人提出进行质量检查和检验的要求后，承包人提供本项约定的方便和进行本项约定工作的期限问题，以及如承包人逾期完成时所应承担的责任等，为增强本项约定的操作性，合同当事人可以在合同中对发包人进行质量检查和检验时的程序问题作出约定。

【风险识别与防范】

工程质量问题直接关乎承包人和发包人的切身利益，对承包人而言，其按合同约定质量要求完成工程施工是其向发包人主张工程价款的前提和基础，而对发包人而言，工程质量合格，其才能将工程投入使用或对外出售出租等，从而实现其签订工程总承包合同、向承包人支付合同价款所欲达到的合同目的。因此，承包人和发包人除了应当在合同中明确约定工程质量要求之外，还应当对工程施工过程中的质量检查和检验（包括质量检查和检验程序）作出明确约定。在合同履行过程中，承包人应当严格按照法律法规、标准规范及合同约定进行工程施工，确保工程质量符合合同约定。而对发包人而言，在工程实施过程中，也应当加强对工程质量的监督管理，及时按照合同约定对工程质量进行检查和检验。

对发包人而言，虽然对工程质量进行检查和检验属于发包人的一项权利，而不属于其义务，但发包人在工程实施中也应当及时合理行使该权利，以保证工程质量符合合同约定，因为，如果因承包人原因造成工程质量未达到合同约定标准的，发包人虽然有权追究承包人的违约责任，但发包人因此所遭受的损失往往无法得到全部赔偿，包括发包人所受损失较大超出承包人的赔偿能力、发包人虽遭受损失但无法举证证明、合同中对承包人应承担的违约赔偿责任约定有上限等。因此，发包人在工程实施过程中应当加强对工程质量（包括隐蔽工程）的检查。

另，发包人需要注意的是，其在工程实施过程中对工程质量进行检查和检验时，不得妨碍承包人的正常施工作业，否则，因此所导致的费用增加和（或）工期延误，应由发包人承担。对承包人而言，其在发包人对工程质量进行检查和检验时，负有配合和协助的义务，但如果发包人进行的检查和检验妨碍其正常施工作业时，应当及时向发包人提出，并及时要求发包人承担因此而增加的费用和（或）延误的工期。

【法条索引】

•《民法典》

第七百九十七条　发包人在不妨碍承包人正常作业的情况下，可以随时对作业进度、质量进行检查。

6.4.3　隐蔽工程检查

除专用合同条件另有约定外，工程隐蔽部位经承包人自检确认具备覆盖条件的，承包人应书面通知工程师在约定的期限内检查，通知中应载明隐蔽检查的内容、时间和地点，并应附有自检记录和必要的检查资料。

工程师应按时到场并对隐蔽工程及其施工工艺、材料和工程设备进行检查。经工程师检查确认质量符合隐蔽要求，并在验收记录上签字后，承包人才能进行覆盖。经工程师检查质量不合格的，承包人应在工程师指示的时间内完成修复，并由工程师重新检查，由此增加的费用和（或）延误的工期由承包人承担。

除专用合同条件另有约定外，工程师不能按时进行检查的，应提前向承包人提交书面延期要求，顺延时间不得超过48小时，由此导致工期延误的，工期应予以顺延，顺延超过48小时的，由此导致的工期延误及费用增加由发包人承担。工程师未按时进行检查，也未提出延期要求的，视为隐蔽工程检查合格，承包人可自行完成覆盖工作，并作相应记录报送工程师，工程师应签字确认。工程师事后对检查记录有疑问的，可按下列约定重新检查。

承包人覆盖工程隐蔽部位后，工程师对质量有疑问的，可要求承包人对已覆盖的部位进行钻孔探测或揭开重新检查，承包人应遵照执行，并在检查后重新覆盖恢复原状。经检查证明工程质量符合合同要求的，由发包人承担由此增加的费用和（或）延误的工期，并支付承包人合理的利润；经检查证明工程质量不符合合同要求的，由此增加的费用和（或）延误的工期由承包人承担。

承包人未通知工程师到场检查，私自将工程隐蔽部位覆盖的，工程师有权指示承包人钻孔探测或揭开检查，无论工程隐蔽部位质量是否合格，由此增加的费用和（或）延误的工期均由承包人承担。

【条文释义】

本项约定的是对隐蔽工程的检查验收。在工程施工过程中，会出现一些后一工序的工作结果掩盖了前一工序的工作结果的隐蔽工程，为确保工程质量，在下一工序施工前，应当对隐蔽工程进行检查和验收，验收合格后再进入下一工序施工。本项中约定了隐蔽工程检查中的以下内容：

（1）承包人通知工程师检查：除专用合同条件另有约定之外，工程隐蔽部位经承包人自检确认具备覆盖条件的，承包人应书面通知工程师在约定的期限内检查，通知中应载明隐蔽检查的内容、时间和地点，并应附有自检记录和必要的检查资料。

（2）工程师进行检查及检查后的处理：工程师应按时到场并对隐蔽工程及其施工工艺、材料和工程设备进行检查；经工程师检查确认质量符合隐蔽要求，并在验收记录上签字后，承包人才能进行覆盖；经工程师检查质量不合格的，承包人应在工程师指示的时间内完成修复，并由工程师重新检查，由此增加的费用和（或）延误的工期由承包人承担。

（3）工程师不能按时进行检查时的处理：除专用合同条件另有约定外，工程师不能按时进行检查的，应提前向承包人提交书面延期要求，顺延时间不得超过48小时，由此导致工期延误的，工期应予以顺延，顺延超过48小时的，由此导致的工期延误及费用增加由发包人承担。工程师未按时进行检查，也未提出延期要求的，视为隐蔽工程检查合格，承包人可自行完成覆盖工作，并作相应记录报送工程师，工程师应签字确认；工程师事后对检查记录有疑问的，可以要求重新检查。

（4）隐蔽工程覆盖后工程师要求重新检查：承包人覆盖工程隐蔽部位后，工程师对质量有疑问的，可要求承包人对已覆盖的部位进行钻孔探测或揭开重新检查，承包人应遵照执行，并在检查后重新覆盖恢复原状。经检查证明工程质量符合合同要求的，由发包人承担由此增加的费用和（或）延误的工期，并支付承包人合理的利润；经检查证明工程质量不符合合同要求的，由此增加的费用和（或）延误的工期由承包人承担。

（5）承包人私自覆盖隐蔽工程的责任：承包人未通知工程师到场检查，私自将工程隐蔽部位覆盖的，工程师有权指示承包人钻孔探测或揭开检查，无论工程隐蔽部位质量是否合格，由此增加的费用和（或）延误的工期均由承包人承担。

【使用指引】

本项中需要合同当事人在专用合同条件中对以下内容作出具体明确约定：

（1）本项第1段中约定"除专用合同条件另有约定外"，工程隐蔽部位经承包人自检确认具备覆盖条件的，承包人应书面通知工程师在约定的期限内检查。专用合同条件中相应设置了第6.4.3项供合同当事人对隐蔽工程和中间验收作出特别约定，如当事人对隐蔽工程和中间验收有特别约定的，应在专用合同条件中作出约定。另，就本项第1段约定内容，合同当事人还应当对承包人通知工程师进行检查的期限（提前多长时间通知）作出具体约定，以便工程师提前安排检查时间并有合理的时间为隐蔽工程检查做准备。

需要注意的是，本项通用合同条件中仅涉及隐蔽工程检查，而并不涉及中间验收的内容，专用合同条件第6.4.3项中供合同当事人作出另有约定的内容，不仅有隐蔽工程，还有中间验收。合同当事人在签订合同时，如需要对中间验收作出约定的，可在专用合同条件第6.4.3项中作出相应约定。

（2）本项第2段中约定工程师进行检查后，根据检查结果是否合格分别约定了不同的处理方式，在工程师经检查确认质量符合隐蔽要求时，工程师应在验收记录上签字，但并未对工程师在验收记录上签字的期限以及工程师在验收合格后不在验收记录上签字时如何处理等问题作出约定，为防止出现工程师在隐蔽工程检查合格之后，因各种原因拒绝或未及时在验收记录上签字，而影响承包人进行覆盖的，合同当事人应当对工程师对隐蔽工程检查合格后在验收记录上签字的期限以及工程师逾期签字的法律后果作出明确约定，如可约定在工程师对隐蔽工程检查之后，除经检查质量不合格外，工程师应在48小时（或其他合理时间）内在验收记录上签字，否则，即视为隐蔽工程检查合格，承包人可自行完成覆盖工作，并作相应记录报送工程师。

（3）本项第3段中约定"除专用合同条件另有约定外"，工程师不能按时进行检查可提出延期要求，但顺延时间不得超过48小时。但专用合同条件中并未相应设置条款供合同当事人对此作出另有约定。是否约定工程师有权要求延期检查，应当结合合同当事人是否已对承包人提前通知工程师进行检查的时间作了约定，如已约定承包人提前通知的合理时间，则工程师在接到通知后应当有合理、足够的时间来安排检查工作；如承包人提前通知的时间约定的过短，则应允许工程师因故不能按时进行检查时有权要求延期。同时，为避免对工期造成损失和增加费用，应当对工程师不能按时进行检查要求延期的情形作出限制，即工程师要求延期时必须要有正当合理的理由方可要求延期，而不能无故无原因地要求延期。同时，延期的时间也不能过长，在双方当事人约定工程师要求延期的最长时间之后，如工程师延期时间超过该最长时间的，应当同时约定视为隐蔽工程检查合格，承包人可自行完成覆盖工作，并作相应记录报送工程师。否则，虽约定工程师延期不能超过一个最长时间（如48小时），但同时工程师延期超过48小时的法律后果和延期未超过48小时的法律后果之间并不存在实质性差异，则对工程师延期最长时间作出约定就失去了实质性意义。

【风险识别与防范】

隐蔽工程因其在隐蔽覆盖之后即不再具备对其质量状况进行检查的条件，故在工程实施过程中，合同当事人务必要做好隐蔽工程检查工作。首先，合同当事人应当在合同中对隐蔽工程检查的程序（包括各种时间、期限）作出具体明确、操作性强的约定。其次，在合同中已对隐蔽工程检查的程序作出约定的情况下，承包人和发包人都应当按照合同约定进行隐蔽工程检查工作并保留好相应证据。

对发包人而言，在承包人已通知其对隐蔽工程进行检查时，应当按照合同约定及时进行检查，避免因自己或工程师的原因未能在约定期限内对隐蔽工程进行检查，而导致根据合同约定产生"视为隐蔽工程检查合格，承包人可自行完成覆盖工作"的法律后果，此时隐蔽工程在发包人或工程师对隐蔽工程的质量状况并未进行检查、发包人或工程师对隐蔽工程的质量是否合格无法确知的情况下即被覆盖，虽然工程师在隐蔽工程覆盖之后仍可要求重新检查，但如果经重新检查证明工程质量符合合同要求的，则由此增加的费用和（或）延误的工期需要由发包人承担。如发包人或工程师经检查隐蔽工程发现其质量不合格的，应当及时通知承包人进行修复或整改，并保留好相应证据。

对承包人而言，在工程隐蔽部位具备覆盖条件之后，承包人需要进行自检，确保隐蔽工程质量合格具备覆盖条件，并形成自检记录，之后按合同约定期限书面通知工程师在约定期限内进行检查；在工程师检查合格之后，及时取得工程师签字的验收记录；在工程师提出延期检查要求而导致工期延误和（或）费用增加的，及时向工程师或发包人提出并取得相应签认手续；在工程师未按时检查等而导致按合同约定视为隐蔽工程检查合格的，承包人在自行完成覆盖工作之后，应当及时将相应记录报送工程师并取得工程师的签字确认。承包人需要注意以下两点：（1）承包人是隐蔽工程质量合格的直接责任人，承包人在隐蔽工程覆盖之前必须要确保隐蔽工程质量合格，否则，即便隐蔽工程经工程师检查确认合格（或者视为隐蔽工程检查合格），承包人予以覆盖，但发包人或工程师享有进行重新检查的权利，只要工程师对隐蔽工程质量有疑问，即可要求进行重新检查，而承包人应遵照执行，不得拒绝，不得以工程师之前已经检查确认合格或者视为检查合格为由拒绝重新检查。而经重新检查，如果证明工程质量不符合合同要求，则承包人需承担由此增加的费用和（或）延误的工期。（2）在隐蔽工程检查过程中，承包人切忌未经通知工程师到场检查、即私自将工程隐蔽部位进行覆盖，因为在此情况下，工程师有权要求承包人钻孔探测或揭开检查，而无论经检查工程隐蔽部位质量是否合格，因此而导致的增加费用和（或）延误工期均由承包人承担。（3）除了隐蔽工程检查和验收之外，承包人还应做好中间验收工作，并在中间验收合格后取得各方签字确认的中间验收合格文件，该项工作具有非常重要的意义，尤其是在工程因各种原因未能最终竣工验收合格的情况下，承包人所取得的中间验收合格文件即可作为证明承包人已完工程质量合格的初步证明文件。

【法条索引】

•《民法典》

第七百九十八条　隐蔽工程在隐蔽以前，承包人应当通知发包人检查。发包人没有及时检查的，承包人可以顺延工程日期，并有权请求赔偿停工、窝工等损失。

6.5　由承包人试验和检验

6.5.1　试验设备与试验人员

（1）承包人根据合同约定或工程师指示进行的现场材料试验，应由承包人提供试验场所、试验人员、试验设备以及其他必要的试验条件。工程师在必要时可以使用承包人提供的试验场所、试验设备以及其他试验条件，进行以工程质量检查为目的的材料复核试验，承包人应予以协助。

（2）承包人应按专用合同条件约定的试验内容、时间和地点提供试验设备、取样装置、试验场所和试验条件，并向工程师提交相应进场计划表。

承包人配置的试验设备要符合相应试验规程的要求并经过具有资质的检测单位检测，且在正式使用该试验设备前，需要经过工程师与承包人共同校定。

（3）承包人应向工程师提交试验人员的名单及其岗位、资格等证明资料，试验人员必须能够熟练进行相应的检测试验，承包人对试验人员的试验程序和试验结果的正确性负责。

【条文释义】

工程总承包的试验和检验包括在施工过程中对材料、设备、构件和分部分项工程性能的检验和试验，也包括工程竣工验收以及工程竣工后的试验和检验。本条款明确了承包人在提供试验设备与试验人员方面的义务。

根据《建筑法》《建设工程质量管理条例》《建设工程质量检测管理办法》等规定，承包人在试验设备与试验人员方面的义务包括：

1. 提供试验场所与试验设备，即按专用条款的约定提供试验设备、取样装置、试验场所与试验条件，试验设备应当符合要求并经过检测，在正式使用前，还必须经过工程师与承包人共同校定。

2. 编制试验计划，即承包人应当编制并向监理人/工程师提交相应进场检验和试验的计划表。

3. 提供或选择检验机构和人员，根据《建设工程质量检测管理办法》的规定，承包人应当向提交能够进行试验和检验的机构名单和熟练进行相应检测试验的试验人员的名单及其岗位、资格等证明材料。承包人可以选择有资格能力的检验检测机构进行试验和检验，也可以自行开展检验试验。但承包人自行进行检验和试验的，同样必须按照法律法规的规定，具备法律法规对机构和人员的资格和能力设备等方面的要求。同时，承包人需要对试验程序和试验结果的准确性和完整性负责。

4. 为工程师试验提供协助，即工程师如果需要使用承包人提供的试验场所、试验设备以及其他试验条件进行材料复核试验的，承包人应予以协助。

5. 本条款规定工程师有权利使用承包人提供的试验场所、试验设备以及其他试验条件，进行以工程质量检查为目的的材料复核试验。同时，程师对于试验程序和试验结果的正确性不承担责任。当然，承包人在提供了相应的试验设备、试验人员、进场计划表并做好了试验准备之后，工程师必须及时参加试验。

【使用指引】

1. 本条款规定："承包人应按专用合同条件约定的试验内容、时间和地点提供试验设备、取样装置、试验场所和试验条件，并向工程师提交相应进场计划表。"专用合同条件也设置了相应的空格供合同当事人对施工现场需要配置的试验场所、试验设备、其他试验条件作出具体、明确的约定。合同当事人应当在相应的专用合同条件中对需要由承包人在施工现场配置的试验场所、试验设备和其他试验条件以及具体的要求作出明确约定，以避免在施工过程中产生不必要的争议。

2. 本条款中约定的检测机构应是具备相应的资格和能力的工程质量检测机构。试验人员必须要具备相应的资格，能够熟练操作相应的检测试验，试验人员要对试验程序的准确性负责。

【风险识别与防范】

1. 本条款规定，承包人应向工程师提交试验设备、取样装置、试验场所和试验条件的"相应进场计划表"，以及试验人员的"名单及其岗位、资格等证明材料"，但未同时明确规定承包人提交这些材料的时间要求，合同当事人在签订合同时应当对此作出明确约定。

2. 需要注意的是，对于承包人提供的材料，检验试验费用通常由承包人承担并已包含在合同价款中，对于发包人提供的材料，承包人仍应当按照合同约定的标准进行检验试验，符合要求的方可使用，但检验试验费用一般应由发包人承担。

【法条索引】

•《建筑法》

第五十九条　建筑施工企业必须按照工程设计要求、施工技术标准和合同的约定，对建筑材料、建筑构配件和设备进行检验，不合格的不得使用。

•《建设工程质量管理条例》

第二十九条　施工单位必须按照工程设计要求、施工技术标准和合同约定，对建筑材料、建筑构配件、设备和商品混凝土进行检验，检验应当有书面记录和专人签字；未经检验或者检验不合格的，不得使用。

第六十五条　违反本条例规定，施工单位未对建筑材料、建筑构配件、设备和商品混凝土进行检验，或者未对涉及结构安全的试块、试件以及有关材料取样检测的，责令改正，处10万元以上20万元以下的罚款；情节严重的，责令停业整顿，降低资质等级或者吊销资质证书；造成损失的，依法承担赔偿责任。

6.5.2　取样

试验属于自检性质的，承包人可以单独取样。试验属于工程师抽检性质的，可由工程师取样，也可由承包人的试验人员在工程师的监督下取样。

【条文释义】

本条款是对于取样程序进行的具体规定。

在施工过程中，对于建筑用的原材料、半成品和成品，如水泥、水泥制品、砖瓦、墙体保温材料、钢筋等进行质量检验时，既要对其出场合格证等随附资料和产品外观进行检查，也需要对产品本身抽样送检，以确定其质量是否符合国家标准和合同要求。在取样时，取样的方法和数量也应当符合合同要求。

所谓取样，是按照有关技术标准、规范的规定，从检验检测对象中抽取试验样品的过程，取样是工程质量检测的首要环节，其真实性和代表性直接影响到检测数据的公正性。工程实践中，部分承包人的现场取样缺少必要的监督管理制度，产生了各种不规范行为；少数承包人还会弄虚作假，出现样品合格但是工程实体质量不合格的现象，使试验和检验手段失去对工程质量的控制作用。因此，需要对取样程序进行严格规范。根据《建设工程质量检测管理办法》的规定，"质量检测试样的取样应当严格执行有关工程建设标准和国家有关规定，在建设单位或者工程监理单位监督下现场取样。提供质量检测试样的单位和个人，应当对试样的真实性负责"。示范文本中对试验和检验的取样包括了两种情况：一是承包人自检取样；二是工程师抽检取样。前者由承包人自行单独取样，后者可由工程师取样，或者在工程师的监督下由承包人取样。

根据《房屋建筑工程和市政基础设施工程实行见证取样和送检的规定》，参加见证取样的人员应由建设单位或监理单位具备相应知识的专业技术人员担任，并由建设单位或监理单位书面通知施工单位、检测单位和质量检测机构。示范文本仅约定见证取样的人员为工程师，同时工程师也可以自行取样。如果合同当事人约定建设单位亦应参加的，可以另行在专用合同条件中约定补充。

施工过程中，见证人员应按照见证取样和送检计划，对施工现场的取样和送检进行见证，取样人员应在试样或其包装上作出标识、封志。标识和封志应标明工程名称、取样部位、取样日期、样品名称和样品数量，并由见证人员和取样人员签字。见证人员应制作见证记录，并将见证记录归入施工技术档案。见证人员和取样人员应对试样的代表性和真实性负责。见证取样的检测报告中应当注明见证人单位及姓名。见证取样的试块、试件和材料送检时间，应由送检单位填写委托单，委托单应由见证人员和送检人员签字。检测单位应检查委托单及试样上的标识和封志，确认无误后方可进行监测。

【使用指引】

1. 合同当事人应注意取样见证人员应具备相应的资格和能力，并保证取样见证的程序符合法律的规定，以及《房屋建筑工程和市政基础设施工程实行见证取样和送检的规定》等相关规定。

2. 关于不同产品和项目的取样一般都有明确的规范或要求，本条款关于取样的规定比较简要。如果发包人对此有特殊要求，需要进行具体规定时，应当在专用合同条件中进一步予以明确。

【风险识别与防范】

根据《建设工程质量管理条例》第六十五条的规定，如果施工单位未对建筑材料、建筑构配件、设备和商品混凝土进行检验，或者未对涉及结构安全的试块、试件以及有关材料取样检测的，施工单位将面临责令改正，处 10 万元以上 20 万元以下的罚款；情节严重的，责令停业整顿，降低资质等级或者吊销资质证书的行政处罚，如果造成损失的，施工单位应当依法承担赔偿责任。

【法条索引】

·《建设工程质量管理条例》

第三十一条　施工人员对涉及结构安全的试块、试件以及有关材料，应当在建设单位或者工程监理单位监督下现场取样，并送具有相应资质等级的质量检测单位进行检测。

第六十五条　违反本条例规定，施工单位未对建筑材料、建筑构配件、设备和商品混凝土进行检验，或者未对涉及结构安全的试块、试件以及有关材料取样检测的，责令改正，处 10 万元以上 20 万元以下的罚款；情节严重的，责令停业整顿，降低资质等级或者吊销资质证书；造成损失的，依法承担赔偿责任。

·《房屋建筑工程和市政基础设施工程实行见证取样和送检的规定》

第五条　涉及结构安全的试块、试件和材料见证取样和送检的比例不得低于有关技术标准中规定应取样数量的 30%。

第七条　见证人员应由建设单位或该工程的监理单位具备建筑施工试验知识的专业技术人员担任，并应由建设单位或该工程的监理单位书面通知施工单位、检测单位和负责该项工程的质量监督机构。

第八条　在施工过程中，见证人员应按照见证取样和送检计划，对施工现场的取样和送检进行见证，取样人员应在试样或其包装上作出标识、封志。标识和封志应标明工程名称、取样部位、取样日期、样品名称和样品数量，并由见证人员和取样人员签字。见证人员应制作见证记录，并将见证记录归入施工技术档案。见证人员和取样人员应对试样的代表性和真实性负责。

第九条　见证取样的试块、试件和材料送检时，应由送检单位填写委托单，委托单应有见证人员和送检人员签字。检测单位应检查委托单及试样上的标识和封志，确认无误后方可进行检测。

6.5.3　材料、工程设备和工程的试验和检验

（1）承包人应按合同约定进行材料和工程设备的试验和检验，并为工程师对上述材料、工程设备和工程的质量检查提供必要的试验资料和原始记录。按合同约定应由工程师与承包人共同进行试验和检验的，由承包人负责提供必要的试验资料和原始记录。

（2）试验属于自检性质的，承包人可以单独进行试验。试验属于工程师抽检性质的，工程师可以单独进行试验，也可由承包人与工程师共同进行。承包人对由工程师单独进行的试验结果有异议的，可以申请重新共同进行试验。约定共同进行试验的，工程师未按照约定参加试验的，承包人可自行试验，并将试验结果报送工程师，工程师应承认该试验结果。

（3）工程师对承包人的试验和检验结果有异议的，或为查清承包人试验和检验成果的可靠性要求承包人重新试验和检验的，可由工程师与承包人共同进行。重新试验和检验的结果证明该项材料、工程设备或工程的质量不符合合同要求的，由此增加的费用和（或）延误的工期由承包人承担；重新试验和检验结果证明该项材料、工程设备和工程符合合同要求的，由此增加的费用和（或）延误的工期由发包人承担。

【条文释义】

试验与检验的程序问题对于确保试验与检验结果的客观公正具有非常重要的作用，工程实践中，往往比较强调试验和检验方法的科学性，而忽视试验与检验程序的合规性，由此不仅导致结果的偏离，严重的还会导致工程质量的不合格。为避免由于程序的缺陷造成当事人对试验和检验结果的客观准确性发生争议，本条款对建筑材料、设备和工程的检验程序进行了规定。

首先，关于材料、工程设备和工程的试验和检验的一般要求，包括承包人应按合同约定进行材料、工程设备和工程的试验和检验；工程师有权对材料、工程设备和工程进行质量检查等。

其次，关于试验和检验几种不同情况的处理。承包人自检的，由承包人单独进行试验，不需要通知工程师到场参与；工程师抽检的，工程师可以单独进行试验，也可以与承包人共同实施；承包人对由工程师单独实施的试验结果有异议，可以申请重新共同进行试验；约定承包人与工程师共同进行试验而工程师没有参加试验的，承包人可自行试验，并将试验结果报送工程师，工程师不能以没有参加检验与试验为由拒绝承认试验结果。

再次，重新试验与检验的后果承担，如果工程师对承包人的试验和检验结果有异议或者为了查清承包人结果的可靠性要求重新试验和检验的，由工程师和承包人共同进行。如果重新试验和检验证明材料、工程设备或工程的质量不符合合同要求的，增加的费用和（或）延误的工期由承包人承担；如果符合合同要求，增加的费用和（或）延误的工期由发包人承担。

【使用指引】

1. 对于材料、工程设备和工程的试验和检验的具体范围，由法律法规、规章、规范性文件等规定及合同约定，对于没有规定和约定的，不需要进行材料、工程设备和工程的试验和检验。

2. 如果发包人或工程师指示的检验和试验的范围超过法律法规、规章、规范性文件的规定与合同约定的范围，承包人应当实施，但因此增加的费用和延误的工期由发包人承担。

3. 合同当事人可以在专用合同条件中增加试验通知义务、通知时限、通知内容等具体要求，以保证其可操作性。

【风险识别与防范】

如果合同约定承包人与工程师共同进行试验，而工程师没有参加试验的，承包人可自行试验，工程师不能以没有参加检验与试验为由拒绝承认试验结果。建议发包人在专用合同条件中明确承包人的试验通知义务，并约定承包人通知后一定时间内工程师未参加检验也未提出延迟检验后，承包人方可自行检验。

【法条索引】

• **《建筑法》**

第五十九条　建筑施工企业必须按照工程设计要求、施工技术标准和合同的约定，对建筑材料、建筑构配件和设备进行检验，不合格的不得使用。

• **《建设工程质量管理条例》**

第二十九条　施工单位必须按照工程设计要求、施工技术标准和合同约定，对建筑材料、建筑构配件、设备和商品混凝土进行检验，检验应当有书面记录和专人签字；未经检验或者检验不合格的，不得使用。

第三十一条　施工人员对涉及结构安全的试块、试件以及有关材料，应当在建设单位或者工程监理单位监督下现场取样，并送具有相应资质等级的质量检测单位进行检测。

6.5.4　现场工艺试验

承包人应按合同约定进行现场工艺试验。对大型的现场工艺试验，发包人认为必要时，承包人应根据发包人提出的工艺试验要求，编制工艺试验措施计划，报送发包人审查。

【条文释义】

为了验证工程技术方法的可行性或者取得某些数据参数，保证工程质量和安全，需要在现场对用于工程施工的方法和技术进行试验，然后再予实施或使用，本条款即是对于现场工艺试验的规定。

施工工艺指的是施工方法和技术，现场工艺试验的目的在于确定工程上使用的施工工艺是否成熟、安全、可行。现场工艺试验可分为两种，一种是常规的现场工艺试验，即在国家或行业的规程、规范中规定工艺试验或为进行某项成熟的工艺所必需进行的试验；另一种是特殊的、大型的现场工艺试验，这种情况下，通常需要编制专项工艺试验措施计划并报发包人批准后实施。

【使用指引】

1. 法律规定或合同约定的工艺试验，承包人应当根据要求实施，并且由承包人承担相应的费用和工期。如果是发包人要求的工艺试验，承包人也应当实施，但工艺试验的费用和工期应当由发包人承担。

2. 对于并非强制性的工艺试验，如果发包人对于非强制性的工艺试验有特别要求的，合同各方当事人应当在专用合同条件中进行明确约定，避免产生争议。

【风险识别与防范】

合同各方当事人应当明确约定现场需要进行的工艺试验种类，并明确工艺试验的要求，包括取样的程序和规则、应当遵循的规范、是否需要编制措施计划，以及工艺试验的费用承担、发包人需要进行的配合工作。

承包人编制工艺试验的措施计划后，发包人应当及时审批，避免因审批不及时造成工期延误。

6.6　缺陷和修补

6.6.1　发包人可在颁发接收证书前随时指示承包人：

（1）对不符合合同要求的任何工程设备或材料进行修补，或者将其移出现场并进行更换；

（2）对不符合合同的其他工作进行修补，或者将其去除并重新实施；

（3）实施因意外、不可预见的事件或其他原因引起的、为工程的安全迫切需要的任何修补工作。

【条文释义】

本条款是针对颁发接收证书前对已经发现的不符合合同要求的工程进行修补或重做的规定。

造成工程不符合要求的原因有三个：一是承包人原因；二是发包人原因；三是不可归责于合同各方当事人的原因。

承包人在工程总承包合同项下的主要义务是交付合格的工程，保障建设工程质量，也是承包人的法定义务。如果由于承包人的原因导致工程质量不符合约定，承包人应当承担违约责任。承担责任的方式主要包括两个方面：一是承包人接到发包人的通知后在合理期限内应无偿修理或者返工、改建。直至工程达到符合合同约定的质量标准。二是如果承包人修理或者返工、改建后，导致工程迟延交付，承包人还应当承担迟延交付的违约责任。本条款赋予发包人在颁发接收证书前随时指示承包人对不符合合同要求的工程、材料、设备进行修补、更换、重做的权利。

在对本条款进行理解时，应注意以下几点：

首先，"不符合合同要求"并不等同于质量不合格，即便是质量符合国家或地方验收标准，只要与合同约定不一致，发包人均有权要求承包人进行修补或更换。

其次，修补重做的范围不限于构成工程实体的材料和设备，对于不符合合同约定的工程其他部分，包括但不限于施工工艺、临时措施等，发包人也有权要求承包人进行修补或返工。

再次，即便发包人之前已经对承包人的工作进行过认可，比如阶段验收已通过，只要发现之前认可的工程已不符合合同要求，仍然可以下达指令要求承包人修补或返工。这通常是国际工程的典型规定，即：发包人的认可和批准不解除承包人任何合同义务，而承包人的合同义务就是提供符合合同约定的工程。

最后，本条款还规定了即便不是因承包人原因引起的需要修补的情形，发包人也有权指示承包人实施任何必要的修补工作。

【使用指引】

1. 为避免对"不符合合同要求"的理解产生歧义，建议各方当事人在合同中对合同要求作出明确具体的约定。

2. 为避免承包人经过数次整改工程仍然无法达到合同约定的标准的极端情况发生，建议合同各方当事人在专用合同条件中约定因承包人原因造成不符合合同约定工程的修补返工次数或期间，超过该次数或期间即可认定为"无法补救"，发包人可以拒绝接收工程并有权拒绝支付工程款，以此加强承包人的质量意识，避免不符合合同约定工程的出现。

【风险识别与防范】

本条款规定即便发包人之前已经对承包人的工作进行过认可，比如阶段验收已通过，只要发现之前认可的工程已不符合合同要求，仍然可以下达指令要求承包人修补或返工。这一规定对确保工程符合合同约定存在积极意义。但从另一方面，这一规定也可能纵容发包人、工程师在监督承包人工作中不负责任的行为。无论之前是否认可验收通过，只要发包人认为其之前认可或者批准的工作有问题，就可以随时下达新的指示要求承包人返工，而发包人无须承担责任。这可能导致工程实施中的低效率，不利于工程顺利执行。

【法条索引】

• 《民法典》

第八百零一条　因施工人的原因致使建设工程质量不符合约定的，发包人有权请求施工人在合理期限内无偿修理或者返工、改建。经过修理或者返工、改建后，造成逾期交付的，施工人应当承担违约责任。

第五百七十七条　当事人一方不履行合同义务或者履行合同义务不符合约定的，应当承担继续履行、采取补救措施或者赔偿损失等违约责任。

• 《建筑法》

第五十五条　建筑工程实行总承包的，工程质量由工程总承包单位负责，总承包单位将建筑工程分包给其他单位的，应当对分包工程的质量与分包单位承担连带责任。分包单位应当接受总承包单位的质量管理。

6.6.2　承包人应遵守第6.6.1项下指示，并在合理可行的情况下，根据上述指示中规定的时间完成修补工作。除因下列原因引起的第6.6.1项第（3）目下的情形外，承包人应承担所有修补工作的费用：

（1）因发包人或其人员的任何行为导致的情形，且在此情况下发包人应承担因此引起的工期延误和承包人费用损失，并向承包人支付合理的利润。

（2）第17.4款［不可抗力后果的承担］中适用的不可抗力事件的情形。

【条文释义】

本条款是关于承包人按发包人指示完成修补工作的费用承担的约定。

首先，无论因何种原因导致需要修补重做，承包人都应当在合理可行的情况下，根据发包人指示中规定的时间完成修补工作。

其次，关于修补重做产生的费用及延误的工期，分四类情况处理：第一，因承包人原因导致的，由承包人承担修补重做的费用，且工期不予顺延。第二，因发包人或其人员导致的，修补重做的费用应当由发包人承担，且如果影响到关键线路，工期应当顺延，另外，承包人还有权提出利润索赔。第三，因不可抗力导致的，则应当按第17.4款［不可抗力后果的承担］的约定承担费用：永久工程，包括已运至施工现场的材料和工程设备的损害，以及因工程损害造成的第三人人员伤亡和财产损失由发包人承担；承包人提供的施工设备的损坏由承包人承担。工期应予顺延。第四，因不可归责于合同当事人的原因导致的（不可抗力除外），根据本条款的规定，除发包人原因和不可抗力原因外，均应当由承包人承担修补重做的费用，且工期不予顺延，这样规定是考虑到承包人对于工地现场应当承担照管义务，以及承包人交付符合合同约定的工程是当然的合同义务。

【使用指引】

1. 如果承包人无法在发包人指示中规定的时间完成修补工作，应尽快书面回复发包人并说明原因。

2. 对于因发包人原因及不可抗力原因造成的修补与重做，承包人在完成修补重做工作前应尽可能争取与发包人就费用承担与工期顺延事宜达成一致，并尽可能留下相应证据，避免产生争议。

【风险识别与防范】

承包人在履约过程中对发包人原因及不可抗力原因造成的修补与重做应注意保存证据，并按合同约定的程序进行索赔。

【法条索引】

•《民法典》

第八百零一条　因施工人的原因致使建设工程质量不符合约定的，发包人有权请求施工人在合理期限内无偿修理或者返工、改建。经过修理或者返工、改建后，造成逾期交付的，施工人应当承担违约责任。

第五百七十七条　当事人一方不履行合同义务或者履行合同义务不符合约定的，应当承担继续履行、采取补救措施或者赔偿损失等违约责任。

•《建筑法》

第六十一条　交付竣工验收的建筑工程，必须符合规定的建筑工程质量标准，有完整的工程技术经济资料和经签署的工程保修书，并具备国家规定的其他竣工条件。建筑工程竣工经验收合格后，方可交付使用；未经验收或者验收不合格的，不得交付使用。

6.6.3　如果承包人未能遵守发包人的指示，发包人可以自行决定请第三方完成上述修补工作，并有权要求承包人支付因未履行指示而产生的所有费用，但承包人根据第 6.6.2 项有权就修补工作获得支付的情况除外。

【条文释义】

本条是对如果承包人未遵守发包人指示进行缺陷修补的情况下发包人有权采取的救济措施。

首先，未能遵守发包人的指示，包括承包人未进行修补或者不按发包人指示进行修补两种情形，无论何种情形，发包人均可以自行决定由第三方完成修补工作，而无须征得承包人的同意。

其次，除了因发包人原因和不可抗力原因需要修补的情形，承包人未履行指示产生的所有费用均应当由承包人承担。此处的费用不仅包括第三方的费用，还包括因承包人未履行指示或不当履行指示扩大的损失。

【使用指引】

1. 本条款中对"承包人未能遵守发包人的指示"作出明确的定义，建议合同各方当事人可以在专用合同条件中对上述情形进行明确定义，包括在收到发包人指示后多长时间未进行修补，或者修补仍未符合合同要求时，发包人可自行委托第三方进行修补作出明确约定。

2. 因承包人未履行发包人指示造成发包人请第三方完成修补工作产生的费用如何支付，发包人应当按照合同约定的索赔程序提出。

【风险识别与防范】

对发包人而言，自行委托第三方进行修补之前，首先要尽到对承包人的通知义务，并在通知中明确承包人在多长时间内应进行修补，修补应达到何种要求。若承包人明确拒绝修补，或者在规定时间内修补未符合要求时方可自行委托第三方修补。并且第三方进行的修补应当在合理范围内，修补重做不应当过多超出合同标准。

对承包人而言，应尽可能在发包人要求的时间内对不符合合同约定的工作进行修补。如果对发包人的要求有异议则应当尽快书面提出。在修补完成后，应获取发包人的书面认可。

【法条索引】

•《民法典》

第五百七十七条　当事人一方不履行合同义务或者履行合同义务不符合约定的，应当承担继续履行、采取补救措施或者赔偿损失等违约责任。

第7条　施工

7.1　交通运输

7.1.1　出入现场的权利

除专用合同条件另有约定外，发包人应根据工程实施需要，负责取得出入施工现场所需的批准手续和全部权利，以及取得因工程实施所需修建道路、桥梁以及其他基础设施的权利，并承担相关手续费用和建设费用。承包人应协助发包人办理修建场内外道路、桥梁以及其他基础设施的手续。

【条文释义】

在工程建设过程中，施工设备、人员、车辆需要进入施工现场，若施工现场没有毗邻的公共道路，则需要根据施工现场的实际需要，修建临时的施工道路。根据土地出让的法律法规规定，国土资源主管部门在出让土地时，应保证出让土地具备开工所必需的基本条件，开工基本条件一般包括了道路通行条件，由于工程存在差异，土地出让时道路通行条件可能无法满足需要，因此，本条款明确了修建临时施工道路等设施办理手续的主体及费用承担主体。

【使用指引】

1. 对于出入施工现场的条件，发包人和承包人都应该尽到合同约定中的注意和预见的义务，避免影响工程进度。没有特别约定，发包人应承担出入施工现场批准手续的义务，并承担相关费用。

2. 合同主体，可以通过专用合同条件的约定，将相关的义务明确由更专业的承包人来承担，由此增加的费用也可以约定由发包人支付。

【风险识别与防范】

本条款需要注意的是，除非专用合同条件约定外，取得出入施工现场批准手续的权利人是发包人，承包人承担的是协助义务，承包人很容易对自己的协助义务忽略。承包人根据工程具体情况，从专业角度给予帮助，防止专业的承包人怠于配合发包人，给工程的施工和工期造成损失。承包人作为专业施工单位，在订立施工合同前，已经根据工程项目的初步勘查，对进出施工现场、方法、路线做出预估，因此，协助义务的分配也是合理的，目的在于督促承包人尽到专业施工单位的合理注意义务，鉴于承包人的此项义务，其可以在订立合同时，预估此项工作费用，进行工程报价，亦明确责任分配。发包人在合同履行过程中，应注意保留通知承包人履行协助义务的证据，而承包人也应注意固定好履行协助义务的证据，以免双方就该问题发生争议后，无法提供已经履行义务的证据，最终承担法律责任。

【法条索引】

• 《建筑法》

第四十二条　有下列情形之一的，建设单位应当按照国家有关规定办理申请批准手续：

（一）需要临时占用规划批准范围以外场地的；

（二）可能损坏道路、管线、电力、邮电通讯等公共设施的；

（三）需要临时停水、停电、中断道路交通的；

（四）需要进行爆破作业的；

（五）法律、法规规定需要办理报批手续的其他情形。

7.1.2　场外交通

除专用合同条件另有约定外，发包人应提供场外交通设施的技术参数和具体条件，场外交通设施无法满足工程施工需要的，由发包人负责承担由此产生的相关费用。承包人应遵守有关交通法规，严格按照道路和桥梁的限制荷载行驶，执行有关道路限速、限行、禁止超载的规定，并配合交通管理部门的监督和检查。承包人车辆外出行驶所需的场外公共道路的通行费、养路费和税款等由承包人承担。

【条文释义】

设置本条款的目的在于明确发包人和承包人关于场外交通的义务。除非专有合同条款另有约定外，发包人应向承包人提供场外交通设施的技术参数和具体条件，承包人应根据发包人提供的前述参数和具体条件，结合自身的经验和工程的特点，合理组织工程建设相关的材料、设备等运输工作，积极推进工程建设。

发包人提供的技术参数和具体条件，包括了桥梁的承重范围、道路宽度等数据，上述参数和具体条件都是便于承包人合理组织工程建设等相关的运输工作之用。承包人作为专业的施工单位，也应该对此进行合理勘查，并作为民事主体遵守有关交通法规，严格遵守道路和桥梁的荷载规定行驶，执行有关道路限速、限行、禁止超载的规定，并配合交通管理部门的监督和检查。如果场外交通设施无法满足工程施工需要，如桥梁承重无法满足工程施工运输所需，有需要加固的，则根据该条约定，由发包人负责承担由此产生的相关费用。但是承包人车辆外出行驶所需的场外公共道路的通行费、养路费和税款由承包人负责。

【使用指引】

1. 承包人作为实际利用场外交通设施的单位，应该严格遵守法律法规的规定，尤其是交通法规的规定，避免追赶工程进度或节约成本而违反法律规定，影响公共安全和工程进度。

2. 对于场外交通设施出现无法满足工程需要的情形时，承包人作为实际利用场外交通设施的单位，应及时通知发包人，由发包人协调相关部门或者由发包人委托相应单位处理，完善工程的建设需要，并由此承担所产生的相关费用。

【风险识别与防范】

发包人作为建设单位，有义务向施工单位提供施工现场的道路、桥梁等交通设施的技术参数和具体条件，且还因保证相关数据的真实性、准确性。如果因相关数据的错漏，影响工程建设或增加费用，发包人承担因此增加的费用和延误的工期责任，对此承包人应保留好发包人提供技术参数和具体条件的证据。

【法条索引】

•《公路法》

第五十条 超过公路、公路桥梁、公路隧道或者汽车渡船的限载、限高、限宽、限长标准的车辆，不得在有限定标准的公路、公路桥梁上或者公路隧道内行驶，不得使用汽车渡船。超过公路或者公路桥梁限载标准确需行驶的，必须经县级以上地方人民政府交通主管部门批准，并按要求采取有效的防护措施；运载不可解体的超限物品的，应当按照指定的时间、路线、时速行驶，并悬挂明显标志。

运输单位不能按照前款规定采取防护措施的，由交通主管部门帮助其采取防护措施，所需费用由运输单位承担。

7.1.3 场内交通

除专用合同条件另有约定外，承包人应负责修建、维修、养护和管理施工所需的临时道路和交通设施，包括维修、养护和管理发包人提供的道路和交通设施，并承担相应费用。承包人修建的临时道路和交通设施应免费提供发包人和工程师为实现合同目的使用。场内交通与场外交通的边界由合同当事人在专用合同条件中约定。

【条文释义】

场内交通是否能满足工程建设需要，直接影响施工合同目的的实现。本条款就场内交通的修建、维护、养护和管理作出了约定，以便合同主体及时解决场内交通问题，确保工程施工的顺利进行。

除非专有条款约定外，承包人应对临时道路和交通设施进行修建、维修、养护和管理，并承担费用。在工程施工中，发包人提供的场内道路和设施，不一定能完全满足施工需要。承包人作为专业的施工单位，实际使用场内道路和设施，由其负责维保是最便捷和合理的。

承包人修建的临时道路和交通设施均为了施工合同的履行，因此，作为合同主体的发包人和工程师为了实现合同目的有权利免费使用，但是如果并非为了实现合同目的而使用，应该向承保人支付使用费，或承担使用而造成工期延误的责任。鉴于场内和场外的边界划分，直接影响合同主体的权利和义务，因此应在专用合同条件中约定。

【使用指引】

1. 通过招标发包的工程，发包人应在招标文件中提供场内交通设施的技术参数和具体条件，非招标工程，则应在签订合同前向承包人提供前述技术参数和具体条件，便于承包人合理预估和完善场内道路和交通设施的费用和时间，以及可能对工期的影响。

2. 承包人作为场内道路及交通设施的实际使用人，应当做好场内道路和交通设施的维护、看管工作，尽到合理使用和合理注意的义务。

【风险识别与防范】

承包人作为场内道路及交通设施的实际使用人，尽到合理使用和合理注意的义务，承包人应注意及时固定和保存好积极履行和完成场内道路和交通设施的维护、看管工作的证据，可以形成工作记录。对于场内和场外交通边界的约定须在专用合同中明确约定，而不是对专用合同条件形同虚设。

7.1.4　超大件和超重件的运输

由承包人负责运输的超大件或超重件，应由承包人负责向交通管理部门办理申请手续，发包人给予协助。运输超大件或超重件所需的道路和桥梁临时加固改造费用和其他有关费用，由承包人承担，但专用合同条件另有约定的除外。

【条文释义】

在工程建设过程中，超大件和超重件的运输是不可避免的，对于需要在工厂组装完成的钢结构等，常常面临道路、桥梁超载的运输问题，为避免合同当事人就此所需办理手续的责任及费用承担产生争议，进行明确约定。

本条款中所涉及的超大件或者超重件包括发包人或者承包人采购的，但交由承包人负责运输的，由其办理相关手续，发包人仅仅协助。

承包人在订立合同时，应合理预见运输超大件和超重件所需的加固、改造等相关费用，合同价款已经包含相关项目的，发包人无须另行支付，但是可以由双方另行约定。

【使用指引】

作为有经验的承包人，在投标或签订合同时，应根据工程情况和特点，可以预见工程所有超大和超重件所涉及的一系列费用，并在工程报价中体现，原则上，合同价款中已经包含了相关费用，发包人不再额外支付。

【风险识别与防范】

承包人预估的改造费用和其他有关费用，是建立在发包人提供的场外交通设施的技术参数和具体条件真实、准确、全面的基础上。如果相关数据失实，导致实际费用超过承包人预估的，发包人应在合理范围内与承包人共同承担。

【法条索引】

•《公路法》

第五十条 超过公路、公路桥梁、公路隧道或者汽车渡船的限载、限高、限宽、限长标准的车辆，不得在有限定标准的公路、公路桥梁上或者公路隧道内行驶，不得使用汽车渡船。超过公路或者公路桥梁限载标准确需行驶的，必须经县级以上地方人民政府交通主管部门批准，并按要求采取有效的防护措施；运载不可解体的超限物品的，应当按照指定的时间、路线、时速行驶，并悬挂明显标志。

运输单位不能按照前款规定采取防护措施的，由交通主管部门帮助其采取防护措施，所需费用由运输单位承担。

7.1.5 道路和桥梁的损坏责任

因承包人运输造成施工现场内外公共道路和桥梁损坏的，由承包人承担修复损坏的全部费用和可能引起的赔偿。

【条文释义】

工程建设过程中，场内外道路和桥梁由于施工行为被损坏的现象较常见，且往往造成纠纷。本条目的在于通过合同约定，明确承包人作为运输主体，同时也应该作为责任主体。

承包人在施工时，应尽到合理善意使用道路和桥梁的义务。做好道路加固、改造工作，避免对道路、桥梁造成损害，如因未合理使用，造成施工现场内外的道路和桥梁损害，承包人作为侵权责任人，应按照法律规定承担法律责任。

【使用指引】

因承包人原因造成损坏的，应承担修复和赔偿责任，但是发包人没有提供真实、准确和全面的道路和桥梁技术参数和具体条件，发包人存在过错的，发包人应在其过错范围内承担责任。

【风险识别与防范】

本条约定承包人在其运输时造成场内公共道路和桥梁的损坏责任，施工现场情况复杂，损坏的原因可能不仅仅是承包人的运输行为，损坏责任的认定是非常关键的，也需要保护好现场，以便责任认定，承包人应对此注意。

7.1.6 水路和航空运输

本条上述各款的内容适用于水路运输和航空运输，其中"道路"一词的涵义包括河道、航线、船闸、机场、码头、堤防以及水路或航空运输中其他相似结构物；"车辆"一词的涵义包括船舶和飞机等。

【条文释义】

明确道路、车辆所包括的范围，将条款中的适用范围扩大到航空和水运，以满足工程实践的需要。

"道路"不仅指各种无轨车辆和行人通行的基础设施，还包括其他相似结构物。"车辆"的含义，外延到了船舶和飞机。

【使用指引】

1. 承包人合理预见工程所需的运输方式以及对运输费用的影响，尤其偏远地区，应充分考虑运输的特殊要求，否则导致运输费用超出报价的，承包人应自行承担。

2. 施工过程中，因发包人改变运输方式而增加的运输费用，应由发包人承担。

3. 施工过程中，因承包人改变运输方式而增加的费用，由承包人自行承担。

【风险识别与防范】

由于对道路和车辆定义外延，因此，在合同履行过程中应注意本条规定的范围延伸，范围的扩大表示责任和风险的扩大，合同主体都需要注意。

7.2 施工设备和临时设施

7.2.1 承包人提供的施工设备和临时设施

承包人应按项目进度计划的要求，及时配置施工设备和修建临时设施。进入施工现场的承包人提供的施工设备需经工程师核查后才能投入使用。承包人更换合同约定由承包人提供的施工设备的，应报工程师批准。

除专用合同条件另有约定外，承包人应自行承担修建临时设施的费用，需要临时占地的，应由发包人办理申请手续并承担相应费用。承包人应在专用合同条件 7.2 款约定的时间内向发包人提交临时占地资料，因承包人未能按时提交资料，导致工期延误的，由此增加的费用和（或）竣工日期延误，由承包人负责。

7.2.2 发包人提供的施工设备和临时设施

发包人提供的施工设备或临时设施在专用合同条件中约定。

7.2.3 要求承包人增加或更换施工设备

承包人使用的施工设备不能满足项目进度计划和（或）质量要求时，工程师有权要求承包人增加或更换施工设备，承包人应及时增加或更换，由此增加的费用和（或）延误的工期由承包人承担。

7.2.4 施工设备和临时设施专用于合同工程

承包人运入施工现场的施工设备以及在施工现场建设的临时设施必须专用于工程。未经发包人批准，承包人不得运出施工现场或挪作他用；经发包人批准，承包人可以根据施工进度计划撤走闲置的施工设备和其他物品。

【条文释义】

工程建设过程中，施工的设备和临时设施是必不可少的，尤其影响工程的质量和安全，因此，本条款对此进行了约定。本条款旨在就施工设备和临时设施的提供和责任提出要求，赋予工程师核查的权利。

为保证合同的履行，承包人应按合同进度计划的要求，及时配置施工设备和修建临时设施。为保障施工质量和安全，进场承包人提供的设备需经工程师核查后才能投入使用，更换约定的设备，也应报工程师批准。除另有约定外，承包人应承担修建临时设施的费用，需要临时占地的，应由发包人办理手续并承担费用，但是必须在专用合同条件约定的时间内提交资料，若逾期，则承担工期延误的责任和费用。发包人提供的施工设备和临时设施在专用合同条件中约定。

如果施工设备和临时设施无法满足项目进度计划和（或）质量要求，承包人应主动或在工程师的要求下增加或更换，承包人应及时更换或增加，由此增加的费用和工期延误由承包人承担。

此外，施工现场的施工设备及施工现场的临时设施只能用于工程。可以在发包人批准的情况下，根据施工进度挪作他用。

【使用指引】

对于施工设备及临时设施，如果约定由发包人提供，则应在专用合同条件中对发包人提供的施工设备及临时设施的种类、规格、型号、质量、期限、验收等作出明确约定，并约定发包人不能提供的责任。为保障施工安全，应当接受工程师的核查。

如果承包人提供的设备不能满足合同约定和施工进度，承包人应主动更换或新增施工设备，工程师也有权利要求承包人更换或新增。承包人如果没有合理的解释和适当的理由使发包人和工程师相信施工进度和质量满足合同约定，或实际上进度已经延误或影响施工质量，则承包人应当更换或增加。

国家对于特种设备如塔吊、吊篮等的安装和使用均有特别规定，除了安装单位和人员具备相应资质，在安装和使用前，需向行政部门备案或审批，未得到行政部门批准，即使通过发包人和工程师批准，也不能投入使用。

【风险识别与防范】

增加或更换施工设备的前提在本条款中有明确约定，但只是一个原则性的约定，最终更换或新增的标准还是在履行中会有争议，如何来判断进度计划是否满足，质量是否符合要求，是一个难点，需要工程师具有专业的知识，并通过合同其他条款对此进行明确约定。

【法条索引】

• 《建筑法》

第五十九条　建筑施工企业必须按照工程设计要求、施工技术标准和合同的约定，对建筑材料、建筑构配件和设备进行检验，不合格的不得使用。

第七十四条　建筑施工企业在施工中偷工减料的，使用不合格的建筑材料、建筑构配件和设备的，或者有其他不按照工程设计图纸或者施工技术标准施工的行为的，责令改正，处以罚款；情节严重的，责令停业整顿，降低资质等级或者吊销资质证书；造成建筑工程质量不符合规定的质量标准的，负责返工、修理，并赔偿因此造成的损失；构成犯罪的，依法追究刑事责任。

7.3　现场合作

承包人应按合同约定或发包人的指示，与发包人人员、发包人的其他承包人等人员就在现场或附近实施与工程有关的各项工作进行合作并提供适当条件，包括使用承包人设备、临时工程或进入现场等。

承包人应对其在现场的施工活动负责，并应尽合理努力按合同约定或发包人的指示，协调自身与发包人人员、发包人的其他承包人等人员的活动。

除专用合同条件另有约定外，如果承包人提供上述合作、条件或协调在考虑到《发包人要求》所列内容的情况下是不可预见的，则承包人有权就额外费用和合理利润从发包人处获得支付，且因此延误的工期应相应顺延。

【条文释义】

本条款设置的目的在于，协调项目工程各个承包人之间的合作，各个承包人之间有根据合同约定或发包人指示进行合作的义务，使得项目工程能够按时完工，除非合同另有约定外，承包人履行的合作义务是订立合同时不可预见的，可以就额外产生的费用和利润向发包人主张，因而延误的工期也做相应顺延，而无须承担延误责任。

【使用指引】

1. 本条款义务，是合同约定的义务，或者以发包人指示作为原则的义务，承包人合作的对象是发包人人员、发包人的其他承包人，就现场或附近与工程有关的各项工作进行合作或提供现场的条件。

2. 承包人应对其施工活动负责，并在合理范围，根据约定或指示，协调自身与发包人人员、发包人的其他承包人的活动，协调义务以合同约定范围为限，而没有给予过多的严格要求。

3. 除另有约定外，承包人提供合作、条件或协调，若是不可预见的，则无法在工程报价中预估，因此，给予承包人增加款项的权利，并免除其由于提供合作、条件或协调导致工期延误的责任。

【风险识别与防范】

本条款中对于承包人协调自身与发包人人员、发包人的其他承包人的活动，承包人应该注意合理的范围，应该是在不影响工期、工程质量的情况下，如果出现延误工期的情形，是允许的，但是一定不能影响质量，承包人应注意保留发包人指示的证据，并且及时向发包人告知，合作、协调可能会影响工期，应得到发包人的许可，以免工期延误后被追究相应责任。

7.4　测量放线

7.4.1　除专用合同条件另有约定外，承包人应根据国家测绘基准、测绘系统和工程测量技术规范，按基准点（线）以及合同工程精度要求，测设施工控制网，并在专用合同条件约定的期限内，将施工控制网资料报送工程师。

7.4.2　承包人应负责管理施工控制网点。施工控制网点丢失或损坏的，承包人应及时修复。承包人应承担施工控制网点的管理与修复费用，并在工程竣工后将施工控制网点移交发包人。承包人负责对工程、单位/区段工程、施工部位放线，并对放线的准确性负责。

7.4.3　承包人负责施工过程中的全部施工测量放线工作，并配置具有相应资质的人员、合格的仪器、设备和其他物品。承包人应矫正工程的位置、标高、尺寸或基准线中出现的任何差错，并对工程各部分的定位负责。施工过程中对施工现场内水准点等测量标志物的保护工作由承包人负责。

【条文释义】

施工控制网是为工程建设施工而布设的测量控制网，它的作用是控制该区域施工三维位置（平面位置和高程）。施工控制网是施工放样、工程竣工、建筑物沉降观测以及将来建筑物改建、扩建的依据。施工控制网的网点、精度、布设原则以及布设形式都必须符合施工自身的要求。

测量放线是工程施工的前提条件，测量放线的准确性与工程质量和安全息息相关。本条款明确了承包人在工程测量放线工作中承担的责任和义务，除非合同另有约定，否则由承包人承担测设施工控制网、相关资料报备义务，管理施工控制网点和修复的责任，承担网点移交前的风险，约定明确承包人负责施工过程中全部施工测量放线工作，配备相关的人员、仪器、设备和其他物品，对放线中的任何差错进行矫正，负责定位和保护工作。

测量放线的目的是将图纸上设计的建筑物的平面位置、形状和高程标定在施工现场的地面上，并在施工过程中指导施工，使工程严格按照设计要求进行建设。建筑工程施工测量工作不仅是工程建设的前提，也是质量的保障。现代建筑造型复杂，超高超大建筑鳞次栉比，在这些建筑施工过程中，测量放线工作尤为重要。

承包人应配备具有资质的人员、合格的仪器和设备，按照工程测量技术规范完成施工过程中全部测量放线工作，并对准确性负责。另外，施工过程中对施工控制网点的管理、修复都由承包人负责。

【使用指引】

1. 除合同另有约定，承包人应根据国家测绘基准、测绘系统和工程测量技术规范，按基准点（线）及合同精度要求，测设施工控制网。虽然该条款中没有约定发包人的义务和责任，但是基准点以及合同精度要求，应该是由发包人提供的，对其真实性、准确性和完整性负责，承包人应根据专业知识和经验对相关资料复核，发现错误应及时提出，避免对工程实施造成不利影响，施工控制网报送工程师，工程师也应对此承担一定的复核责任。

2. 承包人在工程测量放线过程中发现任何差错的，应对各部分定位负责，水准点等测量标志物的保护也由承包人负责。

【风险识别与防范】

这是施工过程中非常重要的一道工序，非常的细化，承包人必须对此引起注意，测量放线的全部工作都由承包人负责，任何差错都由承包人承担，承包人在工作中应十分注意对基准点以及合同工程精度要求的理解和把握，否则将承担责任。

7.5 现场劳动用工

7.5.1 承包人及其分包人招用建筑工人的，应当依法与所招用的建筑工人订立劳动合同，实行建筑工人劳动用工实名制管理，承包人应当按照有关规定开设建筑工人工资专用账户、存储工资保证金，专项用于支付和保障该工程建设项目建筑工人工资。

7.5.2 承包人应当在工程项目部配备劳资专管员，对分包单位劳动用工及工资发放实施监督管理。承包人拖欠建筑工人工资的，应当依法予以清偿。分包人拖欠建筑工人工资的，由承包人先行清偿，再依法进行追偿。因发包人未按照合同约定及时拨付工程导致建筑工人工资拖欠的，发包人应当以未结清的工程款为限先行垫付被拖欠的建筑工人工资。合同当事人可在专用合同条件中约定具体的清偿事宜和违约责任。

7.5.3 承包人应当按照相关法律法规的要求，进行劳动用工管理和建筑工人工资支付。

【条文释义】

工程领域因违法发包、转包、违法分包、挂靠、拖欠工程款等导致的拖欠农民工工资案件屡见不鲜，已经成为工程领域常见问题。因此本条款为解决这一问题设立。

承包人和分包人招用建筑工人的，都应依法订立劳动合同，实行实名制管理制度，并按照有关规定开设建筑工人工资专户、存储工资保证金，保证专款专用于建筑工人工资。

承包人应在项目部配备劳资专员，对劳动用工和工资发放实施监督和管理，并约定拖欠工资时的清偿和追偿的顺序，并可在专用合同条件中约定具体的清偿事宜和违约责任。

【使用指引】

2020 年 5 月 1 日正式实施的《保障农民工工资支付条例》，该条例属于行政法规，在该条例中对工程领域的农民工工资有较多规定，特别需要注意的是"第四章工程建设领域特别规定"。作为合同双方主体，都应对该条例的规定进行详细的研读和遵守，尤其是对于专款专户、建设单位担保责任、人工费的拨付周期、专员管理和备案手续等。在本条款中引入的"有关规定"，无疑是指该条例。

【风险识别与防范】

除了对承包人的相关规制，根据《保障农民工工资支付条例》第四十九条规定："建设单位未依法提供工程款支付担保或者政府投资项目拖欠工程款，导致拖欠农民工工资的，县级以上地方人民政府应当限制其新建项目，并记入信用记录，纳入国家信用信息系统进行公示。"该条款明确规定了建设单位未依法提供工程款支付担保或政府投资项目拖欠工程款，导致拖欠农民工工资的，将面临限制新建项目或被纳入失信黑名单，这无异是对建设单位的一大重创，作为建设单位对这一新条例的实施应引起高度重视，一旦违反该规定无疑是对企业经营的重创。

【法条索引】

•《保障农民工工资支付条例》

第二十六条　施工总承包单位应当按照有关规定开设农民工工资专用账户，专项用于支付该工程建设项目农民工工资。

开设、使用农民工工资专用账户有关资料应当由施工总承包单位妥善保存备查。

第二十八条　施工总承包单位或者分包单位应当依法与所招用的农民工订立劳动合同并进行用工实名登记，具备条件的行业应当通过相应的管理服务信息平台进行用工实名登记、管理。未与施工总承包单位或者分包单位订立劳动合同并进行用工实名登记的人员，不得进入项目现场施工。

施工总承包单位应当在工程项目部配备劳资专管员，对分包单位劳动用工实施监督管理，掌握施工现场用工、考勤、工资支付等情况，审核分包单位编制的农民工工资支付表，分包单位应当予以配合。

施工总承包单位、分包单位应当建立用工管理台账，并保存至工程完工且工资全部结清后至少3年。

7.6 安全文明施工

7.6.1 安全生产要求

合同履行期间，合同当事人均应当遵守国家和工程所在地有关安全生产的要求，合同当事人有特别要求的，应在专用合同条件中明确安全生产标准化目标及相应事项。承包人有权拒绝发包人及工程师强令承包人违章作业、冒险施工的任何指示。

在工程实施过程中，如遇到突发的地质变动、事先未知的地下施工障碍等影响施工安全的紧急情况，承包人应及时报告工程师和发包人，发包人应当及时下令停工并采取应急措施，按照相关法律法规的要求需上报政府有关行政管理部门的，应依法上报。

因安全生产需要暂停施工的，按照第8.9款［暂停工作］的约定执行。

【条文释义】

本条款设立目的在于解决承包人安全文明施工中的安全生产要求的问题，强调合同当事人均应当承担工程安全生产责任，对于影响施工安全的紧急情况下的停工和应急措施作出了明确约定。

【使用指引】

根据《建设工程安全生产管理条例》第四条规定，建设单位、勘察单位、设计单位、施工单位、工程监理单位及其他与建设工程安全生产有关的单位，必须遵守安全生产法律、法规的规定，保证建设工程安全生产，依法承担建设工程安全生产责任。

除遵守安全生产法律法规的规定，合同明确了合同当事人对于安全生产标准应在专用合同条件中作出明确约定，即合同当事人除了需要遵守安全生产法律法规的规定、国家和工程所在地的安全标准和规范外，还需要执行专用合同条件中所约定的安全标准要求。

【风险识别与防范】

一般情况下，承包人应当遵循发包人及监理人的指示和要求，但对于发包人和监理人强令承包人违章作业、冒险施工的指示，承包人有权拒绝，这既是法律法规和合同赋予承包人的权利，同时也是承包人的义务。如承包人没有拒绝执行发包人或监理人的违法违规指示造成安全生产事故的，承包人也要承担相应的法律责任，承包人对此应引起警觉，注意分辨哪些是违章作业、冒险施工的情形，而不能一味的迎合发包人或监理，或者为了赶工期违章、冒险作业，否则，最终由此造成安全生产事故的，将承担法律责任。

如施工过程中突发地质变动、事先未知的地下施工障碍等影响施工安全的紧急情况，承包人应及时将有关情况报告监理人和发包人，发包人应当及时下令停工并采取应急措施，按照法律法规的要求及时上报给政府有关行政管理部门。一般来说，突发的地质变动、事先未知的地下施工障碍的常见情形有：地下施工中发现文物古迹、地下水暗流、岩土层结构与勘察资料不一致等，如前述地下障碍影响施工安全，且可归于紧急情况时，发包人未及时下令停工采取应急措施，并报有关行政管理部门造成严重后果的，应承担相应法律责任。

【法条索引】

·《建筑法》

第四十七条　建筑施工企业和作业人员在施工过程中，应当遵守有关安全生产的法律、法规和建筑行业安全规章、规程，不得违章指挥或者违章作业。作业人员有权对影响人身健康的作业程序和作业条件提出改进意见，有权获得安全生产所需的防护用品。作业人员对危及生命安全和人身健康的行为有权提出批评、检举和控告。

·《建设工程安全生产管理条例》

第十四条　工程监理单位应当审查施工组织设计中的安全技术措施或者专项施工方案是否符合工程建设强制性标准。

工程监理单位在实施监理过程中，发现存在安全事故隐患的，应当要求施工单位整改；情况严重的，应当要求施工单位暂时停止施工，并及时报告建设单位。施工单位拒不整改或者不停止施工的，工程监理单位应当及时向有关主管部门报告。

工程监理单位和监理工程师应当按照法律、法规和工程建设强制性标准实施监理，并对建设工程安全生产承担监理责任。

第四十七条　县级以上地方人民政府建设行政主管部门应当根据本级人民政府的要求，制定本行政区域内建设工程特大生产安全事故应急救援预案。

第四十八条　施工单位应当制定本单位生产安全事故应急救援预案，建立应急救援组织或者配备应急救援人员，配备必要的应急救援器材、设备，并定期组织演练。

第四十九条　施工单位应当根据建设工程施工的特点、范围，对施工现场易发生重大事故的部位、环节进行监控，制定施工现场生产安全事故应急救援预案。实行施工总承包的，由总承包单位统一组织编制建设工程生产安全事故应急救援预案，工程总承包单位和分包单位按照应急救援预案，各自建立应急救援组织或者配备应急救援人员，配备救援器材、设备，并定期组织演练。

7.6.2　安全生产保证措施

承包人应当按照法律、法规和工程建设强制性标准进行设计、在设计文件中注明涉及施工安全的重点部位和环节，提出保障施工作业人员和预防安全事故的措施建议，防止因设计不合理导致生产安全事故的发生。

承包人应当按照有关规定编制安全技术措施或者专项施工方案，建立安全生产责任制度、治安保卫制度及安全生产教育培训制度，并按安全生产法律规定及合同约定履行安全职责，如实编制工程安全生产的有关记录，接受发包人、工程师及政府安全监督部门的检查与监督。

承包人应按照法律规定进行施工，开工前做好安全技术交底工作，施工过程中做好各项安全防护措施。承包人为实施合同而雇用的特殊工种的人员应受过专门的培训并已取得政府有关管理机构颁发的上岗证书。承包人应加强施工作业安全管理，特别应加强对于易燃、易爆材料、火工器材、有毒与腐蚀性材料和其他危险品的管理，以及对爆破作业和地下工程施工等危险作业的管理。

【条文释义】

本条款根据法律法规的规定，对承包人提出了需要采取一系列保证安全生产措施的要求。承包人作为施工主体，应当建立完善的安全生产保证制度、采取有效的安全生产保证措施，以保障施工过程中的人身和财产安全。

【使用指引】

由于工程总承包是依据合同约定对建设项目的设计、采购、施工和试运行实行全过程或若干阶段的承包。因此，承包人的安全生产保障措施从设计环节就开始了，承包人应根据法律法规和工程建设的强制性标准进行设计，在设计文件中注明重点部位和环节，提出保障人员和预防事故的措施，从设计文件开始，即从施工所依据的源头防止出现因设计不合理而导致事故的发生，防微杜渐。

承包人应按照有关规定编制安全措施或者专项方案，这里的有关规定，可以根据《建筑施工组织设计规范》（GB/T 50502—2009）中第7.4款［安全管理计划］的规定，安全管理计划可参照《职业健康安全管理体系 要求及使用指南》（GB/T 45001—2020），在施工单位安全管理体系的框架内编制。目前国内大多数承包人根据《职业健康安全管理体系 要求及使用指南》（GB/T 45001—2020）的职业健康安全管理体系的认证，建立了企业内部的安全管理体系。关于安全管理计划的编制内容，应包括：确定项目重要危险源，制定项目职业健康安全管理目标；建立有管理层次的项目安全管理组织机构并明确职责；根据项目特点，进行职业健康安全方面的资源配置；建立具有针对性的安全生产管理制度和职工安全教育培训制度；针对项目重要危险源，制定相应的安全技术措施；对达到一定规模的危险性较大的分部（分项）工程和特殊工种的作业应制定专项安全技术措施的编制计划；根据季节、气候的变化制定相应的季节性安全施工措施；建立现场安全检查制度，并对安全事故的处理作出相应规定。

【风险识别与防范】

根据不完全统计，建筑施工安全事故（危害）通常分为七大类：高处坠落、机械伤害、物体打击、坍塌倒塌、火灾爆炸、触电、窒息中毒。安全管理计划应针对项目具体情况，建立安全生产责任制度、治安保卫制度及安全生产教育培训制度，并履行法定和约定的职责。在履行合同过程中，切勿让这些制度成为一纸空文，应落到实处。

在施工环节，承包人应履行的安全生产保障义务有：开工前做好安全技术交底工作，施工过程中做好各项安全防护措施。施工雇佣的特种人员应具备上岗证。对易燃、易爆、有毒有害和其他危险品，以及爆破和地下施工作业进行严格管理。合同条款中涉及的危险作业都是在实际施工过程中最容易出现安全生产事故的作业，虽然再三提醒，但是仍然出现这些事故，归根结底，还是承包人一味地追求经济利益，忽视了对于工程安全的把控。承包人安全意识的薄弱，也推进了本次总承包合同对于安全生产保障措施条款内容的细化，需要承包人加强注意。

另外，承包人有义务接受发包人、工程师和政府安全监督部门对其安全职责进行的检查和监督。经检查发现安全生产隐患的，承包人应按照发包人、工程师或政府主管部门的要求进行整改并承担整改费用。如果承包人拒绝整改，发包人可以要求承包人暂停施工，由此造成的费用增加和工期延误应由承包人承担。

【法条索引】

•《建筑法》

第三十八条 建筑施工企业在编制施工组织设计时，应当根据建筑工程的特点制定相应的安全技术措施；对专业性较强的工程项目，应当编制专项安全施工组织设计，并采取安全技术措施。

•《建设工程安全生产管理条例》

第十四条 工程监理单位应当审查施工组织设计中的安全技术措施或者专项施工方案是否符合工程建设强制性标准。

工程监理单位在实施监理过程中，发现存在安全事故隐患的，应当要求施工单位整改；情况严重的，应当要求施工单位暂时停止施工，并及时报告建设单位。施工单位拒不整改或者不停止施工的，工程监理单位应当及时向有关主管部门报告。

工程监理单位和监理工程师应当按照法律、法规和工程建设强制性标准实施监理，并对建设工程安全生产承担监理责任。

第二十一条 施工单位主要负责人依法对本单位的安全生产工作全面负责。施工单位应当建立健全安全生产责任制度和安全生产教育培训制度，制定安全生产规章制度和操作规程，保证本单位安全生产条件所需资金的投入，对所承担的建设工程进行定期和专项安全检查，并做好安全检查记录。

施工单位的项目负责人应当由取得相应执业资格的人员担任，对建设工程项目的安全施工负责，落实安全生产责任制度、安全生产规章制度和操作规程，确保安全生产费用的有效使用，并根据工程的特点组织制定安全施工措施，消除安全事故隐患，及时、如实报告生产安全事故。

第三十六条 施工单位的主要负责人、项目负责人、专职安全生产管理人员应当经建设行政主管部门或者其他有关部门考核合格后方可任职。

施工单位应当对管理人员和作业人员每年至少进行一次安全生产教育培训，其教育培训情况记入个人工作档案。安全生产教育培训考核不合格的人员，不得上岗。

第五十七条 违反本条例的规定，工程监理单位有下列行为之一的，责令限期改正；逾期未改正的，责令停业整顿，并处 10 万元以上 30 万元以下的罚款；情节严重的，降低资质等级，直至吊销资质证书；造成重大安全事故，构成犯罪的，对直接责任人员，依照刑法有关规定追究刑事责任；造成损失的，依法承担赔偿责任：

（一）未对施工组织设计中的安全技术措施或者专项施工方案进行审查的；

（二）发现安全事故隐患未及时要求施工单位整改或者暂时停止施工的；

（三）施工单位拒不整改或者不停止施工，未及时向有关主管部门报告的；

（四）未依照法律、法规和工程建设强制性标准实施监理的。

7.6.3　文明施工

承包人在工程施工期间，应当采取措施保持施工现场平整，物料堆放整齐。工程所在地有关政府行政管理部门有特殊要求的，按照其要求执行。合同当事人对文明施工有其他要求的，可以在专用合同条件中明确。

在工程移交之前，承包人应当从施工现场清除承包人的全部工程设备、多余材料、垃圾和各种临时工程，并保持施工现场清洁整齐。经发包人书面同意，承包人可在发包人指定的地点保留承包人履行保修期内的各项义务所需要的材料、施工设备和临时工程。

【条文释义】

本条款旨在要求承包人文明施工，以实现施工的安全以及施工环境的保护和改善。

承包人的文明施工责任包括但不限于：施工期间保持现场平整、物料堆放整齐；移交工程前，清出全部施工设备、多余材料、垃圾和各种临时工程，并保持施工现场清洁整齐；经发包人书面同意在发包人指定地点保留保修期内相关材料、施工设备和临时工程。

【使用指引】

文明施工的要求还应该根据工程所在地有关政府行政管理部门的特殊要求执行。例如福建省、河北省和海南省等地均出台了《建设工程安全文明工地标准》。

【风险识别与防范】

合同强调了经发包人"书面"同意，承包人可在发包人指定的地点保留保修期内所需的材料、工程设备和临时工程。为了避免影响发包人对工程竣工后的正常使用，减少可能产生的安全隐患，保持良好的工程状态，并明确承包人保留在现场的材料、设备的数量、规格、型号、保存地点等事项，避免以后发生争议，有必要通过书面方式确定相关内容，当然书面方式形式可以扩大范围，包括邮件和即时聊天工具。

7.6.4　事故处理

工程实施过程中发生事故的，承包人应立即通知工程师。发包人和承包人应立即组织人员和设备进行紧急抢救和抢修，减少人员伤亡和财产损失，防止事故扩大，并保护事故现场。需要移动现场物品时，应作出标记和书面记录，妥善保管有关证据。发包人和承包人应按国家有关规定，及时如实地向有关部门报告事故发生的情况，以及正在采取的紧急措施等。

在工程实施期间或缺陷责任期内发生危及工程安全的事件，工程师通知承包人进行抢救和抢修，承包人声明无能力或不愿立即执行的，发包人有权雇佣其他人员进行抢救和抢修。此类抢救和抢修按合同约定属于承包人义务的，由此增加的费用和（或）延误的工期由承包人承担。

【条文释义】

上述条款旨在明确对突发安全事件实施抢救和抢修的主体、抢救和抢修的措施及责任分担，有利于突发安全事故的处理，避免安全事故的扩大，尽可能保证施工人员人身及财产安全。

【使用指引】

对于安全事件，发包人和承包人都有抢救和抢修的义务，而且承包人只需要通知工程师，不再约定通知发包人，发包人也不能以没有得到通知而推卸抢救和抢修义务。对于承包人拒绝或无力抢救和抢修的，发包人有权雇佣第三人实施抢救和抢修工作，保障安全事件及时处理，避免带来更大的损失，相关费用和延误工期责任由承包人承担。

发生安全事故时，发包人和承包人都有义务采取措施处理安全事故，减少人员伤亡和财产损失，防止事故扩大，保护事故现场。对于安全事故造成的损失和工期延误，应该根据事故的原因进行分担。

【风险识别与防范】

发生生产安全事故时，发包人和承包人都有义务及时、如实地向负责安全生产监督管理的部门、建设行政主管部门或者其他有关部门报告，接到报告的部门应当按照国家有关规定，如实上报。实行总承包的建设工程，由总承包单位负责上报事故。而在实践中，发生事故后，为了不影响工期，不被上级部门处罚，发包人和承包人可能会瞒报或不报。建议发包人和承包人积极防治安全事故的发生，一旦发生事故，还是应该根据法律法规进行上报，否则会受到加重处罚。

【法条索引】

•《建筑法》

第四十四条　建筑施工企业必须依法加强对建筑安全生产的管理，执行安全生产责任制度，采取有效措施，防止伤亡和其他安全生产事故的发生。

建筑施工企业的法定代表人对本企业的安全生产负责。

第七十一条　建筑企业违反本法规定，对建筑安全事故隐患不采取措施予以消除的，责令改正，可以处以罚款；情节严重的，责令停业整顿，降低资质等级或者吊销资质证书；构成犯罪的，依法追究刑事责任。建筑施工企业的管理人员违章指挥、强令职工冒险作业，因而发生重大伤亡事故或者造成其他严重后果的，依法追究刑事责任。

•《刑法》

第一百三十七条　建设单位、设计单位、施工单位、工程监理单位违反国家规定，降低工程质量标准，造成重大安全事故的，对直接责任人员，处五年以下有期徒刑或者拘役，并处罚金；后果特别严重的，处五年以上十年以下有期徒刑，并处罚金。

•《建设工程安全生产管理条例》

第四十八条　施工单位应当制定本单位生产安全事故应急救援预案，建立应急救援组织或者配备应急救援人员，配备必要的应急救援器材、设备，并定期组织演练。

第四十九条　施工单位应当根据建设工程施工的特点、范围，对施工现场易发生重大事故的部位、环节进行监控，制定施工现场生产安全事故应急救援预案。实行施工总承包的，由总承包单位统一组织编制建设工程生产安全事故应急救援预案，工程总承包单位和分包单位按照应急救援预案，各自建立应急救援组织或者配备应急救援人员，配备救援器材、设备，并定期组织演练。

第五十条　施工单位发生生产安全事故，应当按照国家有关伤亡事故报告和调查处理的规定，及时、如实地向负责安全生产监督管理的部门、建设行政主管部门或者其他有关部门报告；特种设备发生事故的，还应当同时向特种设备安全监督管理部门报告。接到报告的部门应当按照国家有关规定，如实上报。

实行施工总承包的建设工程，由总承包单位负责上报事故。

第五十一条　发生生产安全事故后，施工单位应当采取措施防止事故扩大，保护事故现场。需要移动现场物品时，应当做出标记和书面记录，妥善保管有关证物。

7.6.5　安全生产责任

发包人应负责赔偿以下各种情况造成的损失：

（1）工程或工程的任何部分对土地的占用所造成的第三者财产损失；

（2）由于发包人原因在施工现场及其毗邻地带、履行合同工作中造成的第三者人身伤亡和财产损失；

（3）由于发包人原因对发包人自身、承包人、工程师造成的人身伤害和财产损失。

承包人应负责赔偿由于承包人原因在施工现场及其毗邻地带、履行合同工作中造成的第三者人身伤亡和财产损失。

如果上述损失是由于发包人和承包人共同原因导致的，则双方应根据过错情况按比例承担。

【条文释义】

本条款旨在明确发包人、承包人的安全生产责任，有利于维护现场各方人员人身安全和工程及现场财产安全及毗邻地带第三者的人身和财产权益。

【使用指引】

发包人承担赔偿责任的情形包括两种：一种是因工程本身对土地的占有和使用对第三人造成的财产损失；第二种是因发包人原因造成的自身人员、承包人、工程师和第三人人身伤亡和财产损失。前者是依据发包人对工程享有所有权进行工程建设而造成了对第三人人身和财产的损害赔偿责任，该责任的法律基础为无过错责任。后者是因发包人原因造成其自身人员、承包人、监理人和第三人人身伤亡和财产损失，该责任对于与发包人有合同关系的主体来说，存在一定的违约责任与侵权责任竞合的情形，但是对于与发包人没有合同关系的主体来说，则应适用侵权责任法的规定。同理，因承包人原因造成包括发包人在内的任何第三人的人身伤害和财产损失的，则与前述第二种情形相类似。

【风险识别与防范】

如果本条款所涉的损失是由发包人和承包人共同原因造成的，则双方应根据过错情况按比例承担。但是工程情况是复杂的，原因也是混同和难以分清的，因此需要注意保存和固定好证据，以及事故现场，如果实在难以区分比例，应根据《民法典》第一千一百七十二条的规定，难以确定责任大小的，平均承担责任。

【法条索引】

•《建筑法》

第四十五条　施工现场安全由建筑施工企业负责。实行施工总承包的，由总承包单位负责。分包单位向总承包单位负责，服从总承包单位对施工现场的安全生产管理。

•《建设工程安全生产管理条例》

第五十四条　违反本条例的规定，建设单位未提供建设工程安全生产作业环境及安全施工措施所需费用的，责令限期改正；逾期未改正的，责令该建设工程停止施工。

建设单位未将保证安全施工的措施或者拆除工程的有关资料报送有关部门备案的，责令限期改正，给予警告。

第五十五条　违反本条例的规定，建设单位有下列行为之一的，责令限期改正，处20万元以上50万元以下的罚款；造成重大安全事故，构成犯罪的，对直接责任人员，依照刑法有关规定追究刑事责任；造成损失的，依法承担赔偿责任：

（一）对勘察、设计、施工、工程监理等单位提出不符合安全生产法律、法规和强制性标准规定的要求的；

（二）要求施工单位压缩合同约定的工期的；

（三）将拆除工程发包给不具有相应资质等级的施工单位的。

第六十二条　违反本条例的规定，施工单位有下列行为之一的，责令限期改正；逾期未改正的，责令停业整顿，依照《中华人民共和国安全生产法》的有关规定处以罚款；造成重大安全事故，构成犯罪的，对直接责任人员，依照刑法有关规定追究刑事责任：

（一）未设立安全生产管理机构、配备专职安全生产管理人员或者分部分项工程施工时无专职安全生产管理人员现场监督的；

（二）施工单位的主要负责人、项目负责人、专职安全生产管理人员、作业人员或者特种作业人员，未经安全教育培训或者经考核不合格即从事相关工作的；

（三）未在施工现场的危险部位设置明显的安全警示标志，或者未按照国家有关规定在施工现场设置消防通道、消防水源、配备消防设施和灭火器材的；

（四）未向作业人员提供安全防护用具和安全防护服装的；

（五）未按照规定在施工起重机械和整体提升脚手架、模板等自升式架设设施验收合格后登记的；

（六）使用国家明令淘汰、禁止使用的危及施工安全的工艺、设备、材料的。

第六十四条　违反本条例的规定，施工单位有下列行为之一的，责令限期改正；逾期未改正的，责令停业整顿，并处 5 万元以上 10 万元以下的罚款；造成重大安全事故，构成犯罪的，对直接责任人员，依照刑法有关规定追究刑事责任：

（一）施工前未对有关安全施工的技术要求作出详细说明的；

（二）未根据不同施工阶段和周围环境及季节、气候的变化，在施工现场采取相应的安全施工措施，或者在城市市区内的建设工程的施工现场未实行封闭围挡的；

（三）在尚未竣工的建筑物内设置员工集体宿舍的；

（四）施工现场临时搭建的建筑物不符合安全使用要求的；

（五）未对因建设工程施工可能造成损害的毗邻建筑物、构筑物和地下管线等采取专项防护措施的。

施工单位有前款规定第（四）项、第（五）项行为，造成损失的，依法承担赔偿责任。

第六十五条　违反本条例的规定，施工单位有下列行为之一的，责令限期改正；逾期未改正的，责令停业整顿，并处 10 万元以上 30 万元以下的罚款；情节严重的，降低资质等级，直至吊销资质证书；造成重大安全事故，构成犯罪的，对直接责任人员，依照刑法有关规定追究刑事责任；造成损失的，依法承担赔偿责任：

（一）安全防护用具、机械设备、施工机具及配件在进入施工现场前未经查验或者查验不合格即投入使用的；

（二）使用未经验收或者验收不合格的施工起重机械和整体提升脚手架、模板等自升式架设设施的；

（三）委托不具有相应资质的单位承担施工现场安装、拆卸施工起重机械和整体提升脚手架、模板等自升式架设设施的；

（四）在施工组织设计中未编制安全技术措施、施工现场临时用电方案或者专项施工方案的。

• 《民法典》

第一千一百七十二条　二人以上分别实施侵权行为造成同一损害，能够确定责任大小的，各自承担相应的责任；难以确定责任大小的，平均承担责任。

第一千一百八十二条　侵害他人人身权益造成财产损失的，按照被侵权人因此受到的损失或者侵权人因此获得的利益赔偿；被侵权人因此受到的损失以及侵权人因此获得的利益难以确定，被侵权人和侵权人就赔偿数额协商不一致，向人民法院提起诉讼的，由人民法院根据实际情况确定赔偿数额。

第一千一百八十四条　侵害他人财产的，财产损失按照损失发生时的市场价格或者其他合理方式计算。

7.7　职业健康

承包人应遵守适用的职业健康的法律和合同约定（包括对雇用、职业健康、安全、福利等方面的规定），负责现场实施过程中其人员的职业健康和保护，包括：

（1）承包人应遵守适用的劳动法规，保护承包人员工及承包人聘用的第三方人员的合法休假权等合法权益，按照法律规定安排现场施工人员的劳动和休息时间，保障劳动者的休息时间，并支付合理的报酬和费用。因工程施工的特殊需要占用休假日或延长工作时间的，应不超过法律规定的限度，并按法律规定给予补休或酬劳。

（2）承包人应依法为承包人员工及承包人聘用的第三方人员办理必要的证件、许可、保险和注册等，承包人应督促其分包人为分包人员工及分包人聘用的第三方人员办理必要的证件、许可、保险和注册等。承包人应为其履行合同所雇用的人员提供必要的膳宿条件和生活环境，必要的现场食宿条件。

（3）承包人应对其施工人员进行相关作业的职业健康知识培训、危险及危害因素交底、安全操作规程交底、采取有效措施，按有关规定为其现场人员提供劳动保护用品、防护器具、防暑降温用品和安全生产设施。采取有效的防止粉尘、降低噪声、控制有害气体和保障高温、高寒、高空作业安全等劳动保护措施。

（4）承包人应在有毒有害作业区域设置警示标志和说明，对有毒有害岗位进行防治检查，对不合格的防护设施、器具、搭设等及时整改，消除危害职业健康的隐患。发包人人员和工程师人员未经承包人允许、未配备相关保护器具，进入该作业区域所造成的伤害，由发包人承担责任和费用。

（5）承包人应采取有效措施预防传染病，保持食堂的饮食卫生，保证施工人员的健康，并定期对施工现场、施工人员生活基地和工程进行防疫和卫生的专业检查和处理，在远离城镇的施工现场，还应配备必要的伤病防治和急救的医务人员与医疗设施。承包人雇佣人员在施工中受到伤害的，承包人应立即采取有效措施进行抢救和治疗。

【条文释义】

本条款目的在于保护劳动者合法权益，维护与社会主义市场经济相适应的劳动制度，促进经济发展和社会进步的同时，维护施工人员的基本劳动者的权利、职业健康和生活条件，并保证雇佣人员的健康，从生活条件、医疗等方面保障劳动者的合法权益。

【使用指引】

给予劳动者职业健康和保护是劳动法规定的用人单位的法定义务。

承包人应遵守法律法规，保障劳动者的休息时间，并且及时全额支付工资，不超时加班，给予加班工资。承包人应按照国家有关规定为其雇用人员办理各种必要的证件、许可、保险和注册等，同时应督促分包人为其所雇用的人员办理必要的证件、许可、保险和注册等。由于建筑行业的特殊性，还需提供雇用人员必要的食宿条件。

承包人应在施工现场采取措施，防止或者减少粉尘、废气、废水、固体废物、噪声、振动和施工照明对劳动者健康和人身安全造成的危害。

承包人应按照相关法律规定保证其雇用人员享有休息休假、取得劳动报酬、接受技术培训、享受社会保险的权利。承包人必须建立劳动安全卫生制度，严格执行国家劳动安全卫生规程和标准，对劳动者进行劳动安全卫生教育，防止劳动过程中的事故，减少职业危害。

【风险识别与防范】

在本条款中，承包人负责现场施工过程中人员的职业健康和保护，并详细罗列了五项具体内容。

除了承包人应尽到的法定义务外，在第（2）项中，承包人还有督促义务，虽然并没有对不履行督促义务约定责任，但是在争议过程中，亦有可能因为没有尽到督促义务而被追究相关责任。在第（4）项中，豁免了发包人人员和工程师未经承包人允许、未配备护具，进入有毒有害作业区造成伤害的责任，需要注意的是如何认定未经允许，建议承包人做好进入有毒有害作业区的准入登记工作及防护隔离设施，以达到证明发包人人员和工程师未经其允许且突破隔离设施擅自进入，否则可能因无法证明而承担相应责任。

【法条索引】

•**《建筑法》**

第四十七条 建筑施工企业和作业人员在施工过程中，应当遵守有关安全生产的法律、法规和建筑行业安全规章、规程，不得违章指挥或者违章作业。作业人员有权对影响人身健康的作业程序和作业条件提出改进意见，有权获得安全生产所需的防护用品。作业人员对危及生命安全和人身健康的行为有权提出批评、检举和控告。

第四十八条 建筑施工企业应当依法为职工参加工伤保险缴纳工伤保险费。鼓励企业为从事危险作业的职工办理意外伤害保险，支付保险费。

•**《劳动法》**

第三十六条 国家实行劳动者每日工作时间不超过八小时、平均每周工作时间不超过四十四小时的工时制度。

第三十八条 用人单位应当保证劳动者每周至少休息一日。

第四十一条 用人单位由于生产经营需要，经与工会和劳动者协商后可以延长工作时间，一般每日不得超过一小时；因特殊原因需要延长工作时间的，在保障劳动者身体健康的条件下延长工作时间每日不得超过三小时，但是每月不得超过三十六小时。

第四十四条 有下列情形之一的，用人单位应当按照下列标准支付高于劳动者正常工作时间工资的工资报酬：

（一）安排劳动者延长工作时间的，支付不低于工资的百分之一百五十的工资报酬；

（二）休息日安排劳动者工作又不能安排补休的，支付不低于工资的百分之二百的工资报酬；

（三）法定休假日安排劳动者工作的，支付不低于工资的百分之三百的工资报酬。

• 《建设工程安全生产管理条例》

第三十条　施工单位对因建设工程施工可能造成损害的毗邻建筑物、构筑物和地下管线等，应当采取专项防护措施。

施工单位应当遵守有关环境保护法律、法规的规定，在施工现场采取措施，防止或者减少粉尘、废气、废水、固体废物、噪声、振动和施工照明对人和环境的危害和污染。在城市市区内的建设工程，施工单位应当对施工现场实行封闭围挡。

第三十八条　施工单位应当为施工现场从事危险作业的人员办理意外伤害保险。意外伤害保险费由施工单位支付。实行施工总承包的，由总承包单位支付意外伤害保险费。意外伤害保险期限自建设工程开工之日起至竣工验收合格止。

7.8　环境保护

7.8.1　承包人负责在现场施工过程中对现场周围的建筑物、构筑物、文物建筑、古树、名木，及地下管线、线缆、构筑物、文物、化石和坟墓等进行保护。因承包人未能通知发包人，并在未能得到发包人进一步指示的情况下，所造成的损害、损失、赔偿等费用增加，和（或）竣工日期延误，由承包人负责。如承包人已及时通知发包人，发包人未能及时作出指示的，所造成的损害、损失、赔偿等费用增加，和（或）竣工日期延误，由发包人负责。

7.8.2　承包人应采取措施，并负责控制和（或）处理现场的粉尘、废气、废水、固体废物和噪声对环境的污染和危害。因此发生的伤害、赔偿、罚款等费用增加，和（或）竣工日期延误，由承包人负责。

7.8.3　承包人及时或定期将施工现场残留、废弃的垃圾分类后运到发包人或当地有关行政部门指定的地点，防止对周围环境的污染及对作业的影响。承包人应当承担因其原因引起的环境污染侵权损害赔偿责任，因违反上述约定导致当地行政部门的罚款、赔偿等增加的费用，由承包人承担；因上述环境污染引起纠纷而导致暂停施工的，由此增加的费用和（或）延误的工期由承包人承担。

【条文释义】

本条款旨在明确承包人承担施工过程中的环境保护义务及法律责任，有利于保护环境和防范污染，保障人体健康要求。

随着相关环境保护法律法规的完善和人民群众对环境保护的逐步重视，工程环境保护、环保评估越来越受到社会的关注。一旦造成环境污染，则治理成本增加、技术难度提高，故在工程开始施工前增加环境保护的意识，约束承包人采取有效的环境保护措施。做好施工期间的环境保护是承包人的法定义务，也是承包人应尽的社会义务。

【使用指引】

承包人承担施工过程中现场周围建筑物、管线、构筑物、文物等保护的义务，承担未及时通知发包人造成损失和工期延误的责任，及时通知则可豁免。

承包人在施工时应当遵守有关环境保护和安全生产的法律、法规的规定，采取控制和减小施工现场各种粉尘、废气、废水、固体废物以及噪声对环境的污染和危害的措施。

承包人及时和定期处理施工现场垃圾。作为污染者，应对其引起的环境污染承担侵权损害赔偿责任，由此导致的暂停施工，由承包人承担由此增加的费用和延误的工期。

【风险识别与防范】

在第7.8.1项，承包人需注意，承包人只有在未通知发包人，发包人也没有进一步指示的情况下，所造成的伤害、损失、赔偿等费用增加和（或）竣工日期延误，由承包人负责，如果承包人通知了发包人，但是发包人未能进一步指示，所造成的费用增加和工期延误的责任，应该由发包人负责，这里是举重以明轻。

在第7.8.3项，增加了对现场残留、废弃垃圾分类后清运的责任，垃圾分类不仅仅是针对居民生活垃圾，在施工现场所产生的垃圾亦需要进行严格分类后才能清运。

【法条索引】

•《建筑法》

第四十一条　建筑施工企业应当遵守有关环境保护和安全生产的法律、法规的规定，采取控制和处理施工现场的各种粉尘、废气、废水、固体废物以及噪声、振动对环境的污染和危害的措施。

•《民法典》

第一千二百二十九条　因污染环境、破坏生态造成他人损害的，侵权人应当承担侵权责任。

第一千二百三十条　因污染环境、破坏生态发生纠纷，行为人应当就法律规定的不承担责任或者减轻责任的情形及其行为与损害之间不存在因果关系承担举证责任。

•《环境保护法》

第六条　一切单位和个人都有保护环境的义务，并有权对污染和破坏环境的单位和个人进行检举和控告。

第十条　国务院环境保护行政主管部门根据国家环境质量标准和国家经济、技术条件，制定国家污染物排放标准。省、自治区、直辖市人民政府对国家污染物排放标准中未作规定的项目，可以制定地方污染物排放标准；对国家污染物排放标准中已作规定的项目，可以制定严于国家污染物排放标准的地方污染物排放标准。地方污染物排放标准须报国务院环境保护行政主管部门备案。凡是向已有地方污染物排放标准的区域排放污染物的，应当执行地方污染物排放标准。

第二十四条 产生环境污染和其他公害的单位，必须把环境保护工作纳入计划，建立环境保护责任制度；采取有效措施，防治在生产建设或者其他活动中产生的废气、废水、废渣、粉尘、恶臭气体、放射性物质以及噪声、振动、电磁波辐射等对环境的污染和危害。

7.9 临时性公用设施

7.9.1 提供临时用水、用电等和节点铺设

除专用合同条件另有约定外，发包人应在承包人进场前将施工临时用水、用电等接至约定的节点位置，并保证其需要。上述临时使用的水、电等的类别、取费单价在专用合同条件中约定，发包人按实际计量结果收费。发包人无法提供的水、电等在专用合同条件中约定，相关费用由承包人纳入报价并承担相关责任。

发包人未能按约定的类别和时间完成节点铺设，使开工时间延误，竣工日期相应顺延。未能按约定的品质、数量和时间提供水、电等，给承包人造成的损失由发包人承担，导致工程关键路径延误的，竣工日期相应顺延。

7.9.2 临时用水、用电等

承包人应在计划开始现场施工日期28天前或双方约定的其它时间，按专用合同条件中约定的发包人能够提供的临时用水、用电等类别，向发包人提交施工（含工程物资保管）所需的临时用水、用电等的品质、正常用量、高峰用量、使用时间和节点位置等资料。承包人自费负责计量仪器的购买、安装和维护，并依据专用合同条件中约定的单价向发包人交费，合同当事人另有约定时除外。

因承包人未能按合同约定提交上述资料，造成发包人费用增加和竣工日期延误时，由承包人负责。

【条文释义】

本条款旨在就临时性公用设施的提供和责任提出要求。

【使用指引】

为保证施工合同及时顺利履行，发包人应在承包人进场前，将临时用水、用电接到约定的节点位置并保证其满足工程需要，否则承担类别、时间、品质、数量等不符合合同约定所需承担的责任。

承包人应在施工前28天或者约定的其他时间，按照专有条款约定向发包人提交资料，违反约定的，由承包人负责。

【风险识别与防范】

承包人需向发包人提交施工（含工程物资保管）所需的临时用水、用电等的品质、正

常用量、高峰用量、使用时间和节点位置等资料，发包人根据承包人提交的资料提供临时用水、用电等和节点铺设，因此承包的资料提交义务是发包人履行义务的必要前提，承包人如未按约履行此项义务导致费用增加或工期延误的，责任由承包人承担，承包人应注意保留好其提交资料的证据材料，以免产生不必要的纠纷。

7.10　现场安保

承包人承担自发包人向其移交施工现场、进入占有施工现场至发包人接收单位/区段工程或（和）工程之前的现场安保责任，并负责编制相关的安保制度、责任制度和报告制度，提交给发包人。除专用合同条件另有约定外，承包人的该等义务不因其与他人共同合法占有施工现场而减免。承包人有权要求发包人负责协调他人就共同合法占有现场的安保事宜接受承包人的管理。

承包人应将其作业限制在现场区域、合同约定的区域或为履行合同所需的区域内。承包人应采取一切必要的预防措施，以保持承包人的设备和人员处于现场区域内，避免其进入邻近地区。

承包人为履行合同义务而占用的其他场所（如预制加工场所、办公及生活营区）的安保适用本款前述关于现场安保的规定。

【条文释义】

本条款旨在明确发包人、承包人治安保卫责任和义务，在于维护施工现场治安，以保证现场人员、财产的安全以及工程施工的顺利进行。

【使用指引】

该条款明确了承包人现场安保的时间段，自发包人向其移交施工现场开始，进入占有施工现场后至发包人接收单位/区段施工或（和）工程前，那么除此时间段以外的现场安保责任均由发包人承担。除非合同另有约定，否则承包人不因其他人合法占有施工现场而减免安保责任，因此，可以通过合同另外就其他人合法占有施工现场的安保责任进行明确约定。

承包人应将其施工作业范围限制在现场区域、合同约定区域或为履行合同所需的区域，避免进入其他地区。

【风险识别与防范】

本条款约定承包人有权要求发包人负责协调他人就共同合同占有现场的安保事宜，接收承包人的管理，虽然是承包人的权利条款，其实暗含其中的是发包人的协调义务，因此，发包人应对其引起注意，如发包人未尽到协调义务，导致安保事宜出现问题，发包人应承担相关协调责任。

承包人负责编制相关的安保制度、责任制度和报告制度，提交给发包人，虽然没有明确发包人对承包人现场安保的监督权利，但是从该条款看，将相关制度提交给发包人的目的，即在于发包人知晓安保制度的具体内容后，可以对承包人的安保责任进行监督和管理。

7.11　工程照管

自开始现场施工日期起至发包人应当接收工程之日止，承包人应承担工程现场、材料、设备及承包人文件的照管和维护工作。

如部分工程于竣工验收前提前交付发包人的，则自交付之日起，该部分工程照管及维护职责由发包人承担。

如发包人及承包人进行竣工验收时尚有部分未竣工工程的，承包人应负责该未竣工工程的照管和维护工作，直至竣工后移交给发包人。

如合同解除或终止的，承包人自合同解除或终止之日起不再对工程承担照管和维护义务。

【条文释义】

本条款旨在明确工程的照管责任。合同明确约定自施工之日起至发包人应当接受工程之日止，工程现场、设备、材料及承包人文件的照管和维护工作均由承包人承担。约定了在工程竣工验收前提前交付和竣工验收时尚未竣工的情况下，工程照管和维护责任的承担。约定了合同解除和终止的，自解除或终止之日起承包人不再对工程承担照管和维护义务。

【使用指引】

承包人对工程及工程相关的材料、工程设备的照管责任自发包人向承包人移交施工现场之日起直到应接收工程之日止。虽然没有明确约定照管期间的责任承担，但是很显然，在承包人负责照管期间，因承包人原因造成工程、材料、工程设备损坏的，由承包人负责修复或更换，并承担由此增加的费用和（或）延误的工期。

【风险识别与防范】

承包人需要注意该条款约定工程照管的范围增加了工程现场和承包人文件。发包人应注意承包人对于工程照管的截止时间一般是发包人应当接收工程之日止，而不是发包人实际接收工程之日止，显然两者之间是有一定区别的。

第 8 条　工期和进度

8.1　开始工作

8.1.1　开始工作准备

合同当事人应按专用合同条件约定完成开始工作准备工作。

【条文释义】

第8.1款为开始工作，该款中约定了开始工作准备（第8.1.1项）、开始工作通知（第8.1.2项）两项内容。施工合同和施工总承包合同中通常并不存在"开始工作"的概念，而只有开工、开始施工的概念，因为在该类合同项下承包人的承包范围只包括施工，并不包括设计，对该类合同项下的承包人而言，其开始工作基本上就是开工、开始施工了；"开始工作"属于工程总承包合同中的概念，该类合同项下承包人的承包范围不仅包括施工，还包括设计，对该类合同项下的承包人而言，其开始工作并非是指开始施工。

开始工作对合同工期而言具有非常重要的意义，第一部分"合同协议书"第二条〔合同工期〕中约定了几个日期，包括：计划开始工作日期，计划开始现场施工日期，计划竣工日期；第1.1.4.2目约定："开始工作日期：包括计划开始工作日期和实际开始工作日期。计划开始工作日期是指合同协议书约定的开始工作日期；实际开始工作日期是指工程师按照第8.1款〔开始工作〕约定发出的符合法律规定的开始工作通知中载明的开始工作日期。"第8.1.2项〔开始工作通知〕约定："工期自开始工作通知中载明的开始工作日期起算。"亦即合同工期系从开始工作日期起算，因此在合同中约定计划开始工作日期，以及在合同履行过程中确定实际开始工作日期就具有非常重要的意义。

合同工期自实际开始工作日期起算，通常而言，发包人和承包人在此日期之前所进行的工作都应当归为"开始工作准备工作"（即在开始工作之前所进行的准备工作），即双方在实际开始工作日期之前所进行的工作都属于在为开始工作做准备工作；而在此日期之后，无论前述准备工作是否已经完成，合同工期都已开始起算。在具体合同履行过程中，可能存在着承包人在实际开始工作日期之前就已经开始工作的情形，此时需注意确定实际开始工作日期的具体日期。

本项中约定："合同当事人应按专用合同条件约定完成开始工作准备工作。"也就是说，发包人和承包人都要按约定完成开始工作准备工作，具体需要完成哪些准备工作以及何时完成，包括完成的具体要求等，双方应当在专用合同条件中对此作出具体、明确的约定。专用合同条件中与本项相对应设置了第8.1.1项，双方当事人应当在专用合同条件第8.1.1项中对发包人和承包人应当完成的各项开始工作准备工作作出具体、明确的约定。

【使用指引】

本项通用合同条件的约定非常简单，其中约定合同当事人应按专用合同条件约定完成开始工作准备工作，专用合同条件中也相对应地设置了第8.1.1项，供合同当事人对需要完成的"开始工作准备工作"作出约定。发包人和承包人在签订合同时应当在专用合同条件第8.1.1项中对此作出具体、明确的约定。

至于哪些工作属于"开始工作准备工作"，或者哪些工作需要在"开始工作"之前完成，发包人和承包人应当根据具体工程的实际情况作出约定。其中可以采取的约定方式为：在专用合同条件第8.1.1项中对发包人应完成的开始工作准备工作作出具体、明确的约定，并约定除此之外的准备工作由承包人完成，同时，为避免对发包人应完成的准备工作的约定出现遗漏情形，还可对发包人应完成的准备工作作出兜底式的约定，如：承包人如认为在其开始工作之前还有其他准备工作需要由发包人完成的，承包人应立即书面告知发包人并要求发包人在合理期限内完成，如该工作属于应由发包人完成的或者只能由发包人完成的，发包人应在合理期限内完成该工作。合同当事人还应当对各方应当完成的准备工作的期限及其他具体要求（如有）作出约定。

【风险识别与防范】

对合同当事人而言，在签订合同时，需要在专用合同条件中对各方当事人需要完成的"开始工作准备工作"的内容、完成期限和具体要求等作出具体、明确的约定。本项条款所涉及的风险主要有：（1）合同当事人对在开始工作之前需要各方完成的准备工作未能作出科学、合理和周延的约定，导致在合同履行过程中对相关准备工作究竟是应由发包人完成还是由承包人完成，产生争议；对该风险的防范，双方可以参照上述【使用指引】中的方式来对各方需要完成的开始工作准备工作作出约定。（2）在合同中对各方应完成的准备工作应当约定有相应的完成期限，该期限应以不影响开始工作实施为前提，即各项准备工作应当在实际开始工作日期之前予以完成，否则，如影响开始工作实施的，则应由责任方承担因此而导致的工期延误和（或）费用增加。特别是对承包人而言，如果出现因发包人未能完成其准备工作而影响其开始工作的，则承包人应及时向发包人提出，并按照合同约定办理相应的签认手续或提出索赔。

8.1.2 开始工作通知

经发包人同意后，工程师应提前 7 天向承包人发出经发包人签认的开始工作通知，工期自开始工作通知中载明的开始工作日期起算。

除专用合同条件另有约定外，因发包人原因造成实际开始现场施工日期迟于计划开始现场施工日期后第 84 天的，承包人有权提出价格调整要求，或者解除合同。发包人应当承担由此增加的费用和（或）延误的工期，并向承包人支付合理利润。

【条文释义】

"开始工作"为工程总承包合同中的概念，但该示范文本中并未对何为"开始工作"作出直接、正面的界定。本项的标题为［开始工作通知］，其中第 1 段约定了开始工作通知的发出及工期的起算日期，第 2 段约定的则是实际开始现场施工日期的事宜。

关于开始工作通知，合同第 1.1.4.1 目约定："开始工作通知：指工程师按第 8.1.2 项［开始工作通知］的约定通知承包人开始工作的函件。"本项第 1 段中约定开始工作通知的发出，应在经发包人同意后，工程师应提前 7 天向承包人发出经发包人签认的开始工作通知，同时明确"工期自开始工作通知中载明的开始工作日期起算"。

在工程总承包合同的合同工期中存在着两个日期：开始工作日期（包括计划开始工作日期和实际开始工作日期）、开始现场施工日期（包括计划开始现场施工日期和实际开始现场施工日期）。合同第 1.1.4.2 目约定："开始工作日期：包括计划开始工作日期和实际开始工作日期。计划开始工作日期是指合同协议书约定的开始工作日期；实际开始工作日期是指工程师按照第 8.1 款［开始工作］约定发出的符合法律规定的开始工作通知中载明的开始工作日期。"第 1.1.4.3 目约定："开始现场施工日期：包括计划开始现场施工日期和实际开始现场施工日期。计划开始现场施工日期是指合同协议书约定的开始现场施工日期；实际开始现场施工日期是指工程师发出的符合法律规定的开工通知中载明的开始现场施工日期。"

本项第 2 段约定的是因发包人原因造成实际开始现场施工日期迟延时承包人享有的权利和发包人应承担的责任，该段中约定，除专用合同条件另有约定外，因发包人原因造成实际开始现场施工日期迟于计划开始现场施工日期后第 84 天的，承包人有权提出价格调整要求，或者解除合同，发包人应当承担由此增加的费用和（或）延误的工期，并向承包人支付合理利润。从第 2 段内容来看，工程总承包合同的工期虽然是自实际开始工作日期起算，但其中对承包人影响更大的日期是实际开始现场施工日期，所以该项中并未约定因发包人原因导致实际开始工作日期迟延时承包人享有的权利和发包人应承担的责任，而是约定了因发包人原因导致实际开始现场施工日期迟延时承包人享有的权利和发包人应承担的责任，且此种情形下发包人所承担的责任较重，此时承包人有权提出价格调整要求，甚至有权解除合同，由此增加的费用和（或）延误的工期由发包人承担，发包人并应向承包人支付合理利润。

【使用指引】

本项第 1 段中未约定需要合同当事人在专用合同条件中作出另行约定的内容。但需要注意的是，该条中所约定的"开始工作通知"的发出条件为："经发包人同意后，工程师应提前 7 天向承包人发出经发包人签认的开始工作通知"，但合同其他条款中对开始工作通知还另有要求，合同第 1.1.4.2 目中约定："实际开始工作日期是指工程师按照第 8.1 款［开始工作］约定发出的符合法律规定的开始工作通知中载明的开始工作日期。"其中就对工程师按照本款约定发出的开始工作通知作出了"符合法律规定"的限定。但合同中对何为"符合法律规定"并未作出进一步的明确约定。"符合法律规定"应当包括在承包人"开始工作"（其中主要是开始进行设计）之前所应当符合的各项法律规定（包括在承包人开始进行设计之前所应当满足的各项工程报建程序）。合同当事人在签订合同时可以对何为"符合法律规定"或者工程师发出的开始工作通知应当满足哪些"法律规定"或者应当具备哪些其他条件作出具体、明确的约定。

本项第 2 段中约定有需要合同当事人在专用合同条件中进行约定的内容，其中约定除专用合同条件另有约定外，因发包人原因造成实际开始现场施工日期迟于计划开始现场施工日期后第 84 天的，承包人有权提出价格调整要求或者解除合同。专用合同条件中相应设置了第 8.1.2 项，供合同当事人对"发包人可在计划开始工作之日起 84 日后发出开始工作通知的特殊情形"作出约定，也就是说，在具备专用合同条件中所约定的这些"特殊情形"时，发包人仍然可以在计划开始工作之日起 84 日后发出开始工作通知，而承包人并不享有提出价格调整要求或者解除合同的权利。因此，发包人应当注意在专用合同条件中对己方有利的这些"特殊情形"作出尽可能全面、详细的约定。同时，按照本项第2段中的约定方式，双方除了可以在专用合同条件中对这些"特殊情形"作出另行约定外，还可以对本项第2段中的其他内容作出另行约定，如可以根据工程实际情况将84天修改为一个更长或更短的时间，或者对承包人所享有的权利进行相应地限制，如只允许承包人有权提出价格调整要求，而不允许其享有"解除合同"的权利，因为解除合同对合同当事人而言影响巨大，如果轻易赋予承包人解除合同的权利，一旦承包人行使该合同解除权，可能会给发包人带来严重的经济损失。

【风险识别与防范】

本项主要涉及的风险包括实际开始工作日期和实际开始现场施工日期的确定问题，这两个日期对发包人和承包人而言都极为重要，因此，在合同签订和履行过程中都应当对此予以高度重视。在正常情况下，工程师应按照本项约定向承包人发出开始工作通知，其中载明有实际开始工作日期，如承包人对此并无异议，则实际开始工作日期应当以开始工作通知中所载明的实际开始工作日期来确定。但如果出现特殊情况，如工程师并未按照合同约定发出开始工作通知，或者工程师虽发出开始工作通知，但承包人对此提出异议，如承包人认为该开始工作通知并不符合法律规定，或者承包人在该开始工作通知中载明的实际开始工作日期实际上无法开始工作的（如发包人并未完成其应完成的开始工作准备工作等而影响承包人开始工作的），或者有证据证明承包人实际上在开始工作通知中载明的实际开始工作日期之前就已经实际开始工作的，等等。为避免和防范该种风险，一方面，双方应当在合同中对开始工作通知发出时所应符合的法律规定或所应具备的其他条件作出具体、明确约定；另一方面，在合同履行过程中，发包人应当按照合同约定及时发出开始工作通知，而承包人在收到开始工作通知后，如有异议的，应当及时向发包人提出，对承包人所提异议双方应及时协商解决。

关于实际开始现场施工时间的确定问题以及因发包人原因导致该日期延迟达到一定时间时如何处理的问题，对发包人而言，首先，发包人应当在专用合同条件中对其可在计划开始工作之日起84日（或其他日期）后发出开始工作通知的特殊情形作出全面、详细的约定，并对承包人所享有的权利作出相应的合理限制，具体如何约定可参照上述【使用指引】中的方式。其次，发包人应当及时指示工程师向承包人发出开工通知，并在其中载明实际开始现场施工日期。当中需要注意的是，合同第1.1.4.3目约定："实际开始现场施工日期是指工程师发出的符合法律规定的开工通知中载明的开始现场施工日期。"即对开工通知亦存在着要"符合法律规定"的问题，根据《建筑法》第七条规定，在开工之前应当取得施工许可证或者开工报告获批，对此，一方面，双方可以在合同中对开工通知发出时所应符合的法律规定或所应具备的其他条件作出具体、明确约定；另一方面，在合同履行过程中，发包人应当按照合同约定及时发出开工通知，而承包人在收到开工通知后，如有异议的，应当及时向发包人提出，对承包人所提异议双方应及时协商解决。

【法条索引】

· **《建筑法》**

第七条　建筑工程开工前，建设单位应当按照国家有关规定向工程所在地县级以上人民政府建设行政主管部门申请领取施工许可证；但是，国务院建设行政主管部门确定的限额以下的小型工程除外。

按照国务院规定的权限和程序批准开工报告的建筑工程，不再领取施工许可证。

8.2 竣工日期

承包人应在合同协议书约定的工期内完成合同工作。除专用合同条件另有约定外，工程的竣工日期以第10.1条［竣工验收］的约定为准，并在工程接收证书中写明。

因发包人原因，在工程师收到承包人竣工验收申请报告42天后未进行验收的，视为验收合格，实际竣工日期以提交竣工验收申请报告的日期为准，但发包人由于不可抗力不能进行验收的除外。

【条文释义】

本条款是关于竣工日期的约定。竣工日期包括计划竣工日期和实际竣工日期，以及完工日期。计划竣工日期是投标人在投标文件中承诺并由发承包双方在协议书中约定的竣工日期，实际竣工日期是工程实际完工并通过竣工验收或视为通过竣工验收的日期。完工日期是指实际完成工程施工的日期。需要提示的是，《民法典》和《最高人民法院关于审理建设工程施工合同纠纷案件适用法律问题的解释（一）》对竣工日期的规定是不同的，《民法典》第七百九十九条规定，建设工程竣工后，发包人应当根据施工图纸及说明书、国家颁发的施工验收规范和质量检验标准及时进行验收。验收合格的，发包人应当按照约定支付价款，并接收该建设工程。建设工程竣工经验收合格后，方可交付使用；未经验收或者验收不合格的，不得交付使用。由此可见《民法典》中的"竣工"是指工程完工，与验收合格并非同一概念。而《最高人民法院关于审理建设工程施工合同纠纷案件适用法律问题的解释（一）》中通常情况下的竣工日期指的是竣工验收合格之日。

竣工日期的确定是判断工程是否按期竣工的依据，且建设工程实际竣工日期的确定将涉及给付工程款的本金及利息起算时间、计算逾期付款违约金等诸多问题，对当事人权利义务有重大影响。

需要注意的是，工程总承包模式下项目的验收移交流程与传统施工总承包存在较大差异。与施工总承包相比，工程总承包的特殊之处在于项目包括设计、设备采购、安装调试、土建施工以及试运行等多个阶段，会导致工程总承包模式下项目的竣工日期与施工总承包模式下竣工日期在实践中的认定存在较大差异。

本条款明确了除专用合同条件另有约定外，工程的竣工日期以第10.1款［竣工验收］的约定为准。根据第10.1款的规定，承包人申请竣工验收的条件之一是合同范围内的全部单位/区段工程以及有关工作，包括合同要求的试验和竣工试验均已完成，并符合合同要求。因此对于含竣工试验阶段的工程总承包项目，其竣工的条件之一是工程通过竣工试验。

综合本条款与示范文本 10.1 款的规定，竣工日期的确定方式有以下几种方式，分别为：（1）工程经竣工验收合格的（无论发包人是否签发工程接收证书），以竣工验收合格之日为实际竣工日期；（2）因发包人原因，未在工程师收到承包人竣工验收申请报告之日起 42 天内完成竣工验收的，以承包人提交竣工验收申请报告之日作为工程实际竣工日期；（3）因发包人原因，在工程师收到承包人竣工验收申请报告 42 天后未进行验收的，视为验收合格，实际竣工日期以提交竣工验收申请报告的日期为准，但发包人由于不可抗力不能进行验收的除外。（4）工程未经竣工验收，发包人擅自使用的，以转移占有工程之日为实际竣工日期。

【使用指引】

1. 发承包双方应当在专用合同条件中对竣工日期如何确定进行明确约定，尤其是对需要进行竣工试验和竣工后试验的项目，应当对竣工试验、竣工验收、竣工后试验、竣工验收备案的流程和时间节点进行详细约定。

2. 发包人在收到承包人提交的竣工验收申请报告后应及时进行审查并予以答复，对于具备竣工验收条件的，应当在收到承包人竣工验收申请报告 42 天内完成竣工验收；对于尚不具备竣工验收条件的，应当及时通知承包人予以整改。合同各方当事人也可以根据项目的实际情况对于发包人收到承包人竣工验收申请报告后应当完成竣工验收或者提出异议的天数进行重新约定。

3. 承包人收到发包人的审查意见后如无异议，应当尽快按审查意见进行整改。如果有异议则应当书面提出。

4. 根据《房屋建筑和市政基础设施工程竣工验收备案管理办法》第四条的规定，建设单位应当自工程竣工验收合格之日起 15 日内，依照本办法规定，向工程所在地的县级以上地方人民政府建设主管部门（以下简称"备案机关"）备案。但竣工验收备案只是竣工验收后建设单位所应办理的手续，取得竣工验收备案表不能作为认定工程已竣工验收的依据。

【风险识别与防范】

1. 本条款规定："因发包人原因，在工程师收到承包人竣工验收申请报告 42 天后未进行验收的，视为验收合格，实际竣工日期以提交竣工验收申请报告的日期为准，但发包人由于不可抗力不能进行验收的除外。"《最高人民法院关于审理建设工程施工合同纠纷案件适用法律问题的解释（一）》（法释〔2020〕25 号）第九条规定："当事人对建设工程实际竣工日期有争议的，人民法院应当分别按照以下情形予以认定：（二）承包人已经提交竣工验收报告，发包人拖延验收的，以承包人提交验收报告之日为竣工日期。"发包人在收到承包人提交的竣工验收申请报告后应及时进行审查并予以答复，对于具备竣工验收条件的，应当在收到承包人竣工验收申请报告 42 天内完成竣工验收；对于尚不具备竣工验收条件的，应当及时通知承包人予以整改。合同各方当事人也可以根据项目的实际情况对于发包人收到承包人竣工验收申请报告后应当完成竣工验收或者提出异议的天数重新进行约定。

2. 由于国内工程总承包模式的操作细节还处于探索阶段，与施工总承包相比，工程总承包合同在法律法规、司法解释层面尚存在较大空缺。因此，工程总承包单位应当重视在合同中对竣工日期等相关问题予以明确，特别是竣工验收、竣工试验以及移交的流程和时间节点，对于需要进行竣工后试验的项目，应当明确竣工试验在竣工验收合格后或者业主接收工程后的一定期限内进行，超过该期限的应视为通过竣工试验。

【法条索引】

• 《民法典》

第七百九十九条　建设工程竣工后，发包人应当根据施工图纸及说明书、国家颁发的施工验收规范和质量检验标准及时进行验收。验收合格的，发包人应当按照约定支付价款，并接收该建设工程。建设工程竣工经验收合格后，方可交付使用；未经验收或者验收不合格的，不得交付使用。

• 《最高人民法院关于审理建设工程施工合同纠纷案件适用法律问题的解释（一）》（法释〔2020〕25 号）

第九条　当事人对建设工程实际竣工日期有争议的，人民法院应当分别按照以下情形予以认定：

（一）建设工程经竣工验收合格的，以竣工验收合格之日为竣工日期；

（二）承包人已经提交竣工验收报告，发包人拖延验收的，以承包人提交验收报告之日为竣工日期；

（三）建设工程未经竣工验收，发包人擅自使用的，以转移占有建设工程之日为竣工日期。

8.3　项目实施计划

8.3.1　项目实施计划的内容

项目实施计划是依据合同和经批准的项目管理计划进行编制并用于对项目实施进行管理和控制的文件，应包含概述、总体实施方案、项目实施要点、项目初步进度计划以及合同当事人在专用合同条件中约定的其他内容。

8.3.2　项目实施计划的提交和修改

除专用合同条件另有约定外，承包人应在合同订立后 14 天内，向工程师提交项目实施计划，工程师应在收到项目实施计划后 21 天内确认或提出修改意见。对工程师提出的合理意见和要求，承包人应自费修改完善。根据工程实施的实际情况需要修改项目实施计划的，承包人应向工程师提交修改后的项目实施计划。

项目进度计划的编制和修改按照第 8.4 款［项目进度计划］执行。

【条文释义】

上述两个条款是关于项目实施计划的定义、内容、提交时间及修改的规定。项目实施计划是依据合同和经批准的项目管理计划、项目的基础资料等进行编制并用于对项目实施进行管理和控制的文件。

项目管理计划的编制依据及主要内容：项目管理计划是一个全面集成、综合协调项目各方面的影响和要求的整体计划，是指导整个项目实施和管理的依据。

《建设项目工程总承包管理规范》（GB/T 50358—2017）第 4.3 条规定，项目管理计划编制的主要依据应包括下列主要内容：（1）项目合同；（2）项目发包人和其他项目干系人的要求；（3）项目情况和实施条件；（4）项目发包人提供的信息和资料；（5）相关市场信息；（6）工程总承包企业管理层的总体要求。

项目管理计划应由项目经理组织编制，并由工程总承包企业相关负责人审批。应包括下列主要内容：（1）项目概况；（2）项目范围；（3）项目管理目标；（4）项目实施条件分析；（5）项目的管理模式、组织机构和职责分工；（6）项目实施的基本原则；（7）项目协调程序；（8）项目的资源配置计划；（9）项目风险分析与对策；（10）合同管理。

《建设项目工程总承包管理规范》（GB/T 50358—2017）第 4.4 条规定，项目实施计划项目的依据应包括：（1）批准后的项目管理计划；（2）项目管理目标责任书；（3）实施计划应包括下列主要内容：（1）概述；（2）总体实施方案；（3）项目实施要点；（4）项目初步进度计划等。

根据《建设项目工程总承包管理规范》（GB/T 50358—2017）第 4.3 条规定，项目管理计划编制的主要依据应包括下列主要内容：（1）批准后的项目管理计划；（2）项目管理目标责任书；（3）项目的基础资料。

项目实施计划应包括下列主要内容：（1）概述；（2）总体实施方案；（3）项目实施要点；（4）项目初步进度计划等。

【使用指引】

1. 工程勘察等基础资料是承包人编制项目实施计划的重要依据，因此，发包人应保证其向承包人提供的基础资料真实、准确和完整。

2. 如果发包人对工程的实施计划有特别要求的，应将此等要求在招标文件或专用合同条件中予以明确，承包人在编制实施计划时应予以考虑。

3. 项目实施计划应根据工程规模、特点、技术复杂程度和施工条件进行编制，以满足不同工程的实施需求。项目实施计划应由项目经理签署，并在合同订立后 14 天内向工程师提交，相关的法律规定、规范、标准等应一并提交。

4. 项目实施计划应当经项目发包人认可，如果发包人存在异议，工程师应在收到后21 天内确认或提出修改意见，经协商后可由承包人项目经理主持修改完善，费用应由承包人承担。

5. 承包人项目部应对项目实施计划的执行情况进行动态监控，根据工程实施的实际情况如果需要修改项目实施计划的，应当及时向发包人提出，经发包人认可后，向工程师提交修改后的项目实施计划。

6. 合同当事人可以在专用合同条件中对项目实施计划内容，以及提交时间和修改程序进行约定。

7. 合同当事人可以根据项目的需要在专用合同条件中根据项目情况自行约定是否将项目实施计划纳入合同文件组成部分。

【风险识别与防范】

如果工程总承包项目进行了招投标，承包人往往将项目实施计划和项目管理计划作为投标文件同时提交，但正式实施的项目实际计划往往与投标时有所差异，通常会更加细化、符合工程实际。发包人在审核正式的项目实施计划时要注意是否可能造成工期的延长和造价的增加。

【法条索引】

•《建设项目工程总承包管理规范》（GB/T 50358—2017）

4.4 项目实施计划项目的依据应包括：（1）批准后的项目管理计划；（2）项目管理目标责任书；（3）实施计划应包括下列主要内容：（1）概述；（2）总体实施方案；（3）项目实施要点；（4）项目初步进度计划等。

8.4 项目进度计划

8.4.1 项目进度计划的提交和修改

承包人应按照第8.3款［项目实施计划］约定编制并向工程师提交项目初步进度计划，经工程师批准后实施。除专用合同条件另有约定外，工程师应在21天内批复或提出修改意见，否则该项目初步进度计划视为已得到批准。对工程师提出的合理意见和要求，承包人应自费修改完善。

经工程师批准的项目初步进度计划称为项目进度计划，是控制合同工程进度的依据，工程师有权按照进度计划检查工程进度情况。承包人还应根据项目进度计划，编制更为详细的分阶段或分项的进度计划，由工程师批准。

【条文释义】

本条款明确了项目进度计划提交和修改程序，分成项目初步进度计划和项目进度计划两个阶段。

项目初步进度计划是项目实施计划的组成部分，有助于发包人及时发现承包人进度方面的问题，保障工程实施进度。应在合同订立后14天内，与项目实施计划一同向工程师提交。

项目初步进度计划应当在发包人批准后实施。工程师应当在收到后 21 天内进行批复或者提出修改意见。首先，如果工程师就初步进度计划提出合理的修改意见，承包人应当自费进行修改完善并提交发包人；其次，除非专用合同条件另有约定，如果工程师在 21 天内既未给予批复，又未提出修改意见，则初步进度计划视为已经得到批准。

经工程师批准的项目初步进度计划称为项目进度计划，是控制合同工程进度和进行工程管理的重要依据，承包人应当根据进度计划编制更为详细的分阶段或者分项的进度计划，比如设计、采购的执行计划，项目总进度计划应依据合同约定的工作范围和进度目标进行编制。项目分进度计划在总进度计划的约束条件下，根据细分的活动内容、活动逻辑关系和资源条件进行编制。并报工程师批准。

【使用指引】

1. 招标发包的工程，承包人一般在其投标时已经提交过项目实施计划或进度计划，合同签订后，如有变化的，需要修订后重新提交。

2. 承包人应当按合同约定的时间向工程师提交项目初步进度计划并保留提交时间的证据，避免因不按约定提交影响开工从而承担逾期开工的不利后果。

3. 发包人对承包人提交的进度计划应在合同约定的期限内予以审批并将修改完善意见反馈承包人，并保留修改完善意见已提交承包人的相关证据。但需要注意的是发包人的批复及修改意见不改变承包人对工期应承担的责任。承包人应当依据合同对工期全面负责，对项目总进度和各阶段的进度进行控制管理，确保工程按期竣工。

4. 本条款仅约定了承包人提交初步进度计划的时间，以及工程师批复或提出修改意见的时间，但对工程师要求修改后，承包人修改完善的时间没有明确约定，各方当事人可以在专用合同条件中约定进度计划的提交时间、审核、修改流程及规定的时间。

【风险识别与防范】

本条款规定除专用合同条件另有约定外，工程师应在 21 天内批复或提出修改意见，否则该项目初步进度计划视为已得到批准。各方当事人可以在专用合同条件中约定进度计划的提交时间、审核、修改流程及规定的时间。

合同各方当事人应当明确进度计划的修改是否会产生工期调整、费用增加等后果，避免结算时产生争议。

【法条索引】

•《建设项目工程总承包管理规范》（GB/T 50358—2017）

10.2.1　项目进度计划应按合同要求的工作范围和进度目标，制定工作分解结构并编制进度计划。

10.2.2　项目进度计划文件应包括进度计划图表和编制说明。

10.2.3　项目总进度计划应依据合同约定的工作范围和进度目标进行编制。项目分进度计划在总进度计划的约束条件下，根据细分的活动内容、活动逻辑关系和资源条件进行编制。

10.2.4 项目分进度计划应在控制经理协调下，由设计经理、采购经理、施工经理和试运行经理组织编制，并由项目经理审批。

8.4.2 项目进度计划的内容

项目进度计划应当包括设计、承包人文件提交、采购、制造、检验、运达现场、施工、安装、试验的各个阶段的预期时间以及设计和施工组织方案说明等，其编制应当符合国家法律规定和一般工程实践惯例。项目进度计划的具体要求、关键路径及关键路径变化的确定原则、承包人提交的份数和时间等，在专用合同条件约定。

【条文释义】

本条款是对项目进度计划内容的规定。

首先，进度计划的内容应当包括设计、承包人文件提交、采购、制造、检验、运达现场、施工、安装、试验的各个阶段的预期时间以及设计和施工组织方案说明等。根据《建设项目工程总承包管理规范》（GB/T 50358—2017）第 10.2 条的规定，项目进度计划文件应包括进度计划图表和编制说明。项目总进度计划应依据合同约定的工作范围和进度目标进行编制。项目分进度计划在总进度计划的约束条件下，根据细分的活动内容、活动逻辑关系和资源条件进行编制。

其次，进度计划的编制应当符合国家法律规定和一般工程实践惯例，《建设工程质量管理条例》第十条规定发包单位不得任意压缩合理工期。2019 年 7 月 1 日起施行的《政府投资条例》对非法干预政府投资建设项目的合理工期也作出了禁止性的规定。进度计划编制时应当予以充分考虑。同时，项目进度计划应当然符合合同对于工期的约定。

最后，经发包人批准的项目进度计划是控制合同进度和工期，进行建设资金安排的的重要依据，发包人和承包人应重视项目进度计划的合理性和可行性。

【使用指引】

承包人编制进度计划时应充分考虑工程的特点、规模、技术难度、环境等因素，符合合同对工期的约定。进度计划不能与工程实施的实际情况相脱离，也不能任意迎合发包人的工期要求而违背科学和现实条件，且不得压缩合理工期。合理工期可以参照工程所在地行政主管部门或有关专业机构编制的工期定额来确定。

对于项目进度计划的具体要求、关键路径及关键路径变化的确定原则、承包人提交的份数和时间等，考虑到不同项目的差异很大，通用合同条件中并未作出具体的规定，并提示合同当事人各方应当在专用合同条件中约定。

工程总承包项目承包人的工作范围一般包含生产设备和材料的采购，进度计划中应当包括主要生产设备及材料的采购、发货、抵达现场等重要事件节点。如果发包人要求参与出厂检验或者关键设备的某项试验，该节点应当在进度计划中体现。

工程总承包项目承包人的工作范围通常还包括竣工试验和竣工后试验，试验计划也应当是进度计划的组成部分，应当详细列明各项试验工作计划开始的时间以及需要发包人配合的资源和事项。

【风险识别与防范】

项目进度计划是控制工期进度的依据，发包人有权按照进度计划检查工程进度情况，并以此判断承包人是否构成节点工期的延误，并追究承包人合同责任，因此承包人编制进度计划时应当符合国家法律规定和一般工程实践惯例，重视项目进度计划的合理性和可行性。

示范文本未规定如果承包人未按时提交进度计划发包人的救济措施，建议发包人可以在合同中将提交进度计划作为支付预付款的条件之一。

【法条索引】

•《建设工程质量管理条例》(2019 修订)

第十条 建设工程发包单位，不得迫使承包方以低于成本的价格竞标，不得任意压缩合理工期。

第五十六条 违反本条例规定，建设单位有下列行为之一的，责令改正，处 20 万元以上 50 万元以下的罚款：（二）任意压缩合理工期的……

•《政府投资条例》(国务院令第 712 号)

第二十四条 政府投资项目应当按照国家有关规定合理确定并严格执行建设工期，任何单位和个人不得非法干预。

第三十四条 项目单位有下列情形之一的，责令改正，根据具体情况，暂停、停止拨付资金或者收回已拨付的资金，暂停或者停止建设活动，对负有责任的领导人员和直接责任人员依法给予处分：……（六）无正当理由不实施或者不按照建设工期实施已批准的政府投资项目……

•《房屋建筑和市政基础设施项目工程总承包管理办法》

第二十四条 建设单位不得设置不合理工期，不得任意压缩合理工期。工程总承包单位应当依据合同对工期全面负责，对项目总进度和各阶段的进度进行控制管理，确保工程按期竣工。

•《建设项目工程总承包管理规范》(GB/T 50358—2017)

10.2.1 项目进度计划应按合同要求的工作范围和进度目标，制定工作分解结构并编制进度计划。

10.2.2 项目进度计划文件应包括进度计划图表和编制说明。

10.2.3 项目总进度计划应依据合同约定的工作范围和进度目标进行编制。项目分进度计划在总进度计划的约束条件下，根据细分的活动内容、活动逻辑关系和资源条件进行编制。

8.4.3 项目进度计划的修订

项目进度计划不符合合同要求或与工程的实际进度不一致的，承包人应向工程师提交修订的项目进度计划，并附具有关措施和相关资料。工程师也可以直接向承包人发出修订项目进度计划的通知，承包人如接受，应按该通知修订项目进度计划，报工程师批准。承包人如不接受，应当在14天内答复，如未按时答复视作已接受修订项目进度计划通知中的内容。

除专用合同条件另有约定外，工程师应在收到修订的项目进度计划后14天内完成审批或提出修改意见，如未按时答复视作已批准承包人修订后的项目进度计划。工程师对承包人提交的项目进度计划的确认，不能减轻或免除承包人根据法律规定和合同约定应承担的任何责任或义务。

除合同当事人另有约定外，项目进度计划的修订并不能减轻或者免除双方按第8.7款［工期延误］、第8.8款［工期提前］、第8.9款［暂停工作］应承担的合同责任。

【条文释义】

本条款明确了项目进度计划修订的程序。鉴于工程总承包项目周期长且技术复杂，项目进度计划与实际进度产生偏差的情形十分常见。为了使项目进度计划更好地起到对进度控制的指导作用，需要根据项目的实际情况对项目进度计划进行修订。

本条款虽然规定了项目进度计划不符合合同要求或者与工程的实际进度不一致时，承包人应提交经修订的进度计划，但这并不意味着只要进度计划与实际进度不一致，承包人均须对进度计划进行修订。通常情况下，承包人应先通过合理措施，确保实际进度尽量符合进度计划的要求，且相关的费用应当由承包人承担。

发包人也可以通过工程师向承包人发出修订项目进度计划的通知。承包人如接受，应按该通知修订项目进度计划，报工程师批准。承包人如不接受，应当在14天内答复，如未按时答复视作已接受修订项目进度计划通知中的内容。

承包人提交经修订的进度计划应当满足合同对于工期的要求。需要特别强调的是，未经发包人同意，承包人不得擅自修改合同规定的工期要求。承包人提交的项目进度计划，应同时附具有关措施和相关资料。

除专用合同条件另有约定外，工程师应在收到修订的项目进度计划后14天内完成审批或提出修改意见，以便承包人尽快按照修订后的施工进度计划调整项目进度。需要提示的是，如果工程师未按时答复视作发包人已批准承包人修订后的项目进度计划。

项目进度计划调整后，如果发生需要赶工的情形，相关费用应当由责任方承担。如果修订后的进度计划仍无法满足合同对于工期的要求，也由责任方承担相应的责任。

发包人和工程师对修改后的项目进度计划的审查和确认，更多的是从工期管理角度出发的程序上的权利，其审查和确认不应减轻和免除承包人对工期所应承担的责任和义务，也不能因此视为双方通过施工进度计划对合同约定的工期进行了变更。

【使用指引】

1. 发包人或工程师应在合同约定的期限内完成对修订后项目进度计划的审批，也可以在专用合同条件中对审批期限另行约定。

2. 承包人应当在合同约定的期限内对发包人修订项目进度计划的通知进行答复。需要承包人注意的是，本条款针对发包人对进度报告的审核时间进行了规定，但未提及审核次数。如果发包人反复提出新增的修改意见，对项目的进度会有较大的影响。各方当事人可以在专用合同条件中进行约定。

3. 按合同约定工期完工是承包人的主要合同义务，即便发包人批准了承包人经修订的项目进度计划的，并不减轻或者免除承包人应当承担的责任和义务，承包人不能以发包人的同意作为免责理由，不能以此认为合同当事人对合同工期进行了变更。

【风险识别与防范】

如果合同各方当事人通过进度计划的修订对竣工日期进行了重新约定，万一发生纠纷，法院可能会认为双方变更了竣工日期，顺延了工期。因此，建议发包人和承包人应增加约定：除非双方明确约定同意对合同约定的工期进行变更，在履约过程中，发包人或者工程师对于承包人上报的进度计划的批准，不视为发包人同意对合同约定工期进行了变更，也不视为发包人放弃按照合同的约定追究承包人逾期竣工违约责任的权利。

承包人应当注意，根据示范文本16.1.1条的约定，如果承包人的实际进度明显落后于进度计划，并且未按发包人的指令采取措施并修正进度计划的，发包人有权书面通知承包人解除合同。

【法条索引】

• **《建设项目工程总承包管理规范》（GB/T 50358—2017）**

10.3.6 当项目活动进度拖延时，项目计划工期的变更应符合下列规定：1 该项活动负责人应提出活动推迟的时间和推迟原因的报告；2 项目进度管理人员应系统分析该活动进度的推迟对计划工期的影响；3 项目进度管理人员应向项目经理报告处理意见，并转发给费用管理人员和质量管理人员；4 项目经理应综合各方面意见作出修改计划工期的决定；5 修改的计划工期大于合同工期时，应报项目发包人确认并按合同变更处理。

8.5 进度报告

项目实施过程中，承包人应进行实际进度记录，并根据工程师的要求编制月进度报告，并提交给工程师。进度报告应包含以下主要内容：

（1）工程设计、采购、施工等各个工作内容的进展报告；

（2）工程施工方法的一般说明；

（3）当月工程实施介入的项目人员、设备和材料的预估明细报告；

（4）当月实际进度与进度计划对比分析，以及提出未来可能引起工期延误的情形，同时提出应对措施；需要修订项目进度计划的，应对项目进度计划的修订部分进行说明；

（5）承包人对于解决工期延误所提出的建议；

（6）其他与工程有关的重大事项。

进度报告的具体要求等，在专用合同条件约定。

【条文释义】

进度报告是发包人和工程师了解并管理承包人工程进度的重要手段之一，是工程总承包项目重要的管控机制之一。本条款对进度报告的内容及提交要求进行了规定。

首先，进度报告编制的责任人是承包人，提交对象是工程师。

其次，进度计划应当包含的内容为：（1）工程设计、采购、施工等各个工作内容的进展报告；（2）工程施工方法的一般说明；（3）当月工程实施介入的项目人员、设备和材料的预估明细报告；（4）当月实际进度与进度计划对比分析，以及提出未来可能引起工期延误的情形，同时提出应对措施；需要修订项目进度计划的，应对项目进度计划的修订部分进行说明；（5）承包人对于解决工期延误所提出的建议；（6）其他与工程有关的重大事项。

最后，如果合同各方当事人对进度报告有具体要求，应当在专用合同条件中进行明确约定。

【使用指引】

1. 进度报告其实是承包人的每月工作总结，除了通用合同条件中规定的进度计划的内容，工程实践中，有些合同还会要求承包人在月进度报告中汇总列出该月的质量事故的次数及补救措施。还有些合同除了要求提交月进度报告外，还要求提交周进度报告和日进度报告。

2. 各方当事人应当在专用合同条件中明确首次进度报告的提交时间、提交周期及后续进度报告的提交时间，另外，最好对进度报告的提交形式及份数进行明确约定。

【风险识别与防范】

为了避免承包人不按时提交进度报告，建议发包人可以在专用合同条件中将符合要求的进度报告作为支付进度款的条件之一。

【法条索引】

• 《建设项目工程总承包管理规范》（GB/T 50358—2017）

10.3.4 项目部应定期发布项目进度执行报告。

8.6 提前预警

任何一方应当在下列情形发生时尽快书面通知另一方：

（1）该情形可能对合同的履行或实现合同目的产生不利影响；

（2）该情形可能对工程完成后的使用产生不利影响；

（3）该情形可能导致合同价款增加；

（4）该情形可能导致整个工程或单位/区段工程的工期延长。

发包人有权要求承包人根据第 13.2 款［承包人的合理化建议］的约定提交变更建议，采取措施尽量避免或最小化上述情形的发生或影响。

【条文释义】

本条款是关于合同各方当事人在发生各种不利于合同履行的情况下有义务向对方当事人发出提前预警的规定。

从工程管理的角度而言，事前预防的效果较事后补救要好很多，如果合同当事人各方能够对各种风险不利影响提前预警，将能够避免更大的损失，本条款即是为这一目的而设置。

在发生四种情形下，合同任何一方当事人均有义务尽快书面通知另一方。一是可能对合同的履行，或者对实现合同目的产生不利影响，比如合同约定使用的某种关键设备停产；二是可能对工程完成后的使用产生不利影响，比如由于各种原因达不到合同约定的产能目标；三是导致合同价款增加，比如市场价格的波动，且市场价格的波动的风险未包含在合同约定价款内；四是导致整个工程或单位/区段工程的工期延长。

如果上述任一情形发生，发包人均有权按变更条款要求承包人提交合理化建议，并采取措施尽可能避免或减少上述情形的发生或影响。

【使用指引】

1. 本条款的提前预警措施只是一种管理手段，并不会导致合同权利义务的变化。如果是由于合同某方当事人的原因导致上述情形发生，则相应的责任应由其承担。比如如果由于承包人原因造成无法按约定时间竣工的情形，即便发包人审批通过了承包人赶工的合理化建议，但赶工费用应当由承包人承担。

2. 承包人在合理化建议中应当说明建议的内容、理由以及实施该建议对合同或者工期的影响，以便发包人作出判断。

【风险识别与防范】

根据《民法典》第五百九十一条的规定：没有采取适当措施致使损失扩大的，不得就扩大的损失请求赔偿。因此合同各方当事人在出现上述 4 种情形时应当第一时间通知其他当事人，并保留相关通知的证据。

本条款仅约定了应当提前通知的情形，但对未及时通知造成损失扩大的后果未作出规定。建议在专用合同条件中作出进一步约定。

【法条索引】

•《民法典》

第五百七十七条　当事人一方不履行合同义务或者履行合同义务不符合约定的，应当承担继续履行、采取补救措施或者赔偿损失等违约责任。

第五百九十一条　当事人一方违约后，对方应当采取适当措施防止损失的扩大；没有采取适当措施致使损失扩大的，不得就扩大的损失请求赔偿。

8.7 工期延误

8.7.1 因发包人原因导致工期延误

在合同履行过程中，因下列情况导致工期延误和（或）费用增加的，由发包人承担由此延误的工期和（或）增加的费用，且发包人应支付承包人合理的利润：

（1）根据第13条［变更与调整］的约定构成一项变更的；

（2）发包人违反本合同约定，导致工期延误和（或）费用增加的；

（3）发包人、发包人代表、工程师或发包人聘请的任意第三方造成或引起的任何延误、妨碍和阻碍；

（4）发包人未能依据第6.2.1项［发包人提供的材料和工程设备］的约定提供材料和工程设备导致工期延误和（或）费用增加的；

（5）因发包人原因导致的暂停施工；

（6）发包人未及时履行相关合同义务，造成工期延误的其他原因。

【条文释义】

第8.7款为工期延误，其中根据导致工期延误的责任方的不同，分别约定了导致工期延误的4种具体情形，包括：因发包人原因导致工期延误（第8.7.1项）、因承包人原因导致工期延误（第8.7.2项）、行政审批迟延（第8.7.3项）、异常恶劣的气候条件（第8.7.4项）。

本项约定了因发包人原因导致工期延误的6种具体情况，以及相应的责任承担（包括延误工期、增加费用和合理利润的承担）。本项中约定，如因发包人原因导致工期延误和（或）费用增加的，由发包人承担由此延误的工期和（或）增加的费用，且发包人应支付承包人合理的利润。工期往往是与费用直接相关的，在工期因发包人原因发生延误的情况下，往往会给承包人带来相应的费用增加和损失，包括：（1）因工期延误导致承包人停工、窝工等而给承包人造成的损失；（2）承包人因采取赶工措施而产生的赶工费用。如工期延误系发包人原因所导致，发包人不仅应当承担由此延误的工期，同时还应当承担由此增加的费用，包括承包人因此而遭受的损失，发包人还应支付承包人合理的利润。

本项中具体列举了因发包人原因导致工期延误的6种情形，包括：（1）根据第13条［变更与调整］的约定构成一项变更的；（2）发包人违反本合同约定，导致工期延误和（或）费用增加的；（3）发包人、发包人代表、工程师或发包人聘请的任意第三方造成或引起的任何延误、妨碍和阻碍；（4）发包人未能依据第6.2.1项［发包人提供的材料和工程设备］的约定提供材料和工程设备导致工期延误和（或）费用增加的；（5）因发包人原因导致的暂停施工；（6）发包人未及时履行相关合同义务，造成工期延误的其他原因。

该 6 种具体情形可以分成两大类：（1）第（1）种情形约定的是因变更导致的工期延误，该种情形并不属于发包人违约，因为在工程施工过程中发包人有权提出变更，除发包人违反第 13.1.1 项约定自行实施被取消的工作或转由他人实施外，发包人提出变更不属于发包人违约情形；（2）第（2）至第（5）种情形约定的都是因发包人违约导致的工期延误；第（2）至第（5）种情形中存在着相互交叉、重合的情形，如第（2）种情形为"发包人违反本合同约定，导致工期延误和（或）费用增加的"，该种情形可以将第（3）（4）（5）（6）种情形全部包含、囊括在内，后 4 种情形都可以理解和认定为属于"发包人违反本合同约定"的具体情形。

本项约定存在着需要与第 15.1 款［发包人违约］相互协调和衔接的问题。第 15.1.1 项［发包人违约的情形］中约定了发包人违约的情形包括：（1）因发包人原因导致开始工作日期延误的；（2）因发包人原因未能按合同约定支付合同价款的；（3）发包人违反第 13.1.1 项约定，自行实施被取消的工作或转由他人实施的；（4）因发包人违反合同约定造成工程暂停施工的；（5）工程师无正当理由没有在约定期限内发出复工指示，导致承包人无法复工的；（6）发包人明确表示或者以其行为表明不履行合同主要义务的；（7）发包人未能按照合同约定履行其他义务的。第 15.1.3［发包人违约的责任］中约定："发包人应承担因其违约给承包人增加的费用和（或）延误的工期，并支付承包人合理的利润。"可以看出，第 15.1 款中所约定的发包人违约的具体情形与本项中所约定的因发包人原因导致工期延误的具体情形是基本相同的，两处所约定的发包人应承担的责任也是相同的，都是由发包人承担由此增加的费用和（或）延误的工期，并支付承包人合理的利润。

对因发包人原因导致工期延误的具体情形，除了本项中所列举的情形之外，合同的其他条款中亦对此有多处约定，包括：第 1.6.1 项［发包人文件的提供］中约定的"发包人未按合同约定提供文件"，第 1.9 款［化石、文物］中约定的按有关政府行政管理部门要求对化石、文物采取妥善的保护措施，第 1.12 款［《发包人要求》和基础资料中的错误］中约定的"《发包人要求》或其提供的基础资料中的错误"，第 2.2.3 项［逾期提供的责任］中约定的"因发包人原因未能按合同约定及时向承包人提供施工现场和施工条件"，第 2.3 款［提供基础资料］中约定的"因发包人原因未能在合理期限内提供相应基础资料"，第 2.4.2 项中约定的"因发包人原因未能及时办理完毕前述许可、批准或备案"，第 4.8 款［不可预见的困难］中约定的不可预见的困难等等。

关于本项中所约定的第（1）种情形，即第 13 条［变更与调整］中约定"构成一项变更"包括以下两种情形：

1. 第 13.1 款［发包人变更权］中约定的发包人提出的变更，由工程师发出经发包人签认的变更指示。

需要注意的是，发包人提出的变更并不当然会导致工期延误和（或）费用增加，如发包人取消某项工作或者只是变更细微的做法等，可能并不会因此而导致工期延误甚至可能会导致工期减少。所以，对发包人提出的变更是否会导致工期延误和（或）费用增加，需要根据相关变更的具体情形进行具体分析。

2. 第13.2款［承包人的合理化建议］中约定的承包人提出的合理化建议，经发包人批准，由工程师发出变更指示。承包人提出的合理化建议涉及工期的通常是降低合同价格或缩短工期，而不会是增加合同价格或增加工期，否则承包人的该等建议并非"合理化"建议，发包人正常情况也不会同意承包人提出的该等建议。因此，第13.2.3项中约定："合理化建议降低了合同价格、缩短了工期或者提高了工程经济效益的，双方可以按照专用合同条件的约定进行利益分享。"而并未约定承包人的合理化建议增加合同价格或增加工期时如何处理。

针对上述两种变更在实施和执行过程中对工期的影响问题，第13.3.2项［变更执行］中约定，承包人收到工程师下达的变更指示后，认为可以执行变更的，应当书面说明实施该变更指示需要采取的具体措施及对合同价格和工期的影响；第13.3.4项［变更引起的工期调整］中约定："因变更引起工期变化的，合同当事人均可要求调整合同工期，由合同当事人按照第3.6款［商定或确定］并参考工程所在地的工期定额标准确定增减工期天数。"该项中约定的"增减工期天数"即清楚地表明因变更引起工期变化的，不仅存在因变更导致工期增加的情形，还存在因变更导致工期减少的情形。

因此，如果发生第13款［变更与调整］中约定的变更并导致工期增加和（或）费用增加的，承包人与发包人应当尽快根据合同约定（包括第13.3.2项［变更执行］、第13.3.4项［变更引起的工期调整］等）来确定是否导致工期增加（或减少）以及导致工期增加（或减少）的具体天数，如果双方无法共同确定的，则有权索赔方应当按照第19条［索赔］约定向对方提出索赔。

【使用指引】

本项中并未约定有需要当事人在专用合同条件中作出约定的内容，示范文本专用合同条件中也没有设置与本项相对应的条款。实践中，因发包人原因导致工期延误，因双方在合同中往往并未对相关事宜事先作出安排和约定，而导致双方之间产生纠纷。当然，双方在合同中未对相关事宜事先作出安排和约定的原因较多，包括：（1）合同签订时发包人往往处于优势地位，发包人不愿意在合同中对己方的违约情形和违约责任等作出过多、过于具体明确的约定；（2）发包人可能发生的会导致工期延误的违约情形较多，事先对发包人可能的导致工期延误的违约情形作出详尽列举难度较大，且也无必要；（3）承包人因发包人违约导致工期延误而可能遭受的损失（或费用增加）以及应当相应延长的具体工期天数等往往也无法事先予以确定并在合同中对此作出具体、明确的约定。

对"因发包人原因导致工期延误"的情形，一方面，如有可能，发承包双方还是应当在签订合同时尽可能对此作出具体明确的约定，在作出约定时，可以结合具体工程的实际情况对本项约定作出具体细化的约定，同时需要注意与合同其他条款之间的协调和衔接，如第13.3.4项［变更引起的工期调整］、第15.1款［发包人违约］、第19条［索赔］等条款。对发包人而言，因合同条款中有非常多的条款对因发包人原因或虽非发包人原因但由发包人承担责任（如化石、文物、不可预见的困难等）导致工期延误和（或）费用增加的，由发包人承担由此增加的费用和（或）工期延误，因此，发包人在使用示范文本签订合同时，应当对合同条款中所有涉及由己方承担工期延误和（或）增加费用的条款进行全面梳理，并根据具体工程的实际情况，在专用合同条件中对这些条款进行相应的修改或删除。另外，在本项约定以及涉及由发包人承担工期延误和（或）增加费用的合同条款中，基本上不仅约定了由发包人承担工期延误和（或）增加费用，同时还约定了发包人应向承包人支付合理利润，但对合理利润如何确定或计算，则往往很难事先约定，但如果不事先作出约定，在实际发生因发包人原因导致工期延误的情形之后，如承包人依据合同约定向发包人主张支付合理利润的，双方极易对合理利润如何确定或计算产生争议。另一方面，更重要的是，在合同履行过程中，如果实际出现了"因发包人原因导致工期延误"的情形时，发包人和承包人应当及时根据合同约定以及实际情况，及时固定和确定相关事实以及因此而导致的工期延误具体天数和（或）费用增加具体金额以及相应工期和（或）费用如何承担。

【风险识别与防范】

对本项约定而言，在合同签订阶段，难点在于如何事先对因发包人原因导致工期延误的各种具体情形作出具体、明确的约定，以及如何对因发包人具体原因导致工期延误时所需延长的工期天数以及所需增加的具体费用金额（包括应支付给承包人合理利润的金额）事先作出约定。

关于因发包人原因导致工期延误的各种具体情形问题，本项中虽约定了6种情形，但除第（1）（4）项情形之外，基本上都属于比较概括性的约定，如第（2）项约定的"发包人违反本合同约定"导致工期延误和（或）费用增加，第（6）项约定的"发包人未及时履行相关合同义务，造成工期延误的其他原因"，都应属于一种兜底性的条款约定，对双方当事人识别与防范该风险并无裨益。因此，在对"因发包人原因导致工期延误"风险的识别与防范的问题上，发承包双方可以在签订合同时，对合同条款中所涉及的属于发包人违约或虽不属于发包人违约但应由发包人承担责任的会导致工期延误的各种情形的所有条款进行全面梳理和列举，并在此基础上，结合具体工程的实际情况，对这些合同条款进行修改和完善。

关于因发包人具体原因导致工期延误时所需延长的工期天数以及所需增加的具体费用金额如何确定的问题，客观而言，因发包人具体原因导致工期延误时的具体情况各不相同，且导致工期延误往往系各种因素交织在一起，如可能是发包人的原因和承包人的原因都有，双方的原因相互交织叠加而导致工期延误，因此，发承包双方在签订合同时事先对此作出具体、明确约定难度较大。但双方可以在合同中对出现因发包人具体原因导致工期延误的情形之后，双方如何确定所需延长的工期天数以及所需增加的具体费用金额的程序、方式等作出明确约定，如可约定在具体情形发生之后承包人向发包人提出工期顺延和（或）费用增加的请求的期限，以及发包人收到承包人请求后进行审核的期限，并明确约定承包人逾期提出请求即视为已放弃相应权利、发包人逾期完成审核即视为已同意承包人的请求等，以指导和督促发包人和承包人在相应情形出现后及时通过合同约定的程序和方式来固定和确定相关事实以及因此而导致的工期延误和（或）费用增加以及相应工期和

（或）费用如何承担。

当然，无论合同中对"因发包人原因导致工期延误"的具体情形以及所涉及的工期顺延和（或）费用增加等事宜作出何种约定，对"因发包人原因导致工期延误"风险的防范，主要还是要靠双方在合同履行过程中对加强对该风险的管理和防范。

【法条索引】

•《民法典》

第七百九十八条　隐蔽工程在隐蔽以前，承包人应当通知发包人检查。发包人没有及时检查的，承包人可以顺延工程日期，并有权请求赔偿停工、窝工等损失。

第八百零三条　发包人未按照约定的时间和要求提供原材料、设备、场地、资金、技术资料的，承包人可以顺延工程日期，并有权请求赔偿停工、窝工等损失。

第八百零四条　因发包人的原因致使工程中途停建、缓建的，发包人应当采取措施弥补或者减少损失，赔偿承包人因此造成的停工、窝工、倒运、机械设备调迁、材料和构件积压等损失和实际费用。

•《最高人民法院关于审理建设工程施工合同纠纷案件适用法律问题的解释（一）》（法释〔2020〕25号）

第十条　当事人约定顺延工期应当经发包人或者监理人签证等方式确认，承包人虽未取得工期顺延的确认，但能够证明在合同约定的期限内向发包人或者监理人申请过工期顺延且顺延事由符合合同约定，承包人以此为由主张工期顺延的，人民法院应予支持。

当事人约定承包人未在约定期限内提出工期顺延申请视为工期不顺延的，按照约定处理，但发包人在约定期限后同意工期顺延或者承包人提出合理抗辩的除外。

8.7.2　因承包人原因导致工期延误

由于承包人的原因，未能按项目进度计划完成工作，承包人应采取措施加快进度，并承担加快进度所增加的费用。

由于承包人原因造成工期延误并导致逾期竣工的，承包人应支付逾期竣工违约金。逾期竣工违约金的计算方法和最高限额在专用合同条件中约定。承包人支付逾期竣工违约金，不免除承包人完成工作及修补缺陷的义务，且发包人有权从工程进度款、竣工结算款或约定提交的履约担保中扣除相当于逾期竣工违约金的金额。

【条文释义】

本项中约定了"因承包人原因导致工期延误"，包括两种情形：（1）因承包人原因"未能按项目进度计划完成工作"，即阶段性的工期延误，此时是否会最终导致逾期竣工，并不确定；（2）因承包人原因造成工期延误并导致逾期竣工的，则承包人应承担逾期竣工违约责任。

本项中并未对因承包人原因导致工期延误的具体情形作出列举，因为，一方面，在工程实施过程中因承包人原因导致工期延误的具体情形非常多，且非常复杂，无法事先在合同中对此作出详尽列举；另一方面，双方在合同中对因承包人原因导致工期延误的具体情形作出详尽列举，亦无必要和意义，因为，从逻辑上和举证责任上，承包人负有在合同约定工期内完成工程的义务，在工程出现逾期竣工情形时，如承包人主张不是自己的原因、而是发包人的原因或第三方的原因，或者异常恶劣的气候等因素导致工期延误的，则承包人应当提交相应证据予以证明。而承包人为了完成该举证证明责任，在工程实施过程中如出现了非承包人原因所导致的工期延误情形，则承包人应当及时向发包人提出工期顺延申请，办理相应的工期顺延签认手续，或者在发包人拒绝签认时及时按照合同约定提出工期索赔。有鉴于此，本项中并未对因承包人原因导致工期顺延的具体情形作出约定或者列举，也未要求双方当事人在专用合同条件中对此作出约定。

本项第1段约定了因承包人原因导致未能按项目进度计划完成工作，工期出现阶段性延误的情况下，承包人应采取措施加快进度并承担因此所增加的费用，如在承包人采取措施加快进度之后，赶上了延误的工期，最终并未逾期竣工的，则承包人无须承担逾期竣工的违约责任，但如果承包人并未采取措施加快进度或者虽采取措施但最终仍然逾期竣工的，则承包人应当按照本项第2段约定承担逾期竣工的违约责任。

本项第2段约定了因承包人原因造成工期延误并导致最终逾期竣工时承包人应承担的逾期违约金，逾期竣工违约金的计算方法和最高限额在专用合同条件中作出约定。该段中还同时约定了以下内容：（1）明确承包人支付逾期竣工违约金之后，并不免除承包人完成工作及修补缺陷的义务；该内容属于法律中明确规定的内容，《民法典》第585条第3款规定："当事人就迟延履行约定违约金的，违约方支付违约金后，还应当履行债务。"（2）对承包人应支付的逾期竣工违约金，发包人有权从工程进度款、竣工结算款或约定提交的履约担保中直接予以扣除。该项中所约定的由发包人直接从承包人应获得的工程款中扣除承包人应承担的逾期竣工违约金，其法律属性属于债务抵销，赋予发包人该项权利，有助于在承包人对其应当承担的逾期竣工违约金数额不持异议的情况下，将相应款项直接予以抵销，避免双方之间进行不必要的款项支付、产生不必要的纠纷，如在发包人将应付承包人的竣工结算款支付给承包人之后，承包人可能会拒绝将其应承担的逾期竣工违约金支付给发包人，而在双方之间产生不必要的纠纷；同时，如果承包人对逾期竣工违约金有异议或者对应付的竣工结算款等有异议，双方协商不成，承包人提起诉讼要求承包人向其支付竣工结算款等款项的，因合同中有该项约定，发包人在诉讼中可以依据该项合同约定提出从应付给承包人的竣工结算款等款项中直接扣除承包人应承担的逾期竣工违约金的抗辩，而无须就承包人应承担的逾期竣工违约金提起反诉或者另行起诉。当然，如果应付给承包人的剩余工程款等款项并不足以扣除承包人应承担的逾期竣工违约金的，则发包人有权就不足部分继续向承包人进行追偿。

【使用指引】

本项第1段中约定的是因承包人原因导致的阶段性工期延误时，承包人应采取措施加快进度并承担加快进度所增加的费用，而并未同时约定承包人需就其阶段性工期延误向发包人承担违约责任。这是因为，虽然出现了阶段性工期延误，但如果最终工期并未逾期（如承包人在阶段性工期延误之后采取了有效的赶工措施），则发包人的合同目的（在合同约定的工期内实现工程竣工）并不会受到影响。但工程施工是一个连续的过程，一旦在施工过程中出现阶段性工期延误，很可能会因此而影响到最终的竣工日期而导致逾期竣工，因此，对发包人而言，亦有必要对阶段性工期进行有效控制，在合同中对工期中的各重要节点作出明确约定，如完成设计的时间、开始现场施工的时间、主体结构完工的时间等作出明确约定，并对承包人逾期完成各重要节点工作应承担的违约责任作出明确约定，以有效督促和约束承包人按时完成各阶段性工期，避免出现阶段性工期延误情形；同时，还可约定在承包人承担阶段性工期延误违约金之后，如最终工期并未延误的，则发包人退还已扣除的阶段性工期延误违约金或者承包人无须再承担阶段性工期延误违约金，如此，在出现阶段性工期延误情形时，可以激励承包人能够积极主动采取各种赶工措施以加快进度、赶上被延误的工期。

本项第 2 段中约定就逾期竣工违约金的计算方法和最高限额由合同当事人在专用合同条件中作出约定，专用合同条件中也相应设置了第 8.7.2 项，供合同当事人对承包人应承担的误期赔偿金额的具体计算方式以及累计最高赔偿金额作出约定。专用合同条件中对承包人应承担的误期赔偿金额的约定方式有两种：（1）每延误 1 日的误期赔偿金额为合同协议书的合同价格的_____%；或（2）每延误 1 日的误期赔偿金额为固定的金额。对承包人累计最高赔偿金额的约定也相应有两种方式。发包人和承包人应当在专用合同条件第 8.7.2 项中对承包人应承担的每误期赔偿金额的每日标准和累计最高赔偿金额作出明确约定。

【风险识别与防范】

本项约定主要是为了防范因承包人原因导致工期延误的风险。对发包人而言，为有效控制工期，避免和防范因承包人原因导致工期延误，发包人应当在合同中对承包人应承担的工期延误违约责任（尤其是逾期竣工违约责任）作出具体、明确约定，在此过程中发包人需要注意以下问题：

1. 除了对承包人应承担的逾期竣工违约责任作出约定之外，为了在施工过程中更加有效地控制阶段性工期，发包人还可以在合同中对承包人出现阶段性工期延误情形时应承担的违约责任作出明确约定，具体可以参见上述【使用指引】中的方式进行约定。同时，在合同履行过程中，如果出现了因承包人原因导致的阶段性工期延误情形，发包人应当及时向承包人提出，并要求承包人采取赶工措施及承担阶段性工期延误违约责任，如承包人未按要求采取赶工措施的，发包人应当及时采取相应的后续措施。

2. 虽然在合同中将逾期竣工违约金约定得高一点，可以更加有效督促和约束承包人按期竣工，但违约金也不能约定得过高、过重，否则，在承包人逾期竣工的情况下，承包人主张合同中约定的逾期竣工违约金过高，则存在着被法院或仲裁委依法酌情调减的可能，而法院或仲裁委一旦行使该酌情调减的权力，则如何调减、调减幅度多少，基本上取决于法官或仲裁员的主观自由心证，而缺乏客观标准。因此，为避免出现该种情形，发包人应避免在合同中约定过高、过重的逾期竣工违约金。

3. 对发包人而言，应当避免在合同中对承包人累计承担的最高误期赔偿金额作出约定，即便需要对最高误期赔偿金额作出约定，也不能将该金额约定得过低，否则，一旦承包人逾期竣工天数已经超过了该最高误期赔偿金额，则承包人后续继续延误竣工的，将不需要再额外承担误期赔偿金额了，承包人可能会放任工期继续延误，如出现这种情况，发包人将会处于非常不利和被动的局面。因此，不建议发包人在合同中对承包人应承担的误期赔偿金额的上限作出约定。

对承包人而言，在签订合同时，应当将自己需要承担的误期赔偿金额的标准约定得越低越好，虽然约定得过低，也存在着发包人主张违约金过低要求调高的可能，但发包人主张违约金过低要求调高获得支持的难度比较大，尤其是发包人需要举证证明合同中约定的工期延误违约金并不足以弥补因工期延误给其所造成的损失，而因工期延误给发包人所造成的损失往往较难予以证明。同时，对承包人而言，在签订合同时，一定要争取约定误期赔偿金额的最高上限，并尽可能将该最高上限约定得越低越好。

【法条索引】

•《民法典》

第五百六十八条　当事人互负债务，该债务的标的物种类、品质相同的，任何一方可以将自己的债务与对方的到期债务抵销；但是，根据债务性质、按照当事人约定或者依照法律规定不得抵销的除外。

当事人主张抵销的，应当通知对方。通知自到达对方时生效。抵销不得附条件或者附期限。"

第五百八十五条第二款、第三款 约定的违约金低于造成的损失的，人民法院或者仲裁机构可以根据当事人的请求予以增加；约定的违约金过分高于造成的损失的，人民法院或者仲裁机构可以根据当事人的请求予以适当减少。

当事人就迟延履行约定违约金的，违约方支付违约金后，还应当履行债务。

8.7.3　行政审批迟延

合同约定范围内的工作需国家有关部门审批的，发包人和（或）承包人应按照专用合同条件约定的职责分工完成行政审批报送。因国家有关部门审批迟延造成工期延误的，竣工日期相应顺延。造成费用增加的，由双方在负责的范围内各自承担。

【条文释义】

本项约定的是因国家有关部门行政审批迟延而导致工期延误时的责任承担问题。因国家有关部门行政审批迟延而导致工期延误的，既非发包人的原因，亦非承包人的原因，但因此而导致的工期延误和（或）费用增加需要明确在发包人和承包人之间如何承担。本项包括两部分内容：

1. 对合同约定范围内的工作需国家有关部门审批的，发包人和（或）承包人应按照约定的职责分工完成行政审批报送，具体的职责分工由双方在专用合同条件中进行约定。

2. 因国家有关部门审批迟延造成工期延误和（或）费用增加的后果和责任在发包人和承包人之间如何承担：（1）造成工期延误的，竣工日期相应顺延；因国家有关部门审批迟延并非承包人的责任，因此造成工期延误相应顺延竣工日期是合理的，该约定实际上系将国家有关部门审批迟延所造成的工期延误的责任分配给发包人来承担。（2）造成费用增加的，由双方在负责的范围内各自承担，如该行政审批系由发包人负责，则增加的费用由发包人承担；如该行政审批系由承包人负责，则增加的费用由承包人承担；如系发包人和承包人共同负责，则增加的费用由双方共同承担，对此种情形下行政审批迟延导致的增加费用在双方之间如何承担，双方可以事先在合同中作出约定。

【使用指引】

本项通用合同条件中约定合同当事人需在专用合同条件中对需要国家有关部门审批时的职责分工作出约定，专用合同条件中也相应设置了第8.7.3项〔行政审批迟延〕，由合同当事人对"行政审批报送的职责分工"作出约定，发包人和承包人在签订合同时应当在专用合同条件中对行政审批报送的职责分工作出具体、明确约定。

对发包人应办理的许可和批准，合同第2.4.1项约定："发包人在履行合同过程中应遵守法律，并办理法律规定或合同约定由其办理的许可、批准或备案，包括但不限于建设用地规划许可证、建设工程规划许可证、建设工程施工许可证等许可和批准。"第2.4.2项约定："因发包人原因未能及时办理完毕前述许可、批准或备案，由发包人承担由此增加的费用和（或）延误的工期，并支付承包人合理的利润。"该项中所约定的这些许可和批准应当由发包人负责办理，包括完成行政审批报送工作，对需要由发包人办理的其他许可和批准，也应作出约定。《建筑法》第四十二条中对应由建设单位按照国家有关规定办理申请批准手续的情形亦有相应规定。当然，在发包人办理这些许可和证件过程中，如果需要承包人给予必要协助的，承包人应给予相应的协助，双方可以在合同中对需要承包人给予的协助以及承包人未能提供必要协助时所应承担的责任作出约定。

对承包人应办理的许可和批准，合同第2.4.1项约定："对于法律规定或合同约定由承包人负责的有关设计、施工证件、批件或备案，发包人应给予必要的协助。"合同当事人应当在专用合同条件第8.7.3项中对承包人需要办理的许可和批准、行政审批报送工作作出具体、明确约定。如承包人在办理相关许可和批准时需要发包人给予协助的，双方还可以在合同中对需要发包人给予的协助以及发包人未能提供必要协助时所应承担的责任作出约定。

需要注意的是，本项所约定的是因国家有关部门本身审批迟延造成的工期延误和（或）费用增加的承担问题，该国家部门审批迟延与发包人和承包人都无关，但如果是因发包人或承包人的原因导致未能及时完成行政审批报送工作，或者在国家有关部门进行审核、审批过程中，因发包人或承包人的责任（如提交资料不齐全、不符合要求等）而导致国家有关部门无法及时作出许可或批准的，则应当认定系因发包人的原因或承包人的原因导致工期延误，而不能再适用本项约定。

【风险识别与防范】

本项约定的难点之一为如何对需要由发包人和承包人各自负责的行政审批报送工作作出清楚、明确约定，避免出现因对相关行政审批工作究竟应由发包人来完成还是应由承包人来完成未作出明确约定，而产生争议。在对发包人或承包人各自应完成的行政审批报送工作进行约定时，应尽可能将需要由各方完成的行政审批报送工作列举周全，尽可能避免出现遗漏情形。

其次，在合同履行过程中，发包人或承包人都应当按照合同约定及时办理应由己方办理的各项行政审批报送工作，同时注意保留好关键阶段的相应证据。因为本项中约定的是国家有关部门的行政审批迟延而导致的工期延误，而并不包括发包人或承包人应负责和完成的行政审批报送工作的迟延、不符合要求等（如报送材料不齐全、不符合要求等）而导致的工期延误，因此，发包人或承包人都应当保留己方已及时完成行政审批报送工作（包括已完成的行政审批报送工作符合要求）的证据材料，以便在需要举证证明确实系国家有关部门行政审批迟延，而并非发包人或承包人未能及时且按要求完成行政审批报送工作时，可以提供相应的证据。同时，在出现国家有关部门行政审批迟延情形时，应当及时书面告知对方当事人，如因此导致工期延误和（或）费用增加的，双方还应当及时协商确定应予顺延的工期天数以及应增加的费用金额以及该增加的费用如何承担。

【法条索引】

•《建筑法》

第四十二条　有下列情形之一的，建设单位应当按照国家有关规定办理申请批准手续：

（一）需要临时占用规划批准范围以外场地的；

（二）可能损坏道路、管线、电力、邮电通讯等公共设施的；

（三）需要临时停水、停电、中断道路交通的；

（四）需要进行爆破作业的；

（五）法律、法规规定需要办理报批手续的其他情形。

8.7.4　异常恶劣的气候条件

异常恶劣的气候条件是指在施工过程中遇到的，有经验的承包人在订立合同时不可预见的，对合同履行造成实质性影响的，但尚未构成不可抗力事件的恶劣气候条件。合同当事人可以在专用合同条件中约定异常恶劣的气候条件的具体情形。

承包人应采取克服异常恶劣的气候条件的合理措施继续施工，并及时通知工程师。工程师应当及时发出指示，指示构成变更的，按第13条［变更与调整〕约定办理。承包人因采取合理措施而延误的工期由发包人承担。

【条文释义】

本项约定的是因异常恶劣的气候条件而导致的工期延误。因异常恶劣的气候条件而导致工期延误的，既非发包人的原因，也非承包人的原因。本项第1段约定了异常恶劣的气候条件的定义，并约定异常恶劣的气候条件的具体情形可以在专用合同条件中进行约定，所谓"异常恶劣的气候条件"是指在施工过程中遇到的，有经验的承包人在订立合同时不可预见的，对合同履行造成实质性影响的，但尚未构成不可抗力事件的恶劣气候条件。

本项第2段约定了发生异常恶劣的气候条件之后的处理方式和责任承担：承包人应采取克服异常恶劣的气候条件的合理措施继续施工，并及时通知工程师。工程师应当及时发出指示，指示构成变更的，按第13条〔变更与调整〕约定办理。承包人因采取合理措施而延误的工期由发包人承担。

将本项约定与第4.8项〔不可预见的困难〕约定进行比较，可以发现这两条中的相关约定基本相同，第4.8项〔不可预见的困难〕中约定的"不可预见的困难"是指有经验的承包人在施工现场遇到的不可预见的自然物质条件、非自然的物质障碍和污染物，包括地表以下物质条件和水文条件以及"专用合同条件"约定的其他情形，但不包括气候条件。该定义中将"气候条件"排除在"不可预见的困难"之外，但"异常恶劣的气候条件"从其定义以及"不可预见的困难"术语本身的字面含义来看，亦应当属于"不可预见的困难"，而且在两者发生之后的具体处理方式和责任承担也基本相同，这两条约定如放在一起（或前后款）进行约定，从体系上或逻辑上看应该更严谨。

【使用指引】

在使用本项约定过程中，需要注意的是，除了本项中所约定的异常恶劣的气候条件之外，还存在着其他既非发包人的原因也非承包人的原因而导致工期延误的情形。如合同第1.9款〔化石、文物〕中约定的在施工现场发现文物、化石，因按有关政府行政管理部门要求采取妥善的保护措施而导致工期延误，第4.8款〔不可预见的困难〕中约定的因不可预见的困难而导致工期延误等等。合同当事人在签订合同时也应当对这些既非发包人原因也非承包人原因，但会导致工期延误的其他情形作出约定。

本项第1段中给出了"异常恶劣的气候条件"的定义，同时约定"合同当事人可以在专用合同条件中约定异常恶劣的气候条件的具体情形"，专用合同条件中也相应设置了第8.7.4项〔异常恶劣的气候条件〕，供合同当事人对"视为异常恶劣的气候条件的情形"作出约定，双方应当在该专用合同条件中对"异常恶劣的气候条件"的具体情形作出详尽约定。所谓恶劣气候条件包括台风、暴雨、寒潮、大风、沙尘、高温、雷电等气候条件，但只有达到一定等级或级别的恶劣气候条件才能构成异常恶劣的气候条件，其中关键在于对何为"异常"恶劣的界定，故双方在专用合同条件中不仅应当对异常恶劣的气候条件具体包括哪些情形作出明确约定，还应当对这些情形达到何种等级或级别才属于异常恶劣的气候条件作出明确约定。

同时，本项第 2 段中约定了发生异常恶劣气候条件之后，承包人应采取合理措施克服异常恶劣气候条件的影响继续施工，而承包人因采取合理措施而延误的工期由发包人承担，该段中虽未明确约定承包人因采取合理措施而增加的费用由发包人承担，但该增加费用也应当由发包人来承担。该段中对此也约定了在异常恶劣气候条件发生之后，工程师应当及时发出指示，指示构成变更的，按第 13 条［变更与调整］约定办理。而在指示构成变更的情形下，按照第 8.7.1 项［因发包人原因导致工期延误］第（1）目中的约定，"根据第 13 条［变更与调整］的约定构成一项变更的"，系由发包人承担由此延误的工期和（或）增加的费用。亦即本项第 2 段中虽未明确约定承包人因采取合理措施而增加的费用由发包人来承担，但该增加费用由发包人来承担，当属题中应有之义。

另，本项约定在适用过程中可能会产生以下疑惑，"异常恶劣的气候条件"的定义中包括"有经验的承包人在订立合同时不可预见"的限定，但合同当事人又要在专用合同条件中对"异常恶劣的气候条件"的具体情形作出约定，那既然合同当事人在签订合同时已经在合同中事先对"异常恶劣的气候条件"的具体情形作出了明确约定，是否就意味着在专用合同条件中约定的这些"异常恶劣的气候条件"对合同当事人而言，就已经不是"在订立合同时不可预见的"了？对此，应当理解为：虽然合同当事人在专用合同条件中事先对构成"异常恶劣的气候条件"的具体情形作出了约定，但合同当事人在签订合同时并不认为这些情形真的会发生，而是认为在合同履行过程中这些异常恶劣的气候条件并不会发生，之所以要事先作出约定，只是以防万一，万一真的发生了，因事先已对此作了约定，双方可直接按该约定执行即可。如之后在合同履行过程中真的发生了双方事先所约定的"异常恶劣的气候条件"，该情形的发生已经超出了"有经验的承包人在订立合同时"可以预见的范围（因为承包人在签订合同时并不认为所约定的这些情形真的会发生），该情形仍应当被认定为构成异常恶劣的气候条件。

【风险识别与防范】

本项约定的是发生"异常恶劣的气候条件"时的后续处理和责任承担，需要注意以下风险并采取相应的防范措施：

1. 在签订合同时，应当对构成"异常恶劣的气候条件"的具体情形作出全面、详尽以及科学、合理的约定，避免出现遗漏的情形以及约定不尽科学、合理的情形。如虽然为恶劣气候条件，但如果属于"有经验的承包人"在签订合同时能够预见到的情形，则不应当将该等情形约定为"异常恶劣的气候条件"，如在经常发生台风的地区，那么该地区经常发生的台风就不应当视为异常恶劣的气候条件。

因异常恶劣的气候条件的情形多种多样，无论双方在合同中作出如何详尽的约定，都有可能出现遗漏情形，因此，在实际履行过程中，在发生承包人认为构成"异常恶劣的气候条件"而该情形并未在合同中作出明确约定时，发包人和承包人及时根据工程实际情况和合同约定情况，协商确定该等情形是否构成"异常恶劣的气候条件"就具有更加重要的意义。

2. 在合同履行过程中，一旦发生可能会构成双方所约定的"异常恶劣的气候条件"

时，双方应当及时按照合同约定进行处理。包括：（1）在"异常恶劣的气候条件"发生后，承包人应当采取克服异常恶劣的气候条件的合理措施继续施工，并及时通知工程师，同时保留好相应证据材料，包括可以证明已经发生了"异常恶劣的气候条件"的证据，可以证明承包人已采取了克服异常恶劣的气候条件的合理措施继续施工的证据，以及可以证明承包人已及时通知工程师的证据。（2）工程师在收到承包人的通知后，应当及时发出指示，指示构成变更的，按第13条［变更与调整］约定办理。为避免双方事后对相应情形是否属于"异常恶劣的气候条件"产生争议，在承包人提出发生"异常恶劣的气候条件"之后，发包人和承包人应当及时对该情形是否构成双方所约定的"异常恶劣的气候条件"作出认定。（3）在双方认定发生"异常恶劣的气候条件"后，因可能会涉及工期延误和（或）费用增加，发包人和承包人还应当及时确定因此而导致的工期顺延天数和（或）费用增加金额。

8.8　工期提前

8.8.1　发包人指示承包人提前竣工且被承包人接受的，应与承包人共同协商采取加快工程进度的措施和修订项目进度计划。发包人应承担承包人由此增加的费用，增加的费用按第13条［变更与调整］的约定执行；发包人不得以任何理由要求承包人超过合理限度压缩工期。承包人有权不接受提前竣工的指示，工期按照合同约定执行。

8.8.2　承包人提出提前竣工的建议且发包人接受的，应与发包人共同协商采取加快工程进度的措施和修订项目进度计划。发包人应承担承包人由此增加的费用，增加的费用按第13条［变更与调整］的约定执行，并向承包人支付专用合同条件约定的相应奖励金。

【条文释义】

　　第8.8.1款是关于发包人要求承包人提前竣工的规定，第8.8.2款是关于承包人主动提出提前竣工建议的规定。

　　无论何种情形，提前竣工往往都需要承包人投入更多的劳动力、材料、机械设备，并要求承包人采用更优的管理模式、优化施工工序等措施，因此提前竣工通常会增加承包人资源的投入。

　　如果发包人要求提前竣工，首先，发包人的要求应当是建立在客观可行的前提下，不得要求承包人超过合理限度压缩工期；其次，承包人有权选择接受或者不接受发包人的要求；再次，加快工程进度的措施及项目进度计划的修订应当与承包人共同协商确定；最后，因加快工程进度采取的措施增加的费用按第13条［变更与调整］的约定执行，即由发包人承担。

　　如果承包人主动提出提前竣工建议，首先，发包人有权选择接受或者不接受承包人的建议，其次，加快工程进度的措施及项目进度计划的修订应当与承包人共同协商确定；因加快工程进度采取的措施增加的费用按第 13 条［变更与调整］的约定执行，即由发包人承担；最后，如果承包人的合理化建议降低了合同价格、缩短了工期或者提高了工程经济效益，双方可以按照专用合同条件的约定进行利益分享。

【使用指引】

1. 无论哪一方提出提前竣工，均不得超过合理限度压缩合理工期，合理工期的压缩将导致工程质量和安全的隐患。合理工期可以参照当地政府主管部门或者行业机构颁布的工期定额或标准确定。

住房和城乡建设部于 2016 年 7 月 26 日发布了《建筑安装工程工期定额》(TY01-89-2016)，根据国家现行产品标准、设计规范、施工及验收规范、质量评定标准和技术、安全操作规程，按照正常施工条件、常用施工方法、合理劳动组织及平均施工技术装备程度和管理水平，并结合常见结构及规模的建筑安装工程的施工情况编制。适用于新建和扩建的建筑安装工程。是国有资金投资工程在可行性研究、初步设计、招标阶段确定工期的依据，非国有资金投资工程可以参照执行。该定额的工期，指自开工之日起，到全部工程内容完成并达到国家验收标准之日止的日历天数（包括法定节假日）；不包括三通一平、打试验桩、地下障碍物处理，基础施工前的降水和基坑支护时间，竣工文件编制所需时间。部分省市建设行业行政主管部门颁布了相关规定对"合理工期"进行了规范。《江苏省住房城乡建设厅关于贯彻执行〈建筑安装工程工期定额〉的通知》(苏建价〔2016〕740 号)第六条规定："……压缩工期超过定额工期 30% 的建筑安装工程，必须经过专家认证。"浙江省住房和城乡建设厅于 2017 年 5 月 22 日发布了《关于做好贯彻执行〈建筑安装工程工期定额〉的通知》第二条规定："……招标人确定的工期低于定额工期 70% 的，招标人应当组织专家认证，并依照审定的技术措施方案编制相应的提前竣工增加费。"《北京市住房和城乡建设委员会关于执行 2018 年〈北京市建设工程工期定额〉和 2018 年〈北京市房屋修缮工程工期定额〉的通知》(京建法〔2019〕4 号)第三条规定："……压缩定额工期的幅度超过 10%（不含）的，应组织专家对相关技术措施进行合规性和可行性论证，并承担相应的质量安全责任。"《上海市城乡建设和交通委员会关于加强本市建设工程施工工期管理的意见》(沪建交〔2011〕1032 号)第二条规定："建设单位应当根据现行的工期标准（或工期定额）计算施工工期，并在招标文件中注明工期要求。如果无工期指导标准的，应当组织专家对施工工期进行单独评估，并出具专家评审认可的合理施工工期评估报告。如确需压缩施工工期的，且压缩幅度超过 15%（含 15%），应当在此组织论证。施工工期评估报告作为招标文件备案的内容。"《深圳市住房和建设局关于印发〈深圳市建设工程工期管理办法〉的通知》(深建规〔2015〕4 号)第七条规定："招标人应当在定额工期基础上结合自身需求，同时考虑必要的行政审批时间，科学确定招标工期。招标人确定的招标工期不宜低于定额工期的 80%，低于定额工期 80% 的，建设单位应当组织专家论证，并采取相应的技术经济措施……"定额工期反映了特定时期、特定区域工程建设的平均社会生产水平和效率，可以参照作为确定合理工期的依据，也可以作为判断是否任意压缩合理工期的重要标准。

2. 无论何方提出提前竣工，除了不得超过合理限度压缩合理工期外，还应当各方当事人协商一致后方可提前，且合同各方当事人应当就提前竣工的费用承担、工期调整以及提前竣工奖励等事项签订补充协议，以便遵照执行，避免产生争议。

【风险识别与防范】

根据《招标投标法》第四十六条及《最高人民法院关于审理建设工程施工合同纠纷案件适用法律问题的解释（一）》（法释〔2020〕25号）第二条规定，通过招投标方式确定承包人的工程，工程范围、建设工期、工程质量、工程价款等实质性内容与招投标文件、中标通知书不一致的，一方当事人可请求按招投标文件、中标通知书确定权利义务。

承包人需注意的是，即便是由发包人提出提前竣工，只要承包人同意，即双方协商一致对合同的工期进行了变更（在合理工期范围内），承包人应当按变更后的工期执行，并承担合同约定的相应责任和义务。

【法条索引】

• **《民法典》**

第五百四十三条　当事人协商一致，可以变更合同。

• **《建设工程质量管理条例》**

第十条　第十条建设工程发包单位，不得迫使承包方以低于成本的价格竞标，不得任意压缩合理工期。

• **《建设工程安全生产条例》**

第七条　建设单位不得对勘察、设计、施工、工程监理等单位提出不符合建设工程安全生产法律、法规和强制性标准规定的要求，不得压缩合同约定的工期。

• **《最高人民法院关于审理建设工程施工合同纠纷案件适用法律问题的解释（一）》（法释〔2020〕25号）**

第二条　招标人和中标人另行签订的建设工程施工合同约定的工程范围、建设工期、工程质量、工程价款等实质性内容，与中标合同不一致，一方当事人请求按照中标合同确定权利义务的，人民法院应予支持。

8.9　暂停工作

8.9.1　由发包人暂停工作

发包人认为必要时，可通过工程师向承包人发出经发包人签认的暂停工作通知，应列明暂停原因、暂停的日期及预计暂停的期限。承包人应按该通知暂停工作。

承包人因执行暂停工作通知而造成费用的增加和（或）工期延误由发包人承担，并有权要求发包人支付合理利润，但由于承包人原因造成发包人暂停工作的除外。

8.9.2　由承包人暂停工作

因承包人原因所造成部分或全部工程的暂停，承包人应采取措施尽快复工并赶上进度，由此造成费用的增加或工期延误由承包人承担。因此造成逾期竣工的，承包人应按第8.7.2项［因承包人原因导致工期延误］承担逾期竣工违约责任。

合同履行过程中发生下列情形之一的，承包人可向发包人发出通知，要求发包人采取有效措施予以纠正。发包人收到承包人通知后的28天内仍不予以纠正，承包人有权暂停施工，并通知工程师。承包人有权要求发包人延长工期和（或）增加费用，并支付合理利润：

（1）发包人拖延、拒绝批准付款申请和支付证书，或未能按合同约定支付价款，导致付款延误的；

（2）发包人未按约定履行合同其他义务导致承包人无法继续履行合同的，或者发包人明确表示暂停或实质上已暂停履行合同的。

【条文释义】

上述两个条款是关于由于发包人、承包人原因暂停工作的规定。

由于工程总承包项目通常建设周期较长，参与主体较多，在项目实施的过程中，经常会出现暂停施工的情形，暂停施工将对工程的进度、质量以及各方当事人的权益产生重大影响。示范文本对于暂停施工的各种情形以及程序处理进行了较全面的规范，以更好地保证项目的顺利推进。

引起暂停工作的原因通常可以分为因发包人原因导致的、因承包人原因导致的以及因不可抗力等不可归责于合同当事人的原因导致的三类。

发包人原因引起的暂停施工，通常包括发包人违法、发包人违约、发包人提出变更等情形。

首先，发包人只要认为有必要，有权随时通过工程师向承包人发出签认的暂停工作通知，承包人应当按通知要求暂停工作。即对于发包人而言，停工是其可以合法行使的权利，其要求停工与承包人暂停工作需要符合某些条件相比，具有更大的自由度。发包人的暂停工作通知应当列明暂停原因、暂停工作开始的日期，以及预计暂停的期限。以便承包人做好设计、采购、施工的安排。

其次，如果发包人存在违约情形，包括但不限于发包人拖延、拒绝批准付款申请和支付证书，或未能按合同约定支付价款，导致付款延误的；或者发包人未按约定履行合同其他义务导致承包人无法继续履行合同的，包括但不限于因发包人原因导致开始工作日期延误的；发包人违反第13.1.1项约定，自行实施被取消的工作或转由他人实施的；或者发包人明确表示暂停或实质上已暂停履行合同的。承包人在履行相应程序后，可以行使停工权。可向发包人发出通知，要求发包人采取有效措施予以纠正。发包人收到承包人通知后的 28 天内仍不予以纠正，承包人有权暂停施工，并通知工程师。

最后，因发包人原因造成的暂停工作，包括发包人通知停工和因承包人因发包人违约行为造行使停工权，承包人均有权提出工期、费用、利润的索赔。即因发包人原因造成的暂停施工，工期应予顺延，关于暂停工作造成的损失应由发包人承担。关于暂停工作造成的损失，一般包括停窝工损失、机械台班损失、措施费的增加，最复杂的是继续开始工作后的市场波动损失。

因承包人原因引起的暂停施工，一是指承包人出现违法或者违约的情形造成停工，包括但不限于：承包人提供的文件、采购的设备、工程质量不符合法律法规、工程质量验收标准以及合同约定；违反合同约定进行转包或违法分包；违反约定采购和使用不合格材料或工程设备；未经工程师批准，擅自将已按合同约定进入施工现场的施工设备、临时设施或材料撤离施工现场；二是指由于承包人原因为了工程合理施工和安全保障所必需进行的停工，比如出现工程质量事故、安全事故，或者出现可能危及现场或毗邻地区建筑物或人身安全等的情况；三是指承包人擅自暂停施工。

承包人原因造成的停工，承包人应当承担因此增加的费用和（或）延误的工期，并应按发包人的要求，积极采取复工措施。

【使用指引】

1. 由于停工对工程建设将产生重大影响，无论是发包人还是承包人都应当谨慎行使停工权。首先，行使停工权必须有合同依据或者法律规定，否则将构成违约。其次，停工权的行使必须按照合同约定的程序。

2. 发包人的停工通知书中必须明确停工原因。发包人要求停工原因很多，其中包括因建设手续不全被要求停工、重大设计变更等待新图纸而停工、发包人决策性停工等，这些停工责任在发包人，承包人因此可以索赔相关费用，另外还存在因承包人施工不符合规范情况下被要求停工情况，因此停工通知必须要写明停工原因。

3. 对承包人而言，为了保证停工期间的损失能够得到发包人的最终认定，承包人应注意留存因暂停工作造成其损失的证据，包括停工期间各项资源投入的实际数量、价格和实际支出并用于本工程的记录，并争取得到发包人的确认，以作为将来索赔的依据。

4. 对于可能停工期限较长的项目，为避免争议，建议合同各方当事人在专用合同条件中对于因发包人原因造成停工产生的补偿费用标准进行约定。

【风险识别与防范】

1. 承包人应当特别关注示范文本第 19.1 款对索赔时限的约定："索赔方应在知道或应当知道索赔事件发生后 28 天内，向对方递交索赔意向通知书，并说明发生索赔事件的事由；索赔方未在前述 28 天内发出索赔意向通知书的，丧失要求追加/减少付款、延长缺陷责任期和（或）延长工期的权利。"如果是由于发包人原因引起的停工，承包人应当在知道或应当知道 28 天内提交索赔意向书，避免逾期丧失停工索赔的权利。

2. 根据示范文本第 16.1.1 款、第 16.2.1 款的规定，如果因发包人或者承包人的原因暂停工作超过 56 天且暂停影响到整个工程，或者因承包人的原因暂停工作超过 182 天，合同相对方有权解除合同。各方当事人可以在专用合同条件中对此期限另行约定。

3. 根据本条款规定，因为承包人的原因暂停工作超过 56 天且影响到整个工程的情况下，发包人才有权解除合同。实践中不排除承包人为达到各种目的故意暂停工作。虽然发包人有权解除合同，但工期已经严重延误，即便解除合同还存在损失认定等问题，对发包人的风险较大。建议发包人在专用合同条件中对承包人有权停工进行更明确的约定，并约定相应的违约责任，以促进承包人更好地履约。

【法条索引】

•《民法典》

第五百二十五条　当事人互负债务，没有先后履行顺序的，应当同时履行。一方在对方履行之前有权拒绝其履行请求。一方在对方履行债务不符合约定时，有权拒绝其相应的履行请求。

第五百二十六条　当事人互负债务，有先后履行顺序，应当先履行债务一方未履行的，后履行一方有权拒绝其履行请求。先履行一方履行债务不符合约定的，后履行一方有权拒绝其相应的履行请求。

第五百二十七条　应当先履行债务的当事人，有确切证据证明对方有下列情形之一的，可以中止履行：（一）经营状况严重恶化；（二）转移财产、抽逃资金，以逃避债务；（三）丧失商业信誉；（四）有丧失或者可能丧失履行债务能力的其他情形。当事人没有确切证据中止履行的，应当承担违约责任。

8.9.3　除上述原因以外的暂停工作，双方应遵守第 17 条［不可抗力］的相关约定。

【条文释义】

本条款是关于不可归责于合同各方当事人的原因暂停工作的规定。不可归责于合同各方当事人的原因暂停工作的，应当适用第 17 条［不可抗力］的相关约定。

首先，不可归责于合同各方当事人的原因很多，可能包括法律、政策的变更，包括工程所在地的环保、产业政策，或者强制性技术标准的变化；包括自然灾害、地质灾害；包括工地现场可能发现不可预见的地质条件，或者无法迁移的文物，还包括不可抗力。本条款暂停工作虽然适用不可抗力的相关约定，但该原因不限于不可抗力，在出现上述情况时，都需要暂停工作。

其次，任何一方合同当事人觉察或者发现不可归责于合同各方当事人的需要暂停工作的情形发生，有义务立即通知其他当事人和工程师，书面说明不可抗力和受阻碍的详细情况，并提供必要的证明。

再次，当不可归责于合同各方当事人的需要暂停工作的情形发生后，合同各方当事人都有义务采取措施尽量避免和减少损失的扩大。任何一方当事人没有采取有效措施导致损失扩大的，应对扩大的损失承担责任。

最后，因不可归责于合同各方当事人的需要暂停工作的情形发生后，如引起工期延误的，应当顺延工期；因此导致暂停工作的费用由发包人和承包人合理分担，停工期间必须支付的现场必要的工人工资由发包人承担。

【使用指引】

1. 承包人必须在客观条件符合本条款所规定的紧急情况下的停工权的标准时，才能行使该项权利，否则承包人擅自停工需承担由此导致的不利后果。

2. 合同各方当事人行使此项权利需符合合同约定的通知程序。

【风险识别与防范】

为避免承包人轻易行使本条款约定的停工权，对工期造成不利影响，建议合同各方当事人在专用合同条件中对于可以依据本条停工的情形进行明确约定。

【法条索引】

• 《民法典》

第一百八十条　因不可抗力不能履行民事义务的，不承担民事责任。法律另有规定的，依照其规定。不可抗力是不能预见、不能避免且不能克服的客观情况。

第五百九十条　当事人一方因不可抗力不能履行合同的，根据不可抗力的影响，部分或者全部免除责任，但是法律另有规定的除外。因不可抗力不能履行合同的，应当及时通知对方，以减轻可能给对方造成的损失，并应当在合理期限内提供证明。当事人迟延履行后发生不可抗力的，不免除其违约责任。

第五百九十一条　当事人一方违约后，对方应当采取适当措施防止损失的扩大；没有采取适当措施致使损失扩大的，不得就扩大的损失请求赔偿。

8.9.4　暂停工作期间的工程照管

不论由于何种原因引起暂停工作的，暂停工作期间，承包人应负责对工程、工程物资及文件等进行照管和保护，并提供安全保障，由此增加的费用按第8.9.1项［由发包人暂停工作］和第8.9.2项［由承包人暂停工作］的约定承担。

因承包人未能尽到照管、保护的责任造成损失的，使发包人的费用增加，（或）竣工日期延误的，由承包人按本合同约定承担责任。

【条文释义】

本条款规定了承包人在暂停工作期间对工程的照管保护义务。

首先，暂停工作后，各方当事人仍应当按合同约定履行合同义务。承包人仍应当按《建筑法》第四十五条和有关法律规定负责工程的照管保护，避免因暂停施工影响工程安全或使工程受到破坏。

其次，承包人因此发生的照管费用应当由造成暂停工作的责任方承担。因不可归责于合同各方当事人的需要暂停工作的费用由发包人和承包人合理分担，但停工期间必须支付的现场必要的工人工资由发包人承担。

【使用指引】

1. 即使非因承包人原因暂停工作，承包人也应当积极主动地履行工程照管义务，如果承包人未尽到照管义务，则无权要求发包人补偿因承包人未尽照管义务造成的费用增加及竣工日期的延误。

2. 发包人应积极履行因工程质量、安全或减损义务产生的配合义务，否则应当对扩大部分的损失承担责任。

【风险识别与防范】

本条款仅规定对于停工期间的费用按第8.9.1项［由发包人暂停工作］和第8.9.2项［由承包人暂停工作］的约定承担。但对因不可归责于当事人原因（包括不可抗力）造成的暂停工作期间的费用承担未作出明确约定。建议各方当事人在专用合同条件中对上述情形下暂停工作期间的费用承担及工期顺延进行明确约定。

另外，对于因各种原因暂停工作期间的费用计算方式，建议各方当事人在专用合同条件中进行明确约定，避免产生争议。

本条款规定因承包人未能尽到照管、保护的责任造成损失的，使发包人的费用增加（或）竣工日期延误的，由承包人按本合同约定承担责任。但实践中发包人很难对这些损失进行认定。建议暂停工作之前，各方当事人应当对工程的现状及已经运抵现场的材料、设备进行清点核实。

【法条索引】

•《建筑法》

第四十五条 施工现场安全由建筑施工企业负责。实行施工总承包的，由总承包单位负责。分包单位向总承包单位负责，服从总承包单位对施工现场的安全生产管理。

8.9.5 拖长的暂停

根据第8.9.1项［由发包人暂停工作］暂停工作持续超过56天的，承包人可向发包人发出要求复工的通知。如果发包人没有在收到书面通知后28天内准许已暂停工作的全部或部分继续工作，承包人有权根据第13条［变更与调整］的约定，要求以变更方式调减受暂停影响的部分工程。发包人的暂停超过56天且暂停影响到整个工程的，承包人有权根据第16.2款［由承包人解除合同］的约定，发出解除合同的通知。

【条文释义】

长期暂停工作，将导致工程无法及时发挥其经济效益和社会效益，造成工程成本明显增加，情况严重的，将导致合同目的无法实现，并严重损害当事人的利益。本条规定了由发包人暂停工作连续超过 56 天的情形下承包人可以通过一定的程序就受影响部分的工程申请以变更形式调减，或者解除合同的规定。

首先，"由发包人暂停工作持续超过 56 天"，包括因发包人原因造成的停工，或者根据发包人的指示实施的暂停工作。在上述两类情形持续超过 56 天的情况下，承包人均有权书面通知发包人要求复工。

其次，如果发包人没有在收到书面通知后 28 天内准许已暂停的工作全部或部分复工，包括发包人不准许复工，或者因发包人原因造成停止工作的原因仍未消除，事实上无法复工的，承包人有权要求以变更方式调减受暂停影响的部分工程。

再次，如果发包人的暂停超过 56 天且暂停影响到整个工程的，承包人有权向发包人发出解除合同的通知。何为"影响到整个工程"？本示范文本并未给出明确的定义，根据《民法典》第五百六十三条的规定，当长期的暂停工作导致无法实现合同目的时，应当视作"影响到整个工程"的情形，承包人有权提出解除合同。

最后，本条款应当与第 16.2.1 款"因发包人违约解除合同"联合理解。除了本条款所述之"发包人暂停工作持续超过 56 天"，因发包人的原因暂停工作合计超过 182 天的，承包人也有权提出解除合同。

【使用指引】

1. 根据不同项目的实际需求，如果合同各方当事人协商一致，可以在专用合同条件中对本条款中因发包人原因的暂停工作持续或合计超过的天数进行重新约定。

2. 如果可能存在因发包人原因暂停工作持续超过一定天数，但承包人并不希望调减工程或者终止合同的情形，建议可以在专用合同条件中增加一项在此种情形下承包人的选择权，比如承包商可以同意进一步暂停工作，并按与发包人商定暂停情形下对承包人进行一定的补偿。

【风险识别与防范】

对于何为"影响到整个工程"，本示范文本并未给出明确的定义，根据《民法典》第五百六十三条的规定，当长期的暂停工作导致无法实现合同目的时，应当视作"影响到整个工程"的情形，承包人有权提出解除合同。建议合同各方当事人可以在专用合同条件中对于何种情况下视为"影响到整个工程"的条件作出明确约定。

另外承包人需要注意的是，当工期延误可能存在混合责任的时候，应当谨慎行使本条款，避免造成擅自停工的违约情形。

【法条索引】

• 《民法典》

第五百六十三条　有下列情形之一的，当事人可以解除合同：

（一）因不可抗力致使不能实现合同目的；

（二）在履行期限届满前，当事人一方明确表示或者以自己的行为表明不履行主要债务；

（三）当事人一方迟延履行主要债务，经催告后在合理期限内仍未履行；

（四）当事人一方迟延履行债务或者有其他违约行为致使不能实现合同目的；

（五）法律规定的其他情形。

8.10　复工

8.10.1　收到发包人的复工通知后，承包人应按通知时间复工；发包人通知的复工时间应当给予承包人必要的准备复工时间。

【条文释义】

本条款是关于复工通知的规定。

首先，根据暂停工作原因的不同，复工的启动也有所区别。如果是发包人原因造成的暂停工作，在暂停工作的原因消除后，或明确消除的时间后，发包人应当提前书面通知承包人可以复工的时间。如果是承包人原因造成的暂停工作，发包人一是可以在与承包人确认可以复工的时间后发出书面复工通知，二是可以单方发出书面复工通知，要求承包人在通知复工时间前消除暂停工作的原因。如果是因不可归责于合同当事人原因造成的暂停工作，发包人可以在明确暂停工作的原因的消除时间后向承包人发出书面复工通知。

其次，无论是何种原因造成的暂停工作，复工都可能需要承包人组织人员、机械二次进场，安排材料、设备的采购等。因此发包人通知的复工时间应当给予承包人必要的准备复工的时间。

【使用指引】

发包人通知复工的时间首先应当符合客观情况。如果暂停工作的原因客观上尚未消除，则事实上复工的流程无法启动；其次通知复工的时间应当符合法律法规或者政策的要求，比如在新冠疫情防控期间，各地主管部门均对建设工地的复工的要求和流程作出了较严格的规定，要在施工工地现场达到疫情防控和安全生产规定的要求后，方可进入复工流程。

【风险识别与防范】

如果承包人无法按发包人的复工通知复工，应当在收到发包人的书面通知后尽快书面答复发包人，并说明无法复工的原因。

如果发包人认为有需要，可以在复工通知中明确复工时承包人的人员、材料、机械的到位情况，并对是否需要承包人赶工进行明确。

8.10.2　不论由于何种原因引起暂停工作，双方均可要求对方一同对受暂停影响的工程、工程设备和工程物资进行检查，承包人应将检查结果及需要恢复、修复的内容和估算通知发包人。

【条文释义】

本条款是对复工具体程序的规定。

暂停工作通常会对工程本身和运抵工程现场的设备、物资造成影响，且涉及停工本身产生的费用，以及因停工对工程造成影响后的恢复、修复费用，涉及合同各方权利义务的承担。因此复工前，应当对受暂停影响的工程、工程设备和工程物资进行检查，并明确需要恢复、修复的内容及因此产生的费用估算。

承包人是复工前检查的主体，无论发包人是否参与复工前检查，承包人均应当将检查结果及需要恢复、修复的内容和估算书面通知发包人。

【使用指引】

本条款的措辞是"可以"要求对方一同检查，而非"应当"要求对方一同检查，因此合同各方当事人如果认为有需要，可以在专用合同条件中对复工前的检查是否必须发包人参与进行另行约定。

工程总承包项目中，复工还可能涉及工程材料设备的采购、承揽合同的处理，承包人应当区别情况对待，尽可能减少造成的损失。

【风险识别与防范】

对于承包人而言，为避免对因修复工作延误的工期、增加的费用产生争议，应当尽量在合同中争取约定复工前的检查由发包人一同参加，或者在复工前检查时尽可能留下完整的证据。

由于复工后的修复工作除了会增加费用外，还有可能造成工期的延误，建议承包人除了说明检查结果及需要恢复、修复内容和估算外，还应在对发包人的书面通知中增加因恢复、修复工作可能增加的工期。

8.10.3　除第 17 条［不可抗力］另有约定外，发生的恢复、修复价款及工期延误的后果由责任方承担。

【条文释义】

本条款是关于复工后恢复、修复价款及工期延误的后果承担的规定。

根据暂停工作原因的不同，恢复修复产生的费用以及因恢复修复造成工期延误的责任承担也有所区别。如果是由于发包人原因或者承包人原因造成的暂停工作，则后果应由责任方承担，包括恢复、修复的价款以及工期延误的后果。

如果是由于不可归责于合同当事人的暂停工作，根据第 17 条［不可抗力］的约定，恢复、修复的费用由发包人和承包人合理分担。

【使用指引】

合同各方当事人可以在专用合同条件中对于复工时恢复、修复价款的确定方式、分担方式以及工期延误的计算方式进行明确约定。

【风险识别与防范】

合同各方当事人应注意的是，如果是由于工期延误导致因不可归责于当事人的暂停工作，则恢复修复产生的费用以及因恢复修复造成的工期延误应当由之前工期延误的责任方承担，而不应当适用第 17 条［不可抗力］的约定。

第 9 条　竣工试验

9.1　竣工试验的义务

9.1.1　承包人完成工程或区段工程进行竣工试验所需的作业，并根据第 5.4 款［竣工文件］和第 5.5 款［操作和维修手册］提交文件后，进行竣工试验。

【条文释义】

"竣工试验"是指在工程总承包合同及其附件《发包人要求》中规定或双方商定的，或作为增项增加的，在全部工程或区段工程（视情况而定）完工后且在发包人接手前，根据本条［竣工试验］的要求进行的试验。投料试车一般是发包人在工程竣工验收后组织，为验证工程的技术性能是否符合设计要求而进行的竣工后试验。工程实践中部分发包人要求投料试车在工程竣工试验时进行，并就投料试车的相关工作和费用在合同条款中事先约定，考虑到这种特殊情形，本条竣工试验内容也概括性地涉及了投料试车试验，注意与第 12 条［竣工后试验］有部分重叠。

只有通过合法、合规、合约以及科学的竣工试验手段才能为建设工程质量评价提供准确、科学的依据。为达到上述目的，本项首先明确工程总承包人（本条款中简称"承包人"）应履行在工程或区段工程完工后进行竣工试验的义务，同时明确承包人应按第 5.4 款［竣工文件］和第 5.5 款［操作和维修手册］提交文件并取得工程师同意或默示推定同意作为开展本条［竣工试验］的前置条件。

【使用指引】

1. 承包人的竣工试验的权利义务来源。首先，来源于法律法规，国家、行业、地方的规范和标准，以及建设工程总承包合同及其附件《发包人要求》的约定。其次，在优先级顺序上，发承包双方竣工试验的权利义务优先适用合同及其附件《发包人要求》的约定，只有当合同无约定、约定不明或约定无效时，才适用法律法规，国家、行业、地方的规范和标准。

2. 本项明确了开展竣工试验的前置要求。首先，承包人应根据第 5.4 款［竣工文件］提交竣工记录："承包人应编制并更新反映工程实施结果的竣工记录，如实记载竣工工程的确切位置、尺寸和已实施工作的详细说明。施工记录的形式、技术标准以及其他相关内容应按照相关法律法规、行业标准与《发包人要求》执行。在竣工试验开始前，按照专用合同条件约定的份数将施工记录提交给发包人。"其次，承包人应按照第 5.5 款［操作和维修手册］提交操作和维修手册："在竣工试验开始前，承包人应向工程师提交暂行的操作和维修手册并负责及时更新，该手册应足够详细，以便发包人能够对工程设备进行操作、维修、拆卸、重新安装、调整及修理，以及实现《发包人要求》，手册还应包含发包人未来可能需要的备品备件清单。"再次，工程师收到承包人提交的文件后，应依据第5.2款［承包人文件审查］的约定对操作和维修手册进行审查："竣工试验过程中，承包人应为任何因操作和维修手册错误或遗漏引起的风险或损失承担责任。"最后，工程师应按照第5.2款［承包人文件审查］的约定对施工记录如尺寸、参照系统及其他有关细节进行审查。工程师需注意对承包人提交文件的审查适用默示推定条款。

综上所述，只有当工程师对承包人提交的文件答复同意或默示推定同意后承包人才可开展本条的竣工试验相关工作。

【风险识别与防范】

1. 合同及其附件《发包人要求》中关于竣工试验要求的有效性和变更程序问题需引起重视。首先，合同及其附件《发包人要求》约定的竣工试验的范围和标准不得低于法律法规，国家、行业、地方的规范和标准，否则存在被认定为无效的风险。另外，如果发包人或承包人认为合同及其附件《发包人要求》需要修订，不得擅自修改合同约定内容，单方的擅自变更属于违约行为，确实需要进行修订的应该按合同变更程序实施，由工程师或发包人提出变更，履行变更程序，承包人按变更后的合同及其附件《发包人要求》编制竣工试验计划，同时工程师按变更后的合同及其附件《发包人要求》的内容和标准对竣工试验计划审核答复。

2. 合同中竣工试验内容及性质的约定不清经常导致争议。专用合同条件及其附件《发包人要求》应明确试验、试运行的具体要求等：竣工试验是否包含试运行、联动试车、投料试车；竣工试验与工程交付次序；竣工试验与竣工日期的关联关系；竣工试验与付款的关联关系；竣工试验的程序以及违约责任等。合同中上述事项约定不清是造成双方产生争议的重要原因，各方应引起重视。

3. 不具备条件下开展竣工试验存在的风险。首先，如果一旦启动竣工试验并且竣工试验合格的，即代表工程竣工验收基本结束，在某些情况下竣工试验合格日期可能会被视为竣工日期，考虑到存在安全风险以及被视为竣工日期的风险，在工程或区段工程未全部完成或缺陷较多时，工程师不应同意承包人对工程或区段工程进行竣工试验的申请。如发包人有提前进行竣工试验的特殊要求，应列出工程尾项清单，且各方签订承包人不因竣工试验合格而免责的协议后再开展竣工试验工作，即使如此，这种情形下进行竣工试验对工程及人员的安全都将带来一定的风险，发包人应承担要求提前竣工试验相应的责任，对于提前进行竣工试验会带来较大安全风险的，承包人有权利有责任拒绝，否则承包人也要承担相应的责任。其次，如果承包人未按第5.4款［竣工文件］、第5.5款［操作和维修手册］提交文件或提交的文件不能满足要求，承包人无权提出竣工试验要求。工程师需注意的是，应在审查期限内对承包人提交文件书面答复不同意，并说明其不具备开展竣工试验条件的情形，如果工程师未在限期内答复，存在默示推定同意承包人开展竣工试验工作的风险。

4. 发包人在未进行竣工试验前擅自占有使用工程的风险。如果工程总承包项目未经竣工试验、竣工验收就被发包人擅自使用的，存在以转移占有之日作为实际竣工日期的风险。在司法实践中，发包人未完成竣工验收就擅自占有使用的，对于一般的质量问题承包人是免责的，只有主体或基础工程部分出现质量问题承包人才承担责任。因此，发包人应在竣工试验通过并竣工验收合格，履行交接程序后再占有工程，避免未进行竣工试验就擅自占有使用工程项目产生的纠纷和风险。

【法条索引】

•《民法典》

第七百九十九条　工程竣工后，发包人应当根据施工图纸及说明书、国家颁发的施工验收规范和质量检验标准及时进行验收。验收合格的，发包人应当按照约定支付价款，并接收该建设工程。建设工程竣工经验收合格后，方可交付使用；未经验收或者验收不合格的，不得交付使用。

•《建筑法》

第五十九条　施工企业必须按照工程设计要求、施工技术标准和合同的约定，对建筑材料、建筑配件和设备进行检验，不合格的不得使用。

•《建设工程质量管理条例》

第二十九条　单位必需按照工程设计要求、施工技术标准和合同约定，对建筑材料、建筑配件、设备和商品混凝土进行检验，检验应当有书面记录和专人签字；未经检验或者检验不合格的，不得使用。

9.1.2　承包人应在进行竣工试验之前，至少提前 42 天向工程师提交详细的竣工试验计划，该计划应载明竣工试验的内容、地点、拟开展时间和需要发包人提供的资源条件。工程师应在收到计划后的 14 天内进行审查，并就该计划不符合合同的部分提出意见，承包人应在收到意见后的 14 天内自费对计划进行修正。工程师逾期未提出意见的，视为竣工试验计划已得到确认。除提交竣工试验计划外，承包人还应提前 21 天将可以开始进行各项竣工试验的日期通知工程师，并在该日期后的 14 天内或工程师指示的日期进行竣工试验。

【条文释义】

承包人编制的竣工试验计划及工程师的审核修订意见是开展竣工试验的纲领性文件，直接关系到竣工试验工作的质量和效率。而在以往的工程实践中，比较强调竣工试验操作环节，而忽视竣工试验计划和相关细化文件的编审质量，导致竣工试验结果的偏离以及竣工试验计划编制和审核回复的随意性，也给发承包双方开展竣工试验工作带来很大的困扰，易引起纠纷。

为解决上述问题，本项首先明确承包人应提前 42 天，按合同约定的标准提交竣工试验计划。其次明确工程师应在 14 天内按照合同约定的标准进行审核答复，之后承包人按答复意见在 14 天内进行修正的要求，尤其重要的是明确了工程师逾期答复的默示推定同意条款，以督促工程师及时审核答复承包人的竣工试验计划。最后，承包人还应提前 21 天将可以开始进行竣工试验的日期通知发包人。

综上所述，本项旨在通过确定发承包双方关于竣工试验计划和相关文件的编审程序及完成时点要求，挂钩违约责任，以推动竣工试验工作的顺利开展。

【使用指引】

1. 在工程师对承包人按示范文本第 9.1.1 款提交的竣工试验所需文件进行审查认可后，承包人有权利有义务向工程师提出竣工试验计划，该项权利涉及竣工验收日期的确定、工程移交及工程验收款的支付，对承包人来说是一项重要的权利和义务。承包人需关注竣工试验的根本目的是验证工程是否符合合同约定的质量标准、技术性能要求，这是发包人签订合同的根本目的。在不得低于法律法规，国家、行业、地方的规范和标准的前提下，承包人需围绕合同要求的项目内容及标准进行竣工试验计划的编制。

2. 为保证竣工试验计划的可操作性，本项概括性地列明了竣工试验计划的内容：该计划应载明竣工试验的内容、地点、拟开展时间和需要发包人提供的资源条件。详见示范文本第 6.5 款［由承包人试验］："承包人应按专用合同条件及《发包人要求》约定，载明竣工试验的内容、地点、拟开展时间和需要发包人提供的资源条件，由承包人提供试验设备、试验人员、取样装置、试验场所和试验条件，并向工程师提交相应进场计划表。承包人配置的试验设备应符合相应试验规程的要求并经过具有资质的检测单位检测，且在正式使用该试验设备前，需要经过工程师与承包人共同校定。承包人应向工程师提交试验人员的名单及其岗位、资格等证明资料，试验人员必须能够熟练地进行相应的检测试验，承包人对试验人员的试验程序和试验结果的正确性负责。"承包人需引起注意的是，如果投料试车约定为竣工试验，需与发包人在合同中明确谁是组织方、谁是参与方，以及费用和责任分担问题。

3. 为给工程师留有足够的时间进行竣工试验准备及审核竣工试验计划，本项明确了承包人应在进行竣工试验之前，至少提前 42 天向工程师提交详细的竣工试验计划。承包人未提前 42 天提交的，工程师可以否决或提出顺延答复。需要注意的是本项明确工程师对承包人提交的竣工试验计划审查期限为 14 天，少于示范文本第 5.2 款［承包人文件审查］中 21 天的审查期限，另外为体现双方权利义务对等，本项也明确了承包人应在收到工程师反馈意见后的 14 天内自费对计划进行修正。由于竣工试验计划提交时间较早，实际竣工试验日期面临一定的不确定性，本条明确了除提交竣工试验计划外，承包人还应提前 21 天将可以开始进行各项竣工试验的日期通知工程师，并在该日期后的 14 天内或工程师指示的日期进行竣工试验。

4. 为保护承包人合理利益，防止发包人不作为延误竣工试验的开展导致承包人费用和工期损失，本项明确了工程师逾期答复适用默示推定同意的原则，即工程师在收到承包人提交的竣工试验计划 14 天内未进行答复的，视为竣工计划已得到工程师确认。承包人在收到工程师答复同意或默示推定同意的情形下可以按照竣工试验计划开展后续相关工作。

【风险识别与防范】

1. 承包人需在工程快完工的同时开展竣工试验计划的编制即相应的竣工准备工作，在工程或区段工程完工后立刻提交竣工试验计划，同时承包人需保证编制的竣工试验计划及相关文件的质量，争取一次通过工程师审核，最大程度地节约工期。

2. 发承包双方需高度关注竣工试验计划的范围和标准，应符合合同及法律法规，国家、行业、地方的规范和标准，否则可能导致通过竣工试验的工程效能不达标甚至工程不合格，导致双方利益受损，这种情况在中小工程中时有发生。工程师应严格按合同及其附件《发包人要求》进行审核并提出修订意见。需要承包人注意的是，工程师对承包人文件的审查和同意不得被理解为对合同的修改或改变，也并不减轻或免除承包人任何的责任和义务，因此承包人作为竣工试验工作的最终责任人，要高度关注工程师的审核意见是否符合合同约定，是否满足法律法规，国家、行业、地方的规范和标准。如工程师在对竣工试验计划的答复意见超出了合同要求或提高了试验标准，超出部分对承包人没有约束力，此时承包人应书面提出异议不予接受，除非发包人采用变更并支付合理对价的形式，且该变更是承包人可接受并能实现的。

3. 需要发包人关注的是，承包人申请进行竣工试验的日期有时会被理解为"工程或区段工程按照合同要求竣工的日期"，所以工程师要对工程或区段工程是否具备竣工试验条件进行充分评估，不具备竣工试验条件的，工程师也要在收到承包人提交的竣工试验计划14天内对承包人提交的竣工试验计划进行书面答复，说明其不具备条件的情形，如果不按期答复，存在默示推定同意竣工试验计划的风险。

9.1.3　承包人应根据经确认的竣工试验计划以及第6.5款［由承包人试验和检验］进行竣工试验。除《发包人要求》中另有说明外，竣工试验应按以下顺序分阶段进行，即只有在工程或区段工程已通过上一阶段试验的情况下，才可进行下一阶段试验：

（1）承包人进行启动前试验，包括适当的检查和功能性试验，以证明工程或区段工程的每一部分均能够安全地承受下一阶段试验；

（2）承包人进行启动试验，以证明工程或区段工程能够在所有可利用的操作条件下安全运行，并按照专用合同条件和《发包人要求》中的规定操作；

（3）承包人进行试运行试验。当工程或区段工程能稳定安全运行时，承包人应通知工程师，可以进行其他竣工试验，包括各种性能测试，以证明工程或区段工程符合《发包人要求》中列明的性能保证指标。

进行上述试验不应构成第10条［验收和工程接收］规定的接收，但试验所产生的任何产品或其他收益均应归属于发包人。

【条文释义】

竣工试验进入实操环节的安全管控工作和实际实施的试验标准，对于确保工程及人员安全和试验结果的客观公正具有非常重要的意义。本项首先明确应以工程师同意或默示推定同意的竣工试验计划和第 6.5 款"由承包人试验和检验"要求作为开展竣工试验的依据。其次明确应优先适用合同及其附件《发包人要求》中约定的步骤和要求，如果没有特殊约定按一般顺序，即启动前试验、启动试验和试运行试验。再次明确前一阶段试验结束并合格后才能开展下一阶段试验。另外明确进行竣工试验不等同于发包人接收，即竣工试验和发包人接收是属于合同约定的不同阶段。最后明确竣工试验的收益应归属于发包人。综上，本项通过明确承包人在竣工试验过程中所应遵循的具体步骤和要求，明确各方投入的成本和收益，旨在保证竣工试验工作的安全和达标，保证竣工试验工作的顺利完成，并减少双方关于成本收益的纠纷。

【使用指引】

1. 本项明确承包人有权利有义务按照工程师同意或默示推定同意的竣工试验计划和示范文本第 6.5 款"由承包人试验和检验"开展竣工试验。承包人或发包人均不得擅自更改经审批的竣工试验计划及合同中关于竣工试验的相关要求。

2. 本项明确了竣工试验过程的步骤和要求。承包人需尽到对合同及其附件《发包人要求》合法合规性的审核义务，在符合法律法规，国家、行业、地方的规范和标准的前提下，按合同及其附件《发包人要求》划分阶段和要求进行竣工试验。如果合同无专有约定，按如下步骤：启动前试验、启动试验、试运行试验，并提出各阶段试验必须合格后才能进行下一阶段试验，目的是保证竣工试验的阶段性成果以及后续试验的安全进行，发承包双方另需注意在阶段性试验中固化成果。

3. 启动试验前的检查和功能性试验是重要的环节，各方往往对检查工作流于形式，导致试验中发生各种问题。因此，需仔细梳理检查和功能性试验项目，并在实际检查和功能性试验中落实到位。

4. 启动试验的目的是证明工程或区段工程能够安全可靠地运行，重点是强调安全可靠运行，启动试验一般不测试是否达到合同约定的性能指标，例如发电厂启动试验主要测试是否能连续运转，能发出电能，并不测试发电效能指标。本项也强调了按照专用合同条件、《发包人要求》及竣工试验计划中的操作规程操作是启动试验目标得以实现的保障。

5. 承包人进行试运行试验的目的是进行各种性能测试，以证明工程或区段工程符合《发包人要求》中列明的性能保证指标。之前的启动试验可以说是承包人最为关注的环节，而这一阶段是发包人最为关注的环节，发包人应详细核对试运行试验的项目、标准、时长、生产指标、性能指标等是否全面符合合同及《发包人要求》中的各项指标。

6. 本项明确竣工试验并不应构成示范文本第 10 条［验收和工程接收］规定的接收，是因为示范文本第 10 条对验收和工程接收进行了系统规定，竣工试验只是竣工验收的一个环节，通过竣工试验只能代表工程质量和效能是合格的，还可能有工程尾项未完成、竣工资料未移交、备品备件未移交、工程实体未移交等，因此竣工试验通过并不能代表竣工验收完成，更不代表工程交付给发包人。

7. 在试运行阶段一般会产生相应的产品，例如发电厂在竣工验收期间发出的电能等，其归属问题一直深有争议，作为承包人认为工程未移交，使用承包人的水电等材料甚至主材进行试运行产生的产品应当属于承包人所有。本条约定了试运行阶段产品的归属于发包人，减少了争议。当然，承包人也可在合同中主张约定试运行期间发生的水电、耗材、主材等费用由发包人对等承担来维护自己的权益。

【风险识别与防范】

1. 如果承包人擅自改变竣工试验计划及合同中相关要求，对工程工期、安全质量和试验结果造成重大影响的，发包人可以当场否决，要求承包人中止竣工试验，发包人需要注意保存足够的证据，防止被承包人索赔。因承包人原因造成工期延误的，承包人需按9.2款［延误的试验］承担竣工试验延误的责任。因承包人原因造成安全质量事故的，承包人应承担责任，发包人承担相应的过错责任。

2. 如果发包人擅自改变竣工试验计划及合同中相关要求，对工程工期、安全质量和试验结果造成重大影响的，承包人可以提出异议，承包人需要注意保存足够的证据，防止被发包人索赔。因发包人原因造成工期延误的，发包人需按9.2款［延误的试验］承担责任。因发包人原因造成安全质量事故的，发包人应承担责任，承包人承担相应的过错责任。

3. 如果承包人要求在本阶段试验未完成或试验存在不合格的情形下开展下一阶段试验，发包人应提出中止试验，承包人需承担在此情形下强行继续试验的责任。如果发包人要求在本阶段试验未完成或试验存在不合格的情形下开展下一阶段试验，承包人可以提出中止试验，发包人需承担在此情形下继续进行试验的责任，承包人需承担过错责任。

4. 如果承包人未对工程或区段工程是否能够安全地承受启动试验进行适当地检查和功能性试验，很可能在启动试验中出现故障甚至事故，此时承包人应承担责任，发包人承担过错责任。为了防范该类问题的发生，承包方应列出检查清单，工程师应进行审查，以点检表的形式对工程的性能逐项进行核查，排除隐患，避免疏漏，最大限度上确保安全。

5. 启动试验是衡量工程或区段工程能否安全运行的重要手段。在笔者经历的基建项目中，部分工程为了抢时间，往往在启动试验项目不全、启动试验运行时间不够、启动试验存在缺陷还不能连续稳定运行的情形下就急于开展试运行试验，造成大量设备出现故障甚至事故。因此，启动试验必须按合同及其附件《发包人要求》和竣工试验计划中的项目、顺序、时长、标准逐项测试完成，尤其承包人应关注其作为总承包方需承担的主要责任，发包人承担违章指挥等过错责任。

6. 在试运行试验中，对于承包人而言，为达到通过验收的目的，存在通过各种手段使得试运行试验的结果与实际结果偏离的情况。发包人需在工程实施阶段就准备好相应的测试人员、质检人员、运营维护人员，熟悉工程特点及工艺特点，在试运行试验中能审慎把关试验的质量，同时为运营人员顺利接收项目做好准备和过渡。在试运行试验中，如是由承包人组织和实施的，承包人要对试运行试验中发包人提供的材料、设备、人员资质、方案等予以审查检验，这是承包人的义务，否则因发包人提供的资源和条件导致试运行出现问题的，承包人也要承担相应的审查检验责任，发包人承担过错责任。

7. 在试运行过程中，原始记录、试验的过程报告、各单项的试验结果等都需及时保存，各方及时签字，保证试验结果的可追溯性，最终呈现全面、客观的试运行结论。

8. 为避免竣工试验与竣工验收、交付接收的混淆，合同中应明确约定竣工验收合格之日为竣工日期。无明确约定的，若通过竣工试验并被发包人接收的，则接收证书所载明的日期可推定作为实际竣工日期。

【法条索引】

•《建设工程质量管理条例》

第三十六条　工程监理单位应当依照法律、法规以及有关技术标准、设计文件和建设工程合同，代表建设单位对施工质量实施监理，并对施工质量承担监理责任。

第三十七条　工程监理单位应当选派具备相应资格的总监理工程师和监理工程师进驻施工现场。未经监理工程师签字，建筑材料、建筑构配件和设备不得在工程设备上使用或者安装，施工单位不得进行下一步工序的施工。未经总监理工程师签字，建设单位不拨付工程款，不进行竣工验收。

9.1.4　完成上述各阶段竣工试验后，承包人应向工程师提交试验结果报告，试验结果须符合约定的标准、规范和数据。工程师应在收到报告后14天内予以回复，逾期未回复的，视为认可竣工试验结果。但在考虑工程或区段工程是否通过竣工试验时，应适当考虑发包人对工程或其任何部分的使用，对工程或区段工程的性能、特性和试验结果产生的影响。

【条文释义】

在工程实践中，对竣工试验结果的确认经常成为发承包双方争议的焦点，本项通过明确竣工试验报告的标准、提交及确认程序，最大程度上减少争议。首先，承包人提交竣工试验报告的标准，必须满足合同及其附件《发包人要求》及法律法规，国家、行业、地方的规范和标准。其次，明确发包人针对承包人提出的竣工试验报告进行审核答复的处理程序，约定了工程师逾期答复默示推定同意条款，以督促工程师及时审核答复承包人提交的竣工试验报告。最后，参考FIDIC条款厘清了对于发包人提前使用工程造成的对工程性能、特性及竣工试验结果的责任分担问题。

【使用指引】

1. 因为通过竣工试验日期是"工程或区段工程按照合同要求竣工并达到合同约定性能指标"的重要节点，甚至竣工试验通过后即刻接收工程等特殊情形会作为竣工验收的标志，工程师应关注竣工试验报告的全面性、真实性，标准的合法及合约性，在不具备上述条件的情形下应在期限内答复不同意竣工试验报告。

2. 工程师需注意应在 14 天内书面作出不同意该竣工试验报告的答复，指出竣工试验结果及竣工试验报告存在的问题，否则会面临默示推定同意竣工试验报告结论的风险。工程师可通过使用项目管理软件、严格要求资料递交程序、在专有合同中增加承包人的催告程序等手段来防控默示推定风险。

3. 虽然法律法规中都严禁发包人占有使用未经验收合格的工程，但工程实践中部分发包人由于各种原因，会提前占有甚至使用未经竣工试验的工程。从公平角度出发，应维护承包人的合法合理利益，本项规定无论发包人因何种原因提前占有使用工程的，应适当考虑发包人对工程或其任何部分的使用，对工程或区段工程的性能、特性和试验结果产生的影响，即确实为发包人使用的原因导致工程或区段工程的性能、特性和试验结果产生影响的，发包人承担相应的责任。

【风险识别与防范】

1. 本条明确承包人应履行及时提交竣工试验报告的义务。如果承包人在竣工试验合格且发包人无违约行为的情形下拒绝交付竣工试验报告，发包人可通过诉讼请求承包人交付竣工试验报告，该诉讼作为给付之诉，因此一般能够获得胜诉。若承包人不提供竣工试验报告造成发包人损失，从侵权之诉的角度看，发包人要进行损失的举证，另外还要举证因果关系，侵权之诉较为困难，相比较而言，在合同中约定承包人不及时提供竣工试验报告的违约责任，发包人进行违约之诉胜诉的难度较侵权之诉要小很多。

2. 示范文本中为了保障承包方的合法合理利益，避免发包人不作为的情形影响工程进度，参考 FIDIC 合同，在多处规定了默示推定条款，这样就要求工程师在管理过程中严肃对待程序性、时效性。在本项中工程师应高度重视审核答复承包人提交的竣工试验报告的时效性，超过 14 天未审核答复的视为默示推定同意。因关系到发包人签订合同的根本目的，这里的默示推定在一定程度上比变更和结算的默示推定后果还要严重。

3. 工程师审核同意或默示推定同意承包人提供的竣工试验报告合格后，要想再推翻竣工试验报告，全部举证责任就转移到发包人这里，因此工程师一定要慎重审核答复承包人的竣工试验报告。

4. 工程师还需注意的是只要审核同意或默示推定同意承包人提供的竣工试验报告合格，即使承包人未提供其他的竣工文件，也不能成为发包人拖延支付工程款的原因，在此种情形下拒绝支付工程款，发包人面临既要支付工程款，还要支付迟延支付的违约金的风险，除非发包人在合同明确约定所有竣工文件移交作为付款的前提条件。因此，再次强调工程师一定要慎重审核答复承包人的竣工试验报告。

5. 《建筑法》第六十一条规定："建筑工程竣工经验收合格后，方可交付使用；未经验收或者验收不合格的，不得交付使用。"按该规定，发包人可能会因提前使用工程而承担除主体和基础质量不合格之外的所有质量责任后果。考虑到工程实践中存在发包人提前使用工程或部分工程的特殊情况，应在合同中或补充协议中做好约定，各方需注意该约定的效力可能会存在问题。另外，承包人要对工程是否能交付给发包人做适当地评估，对于安全质量风险较大的项目，承包人应坚决拒绝交付。虽然本项条款中约定适当考虑发包人提前占有使用对工程的影响，也就是合同中约定发包人只承担使用造成的风险，但是发包人对提前占有未经竣工试验合格的工程都有违反《建筑法》《民法典》相关法条的嫌疑，要承担相应的责任甚至主要责任，因此即使合同作了约定，也存在承包人通过诉讼对抗的风险，发包人需慎重使用该项条款。

【法条索引】

• 《民法典》

第八百零四条　因发包人的原因致使工程中途停建、缓建的，发包人应当采取措施弥补或者减少损失，赔偿承包人因此造成的停工、窝工、倒运、机械设备调迁、材料和构件积压等损失和实际费用。

• 《建筑法》

第六十一条　交付竣工验收的建筑工程，必须符合规定的建筑工程质量标准，有完整的工程技术经济资料和经签署的工程保修书，并具备国家规定的其他竣工条件。建筑工程竣工经验收合格后，方可交付使用；未经验收或者验收不合格的，不得交付使用。

9.2　延误的试验

9.2.1　如果承包人已根据第 9.1 款［竣工试验的义务］就可以开始进行各项竣工试验的日期通知工程师，但该等试验因发包人原因被延误 14 天以上的，发包人应承担由此增加的费用和工期延误，并支付承包人合理利润。同时，承包人应在合理可行的情况下尽快进行竣工试验。

9.2.2　承包人无正当理由延误进行竣工试验的，工程师可向其发出通知，要求其在收到通知后的 21 天内进行该项竣工试验。承包人应在该 21 天的期限内确定进行试验的日期，并至少提前 7 天通知工程师。

9.2.3　如果承包人未在该期限内进行竣工试验，则发包人有权自行组织该项竣工试验，由此产生的合理费用由承包人承担。发包人应在试验完成后 28 天内向承包人发送试验结果。

【条文释义】

竣工试验延误的责任分配是工程中常见的纠纷，为厘清发承包双方各自的权利义务分界，本款按过错原则及补救原则对延误责任承担进行了具体规制。首先，明确对于已经具备竣工试验条件的，由于发包人不作为等发包方原因导致竣工试验开始日期延误 14 天以上的情形，发包人承担由此造成的承包人费用增加和工期延误损失，并需补偿承包人合理的利润，同时在此情形下承包人有权利也有义务在合理可行的情况下独自开展竣工试验。其次，明确承包人无正当理由不进行竣工试验时，发包人需先履行通知承包人 21 天内开展竣工试验的义务，在该期限届满承包人仍未开展竣工试验的，发包人享有代为履行组织竣工试验的权利，并由承包人承担竣工试验的费用和结果，在此种情形下由发包人组织竣工试验的，发包人需在28天内将试验结果告知承包人。

本款通过明确由于发包人或承包人不作为等原因导致竣工试验开始日期延期的处理程序，旨在对于发包人违约不开展竣工试验导致承包人的费用增加、工期及利润的损失，承包人可以得到补偿；而对于承包人违约不开展竣工试验的，发包人也可以催告后代为履行竣工试验，以推动工程竣工验收的正常开展。

【使用指引】

1. 承包人已按第5.4款［竣工文件］、第5.5款［操作和维修手册］提交的文件以及竣工试验计划均得到工程师答复同意或默示推定同意的情形下，并承包人已经提前21天就可以开始进行各项竣工试验的日期通知了工程师，而由于发包人的主观或客观的原因导致不能按竣工试验计划中的日期开展竣工试验的，导致竣工试验日期延期14天以上的，由发包人承担由此造成的承包人的费用增加和工期延误损失，并支付承包人合理的利润。承包人需注意其对发包人的原因造成的竣工试验延期负有举证责任，且承包人需先履行催告发包人参与、配合竣工试验的义务。

2. 为避免因发包人的不参与、不配合，导致竣工试验无法进行，从而陷入僵局，本项明确承包人应在合理可行的情况下尽快进行竣工试验。这既是给与承包人在特殊情形下独自开展竣工试验的权利，此时视同发包人参加竣工试验；同时也是明确承包人应在具备独自进行竣工试验的情形下尽快开展竣工试验，如果承包人不履行该义务，对于损失扩大的部分承包人应承担相应的责任。承包人需注意其对发包人的原因造成承包人不得不单方进行竣工试验负有举证责任，且承包人需先履行催告发包人参与、配合竣工试验的义务。

3. 实践中往往是承包人因各种原因延迟进行竣工试验，本项规定了承包人无正当理由不履行竣工试验义务的，工程师有权利也有义务催告承包人限期开展竣工试验。发包人需注意其要求承包人开展竣工试验的前提是考虑承包人是否有正当理由不开展竣工试验。当发包人未按合同约定支付工程价款或有其他重大违约行为在先，以及工程本身不具备或发包人提供的条件不具备开展竣工试验的条件的，发包人无权要求承包人限期开展竣工试验。发包人反而有被索赔工期和费用的风险。

4. 发包人已履行催告承包人义务，承包人无正当理由未在限期内启动竣工试验的，为保障工程的顺利竣工，本项明确发包人有权独自开展竣工试验，发包人应在试验完成后28天内向承包人发送试验结果，视为承包人参加了竣工试验并认可竣工试验结果。竣工试验的费用和合理的责任由承包人承担。发包人需注意其对承包人不履行竣工试验义务负有举证责任，且发包人需先履行催告承包人开展竣工试验的义务。

【风险识别与防范】

1. 当承包人按竣工试验的程序已经可以开始试验，由于发包人的原因造成延误的，承包人分情形有几种方式进行维权：首先，因发包人原因导致客观上无法开展试验的，承包人只能要求发包人承担由此增加的费用和工期延误，并支付承包人合理利润，这里要注意 14 天的免责期；其次，即使发包人不配合，承包人客观上也能够进行竣工试验的，承包人有权利有义务在合理可行的情况下独自进行竣工试验，视为发包人参加竣工试验。如果承包人可以进行竣工试验而只因发包人不配合不进行竣工试验，承包人也要承担损失扩大的相应责任。通用合同条件关于此处的约定不是很清晰，建议在合同专有条款中作详细约定。

2. 如果发包人有重大违约在先，按照先履行抗辩的原则，此时发包人无权要求承包人进行竣工试验或发包人独自开展竣工试验，在此种情形下发包人强行开展竣工试验，容易发生冲突，并在诉讼中也会处于劣势地位，需引起发包人的注意。

3. 承包人无正当理由延误进行竣工试验的，发包人如果不履行提前 21 天告知程序就擅自开展竣工试验的，发包人要对擅自开展竣工试验的结果负责。

4. 如果承包人未在 21 天期限内进行竣工试验，则发包人有权自行组织该项竣工试验，发包人承担竣工试验操作不合规的风险，承包人对试验操作不合规之外的风险负责。需要发包人注意，因其对工程远远不如承包人熟悉，不能盲目独自进行竣工试验，也要按本条竣工试验的所有流程实施，同时聘请有经验有能力有资质的第三方参加，对工程、竣工试验计划、操作流程熟悉掌握后再开展竣工试验。

5. 承包人即使未参加竣工试验，对发包人开展的竣工试验结果还是有知情权和异议权的，发包人有义务在 28 天内将竣工试验结果发送给承包人，否则容易造成双方对竣工试验结果认识的偏差从而对簿公堂。

【法条索引】

• **《建设工程工程量清单计价规范》（GB 50500—2013）**

2.0.23 索赔

在工程合同履行过程中，合同当事人一方因非己方的原因而遭受损失，按合同约定或法律法规规定承担责任，从而向对方提出补偿的要求。

9.13.7 根据合同约定，发包人认为由于承包人的原因造成发包人的损失，宜按承包人索赔的程序进行索赔。

9.13.8 发包人要求赔偿时，可以选择下列一项或几项方式获得赔偿：

1. 延长质量缺陷修复期限；

2. 要求承包人支付实际发生的额外费用；

3. 要求承包人按合同的约定支付违约金。

9.3 重新试验

如果工程或区段工程未能通过竣工试验，则承包人应根据第 6.6 款［缺陷和修补］修补缺陷。发包人或承包人可要求按相同的条件，重新进行未通过的试验以及相关工程或区段工程的竣工试验。该等重新进行的试验仍应适用本条对于竣工试验的规定。

【条文释义】

在工程实践中，合同各方对初次竣工试验都抱有热切的期望，一旦不合格，会引发各方的不满，为推进后续整改和重新试验的顺利进行，本款首先明确在工程或区段工程未能通过竣工试验时，承包人需按 6.6 款［缺陷和修补］履行修补缺陷的义务。其次规定在承包人修补缺陷后，发包人和承包人都有要求重新进行竣工试验的权利。最后明确重新试验的标准和程序仍然按照本条关于竣工试验的规定。

【使用指引】

1. 无论是承包人还是发包人的原因造成工程或区段工程未能通过竣工试验的，承包人都有义务对缺陷修补和改正，当然关于该缺陷修补和改正产生的费用和延误的工期由造成缺陷的责任方承担。

2. 明确发包人或承包人都有权利要求按相同条件重新进行竣工试验，主要基于对承包人权利的保护，避免发包人以竣工试验不合格为由来拒绝重新试验从而拒绝接收工程。同时发包人也可以在专用合同条件中约定限制重新竣工试验的次数来保证发包人的利益，避免承包人要求多次反复试验导致发包人陷入无法解除合同的僵局。

3. 明确重新试验的标准和程序仍然按照本条关于竣工试验的规定，主要是为了保证工程质量符合合同约定，避免发包人的现场负责人急于接收工程，承包人急于交付工程，双方协商故意降低重新竣工试验的范围或标准的现象发生。

【风险识别与防范】

1. 当工程或区段工程未能通过竣工试验时，发包人和承包人首先要认真分析原因，不能在原因未查清之前擅自再次进行竣工试验，工程领域很多事故都是在未查清问题之前就急于开展再次试验而出现的。

2. 查清问题所在后，承包人提出处理意见，报工程师批准。如果是承包人自己的原因，修复费用由承包人自行承担，并且要赔偿给发包人带来的损失。如果是发包人的原因，承包人在整改前应提出变更或索赔通知书，工程师确认后实施，避免责任不清导致后期索赔困难。发承包双方在调查期间应保存好相应的证据。

3. 重新试验的程序和范围如果需要调整，需要重新报批竣工试验计划和相关文件，不得擅自从上次试验故障出现的位置或环节开始试验。试验时对于上次出现故障的环节要重点观察，加大试验的范围和深度，充分验证整改质量。这里再次强调重新试验的标准不能低于首次竣工试验的标准。

4. 重新试验前应做好充分的更为谨慎的检查和功能性测试，要在确保安全的情形下开展竣工试验工作。

【法条索引】

•《民法典》

第八百零一条　因施工人的原因致使建设工程质量不符合约定的，发包人有权请求施工人在合理期限内无偿修理或者返工、改建。经过修理或者返工、改建后，造成逾期交付的，施工人应当承担违约责任。

9.4　未能通过竣工试验

9.4.1　因发包人原因导致竣工试验未能通过的，承包人进行竣工试验的费用由发包人承担，竣工日期相应顺延。

9.4.2　如果工程或区段工程未能通过根据第 9.3 款〔重新试验〕重新进行的竣工试验的，则：

（1）发包人有权要求承包人根据第 6.6 款〔缺陷和修补〕继续进行修补和改正，并根据第 9.3 款〔重新试验〕再次进行竣工试验；

（2）未能通过竣工试验，对工程或区段工程的操作或使用未产生实质性影响的，发包人有权要求承包人自费修复，承担因此增加的费用和误期损害赔偿责任，并赔偿发包人的相应损失；无法修复时，发包人有权扣减该部分的相应付款，同时视为通过竣工验收；

（3）未能通过竣工试验，使工程或区段工程的任何主要部分丧失了生产、使用功能时，发包人有权指令承包人更换相关部分，承包人应承担因此增加的费用和误期损害赔偿责任，并赔偿发包人的相应损失；

（4）未能通过竣工试验，使整个工程或区段工程丧失了生产、使用功能时，发包人可拒收工程或区段工程，或指令承包人重新设计、重置相关部分，承包人应承担因此增加的费用和误期损害赔偿责任，并赔偿发包人的相应损失。同时发包人有权根据第 16.1 款〔由发包人解除合同〕的约定解除合同。

【条文释义】

　　竣工试验合格是发包人签订合同的根本目的，如果竣工试验不合格，发承包双方之间轻则发生重新试验费用和工期延误责任的争议，重则发生部分工程永久丧失生产或使用功能责任的争议，甚至由于整个工程或区段工程永久性丧失生产或使用功能导致解除合同的纠纷。本款首先明确发包人原因导致不能通过竣工试验时，由发包人承担本次竣工试验费用及工期延误损失。其次明确承包人原因导致不能通过竣工试验时，视工程的实际情况由承包人分别承担修补、重新试验、让步接收、拆除重建及解除合同的损失。

【使用指引】

　　1. 首先分清未能通过竣工试验是发包人还是承包人的原因。如果是发包人的原因，发包人承担修复、重新试验的费用以及工期延误带来的费用和工期损失。因为通过竣工试验是承包人的义务，所以需要承包人举证是发包人的原因导致工程或区段工程不能通过竣工试验。

　　2. 如果未能通过竣工试验是承包人的原因，对工程或区段工程的使用功能未造成根本性影响的，发包人有权要求承包人自费进行缺陷修复或让步折价接收；对于可修复的并且修复后对工程或区段工程的操作或使用未产生实质性影响的，由承包人承担修复费用、重新试验费用和误期损害赔偿责任，并赔偿发包人的相应损失；对于无法修复且对工程或区段工程的操作或使用未产生实质性影响的，发包人有权扣减该部分的相应付款，同时视为通过竣工验收。因为通过竣工试验是承包人的义务，适用过错推定原则，承包人有举证自己免责的责任。

3. 如果未能通过竣工试验是承包人的原因，对于永久性丧失了生产、使用功能的部分，属于不可修复但可以更换的，发包人有权指令承包人更换相关部分，承包人应承担因此增加的费用和误期损害赔偿责任，并赔偿发包人的相应损失。

4. 如果未能通过竣工试验是承包人的原因，对于整个工程或区段工程永久性丧失了生产、使用功能时，发包人有两种选择：指令承包人重新设计、重置相关部分，承包人应承担因此增加的费用和误期损害赔偿责任，并赔偿发包人的相应损失；发包人也有权拒收工程或区段工程，根据示范文本第 16.1 款［由发包人解除合同］的约定解除合同。

【风险识别与防范】

1. 承包人是竣工试验的责任人，如果想要主张是因为发包人的原因导致竣工试验未通过的，承包人负举证责任，同时承包人还要证明自己免责，所以在竣工试验过程中，承包人应保留好相关证据并向发包人书面说明试验存在的问题和责任所在。另外，承包人应及时按照索赔程序提出发包人的责任、修复费用、该次试验费用以及工期索赔，避免索赔失权的损失。

2. 如果发包人想主张是承包人的原因导致未通过竣工试验，发包人要保留好承包人过错责任的相关证据，避免责任问题纠缠不清。发包人应在试验后及时向承包人书面说明试验存在的问题和责任所在。另外，发包人应及时按照索赔程序提出修复费用、该次试验费用以及工期索赔，避免索赔失权的损失。

3. 如果重新试验又未通过且排除发包人原因的，此时承包人的想法会很复杂，其会担心工程质量不合格同时担心拿不到工程款，会产生很大的逆反心理和消极情绪。此时发包人应慎重处理，首先避免激化矛盾使工程陷入僵局，其次帮助承包人认真分析失败所在，尽力给承包人提供资源，帮助承包人恢复信心，争取在友好的气氛下开展下步工作。

4. 对于重新试验失败一定要彻底分析原因，必要时请第三方进行鉴定，首先判断目前工程是否整体或部分永久性地失去了使用功能，根据工程特点双方协商对于永久性失去使用功能的工程是重建还是扣减费用让步接收。其次，如果工程属于可修复或可更换的，修复和更换方案一定要慎重，其设计参数及选型、标准等应根据实际情况进行调整，避免再次成为薄弱环节。

5. 对于多次出现竣工试验不合格的情形，发包人与承包人要做好协商工作，不要把推责、追责放到第一位，首先要解决问题，在解决问题的过程中逐步分清责任，最终达到各方可接受的结果。

【法条索引】

- **《民法典》**

第七百九十九条　建设工程竣工后，发包人应当根据施工图纸及说明书、国家颁发的施工验收规范和质量检验标准及时进行验收。验收合格的，发包人应当按照约定支付价款，并接收该建设工程。建设工程竣工经验收合格后，方可交付使用；未经验收或者验收不合格的，不得交付使用。

- **《建筑法》**

第五十九条　建筑施工企业必须按照工程设计要求、施工技术标准和合同的约定，对建筑材料、建筑配件和设备进行检验，不合格的不得使用。

- **《建设工程质量管理条例》**

第三十二条　施工单位对施工中出现质量问题的建设工程或者竣工验收不合格的建设工程，应当负责返修。

第10条　验收和工程接收

10.1　竣工验收

10.1.1　竣工验收条件

工程具备以下条件的，承包人可以申请竣工验收：

（1）除因第13条［变更与调整］导致的工程量删减和第14.5.3项［扫尾工作清单］列入缺陷责任期内完成的扫尾工程和缺陷修补工作外，合同范围内的全部单位/区段工程以及有关工作，包括合同要求的试验和竣工试验均已完成，并符合合同要求；

（2）已按合同约定编制了扫尾工作和缺陷修补工作清单以及相应实施计划；

（3）已按合同约定的内容和份数备齐竣工资料；

（4）合同约定要求在竣工验收前应完成的其他工作。

【条文释义】

本项是关于竣工验收条件的条款。竣工验收即建设工程完工后，承包人向发包人提交竣工验收报告和有关的竣工验收资料，提请发包人组织竣工验收。发包人应在规定的时间内组织竣工验收，如发现工程不符合竣工条件，应责令承包人进行返修，并再次组织竣工验收，直至通过验收，方可交付使用。如果发包人未组织竣工验收就使用；或虽进行了验收程序，但工程不符合验收条件，验收为不合格工程就使用；或验收时，把不合格工程按合格工程验收等，必将给使用人带来重大的质量安全隐患。

　　根据本条款的规定，承包人在提请竣工验收以前必须完成以下工作：一是承包人已经按照合同约定完成了合同范围内的全部单位/区段工程以及有关工作，包括合同要求的试验和竣工试验均已完成，并符合合同要求，但除发包人同意的变更导致的工程量删减和缺陷责任期内完成的扫尾工程和缺陷修补工作外；二是扫尾工作与缺陷修补工程已经安排妥当，即承包人已经按照合同约定编制了扫尾工作和缺陷修补工作清单以及相应实施计划；三是承包人已经完成竣工资料的整理，即已按合同约定的内容和份数备齐竣工资料；四是如果合同约定要求承包人在竣工验收前应完成其他工作的，承包人也已经按约完成。

【使用指引】

　　1. 工程存在部分扫尾工程未完工或缺陷修补未完，在发包人同意甩项竣工验收的情况下，不影响工程的竣工验收。但扫尾工程或缺陷修补仍属于承包人施工范围，承包人应当按照合同约定编制扫尾工作和缺陷修补工作清单以及相应实施计划。

　　2. 合同双方对于承包人在竣工验收前应完成其他工作有其他约定的，应该在专用合同条件中予以明确。如果合同约定要求承包人在竣工验收前应完成其他工作的，承包人也应在提请竣工验收前按约完成。

【风险识别与防范】

　　1. 如果建设工程并未符合竣工验收条件时，承包人单方申报竣工验收，对工程及时竣工造成影响的，属于违约，侵害发包人的权利，造成工期损失的，承包人需要对工期延误造成的损失或增加的费用（如有）承担相应的赔偿责任。

　　2. 如果发包人对于承包人在竣工验收前应完成其他工作或竣工验收条件有特殊要求的，需在专用合同条件中予以明确约定。如无另行约定的，当工程符合本项规定时，承包人即有权申请进行竣工验收，如发包人拖延验收的，需要承担违约责任。

　　3. 承包人应按照合同约定的内容和份数备齐竣工资料，为防止竣工资料不齐备导致的工期延误责任，承包人在工程建设过程中，应分阶段收集整理相关资料，保证工程竣工后，能够在最短时间内整理备齐竣工资料。

【法条索引】

• 《建设工程质量管理条例》

　　第十六条　建设单位收到建设工程竣工报告后，应当组织设计、施工、工程监理等有关单位进行竣工验收。

　　建设工程竣工验收应当具备下列条件：

　　（一）完成建设工程设计和合同约定的各项内容；

　　（二）有完整的技术档案和施工管理资料；

　　（三）有工程使用的主要建筑材料、建筑构配件和设备的进场试验报告；

　　（四）有勘察、设计、施工、工程监理等单位分别签署的质量合格文件；

　　（五）有施工单位签署的工程保修书。

　　建设工程经验收合格的，方可交付使用。

·《房屋建筑和市政基础设施工程竣工验收规定》

第五条　工程符合下列要求方可进行竣工验收：

（一）完成工程设计和合同约定的各项内容。

（二）施工单位在工程完工后对工程质量进行了检查，确认工程质量符合有关法律、法规和工程建设强制性标准，符合设计文件及合同要求，并提出工程竣工报告。工程竣工报告应经项目经理和施工单位有关负责人审核签字。

（三）对于委托监理的工程项目，监理单位对工程进行了质量评估，具有完整的监理资料，并提出工程质量评估报告。工程质量评估报告应经总监理工程师和监理单位有关负责人审核签字。

（四）勘察、设计单位对勘察、设计文件及施工过程中由设计单位签署的设计变更通知书进行了检查，并提出质量检查报告。质量检查报告应经该项目勘察、设计负责人和勘察、设计单位有关负责人审核签字。

（五）有完整的技术档案和施工管理资料。

（六）有工程使用的主要建筑材料、建筑构配件和设备的进场试验报告，以及工程质量检测和功能性试验资料。

（七）建设单位已按合同约定支付工程款。

（八）有施工单位签署的工程质量保修书。

（九）对于住宅工程，进行分户验收并验收合格，建设单位按户出具《住宅工程质量分户验收表》。

（十）建设主管部门及工程质量监督机构责令整改的问题全部整改完毕。

（十一）法律、法规规定的其他条件。

10.1.2　竣工验收程序

除专用合同条件另有约定外，承包人申请竣工验收的，应当按照以下程序进行：

（1）承包人向工程师报送竣工验收申请报告，工程师应在收到竣工验收申请报告后14天内完成审查并报送发包人。工程师审查后认为尚不具备竣工验收条件的，应在收到竣工验收申请报告后的14天内通知承包人，指出在颁发接收证书前承包人还需进行的工作内容。承包人完成工程师通知的全部工作内容后，应再次提交竣工验收申请报告，直至工程师同意为止。

（2）工程师同意承包人提交的竣工验收申请报告的，或工程师收到竣工验收申请报告后14天内不予答复的，视为发包人收到并同意承包人的竣工验收申请，发包人应在收到该竣工验收申请报告后的28天内进行竣工验收。工程经竣工验收合格的，以竣工验收合格之日为实际竣工日期，并在工程接收证书中载明；完成竣工验收但发包人不予签发工程接收证书的，视为竣工验收合格，以完成竣工验收之日为实际竣工日期。

（3）竣工验收不合格的，工程师应按照验收意见发出指示，要求承包人对不合格工程返工、修复或采取其他补救措施，由此增加的费用和（或）延误的工期由承包人承担。承包人在完成不合格工程的返工、修复或采取其他补救措施后，应重新提交竣工验收申请报告，并按本项约定的程序重新进行验收。

（4）因发包人原因，未在工程师收到承包人竣工验收申请报告之日起42天内完成竣工验收的，以承包人提交竣工验收申请报告之日作为工程实际竣工日期。

（5）工程未经竣工验收，发包人擅自使用的，以转移占有工程之日为实际竣工日期。

除专用合同条件另有约定外，发包人不按照本项和第10.4款［接收证书］约定组织竣工验收、颁发工程接收证书的，每逾期一天，应以签约合同价为基数，按照贷款市场报价利率（LPR）支付违约金。

【条文释义】

本项是关于竣工验收程序和竣工日期的规定。

1. 本条款通过对竣工验收程序进行规定，确保工程验收的合法合规。本条款要求在承包人完成第10.1.1款的准备工作后，可以向工程师报送竣工验收申请报告，工程师应在收到竣工验收申请报告后14天内完成审查，审查合格的报送发包人。

除专用合同条件另有约定外，承包人申请竣工验收的，应当按照以下程序进行：

（1）工程师先审核承包人所提交的竣工验收申请报告。工程师应在收到竣工验收申请报告后14天内完成审查，认为具备竣工验收条件的，应当报送发包人；认为尚不具备竣工验收条件的，应通知承包人在颁发接收证书前还需进行的工作内容。承包人完成全部返工、修复或其他补救措施后，再次向工程师提交竣工验收申请，直至工程师同意为止。工程师同意承包人提交的竣工验收申请报告的，或工程师收到竣工验收申请报告后14天内不予答复的，视为发包人收到并同意承包人的竣工验收申请。发包人应在收到该竣工验收申请报告后的28天内组织竣工验收。

（2）工程经竣工验收合格的，发包人应按照第10.4款签发工程接收证书。竣工验收不合格的，工程师应按照验收意见发出指示，要求承包人对不合格工程返工、修复或采取其他补救措施，由此增加的费用和（或）延误的工期由承包人承担。承包人在完成不合格工程的返工、修复或采取其他补救措施后，应重新提交竣工验收申请报告，并按本项约定的程序重新进行验收。

同时，为了督促发包人及时组织竣工验收、颁发工程接收证书，本条款还规定发包人不按约定组织竣工验收、颁发工程接收证书的，每逾期一天，以签约合同价为基数，按照贷款市场报价利率（LPR）支付违约金。当然，合同当事人也可以在专用合同条件另行约定发包人不按约定组织竣工验收、颁发工程接收证书的违约责任。

2. 本条款对实际竣工日期的确定方式进行了规定。根据实际开始工作日期和实际竣工日期计算所得的工期总日历天数为承包人完成工程的实际工期总日历天数，实际工期总日历天数与合同协议书载明的工期总日历天数的差额，即为工期提前或延误的天数。本条款规定了四种情形下，工程实际竣工日期的确定方式：第一，工程经竣工验收合格的，以竣工验收合格之日为实际竣工日期；第二，完成竣工验收但发包人不予签发工程接收证书的，视为竣工验收合格，以完成竣工验收之日为实际竣工日期；第三，因发包人自身原因，未在工程师收到承包人竣工验收申请报告之日起 42 天内完成竣工验收的，以承包人提交竣工验收申请报告之日作为工程实际竣工日期，需注意《2020 版工程总承包合同》将《2011 版工程总承包合同》规定的 90 天修改为更为合理的 42 天；第四，工程未经竣工验收，发包人擅自使用的，以转移占有工程之日为实际竣工日期。

【使用指引】

1. 在承包人提交竣工验收申请报告后，工程师和发包人应当及时进行审核，认为尚不具备竣工验收条件的，应及时提出整改意见，认为具备竣工验收条件的，应及时组织竣工验收。

2. 承包人不同意发包人和工程师的审查意见或答复，可以向发包人和工程师提出异议，异议成立的，发包人和工程师应当修改审查意见或答复，具备竣工验收条件的，应当及时组织完成竣工验收；异议不成立的，承包人应该按照审查意见或答复进行整改。

3. 发包人擅自使用应理解为发包人在工程未经竣工验收程序进行的违法使用，承包人是否同意发包人使用不影响本款项的适用。

4. 如果合同双方对于工程竣工验收程序有特殊要求，以及对发包人不按约定组织竣工验收、颁发工程接收证书的违约责任有其他约定的，应在合同专用合同条件中明确。

【风险识别与防范】

1. 为避免工程师或发包人拒收或否认收到承包人的竣工验收申请，或双方对承包人提交时间存在争议，承包人可以通过合同约定的联系方式，通过直接送达、中国邮政快递送达、挂号信送达等方式向工程师提交竣工验收报告及竣工资料，并保留好送达及签收记录等资料。

2. 根据本项规定，发包人在工程师收到承包人竣工验收申请报告之日起 42 天内未完成竣工验收的，将以承包人提交竣工验收申请报告之日作为工程实际竣工日期。因此，工程师和发包人在收到承包人提交竣工验收申请报告后应当及时进行审核，认为尚不具备竣工验收条件的，应及时通过书面方式提出整改意见，并保留好通知的送达及签收记录等资料。

3. 发包人应当避免在工程未经竣工验收的情况下擅自使用，否则根据本项规定将以转移占有工程之日作为实际竣工日期，同时，也将视为对工程使用部分的施工质量（除地基基础工程和主体结构质量）予以认可。除此以外，根据《建设工程质量管理条例》第五十八条，建设单位未组织竣工验收，擅自交付使用的；或验收不合格，擅自交付使用的；或对不合格的建设工程按照合格工程验收的，主管部门将对其责令改正，处工程合同价款2%以上4%以下的罚款；造成损失的，依法承担赔偿责任。

【法条索引】

• **《建筑法》**

第六十条　建筑物在合理使用寿命内，必须确保地基基础工程和主体结构的质量。建筑工程竣工时，屋顶、墙面不得留有渗漏、开裂等质量缺陷；对已发现的质量缺陷，建筑施工企业应当修复。

第六十一条　交付竣工验收的建筑工程，必须符合规定的建筑工程质量标准，有完整的工程技术经济资料和经签署的工程保修书，并具备国家规定的其他竣工条件。

建筑工程竣工经验收合格后，方可交付使用；未经验收或者验收不合格的，不得交付使用。

• **《民法典》**

第七百九十九条　建设工程竣工后，发包人应当根据施工图纸及说明书、国家颁发的施工验收规范和质量检验标准及时进行验收。验收合格的，发包人应当按照约定支付价款，并接收该建设工程。

建设工程竣工经验收合格后，方可交付使用；未经验收或者验收不合格的，不得交付使用。

第八百零一条　因施工人的原因致使建设工程质量不符合约定的，发包人有权请求施工人在合理期限内无偿修理或者返工、改建。经过修理或者返工、改建后，造成逾期交付的，施工人应当承担违约责任。

• **《建设工程质量管理条例》**

第十六条　建设单位收到建设工程竣工报告后，应当组织设计、施工、工程监理等有关单位进行竣工验收。

建设工程竣工验收应当具备下列条件：

（一）完成建设工程设计和合同约定的各项内容；

（二）有完整的技术档案和施工管理资料；

（三）有工程使用的主要建筑材料、建筑构配件和设备的进场试验报告；

（四）有勘察、设计、施工、工程监理等单位分别签署的质量合格文件；

（五）有施工单位签署的工程保修书。

建设工程经验收合格的，方可交付使用。

第三十二条　施工单位对施工中出现质量问题的建设工程或者竣工验收不合格的建设工程，应当负责返修。

第四十九条　建设单位应当自建设工程竣工验收合格之日起15日内，将建设工程竣工验收报告和规划、公安消防、环保等部门出具的认可文件或者准许使用文件报建设行政主管部门或者其他有关部门备案。

建设行政主管部门或者其他有关部门发现建设单位在竣工验收过程中有违反国家有关建设工程质量管理规定行为的，责令停止使用，重新组织竣工验收。

第五十八条　违反本条例规定，建设单位有下列行为之一的，责令改正，处工程合同价款 2% 以上 4% 以下的罚款；造成损失的，依法承担赔偿责任：

（一）未组织竣工验收，擅自交付使用的；

（二）验收不合格，擅自交付使用的；

（三）对不合格的建设工程按照合格工程验收的。

• 《最高人民法院关于审理建设工程施工合同纠纷案件适用法律问题的解释（一）》

第九条　当事人对建设工程实际竣工日期有争议的，人民法院应当分别按照以下情形予以认定：（一）建设工程经竣工验收合格的，以竣工验收合格之日为竣工日期；（二）承包人已经提交竣工验收报告，发包人拖延验收的，以承包人提交验收报告之日为竣工日期；（三）建设工程未经竣工验收，发包人擅自使用的，以转移占有建设工程之日为竣工日期。

第十四条　建设工程未经竣工验收，发包人擅自使用后，又以使用部分质量不符合约定为由主张权利的，人民法院不予支持；但是承包人应当在建设工程的合理使用寿命内对地基基础工程和主体结构质量承担民事责任。

• 《房屋建筑和市政基础设施工程竣工验收规定》

第六条　工程竣工验收应当按以下程序进行：

（一）工程完工后，施工单位向建设单位提交工程竣工报告，申请工程竣工验收。实行监理的工程，工程竣工报告须经总监理工程师签署意见。

（二）建设单位收到工程竣工报告后，对符合竣工验收要求的工程，组织勘察、设计、施工、监理等单位组成验收组，制定验收方案。对于重大工程和技术复杂工程，根据需要可邀请有关专家参加验收组。

（三）建设单位应当在工程竣工验收 7 个工作日前将验收的时间、地点及验收组名单书面通知负责监督该工程的工程质量监督机构。

（四）建设单位组织工程竣工验收。

1. 建设、勘察、设计、施工、监理单位分别汇报工程合同履约情况和在工程建设各个环节执行法律、法规和工程建设强制性标准的情况；

2. 审阅建设、勘察、设计、施工、监理单位的工程档案资料；

3. 实地查验工程质量；

4. 对工程勘察、设计、施工、设备安装质量和各管理环节等方面作出全面评价，形成经验收组人员签署的工程竣工验收意见。

参与工程竣工验收的建设、勘察、设计、施工、监理等各方不能形成一致意见时，应当协商提出解决的方法，待意见一致后，重新组织工程竣工验收。

第七条　工程竣工验收合格后，建设单位应当及时提出工程竣工验收报告。工程竣工验收报告主要包括工程概况，建设单位执行基本建设程序情况，对工程勘察、设计、施工、监理等方面的评价，工程竣工验收时间、程序、内容和组织形式，工程竣工验收意见等内容。

工程竣工验收报告还应附有下列文件：

（一）施工许可证。

（二）施工图设计文件审查意见。

（三）本规定第五条（二）、（三）、（四）、（八）项规定的文件。

（四）验收组人员签署的工程竣工验收意见。

（五）法规、规章规定的其他有关文件。

第九条　建设单位应当自工程竣工验收合格之日起 15 日内，依照《房屋建筑和市政基础设施工程竣工验收备案管理办法》(住房和城乡建设部令第 2 号) 的规定，向工程所在地的县级以上地方人民政府建设主管部门备案。

10.2　单位/区段工程的验收

10.2.1　发包人根据项目进度计划安排，在全部工程竣工前需要使用已经竣工的单位/区段工程时，或承包人提出经发包人同意时，可进行单位/区段工程验收。验收的程序可参照第 10.1 款［竣工验收］的约定进行。验收合格后，由工程师向承包人出具经发包人签认的单位/区段工程验收证书。单位/区段工程的验收成果和结论作为全部工程竣工验收申请报告的附件。

【条文释义】

本项对提前交付单位/区段工程的验收程序进行规定。单位工程是指在合同中指明的，具备独立施工条件并能形成独立使用功能的永久工程。建筑规模较大的单位工程，可将其能形成独立使用功能的部分作为一个子单位工程。区段工程是指合同中指明特定范围的能单独接收并使用的永久工程。通常情况下，工程项目作为整体在竣工验收合格后方移交发包人。但在实践中考虑到提前发挥工程的经济和社会价值，合同当事人可能会要求提前交付单位/区段工程，即在一个建设项目中，一个单位工程或一个区段工程已按设计要求建设完成，能满足生产要求或具备使用条件，承包人已预验，工程师已初验通过，在此条件下发包人可组织进行单位/区段工程验收。在整个项目进行全部验收时，对已验收通过的单位/区段工程，可以不再进行验收和办理验收手续，但应将单位/区段工程的验收成果和结论作为全部工程验收的附件而加以说明。

提前验收单位/区段工程，可以由发包人提出，也可以由承包人提出经发包人同意。

无论是单位/区段工程提前交付使用，还是全部工程整体交付使用，都必须经过竣工验收这一环节，并且还必须验收合格，否则，没有经过竣工验收或者经过竣工验收确定为不合格的建设工程，不得交付使用。如果发包人为提前获得投资效益，在工程未经验收前投产使用是违法的，由此所产生的质量问题，发包人要承担责任。因此，根据本条款的规定，单位/区段工程的验收程序可以参照第 10.1 款［竣工验收］的约定进行。

其次，需要提前使用的单位/区段工程验收合格后，工程师应当向承包人出具经发包人签认的单位/区段工程验收证书，已签发工程验收证书的单位/区段工程由发包人负责照管。单位/区段工程的验收成果和结论作为全部工程竣工验收申请报告的附件。

【使用指引】

1. 交付单位/区段工程应当符合法律要求，验收的程序参照第 10.1 款［竣工验收］的约定进行。在验收合格后，应由工程师向承包人出具经发包人签认的单位/区段工程验收证书。对于法律规定不能单独交付的单位工程，则不应当提前验收交付使用。

2. 提前交付的单位/区段工程的竣工日期根据单位/区段工程竣工验收合格之日确定。提前交付的单位/区段工程的保修期和相应的质保金的退还期限，从单位/区段工程竣工验收合格之日起算。

【风险识别与防范】

为防止合同双方对于提前交付单位/区段工程产生争议，合同双方对于提前交付单位/区段工程引起的工期、费用结算等事宜协商达成一致后，应通过书面方式加以明确约定。

【法条索引】

• 《民法典》

第七百九十九条　建设工程竣工后，发包人应当根据施工图纸及说明书、国家颁发的施工验收规范和质量检验标准及时进行验收。验收合格的，发包人应当按照约定支付价款，并接收该建设工程。

建设工程竣工经验收合格后，方可交付使用；未经验收或者验收不合格的，不得交付使用。

• 《建设工程质量管理条例》

第十六条　建设单位收到建设工程竣工报告后，应当组织设计、施工、工程监理等有关单位进行竣工验收。

建设工程竣工验收应当具备下列条件：

（一）完成建设工程设计和合同约定的各项内容；

（二）有完整的技术档案和施工管理资料；

（三）有工程使用的主要建筑材料、建筑构配件和设备的进场试验报告；

（四）有勘察、设计、施工、工程监理等单位分别签署的质量合格文件；

（五）有施工单位签署的工程保修书。

建设工程经验收合格的，方可交付使用。

第四十九条　建设单位应当自建设工程竣工验收合格之日起 15 日内，将建设工程竣工验收报告和规划、公安消防、环保等部门出具的认可文件或者准许使用文件报建设行政主管部门或者其他有关部门备案。

建设行政主管部门或者其他有关部门发现建设单位在竣工验收过程中有违反国家有关建设工程质量管理规定行为的，责令停止使用，重新组织竣工验收。

• 《建筑工程施工质量验收统一标准》

5.0.4　单位工程质量验收合格应符合下列规定：

1. 所含分部工程的质量均应验收合格；
2. 质量控制资料应完整；
3. 所含分部工程有关安全、节能、环境保护和主要使用功能的检验资料应完整；
4. 主要使用功能的抽查结果应符合相关专业验收规范的规定；
5. 观感质量应符合要求。

10.2.2　发包人在全部工程竣工前，使用已接收的单位/区段工程导致承包人费用增加的，发包人应承担由此增加的费用和（或）工期延误，并支付承包人合理利润。

【条文释义】

本项对发包人要求提前使用已接收的单位/区段工程导致承包人增加费用和工期进行了规定。发包人提前使用已接收的单位/区段工程，会在一定程度上加大承包人费用的增加，也可能造成工期的增加。根据《民法典》第七百七十七条："定作人中途变更承揽工作的要求，造成承揽人损失的，应当赔偿损失。"发包人要求提前使用已接收的单位/区段工程，事实上是中途变更了承揽工作的要求。故本项规定，发包人要求提前交付单位/区段工程，导致承包人费用增加和（或）工期延误的，由发包人承担由此增加的费用和（或）工期延误的责任，并支付承包人合理的利润。

【使用指引】

1. 本条款是对发包人要求提前使用已接收的单位/区段工程导致增加的费用和工期如何承担的规定。依据公平原则，如果是承包人提出提前交付单位/区段工程，导致费用增加和（或）工期延误的，原则上应当由承包人自行承担由此增加的费用和（或）延误的工期。即只有在发包人提出要求提前使用已接收的单位/区段工程时，才会发生费用和工期的调整。

2. 本项是针对发包人在工程建设实施中提出提前使用已接收的单位/区段工程的情况。如果在缔约过程中，发包人已经明确需要提前交付的单位/区段工程，并已就费用承担等与承包人在签订合同时进行过明确约定的，应按照约定来处理，相应的工期也应包括在合同工期内。

【风险识别与防范】

为防止双方在工程结算中对发包人要求提前使用已接收的单位/区段工程增加的费用和工期以及合理的利润发生争议，可参照合同第 13 条［变更与调整］关于变更程序和变更估价的规定，承包人应当书面说明实施该指示需要采取的具体措施及对合同价格和工期的影响，且双方应当按照第13.3.3项［变更估价］约定确定变更估价。

【法条索引】

• 《民法典》

第七百七十七条　定作人中途变更承揽工作的要求，造成承揽人损失的，应当赔偿损失。

第八百零八条　本章没有规定的，适用承揽合同的有关规定。

10.3　工程的接收

10.3.1　根据工程项目的具体情况和特点，可按工程或单位/区段工程进行接收，并在专用合同条件约定接收的先后顺序、时间安排和其他要求。

【条文释义】

本项是关于工程接收方式的规定。工程的接收是建设工程标的物的转移，意味着工程的照管责任和工程风险由承包人转移给发包人。本条款明确了工程的移交和接收根据工程项目的具体情况和特点，可按照整体工程，也可按照单位/区段工程进行。

合同当事人应当在专用合同条件中明确工程接收的方式，如按整体工程接收的，需对接收的时间安排和其他要求进行明确约定；如按单位/区段工程进行接收的，双方需对单位/区段工程接收的先后顺序、接收的时间安排和其他要求进行明确约定。

【使用指引】

1. 是否可以按照单位/区段工程先后进行接收，要依据工程项目的具体情况和特点。采用这种接收方式的，合同当事人应在专用合同条件中明确接收的先后顺序、接收的时间安排和其他特殊要求。

2. 工程的移交和接收不代表承包人的义务已经全部完成。此后，承包人还应当承担未完成的扫尾工程或缺陷修补，以及按照法律规定与合同约定对工程承担保修的义务等。

【风险识别与防范】

采用按照单位/区段工程先后进行接收的，合同当事人需要在专用合同条件中明确接收各个单位/区段工程的先后顺序，分别接收的具体时间安排，对接收程序有其他特殊要求的也必须在合同专用条件中予以明确。如未对上述问题明确约定，将会造成工程接收阶段双方的履行期限不明确，违约责任亦难以确定，影响接收工作的效率。

【法条索引】

• 《民法典》

第七百九十九条　建设工程竣工后，发包人应当根据施工图纸及说明书、国家颁发的施工验收规范和质量检验标准及时进行验收。验收合格的，发包人应当按照约定支付价款，并接收该建设工程。

建设工程竣工经验收合格后，方可交付使用；未经验收或者验收不合格的，不得交付使用。

•《建筑法》

第六十一条　交付竣工验收的建筑工程，必须符合规定的建筑工程质量标准，有完整的工程技术经济资料和经签署的工程保修书，并具备国家规定的其他竣工条件。建筑工程竣工经验收合格后，方可交付使用；未经验收或者验收不合格的，不得交付使用。

10.3.2　除按本条约定已经提交的资料外，接收工程时承包人需提交竣工验收资料的类别、内容、份数和提交时间，在专用合同条件中约定。

【条文释义】

本项是关于工程接收时承包人提交竣工验收资料的规定。要求合同当事人在专用合同条件中对发包人接收工程时承包人需提交发包人的全部竣工验收资料的类别、内容、份数和提交时间，作出明确约定。移交工程时，承包人应按本条约定提交全部竣工验收资料，已经提交的资料除外。

一般来说，承包人需要提交的竣工验收资料根据《建设工程质量管理条例》第十六条包括：（1）有完整的技术档案和施工管理资料，主要包括以下档案和资料：工程项目竣工报告；分项、分部工程和单位工程技术人员名单；图纸会审和设计交底记录；设计变更通知单，技术变更核实单；工程质量事故发生后调查和处理资料；隐蔽验收记录及施工日志；竣工图；质量检验评定资料等以及合同约定的其他资料。（2）材料、设备、构配件的质量合格证明资料和试验、检验报告。对建设工程使用的主要建筑材料、建筑构配件和设备的进场，除具有质量合格证明资料外，强调了这些使用于工程的主要建筑材料、建筑构配件和设备的进场，还应当有试验、检验报告。试验、检验报告中应当注明其规格、型号、用于工程的哪些部位以及批量批次、性能等技术指标，其质量要求必须符合国家规定的标准。（3）有勘察、设计、施工、工程监理等单位分别签署的质量合格文件。勘察、设计、施工、工程监理等有关单位依据工程设计文件及承包合同所要求的质量标准，对竣工工程进行检查和评定，符合规定的，签署合格文件。竣工验收所依据的国家强制性标准有土建工程、安装工程、人防工程、管道工程、桥梁工程、电气工程及铁路建筑安装工程验收标准等。（4）承包人签署的工程质量保修书。承包人与发包人应在竣工验收前签署工程质量保修书，保修书是合同的附合同。工程保修书的内容包括：保修项目内容及范围；保修期；保修责任和保修金支付方法等。健全完善的工程保修制度，对于促进承包方加强质量管理，保护用户及消费者的合法权益起着重要的保障作用。

【使用指引】

1. 发包人应该在专用合同条件中对竣工验收资料的类别、内容、份数和提交时间作明确、完整的要求，该内容应符合竣工验收的相关法律规定，符合竣工验收备案的要求。

2. 按照单位/区段工程先后接收的，合同当事人对各个单位/区段工程进行接收时，承包人应按先后顺序对竣工验收资料的类别、内容、份数和提交时间约定明确。

【风险识别与防范】

1. 根据《建设工程质量管理条例》，建设单位应当严格按照国家有关档案管理的规定，及时收集、整理建设项目各环节的文件资料，建立、健全建设项目档案，并在建设工程竣工验收后，及时向建设行政主管部门或者其他有关部门移交建设项目档案。因此，签订合同时，发包人应确认合同约定的竣工验收资料的类别、内容、份数和提交时间是否符合竣工验收的相关法律规定，符合竣工验收备案的要求，应避免出现因约定的竣工验收资料不完整影响工程正常竣工验收和备案的情况。

2. 承包人应按照合同约定的内容和份数备齐竣工验收资料，为防止竣工验收资料不齐备导致的违约责任，承包人在工程建设过程中，应分阶段收集整理相关资料，保证工程竣工验收后，能够在最短时间内整理备齐竣工验收资料。

3. 承包人向发包人提交竣工验收资料时，应做好送达和签收的工作，并保留好送达和签收记录等资料，送达和签收记录上应附有详细的竣工验收资料清单，以防双方对承包人是否提交完整的竣工验收资料产生争议时，无证据证明真实情况。

4. 实践中，经常出现发包人未按约定支付工程款，承包人据此不提交完整竣工验收资料的情况，除非合同对此有明确的约定，否则承包人不提交竣工验收资料也同样属于违约行为。且提交竣工验收资料事实上是承包人的法定义务，其在特定情况下享有抗辩权并不意味着可以一直不履行交付竣工资料的义务。

【法条索引】

• **《建筑法》**

第六十一条　交付竣工验收的建筑工程，必须符合规定的建筑工程质量标准，有完整的工程技术经济资料和经签署的工程保修书，并具备国家规定的其他竣工条件。建筑工程竣工经验收合格后，方可交付使用；未经验收或者验收不合格的，不得交付使用。

• **《建设工程质量管理条例》**

第十六条　建设单位收到建设工程竣工报告后，应当组织设计、施工、工程监理等有关单位进行竣工验收。

建设工程竣工验收应当具备下列条件：

（一）完成建设工程设计和合同约定的各项内容；

（二）有完整的技术档案和施工管理资料；

（三）有工程使用的主要建筑材料、建筑构配件和设备的进场试验报告；

（四）有勘察、设计、施工、工程监理等单位分别签署的质量合格文件；

（五）有施工单位签署的工程保修书。

建设工程经验收合格的，方可交付使用。

第十七条　建设单位应当严格按照国家有关档案管理的规定，及时收集、整理建设项目各环节的文件资料，建立、健全建设项目档案，并在建设工程竣工验收后，及时向建设行政主管部门或者其他有关部门移交建设项目档案。

•《房屋建筑和市政基础设施工程竣工验收规定》

第五条　工程符合下列要求方可进行竣工验收：

（一）完成工程设计和合同约定的各项内容。

（二）施工单位在工程完工后对工程质量进行了检查，确认工程质量符合有关法律、法规和工程建设强制性标准，符合设计文件及合同要求，并提出工程竣工报告。工程竣工报告应经项目经理和施工单位有关负责人审核签字。

（三）对于委托监理的工程项目，监理单位对工程进行了质量评估，具有完整的监理资料，并提出工程质量评估报告。工程质量评估报告应经总监理工程师和监理单位有关负责人审核签字。

（四）勘察、设计单位对勘察、设计文件及施工过程中由设计单位签署的设计变更通知书进行了检查，并提出质量检查报告。质量检查报告应经该项目勘察、设计负责人和勘察、设计单位有关负责人审核签字。

（五）有完整的技术档案和施工管理资料。

（六）有工程使用的主要建筑材料、建筑构配件和设备的进场试验报告，以及工程质量检测和功能性试验资料。

（七）建设单位已按合同约定支付工程款。

（八）有施工单位签署的工程质量保修书。

（九）对于住宅工程，进行分户验收并验收合格，建设单位按户出具《住宅工程质量分户验收表》。

（十）建设主管部门及工程质量监督机构责令整改的问题全部整改完毕。

（十一）法律、法规规定的其他条件。

•《城市建设档案管理规定》

第六条　建设单位应当在工程竣工验收后三个月内，向城建档案馆报送一套符合规定的建设工程档案。凡建设工程档案不齐全的，应当限期补充。

第八条　列入城建档案馆档案接收范围的工程，建设单位在组织竣工验收前，应当提请城建档案管理机构对工程档案进行预验收。预验收合格后，由城建档案管理机构出具工程档案认可文件。

第九条　建设单位在取得工程档案认可文件后，方可组织工程竣工验收。建设行政主管部门在办理竣工验收备案时，应当查验工程档案认可文件。

10.3.3　发包人无正当理由不接收工程的，发包人自应当接收工程之日起，承担工程照管、成品保护、保管等与工程有关的各项费用，合同当事人可以在专用合同条件中另行约定发包人逾期接收工程的违约责任。

【条文释义】

本项是关于发包人拒绝接收工程的违约责任的规定。《民法典》规定承揽人应当妥善保管定作人提供的材料以及完成的工作成果，因保管不善造成毁损、灭失的，应当承担赔偿责任。因此，在发包人接收工程以前，承包人需要对工程进行照管并做好成品保护、保管等工作。在合同约定的发包人应当接收工程期限前所需的保管费用已包含在合同价格中，应当接收工程之日后，如果工程仍未移交的，保管费用应由造成工程未能按时移交的责任方承担。

根据本项规定，如果发包人无正当理由不接收工程的，则发包人应承担自应当接收工程之日起的工程照管、成品保护、保管等与工程有关的各项费用。此外，合同当事人可以在专用合同条件中，另行约定发包人逾期接收工程的违约责任。

此外，承包人对于工程存在保管义务。这主要是考虑到在工程移交以前，承包人实际占有控制工程，处于保管工程的最佳地位。如果没有尽到妥善保管义务，即承包人在保管过程中未以善良管理人的标准要求自己，使工程发生了损坏，承包人需要承担相应的赔偿责任。反之，如果承包人已经尽了妥善保管义务，不能要求承包人承担责任。

【使用指引】

如果合同当事人对于发包人无正当理由拒绝接收工程的违约金计算方式有不同于通用合同条件的其他约定，应当在专用合同条件中明确。

【风险识别与防范】

1. 发包人依据合同约定或存在其他正当理由不能接收工程的，应及时通知承包人，并告知具体的理由和消除移交障碍前需要完成的事项。同时，工程移交前的风险责任仍在承包人，承包人应做好工程照管、成品保护、保管等工作，相关费用应由工程不能按时移交的责任方承担。

2. 本项关于发包人拒绝接收工程的违约责任为因工程不能移交而增加的照管方面的费用由发包人承担。承包人要防止发包人无正当理由拒绝接收工程，建议在专用合同条件中另行约定发包人无正当理由不接收工程应承担的违约金的计算方式。

【法条索引】

•《民法典》

第七百八十四条　承揽人应当妥善保管定作人提供的材料以及完成的工作成果，因保管不善造成毁损、灭失的，应当承担赔偿责任。

第七百九十九条　建设工程竣工后，发包人应当根据施工图纸及说明书、国家颁发的施工验收规范和质量检验标准及时进行验收。验收合格的，发包人应当按照约定支付价款，并接收该建设工程。

建设工程竣工经验收合格后，方可交付使用；未经验收或者验收不合格的，不得交付使用。

第八百零八条　本章没有规定的，适用承揽合同的有关规定。

10.3.4　承包人无正当理由不移交工程的，承包人应承担工程照管、成品保护、保管等与工程有关的各项费用，合同当事人可以在专用合同条件中另行约定承包人无正当理由不移交工程的违约责任。

【条文释义】

本项是关于承包人拒绝移交工程的违约责任的规定。根据本条规定，如果承包人无正当理由不移交工程的，承包人应承担自应当移交工程之日起的工程照管、成品保护、保管等与工程有关的各项费用。此外，合同当事人可以在专用合同条件中，另行约定承包人拒绝移交工程的违约责任。

【使用指引】

1. 如果合同当事人对于承包人无正当理由拒绝移交工程的违约金计算方式有不同于通用合同条件的其他约定，应当在专用合同条件中明确。

2. 承包人不能因为发包人拖欠工程款拒绝移交工程，除非合同双方另有约定。根据《民法典》第八百零七条，发包人未按照约定支付价款的，承包人可以催告发包人在合理期限内支付价款。发包人逾期不支付的，除根据建设工程的性质不宜折价、拍卖外，承包人可以与发包人协议将该工程折价，也可以请求人民法院将该工程依法拍卖。建设工程的价款就该工程折价或者拍卖的价款优先受偿。因此，如果承包人担心发包人不能及时支付工程款，应当依法主张建设工程价款优先受偿权，而不能留置工程迫使发包人支付工程款。

【风险识别与防范】

1. 承包人依据合同约定或存在其他正当理由不移交工程的，应及时通知发包人，并告知具体的理由和消除移交障碍前承包人或发包人需要完成的事项。同时，工程移交前的风险责任仍在承包人，承包人应做好工程照管、成品保护、保管等工作，相关费用应由工程不能按时移交的责任方承担。

2. 本项关于承包人拒绝移交工程的违约责任为因工程不能移交而增加的照管方面的费用由承包人承担。发包人要防止承包人无正当理由拒绝移交工程，建议在专用合同条件中另行约定承包人无正当理由不移交工程应承担的违约金的计算方式。

【法条索引】

• **《民法典》**

第七百八十四条 承揽人应当妥善保管定作人提供的材料以及完成的工作成果，因保管不善造成毁损、灭失的，应当承担赔偿责任。

第七百九十九条 建设工程竣工后，发包人应当根据施工图纸及说明书、国家颁发的施工验收规范和质量检验标准及时进行验收。验收合格的，发包人应当按照约定支付价款，并接收该建设工程。

建设工程竣工经验收合格后，方可交付使用；未经验收或者验收不合格的，不得交付使用。

第八百零八条　本章没有规定的，适用承揽合同的有关规定。

10.4　接收证书

10.4.1　除专用合同条件另有约定外，承包人应在竣工验收合格后向发包人提交第 14.6 款［质量保证金］约定的质量保证金，发包人应在竣工验收合格且工程具备接收条件后的 14 天内向承包人颁发工程接收证书，但承包人未提交质量保证金的，发包人有权拒绝颁发。发包人拒绝颁发工程接收证书的，应向承包人发出通知，说明理由并指出在颁发接收证书前承包人需要做的工作，需要修补的缺陷和承包人需要提供的文件。

【条文释义】

本项对发包人颁发工程接收证书的程序进行规定。首先，在工程竣工验收合格后，承包人应先按照合同第 14.6 款关于质量保证金的规定向发包人提交质量保证金，发包人则应在工程具备接收条件后的 14 天内向承包人颁发工程接收证书。但承包人未按照合同约定向发包人提交质量保证金的，发包人有权拒绝颁发工程接收证书。合同当事人对颁发工程接收证书的条件和程序有特殊要求并在专用合同条件中另有约定的，按照约定处理。

其次，本项对发包人不同意颁发工程接收证书的情况进行了规定。要求发包人如果拒绝颁发工程接收证书，应当向承包人发出通知，说明拒绝颁发的具体理由并应明确指出在颁发接收证书前承包人还需要做的工作，需要修补的缺陷和承包人需要提供的文件。

【使用指引】

1. 根据本项规定，工程竣工验收合格后，发包人认为还不具备颁发工程接收证书条件的，应向承包人发出书面通知，说明不能颁发工程接收证书的理由并应明确指出承包人还需要做的工作，需要修补的缺陷和需要提供的文件。承包人按照合同和发包人要求完成工作后，应当通知发包人，发包人认为工程具备接收条件后，应在 14 天内向承包人颁发工程接收证书。

2. 如果承包人已经提供履约担保，发包人不得同时要求承包人提供质量保证金，也不得据此拒绝颁发工程接收证书。

【风险识别与防范】

1. 完成竣工验收但发包人无正当理由不予签发工程接收证书的，将被视为工程已竣工验收合格，并以完成竣工验收之日为实际竣工日期。因此，发包人认为还不具备颁发工程接收证书条件的，应及时向承包人发出书面通知，说明不能颁发工程接收证书的理由并应明确指出承包人还需要做的工作，需要修补的缺陷和需要提供的文件。否则，将被视为工程已竣工验收合格，并以完成竣工验收之日为实际竣工日期。

2. 发包人拒绝颁发工程接收证书，承包人未移交工程不属于逾期移交工程违约行为，发包人不得因此要求承包人承担逾期移交工程违约金。

【法条索引】

•《建设工程质量保证金管理办法》

第二条　本办法所称建设工程质量保证金（以下简称保证金）是指发包人与承包人在建设工程承包合同中约定，从应付的工程款中预留，用以保证承包人在缺陷责任期内对建设工程出现的缺陷进行维修的资金。缺陷是指建设工程质量不符合工程建设强制性标准、设计文件，以及承包合同的约定。缺陷责任期一般为1年，最长不超过2年，由发、承包双方在合同中约定。

10.4.2　发包人向承包人颁发的接收证书，应注明工程或单位/区段工程经验收合格的实际竣工日期，并列明不在接收范围内的，在收尾工作和缺陷修补完成之前对工程或单位/区段工程预期使用目的没有实质影响的少量收尾工作和缺陷。

【条文释义】

本项是对发包人颁发接收证书时应注明和列明的内容进行规定。根据规定，发包人在颁发接收证书时，需要在证书上注明和列明两点内容：第一，是根据本条规定确定的工程或单位/区段工程经验收合格的实际竣工日期，用以表明发包人认可并确认的工程实际竣工日期；第二，是不在接收范围内的部分，即在收尾工作和缺陷修补完成之前对工程或单位/区段工程预期使用目的没有实质影响的少量收尾工作和缺陷，用以明确发包人对这部分仍未接收，承包人完成这部分工作后，还需要发包人对这部分工作的质量是否合格进行确认和接收。

【使用指引】

1. 发包人按工程或单位/区段工程方式进行接收的，则对应颁发工程或单位/区段工程接收证书，在注明工程或单位/区段工程经验收合格的实际竣工日期时应根据本条相关规定进行确定。

2. 可以列明不在接收范围内的部分仅限于在收尾工作和缺陷修补完成之前对工程或单位/区段工程预期使用目的没有实质影响的少量收尾工作和缺陷。如果不存在收尾工作和缺陷修补工作，则无需按本项第二部分的内容进行列明。

【风险识别与防范】

1. 为了防止承包人将发包人颁发工程接收证书的行为解读为发包人对工程的质量已经认可并全面接收工程，发包人必须在工程接收证书上列明不在接收范围内的承包人收尾工作和缺陷修补工作。

2. 承包人对发包人在工程接收证书上注明工程或单位/区段工程经验收合格的实际竣工日期或列明不在接收范围内的收尾工作和缺陷存有异议的，应及时向发包人提出。

【法条索引】

•《民法典》

第七百九十九条　建设工程竣工后，发包人应当根据施工图纸及说明书、国家颁发的施工验收规范和质量检验标准及时进行验收。验收合格的，发包人应当按照约定支付价款，并接收该建设工程。

建设工程竣工经验收合格后，方可交付使用；未经验收或者验收不合格的，不得交付使用。

第八百零一条　因施工人的原因致使建设工程质量不符合约定的，发包人有权请求施工人在合理期限内无偿修理或者返工、改建。经过修理或者返工、改建后，造成逾期交付的，施工人应当承担违约责任。

•《建设工程质量管理条例》

第十六条　建设单位收到建设工程竣工报告后，应当组织设计、施工、工程监理等有关单位进行竣工验收。

建设工程竣工验收应当具备下列条件：

（一）完成建设工程设计和合同约定的各项内容；

（二）有完整的技术档案和施工管理资料；

（三）有工程使用的主要建筑材料、建筑构配件和设备的进场试验报告；

（四）有勘察、设计、施工、工程监理等单位分别签署的质量合格文件；

（五）有施工单位签署的工程保修书。

建设工程经验收合格的，方可交付使用。

第三十二条　施工单位对施工中出现质量问题的建设工程或者竣工验收不合格的建设工程，应当负责返修。

10.4.3　竣工验收合格而发包人无正当理由逾期不颁发工程接收证书的，自验收合格后第 15 天起视为已颁发工程接收证书。

【条文释义】

本项是关于工程竣工验收合格后，发包人无正当理由逾期不颁发工程接收证书的后果。根据本款第 10.4.1 项的规定，发包人应在竣工验收合格且工程具备接收条件后的 14 天内向承包人颁发工程接收证书，本项则规定如果发包人无正当理由逾期不颁发工程接收证书，即推定工程验收合格后第 15 天起视为发包人已颁发工程接收证书。

【使用指引】

1. 本项在使用中需注意两个前提条件，第一，应当结合第 10.4.1 项规定的发包人应向承包人颁发工程接收证书的期限，即在竣工验收合格且工程具备接收条件后的 14 天内。第二，发包人逾期不颁发工程接收证书不存在正当的理由，比如承包人未按约向发包人提交质量保证金。根据前项规定，发包人认为还不具备颁发工程接收证书条件的，应及时向承包人发出书面通知，笔者认为，如果发包人逾期且未及时向承包人发出书面通知的，也符合本项使用的情形。

2. 根据本项规定视为发包人已颁发工程接收证书后，合同双方应进入工程接收的下一环节，即承包人应按照 10.5 款的规定进行竣工退场的工作。

【风险识别与防范】

发包人认为还不具备颁发工程接收证书条件的，应及时向承包人发出书面通知，说明不能颁发工程接收证书的理由并应明确指出承包人还需要做的工作，需要修补的缺陷和需要提供的文件。否则，按本项规定，竣工验收合格而发包人无正当理由逾期不颁发工程接收证书的，将自验收合格后第 15 天起视为已颁发工程接收证书。且发包人逾期不颁发工程接收证书的，每逾期一天，还应以签约合同价为基数，按照贷款市场报价利率（LPR）支付违约金，如果合同双方对发包人逾期颁发工程接收证书的违约责任另有约定的，还应按照双方在专用合同条件中的约定追究发包人的责任。

【法条索引】

•《建筑法》

第六十一条　交付竣工验收的建筑工程，必须符合规定的建筑工程质量标准，有完整的工程技术经济资料和经签署的工程保修书，并具备国家规定的其他竣工条件。

建筑工程竣工经验收合格后，方可交付使用；未经验收或者验收不合格的，不得交付使用。

•《民法典》

第七百九十九条　建设工程竣工后，发包人应当根据施工图纸及说明书、国家颁发的施工验收规范和质量检验标准及时进行验收。验收合格的，发包人应当按照约定支付价款，并接收该建设工程。

建设工程竣工经验收合格后，方可交付使用；未经验收或者验收不合格的，不得交付使用。

•《建设工程质量管理条例》

第十六条　建设单位收到建设工程竣工报告后，应当组织设计、施工、工程监理等有关单位进行竣工验收。

建设工程竣工验收应当具备下列条件：

（一）完成建设工程设计和合同约定的各项内容；

（二）有完整的技术档案和施工管理资料；

（三）有工程使用的主要建筑材料、建筑构配件和设备的进场试验报告；

（四）有勘察、设计、施工、工程监理等单位分别签署的质量合格文件；

（五）有施工单位签署的工程保修书。

建设工程经验收合格的，方可交付使用。

•《最高人民法院关于审理建设工程施工合同纠纷案件适用法律问题的解释（一）》

第九条　当事人对建设工程实际竣工日期有争议的，人民法院应当分别按照以下情形予以认定：（一）建设工程经竣工验收合格的，以竣工验收合格之日为竣工日期；（二）承包人已经提交竣工验收报告，发包人拖延验收的，以承包人提交验收报告之日为竣工日期；（三）建设工程未经竣工验收，发包人擅自使用的，以转移占有建设工程之日为竣工日期。

10.4.4　工程未经验收或验收不合格，发包人擅自使用的，应在转移占有工程后 7 天内向承包人颁发工程接收证书；发包人无正当理由逾期不颁发工程接收证书的，自转移占有后第 15 天起视为已颁发工程接收证书。

【条文释义】

本项规定了工程未经验收或验收不合格但发包人擅自使用的情形下，发包人应颁发工程接收证书的期限，以及发包人逾期未颁发的后果。

首先，根据本条第 10.1.2 项以及《最高人民法院关于审理建设工程施工合同纠纷案件适用法律问题的解释（一）》的规定，工程未经竣工验收，发包人擅自使用的，以转移占有工程之日为实际竣工日期。因此，本项规定工程未经验收或验收不合格发包人擅自使用的，工程即已视为实际竣工，发包人应在转移占有工程后 7 天内向承包人颁发工程接收证书。

其次，在这种情形下，发包人无正当理由逾期不颁发工程接收证书的，自转移占有后第 15 天起视为已颁发工程接收证书。这与本条第 10.4.1 项和 10.4.3 项，发包人应在竣工验收合格且工程具备接收条件后的 14 天内向承包人颁发工程接收证书，竣工验收合格而发包人无正当理由逾期不颁发工程接收证书的，自验收合格后第 15 天起视为已颁发工程接收证书，在期限上也是一致的。

【使用指引】

1. 发包人在工程未经验收或验收不合格的情况下擅自使用工程的，根据本项规定需在转移占有工程后 7 天内向承包人颁发工程接收证书，颁发工程接收证书时同样需注明工程实际竣工日期即转移占有工程之日。

2. 承包人应在工程转移占有后，向发包人提交第 14.6 款［质量保证金］约定的质量保证金，如果承包人未提交质量担保，发包人有权拒绝颁发工程接收证书。

3. 发包人认为工程还不具备接收条件或依据合同和其他正当理由还不具备颁发工程接收证书条件的，应及时向承包人发出书面通知，说明理由并指出在颁发接收证书前承包人需要做的工作。

4. 发包人无正当理由逾期不颁发工程接收证书的，自转移占有后第 15 天起视为已向承包人颁发工程接收证书。合同双方应进入工程接收的下一环节，即承包人应按照本条第 10.5 款的规定进行竣工退场的工作。

【风险识别与防范】

1. 发包人应当避免在工程未经竣工验收或验收不合格的情况下擅自使用，否则将以转移占有工程之日作为实际竣工日期，并应在转移占有工程后 7 天内向承包人颁发工程接收证书。同时，也将视为对工程使用部分的施工质量（除地基基础工程和主体结构质量）予以认可。除此以外，根据《建设工程质量管理条例》第五十八条，建设单位未组织竣工验收，擅自交付使用的；或验收不合格，擅自交付使用的；或对不合格的建设工程按照合格工程验收的，主管部门将对其责令改正，处工程合同价款 2% 以上 4% 以下的罚款；造成损失的，依法承担赔偿责任。

2. 发包人认为还不具备颁发工程接收证书条件的，应及时向承包人发出书面通知，说明不能颁发工程接收证书的理由并应明确指出承包人还需要做的工作，需要修补的缺陷和需要提供的文件。否则，按本项规定，发包人擅自使用的，应在转移占有工程后 7 天内向承包人颁发工程接收证书；发包人无正当理由逾期不颁发工程接收证书的，自转移占有后第 15 天起视为已颁发工程接收证书。且根据本条前项规定，发包人逾期不颁发工程接收证书的，每逾期一天，还应以签约合同价为基数，按照贷款市场报价利率（LPR）支付违约金，如果合同双方对发包人逾期颁发工程接收证书的违约责任另有约定的，还应按照双方在专用合同条件中的约定追究发包人的责任。

3. 从司法实践来看，对于存在质量问题的建设工程，发包方拒绝接收工程，但因承包人恶意拖延整改导致发包人被迫使用的情形，会被认定发包人被迫使用的行为不能视为"擅自使用"，承包人不能因此免除对工程质量问题的整改义务。

【法条索引】

• **《最高人民法院关于审理建设工程施工合同纠纷案件适用法律问题的解释（一）》**

第九条　当事人对建设工程实际竣工日期有争议的，人民法院应当分别按照以下情形予以认定：（一）建设工程经竣工验收合格的，以竣工验收合格之日为竣工日期；（二）承包人已经提交竣工验收报告，发包人拖延验收的，以承包人提交验收报告之日为竣工日期；（三）建设工程未经竣工验收，发包人擅自使用的，以转移占有建设工程之日为竣工日期。

第十四条　建设工程未经竣工验收，发包人擅自使用后，又以使用部分质量不符合约定为由主张权利的，人民法院不予支持；但是承包人应当在建设工程的合理使用寿命内对地基基础工程和主体结构质量承担民事责任。

10.4.5　存在扫尾工作的，工程接收证书中应当将第 14.5.3 项［扫尾工作清单］中约定的扫尾工作清单作为工程接收证书附件。

【条文释义】

本项对工程存在扫尾工作时发包人颁发工程接收证书需注意的问题进行规定。根据本项规定，如果经合同当事人双方协商，部分扫尾工作在工程竣工验收后进行的，发包人仍应按照本款规定颁发工程接收证书。除了在工程接收证书上注明在接收范围外的少量收尾工作和缺陷，同时，承包人还应当编制扫尾工作清单，列明承包人应当完成的扫尾工作的内容及完成时间作为工程接收证书的附件，并按照扫尾工作清单的内容完成扫尾工作。

【使用指引】

1. 扫尾工作清单应列明承包人应当完成的扫尾工作的内容及完成时间。如果经合同双方协商，还有部分缺陷修补工作在工程竣工验收后进行的，也可参照本项，要求承包人缺陷修补工作清单列明承包人应当完成的缺陷修补工作的内容及完成时间作为工程接收证书的附件。

2. 如果合同双方对于存在扫尾工作时发包人颁发工程接收证书有其他特殊要求的，可以在专用合同条件中另行约定。

【风险识别与防范】

为了防止双方对不在接收范围内的承包人收尾工作和缺陷修补工作的具体内容和完成时限产生争议，工程接收证书所附的扫尾工作清单需列明承包人应当完成的扫尾工作的内容及完成时间。同时，为了防止承包人不按照扫尾工作清单的内容完成扫尾工作，建议约定相应的违约责任。

【法条索引】

•《民法典》

第七百九十九条 建设工程竣工后，发包人应当根据施工图纸及说明书、国家颁发的施工验收规范和质量检验标准及时进行验收。验收合格的，发包人应当按照约定支付价款，并接收该建设工程。

建设工程竣工经验收合格后，方可交付使用；未经验收或者验收不合格的，不得交付使用。

第八百零一条 因施工人的原因致使建设工程质量不符合约定的，发包人有权请求施工人在合理期限内无偿修理或者返工、改建。经过修理或者返工、改建后，造成逾期交付的，施工人应当承担违约责任。

•《建设工程质量管理条例》

第十六条 建设单位收到建设工程竣工报告后，应当组织设计、施工、工程监理等有关单位进行竣工验收。

建设工程竣工验收应当具备下列条件：

（一）完成建设工程设计和合同约定的各项内容；

（二）有完整的技术档案和施工管理资料；

（三）有工程使用的主要建筑材料、建筑构配件和设备的进场试验报告；

（四）有勘察、设计、施工、工程监理等单位分别签署的质量合格文件；

（五）有施工单位签署的工程保修书。

建设工程经验收合格的，方可交付使用。

第三十二条 施工单位对施工中出现质量问题的建设工程或者竣工验收不合格的建设工程，应当负责返修。

10.5　竣工退场

10.5.1　竣工退场

颁发工程接收证书后，承包人应对施工现场进行清理，并撤离相关人员，使得施工现场处于以下状态，直至工程师检验合格为止：

（1）施工现场内残留的垃圾已全部清除出场；

（2）临时工程已拆除，场地已按合同约定进行清理、平整或复原；

（3）按合同约定应撤离的人员、承包人提供的施工设备和剩余的材料，包括废弃的施工设备和材料，已按计划撤离施工现场；

（4）施工现场周边及其附近道路、河道的施工堆积物，已全部清理；

（5）施工现场其他竣工退场工作已全部完成。

施工现场的竣工退场费用由承包人承担。承包人应在专用合同条件约定的期限内完成竣工退场，逾期未完成的，发包人有权出售或另行处理承包人遗留的物品，由此支出的费用由承包人承担，发包人出售承包人遗留物品所得款项在扣除必要费用后应返还承包人。

【条文释义】

本条款是关于承包人竣工退场的程序、费用承担和责任的规定。竣工退场是承包人在完成工程施工并且发包人颁发接收证书后，承包人按照合同要求清理现场留存的临时建筑物、施工设备、垃圾等，并将现场移交给发包人或发包人指定的第三人的"工完场清"行为。

本条规定承包人现场清理的范围包括清理施工现场留存的垃圾，拆除临时工程，清理、平整或复原场地，将承包人的人员、施工设备和剩余材料（包括废弃的施工设备和材料）撤离现场，以及清理施工现场周边及其附近道路、河道的施工堆积物。同时，规定竣工退场的费用由承包人承担，已包含在合同价款中。

此外，本条还规定了合同当事人应在专用合同条件中约定承包人竣工退场的时限，承包人逾期完成竣工退场的，发包人有权自行出售或另行处理承包人遗留在现场的物品，由此支出的费用由承包人承担，发包人出售承包人遗留物品所得款项在扣除必要费用后应返还承包人。

【使用指引】

1. 通用合同中未明确承包人完成竣工退场的具体期限，该期限需由合同当事人在专用合同条件中结合工程具体情况进行明确。

2. 发生工程总承包合同提前解除的情形下的承包人退场，也可参照本条款约定来执行。

3. 承包人应当保留为完成甩尾工作和保修工作的必要的人员、工程设备和设施，发包人应当为承包人履行这些后续义务，进出和占用现场提供方便和协助。

【风险识别与防范】

在承包人逾期完成竣工退场，发包人自行出售或另行处理承包人遗留在现场的物品前，原则上应当首先通知承包人自行处理，承包人在指定合理期限内仍不处理的，发包人有权自行出售或处理，如提存等。为了避免双方就现场遗留物品产生争议，发包人应做好清点，并由监理或公证机关等在场见证。

【法条索引】

•《民法典》

第九条　民事主体从事民事活动，应当有利于节约资源、保护生态环境。

10.5.2　地表还原

承包人应按合同约定和工程师的要求恢复临时占地及清理场地，否则发包人有权委托其他人恢复或清理，所发生的费用由承包人承担。

【条文释义】

随着对建设工程环境和卫生要求的进一步提高，与《民法典》"节约资源、保护生态环境"的基本原则相符合，本条款对竣工退场前的地表还原工作做了规定，要求承包人在撤场以前应按照合同约定和工程师的要求，根据节约资源、保护生态环境的要求，恢复临时占地及清理场地。承包人未按要求恢复临时占地的，发包人有权委托其他人恢复或清理，所发生的费用由承包人承担。

在承包人恢复临时占地及清理场地时，依法禁止向江河、湖泊、运河、渠道、水库及其最高水位线以下的滩地和岸坡以及法律法规规定的其他地点倾倒、堆放、贮存固体废物。

【使用指引】

1. 除双方另有约定以外，地表还原的费用应由承包人承担，并已包含在合同价格中。工程移交以前，承包人应按合同约定和工程师的要求恢复临时占地及清理场地，否则发包人有权委托其他人恢复或清理，所发生的费用由承包人承担。

2. 承包人未按本项规定及时恢复临时占地及清理场地，造成工程逾期移交的，应当承担相应的违约责任。为防止承包人拖延恢复临时占地及清理场地，建议专用合同条件中约定承包人逾期完成本项规定工作的违约责任。

【风险识别与防范】

为避免发现争议，在承包人未按要求恢复临时占地，发包人自行委托其他人恢复或清理前，原则上应当首先通知承包人进行处理，承包人在指定合理期限内仍不处理的，发包人再自行委托他人恢复或清理。

【法条索引】

•《民法典》

第九条　民事主体从事民事活动，应当有利于节约资源、保护生态环境。

• **《建筑法》**

第四条　国家扶持建筑业的发展，支持建筑科学技术研究，提高房屋建筑设计水平，鼓励节约能源和保护环境，提倡采用先进技术、先进设备、先进工艺、新型建筑材料和现代管理方式。

• **《固体废物污染环境防治法》**

第五条　固体废物污染环境防治坚持污染担责的原则。

产生、收集、贮存、运输、利用、处置固体废物的单位和个人，应当采取措施，防止或者减少固体废物对环境的污染，对所造成的环境污染依法承担责任。

第二十条　产生、收集、贮存、运输、利用、处置固体废物的单位和其他生产经营者，应当采取防扬散、防流失、防渗漏或者其他防止污染环境的措施，不得擅自倾倒、堆放、丢弃、遗撒固体废物。

禁止任何单位或者个人向江河、湖泊、运河、渠道、水库及其最高水位线以下的滩地和岸坡以及法律法规规定的其他地点倾倒、堆放、贮存固体废物。

10.5.3　人员撤离

除了经工程师同意需在缺陷责任期内继续工作和使用的人员、施工设备和临时工程外，承包人应按专用合同条件约定和工程师的要求将其余的人员、施工设备和临时工程撤离施工现场或拆除。除专用合同条件另有约定外，缺陷责任期满时，承包人的人员和施工设备应全部撤离施工现场。

【条文释义】

本条款是在竣工退场条款基础上，考虑到承包人应保留缺陷责任期内所需人员、施工设备和临时工程所作出的特别约定。

规定承包人在竣工退场时，可以保留经工程师同意需在缺陷责任期内继续工作和使用的人员、施工设备和临时工程。除上述人员、施工设备和临时工程外，承包人应按专用合同条件约定和工程师的要求将其余的人员、施工设备和临时工程撤离施工现场或拆除。

同时，在缺陷责任期满时，承包人应将人员和施工设备全部撤离施工现场，除非合同当事人在专用合同条件中另有约定。

【使用指引】

1. 承包人按专用合同条件约定和工程师的要求将其余的人员、施工设备和临时工程撤离施工现场或拆除前，还需要就在缺陷责任期内继续工作和使用的人员、施工设备和临时工程再请示工程师。如果工程师不同意承包人保留需在缺陷责任期内继续工作和使用的人员、施工设备和临时工程的，承包人应将人员和施工设备全部撤离施工现场。

2. 除合同当事人在专用合同条件中另有约定外，在缺陷责任期满时，承包人应将人员和施工设备全部撤离施工现场。但双方也可以通过约定延长承包人保留部分人员和施工设备的时间，以方便承包人履行保修义务。

3. 合同当事人对于竣工退场后，承包人为履行工程保修责任对保留人员、施工设备和临时工程有其他特殊要求的，应在专用合同条件中进行约定。

【风险识别与防范】

承包人未按本项规定及时将其人员、施工设备和临时工程撤离施工现场或拆除，造成工程逾期移交的，应当承担相应的逾期移交的违约责任。为防止承包人拖延将其人员、施工设备和临时工程撤离施工现场或拆除，造成发包人无法及时接收工程的，建议专用合同条件中约定承包人逾期完成本项规定工作的违约责任。

【法条索引】

• **《建设工程质量保证金管理办法》**

第二条　本办法所称建设工程质量保证金（以下简称保证金）是指发包人与承包人在建设工程承包合同中约定，从应付的工程款中预留，用以保证承包人在缺陷责任期内对建设工程出现的缺陷进行维修的资金。缺陷是指建设工程质量不符合工程建设强制性标准、设计文件，以及承包合同的约定。缺陷责任期一般为 1 年，最长不超过 2 年，由发、承包双方在合同中约定。

第八条　缺陷责任期从工程通过竣工验收之日起计。由于承包人原因导致工程无法按规定期限进行竣工验收的，缺陷责任期从实际通过竣工验收之日起计。由于发包人原因导致工程无法按规定期限进行竣工验收的，在承包人提交竣工验收报告 90 天后，工程自动进入缺陷责任期。

第 11 条　缺陷责任与保修

11.1　工程保修的原则

在工程移交发包人后，因承包人原因产生的质量缺陷，承包人应承担质量缺陷责任和保修义务。缺陷责任期届满，承包人仍应按合同约定的工程各部位保修年限承担保修义务。

【条文释义】

我国《建筑法》《建设工程质量管理条例》确立了工程保修制度，建设工程质量保修制度是指建设工程竣工经验收后，在规定的保修期限内，因勘察、设计、施工、材料等原因造成的质量缺陷，应当由承包单位负责维修、返工或更换，由责任单位负责赔偿损失的法律制度。《建设工程质量保证金管理办法》（建质〔2017〕138 号）确立了缺陷维修制度，缺陷维修是指发包人扣除质量保证金以保证承包人在缺陷责任期内对建设工程出现的缺陷进行维修的制度。本条款的目的在于厘清质量缺陷责任和保修义务归属于两种不同的责任形式，两种责任从根本上来看属于"建筑设计、施工企业对工程的设计、施工质量负责"这一核心合同义务在设计、采购、施工完毕经验收后的缺陷责任期、保修期的延伸。

【使用指引】

实践操作中要区分质量缺陷责任与保修义务、缺陷责任期与工程保修期两对概念。首先，应区分工程保修期和缺陷责任期。工程保修期是承包人按照合同约定对工程承担保修责任的期限，《建设工程质量管理条例》规定工程保修期从工程竣工验收合格之日起算。工程保修期内，承包人的保修义务是法定义务，不能通过合同约定予以排除。对于保修期和保修义务的规定必须符合《建筑法》第六十二条、《建设工程质量管理条例》第三十九条、第四十条和第四十一条的规定。缺陷责任期是预留工程保证金的期限，缺陷责任期内承包人承担的是质量缺陷修复义务，《建设工程质量保证金管理办法》（2017年修订）规定缺陷责任期从工程通过竣工验收之日起算。若承包人未按照合同约定履行缺陷修复义务，发包人可以根据合同约定扣除工程质量保证金，并由承包人承担相应的违约责任。缺陷责任期满，发包人应当返还质量保证金。但如果缺陷责任期已经届满但保修期尚未届满，承包人仍需承担保修责任。工程质量保证金的返还与保修期没有必然联系。

工程质量保证金与质量保修金的缘起与关系：2002年9月27日，财政部发布的《基础建设财务管理规定》中最早确定了"工程质量保证金"的概念。其第三十四条规定"工程建设期间，建设单位与施工单位进行工程价款结算，建设单位必须按工程价款结算总额的5%预留工程质量保证金，待工程竣工验收1年后再清算"，首次提到"工程质量保证金"的概念，对于其定义、预留程序、返还规定均未能明确。2005年9月27日，建设部与财政部发布《建设工程质量保证金管理暂行办法》首次对工程质量保证金的定义、功能予以明确，但未分清工程质量保证金和保修金两个概念。其第二条规定"工程质量保证金（保修金）是指发包人与承包人在建设工程承包合同中约定，从应付工程款中预留，用以保证承包人在缺陷责任期内对建设工程出现的缺陷进行维修的资金。缺陷是指建设工程质量不符合工程建设强制性标准、设计文件以及承包合同的约定。缺陷责任期一般为6个月、12个月或24个月。"2016年12月27日，修订后的《建设工程质量保证金管理办法》（建质〔2016〕295号）在对工程质量保证金进行定义时，明确删除了括号中的保修金的称谓。即淘汰了"保修金"的称呼，确定了质量保证金的定义与称呼。此后的《2017版施工合同示范文本》也沿用了"工程质量保证金"的称呼，自此工程质量保证金在实践中得到广泛应用。故，很多关于保修金的旧称谓或者口语化表述，实际上就是指代的质量保证金。同时要注意：

1. 工程总承包单位不具有规定要求的承包商资质不能免除其保修义务的承担。我们对于建设工程领域实行资质许可制度，根据《最高人民法院关于审理建设工程施工合同纠纷案件适用法律问题的解释（一）》第一条规定"建设工程施工合同具有下列情形之一的，应当依据《民法典》第一百五十三条第一款的规定，认定无效：（一）承包人未取得建筑业企业资质或者超越资质等级的"，施工单位不具备相应资质会导致建设工程施工合同无效的法律后果。《房屋建筑和市政基础设施项目工程总承包管理办法》第十条也对工程总承包单位提出了资质要求：应当同时具有与工程规模相适应的设计资质和施工资质，或者由具有相应资质的设计单位和施工单位组成联合体。但这并不影响工程总承包单位承担保修责任。工程总承包单位依旧要对承包范围内的建设工程质量负总责，对分包工程的质量承担连带责任，保修责任属于质量责任的一种，故工程总承包单位是保修责任的第一负责人。

2. 保修期届满后，工程总承包单位仍需承担工程质量赔偿责任。工程质量责任有违约责任和侵权责任之分。违约责任以质量保修合同的存在为前提，工程保修制度中的保修责任即工程质量的违约责任的体现。但是，承包人不仅对建设工程保修期内的工程质量负保修责任，而且担保建设工程在合理的使用期限内不会因其质量造成他人的人身和财产损失事故，该财产和人身损害承担的损害赔偿责任是一种侵权的民事责任。也就是说，保修责任会因保修期限的届满而终止，但是侵权损害赔偿责任却无法免除。侵权责任系法定责任，在建设工程领域主要表现为物件损害责任，只要在建筑物合理使用期间内，发生因建筑物质量问题造成的损害，受损害人有权向相关责任人请求损害赔偿。因此，在保修期届满后，因建设工程质量引发的侵权纠纷，工程总承包单位仍要承担损害赔偿责任。

【风险识别与防范】

司法实践中经常存在发承包当事人在合同中混用"缺陷责任期"和"保修期"的情形，甚至对于"工程质量保证金"也简称为"保修金"。显而易见，此时合同中所约定的工程质量保修金，其实质上就是工程质量保证金，而关于工程质量保修金（实质上是工程质量保证金）的退还期间的约定实质上是缺陷责任期。

不仅仅在概念上混用，实践中还存在将保修期同时作为确定质量保证金退还的时限的情形，即将工程质量保证金的退还与保修期挂钩。例如关于电气管线、给水排水管道、设备安装和装修工程约定两年保修期满退还工程质量保证金，防水工程五年保修期满退还工程质量保证金。此时保修期与缺陷责任期重合。以屋面、卫生间、厨房、地下室、阳台、露台、外墙面、门窗框以及其他有防水要求的地方防渗漏工程的保修期限五年为例，当事人约定五年保修期满退还质量保证金的约定仍然有效，此时的"五年保修期"实质上就是缺陷责任期的概念。

虽然缺陷责任期和保修期均可由当事人在法定范围内进行约定，《建设工程质量保证金管理办法》规定的缺陷责任期最长不超过 24 个月，法定的最低保修期分为合理使用年限、5 年、2 年、2 个供暖期四种情形。但该管理办法毕竟仅仅属于部门规章，当事人约定违反部门规章的合同条款仍然有效。

关于质量保证金，在实践中应注意以下风险：（1）质量保证金退还条件是否成立是发承包双方均应注意的问题。在合同明确约定缺陷责任期的前提下，不仅要满足缺陷责任期满还须满足无遗留未处理的工程缺陷问题，否则发包人有权按照合同约定延长缺陷责任期（合计缺陷责任期不得超过两年）。在合同未明确约定缺陷责任期的，按照司法解释的规定：当事人未约定工程质量保证金返还期限的，自建设工程通过竣工验收之日起满两年；若因发包人原因建设工程未按约定期限进行竣工验收的，自承包人提交工程竣工验收报告九十日后当事人约定的工程质量保证金返还期限届满；当事人未约定工程质量保证金返还期限的，自承包人提交工程竣工验收报告九十日后起满两年。（2）不得以履行保修责任要求延长扣留质量保证金的期限。质量保证金对应的是缺陷责任期，而非保修期。保修责任期限一般不短于缺陷责任期，缺陷责任期内的缺陷问题修复完毕并且缺陷责任期满的，承包人有权按照合同约定要求发包人退还质量保证金。（3）虽然 2017 年《建设工程质量保证金管理办法》规定了预留质量保证金上限为 3%，且在工程项目竣工前，已经缴纳履约保证金的，发包人不得同时预留工程质量保证金，但基于上述规定仅仅属于规范性文件，合同约定违反该规定的并不导致合同无效。但毕竟属于主管部门文件，在实际操作中进行工程相关备案或者竣工手续时可能会出现一定的问题。建议发承包双方还应按照主管部门文件精神订立合同。

【法条索引】

•《建筑法》

第五十八条 建筑施工企业对工程的施工质量负责。

建筑施工企业必须按照工程设计图纸和施工技术标准施工，不得偷工减料。工程设计的修改由原设计单位负责，建筑施工企业不得擅自修改工程设计。

第六十二条 建筑工程实行质量保修制度。

建筑工程的保修范围应当包括地基基础工程、主体结构工程、屋面防水工程和其他土建工程，以及电气管线、上下水管线的安装工程，供热、供冷系统工程等项目；保修的期限应当按照保证建筑物合理寿命年限内正常使用，维护使用者合法权益的原则确定。具体的保修范围和最低保修期限由国务院规定。

•《民法典》

第一千二百五十二条 建筑物、构筑物或者其他设施倒塌、塌陷造成他人损害的，由建设单位与施工单位承担连带责任，但是建设单位与施工单位能够证明不存在质量缺陷的除外。建设单位、施工单位赔偿后，有其他责任人的，有权向其他责任人追偿。

因所有人、管理人、使用人或者第三人的原因，建筑物、构筑物或者其他设施倒塌、塌陷造成他人损害的，由所有人、管理人、使用人或者第三人承担侵权责任。

•《房屋建筑工程质量保修办法》

第十四条 在保修期限内，因房屋建筑工程质量缺陷造成房屋所有人、使用人或者第三方人身、财产损害的，房屋所有人、使用人或者第三方可以向建设单位提出赔偿要求。建设单位向造成房屋建筑工程质量缺陷的责任方追偿。

第十五条 因保修不及时造成新的人身、财产损害，由造成拖延的责任方承担赔偿责任。

•《建设工程质量管理条例》

第三十九条 建设工程实行质量保修制度。建设工程承包单位在向建设单位提交工程竣工验收报告时，应当向建设单位出具质量保修书。质量保修书中应当明确建设工程的保修范围、保修期限和保修责任等。

第四十条 在正常使用条件下，建设工程的最低保修期限为：（一）基础设施工程、房屋建筑的地基基础工程和主体结构工程，为设计文件规定的该工程的合理使用年限；（二）屋面防水工程、有防水要求的卫生间、房间和外墙面的防渗漏，为 5 年；（三）供热与供冷系统，为 2 个采暖期、供冷期；（四）电气管线、给排水管道、设备安装和装修工程，为 2 年。其他项目的保修期限由发包方与承包方约定。建设工程的保修期，自竣工验收合格之日起计算。

第四十一条　建设工程在保修范围和保修期限内发生质量问题的，施工单位应当履行保修义务，并对造成的损失承担赔偿责任。

• **《最高人民法院关于审理建设工程施工合同纠纷案件适用法律问题的解释（一）》（法释〔2020〕25 号）**

第十七条　有下列情形之一，承包人请求发包人返还工程质量保证金的，人民法院应予支持：

（一）当事人约定的工程质量保证金返还期限届满；

（二）当事人未约定工程质量保证金返还期限的，自建设工程通过竣工验收之日起满二年；

（三）因发包人原因建设工程未按约定期限进行竣工验收的，自承包人提交工程竣工验收报告九十日后当事人约定的工程质量保证金返还期限届满；当事人未约定工程质量保证金返还期限的，自承包人提交工程竣工验收报告九十日后起满二年。

发包人返还工程质量保证金后，不影响承包人根据合同约定或者法律规定履行工程保修义务。

第十八条　因保修人未及时履行保修义务，导致建筑物毁损或者造成人身损害、财产损失的，保修人应当承担赔偿责任。

保修人与建筑物所有人或者发包人对建筑物毁损均有过错的，各自承担相应的责任。

• **《城市道路管理条例》**

第十八条　城市道路实行工程质量保修制度。城市道路的保修期为 1 年，自交付使用之日起计算。保修期内出现工程质量问题，由有关责任单位负责保修。

• **《建设工程质量保证金管理办法》**

第二条　本办法所称建设工程质量保证金（以下简称保证金）是指发包人与承包人在建设工程承包合同中约定，从应付的工程款中预留，用以保证承包人在缺陷责任期内对建设工程出现的缺陷进行维修的资金。

缺陷是指建设工程质量不符合工程建设强制性标准、设计文件，以及承包合同的约定。

缺陷责任期一般为 1 年，最长不超过 2 年，由发、承包双方在合同中约定。

• **《房屋建筑和市政基础设施项目工程总承包管理办法》**

第二十五条　工程保修书由建设单位与工程总承包单位签署，保修期内工程总承包单位应当根据法律法规规定以及合同约定承担保修责任，工程总承包单位不得以其与分包单位之间保修责任划分而拒绝履行保修责任。

11.2　缺陷责任期

缺陷责任期原则上从工程竣工验收合格之日起计算，合同当事人应在专用合同条件约定缺陷责任期的具体期限，但该期限最长不超过 24 个月。

单位/区段工程先于全部工程进行验收，经验收合格并交付使用的，该单位/区段工程缺陷责任期自单位/区段工程验收合格之日起算。因发包人原因导致工程未在合同约定期限进行验收，但工程经验收合格的，以承包人提交竣工验收报告之日起算；因发包人原因导致工程未能进行竣工验收的，在承包人提交竣工验收报告 90 天后，工程自动进入缺陷责任期；发包人未经竣工验收擅自使用工程的，缺陷责任期自工程转移占有之日起开始计算。

由于承包人原因造成某项缺陷或损坏使某项工程或工程设备不能按原定目标使用而需要再次检查、检验和修复的，发包人有权要求承包人延长该项工程或工程设备的缺陷责任期，并应在原缺陷责任期届满前发出延长通知。但缺陷责任期最长不超过 24 个月。

【条文释义】

缺陷责任期是指发包人预留工程质量保证金以保证承包人履行质量缺陷维修责任的期限。本条集中规定了缺陷责任期的期限、起算点以及缺陷责任期的延长三方面的内容。

根据《建设工程质量保证金管理办法》规定，缺陷责任期一般为 1 年，最长不超过 2 年，具体可由发、承包双方在合同中约定。缺陷责任期原则上从工程竣工验收合格之日起算，工程竣工验收合格之日即工程通过竣工验收之日（两者表述不同但指向同一时点），但同时规定了四种特殊情况下的缺陷责任期起算点。

第一，单位/区段工程先于全部工程进行验收，经验收合格并交付使用的，该单位/区段工程缺陷责任期自单位/区段工程验收合格之日起算。房建工程一般以单位工程进行划分，基础设施项目包括道路、桥梁工作一般以区段进行划分，这里应该引起注意的是单位/区段工程单独起算缺陷责任期必须同时满足"单位/区段工程验收合格"和"交付使用"，否则仍只能以整体工程竣工验收合格之日起算缺陷责任期。单位/区段工程验收主要体现在示范文本第 10.2.1 款规定中"发包人根据项目进度计划安排，在全部工程竣工前需要使用已经竣工的单位/区段工程时，或承包人提出经发包人同意时，可进行单位/区段工程验收。验收的程序可参照第 10.1 款［竣工验收］的约定进行。验收合格后，由工程师向承包人出具经发包人签认的单位/区段工程验收证书。单位/区段工程的验收成果和结论作为全部工程竣工验收申请报告的附件。"

第二，因发包人原因导致竣工验收手续拖延的，按照过错原则，以有利于承包人的提交竣工验收报告之日起算缺陷责任期，而非竣工验收合格之日。根据《民法典》第一百五十九条的规定，"附条件的民事法律行为，当事人为自己的利益不正当地阻止条件成就的，视为条件已经成就；不正当地促成条件成就的，视为条件不成就。"故因发包人原因导致工程未在合同约定期限进行验收，但工程经验收合格的，以承包人提交竣工验收报告之日起算。适用以上条款确定缺陷责任期的起算点时仍应注意区分事实上的"竣工验收合格之日"和合同约定上的"竣工验收合格之日"，即使工程最终按照国家验收规范办理了竣工验收，该竣工验收合格证书上备注的日期仅仅只是事实上的或者是行政备案的竣工合格之日，不能据此"竣工合格之日"适用第一款的规定起算缺陷责任期，而应适用"承包人提交竣工验收报告之日"起算缺陷责任期。

第三，因发包人原因工程未能进行竣工验收的，按照承包人提交竣工验收报告后第91日起算缺陷责任期。此点与第二点均是因为发包人原因拖延竣工验收，但是根据是否最终办理了竣工验收手续进行了分区，已经办理了竣工验收合格手续的适用第二点的规定，未办理竣工验收手续的适用第三点的规定。因为根据工程行业习惯，拖延办理竣工验收的情况较为常见，甚至存在以拖延办理竣工验收为手段来达到拖延支付工程款的目的，但最终实际上也办理了竣工验收手续，此时无法适用于"因发包人原因工程未能进行竣工验收的"情形。而如果按照实际办理竣工验收的时间起算缺陷责任期，明显对承包人不利。故发包人有意拖延办理竣工验收手续的，即使实际上存在一个客观"竣工验收合格日期"的仍然应以"承包人提交竣工验收报告之日"起算缺陷责任期。

第四，发包人未经办理竣工验收手续而擅自使用的。《民法典》第七百九十九条、《建筑法》第六十一条、《建设工程质量管理条例》第十六条等法律法规规定，为保证建筑工程质量，建筑工程必须经过法定验收程序才能投入使用。发包人对擅自使用的部分已按质量合格接收，根据《最高院关于审理建设工程施工合同纠纷案件适用法律问题的解释（一）》的精神，发包人未办理竣工验收手续的，缺陷责任期自工程转移占有之日起算。

缺陷责任期的延长需要满足三个条件：第一，某项缺陷或损坏使某项工程或工程设备不能按原定目标使用而需要再次检查、检验和修复，导致该缺陷或者损坏的原因在于承包人；第二，发包人应在缺陷责任期满前向承包人发出延长通知；第三，原缺陷责任期与延长缺陷责任期之和仍不能超过 24 个月。

【使用指引】

实践中要注意：（1）关于"工程竣工验收合格之日"的理解。《房屋建筑和市政基础设施工程竣工验收规定》（建质〔2013〕171 号）第五条规定了竣工验收应具备的条件以及第六条规定了竣工验收的程序，只有在工程全部完工满足法定条件并经过法定程序才能称为竣工验收合格。但实践中存在很多工程未完工、未竣工验收的情况，本次示范文本结合实践情况，规定了三种例外情形，有利于当事人完善合同约定，提前化解纠纷。（2）缺陷责任期满未退还质量保证金的，应该参照工程欠款支付违约金或利息。根据《最高人民法院关于审理建设工程施工合同纠纷案件适用法律问题的解释（一）》（法释〔2020〕25 号）第二十六条的规定"当事人对欠付工程价款利息计付标准有约定的，按照约定处理。没有约定的，按照同期同类贷款利率或者同期贷款市场报价利率计息。"当事人对欠付工程价款利息计付标准有约定的，按照约定处理；没有约定的，按以下方式计息：2019 年 8 月 20 日（不含）前的，按中国人民银行发布的同期同类贷款利率计息；2019 年 8 月 20 日（含）后的，按全国银行间同业拆借中心公布的贷款市场报价利率计息。

【风险识别与防范】

保修期对应的保修义务，保修期与保修责任是《建筑法》和《建设工程质量管理条例》确立的制度。《建筑法》和《建设工程质量管理条例》是法律法规，而缺陷责任期属于《建设工程质量保证金管理办法》确立的制度，《建设工程质量保证金管理办法》属于规范性文件。发承包双方关于保修期、保修义务的合同约定不得违反法律法规的强制性规定，否则约定无效，关于保修义务和保修责任仍应执行法律强制性规定。但发承包双方关于缺陷责任期的约定违反《建设工程质量保证金管理办法》这一规范性文件规定，仍然有效。

但示范文本属于行业习惯已经得到司法实践的认可，根据《民法典》第五百一十条的规定："合同生效后，当事人就质量、价款或者报酬、履行地点等内容没有约定或者约定不明确的，可以协议补充；不能达成补充协议的，按照合同相关条款或者交易习惯确定。"在当事人对于缺陷责任期约定不明又没有法律规定的情况下，可以以交易习惯确定缺陷责任期，特别是示范文本所新增的"因发包人原因导致工程未在合同约定期限进行验收，但工程经验收合格的，以承包人提交竣工验收报告之日起算"的规定。

【法条索引】

•《民法典》

第七百九十九条　建设工程竣工后，发包人应当根据施工图纸及说明书、国家颁发的施工验收规范和质量检验标准及时进行验收。验收合格的，发包人应当按照约定支付价款，并接收该建设工程。

•《建筑法》

第六十一条　交付竣工验收的建筑工程，必须符合规定的建筑工程质量标准，有完整的工程技术经济资料和经签署的工程保修书，并具备国家规定的其他竣工条件。建筑工程竣工经验收合格后，方可交付使用；未经验收或者验收不合格的，不得交付使用。

•《建设工程质量管理条例》

第十六条　建设单位收到建设工程竣工报告后，应当组织设计、施工、工程监理等有关单位进行竣工验收。

建设工程竣工验收应当具备下列条件：

（一）完成建设工程设计和合同约定的各项内容；

（二）有完整的技术档案和施工管理资料；

（三）有工程使用的主要建筑材料、建筑构配件和设备的进场试验报告；

（四）有勘察、设计、施工、工程监理等单位分别签署的质量合格文件；

（五）有施工单位签署的工程保修书。

建设工程经验收合格的，方可交付使用。

•《城市房地产管理法》

第二十七条　房地产开发项目的设计、施工，必须符合国家的有关标准和规范。房地产开发项目竣工，经验收合格后，方可交付使用。

- **《消防法》**

第十三条　依法应当进行消防验收的建设工程，未经消防验收或者消防验收不合格的，禁止投入使用；其他建设工程经依法抽查不合格的，应当停止使用。

- **《环境保护法》**

第二十六条　建设项目中防治污染的设施，必须与主体工程同时设计、同时施工、同时投产使用。防治污染的设施必须经原审批环境影响报告书的环境保护行政主管部门验收合格后，该建设项目方可投入生产或者使用。

- **《房屋建筑工程质量保修办法》**

第八条　房屋建筑工程保修期从工程竣工验收合格之日起计算。

第九条　缺陷责任期内，由承包人原因造成的缺陷，承包人应负责维修，并承担鉴定及维修费用。如承包人不维修也不承担费用，发包人可按合同约定从保证金或银行保函中扣除，费用超出保证金额的，发包人可按合同约定向承包人进行索赔。承包人维修并承担相应费用后，不免除对工程的损失赔偿责任。

由他人原因造成的缺陷，发包人负责组织维修，承包人不承担费用，且发包人不得从保证金中扣除费用。

第十条　缺陷责任期内，承包人认真履行合同约定的责任，到期后，承包人向发包人申请返还保证金。

- **《最高人民法院关于审理建设工程施工合同纠纷案件适用法律问题的解释（一）》（法释〔2020〕25 号）**

第九条　当事人对建设工程实际竣工日期有争议的，人民法院应当分别按照以下情形予以认定：

（一）建设工程经竣工验收合格的，以竣工验收合格之日为竣工日期；

（二）承包人已经提交竣工验收报告，发包人拖延验收的，以承包人提交验收报告之日为竣工日期；

（三）建设工程未经竣工验收，发包人擅自使用的，以转移占有建设工程之日为竣工日期。

第十四条　建设工程未经竣工验收，发包人擅自使用后，又以使用部分质量不符合约定为由主张权利的，人民法院不予支持；但是承包人应当在建设工程的合理使用寿命内对地基基础工程和主体结构质量承担民事责任。

第十七条　有下列情形之一，承包人请求发包人返还工程质量保证金的，人民法院应予支持：

（一）当事人约定的工程质量保证金返还期限届满；

（二）当事人未约定工程质量保证金返还期限的，自建设工程通过竣工验收之日起满二年；

（三）因发包人原因建设工程未按约定期限进行竣工验收的，自承包人提交工程竣工验收报告九十日后当事人约定的工程质量保证金返还期限届满；当事人未约定工程质量保证金返还期限的，自承包人提交工程竣工验收报告九十日后起满二年。

发包人返还工程质量保证金后，不影响承包人根据合同约定或者法律规定履行工程保修义务。

- **《房屋建筑和市政基础设施工程竣工验收规定》（建质〔2013〕171 号）**

第五条　工程符合下列要求方可进行竣工验收：

（一）完成工程设计和合同约定的各项内容。

（二）施工单位在工程完工后对工程质量进行了检查，确认工程质量符合有关法律、法规和工程建设强制性标准，符合设计文件及合同要求，并提出工程竣工报告。工程竣工报告应经项目经理和施工单位有关负责人审核签字。

（三）对于委托监理的工程项目，监理单位对工程进行了质量评估，具有完整的监理资料，并提出工程质量评估报告。工程质量评估报告应经总监理工程师和监理单位有关负责人审核签字。

（四）勘察、设计单位对勘察、设计文件及施工过程中由设计单位签署的设计变更通知书进行了检查，并提出质量检查报告。质量检查报告应经该项目勘察、设计负责人和勘察、设计单位有关负责人审核签字。

（五）有完整的技术档案和施工管理资料。

（六）有工程使用的主要建筑材料、建筑构配件和设备的进场试验报告，以及工程质量检测和功能性试验资料。

（七）建设单位已按合同约定支付工程款。

（八）有施工单位签署的工程质量保修书。

（九）对于住宅工程，进行分户验收并验收合格，建设单位按户出具《住宅工程质量分户验收表》。

（十）建设主管部门及工程质量监督机构责令整改的问题全部整改完毕。

（十一）法律、法规规定的其他条件。

第六条　工程竣工验收应当按以下程序进行：

（一）工程完工后，施工单位向建设单位提交工程竣工报告，申请工程竣工验收。实行监理的工程，工程竣工报告须经总监理工程师签署意见。

（二）建设单位收到工程竣工报告后，对符合竣工验收要求的工程，组织勘察、设计、施工、监理等单位组成验收组，制定验收方案。对于重大工程和技术复杂工程，根据需要可邀请有关专家参加验收组。

（三）建设单位应当在工程竣工验收 7 个工作日前将验收的时间、地点及验收组名单书面通知负责监督该工程的工程质量监督机构。

（四）建设单位组织工程竣工验收。

1. 建设、勘察、设计、施工、监理单位分别汇报工程合同履约情况和在工程建设各个环节执行法律、法规和工程建设强制性标准的情况；

2. 审阅建设、勘察、设计、施工、监理单位的工程档案资料；

3. 实地查验工程质量；

4. 对工程勘察、设计、施工、设备安装质量和各管理环节等方面作出全面评价，形成经验收组人员签署的工程竣工验收意见。

参与工程竣工验收的建设、勘察、设计、施工、监理等各方不能形成一致意见时，应当协商提出解决的方法，待意见一致后，重新组织工程竣工验收。

11.3 缺陷调查

11.3.1 承包人缺陷调查

如果发包人指示承包人调查任何缺陷的原因，承包人应在发包人的指导下进行调查。承包人应在发包人指示中说明的日期或与发包人达成一致的其他日期开展调查。除非该缺陷应由承包人负责自费进行修补，承包人有权就调查的成本和利润获得支付。

如果承包人未能根据本款开展调查，该调查可由发包人开展。但应将上述调查开展的日期通知承包人，承包人可自费参加调查。如果该缺陷应由承包人自费进行修补，则发包人有权要求承包人支付发包人因调查产生的合理费用。

【条文释义】

规定由承包人对工程缺陷进行调查，其根本原因在于工程总承包单位负责工程项目的设计、采购、施工、试运行等阶段的内容，对工程本身足够了解，懂得工程设计原理和施工情况，而作为项目的工程总承包单位也是具备一定实力的工程单位，在对工程进行调查方面具备先天的优势。

关于调查指令权，无论何种情况，在缺陷责任期内和保修期内，发包人有合理理由怀疑工程质量存在缺陷的，均有权以发包人指令的形式要求承包人就此合理怀疑进行调查，指令中应说明具体调查的时间或者另行与承包人协商调查日期。示范文本之所以规定发包人的调查指令权，其根本原因在于实践中经常存在承包人怠于履行缺陷修复义务，接到发包人的维修通知后置之不理，在双方就缺陷维修义务发生争议的情况下，发包人往往需要举证证明工程竣工后是否存在缺陷这一前提问题，在无法判断是否存在发包人所称述的缺陷问题时往往依赖于启动鉴定程序，特别是在发包人已经维修完毕之后再行证明已被修复问题的程度、原因更是难上加难。而发包人享有调查指令权后即掌握了启动工程维修的"钥匙"，经双方确认调查结果记录就可以证明是否确实存在缺陷问题，而无需启动质量问题司法鉴定程序，即使发生争议也只需要启动修复方案和修复费用的鉴定，无疑为纠纷的解决节省了费用和时间成本。

若承包人因客观原因未能调查或者拒绝调查的，发包人在保留通知的证据后可自行调查。根据《民法典》的规定，阻止条件成就的，视为条件已经成就，在承包人拒绝调查的同时也放弃了参与调查的权利，该调查结果在保证客观、公正的前提下可以作为认定瑕疵问题存在的证据。同时，即使发包人自行调查过程中，承包人也有权参与，但是此时承包人的调查费用应自行承担。

关于调查费用。无论是承包人按照发包人的指令进行调查还是发包人自行调查，由此产生的调查费用的承担取决于是否存在缺陷以及缺陷原因。经调查发现确实存在因承包人原因导致的缺陷，承包人无权主张调查费用，若是发包人自行调查的，发包人有权要求承包人支付发包人因调查产生的合理费用；经调查未发现缺陷或者缺陷非承包人原因所致的，承包人有权向发包人主张调查的成本和利润。在进行原因判断的问题上，有必要的，当事人可以共同协商选择专业的质量检测单位辅助判断，以定纷止争。参考《最高人民法院关于审理建设工程施工合同纠纷案件适用法律问题的解释（一）》第三十条"当事人在诉讼前共同委托有关机构、人员对建设工程造价出具咨询意见，诉讼中一方当事人不认可该咨询意见申请鉴定的，人民法院应予准许，但双方当事人明确表示受该咨询意见约束的除外"的规定，双方当事人在明确表示受该咨询意见约束的前提下，法院应该认可该检测意见。

【使用指引】

在工程竣工验收合格之后，为防止承包人怠于履行缺陷修复义务和保修责任，示范文本进一步规定了发包人的调查指令权，承包人应积极配合发包人的调查要求。而发包人也要善于取证，应以便于举证的方式通知承包人调查（包括书面的、电子数据方式），并做好相应的证据留存工作。这里通知承包人履行调查义务，是履行缺陷修复义务的前置程序。建设工程领域的缺陷问题较为专业，很多缺陷从表面上无法判决问题的缺陷程度和缺陷成因，例如外墙表面漏水可能是因为防水层施工问题，也可能是因为施工材料质量问题，也有可能是使用不当的原因，对于问题的调查可能都需要辅助专业的鉴定才能解决，其中所产生的调查费用主要包括人工费、材料设备费、鉴定费等。

【风险识别与防范】

基于建设工程领域的专业性，承包人作为工程项目的设计方和施工方，对于工程项目了解程度具有一定的先天优势，由承包人进行调查兼具了效率和成本的考虑，故调查指令权对于发包人来说既是权利又是义务，发包人在发现存在一定缺陷的情形下，应该先通知承包人调查，只有在承包人未能予以配合，怠于履行缺陷调查义务，发包人才能自行调查。这里的自行调查包括发包人委托第三方进行调查。

经调查发现缺陷后，最好由发承包双方对存在的缺陷进行确认，以固定缺陷程度、成因等问题，以便于进一步进行缺陷修复。对于缺陷修复问题发包人仍应继续通知承包人履行缺陷修复义务。实践中存在承包人退场后拒绝履行任何后续保修义务，对于发包人的缺陷调查通知置之不理或者明确拒绝调查，此时发包人在自行调查或者委托第三方进行调查后发现确实存在缺陷的，不能因承包人拒绝履行调查的意思表示就直接委托第三方进行缺陷修复。此时仍应该通知承包人优先维修，只有在承包人明确拒绝或者以行为表示拒绝履行维修义务之后，发包人才能自行修复或者委托第三方修复，之后发包人有权要求承包人承担相关的调查费、修复费。

【法条索引】

•《民法典》

第五百零九条　当事人应当按照约定全面履行自己的义务。

当事人应当遵循诚信原则，根据合同的性质、目的和交易习惯履行通知、协助、保密等义务。

11.3.2　缺陷责任

缺陷责任期内，由承包人原因造成的缺陷，承包人应负责维修，并承担鉴定及维修费用。如承包人不维修也不承担费用，发包人可按合同约定从质量保证金中扣除，费用超出质量保证金金额的，发包人可按合同约定向承包人进行索赔。承包人维修并承担相应费用后，不免除对工程的损失赔偿责任。发包人在使用过程中，发现已修补的缺陷部位或部件还存在质量缺陷的，承包人应负责修复，直至检验合格为止。

【条文释义】

《国务院办公厅关于促进建筑业持续健康发展的意见》（国办发〔2017〕19号）、《国务院办公厅转发住房城乡建设部关于完善质量保障体系提升建筑工程品质指导意见的通知》（国办函〔2019〕92号）均强调不断提高房屋建筑和市政基础设施工程质量水平，不仅要保障工程施工过程中的质量问题，工程竣工验收后的质量问题仍应重视。不仅要落实施工单位对其施工质量负责任的原则，更要落实建设单位对工程质量承担首要责任的原则。2020年9月11日发布的《住房和城乡建设部关于落实建设单位工程质量首要责任的通知》明确"建设单位是工程质量第一责任人，依法对工程质量承担全面责任。"故缺陷责任期内，发承包双方均应积极落实自身质量责任，发包人不得因工程已经转让、承包人亦不得因工程已经竣工验收而推卸后期的修复义务。故示范文本也根据立法规定了建设工程质量保证金制度和缺陷修复制度，并明确了具体的流程等问题。

建设工程质量保证金是发包人与承包人在建设工程承包合同中约定，可从应付的工程款中预留，用以保证承包人在缺陷责任期内对建设工程出现的缺陷进行维修的资金。缺陷责任制度规定的是缺陷责任期内，因承包人原因导致的缺陷应由承包人负责修复。根据《民法典》第五百七十七条的规定"当事人一方不履行合同义务或者履行合同义务不符合约定的，应当承担继续履行、采取补救措施或者赔偿损失等违约责任。"即按照合同不完全履行的法理，承包人不仅仅要承担维修的补救义务，还需要承担由此导致的损失赔偿责任和合同约定的违约责任。这里的损失赔偿，根据《民法典》第五百八十四条的规定"当事人一方不履行合同义务或者履行合同义务不符合约定，造成对方损失的，损失赔偿额应当相当于因违约所造成的损失，包括合同履行后可以获得的利益；但是，不得超过违约一方订立合同时预见到或者应当预见到的因违约可能造成的损失。"即承包人的损失赔偿范围应该受到可预见性原则的约束。

同时，承包人经通知而拒绝履行维修义务的，发包人有权另行委托第三方进行维修，维修费用可以直接从质量保证金中扣除，这是质量保证金的用途所在。对于维修费超过质量保证金数额的，可以就超过部分的维修金要求承包人损失赔偿。因承包人原因导致的缺陷对发包人造成了其他损失的还需要承担赔偿责任，主要包括维修整改期间的经营损失、停工损失等。

【使用指引】

缺陷责任作为合同约定义务，质量保证金的扣留正是为了保障承包人承担应由其负责的缺陷维修义务，原则上缺陷责任期满即应退回。如果承包人拒绝履行修复缺陷维修义务，发包人有权扣除相应的质量保证金，此时扣除的概念是承包人不完全履行合同义务（修复义务）的损失（修复费用）从应付工程款中扣除，如果发包人还有其他损失的，承包人仍应继续赔偿。《建设工程质量保证金管理办法》第九条亦对此作出了规定。

首先，关于扣除质量保证金相关问题。为贯彻落实《国务院办公厅关于清理规范工程建设领域保证金的通知》，住房和城乡建设部、财政部、人力资源社会保障部共同部署清理规范工程建设领域保证金工作，特别是 2017 年修订的《建设工程质量保证金管理办法》明确了工程质量保证金不再要求以现金形式缴纳，推广使用工程质量保证担保、工程质量保险等其他保证方式。故所谓的工程质量保证金不再局限于现金形式。采取保函、保险方式提供工程质量保证金的，扣除的方式则涉及保函承兑或保单承兑的问题。根据《最高人民法院关于审理独立保函纠纷案件若干问题的规定》（法释〔2016〕24 号）第六条规定"受益人提交的单据与独立保函条款之间、单据与单据之间表面相符，受益人请求开立人依据独立保函承担付款责任的，人民法院应予支持。开立人以基础交易关系或独立保函申请关系对付款义务提出抗辩的，人民法院不予支持，但有本规定第十二条情形的除外。"故实践中发包人要求承包人提供的保函多数采用见索即付独立保函形式。

其次，承包人应积极履行缺陷维修义务。在发生质量缺陷后，发包人不能直接主张扣除质保金，应优先通知承包人进行维修整改。再次，承包人未能维修或者无法维修的，发包人才能主张扣除质量保证金。这里的扣除金额不仅包括维修费用还包括由此相关的检验费、鉴定费。最后，承包人的维修义务不限次数，以维修完成为准，经多次维修仍未能整改完毕的，可以合理判断出承包人不具备维修能力，另行委托第三方维修。建设工程关乎社会公众安全，必须以保障工程质量为首要原则。发包人在使用过程中，发现已修补的缺陷部位或部件还存在质量缺陷的，承包人应负责修复，直至检验合格为止。

【风险识别与防范】

本条在实践中适用已经比较普遍，但仍然存在以下几大问题值得注意：（1）承包人权利的保障。发包人在识别出一定的质量缺陷问题或者了解到相关问题之后，需要履行几大通知义务，即通知承包人检查缺陷—通知承包人履行修复义务—通知承包人不履行缺陷修复义务则发包人将自行维修以及自行维修的费用，而以上程序权利的保障实则是保护承包人的实体权利。（2）注意发承包双方的平衡保护。任何合同条款均须平衡当事人之间的权责，对于承包人权利的保障的同时也须保障发包人权利，对于特别紧急情况，例如外墙瓷砖不马上维修会发生脱落、坠落的危险，则允许发包人在通知之后或者同时马上采取紧急补救或者临时措施。而不应过于生硬地套用程序性规定。当然对此情况最好双方在专用合同条件中予以准确约定。

【法条索引】

•《民法典》

第五百八十三条　当事人一方不履行合同义务或者履行合同义务不符合约定的，在履行义务或者采取补救措施后，对方还有其他损失的，应当赔偿损失。

第五百八十四条　当事人一方不履行合同义务或者履行合同义务不符合约定，造成对方损失的，损失赔偿额应当相当于因违约所造成的损失，包括合同履行后可以获得的利益；但是，不得超过违约一方订立合同时预见到或者应当预见到的因违约可能造成的损失。

•《建设工程质量保证金管理办法》

第二条　本办法所称建设工程质量保证金（以下简称保证金）是指发包人与承包人在建设工程承包合同中约定，从应付的工程款中预留，用以保证承包人在缺陷责任期内对建设工程出现的缺陷进行维修的资金。

缺陷是指建设工程质量不符合工程建设强制性标准、设计文件，以及承包合同的约定。

缺陷责任期一般为1年，最长不超过2年，由发、承包双方在合同中约定。

11.3.3　修复费用

发包人和承包人应共同查清缺陷或损坏的原因。经查明属承包人原因造成的，应由承包人承担修复的费用。经查验非承包人原因造成的，发包人应承担修复的费用，并支付承包人合理利润。

【条文释义】

为落实建筑工程质量，推动建筑业健康发展，法律规定发包人对建设工程质量负首要责任，承包人对自己承包范围内的设计、施工、采购质量负责，双方均有义务查明工程存在缺陷或者损坏的原因。

对因承包人原因导致的质量缺陷，按照《民法典》的规定由承包人承担整改维修的费用；对于非承包人原因引发的质量缺陷，例如发包人使用不当造成工程缺陷、损坏的，发包人可以委托承包人维修，此时属于另行达成的维修合意，发包人应支付承包人相应维修费用和合理利润。

【使用指引】

关于示范文本第11条［缺陷责任与保修］条款，是综合规定了缺陷责任制度和保修制度两个制度。一般来说缺陷责任期不长于保修期，即一般情况下缺陷责任期短于保修期，也可能缺陷责任期等于保修期，两者存在一定的重合期，重合期间的缺陷修复义务基本一致，发包人可以选择适用缺陷责任制度和保修制度。第11.1款强调了"工程保修的原则"，该条规定的保修包括缺陷责任期内的缺陷修复和保修期内的保修义务，即规定了缺陷责任制度和保修制度两项制度。第11.2款单独规定了"缺陷责任期"，而第11.3～11.5款则又是同时规定了缺陷责任制度和保修制度两项制度。即在缺陷责任期和保修期重合的期间，发包人可以选择适用缺陷责任制度和保修制度，均可以适用第11.1款、11.3款、11.4款和11.5款的规定。

故，在缺陷责任期内和保修期内，对于缺陷调查的规定均可以适用本款的规定。在发承包双方对于质量缺陷存在争议时，往往会委托第三方有专门资质的质量检测单位进行检测或者由争议解决机构（人民法院或者仲裁委）委托鉴定，对质量问题的成因进行鉴定，由此来辅助判决修复责任主体和修复费用承担主体。

【风险识别与防范】

对于非承包人原因导致的缺陷，由承包人修复后，承包人可向发包人主张修复的费用和合理的利润。关于"合理利润"在示范文本中出现了12次，分别是1.12款发包人提供基础资料错误导致承包人增加费用和（或）工期延误的；第3.5.3款由于工程师未能按合同约定发出指示、指示延误或指示错误；第6.2.1款发包人提供的材料和工程设备的规格、数量或质量不符合合同要求；第7.3款承包人提供现场合作、条件或协调在考虑到《发包人要求》所列内容的情况下是不可预见的；第8.1.2款因发包人原因造成实际开始现场施工日期迟于计划开始现场施工日期后第84天的；第8.9.1款由发包人暂停工作；第8.9.2款因发包人违约并逾期不纠正的；第9.2款发包人原因延误试验的；第10.2.2款发包人在全部工程竣工前，使用已接收的单位/区段工程导致承包人费用增加的；第12.4.3款发包人无故拖延给予承包人进行调查、调整或修补所需的进入工程或区段工程的许可，并造成承包人费用增加的。但是何为"合理利润"在实践中仍然存在一定的争议。对此，参考建筑安装工程费用项目组成（按费用构成要素划分）中利润的定义。利润作为工程造价的构成部分，是指施工企业完成所承包工程获得的盈利。故利润是承包人单方的数据，在产生争议确定合理利润时可以参考合同既有利润约定比例来进行确定。

【法条索引】

• 《建筑法》

第二条　在中华人民共和国境内从事建筑活动，实施对建筑活动的监督管理，应当遵守本法。

本法所称建筑活动，是指各类房屋建筑及其附属设施的建造和与其配套的线路、管道、设备的安装活动。

第三条　建筑活动应当确保建筑工程质量和安全，符合国家的建筑工程安全标准。

第五十五条　建筑工程实行总承包的，工程质量由工程总承包单位负责，总承包单位将建筑工程分包给其他单位的，应当对分包工程的质量与分包单位承担连带责任。分包单位应当接受总承包单位的质量管理。

第五十八条　建筑施工企业对工程的施工质量负责。

建筑施工企业必须按照工程设计图纸和施工技术标准施工，不得偷工减料。工程设计的修改由原设计单位负责，建筑施工企业不得擅自修改工程设计。

• **《民法典》**

第五百八十三条　当事人一方不履行合同义务或者履行合同义务不符合约定的，在履行义务或者采取补救措施后，对方还有其他损失的，应当赔偿损失。

第五百八十四条　当事人一方不履行合同义务或者履行合同义务不符合约定，造成对方损失的，损失赔偿额应当相当于因违约所造成的损失，包括合同履行后可以获得的利益；但是，不得超过违约一方订立合同时预见到或者应当预见到的因违约可能造成的损失。

11.3.4　修复通知

在缺陷责任期内，发包人在使用过程中，发现已接收的工程存在缺陷或损坏的，应书面通知承包人予以修复，但情况紧急必须立即修复缺陷或损坏的，发包人可以口头通知承包人并在口头通知后 48 小时内书面确认，承包人应在专用合同条件约定的合理期限内到达工程现场并修复缺陷或损坏。

【条文释义】

本条是关于修复程序的规定。建设工程合同作为典型的商事合同，根据《民法典》的规定属于要式合同，关涉利益重大，对于合同履行过程中的事项尽量采用书面通知，避免产生不必要的纷争。对于危及身份安全、重大财产损害等紧急情况可以先以口头通知，事后再补充书面形式。承包人应按照约定时间到达现场进行修复。

【使用指引】

随着科技的进步，书面通知的形式包括函件、挂号信、传真、电邮、微信等多种方式，只要是有形载体可以重复可见的形式均可。同时书面形式应按照通用合同条件 1.7.2 所约定的地址进行送达。

【风险识别与防范】

实践中采用口头主要是电话方式进行通知比较常见，对此往往给发包人举证带来一定的困难。在采用口头方式通知后，当事人应及时进行书面补充确认，以防范后期发生不必要的争议。

【法条索引】

• **《民法典》**

第七百八十九条　建设工程合同应当采用书面形式。

• **《房屋建筑工程质量保修办法》**

第九条　房屋建筑工程在保修期限内出现质量缺陷，建设单位或者房屋建筑所有人应当向施工单位发出保修通知。施工单位接到保修通知后，应当到现场核查情况，在保修书约定的时间内予以保修。发生涉及结构安全或者严重影响使用功能的紧急抢修事故，施工单位接到保修通知后，应当立即到达现场抢修。

第十条　发生涉及结构安全的质量缺陷，建设单位或者房屋建筑所有人应当立即向当地建设行政主管部门报告，采取安全防范措施；由原设计单位或者具有相应资质等级的设计单位提出保修方案，施工单位实施保修，原工程质量监督机构负责监督。

第十一条　保修完成后，由建设单位或者房屋建筑所有人组织验收。涉及结构安全的，应当报当地建设行政主管部门备案。

第十二条　施工单位不按工程质量保修书约定保修的，建设单位可以另行委托其他单位保修，由原施工单位承担相应责任。

11.3.5　在现场外修复

在缺陷责任期内，承包人认为设备中的缺陷或损害不能在现场得到迅速修复，承包人应当向发包人发出通知，请求发包人同意把这些有缺陷或者损害的设备移出现场进行修复，通知应当注明有缺陷或者损害的设备及维修的相关内容，发包人可要求承包人按移出设备的全部重置成本增加质量保证金的数额。

【条文释义】

基于工程现场限制，有些设备需要移出现场进行维修的，承包人应通知发包人并征得发包人同意，并告知发包人需要维修的具体内容。同时，承包人应就移除设备按照重置成本提供担保。所谓重置成本，根据财政部 2016 年修改的《企业会计准则——基本准则》的规定，重置成本计量是指资产按照现在购买相同或者相似资产所需支付的现金或者现金等价物的金额计量。

【使用指引】

对于移除现场维修的设备，承包人负有保护的义务，并向发包人提供相当于移除设备的全部重置成本金额的质量保证金。双方当事人对此部分增加的质量保证金应如何缴纳、退还程序都需作出详细约定。

【风险识别与防范】

为避免设备移除导致不必要的争议，在必须移除设备时，建议由发承包双方对设备现状采取公证、拍照、专业人员检查记录等方式进行固定。

11.3.6　未能修复

因承包人原因造成工程的缺陷或损坏，承包人拒绝维修或未能在合理期限内修复缺陷或损坏，且经发包人书面催告后仍未修复的，发包人有权自行修复或委托第三方修复，所需费用由承包人承担。但修复范围超出缺陷或损坏范围的，超出范围部分的修复费用由发包人承担。

如果工程或工程设备的缺陷或损害使发包人实质上失去了工程的整体功能，发包人有权向承包人追回已支付的工程款项，并要求其赔偿发包人相应损失。

【条文释义】

本条规定了在承包人拒绝履行缺陷维修义务时发包人的救济措施，同时规定了发包人委托第三方修复的范围。如果超过了承包人应负责的范围，超过部分的费用由其自行承担。若工程或工程设备的缺陷或损害使发包人实质上失去了工程的整体功能，发包人有权向承包人追回已支付的工程款项，并要求其赔偿发包人相应损失。

【使用指引】

实践中存在承包人拒绝履行缺陷责任的问题，对此问题的处理发包人应注意：第一，发包人先履行通知义务。第二，经通知承包人明确或者以行为的方式拒绝履行缺陷责任的，发包人仍需要继续发出催告通知，给予一定的履行宽限期。第三，在催告后承包人仍未维修的，发包人有权自行委托第三方进行维修。第四，发包人委托第三方维修的，以此要求承包人承担维修费用或者要求扣除质量保证金，应该保存相应的证据，包括委托维修合同、维修费用支付凭证等。

对于保修责任，实践中存在一定的误区就是保修责任仅仅对应质量保证金，在质保期内出现的问题作为对应价款的上限就是合同约定的质量保证金。本条第二款的规定明确了质量是工程款的对价，即使是在保修期工程或工程设备的缺陷或损害使发包人实质上失去了工程的整体功能，发包人有权向承包人追回已支付的工程款项，并要求其赔偿发包人相应损失。即此时可以对抗整体工程价款，而非仅仅是质保金部分。

【风险识别与防范】

《民法典》第七百八十八条第一款规定："建设工程合同是承包人进行工程建设，发包人支付价款的合同"，即建设工程合同是承包人提供合格的建设工程服务，发包人支付对价的合同关系。第七百九十三条规定："建设工程施工合同无效，但是建设工程经验收合格的，可以参照合同关于工程价款的约定折价补偿承包人。建设工程施工合同无效，且建设工程经验收不合格的，按照以下情形处理：（一）修复后的建设工程经验收合格的，发包人可以请求承包人承担修复费用；（二）修复后的建设工程经验收不合格的，承包人无权请求参照合同关于工程价款的约定折价补偿。发包人对因建设工程不合格造成的损失有过错的，应当承担相应的责任。"可知，建设工程合同是否支付对价跟合同效力无关，跟工程质量有关。建设工程质量是工程价款的对价。如果承包人提供的建设工程不符合合同约定或者不符合质量强制性规范，则无权获得合同对价。故关于第二款的规定："如果工程或工程设备的缺陷或损害使发包人实质上失去了工程的整体功能，发包人有权向承包人追回已支付的工程款项，并要求其赔偿发包人相应损失。"

在实践中适用该条款存在一定的难度，根本原因在于如何判断"工程实质上失去了工程的整体功能"。对于工程质量问题的判决，实践中基本上有赖于专业鉴定机构的检测，根据司法部《建设工程司法鉴定程序规范》第 6.1.5 条规定："对建设工程施工质量进行司法鉴定，不应做出合格或不合格的鉴定意见，而应做出工程质量是否符合施工图设计文件、相关标准、技术文件的鉴定意见。"可知，目前关于质量鉴定的结论并无法看出"工程丧失了整体的功能"。而对于专业质量检测机构是否能够准确判断出"工程丧失了整体的功能"仍然有待实践的检验和完善。

【法条索引】

•《民法典》

第五百八十一条 当事人一方不履行债务或者履行债务不符合约定，根据债务的性质不得强制履行的，对方可以请求其负担由第三人替代履行的费用。

第五百八十三条 当事人一方不履行合同义务或者履行合同义务不符合约定的，在履行义务或者采取补救措施后，对方还有其他损失的，应当赔偿损失。

第五百八十四条 当事人一方不履行合同义务或者履行合同义务不符合约定，造成对方损失的，损失赔偿额应当相当于因违约所造成的损失，包括合同履行后可以获得的利益；但是，不得超过违约一方订立合同时预见到或者应当预见到的因违约可能造成的损失。

•《最高人民法院关于审理建设工程施工合同纠纷案件适用法律问题的解释（一）》（法释〔2020〕25 号）

第十二条 因承包人的原因造成建设工程质量不符合约定，承包人拒绝修理、返工或者改建，发包人请求减少支付工程价款的，应予支持。

11.4 缺陷修复后的进一步试验

任何一项缺陷修补后的 7 天内，承包人应向发包人发出通知，告知已修补的情况。如根据第 9 条［竣工试验］或第 12 条［竣工后试验］的规定适用重新试验的，还应建议重新试验。发包人应在收到重新试验的通知后 14 天内答复，逾期未进行答复的视为同意重新试验。承包人未建议重新试验的，发包人也可在缺陷修补后的 14 天内指示进行必要的重新试验，以证明已修复的部分符合合同要求。

所有的重复试验应按照适用于先前试验的条款进行，但应由责任方承担修补工作的成本和重新试验的风险和费用。

【条文释义】

工程总承包是承包人受发包人委托，按照合同约定对工程建设项目的设计、采购、施工（含竣工试验）、试运行等阶段实行全过程或若干阶段的工程承包。根据《房屋建筑和市政基础设施项目工程总承包管理办法》第三条的定义，工程总承包项目主要包括设计—施工（DB）或者设计—采购—施工（EPC）两种类型。工程总承包项目特别是工业类项目在设计、单纯的施工环节后，还包括竣工前试验、竣工验收、实物移交以及必要的竣工后试验几个步骤。

具体来说，竣工试验指工程和（或）单项工程被发包人接收前，应由承包人负责进行的机械、设备、部件、线缆和管道等性能试验。示范文本通用合同条件第9条规定了竣工试验的具体流程，主要包括9.1款［竣工试验的义务］、9.2款［延误的试验］、第9.3款［重新试验］、第9.4款［未能通过竣工试验］。在工程和（或）单项工程通过竣工试验后，由承包人与发包人进行工程交接，并由发包人颁发接收证书完成实物移交过程。在合同有特殊约定或者发包人要求的情况下，还应按照示范文本第12条的规定进行竣工后试验。

对于缺陷修复后，涉及设备运转或者功能性部位的，发包人有权要求重新进行试验，以确认已修复的部分符合合同要求，承包人也有义务主动提起重新试验程序。

【使用指引】

缺陷修复后的重新试验，发承包双方均可建议进行重新试验，并根据项目具体情况确定重新试验的组织方和配合方，该重新试验的结果是确定修复是否完成的标准。同时，重新试验的，工程总承包项目修复除了修复费用，还包括必要的试验费用，均应由缺陷责任方承担。

【风险识别与防范】

重新试验必然关涉时间和费用成本，原则上发包人比承包人更有意愿进行重新试验。故，实践中对于何种类型或者程度的维修需要重新试验，需要首先作出判断。应以涉及设备运转或者功能性部位的维修，作为判断是否需要启动重新试验的标准。例如管道设备的外保温虽然影响设备的使用效率和使用年限，但并不影响管道的运转，如果仅仅对管道设备的外保温进行维修则无需重新启动试验。

同时，涉及重新启动试验的，涉及的费用的承担，应取决于质量缺陷的原则，参照第11.3.3款维修费用的承担原则进行费用分配。

【法条索引】

•《房屋建筑和市政基础设施项目工程总承包管理办法》

第三条　本办法所称工程总承包，是指承包单位按照与建设单位签订的合同，对工程设计、采购、施工或者设计、施工等阶段实行总承包，并对工程的质量、安全、工期和造价等全面负责的工程建设组织实施方式。

11.5　承包人出入权

在缺陷责任期内，为了修复缺陷或损坏，承包人有权出入工程现场，除情况紧急必须立即修复缺陷或损坏外，承包人应提前24小时通知发包人进场修复的时间。承包人进入工程现场前应获得发包人同意，且不应影响发包人正常的生产经营，并应遵守发包人有关安保和保密等规定。

【条文释义】

合同的履行须遵循诚实信用原则，这是合同的"帝王"原则。工程竣工验收后移交发包人后，发包人就已经全面接管项目现场，承包人即退出工程现场，但承包人为了履行缺陷修复义务，发包人应给予合理的方便——出入现场。在发包人提供出入现场的方便的同时，承包人也应尽到谨慎义务。

【使用指引】

承包人接到发包人关于缺陷责任或者修复通知后，应积极与发包人协商具体的维修时间，发包人也应给予承包人合理的准备时间（通行时间、购买零配件或者维修工具的时间等）。承包人按照约定时间前往现场维修，应遵守发包人现场管理规定，遵守谨慎原则，不打扰发包人的正常生产经营、工作生活秩序。

【风险识别与防范】

对于履行维修义务过程中发承包双方的配合义务，双方均应恪守诚信原则，以提供适当、合理的方便为原则，避免因配合不当出现无法履行维修义务的推诿现象。

【法条索引】

•《民法典》

第五百零九条　当事人应当按照约定全面履行自己的义务。

当事人应当遵循诚信原则，根据合同的性质、目的和交易习惯履行通知、协助、保密等义务。

11.6　缺陷责任期终止证书

除专用合同条件另有约定外，承包人应于缺陷责任期届满前7天内向发包人发出缺陷责任期即将届满通知，发包人应在收到通知后7天内核实承包人是否履行缺陷修复义务，承包人未能履行缺陷修复义务的，发包人有权扣除相应金额的维修费用。发包人应在缺陷责任期届满之日，向承包人颁发缺陷责任期终止证书，并按第14.6.3项［质量保证金的返还］返还质量保证金。

如根据第10.5.3项［人员撤离］承包人在施工现场还留有人员、施工设备和临时工程的，承包人应当在收到缺陷责任期终止证书后28天内，将上述人员、施工设备和临时工程撤离施工现场。

【条文释义】

本条规定了质保金退还条件和退还手续以及质保金退还后承包人的附随义务的内容。

【使用指引】

退还质量保证金须满足两个条件：第一，缺陷责任期满；第二，不存在承包人未履行缺陷修复义务的情况。质量保证金退还后，双方工程合同权利义务基本履行完毕，承包人应完全撤离现场，但应给予承包人合理的撤离时间。

关于缺陷责任期届满问题。缺陷责任期届满，并非自动返还质量保证金，还须发包人核对确认后颁发缺陷责任终止证书才能返还。这里的质量保证金不仅仅包括预留的工程款方式，还包括保证、保险方式，所以关于质量保证金的返还是一个宽泛的概念，不仅仅包括退还预留的剩余比例工程款，还包括以保函、保险等保证方式的，需要退还保函、保单。

【风险识别与防范】

实践中关于质量保证金是否应该返还的纠纷不在少数。主要争议焦点在于：第一，缺陷责任期是否届满问题，即缺陷责任期的起算点和缺陷责任期两个问题。即使合同约定缺陷责任期从工程竣工验收之日或者竣工验收合格之日起算（两个表述不一样，但实际上都指向同一时点），但当事人仍然存在不同的认识。第二，质保期届满是否还存在未履行完毕的质量维修义务。一般承包人主张退还质量保证金，发包人多以工程仍然存在一定的缺陷为由拒绝返还质量保证金，而此时发包人应承担是否存在缺陷以及是否通知承包人维修的举证责任。

合同未履行完毕中途解除的，因工程未竣工验收，缺陷责任期应如何起算和质量保证金条款是否仍然适用的问题。根据《民法典》第八百零六条第三款，质保金条款参照工程款支付条款，按照法律规定应该执行。合同关于质保金的起算点普遍约定为"工程竣工验收之日"，但是合同解除后工程仍未完工，不满足竣工验收条件。此时关于质保金的起算点是否要严格按照竣工验收之日起算，实践中存在不同的争议。

首先，根据《最高人民法院关于审理建设工程施工合同纠纷案件适用法律问题的解释（一）》第九条"当事人对建设工程实际竣工日期有争议的，人民法院应当分别按照以下情形予以认定：（一）建设工程经竣工验收合格的，以竣工验收合格之日为竣工日期；（二）承包人已经提交竣工验收报告，发包人拖延验收的，以承包人提交验收报告之日为竣工日期；（三）建设工程未经竣工验收，发包人擅自使用的，以转移占有建设工程之日为竣工日期。"能够确定竣工之日的一般争议不大。如虽未办理竣工验收但是已经交付发包人使用的，以转移占有之日为竣工之日起算缺陷责任期。

同时根据司法解释第十七条的规定"有下列情形之一，承包人请求发包人返还工程质量保证金的，人民法院应予支持：（一）当事人约定的工程质量保证金返还期限届满；（二）当事人未约定工程质量保证金返还期限的，自建设工程通过竣工验收之日起满二年；（三）因发包人原因建设工程未按约定期限进行竣工验收的，自承包人提交工程竣工验收报告九十日后当事人约定的工程质量保证金返还期限届满；当事人未约定工程质量保证金返还期限的，自承包人提交工程竣工验收报告九十日后起满二年。发包人返还工程质量保证金后，不影响承包人根据合同约定或者法律规定履行工程保修义务。"工程完工但发包人拖延验收的，自承包人提交工程竣工验收报告九十日后起算缺陷责任期。

但实践中的难点就在于，合同解除而后续工程未能继续施工完毕或者第三方仍在施工中，未交付发包人使用的，应如何起算缺陷责任期的问题。对此，实践中存在一定的争议，部分判决认为从退场之日或者工程移交之日满两年可以退还质量保证金，其理由在于合同解除的后果为合同提前终止并处理善后事宜，未履行的部分不再履行，此时仍以竣工验收为条件考量返还质保金期限将导致返还期限的不确定性。相关规定确定的缺陷责任期不超过两年，且退还了质保金承包人仍需要继续履行保修义务，故从退场之日或者工程移交之日满两年可以退还质量保证金。又如（2019）最高法民终 564 号判决书，因为建设工程只有在竣工验收后才能发挥使用效能，才能判断是否存在质量缺陷等保修问题，故，虽然合同解除但仍应以工程竣工验收之日作为判决缺陷责任期起算点才较为合理。在此建议当事人应在合同中对于合同解除后价款支付、质保金返还作出具体约定，提前预防争议的发生。

【法条索引】

• 《民法典》

第八百零六条第三款　合同解除后，已经完成的建设工程质量合格的，发包人应当按照约定支付相应的工程价款；已经完成的建设工程质量不合格的，参照本法第七百九十三条的规定处理。

• 《最高人民法院关于审理建设工程施工合同纠纷案件适用法律问题的解释（一）》（2020第 25 号）

第九条　当事人对建设工程实际竣工日期有争议的，人民法院应当分别按照以下情形予以认定：

（一）建设工程经竣工验收合格的，以竣工验收合格之日为竣工日期；

（二）承包人已经提交竣工验收报告，发包人拖延验收的，以承包人提交验收报告之日为竣工日期；

（三）建设工程未经竣工验收，发包人擅自使用的，以转移占有建设工程之日为竣工日期。

第十七条　有下列情形之一，承包人请求发包人返还工程质量保证金的，人民法院应予支持：

（一）当事人约定的工程质量保证金返还期限届满；

（二）当事人未约定工程质量保证金返还期限的，自建设工程通过竣工验收之日起满二年；

（三）因发包人原因建设工程未按约定期限进行竣工验收的，自承包人提交工程竣工验收报告九十日后当事人约定的工程质量保证金返还期限届满；当事人未约定工程质量保证金返还期限的，自承包人提交工程竣工验收报告九十日后起满二年。

发包人返还工程质量保证金后，不影响承包人根据合同约定或者法律规定履行工程保修义务。

11.7　保修责任

因承包人原因导致的质量缺陷责任，由合同当事人根据有关法律规定，在专用合同条件和工程质量保修书中约定工程质量保修范围、期限和责任。

【条文释义】

保修条款是建设工程合同的重要组成部分，承包人在向发包人提交工程竣工验收报告时，应当向发包人出具质量保修书，质量保修书中应当明确建设工程的保修范围、保修期限和保修责任等事项。保修范围、保修期限和保修责任是法定义务和约定义务的结合，当事人合同约定的保修范围不得小于法律规定范围、约定的保修期限不得短于法律的规定，不得以合同约定的方式排除保修责任。

【使用指引】

工程总承包单位应在法律法规规定和合同约定的范围内承担保修责任，但是根据《建设工程质量管理条例》第四十条的表述可知，法律规定的保修期限为最低期限，合同当事人不得通过约定的方式降低或减少法定的保修期限。当约定的保修范围、保修责任、保修期限小于法律规定的，可以要求工程总承包单位按照法律规定承担保修责任。

本示范文本附件 3［工程质量保修书］属于合同附件，性质上属于发承包双方就工程保修事项所单独订立的合同，该保修书作为合同的组成部分之一。［工程质量保修书］主要包括五部分内容：工程质量保修范围和内容、质量保修期、缺陷责任期、质量保修责任、保修费用、其他。可以看出关于保修书的内容，同时包含了缺陷责任期的规定，也是采取了综合缺陷责任制度和保修制度两项制度的综合规定。

工程总承包单位不具有规定要求的承包商资质不能免除其保修义务的承担。我国建设工程行业实施严格的从业单位资质准入，只有具备相应资质方可从事资质范围内的建筑活动。针对不具备相关资质的企业从事建筑活动的行为，根据司法解释的规定会导致建设工程施工合同无效的法律后果，但这并不影响工程总承包单位承担法定的保修责任。

工程总承包单位可以通过分包协议或者与分包单位之间的保修协议分担质量保修责任，但依旧要对承包范围内的建设工程对发包人就质量问题负总责，对分包工程的质量承担连带责任。保修责任属于质量责任的一种，故工程总承包单位是保修责任的总负责人，工程总承包单位采用要求分包单位进场保修的方式积极履行保修义务；如果分包单位拒绝进场或分包单位的保修责任期届满或已经免除，其应当自行维修或者及时委托具有相应资质的第三方进场施工保修，否则给发包人带来损失的，不仅需要承担质量修复的责任还需承担损失赔偿责任。

【风险识别与防范】

本款明确规定当事人"在专用合同条件和工程质量保修书中约定工程质量保修范围、期限和责任"的前提是"根据有关法律规定"，因此合同约定不能与法定的保修制度相抵触，合同不能排除法定的保修义务，否则因违反法律法定禁止性规定而无效。在保修方面的禁止性规定主要包括：

1. 保修范围。根据《建设工程分类标准》（GB/T 50841—2013）、《建筑工程施工质量验收统一标准》（GB 50300—2013）将单位工程定义为具备独立施工条件并能形成独立使用功能的建筑物或构筑物，对于规模较大的单位工程，可将其能形成独立使用功能的部分划分为一个子单位工程。可以将一个单位工程划分为地基与基础、主体结构、建筑装饰装修、屋面、建筑给水排水及供暖、通风与空调、建筑电气、智能建筑、建筑节能、电梯共计 10 个分部工程。而《建筑法》强制规定的保修范围主要包括地基基础工程、主体结构工程、屋面防水工程和其他土建工程，以及电气管线、上下水管线的安装工程，供热、供冷系统工程等项目，而并非所有的工程组成部分。

2. 保修期限。《建筑法》规定确立保修期限的原则是"按照保证建筑物合理寿命年限内正常使用，维护使用者合法权益的原则"。据此国务院行政法规《建设工程质量管理条例》第四十条确定了四种在正常使用条件下的最低保修期限，分别是："（一）基础设施工程、房屋建筑的地基基础工程和主体结构工程，为设计文件规定的该工程的合理使用年限；（二）屋面防水工程、有防水要求的卫生间、房间和外墙面的防渗漏，为 5 年；（三）供热与供冷系统，为 2 个采暖期、供冷期；（四）电气管线、给水排水管道、设备安装和装修工程，为 2 年。其他项目的保修期限由发包方与承包方约定"。建设工程的保修期，自竣工验收合格之日起计算。

3. 保修责任。《建设工程质量管理条例》第四十一条规定"建设工程在保修范围和保修期限内发生质量问题的，施工单位应当履行保修义务，并对造成的损失承担赔偿责任。"即在保修期限和承包人的保修范围内，发生质量问题的，承包人负有履行保修的义务。至于如何体现履行保修义务（流程、期限）需要在专用合同条件和附件 3〔工程质量保修书〕中具体约定。

【法条索引】

·《民法典》

第七百九十五条 施工合同的内容一般包括工程范围、建设工期、中间交工工程的开工和竣工时间、工程质量、工程造价、技术资料交付时间、材料和设备供应责任、拨款和结算、竣工验收、质量保修范围和质量保证期、相互协作等条款。

·《建设工程质量管理条例》

第三十九条 建设工程实行质量保修制度。建设工程承包单位在向建设单位提交工程竣工验收报告时，应当向建设单位出具质量保修书。质量保修书中应当明确建设工程的保修范围、保修期限和保修责任等。

·《房屋建筑工程质量保修办法》（建设部令第 80 号）

第四条 房屋建筑工程在保修范围和保修期限内出现质量缺陷，施工单位应当履行保修义务。

第六条 建设单位和施工单位应当在工程质量保修书中约定保修范围、保修期限和保修责任等，双方约定的保修范围、保修期限必须符合国家有关规定。

第七条 在正常使用下，房屋建筑工程的最低保修期限为：

（一）地基基础工程和主体结构工程，为设计文件规定的该工程的合理使用年限；

（二）屋面防水工程、有防水要求的卫生间、房间和外墙面的防渗漏，为 5 年；

（三）供热与供冷系统，为 2 个采暖期、供冷期；

（四）电气管线、给排水管道、设备安装为 2 年；

（五）装修工程为 2 年。

其他项目的保修期限由建设单位和施工单位约定。

第十三条　保修费用由质量缺陷的责任方承担。

第十八条　施工单位有下列行为之一的，由建设行政主管部门责令改正，并处 1 万元以上 3 万元以下的罚款：

（一）工程竣工验收后，不向建设单位出具质量保修书的；

（二）质量保修的内容、期限违反本办法规定的。

•《房屋建筑和市政基础设施工程竣工验收备案管理办法》

第五条　建设单位办理工程竣工验收备案应当提交下列文件：

（一）工程竣工验收备案表；

（二）工程竣工验收报告。竣工验收报告应当包括工程报建日期，施工许可证号，施工图设计文件审查意见，勘察、设计、施工、工程监理等单位分别签署的质量合格文件及验收人员签署的竣工验收原始文件，市政基础设施的有关质量检测和功能性试验资料以及备案机关认为需要提供的有关资料；

（三）法律、行政法规规定应当由规划、环保等部门出具的认可文件或者准许使用文件；

（四）法律规定应当由公安消防部门出具的对大型的人员密集场所和其他特殊建设工程验收合格的证明文件；

（五）施工单位签署的工程质量保修书；

（六）法规、规章规定必须提供的其他文件。

住宅工程还应当提交《住宅质量保证书》和《住宅使用说明书》。

•《城市轨道交通运营管理规定》

第九条　运营单位应当全程参与城市轨道交通工程项目按照规定开展的不载客试运行，熟悉工程设备和标准，察看系统运行的安全可靠性，发现存在质量问题和安全隐患的，应当督促城市轨道交通建设单位（以下简称建设单位）及时处理。

运营单位应当在运营接管协议中明确相关土建工程、设施设备、系统集成的保修范围、保修期限和保修责任，并督促建设单位将上述内容纳入建设工程质量保修书。

•《城市轨道交通工程安全质量管理暂行办法》

第四十五条　施工单位在提交工程竣工验收报告时，应当向建设单位出具质量保修书，明确保修范围、保修期限和保修责任等。保修范围、保修期限应当符合国家有关规定。

•《最高人民法院关于审理建设工程施工合同纠纷案件适用法律问题的解释（一）》（法释〔2020〕25 号）

第一条　建设工程施工合同具有下列情形之一的，应当依据民法典第一百五十三条第一款的规定，认定无效：

(一) 承包人未取得建筑业企业资质或者超越资质等级的；

(二) 没有资质的实际施工人借用有资质的建筑施工企业名义的；

(三) 建设工程必须进行招标而未招标或者中标无效的。

承包人因转包、违法分包建设工程与他人签订的建设工程施工合同，应当依据民法典第一百五十三条第一款及第七百九十一条第二款、第三款的规定，认定无效。

第 12 条　竣工后试验

本合同工程包含竣工后试验的，遵守本条约定。

【条文释义】

根据《建筑法》第五十五条、第六十一条的规定，建筑工程实行总承包的，工程质量由工程总承包单位负责，交付竣工验收的建筑工程，必须符合规定的建筑工程质量标准，并具备国家规定的其他竣工条件，建筑工程竣工经验收合格后，方可交付使用。在全国人大法工委的建筑法释义中，对于建设工程质量合格通常分为两个层次：一个是法定的质量合格，另一个是约定的质量合格。结合工程总承包模式包含设计阶段的这一特点，承包人不仅需要按照强制性国家标准和行业标准进行项目设计和施工，完成符合国家质量要求以及发包人质量标准的工程实体，还需要完成《发包人要求》中对该项建设工程特殊的质量要求。并且对于某些电气工程、市政工程来说，《发包人要求》还会要求承包人完成的该项建设工程需达到某些能源消耗或产出效率的性能指标和产能指标，如：某集成电路生产线的建设项目中，发包人要求完成月投片 3 万片、工艺水平为 28-20-14 纳米的 12 英寸集成电路芯片生产线；某市政污水处理的建设项目中，发包人要求完成日处理量为 25 万 m^3、完全混合-循环式改良型 A2/O 工艺的污水厂。为了检验上述项目在工程实体完成后是否达到了约定标准，就需要在竣工后进行试验，来证明承包人的设计和施工是否达到发包人要求的性能指标和产能指标。

与通用合同条件第 9 条 [竣工试验] 不同的是，竣工试验系承包人义务，由承包人负责，包括提供试验所需要的工作人员和设备，并负责程序方面的安排，且竣工试验是竣工验收之前的动作，旨在证明工程实体已经按合同约定完成并处于随时可以投产的状态。而竣工后试验通常是由发包人负责，包括提供试验所需的工作人员、设备及其他资源，并负责程序方面的安排，且竣工后试验系工程实体经过竣工验收，发包人接收工程之后的动作，竣工后试验的目的旨在检验工程在投产后是否可以达到《发包人要求》中的性能指标和产能指标。

【使用指引】

在工程实践中，多数房建类工程，即使是包含了设计阶段的工程总承包项目，通常是不需要竣工后试验的，即并非所有的工程总承包项目都适用该条款，本条第一款对此进行了明确说明，具体合同中是否适用竣工后试验条款，需取决于项目性质或发包人要求，并在专用合同条件中进行明确。

【风险识别与防范】

1. 承包人在履约时需注意，对于包含竣工后试验阶段的项目来说，工程竣工验收合格并不足以评判发包人的要求能否最终实现，还需要由竣工后试验来检验合同目的的实现与否。所以即便工程已通过竣工验收进入了缺陷责任期，承包人仍需积极配合发包人完成并通过竣工后试验，避免承担未通过竣工后试验的相应违约责任。

2. 承包人在签约时需注意竣工后试验是否与竣工日期、竣工结算、工程款支付进行了关联。根据示范文本通用合同条件第 14 条关于竣工结算和工程款支付的规定，承包人应在工程竣工验收合格后 42 天内向工程师提交竣工结算申请单，并提交完整的结算资料，工程师应在收到竣工结算申请单后 14 天内完成核查并报送发包人。发包人应在收到工程师提交的经审核的竣工结算申请单后 14 天内完成审批，并由工程师向承包人签发经发包人签认的竣工付款证书。发包人应在签发竣工付款证书后的 14 天内，完成对承包人的竣工付款。而竣工后试验是在竣工验收合格、发包人接收后才开始启动的，即常规情况下竣工后试验与竣工结算、工程款支付并无直接关联。

但在实践中，根据合同自治原则，对于包含竣工后试验阶段的项目来说，发包人通常会将竣工后试验与工程款支付或者质保金返还相关联，在工程未达到发包人要求的运行处理能力时，承包人的工程款尚未达到合同约定的工程款支付条件。

【法条索引】

•《建筑法》

第五十五条　建筑工程实行总承包的，工程质量由工程总承包单位负责，总承包单位将建筑工程分包给其他单位的，应当对分包工程的质量与分包单位承担连带责任。分包单位应当接受总承包单位的质量管理。

第六十一条　交付竣工验收的建筑工程，必须符合规定的建筑工程质量标准，有完整的工程技术经济资料和经签署的工程保修书，并具备国家规定的其他竣工条件。

建筑工程竣工经验收合格后，方可交付使用；未经验收或者验收不合格的，不得交付使用。

•《民法典》

第七百七十条　承揽合同是承揽人按照定作人的要求完成工作，交付工作成果，定作人支付报酬的合同。

承揽包括加工、定作、修理、复制、测试、检验等工作。

第七百九十九条　建设工程竣工后，发包人应当根据施工图纸及说明书、国家颁发的施工验收规范和质量检验标准及时进行验收。验收合格的，发包人应当按照约定支付价款，并接收该建设工程。

建设工程竣工经验收合格后，方可交付使用；未经验收或者验收不合格的，不得交付使用。

第八百零八条　本章没有规定的，适用承揽合同的有关规定。

12.1　竣工后试验的程序

12.1.1　工程或区段工程被发包人接收后，在合理可行的情况下应根据合同约定尽早进行竣工后试验。

【条文释义】

本项系对发包人竣工后试验开始时间的要求，为充分保障发包人需求尽早获得实现，并保障承包人合同义务尽早完成，本项规定，发包人在接受工程或区段工程后，在合理可行的情况下应当尽早进行竣工后试验。相较于《2011 版工程总承包合同》以及《标准设计施工总承包招标文件（2012 版）》，本项进行了部分修改，《2011 版工程总承包合同》第10.2.5 项规定："发包人应在接收单项工程或（和）接收工程日期后的 15 日内通知承包人开始竣工后试验的日期，专用条款另有约定时除外。"考虑到工程实践的复杂性，此次示范文本未在通用合同条件中对进行竣工后试验的通知时间进行过多限制，但本项明确规定了发承包双方"应根据合同约定尽早进行"。

【使用指引】

在使用时，合同当事人需注意对竣工后试验通知日期的明确，并且需要注意竣工后试验通知时间与竣工验收的关联，避免工程竣工验收后长期未启动竣工后试验工作，从而导致承包人"可预见性权利"的丧失。结合本款第 12.1.3 项的规定，发承包双方可在合同专用合同条件或者《发包人要求》中对竣工后试验的通知日期进行明确。

【风险识别与防范】

1. 在约定竣工后试验的通知时间时，承包人需注意其与竣工验收的关联性，避免竣工验收后较长时间无法进行竣工后试验。

2. 结合第 12.1.2 条的规定，在进行竣工后试验时，可能系由承包人提供全部电力、水、污水处理、燃料、消耗品和材料以及全部其他仪器、协助、文件或其他信息、设备、工具、劳力、启动工程设备，并组织安排有适当资质、经验和能力的工作人员，此时，若发包人未在约定的时间内通知进行竣工后试验，承包人提前准备的上述材料、物资及人员将产生闲置、息工等费用。即便竣工后试验的资源系由发包人提供，根据第 12.1.4 条的规定，承包人亦应派人员提供现场指导，此时仍会产生技术人员的息工费用。因此，在约定竣工后试验的通知时间时，建议承包人同时对逾期通知的后果进行约定，避免逾期通知导致承包人产生相关的窝工费用，包括人工费、临时辅助设备、设施的闲置费、管理费及其合理利润等。需提醒承包人注意的是，实践中，上述逾期通知的后果需建立在可以启动竣工后试验且竣工后试验能够通过的基础上，若逾期通知的原因在于工程实体因质量问题无法启动，或者虽然通知逾期，但经竣工后试验无法满足发包人要求时，可能存在逾期损失不仅无法向发包人主张，还需面临发包人反索赔，甚至发包人要求解除合同的风险。

3. 结合本款第 12.1.3 条的规定，竣工后试验的通知时间亦可由发包人在《发包人要求》中进行约定，但因竣工后试验的通知主要关乎承包人的可预见性权利，所以发包人在制订《发包人要求》时，可能会忽略掉竣工后试验通知时间的明确，因此，若发生上述情形，承包人在投标时应尽量通过投标问询函的方式要求发包人澄清，若投标时未提出该问题，那么在签约时或者履行过程中，承包人应尽可能通过签订补充协议的方式进行明确。

【法条索引】

• 《民法典》

第七百八十条　承揽人完成工作的，应当向定作人交付工作成果，并提交必要的技术资料和有关质量证明。定作人应当验收该工作成果。

• FIDIC《设计采购施工（EPC）/交钥匙工程合同条件》

第 11.1 款　……竣工后的检验应于工程或区段移交给雇主后，在合理可行时尽快进行。

12.1.2　除专用合同条件另有约定外，发包人应提供全部电力、水、污水处理、燃料、消耗品和材料，以及全部其他仪器、协助、文件或其他信息、设备、工具、劳力，启动工程设备，并组织安排有适当资质、经验和能力的工作人员实施竣工后试验。

【条文释义】

本项系对竣工后试验阶段的资源提供主体进行的一般性规定。因竣工后试验系由发包人主导进行，因此，发包人应当提供电、水、排污、燃料、消耗品、材料、设备、劳力以及有资质、有经验、有能力的专业人员，为高效、恰当地进行竣工后试验提供一切资源。与《2011 版工程总承包合同》以及《标准设计施工总承包招标文件（2012 版）》相比，本项的最大变化在于竣工后试验阶段的资源提供主体可以由发承包双方在专用合同条件中另行选定，不再强制要求由发包人提供，其主要是考虑到充分尊重发承包双方的合同自治权利，使工程总承包模式下对发包人的管理要求得到进一步解放，有利于推进工程总承包模式的应用和发展。

【使用指引】

根据本项的规定，合同当事人在选定资源提供主体时，原则上应由其中的一方提供全部资源，《2011 版工程总承包合同》第 10.2.1 项和 10.2.2 项规定，竣工后试验阶段的资源由发承包双方分别提供，如发包人应提供的资源包括电、水、燃料、动力、原材料、辅助材料、消耗材料以及其他试验条件，承包人应提供的资源包括其他临时辅助设备、设施、工具和器具等。本项对此进行修订的主要原因是考虑到竣工后试验的效率问题，根据实践经验，由一方提供全部资源有利于竣工后试验方案的推进效率，避免出现双方分别提供资源导致磨合期变长、竣工后试验效率低下、发包人投产时间延后的情况。

需注意的是，本项的规定并非必然否定了发承包双方分别提供资源进行竣工后试验的模式，在实践中，双方仍可结合项目实际情况，共同提供资源进行竣工后试验，但需在专用合同条件中进行明确划分。

【风险识别与防范】

1. 在谈判或签约时，合同当事人需注意对竣工后试验阶段的资源提供主体进行明确，对于约定由承包人提供竣工后试验所需全部资源或部分资源的，承包人在投标谈判时应对所需提供的资源范围进行明确，并对相应的资源成本进行成本报价。

2. 在合同履行过程中，对于非资源提供方原因导致竣工后试验未能如约进行的，必然会产生怠工、闲置费用损失，结合本示范文本第 19.1 款第（1）项的规定，索赔方应在知道或应当知道索赔事件发生后 28 天内，向对方递交索赔意向通知书，并说明发生索赔事件的事由；索赔方未在前述 28 天内发出索赔意向通知书的，丧失要求追加/减少付款、延长缺陷责任期和（或）延长工期的权利。即非资源提供方在产生损失后应及时向责任方发出索赔意向通知书，避免逾期失权。

12.1.3　除《发包人要求》另有约定外，发包人应在合理可行的情况下尽快进行每项竣工后试验，并至少提前 21 天将该项竣工后试验的内容、地点和时间，以及显示其他竣工后试验拟开展时间的竣工后试验计划通知承包人。

【条文释义】

本项与本款第 12.1.1 项相似，均系对竣工后试验通知时间的要求，与之不同的是，本项的侧重点更多的在于给承包人预留准备时间的要求，本项明确规定，应至少提前 21 天通知承包人具体竣工后试验的计划。

【使用指引】

对于竣工后试验计划的内容，本项只对其核心内容如试验的内容、地点和时间进行了简要列举，但在具体操作时，发承包双方应尽可能将竣工后试验计划所包括的内容进行细化，可参照《建设项目工程总承包管理规范》（GB/T 50358—2017）第 8.2.2 项的规定进行适用，如：竣工后试验计划应包括总体说明、组织结构、进度计划、资源计划、费用计划、培训计划、考核计划、质量、安全、职业健康和环境保护要求、试验工作要求以及发承包双方的责任分工等。

【风险识别与防范】

1. 在谈判或签约时，承包人应注意核查《发包人要求》中的"尽快进行"是否有明确的节点，以及该节点是否与竣工验收的节点相互衔接，避免发包人在工程验收合格后迟迟未启动竣工后试验，并由此给承包人带来额外的窝工费用或设备闲置损失。在发现《发包人要求》中无明确节点，或者该节点与竣工验收无关联，建议承包人通过投标疑问函的方式进行提疑，并要求发包人进行书面澄清。

2. 在合同履行过程中，对于在计划中的竣工后试验时间仍未能如期进行的，承包人应及时向发包人发函告知，对于产生额外损失的，应及时按照通用合同条件第 19 条的约定向发包人进行索赔，避免逾期失权。

【法条索引】

• **《建设项目工程总承包管理规范》（GB/T 50358—2017）**

第 8.2.2 款　试运行执行计划应包括下列主要内容：1. 总体说明；2. 组织机构；3. 进度计划；4. 资源计划；5. 费用计划；6. 培训计划；7. 考核计划；8. 质量、安全、职业健康和环境保护要求；9. 试运行文件编制要求；10. 试运行准备工作要求；11. 项目发包人和相关方的责任分工等。

• **《标准设计施工总承包招标文件（2012 版）》**

第 18.9 款　……发包人应提前 21 天将竣工后试验的日期通知承包人。

12.1.4　发包人应根据《发包人要求》、承包人按照第 5.5 款［操作和维修手册］提交的文件，以及承包人被要求提供的指导进行竣工后试验。如承包人未在发包人通知的时间和地点参加竣工后试验，发包人可自行进行，该试验应被视为是承包人在场的情况下进行的，且承包人应视为认可试验数据。

【条文释义】

本项共包括两部分内容：第一是对竣工后试验的依据进行的规定，规定发包人进行竣工后试验的依据应当包括《发包人要求》、经工程师审查的操作和维修手册以及承包人提供的指导意见。第二是对承包人参加竣工后试验的要求，并且对承包人来说，如果经发包人通知仍未参加，则应当视为承包人对最终试验数据的认可，并承担相应的法律后果。

【使用指引】

与竣工试验相反，竣工后试验阶段主要由发包人负责，包括一般情况下发包人需提供相应的资源和人员，以及负责相应程序方面的安排。承包人则处于协助地位，但由于试验结果与承包人的合同主义务履行程度息息相关，因此一般来说，承包人应主动参加竣工后试验，以便了解试验过程中所发现的问题以及试验的准确数据，这样才能便于参加评价和进行维修。

合同当事人在使用本项时应注意，由于竣工后试验将决定着承包人是否能够成功地完成工程，因此，对于承包人来说，试验的依据及标准就显得尤为重要，而此类性能指标、产能指标一般在《发包人要求》中进行要求，主要内容通常包括：原料质量标准、能源等消耗指标、产品质量标准、产出率等。但由于《发包人要求》是发包人在可行性研究阶段进行编制的，因此极有可能存在要求不完整的情形，这也会导致发承包双方对试验结果的评价方面看法不一致，因此，在条件允许的情况下，承包人应尽量配合发包人在后期编制竣工后试验计划及评价标准时尽可能细化、具体化。

对于发包人来说，因为竣工后试验的结果将直接与项目投产的时间及性能指标相关联，发包人应尽可能保证项目投产要求与承包人交底清晰，因此在可行性研究阶段，《发包人要求》中应尽可能详细、具体，可参照《建设项目工程总承包管理规范》（GB/T 50358—2017）第8.2.5条的规定进行，考核计划主要内容可包括：考核项目名称、考核指标、责任分工、考核方式、手段及方法、考核时间、检测或测量、化验仪器设备及工机具、考核结果评价及确认等，对于在可行性研究阶段无法在《发包人要求》中具化的标准，应在编制竣工后试验计划中进一步明确。

【风险识别与防范】

1. 在谈判和签约时，承包人应注意核查《发包人要求》中的竣工后试验安排是否明确，标准是否合理，若发现竣工后试验的安排不明确或者要求不合理等问题，应尽快提出。

2. 在工程竣工验收后，承包人应保持与发包人的沟通，关注竣工后试验计划的编制情况以及试验标准与《发包人要求》中的相比是否有变化，并积极主动参加竣工后试验，配合发包人达成试验标准及性能指标。若承包人由于特殊情况导致无法在发包人通知的时间内参加竣工后试验，应及时向发包人书面回函，并说明合理理由，避免逾期视为认可情况的发生。

3. 本项仅规定了承包人经通知未参加，发包人自行试验后，视为承包人认可试验数据的情况。但实践中亦可能存在发包人指令由承包人主导竣工后试验，并由承包人提供试验所需全部资源的可能性，那么在承包人主导的情况下，也可能存在发包人未及时到场的情形，此时承包人应注意在专用合同条件或补充条款中对发包人逾期视为认可的情况进行明确。司法实践中，在承包人自行试验且试验结果满足发包人要求时，一般也会认定承包人已完成合同主要义务。

【法条索引】

• **《民法典》**

第五百六十九条　当事人应当按照约定全面履行自己的义务。

当事人应当遵循诚信原则，根据合同的性质、目的和交易习惯履行通知、协助、保密等义务。

当事人在履行合同过程中，应当避免浪费资源、污染环境和破坏生态。

• **《建设项目工程总承包管理规范》（GB/T 50358—2017）**

第8.2.5款　考核计划应依据合同约定的目标、考核内容和项目特点进行编制，考核计划应包括下列主要内容：1. 考核项目名称；2. 考核指标；3. 责任分工；4. 考核方式；5. 手段及方法；6. 考核时间；7. 检测或测量；8. 化验仪器设备及工机具；9. 考核结果评价及确认等。

12.1.5　竣工后试验的结果应由双方进行整理和评价，并应适当考虑发包人对工程或其任何部分的使用，对工程或区段工程的性能、特性和试验结果产生的影响。

【条文释义】

本项系竣工后试验程序的最后一步，是对竣工后试验结果如何进行评价的规定。本项明确了竣工后试验结果的评价主体，以及在评价时需要考虑的影响因素，即发包人提前对工程的使用对竣工后试验结果所产生的影响。与《2011版工程总承包合同》以及《标准设计施工总承包招标文件（2012版）》相比，本项系新增条款，《2011版工程总承包合同》中仅规定了发承包双方应共同整理竣工后试验及其试运行考核结果，并编写评价报告，但并未将发包人对工程的使用所产生的影响考虑其中。本项在制订过程中，考虑到施工实践并结合《2017版FIDIC黄皮书》中的相关规定，以操作性和合理性为目的，新增了本项第二段。

【使用指引】

合同当事人在使用时需注意，本项规定的发包人对工程或其任何部分的使用，对工程或区段工程的性能、特性和试验结果产生的影响，原则上应系可合理看出的影响。另外，由于本项的规定较为原则，并且本项的规定仅系对事后评价过程中的适用，因此，建议发承包双方在签订合同时，即对发包人提前使用工程对其性能的影响进行量化，避免后期发承包双方对竣工后试验评价的结果产生分歧。

【风险识别与防范】

1. 在谈判或签约过程中，为避免发承包双方对检验结果的评价看法不一致，承包人应注意核查《发包人要求》中竣工后试验的评价标准是否合理，在发现评价标准不合理等问题时，应及时发函提请发包人进行澄清。

2. 在合同履行过程中，若工程未经过竣工验收或者工程经竣工验收但尚未进行竣工后试验，但发包人已提前使用或提前投产的，承包人应及时固定发包人提前使用或提前投产的证据，同时发函告知发包人提前使用对合同中约定条款的触发以及对竣工后试验造成影响的程度。

3. 在工程竣工验收后试验开始前的阶段，承包人应保持与发包人的沟通，时刻关注竣工后试验计划的编制情况，并关注试验计划中的试验标准与《发包人要求》相比是否有变化，在发现有变化时及时告知发包人并进行相应的风险提示。

4. 在竣工后试验阶段，承包人应积极主动参加竣工后试验，并提供周全的技术指导，对竣工后试验过程中出现的问题及时反馈并进行维护，对问题产生的原因及时进行整理，保障竣工后试验的结果可以一次性满足发包人的要求。另一方面，本示范文本系主要用于DB模式的工程总承包，即承包人主要对设计、施工等阶段实行总承包，而不包括核心设备的采购，因此，在竣工后试验的过程中，亦可能存在因发包人采购的设备自身问题导致竣工后试验未能达到发包人要求的性能指标或产能指标的，这也是承包人积极参加竣工后试验并对过程中问题产生的原因及时进行整理的缘故，在发生发包人自购设备导致竣工后试验未达标时，承包人可与发包人通过会议纪要的形式对所产生的问题及原因进行记录，固定承包人对合同主义务的履行情况和履行结果，从而保障承包人的合法权利。

5. 关于工程总承包模式下，发包人提前使用工程的认定标准。司法实践中，在施工总承包模式下，根据《最高人民法院关于审理建设工程施工合同纠纷案件适用法律问题的解释（一）》（法释〔2020〕25号）的规定，工程未经竣工验收，发包人只要擅自使用的，即视为已完成竣工验收，发包人再以部分质量不符合约定为由主张权利的，人民法院不予支持。但在工程总承包模式下，承包人的合同范围扩大，合同主义务不仅仅是完成质量合格的工程实体，而是需完成可以投产且投产效果达到《发包人要求》中的性能指标和产能指标的工程，那么此时，发包人擅自提前使用应如何界定以及提前使用是否可以视为承包人的合同主义务已履行完毕，还需通过司法判例来探究实践中法院对工程总承包模式的司法认知和裁判态度。法院在认定时可能会更多地考虑已完工工程是否符合合同约定的性能指标，并将其作为认定发包人提前使用时间即为实际竣工时间的前提。并且结合本项第二句的规定，发包人的提前使用也只是会对竣工后试验的评价产生部分影响，但并未认定发包人的提前使用会免除承包人的竣工后试验责任等合同主义务。即便如此，在合同履行过程中，发包人仍需注意提前使用、投产对自身权利的影响，若确需提前使用的，建议提前与承包人进行沟通，并按照承包人的指导意见进行使用，避免对竣工后试验的结果产生影响。

【法条索引】

• 《最高人民法院关于审理建设工程施工合同纠纷案件适用法律问题的解释（一）》（法释〔2020〕25号）

第九条　当事人对建设工程实际竣工日期有争议的，人民法院应当分别按照以下情形予以认定：

（一）建设工程经竣工验收合格的，以竣工验收合格之日为竣工日期；

（二）承包人已经提交竣工验收报告，发包人拖延验收的，以承包人提交验收报告之日为竣工日期；

（三）建设工程未经竣工验收，发包人擅自使用的，以转移占有建设工程之日为竣工日期。

第十四条　建设工程未经竣工验收，发包人擅自使用后，又以使用部分质量不符合约定为由主张权利的，人民法院不予支持；但是承包人应当在建设工程的合理使用寿命内对地基基础工程和主体结构质量承担民事责任。

• FIDIC《生产设备和设计—施工合同条件》

第11.1款　……竣工后的检验的结果应由雇主与承包商整理和鉴定。在评价此类结果时，应将因雇主提前使用工程而对竣工后的检验的结果造成的影响（此类影响是可合理看出的）考虑在内。

12.2 延误的试验

12.2.1 如果竣工后试验因发包人原因被延误的，发包人应承担承包人由此增加的费用并支付承包人合理利润。

【条文释义】

　　本款系对竣工后试验延误后的责任承担方式的规定，系对承包人权利进行保护、对发包人义务进行强化的规定。明确了发包人原因导致的竣工后试验延误，发包人应承担的相应后果。原因在于竣工后试验主要由发包人主导，而竣工后试验完成的及时与否将直接关系到承包人的利益，如履约证书的颁发、工程款的支付以及质保金的返还等。据此，本款第一项明确规定，竣工后试验因发包人原因被延误的，发包人应当承担由此给承包人带来的费用增加和合理利润，其中的费用增加主要包括延误期间相应的人员窝工费，设备、设施闲置费及管理费等。

【使用指引】

　　1. 合同当事人在使用本项时，需注意对费用承担的时间起算点进行明确，如：发包人应自《竣工后试验计划通知》中约定启动时间的第二日开始至竣工后试验正式启动之日止，承担承包人由此增加的费用并支付承包人合理利润。

　　2. 合同当事人在使用本项时，需注意对增加费用和合理利润的范围进行明确，如：由此增加的费用包括人工费、设施设备的闲置费、消耗品材料的损耗费、管理费等。

【风险识别与防范】

　　1. 在谈判或签约时，承包人应特别注意该条款是否在专用合同条件或补充条款中进行了删除或修改。因竣工后试验的主导方和合同获益方不一致，在合同没有对竣工后试验延误的责任后果进行明确时，实践中极易导致承包人的利益受损，因此对于承包人在签约时发现该条款被删除或修改的，承包人应尽可能在谈判中争取到该条款。

　　2. 在合同履行过程中，需要注意的是对竣工后试验延误的事实、原因进行固定并及时向延误责任方提起索赔，根据本示范文本第 19.1 条的规定，索赔方应在知道或应当知道索赔事件发生后 28 天内，向对方递交索赔意向通知书，并说明发生索赔事件的事由，对于索赔方未在前述 28 天内发出索赔意向通知书的，将丧失要求追加/减少付款、延长缺陷责任期和（或）延长工期的权利。因此，无论合同中是否对本项进行了删除或修改，承包人在延误事实发生后的 28 天内，都应及时向发包人进行索赔，索赔函中需明确费用增加的计算依据并附上费用增加的基础资料，避免逾期失权。

　　3. 对于承包人来说，如果通过竣工后试验的节点与工程款的支付或者质保金的返还相关联的，竣工后试验的延误亦会导致承包人的相应价款无法按期获偿。因此，建议承包人结合本款第 12.2.2 项即逾期视为通过竣工后试验条款的规定对工程款的支付或者质保金的返还进行主张，避免工程款或者质保金长时间无法获偿。

　　4. 在司法实践中，因发包人原因导致承包人产生停窝工损失的情形时常发生，但因承包人对停窝工损失的计算无基础资料支撑或者发包人不愿意签字确认等原因，往往导致承包人的停窝工损失无法实际获偿。据此，承包人可以在合同中对停窝工损失的金额进行量化，如：发包人不按照本项约定组织竣工后试验的，每逾期一天，应以签约合同价为基数，按照同期全国银行间同业拆借中心公布的贷款市场报价利率（LPR）支付违约金。

12.2.2　如果因承包人以外的原因，导致竣工后试验未能在缺陷责任期或双方另行同意的其他期限内完成，则相关工程或区段工程应视为已通过该竣工后试验。

【条文释义】

本项同样系对承包人权利进行保护的条款设置，与本款第一项相比，本项的规定对承包人更为有利，系非承包人原因导致竣工后试验在约定时间内仍未完成时，对承包人合同主义务进行免除的条款。本项规定，因承包人以外的原因导致竣工后试验未能在缺陷责任期或双方另行约定的期限内完成的，相关工程或区段工程应视为已通过竣工后试验。

【使用指引】

1. 合同当事人在使用本款时，需注意在专用合同条件或者补充条款中对"缺陷责任期"或者"双方另行同意的其他期限"进行明确，根据本示范文本第11.2条的规定，缺陷责任期原则上应从工程竣工验收合格之日起计算；因发包人原因导致工程未能进行竣工验收的，在承包人提交竣工验收报告90天后，工程自动进入缺陷责任期；发包人未经竣工验收擅自使用工程的，缺陷责任期自工程转移占有之日起开始计算。合同当事人应在专用合同条件中约定缺陷责任期的具体期限，但该期限最长不超过24个月。对于"缺陷责任期"如何约定，本指南已在第11.2条处进行说明，此处不再赘述。但需特别提请承包人注意的是，即便"缺陷责任期"的具体期限已在专用合同条件中明确，亦应尽量对"双方另行同意的其他期限"进行明确，原因在于，对于包含竣工后试验阶段的工程总承包项目来说，发包人可能将竣工后试验通过之日作为缺陷责任期的起算时间，此时，"竣工后试验未能在缺陷责任期内完成"这句话在实际履行过程中将失去适用的意义。因此，建议承包人在谈判或签约时，对"双方另行同意的其他期限"进行明确，如：发包人未能在《竣工后试验计划通知》中约定启动时间的一年内完成竣工后试验的，则相关工程或区段工程应视为已通过该竣工后试验。

2. 承包人在使用本项时需注意，通过竣工后试验或视为已通过该竣工后试验并不意味着承包人合同义务的全部完成。工程通过竣工后试验，标志着承包人的主要合同义务已经完成，对于发承包双方在合同约定的其他缺陷修补工作，如施工现场内残留的垃圾全部清除出场、临时工程已拆除、场地已按合同约定进行清理、平整或复原，施工现场周边及其附近道路、河道的施工堆积物已全部清理等，仍应按照约定的进度计划继续履行，同时按照法律规定及合同约定对工程进行保修等义务。

3. 发包人在使用本款时需注意，本款两项均系对非承包人原因导致竣工后试验延后或竣工后试验未能完成的规定，但在实践中，如果发承包双方在专用合同条件第 12.1.2 项中约定竣工后试验所需的全部电力、污水处理、燃料、消耗品和材料，以及全部其他仪器、工作人员等系由承包人提供，那么亦可能因承包人原因导致竣工后试验延后或竣工后试验未完成。在此情况下，建议发包人在补充条款中对承包人的上述逾期责任进行明确，如：如果竣工后试验因承包人原因被延误的，承包人应尽快组织，配合发包人开始并通过竣工后试验。当延误造成发包人费用增加或发生额外损失时，承包人应承担发包人由此增加的费用并支付发包人额外损失。

【风险识别与防范】

1. 在投标或合同谈判阶段，如果发包人将工程款的支付或者质保金的返还与通过竣工后试验的节点相关联的，承包人需特别注意对该风险的识别，并在投标报价或合同中对由此额外增加的费用进行明确。

2. 因竣工后试验是在工程或区段工程实体竣工验收或工程移交发包人后进行的，因此，若发包人对工程竣工验收或移交有特殊要求的，亦会对竣工后试验的起算时间产生影响，此时，承包人需特别对该风险进行识别，在合同履行过程中，需注意工程或区段工程实体竣工验收或工程移交是否已经满足发包人的要求，避免承包人仅根据工程惯例进行工程移交而未关注特殊要求，导致因承包人自身原因使竣工后试验延误，进而影响工程款或质保金的获偿，并且会被发包人索赔。

3. 在合同履行过程中，若发包人或承包人确系客观原因导致竣工后试验无法在约定的期限内启动或完成的，应在约定时间之前及时向非责任方发函或通过召开项目会议的形式进行合理说明，进而对竣工后试验的期限进行延期，最好可以达成补充协议，避免责任方产生额外费用，以及工程未经竣工后试验即视为通过的不利后果。

4. 在竣工后试验阶段，根据本项规定，视为通过系因在期限内未完成，而非在期限内未开始。因此，实践中，可能存在发承包双方约定的时间内已经开始竣工后试验，但尚未完成，或者在双方约定的时间内未开始，但在期限后又开始进行的。此时，在合同中没有对上述情形进行明确约定时，结合工程实践和司法实践，笔者认为，上述情况均无法视为已通过竣工后试验，不过非责任方可向责任方主张延误期间的费用增加以及合理利润损失。原因在于，通过竣工后试验系合同的主要目的，根据《民法典》第五百零九条、第五百一十一条第（五）项的规定，当事人应当遵循诚信原则，按照约定全面履行自己的义务，当事人就有关合同履行方式约定不明确的，应按照有利于实现合同目的的方式履行。即，虽然履行过程发生了履行瑕疵，但合同双方仍应以有利于合同目的实现的方式诚信履约。

【法条索引】

• **《民法典》**

第五百零九条　当事人应当按照约定全面履行自己的义务。

当事人应当遵循诚信原则，根据合同的性质、目的和交易习惯履行通知、协助、保密等义务。

当事人在履行合同过程中，应当避免浪费资源、污染环境和破坏生态。

第五百一十一条第（五）项　当事人就有关合同内容约定不明确，依据前条规定仍不能确定的，适用下列规定：（五）履行方式不明确的，按照有利于实现合同目的的方式履行。

• **《最高人民法院关于审理建设工程施工合同纠纷案例适用法律问题的解释（一）》（法释〔2020〕25 号）**

第九条　当事人对建设工程实际竣工日期有争议的，人民法院应当分别按照以下情形予以认定：……（二）承包人已经提交竣工验收报告，发包人拖延验收的，以承包人提交验收报告之日为竣工日期。

• **《建设工程质量管理条例》**

第四十条　在正常使用条件下，建设工程的最低保修期限为：

（一）基础设施工程、房屋建筑的地基基础工程和主体结构工程，为设计文件规定的该工程的合理使用年限；

（二）屋面防水工程、有防水要求的卫生间、房间和外墙面的防渗漏，为 5 年；

（三）供热与供冷系统，为 2 个采暖期、供冷期；

（四）电气管线、给排水管道、设备安装和装修工程，为 2 年。

其他项目的保修期限由发包方与承包方约定。

建设工程的保修期，自竣工验收合格之日起计算。

第四十一条　建设工程在保修范围和保修期限内发生质量问题的，施工单位应当履行保修义务，并对造成的损失承担赔偿责任。

12.3　重新试验

如工程或区段工程未能通过竣工后试验，则承包人应根据第 11.3 款［缺陷调查］的规定修补缺陷，以达到合同约定的要求；并按照第 11.4 款［缺陷修复后的进一步试验］重新进行竣工后试验以及承担风险和费用。如未通过试验和重新试验是承包人原因造成的，则承包人还应承担发包人因此增加的费用。

【条文释义】

本款即为对没有通过竣工后试验处理方法的规定。承包人交付合格的工程是发包人使用的前提，对于包含竣工后试验阶段的工程总承包项目来说，建设工程经验收合格且通过竣工后试验应系满足合同目的的前提，如果无法通过竣工后试验，承包人应进行相应的缺陷修复工作。根据本款规定，如果第一次或者再次试验未能通过的原因系由承包人导致的，则承包人应承担重复试验的一切费用，包括发包人因此而增加的费用。本款明确了重复试验除了需要遵守第 11.3 款［缺陷调查］的规定外，还要遵守第 11.4 款［缺陷修复后的进一步试验］的相关限制和要求。

【使用指引】

1. 合同当事人在使用本款时需注意对承包人修补缺陷次数以及期限进行明确，其目的在于避免无休止的修复，导致发承包双方的权利义务都迟迟无法达成。

2. 合同当事人在使用本款时需注意对委托第三方介入代为修补缺陷进行明确，其目的在于确因承包人能力不足时，为确保发包人要求的实现，项目及时投产，在合同约定的承包人修复次数和期限内仍未通过竣工后试验的，则发包人应有权自行或者委托第三方介入代为修复。

3. 本款的使用需更多地结合本示范文本第 11.3 款［缺陷调查］以及 11.4 款［缺陷修复后的进一步试验］的规定，其中第 11.3 款中对承包人进行缺陷调查、缺陷责任、修复所需费用、修复通知、在现场外修复以及未能修复进行了明确规定，第 11.4 款对进一步试验以及重新试验进行了明确规定，详见本书的第 11 条部分。此处需提醒合同当事人注意的是，本款最后一句的规定"承包人还应承担发包人因此增加的费用"，其中"增加的费用"系指除检查成本、修补成本以及重新试验成本之外的费用，主要包括因重新试验给发包人造成的信赖利益损失。

【风险识别与防范】

1. 在合同履行过程中，对于承包人来说，需注意重新试验后仍无法通过时合同被解除的风险。根据《民法典》第五百六十三条的规定，当事人一方的根本违约行为致使不能实现合同目的，另一方可以解除合同。对于包含竣工后试验阶段的工程总承包项目来说，发包人的合同目的系获得满足《发包人要求》中性能指标和产证指标的工程实体，对于工程或区段工程存在缺陷，且经修复、重复试验后仍无法通过竣工后试验的，存在合同被发包人解除的风险。承包人在竣工后试验过程中，以及在重新试验的过程中，应给予足够的重视，对于因承包人原因导致工程需修复、重新试验的，应及时雇请专家对修复方案进行论证，保障重复试验的顺利通过。当然，重复试验未通过并不必然产生合同解除的后果，在上述案件中，合同解除的主要原因是已完工工程存在致命性工艺缺陷，且无法通过整改达到合同约定的标准，据此，发包人试图解除合同时亦需同时考量该因素以及承包人是否构成根本性违约。

2. 在进行重复试验后，对于发包人来说，需注意由此增加的费用无法得到支持的风险。前文中已多次提到，在司法实践中，对于合同外费用的增加较难获得支持，为获得法庭支持在履行过程中需关注以下三个要点：（1）费用增加的原因；（2）费用增加的基础材料依据；（3）费用增加后是否依约及时进行了索赔。即便合同中对本款内容进行了明确约定，在因重复试验导致发包人产生额外费用的，发包人亦应严格按照本示范文本第 19 条的规定在合同履行过程中做充分准备。

【法条索引】

•《民法典》

第五百六十三条第（四）项　有下列情形之一的，当事人可以解除合同：……（四）

当事人一方迟延履行债务或者有其他违约行为致使不能实现合同目的;

第七百八十一条　承揽人交付的工作成果不符合质量要求的,定作人可以合理选择请求承揽人承担修理、重作、减少报酬、赔偿损失等违约责任。

第七百九十九条　……建设工程竣工经验收合格后,方可交付使用;未经验收或者验收不合格的,不得交付使用。

• **《建筑法》**

第六十一条　……建筑工程竣工经验收合格后,方可交付使用;未经验收或者验收不合格的,不得交付使用。

• **《房屋建筑和市政基础设施工程竣工验收规定》**

第六条　……参与工程竣工验收的建设、勘察、设计、施工、监理等各方不能形成一致意见时,应当协商提出解决的方法,待意见一致后,重新组织工程竣工验收。

12.4　未能通过竣工后试验

12.4.1　工程或区段工程未能通过竣工后试验,且合同中就该项未通过的试验约定了性能损害赔偿违约金及其计算方法的,或者就该项未通过的试验另行达成补充协议的,承包人在缺陷责任期内向发包人支付相应违约金或按补充协议履行后,视为通过竣工后试验。

【条文释义】

根据第12.3款[重新试验]的规定,在工程实体没有通过竣工后试验时的常规处理方式是由承包人进行缺陷修补并重新试验,但因工程实践较为复杂,特别是对于这种结构复杂、投资额巨大的工程总承包项目,在实际履行过程中,可能存在发包人希望提前或者按时投产的情况,即工程现状尚未达到《发包人要求》中的性能指标和产能指标,但发包人仍希望工程可以持续运行的情形,本款即为对上述情形下合同双方如何进行处理的规定,本款共分为三项,包括除[重新试验]外的其他两种处理方式。其中本项规定,工程或者区段工程未能通过竣工后试验的,发承包双方可以依据合同中的约定或另行达成补充协议,由承包人向发包人支付性能损耗赔偿违约金,在承包人支付上述赔偿金后,即视为承包人通过竣工后试验,完成合同主义务。发承包双方在事发后另行达成补充协议对性能损害赔偿违约金进行约定的模式,在使用时更具有操作性。

【使用指引】

合同当事人在使用本项时,建议通过另行达成补充协议的方式进行。如上所述,工程总承包项目多为结构复杂、专业性和技术性强的工程,且所涉及的质量验收环节较多,因此,在合同签订阶段可能难以对项目未能通过竣工后试验的原因及相对应的性能损害范围进行充分预判。据此,建议合同当事人在使用本项时,尽量通过另行达成补充协议的方式进行适用,如:工程或区段工程未能通过竣工后试验的,承包人可通过向发包人支付性能损害赔偿违约金的方式进行弥补,在支付相应违约金后,视为通过竣工后试验,性能损害赔偿违约金的计算方法由发承包双方在竣工后试验阶段另行协商。

【风险识别与防范】

1. 在谈判、签约或者合同履行阶段，发包人均需注意对本项规定处理方式的灵活使用。根据第 12.3 款［重新试验］的规定，理论上讲，若工程没有通过竣工后试验，在修补缺陷后重新试验，重新试验不合格，需要再修补、再试验，如此往复，有可能会极大地影响发包人的投产和收益。因此，对于工程或区段工程虽然没有达到竣工后试验要求的标准和效率，但如果出现的问题并非实质性问题，能够达到最低交付标准，可以正常运行的，那么为了保证项目的投产进度，实现早投产、早收益，发包人可灵活使用本项规定的处理方式。另外一方面，工程总承包项目多为结构复杂、专业性和技术性强的工程，一旦竣工验收完成后，再来对工程做局部或者全部的调整和重置，显然成本过高。因此，在实践中，在工程实体满足最低交付标准的情况下，发承包双方往往通过支付性能损害赔偿金的方法来抵消合同双方的权利义务。在对性能损害赔偿金的计算方法进行约定时，发包人可结合自身行业情况，灵活约定，切勿仅约定一个固定比例或一个固定金额，避免损害结果发生后无法适用或难以填补发包人损失。

2. 在谈判、签约或者合同履行阶段，承包人亦需注意对本项规定处理方式的合理使用，对于承包人来说，在工程未能通过竣工后试验时，通过支付性能损害赔偿金的方法抵消自身合同义务，系较为便捷、高效的处理方式。原因在于，根据《民法典》第五百零九条第一款的规定，当事人应当按照约定全面履行自己的义务，对于包含竣工后试验阶段的工程总承包项目来说，承包人的合同主义务系按照《发包人要求》中的性能指标和产能指标完成工程实体，但是如果项目未能通过竣工后试验，则除了发包人有权解除合同外，承包人还面临无法主张欠付工程款以及无法要求返还质保金的风险。

3. 在合同履行过程中，承包人还需注意，支付性能损害赔偿违约金并非必然可以达到视为通过竣工后试验的效果，承包人仍需考虑已完工程是否满足最低交付标准的问题。根据《建筑法》第五十五条、第五十六条的规定，建筑工程实行总承包的，工程质量由工程总承包单位负责，勘察、设计文件应当符合有关法律、行政法规的规定和建筑工程质量、安全标准、建筑工程勘察、设计技术规范以及合同的约定。结合全国人大法工委的原合同法释义和建筑法释义，建设工程质量合格分为两个层次：一是法定的质量合格，主要指依照法律、行政法规的有关规定制定的保证建设工程质量和安全的强制性国家标准和行业标准以及国家颁发的施工验收规范，即法定交付标准；二是约定的质量合格，即建设工程合同中约定的对该项建设工程特殊的质量要求，即约定交付标准，又称发包人要求交付标准。此处所称的最低交付标准系指在符合法定交付标准的前提下，介于法定交付标准和约定交付标准之间，发包人可接收的一种次级交付标准。对于承包人支付性能损害赔偿违约金视为通过竣工后试验的，承包人仍需满足发包人要求的最低交付标准，在合同中没有对最低交付标准进行约定时，法定交付标准可视为最低交付标准。

【法条索引】

• 《民法典》

第五百零九条第一款 当事人应当按照约定全面履行自己的义务。

第七百八十一条　承揽人交付的工作成果不符合质量要求的，定作人可以合理选择请求承揽人承担修理、重作、减少报酬、赔偿损失等违约责任。

第八百零八条　本章没有规定的，适用承揽合同的有关规定。

• 《建筑法》

第五十五条　建筑工程实行总承包的，工程质量由工程总承包单位负责，总承包单位将建筑工程分包给其他单位的，应当对分包工程的质量与分包单位承担连带责任。分包单位应当接受总承包单位的质量管理。

第五十六条　建筑工程的勘察、设计单位必须对其勘察、设计的质量负责。勘察、设计文件应当符合有关法律、行政法规的规定和建筑工程质量、安全标准、建筑工程勘察、设计技术规范以及合同的约定。设计文件选用的建筑材料、建筑构配件和设备，应当注明其规格、型号、性能等技术指标，其质量要求必须符合国家规定的标准。

12.4.2　对未能通过竣工后试验的工程或区段工程，承包人可向发包人建议，由承包人对该工程或区段工程进行调整或修补。发包人收到建议后，可向承包人发出通知，指示其在发包人方便的合理时间进入工程或区段工程进行调查、调整或修补，并为承包人的进入提供方便。承包人提出建议，但未在缺陷责任期内收到上述发包人通知的，相关工程或区段工程应视为已通过该竣工后试验。

【条文释义】

本项系未能通过竣工后试验的第三种解决方式。对于发包人希望承包人按照合同约定标准交付工程，但又急于投产的情况下，承包人可向发包人提出调整或修复建议，并按照发包人的通知时间在缺陷责任期内进行修补工作，从而保证承包人的修复工作不影响项目先行投产需求。本项规定一方面可以保证项目按时投产，一方面又可保证项目的性能达标，为发承包人共同完成项目的按约建设提供了具有操作性的处理模式。需提请发包人注意的是，本项第二句还明确了发包人逾期失权的但书条款，在承包人向发包人建议后，但未在缺陷责任期内收到发包人通知的，视为工程或区段工程已经通过了竣工后试验，承包人不再承担修复责任。

【使用指引】

1. 合同当事人在使用本项时，需注意本项所包含的两个阶段：第一个阶段为承包人提出修复方案与发包人进行确定的阶段，即修复方案确认阶段；第二个阶段为发包人确认方案后向承包人发出通知确定修复时间的阶段，即修复时间确认阶段。如果在第一个阶段发包人就未与承包人就修复方案达成一致意见，那么即便发包人未在缺陷责任期内通知承包人，亦不应视为已通过竣工后试验。

2. 本项虽然删除了《2011版工程总承包合同》中的"（承包人）若自费调查、调整和修正"，但此处承包人建议的修复方案原则上仍应由承包人自行承担费用。

3. 本项关于未在缺陷责任期内收到发包人通知，视为已通过该竣工后试验的规定应适用限缩解释，不应扩大至承包人在缺陷责任期内已收到了发包人通知，但未在缺陷责任期内实际进场修复的情形，因为如果承包人在缺陷责任期内已收到了发包人通知，说明发包人与承包人关于修复达成了一致意见，结合第12.4.3项的规定，如果因为发包人原因导致承包人进场修复时间拖延的，发包人应承担由此给承包人带来的费用增加和合理利润损失。

【风险识别与防范】

1. 在竣工后试验阶段，承包人需注意修复方案编制的完整性和可行性，必要时，应及时雇请专家对修复方案进行论证，保障修复方案获得发包人认可。

2. 在竣工后试验阶段，发包人需注意逾期回复承包人建议视为竣工后试验通过的风险，在承包人向发包人提出修复建议后，发包人应及时向承包人反馈，对于发包人认可承包人建议的，应注意在缺陷责任期内及时向承包人发出通知。对于发包人不认可承包人建议的，亦应及时向承包人反馈，让承包人进一步完善或直接适用第12.4.1项的规定处理。

3. 在竣工后试验阶段，发包人需特别注意提前使用视为已竣工验收的风险。根据《最高人民法院关于审理建设工程施工合同纠纷案件适用法律问题的解释（一）》（法释〔2020〕25号）第九条第（三）项的规定，建设工程未经竣工验收，发包人擅自使用的，以转移占有建设工程之日为竣工日期。结合本项规定，势必会出现工程虽未通过竣工后试验，但发包人已实际投产使用的情形，该举措存在直接认定发包人已完成竣工验收、接收项目的风险。发包人需在合同签订阶段，对建设工程的实际竣工日期进行明确约定；其次，在合同履行过程中，若工程未能通过竣工后试验，但发包人急需投产的，发包人应组织项目各参与方通过会议纪要的形式将该事项进行固定说明。

【法条索引】

• **《民法典》**

第七百八十一条　承揽人交付的工作成果不符合质量要求的，定作人可以合理选择请求承揽人承担修理、重作、减少报酬、赔偿损失等违约责任。

• **《最高人民法院关于审理建设工程施工合同纠纷案件适用法律问题的解释（一）》（法释〔2020〕25号）**

第九条　当事人对建设工程实际竣工日期有争议的，人民法院应当分别按照以下情形予以认定：

（一）建设工程经竣工验收合格的，以竣工验收合格之日为竣工日期；

（二）承包人已经提交竣工验收报告，发包人拖延验收的，以承包人提交验收报告之日为竣工日期；

（三）建设工程未经竣工验收，发包人擅自使用的，以转移占有建设工程之日为竣工日期。

12.4.3　发包人无故拖延给予承包人进行调查、调整或修补所需的进入工程或区段工程的许可，并造成承包人费用增加的，应承担由此增加的费用并支付承包人合理利润。

【条文释义】

本项与第 12.4.2 项系关联条款，根据第 12.4.2 项的规定，发包人在收到建议后，可向承包人发出通知，指示其在发包人方便的合理时间进入工程或区段工程进行调查、调整或修补，并为承包人的进入提供方便。对于发包人已向承包人发出通知，但在通知的修补时间内，发包人又无故拖延承包人，拒绝承包人进入现场的，应由发包人承担由此导致承包人增加的费用及合理利润损失。

【使用指引】

本项虽未明确规定"发包人未在商定的时间内给承包人提供方便的，应视为已通过竣工后试验的后果"，但结合本条第 12.2.2 项的规定，因承包人以外的原因，导致竣工后试验未能在双方另行同意的其他期限内完成的，相应工程应视为已通过竣工后试验。此时发包人通知的进入现场修复的合理时间可视为双方另行同意的其他期限，若在此期限内仍未开始或完成的，亦存在视为已通过竣工后试验的可操作性。

【风险识别与防范】

1. 在谈判或签约时，承包人应特别注意该条款是否在专用合同条件或补充条款中进行了删除或修改，对于承包人在签约时发现该条款被删除或修改的，承包人应尽可能在谈判中争取到该条款。

2. 在合同履行过程中，对于发包人无故拖延导致修复工作未能如约进行的，必然会产生息工、闲置费用损失，结合本示范文本第 19.1 款第（1）项的规定，索赔方应在知道或应当知道索赔事件发生后 28 天内，向对方递交索赔意向通知书，并说明发生索赔事件的事由；索赔方未在前述 28 天内发出索赔意向通知书的，丧失要求追加/减少付款、延长缺陷责任期和（或）延长工期的权利。即承包人在产生损失后应及时向发包人发出索赔意向通知书，避免逾期失权。

3. 对于承包人来说，如果通过竣工后试验的节点与工程款的支付或者质保金的返还相关联的，未能通过竣工后试验进而需修复的延误亦会导致承包人的相应价款无法按期获偿。因此，若实践中发生发包人无故拖延的情形，承包人可结合本条第 12.2.2 项即逾期视为通过竣工后试验条款的规定对工程款的支付或者质保金的返还进行主张，避免工程款或者质保金的长时间无法获偿。

4. 在司法实践中，因发包人原因导致承包人产生停窝工损失的情形时常发生，但因承包人对停窝工损失的计算无基础资料支撑或者发包人不愿意签字确认等原因，往往导致承包人的停窝工损失无法实际获偿。据此，承包人可以在合同中对停窝工损失的金额进行量化，如：发包人无故拖延修复的，每逾期一天，应以签约合同价为基数，按照同期全国银行间同业拆借中心公布的贷款市场报价利率（LPR）支付违约金。

第 13 条　变更与调整

13.1　发包人变更权

13.1.1　变更指示应经发包人同意，并由工程师发出经发包人签认的变更指示。除第 11.3.6 项［未能修复］约定的情况外，变更不应包括准备将任何工作删减并交由他人或发包人自行实施的情况。承包人收到变更指示后，方可实施变更。未经许可，承包人不得擅自对工程的任何部分进行变更。发包人与承包人对某项指示或批准是否构成变更产生争议的，按第 20 条［争议解决］处理。

【条文释义】

在总承包合同示范文本下，发包人和承包人采用的工程承发包方式为：设计、采办、施工总承包模式或者设计、施工总承包模式，"变更"的定义发生了质的变化，是指根据第 13 条［变更与调整］的约定，经指示或批准对《发包人要求》或工程所做的改变。相对于传统的施工总承包项目，工程总承包项目中发包人的变更权仅包括两种情形：（1）对于发包人要求的变更；（2）对于工程的变更。在总承包合同模式下，承包人在工程中的角色定位和收益、风险分担决定了承包人可以获得合同价外变更补偿的范围较传统施工总承包合同模式下的变更补偿范围大大限缩。双方对工程变更的争议更多地集中在发包人提出的要求是否构成变更的定性方面，变更争议的发生节点相较施工总承包模式下的变更而言大大提前，并且贯穿于项目执行的始终。

在总承包模式下，承包人对项目执行具有更大的自主权，但同时也面临着更加复杂和不可预知的风险。在工程发包之初，承包人根据发包人在招标文件或者相关选商文件中的发包人要求进行报价，该阶段并无详细设计文件或者工程量清单供承包人参考，根据发包人的实体性质、商业习惯及专业度不同，承包人报价时可以参考的一般只有设计前端文件（FEED 文件）或者概括式工作范围及标准。承包人结合自身工程总承包经验，在综合考虑项目设计、采办和施工组织方案及收益、风险模型的基础上进行报价。工程实施过程中，承包人根据发包人要求进行详细设计，编制设计、采办、施工方案，制定 HSE 和质量管理体系文件等，并在每一阶段按照发包人要求将相关文件报送工程师和发包人审核。工程师或发包人会在审核过程中提出优化或者修改意见，承包人有时也会从提升项目收益角度出发提出合理化建议，当发包人不认可由发包人代表或者工程师提出的修改意见构成变更指示，或者不认可承包人提出的合理化建议构成变更时，双方会对具体事项是否构成合同价外变更发生争议。此时，解决变更争议又重新回到了合同条件中的"变更"定义本身，将焦点集中在证明发包人提出的修改或者承包人提出的合理化建议，是否涉及对发包人要求的改变。

《2020 版工程总承包合同》对于变更的规定方式更加贴近于 FIDIC 总承包合同条件的规定范式，承发包双方之间的权责范围和风险分担更趋近公平，在实务中更容易被合同双方所接受。具体来讲，变更条款不再列举变更的范围，只是在"变更"的定义中作了概括式规定："经指示或批准对《发包人要求》或工程所做的改变"；在变更条款中，合同条件更注重对变更程序进行详细约定。相应地，该版示范文本在附件部分加入附件 1《发包人要求》，鼓励发包人在招标阶段就开始基于功能性基础描述设计原则和生产设备基础设计，编制详尽的发包人要求及工程范围，作为后续认定变更时的基础参照。

本款 13.1.1 项明确了变更指示的签发程序，即变更指示须经发包人同意并由工程师发出。承包人在获得上述变更指示之前，无权对工程的任何部分进行变更。应注意的是，该项仅对发包人的变更权进行了概括式规定，实务中发包人进行变更时，除由工程师发出变更指示外，可能会先要求承包商提交建议书，发包人认可承包人提交的建议书后再发出变更指示。

除此之外，应注意其他合同条款中涉及承包商的建议、通知、行为或者工程师指示构成变更的情形，合同双方应当按照条款规定履行相关要求。这类情形主要包括：3.5.1 项工程师现场口头或者书面指示构成变更的情形；4.8 款承包人遇到不可预见的困难时，工程师的指示构成变更的情形；5.1.3 项法律和标准变化时，承包人向工程师提出遵守新规定的建议构成变更的；5.2.1 项发包人对承包人的文件审核意见构成变更的情形；5.2.3 项承包人文件需政府有关部门或专用合同条件约定的第三方审查单位审查或批准的情形；6.2.1 项发包人需要对进场计划进行变更的情形；6.2.1 项发包人提供的材料和工程设备的规格、数量或质量不符合合同要求，或由于发包人原因发生交货日期延误及交货地点变更等情形；8.6 款提前预警规定的情形；8.7.1 项因发包人原因导致工期延误的情形；8.7.4 项异常恶劣的气候条件下，工程师发出的指示构成变更的情形；8.8.1 项发包人指示承包人提前竣工且被承包人接受时的情形；8.8.2 项承包人提出提前竣工的建议且发包人接受时的情形；8.9.5 项［拖长的暂停］下，如果发包人没有在收到承包人书面通知后 28 天内准许已暂停工作的全部或部分继续工作的情形；18.4 款新颁布适用的法律法规规定由承包人投保强制保险的情形等。

因为承包人报价时的报价策略和风险取舍是基于工程总承包模式进行的，如果允许发包人在工程实施过程中删减工作内容，对承包人是不公平的。因此，对于变更指示的内容，除第 11.3.6 条［未能修复］规定的"因承包人原因造成工程的缺陷或损坏，承包人拒绝维修或未能在合理期限内修复缺陷或损坏，且经发包人书面催告后仍未修复的"情形外，发包人无权删减合同约定的工作内容。

对于工程师发出的经发包人签认的变更指示，如果发包人与承包人对该指示的实体内容是否构成变更存在争议，按照第 20 条［争议解决］处理。对于承包商来说，应特别注意争议解决条款中的程序性规定，避免出现履约方面的程序瑕疵。

【使用指引】

在使用本款时，从发包人角度，应审慎编制发包人要求；从承包人角度，在投标报价时应根据发包人要求全面考虑相关费用和风险。正确理解本款 13.1.1 项，需要把握好三个侧重点：

1. 应理解工程师发出经发包人同意的变更指示是变更成立的首要前提，承包人不能自行对工程进行变更。上述前提属于程序性事项，在获得工程师下发的变更指示之前，承包人和发包人之间必然不会成立合同下的任何变更。

合同双方应结合第 3.5 条［指示］的程序性规定理解变更指示程序。按照第 3.5.1 项规定，"工程师应按照发包人的授权发出指示。工程师的指示应采用书面形式，盖有工程师授权的项目管理机构章，并由工程师的授权人员签字。在紧急情况下，工程师的授权人员可以口头形式发出指示或当场签发临时书面指示，承包人应遵照执行。工程师应在授权人员发出口头指示或临时书面指示后 24 小时内发出书面确认函，在 24 小时内未发出书面确认函的，该口头指示或临时书面指示应被视为工程师的正式指示。"承包人在现场根据 3.5.1 项规定执行工程师的指示或命令时，应结合 13.1.1 项的规定，及时获得经发包人签认的由工程师发出的变更指示。

2. 应理解发包人和（或）工程师发出的某项指示或批准不会必然构成变更，承包人如果主张该指示或批准属于合同下的变更，应结合合同条款、发包人要求、设计文件、进度计划等文件进行主张。例如，承包人通过证明发包人和（或）承包人发出的指示或批准属于对发包人要求内容的增加或修改，又或承包人证明发包人提出的新要求涉及未包含在发包人要求中的标准等。双方对该指示或批准是否构成变更发生争议时，有权按照按第 20 条［争议解决］处理。实务中，建议承包人与发包人在合同签订后尽快确认变更程序文件，以避免合同履行过程中可能出现的程序性或实体性变更争议。

3. 应注意本条以明示的方式约定，除非在缺陷责任期内因承包人原因造成工程的缺陷或损坏，承包人拒绝维修或未能在合理期限内修复缺陷或损坏，且经发包人书面催告后仍未修复的情形外，发包人无权从合同工作范围中删减承包人的工作，这是与承包人在工程总承包模式下的风险分担程度相匹配的，也是发包人发出变更指示的基础原则。

【风险识别与防范】

结合上述阐释和分析，该项条文在合同执行过程中的典型风险包括：

1. 本项规定的发包人就某项工作直接发出变更指示，是一种理想化情境。实务中，更多的情境可能表现为发包人计划实施某项变更，先要求承包人提交建议书；或者发包人提出某项设计、采办或施工文件审核意见，承包人认为构成变更而提交变更申请。那么在承包人等待发包人审核建议书或者变更申请时，是否可以暂停工作或者先行开展变更工作成为承包人必须面对的问题。对此，承包人首先应明确，除非现场工程师根据 3.1.5 项发出暂停施工指示，承包人在等待发包人回复的期间内，不应延误任何合同约定的工作。其次，除非发包人发出明确的变更指示，承包人不能执行任何变更。

2. 在发包人或工程师发出变更指示前要求承包人提交建议书的情形下，发包人没有必须接受承包人提交的建议书的义务，合同条件亦未对承包人准备建议书的成本应如何承担做出明确规定，因此，承包人在准备建议书时应根据实际情况控制投入，尽可能不要与次级分包商或供应商签订具有绑定性质的承诺或协议。

3. 承包人在编制变更建议书时会在很大程度上结合其投标时的报价，因此承包人的变更效果与其报价文件中价格清单的单价密切相关。如果变更所涉及的价格清单中的单价合理，承包人会在变更中获得良好效益；反之，如果价格清单中的单价不合理，承包人在编制变更建议书的价格影响时会处于被动地位，变更认定反而会起到反面效果；变更越多，亏损越大。因此，对于承包人来说，良好变更效果的实现应从合理的报价开始。

【法条索引】

·《民法典》

第四百八十八条　承诺的内容应当与要约的内容一致。受要约人对要约的内容作出实质性变更的，为新要约。有关合同标的、数量、质量、价款或者报酬、履行期限、履行地点和方式、违约责任和解决争议方法等的变更，是对要约内容的实质性变更。

13.1.2　承包人应按照变更指示执行，除非承包人及时向工程师发出通知，说明该项变更指示将降低工程的安全性、稳定性或适用性；涉及的工作内容和范围不可预见；所涉设备难以采购；导致承包人无法执行第7.5款［现场劳动用工］、第7.6款［安全文明施工］、第7.7款［职业健康］或第7.8款［环境保护］内容；将造成工期延误；与第4.1款［承包人的一般义务］相冲突等无法执行的理由。工程师接到承包人的通知后，应作出经发包人签认的取消、确认或改变原指示的书面回复。

【条文释义】

本项明确了承包人具有执行工程师发出的经发包人签认的变更指示的义务；同时赋予了承包人以下述原因为理由质疑工程师发出的变更指示的权利：（1）变更指示将降低工程的安全性、稳定性或适用性；（2）涉及的工作内容和范围不可预见；（3）所涉设备难以采购；（4）导致承包人无法执行第7.5款［现场劳动用工］、第7.6款［安全文明施工］、第7.7款［职业健康］或第7.8款［环境保护］内容；（5）将造成工期延误；（6）与第4.1款［承包人的一般义务］相冲突等无法执行的理由。

该项条款规定的承包人可以对工程师指示提出质疑的理由，整体来说涵盖了承包商设计、采购和施工的各个环节。承包人在设计阶段最大的风险来源于业主要求、现场条件和适用标准，且业主会全程参与到承包人的设计过程中；承包人的采购策略实质上属于设计的一部分，亦取决于发包人要求中的设计要求；承包人在施工过程中的施工方案选择权关系着施工进度、施工成本等一系列要素，也是设计过程中的一项重要内容。因此，当承包人认为发包人的变更指示超出发包人要求和工程本身，并对承包人的详细设计产生实际影响，进而表现在对设计、采购、施工各个环节的阻碍时，承包人有权发出质疑通知。

承包人必须在一个"及时"的期间内向工程师发出上述通知，工程师接到承包人的通知后，并没有做出任何取消或者改变指示的义务，但应做出经发包人签认的取消、确认或改变原指示的书面回复。

【使用指引】

正确使用该项的核心在于理解承包人除具有遵守发包人变更指示的原则性义务外，有权通过"（1）变更指示将降低工程的安全性、稳定性或适用性；（2）涉及的工作内容和范围不可预见；（3）所涉设备难以采购；（4）导致承包人无法执行第7.5款［现场劳动用工］、第7.6款［安全文明施工］、第7.7款［职业健康］或第7.8款［环境保护］内容；（5）将造成工期延误；（6）与第4.1款［承包人的一般义务］相冲突等无法执行的理由"等理由以通知形式质疑工程师发出的变更指示。

从承包人可以引述作为质疑工程师变更指示的理由来看，均是能够对永久工程或者承包人履约造成重大制约的事由。承包人如果不能及时行使该程序性权利，将导致承包人必须承担未能执行变更指示的后果。承包人的通知必须及时发出，特别是在发包人质疑承包人通知时效性时，承包人应能够说明或证实该通知是在合理的"及时"期间内发出的。

承包人需注意该项列明的理由对应的条款，在发送工程师的通知中援引对应条款，并结合工程设计文件、采购方案、用工方案、施工方案、安全、健康、环境管理计划、进度计划，以及其他与承包商履行合同义务相关的文件或事实，证明承包商因该变更指示受到或将要受到的损害或影响。

承包人依据本项发出的通知不一定能够起到改变或者取消发包人变更指示的效果，本款也没有对工程师拒绝承包人质疑通知后的情形作进一步规定。但是鉴于承包商可以援引的理由均是能够对永久工程或者承包人履约造成重大制约的事由，承包商行使该程序性权利后，在很大程度上能对将来的工期或费用索赔提供证据，或者为对抗发包人的反索赔做好铺垫。

【风险识别与防范】

在工程总承包模式下，承包人对工程设计、采购和施工的实施方案享有较大的自由度，但在实际执行中如果承包人的报价错误，或者对发包人的相关指示应对方式不正确，会造成重大损失。而且，在总承包模式下，承包人往往会被要求在投标函附录中提交发包人要求或设计前端文件背书，设计因此成为整个项目执行环节的执牛耳者，关系着后续采办、施工、试运行等各个环节能否顺利执行，以及项目能否达到预期目标，设计中的任何错误会在后续环节中被放大；发包人及工程师也会在更深程度内参与到设计的整个过程中。

对此，在总承包合同文本既定风险分配架构之下，承发包双方首先应明晰合同约定的双方对工程设计责任的承担范围以及发包人参与设计过程的具体范围和审核期限等；同时，对于任何承包人认为无法执行的发包人变更指示，承包人应按照本项规定的质疑程序，及时向发包人发出通知。

【法条索引】

• 《民法典》

第四百八十八条　承诺的内容应当与要约的内容一致。受要约人对要约的内容作出实质性变更的，为新要约。有关合同标的、数量、质量、价款或者报酬、履行期限、履行地点和方式、违约责任和解决争议方法等的变更，是对要约内容的实质性变更。

13.2　承包人的合理化建议

13.2.1　承包人提出合理化建议的，应向工程师提交合理化建议说明，说明建议的内容、理由以及实施该建议对合同价格和工期的影响。

13.2.2　除专用合同条件另有约定外，工程师应在收到承包人提交的合理化建议后7天内审查完毕并报送发包人，发现其中存在技术上的缺陷，应通知承包人修改。发包人应在收到工程师报送的合理化建议后7天内审批完毕。合理化建议经发包人批准的，工程师应及时发出变更指示，由此引起的合同价格调整按照第13.3.3项［变更估价］约定执行。发包人不同意变更的，工程师应书面通知承包人。

13.2.3　合理化建议降低了合同价格、缩短了工期或者提高了工程经济效益的，双方可以按照专用合同条件的约定进行利益分享。

【条文释义】

本款13.2.1项明确了承包人作为工程的具体执行方可以向工程师提交合理化建议；合理化建议应包括建议的内容、理由以及价格和工期影响。

本款13.2.2项规定了工程师在收到承包人提交的合理化建议后的具体处理程序：

（1）除专用合同条件另有约定外，工程师应在收到承包人提交的合理化建议后7天内审查完毕并报送发包人；工程师在审查过程中如发现承包人的合理化建议书中存在技术缺陷，应通知承包人修改。

（2）发包人应在收到工程师报送的合理化建议后7天内审批完毕。

（3）合理化建议经发包人批准的，工程师应及时发出变更指示。发包人不同意变更的，工程师应书面通知承包人。

经发包人同意的变更指示引起的合同价格调整按照第13.3.3项［变更估价］约定执行。实务中，承包人提出的合理化建议会产生价格增加和价格降低两种结果：（1）当发生价格增加情形时，发包人会在审核后做出是否发出变更指示的决定；当发包人发出变更指示时，合同双方根据13.1款和13.3款的规定履行变更程序。（2）当发生价格降低的情形时，发包人按照13.2.2项的规定发出变更指示，承包人履行变更程序，双方按照13.2.3项规定进行利益分成。

本款13.2.3项明确了因承包商合理化建议产生的合同价格降低、工期缩短或者工程经济效益增加等利益，合同双方当事人可以在专用合同条件中进行利益分享约定。

除此之外，还应注意其他条款下关于适用承包人合理化建议程序的约定，这类条款主要包括：5.1.3项法律和标准变化时，承包人向工程师提出遵守新规定的建议构成变更的，按照第13.2款［承包人的合理化建议］的约定执行；5.2.3项对于政府有关部门或第三方审查单位的审查意见，需要修改《发包人要求》的，承包人应按第 13.2 款［承包人的合理化建议］的约定执行；8.6 款提前预警规定的情形下，发包人有权要求承包人根据第 13.2 款［承包人的合理化建议］的约定提交变更建议，采取措施尽量避免或最小化上述情形的发生或影响。

【使用指引】

"合理化建议"对应 FIDIC 合同条件中的概念为"价值工程"，其初衷是通过设置激励性利益分配措施，鼓励承包人以构成合同变更的优化设计方案和施工方案，使项目效益和效率最大化。承包人作为有经验的承包主体，是工程设计、采办和施工的实际执行方，其对工程执行方案提出的合理化建议在很大程度上会使合同双方受益。

从本款条文来看，承包人可以随时自费提出书面合理化建议，建议书应该从加快竣工、降低工程的整个寿命期内（施工、维护、运营）的费用、提升工程竣工后的效率和效益，及其他可能给发包人带来的利益等角度编制。

本款 13.2.1 项赋予承包人向工程师提交合理化建议的权利，也可以理解为承包人在程序性权利方面具有通过合理化建议方式主动发起合同变更的权利。合理化建议书中的价格和工期影响应分别按照 13.3.3.1［变更估价原则］和 13.3.4［变更引起的工期调整］确立的原则编制。

理解本款 13.2.2 项时，应注意以下核心点：

（1）工程师在收到承包人的合理化建议后有审查权，但必须在 7 日内审查完毕报送发包人，同时将审查发现的技术缺陷，通知承包人修改。适用该程序取决于专用合同条件有无其他约定。

（2）承包人的合理化建议是否被批准，完全取决于发包人意见。不论承包人是否已根据工程师审核意见提交了补充文件，如果发包人批准了合理化建议，工程师应及时发出变更指示。

（3）在承包人合理化建议被批准的情形下，即使合理化建议书中已经包含了价格影响内容，承包人仍需援引 13.3.3 项［变更估价］约定的原则和程序确定变更价格。

根据本款 13.2.3 规定，本合同条件不同于 1999 版 FIDIC 红皮书通用合同条件直接规定价值工程利益分配原则的方式，而是同 1999 版 FIDIC 银皮书及 2017 版 FIDIC 合同条件一样，并没有对承包人合理化建议产生利益的分配方法提供具体化建议，而是由双方在专用条件中进行约定。发包人和承包人在合同专用条件中进行利益分享约定时，应援引 13.3［变更程序］所列内容对利益分配方案进行详细约定。

【风险识别与防范】

1. 承包人应从招标阶段开始研读发包人要求。承包人在使用本款时需注意的是，并非承包人认为是由其合理化建议产生的利益都会被发包人认可，并进入利益分配程序；例如，发包人要求中存在"发包人对详细设计的界定标准应包含发包人合理意见"等宽泛表述，可能导致承包人合理化意见不被认定为变更；发包人主张承包人的工作需要达到合同设定的目的；发包人在审核承包人设计文件时会利用审核方面的权利使承包人可能使用业主偏好的方案等。上述情形可能导致并非所有合理化建议产生的利益都会被发包人认可为能够被双方分享的利益。对此，承包人在投标阶段即应开始认真审核招标文件中的发包人要求，并基于发包人要求的每一个细节制定正确的投标策略，保证报价不漏项、不错项。

2. 承包人应注意发包人有权接受或者拒绝承包人提出的合理化建议。在发包人根据承包人的合理化建议发出变更指示之前，承包人不应停止工作的执行，或者擅自按照合理化建议中的方案工作。

【法条索引】

• **《民法典》**

第四百八十八条　承诺的内容应当与要约的内容一致。受要约人对要约的内容作出实质性变更的，为新要约。有关合同标的、数量、质量、价款或者报酬、履行期限、履行地点和方式、违约责任和解决争议方法等的变更，是对要约内容的实质性变更。

13.3　变更程序

13.3.1　发包人提出变更

发包人提出变更的，应通过工程师向承包人发出书面形式的变更指示，变更指示应说明计划变更的工程范围和变更的内容。

13.3.2　变更执行

承包人收到工程师下达的变更指示后，认为不能执行，应在合理期限内提出不能执行该变更指示的理由。承包人认为可以执行变更的，应当书面说明实施该变更指示需要采取的具体措施及对合同价格和工期的影响，且合同当事人应当按照第13.3.3项［变更估价］约定确定变更估价。

13.3.3　变更估价

13.3.3.1　变更估价原则

除专用合同条件另有约定外，变更估价按照本款约定处理：

（1）合同中未包含价格清单，合同价格应按照所执行的变更工程的成本加利润调整；

（2）合同中包含价格清单，合同价格按照如下规则调整：

1）价格清单中有适用于变更工程项目的，应采用该项目的费率和价格；

2）价格清单中没有适用但有类似于变更工程项目的，可在合理范围内参照类似项目的费率或价格；

3）价格清单中没有适用也没有类似于变更工程项目的，该工程项目应按成本加利润原则调整适用新的费率或价格。

13.3.3.2 变更估价程序

承包人应在收到变更指示后 14 天内，向工程师提交变更估价申请。工程师应在收到承包人提交的变更估价申请后 7 天内审查完毕并报送发包人，工程师对变更估价申请有异议，通知承包人修改后重新提交。发包人应在承包人提交变更估价申请后 14 天内审批完毕。发包人逾期未完成审批或未提出异议的，视为认可承包人提交的变更估价申请。

因变更引起的价格调整应计入最近一期的进度款中支付。

13.3.4 变更引起的工期调整

因变更引起工期变化的，合同当事人均可要求调整合同工期，由合同当事人按照第 3.6 款［商定或确定］并参考工程所在地的工期定额标准确定增减工期天数。

【条文释义】

本款约定了变更的程序。

根据 13.3.1 项，变更可由发包人提出，并通过工程师向承包人发出变更指示。

根据 13.3.2 项，承包人收到工程师的变更指示后，如果认为不能执行，应按照 13.1.2 项规定向工程师提交质疑变更指示的通知；承包人认为可以执行变更的，应提交变更执行说明及变更对价格和工期影响的说明，并按照 13.3.3 项规定确定变更估价。

根据 13.3.3 项，除专用合同条件另有约定，变更估价按照"合同中未包含价格清单"及"合同中包含价格清单"两种情形下的处理原则进行估价。该项同时规定了具体的变更估价程序，承包人、工程师及发包人应按照变更估价程序履行相关的申请、审查和审批程序。

与《2011 版工程总承包合同》中规定的参照相应人力、机具、工程量的单价确定变更价款的方式相比，《2020 版工程总承包合同》中的变更估价更加顺应总承包模式下固定总价价格清单模式，参照相应费率和价格，以成本加利润的原则进行变更估价。

因变更引起的价格确定后，价格调整应计入最近一期进度款中支付。

因变更引起工期变化的，承包人可以要求增加工期，发包人也可以要求减少工期。工期调整适用的程序为第 3.6 款［商定或确定］，参照的标准为工程所在地的工期定额标准。

【使用指引】

本款主要规定工程变更程序，使用本款的核心在于合同双方应完全按照程序性规定行使权利、履行义务，避免因程序性瑕疵导致的不利后果。

承包人需要注意的是，本合同条件下，只有发包人有权提出变更。所以承包人在收到工程师发出的变更指示时，需要确认该变更指示已获得发包人的签认，承包人必须有发包人的变更指示才能开展变更工作；而且，在收到工程师发出的正式变更之前，承包人不能停止本合同下的工作。

承包人如果认为工程师发出的变更指示可以执行，应当书面提交变更执行说明及变更对工期和费用的影响，并同时在收到变更指示后 14 天内向工程师提交变更估价申请。

对于承包人提交的变更估价申请，工程师仅具有审查权以及在有异议时通知承包人重新提交的权利，无权决定接受或者拒绝承包人的变更估价申请。工程师对变更无异议后，发包人不能晚于承包人提交变更估价申请后 14 天内审批完毕。变更导致的价格调整确定后，直接计入最近一期的进度款中支付；承包人应按照 14.3.1［工程进度付款申请］的规定，在该月月末向工程师提交进度付款申请单。

一般来说，应以合同中价格清单中的单价对变更工作量进行估价；如果合同中不包括适用于该变更工作的单价，应在合理的范围内使用合同中的单价作为估价的参照。

对于工期的变化调整，应特别注意基准计划的明确性。承包人应尽快获得经发包人批准的项目整体执行计划，以便在提出工期变更时，一方面可以明确发包人正常应当履行某项义务的时间节点，另一方面可以结合关键路径计算具体工期影响。具体程序适用第 3.6 款［商定或确定］程序进行，同时参照工程所在地的工期定额标准。需要注意的是，合同双方在商定工期时，应按照 3.6 款规定及时发送各项异议通知，以保证己方权利不会丧失。同时，在工期争议解决前，双方应暂按工程师的确定执行。按照第 20 条［争议解决］的约定对工程师的确定做出修改的，按修改后的结果执行，由此导致承包人增加的费用和延误的工期由责任方承担（图 1）。

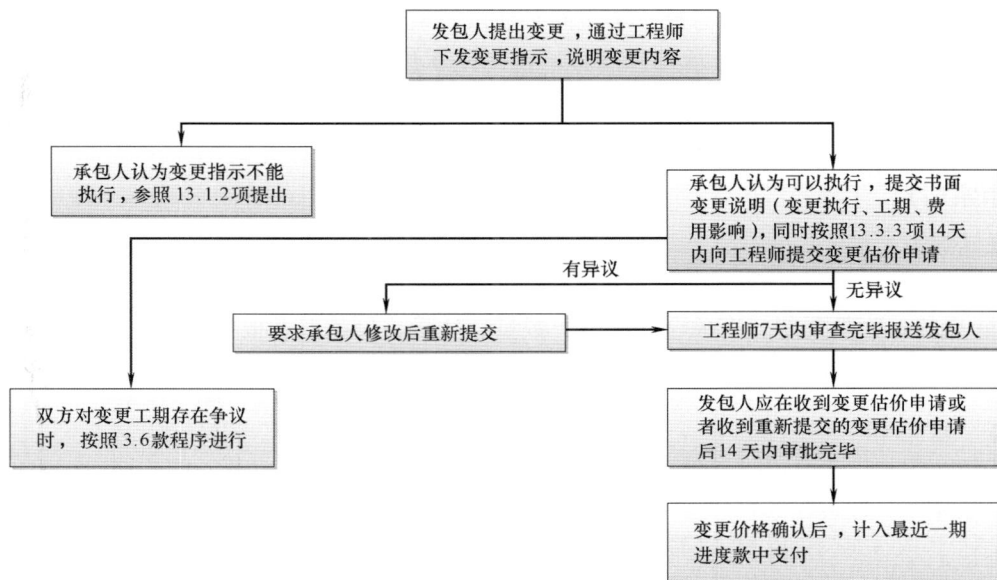

图 1　变更程序图示

最后，承包人需要注意的是，本款规定的变更程序发起于发包人提出变更并向承包人发出变更指示。实务中，在工程总承包模式下，可能会发生发包人在审核承包人提交的设计文件或设备文件时，并不向承包人发出变更指示，而是基于招标文件中的设计前端文件，对承包人的详细设计文件或设备文件提出修改意见的情形。当承包人认为发包人的修改意见构成变更的，承包商应援引 19.1 款［索赔的提出］及时向发包人发出索赔通知，最大限度保留费用和（或）工期索赔的权利。

【风险识别与防范】

关于变更程序，承发包双方除应按照条文要求，履行变更的程序性要求外，应注意规避以下两个与变更程序执行相关的具体风险：

1. 实务中，如果发包人发出变更指示前要求承包人就具体事项提交变更建议书，但是，按照进度计划承包人在准备变更建议书时该事项亟待开展，在这种情形下，承包人一方面无权按照变更计划书执行该事项，而如果按照原合同方案执行，可能面临重新施工的风险。为规避潜在争议，承发包双方应就潜在变更可能导致的工期影响与现有进度计划的关系进行充分沟通，签署相关备忘录，为将来履行变更程序留存好相关证据。

2. 根据本款规定，发包人发出变更指示后，承包人应当书面提交变更执行说明及变更对工期和费用的影响，并同时在收到变更指示后 14 天内向工程师提交变更估价申请。这种情形下，承包人提交的工期和费用影响如果被发包人拒绝，承包人很大程度上已经丧失质疑业主变更指示的权利。进一步看，当双方的变更陷入僵局时，工程进度可能会受到延误。因此，承包人的目标应该是尽可能在实施变更之前就变更价格和工期影响与发包人达成一致。为实现这一目标，承包人应在首次提交的建议书中就明确变更价格和定价方法。如果最终未能达成一致意见，承包商必须按照索赔条款的要求提出索赔。

3. 上一点已述及，对于承发包双方，特别是承包人而言，应注意变更和索赔条款的竞合。当发生因变更导致的索赔事件时，合同双方应该结合变更条款和索赔条款的程序性和实体性规定做好合同履行，为索赔和反索赔做好铺垫。

【法条索引】

• **《民法典》**

第四百八十八条 承诺的内容应当与要约的内容一致。受要约人对要约的内容作出实质性变更的，为新要约。有关合同标的、数量、质量、价款或者报酬、履行期限、履行地点和方式、违约责任和解决争议方法等的变更，是对要约内容的实质性变更。

13.4 暂估价

13.4.1 依法必须招标的暂估价项目

对于依法必须招标的暂估价项目，专用合同条件约定由承包人作为招标人的，招标文件、评标方案、评标结果应报送发包人批准。与组织招标工作有关的费用应当被认为已经包括在承包人的签约合同价中。

专用合同条件约定由发包人和承包人共同作为招标人的，与组织招标工作有关的费用在专用合同条件中约定。

具体的招标程序以及发包人和承包人权利义务关系可在专用合同条件中

约定。暂估价项目的中标金额与价格清单中所列暂估价的金额差以及相应的税金等其他费用应列入合同价格。

13.4.2　不属于依法必须招标的暂估价项目

对于不属于依法必须招标的暂估价项目，承包人具备实施暂估价项目的资格和条件的，经发包人和承包人协商一致后，可由承包人自行实施暂估价项目，具体的协商和估价程序以及发包人和承包人权利义务关系可在专用合同条件中约定。确定后的暂估价项目金额与价格清单中所列暂估价的金额差以及相应的税金等其他费用应列入合同价格。

因发包人原因导致暂估价合同订立和履行迟延的，由此增加的费用和（或）延误的工期由发包人承担，并支付承包人合理的利润。因承包人原因导致暂估价合同订立和履行迟延的，由此增加的费用和（或）延误的工期由承包人承担。

【条文释义】

暂估价是指发包人在项目清单中给定的，用于支付必然发生但暂时不能确定价格的专业服务、材料、设备、专业工程的金额。

本款按照依法必须招标的暂估价项目和不属于依法必须招标的暂估价项目两种情形约定发包人和发包人对于暂估价项目的招标程序及双方权利义务关系。

根据 13.4.1 项，对于依法必须招标的暂估价项目，发包人和承包人应在专用合同条件中事先约定由承包人作为招标人或者由发包人和承包人共同作为招标人。由承包人作为招标人的，承包人应在招标过程中的相关环节中事先将招标文件、评标方案、评标结果报送发包人批准；该种情形下，承包人应注意招标组织费用被认定为已经包含在合同价格中。由发包人和承包人共同作为招标人的，双方可在专用合同条件中约定招标组织费用的承担。

暂估价项目的中标金额与合同价格清单中所列的暂估价有差额的，应列入合同价格；暂估价项目涉及的税金等费用也应列入合同价格。

根据 13.4.2 项，对于不属于依法必须招标的暂估价项目，承包人自行实施暂估价项目的前提条件包括：（1）承包人具备实施暂估价项目的资格和条件；（2）发包人和承包人协商一致。发包人和承包人可以事先在专用合同条件中约定具体协商和估价程序，以及双方的权利义务关系。双方协商后确定的暂估价项目金额与合同价格清单中所列的暂估价有差额的，应列入合同价格；暂估价项目涉及的税金等费用也应列入合同价格。

该项规定了因暂估价合同订立和履行延迟导致费用增加和（或）工期延误时的责任承担。因发包人原因导致的，发包人应承担相应费用、工期及合理利润；因承包人原因导致的，承包人承担相应的费用和工期。

【使用指引】

暂估价项目属于必然发生但暂时不能确定价格的专业服务、材料、设备、专业工程等项目，需要双方在合同执行过程中通过招标或者协商程序进行选商和定价，故发包人和承包人在专用合同条件中对具体招标（协商）程序以及双方合同权利义务的事先具体约定尤为重要。

对于依法必须招标的暂估价项目，应该在专用合同条件中明确由承包人招标，还是由发包人和承包人共同招标。双方约定由承包人作为招标人的，承包人应注意在专用合同条件中约定发包人在何种程度和标准内审核承包人提交的招标文件、评标方案和评标结果，以及发包人审核上述文件的期限，以避免暂估价项目的履行受到发包人审批程序延误。双方约定由发包人和承包人共同招标的，在专用合同条件中约定招标程序和双方权利义务时，承包人应关注的核心包括：招标费用的分担，双方在招标过程中的角色定位，招标过程各环节的牵头方，最终中标人的确定程序，招标过程中的决定程序以及招标陷入僵局时的解决机制等。

对于不属于依法必须招标的暂估价项目，发包人和承包人双方可以参照 13.3.3.2 项〔变更估价程序〕，在专用合同条件中明确双方就承包人自行实施暂估价项目的协商和估价程序，协商和估价陷入僵局状态时的解决机制，以及双方对暂估价合同订立和履行延迟的归责机制和界限等。

承包人在使用本款时，还应注意在编制暂估价项目招标文件或者提交估价文件时，应确保招标文件或估价文件中的报价方法和风险范围尽可能背靠背承接总承包合同对应的报价方法和风险范围，避免将来出现价格和（或）漏项的风险。

【风险识别与防范】

关于暂估价项目，本示范文本在本款中分为依法必须招标的暂估价项目和不属于依法必须招标的暂估价项目两种情形。以下分别按照上述两种情形分析暂估价项目实施过程中的风险。

1. 依法必须招标的暂估价项目。对于依法必须招标的暂估价项目，如果由承包人进行招标和分包，发包人可以直接将暂估价项目的分包合同纳入承包人的总承包合同中进行管理，同时有利于发包人在法律层面约束承包人履行好现场总承包商对于项目进度、质量、安全等方面的职责。对于发包人来说，风险点在于：因为暂估价项目的成本预算包含在发包人的项目预算中，如果承发包双方约定发包人只能在程序上审核承包人的招标文件、评标文件和评标结果，招标过程中若发生投标资源不足等情形，可能会出现发包人对暂估价项目的最终价格失去把控的局面，从而导致项目成本超出发包人预算。

对于依法必须招标的暂估价项目，如果由承包人和发包人共同进行招标，发包人能够在更大程度上控制暂估价项目的招标过程，实现成本预算控制。目前实务层面更多地采用这种方式进行暂估价项目选商。承发包双方应事先约定好共同招标的合作程序，特别是对于发包人审核招标文件、评标文件和评标结果的程度，以及招标程序陷入僵局时的决定程序，防止招标流程延误阻碍工程正常执行。

2. 不属于依法必须招标的暂估价项目。对于不属于依法必须招标的暂估价项目，发包人可以在合规基础上进行价格控制的空间较大。发包人可以通过邀请询价的方式，尽可能深入了解执行暂估价项目的真实成本，以此激励承包人提供有竞争性的报价。发包人对承包人的报价具有最终决定权。

但是，鉴于暂估价项目属于工程范围的一部分，即便发包人可以对承包人的报价进行压价，发包人应意识到由发包人直接对暂估价项目进行发包的法律风险依然存在，主要表现在发包人直接分包暂估价项目可能会落入肢解分包或者指定分包的窠臼之中。因此，承发包双方在该种情形下应尽可能高效地完成暂估价项目的估价程序，保障项目按进度执行。对于双方在估价过程中出现的延误事件，各方应按程序要求做好证据收集和事件通知。

【法条索引】

•《招标投标法实施条例》

第二十九条 招标人可以依法对工程以及与工程建设有关的货物、服务全部或者部分实行总承包招标。以暂估价形式包括在总承包范围内的工程、货物、服务属于依法必须进行招标的项目范围且达到国家规定规模标准的，应当依法进行招标。

前款所称暂估价，是指总承包招标时不能确定价格而由招标人在招标文件中暂时估定的工程、货物、服务的金额。

•《国务院办公厅关于促进建筑业持续健康发展的意见》

三、完善工程建设组织模式

（三）加快推行工程总承包。装配式建筑原则上应采用工程总承包模式。政府投资工程应完善建设管理模式，带头推行工程总承包。加快完善工程总承包相关的招标投标、施工许可、竣工验收等制度规定。按照总承包负总责的原则，落实工程总承包单位在工程质量安全、进度控制、成本管理等方面的责任。除以暂估价形式包括在工程总承包范围内且依法必须进行招标的项目外，工程总承包单位可以直接发包总承包合同中涵盖的其他专业业务。

•《关于启用建设工程施工暂估价招投标服务系统的通知》

一、以暂估价形式包含在施工总承包招标范围内的，达到国家规定应当招标规模标准的重要设备、材料以及专业工程的公开招标应当使用服务系统招标。采用邀请招标的施工暂估价招标，招标人依法自行实施。

二、施工暂估价招标应当由建设单位、施工总包单位或者建设单位和施工总包单位联合体作为招标人。

13.5 暂列金额

除专用合同条件另有约定外，每一笔暂列金额只能按照发包人的指示全部或部分使用，并对合同价格进行相应调整。付给承包人的总金额应仅包括发包人已指示的，与暂列金额相关的工作、货物或服务的应付款项。

对于每笔暂列金额，发包人可以指示用于下列支付：

（1）发包人根据第 13.1 款［发包人变更权］指示变更，决定对合同价格和付款计划表（如有）进行调整的、由承包人实施的工作（包括要提供的工程设备、材料和服务）；

（2）承包人购买的工程设备、材料、工作或服务，应支付包括承包人已付（或应付）的实际金额以及相应的管理费等费用和利润（管理费和利润应以实际金额为基数根据合同约定的费率（如有）或百分比计算）。

发包人根据上述（1）和（或）（2）指示支付暂列金额的，可以要求承包人提交其供应商提供的全部或部分要实施的工程或拟购买的工程设备、材料、工作或服务的项目报价单。发包人可以发出通知指示承包人接受其中的一个报价或指示撤销支付，发包人在收到项目报价单的 7 天内未作回应的，承包人应有权自行接受其中任何一个报价。

每份包含暂列金额的文件还应包括用以证明暂列金额的所有有效的发票、凭证和账户或收据。

【条文释义】

暂列金额是指发包人在项目清单中给定的，用于在订立协议书时尚未确定或不可预见变更的设计、施工及其所需材料、工程设备、服务等的金额，包括以计日工方式支付的金额。

除专用合同条件另有规定，只有按照发包人的指示才能全部或者部分使用暂列金额，使用的部分将成为合同价格的一部分。用暂列金额支付给承包人的总金额应包括两个前提条件：一是发包人下达指示，二是承包人将要实施的工作，提供的货物或服务属于暂列金额相关。

发包人可以指示将暂列金额用以支付下列款项：

（1）按照 13.1 款［发包人变更权］指示承包人实施某项工作，或者提供某项货物或服务，并按照 13.3.3 项规定确定变更估价；

（2）对于承包人购买的工程设备、材料、工作或服务，应向承包人支付的款项包括：已付（或应付）的实际金额以及相应的管理费等费用和利润。

在发包人按照上述两点对指示承包人实施的某项工作或者对承包人购买的工程设备、材料、工作或服务支付暂列金额前，可以要求承包人提交其供应商提供的全部或者部分报价单。发包人应在 7 天内向承包人答复，可以接受其中一个报价，也可以拒绝全部报价并撤销支付。发包人 7 天内未回复的，承包人有权选择其中任何一个报价。

除报价单外，发包人有权要求承包人提交证明暂列金额的有效发票、凭证和账户或收据。

【使用指引】

本款主要规定发包人使用暂列金额并调整合同价格的程序。

对暂列金额下发包人指示的变更工作，发包人应按照变更程序确定的变更估价支付给承包人；

对暂列金额下承包人购买的工程设备、材料、工作或服务，发包人除应支付承包商已付（或应付）的实际金额外，还应支付相应的管理费和利润。管理费和利润的计算以实际金额为基准，乘以合同中约定的管理费和利润费率，或者合同约定的百分比，例如价格清单、计日工表或者投标函附录列明的百分比。

关于暂列金额的证明，承包人应尽可能一次性提交报价单及相应的发票、凭证、账户或收据等证明文件，以推动发包人在 7 日内完成待付暂列金额的确定。

【风险识别与防范】

关于暂列金额，合同双方应注意以下常见风险：

（1）实务中，对于承包人购买的工程设备、材料、工作或服务，发包人经常采用实报实销的方式计算费用，故在合同中明确规定管理费和利润费率或者约定百分比尤为重要。如果在暂列金额项中不能详尽地列明可能发生的变更项目所适用的利润费率和百分比，应同时约定好应急费用的百分比，以便在将来发生相关变更时可以适用。

（2）从暂列金额的定义可以明确，暂列金额必须用于变更项目的支付，且必须以发包人指示为前提。因此，承包人在申请变更支付前，应按照变更程序的要求履行相关义务。

13.6 计日工

13.6.1 需要采用计日工方式的，经发包人同意后，由工程师通知承包人以计日工计价方式实施相应的工作，其价款按列入价格清单或预算书中的计日工计价项目及其单价进行计算；价格清单或预算书中无相应的计日工单价的，按照合理的成本与利润构成的原则，由工程师按照第 3.6 款 ［商定或确定］ 确定计日工的单价。

13.6.2 采用计日工计价的任何一项工作，承包人应在该项工作实施过程中，每天提交以下报表和有关凭证报送工程师审查：

（1）工作名称、内容和数量；

（2）投入该工作的所有人员的姓名、专业、工种、级别和耗用工时；

（3）投入该工作的材料类别和数量；

（4）投入该工作的施工设备型号、台数和耗用台时；

（5）其他有关资料和凭证。

计日工由承包人汇总后，列入最近一期进度付款申请单，由工程师审查并经发包人批准后列入进度付款。

【条文释义】

计日工是指合同履行过程中，承包人完成发包人提出的零星工作或需要采用计日工计价的变更工作时，按合同中约定的单价计价的一种方式。

13.6.1 项明确了采用计日工方式的前提为发包人同意。发包人同意后，承包人以计日工方式实施的工作按照价格清单或者预算书列明的计日工计价项目及其单价进行计算；无相应计日工单价的，按照成本加利润的原则，由工程师按照 3.6 款［商定或确定］的程序确定计日工的单价。

13.6.2 项明确了承包人有义务每日将实施计日工工作所需资源的相关报表和凭证上报工程师审查。

计日工直接由承包人汇总在最近一期进度付款申请单内，提交工程师审查，并经发包人批准后支付。

【使用指引】

承包人使用本款时应把握两个核心点：

1. 对于计日工单价的确定，如果价格清单或预算书中没有计日工单价，需由工程师按照 3.6 款规定的程序确定计日工单价。因此，如果承包人能在投标函附录中的价格清单中尽可能详细地列入计日工项目及其单价，并确保计日工单价已包含管理费和利润，在很大程度上会避免计日工单价的确定程序触发 3.6 款［商定或确定］程序。

2. 承包人每天向工程师报送报表及相关凭证时，应尽可能获得工程师确定计日工工程量的签字作为计日工变更签证。工程师对计日工工程量签字将大大有利于后期发包人审批计日工变更付款申请。

【风险识别与防范】

因计日工计价方式的首要计算依据为列入价格清单或预算书中的计日工计价项目及其单价，故关于计日工计价方式的风险主要体现在：

1. 当价格清单和预算书中的计日工计价项目及其单价存在差异时如何适用的问题。对此，合同双方应在合同签订时进行明确。

2. 基于承包人不平衡报价策略而出现在价格清单中的非竞争性计日工项目及其单价，将来计算计日工价格时可能会被适用。对此，合同双方在编制或审核价格清单时应加以关注。

13.7 法律变化引起的调整

13.7.1 基准日期后，法律变化导致承包人在合同履行过程中所需要的费用发生除第 13.8 款［市场价格波动引起的调整］约定以外的增加时，由发包人承担由此增加的费用；减少时，应从合同价格中予以扣减。基准日期后，因法律变化造成工期延误时，工期应予以顺延。

13.7.2 因法律变化引起的合同价格和工期调整，合同当事人无法达成一致的，由工程师按第 3.6 款［商定或确定］的约定处理。

13.7.3 因承包人原因造成工期延误，在工期延误期间出现法律变化的，由此增加的费用和（或）延误的工期由承包人承担。

13.7.4　因法律变化而需要对工程的实施进行任何调整的，承包人应迅速通知发包人，或者发包人应迅速通知承包人，并附上详细的辅助资料。发包人接到通知后，应根据第 13.3 款［变更程序］发出变更指示。

【条文释义】

本合同条件所称法律是指中华人民共和国法律、行政法规、部门规章，以及工程所在地的地方法规、自治条例、单行条例和地方政府规章等。因此，本款下能够引起费用增减和（或）工期顺延的法律变化包括基准日期后，中华人民共和国法律、行政法规、部门规章及工程所在地的地方法规、自治条例、单行条例和地方政府规章发生的变动。同时，本款明确将 13.8 款［市场价格波动引起的调整］从法律变化能够引起费用增减的情形下排除，即法律变化引起的非市场价格波动因素引起的费用增加或减少才能被视为法律变化引起的费用调整。基准日期后，如果工期延误能被证明是由法律变化引起的，工期应当顺延。

对于因法律变化引起的合同价格和工期调整，本款未规定发包人或承包人对费用调整以及承包人对工期调整进行索赔的程序，仅规定了合同当事人无法达成一致时，由工程师按第 3.6 款［商定或确定］的约定处理。

本款对法律变化发生在承包商原因引起的工期延误期间的情形进行了规定。该种情形下，因法律变化增加的费用和（或）延误的工期由承包人承担。

本款最后一项规定，当法律变更导致工程实施需要进行调整时，发包人或承包人均有义务迅速通知对方需要对工程实施进行调整的事项，并在通知中附上详细辅助资料。当通知是由承包人发出时，发包人应在接到通知后，按照 13.3 款［变更程序］发出变更指示，双方按照 13.3 款规定的程序履行该项变更。

【使用指引】

本款标题采用 2017 版 FIDIC 合同条件规定方式，使用"法律变化"而非 1999 版 FIDIC 合同条件下的"立法变化"，"法律变化"的概念比"立法变化"的外延更宽。

本款 13.7.1 项明确了法律变化对合同价格及合同工期的影响，但没有具体规定承包人或发包人应如何主张费用增加或减少，以及承包人应如何主张工期顺延，应结合本合同条件下相关联款项的规定进行操作。

13.7.3 项明确排除了法律变化发生在承包商原因引起的工期延误期间的情形，并规定在这种情形下因法律变化增加的费用和（或）延误的工期由承包人承担。承包人应注意的是，在发包人主张法律变化发生在承包商原因引起的工期延误期间内时，可以结合工程进度计划中的里程碑节点和关键路径，分析延误是否处于工程关键路径之中，延误发生是否由发包人原因引起或者属于双方的共同延误等，以此保障承包人在该情形下获得工期和费用的权利。

13.7.4 项规定的情形属于法律变化引起费用调整或工期顺延情形的例外情形，即本项下法律变更已经导致工程的实施需要进行调整。这种情形下根据不同情况应分别援引13.1 款［发包人变更权］或者 13.2 款［承包人的合理化建议］的规定，并根据第 13.3 款［变更程序］的程序执行。

【风险识别与防范】

前已述及，在发生法律变更时，合同双方特别是承包人应尤为注意关联性条款中的程序性约定，例如：

1. 根据 5.1.3 项规定，"基准日期之后，前述版本发生重大变化，或者有新的法律⋯承包人应向工程师提出遵守新规定的建议。发包人或其委托的工程师应在收到建议后 7 天内发出是否遵守新规定的指示。"承包人根据 5.1.3 款提出建议并获得发包人或工程师的指示后，如果该项建议构成变更，应按照第 13.2 款［承包人的合理化建议］的约定执行。

2. 同时，在使用本款时应注意变更程序与索赔程序的竞合，发包人或承包人在按照本款规定提出建议或发出通知时，应尽可能保证发出建议或通知的程序满足 19.1 条规定的索赔提出的程序，避免其变更权利的实现受到程序瑕疵的影响。

【法条索引】

•《建设工程价款结算暂行办法》

第八条　发、承包人在签订合同时对于工程价款的约定，可选用下列一种约定方式：

（一）固定总价。合同工期较短且工程合同总价较低的工程，可以采用固定总价合同方式。

（二）固定单价。双方在合同中约定综合单价包含的风险范围和风险费用的计算方法，在约定的风险范围内综合单价不再调整。风险范围以外的综合单价调整方法，应当在合同中约定。

（三）可调价格。可调价格包括可调综合单价和措施费等，双方应在合同中约定综合单价和措施费的调整方法，调整因素包括：

1. 法律、行政法规和国家有关政策变化影响合同价款；

2. 工程造价管理机构的价格调整；

3. 经批准的设计变更；

4. 发包人更改经审定批准的施工组织设计（修正错误除外）造成费用增加；

5. 双方约定的其他因素。

13.8　市场价格波动引起的调整

13.8.1　主要工程材料、设备、人工价格与招标时基期价相比，波动幅度超过合同约定幅度的，双方按照合同约定的价格调整方式调整。

13.8.2　发包人与承包人在专用合同条件中约定采用《价格指数权重表》的，适用本项约定。

13.8.2.1　双方当事人可以将部分主要工程材料、工程设备、人工价格及其他双方认为应当根据市场价格调整的费用列入附件 6［价格指数权重表］，并根据以下公式计算差额并调整合同价格：

（1）价格调整公式

$$\Delta P = P_0 \left[A + \left(B_1 \times \frac{F_{t1}}{F_{01}} + B_2 + \frac{F_{t2}}{F_{02}} + B_3 \times \frac{F_{t3}}{F_{03}} + \cdots + B_n \times \frac{F_{tn}}{F_{0n}} \right) - 1 \right]$$

公式中： ΔP——需调整的价格差额；

P_0——付款证书中承包人应得到的已完成工作量的金额。此项金额应不包括价格调整、不计质量保证金的预留和支付、预付款的支付和扣回。第13条［变更与调整］约定的变更及其他金额已按当期价格计价的，也不计在内；

A——定值权重（即不调部分的权重）；

B_1；B_2；B_3；……B_n——各可调因子的变值权重（即可调部分的权重）为各可调因子在投标函投标总报价中所占的比例，且 $A + B_1 + B_2 + B_3 + \cdots + B_n = 1$；

F_{t1}；F_{t2}；F_{t3}；……F_{tn}——各可调因子的当期价格指数，指付款证书相关周期最后一天的前42天的各可调因子的价格指数；

F_{01}；F_{02}；F_{03}；……F_{0n}——各可调因子的基本价格指数，指基准日期的各可调因子的价格指数。

以上价格调整公式中的各可调因子、定值和变值权重，以及基本价格指数及其来源在投标函附录价格指数和权重表中约定。价格指数应首先采用投标函附录中载明的有关部门提供的价格指数，缺乏上述价格指数时，可采用有关部门提供的价格代替。

（2）暂时确定调整差额

在计算调整差额时得不到当期价格指数的，可暂用上一次价格指数计算，并在以后的付款中再按实际价格指数进行调整。

（3）权重的调整

按第13.1款［发包人变更权］约定的变更导致原定合同中的权重不合理的，由工程师与承包人和发包人协商后进行调整。

（4）承包人原因工期延误后的价格调整

因承包人原因未在约定的工期内竣工的，则对原约定竣工日期后继续施工的工程，在使用本款第（1）项价格调整公式时，应采用原约定竣工日期与实际竣工日期的两个价格指数中较低的一个作为当期价格指数。

（5）发包人引起的工期延误后的价格调整

由于发包人原因未在约定的工期内竣工的，则对原约定竣工日期后继续施工的工程，在使用本款第（1）目价格调整公式时，应采用原约定竣工日期与实际竣工日期的两个价格指数中较高的一个作为当期价格指数。

13.8.2.2 未列入《价格指数权重表》的费用不因市场变化而调整。

13.8.3 双方约定采用其他方式调整合同价款的，以专用合同条件约定为准。

【条文释义】

13.8.1项规定，合同当事人可以对工程主要材料、设备和人工价格与招标时基期价相比波动的幅度以及价格调整方式进行约定。约定后，双方在发生价格波动时按照约定的方式进行调整。

13.8.2项建议双方当事人将部分主要材料、工程设备、人工价格等等双方认为应当根据市场价格调整的费用列入附件6［价格指数权重表］中，并在专用合同条件中约定采用附件6所列［价格指数权重表］；对于未列在《价格指数权重表》中的费用，双方无权要求作价格调整。该项同时规定了价格调整公式。

双方在发生市场价格波动时可以按照本项规定的价格调整公式计算价格差额。价格调整公式要点包括：

1.《价格指数权重表》的权重和指数及其来源在投标函附录中的价格指数和权重表中约定，并首先采用投标函附录中载明的有关部门提供的价格指数。投标函附录中无相关价格指数时，可以采用有关部门提供的价格代替。

2. 在当期价格指数暂时无法获得时，为实现进度付款或里程碑付款，在工程师确认前提下，可以将上一次价格指数作为临时指数计算调整差额。当期指数出来后再重新调整，并按照实际金额调整后续付款金额。

3. 因发包人按照13.1款［发包人变更权］实施的变更导致合同附件6中的权重发生变化且不合理时，工程师有权在与发包人和承包人协商后调整权重。

4. 工期延误情形下确定当期价格指数的，按照工期延误是由发包人引起还是承包人引起采用不同的选择标准。如果工期延误是由承包人原因导致，在使用调价公式时应采用合同约定的竣工日期与实际竣工日期两个价格指数中较低的指数作为当期价格指数；由发包人原因导致的，则采用两个价格指数中较高的价格指数作为当期价格指数。

13.8款为建议性条款，双方可以协商确定价格调整方案，并约定在专用合同条件中。

【使用指引】

本款主要规定合同执行期间发包人和承包人对价格波动的风险分担问题。使用本款，应注意的核心点包括：

1. 本款规定的费用调整既包括费用上调，也包括费用下调。双方在签署合同时应重视附件6［价格指数权重表］的编制，对于考虑到可能发生费用波动的项目，将相关指数和权重在附件6中具体约定。如果相关项目未列入附件6，则不适用本款规定。

2. 双方编制完成附件6［价格指数权重表］后，应在专用合同条件中约定采用附件6

所列［价格指数权重表］。

3. 对于没有包含在附件 6［价格指数权重表］中的项目，应被视为该部分费用波动的风险已经包含在合同价格中。

4.［价格指数权重表］的权重和指数及其来源在投标函附录中的价格指数和权重表中约定，为避免合同执行过程中出现价格指数和权重适用争议，建议承包人从投标阶段开始考虑和明确相关项目的权重和指数。

5. 关于合同权重的调整，按照本款规定，只有当按第 13.1 款［发包人变更权］约定的变更导致原定合同中的权重不合理的，由工程师与承包人和发包人协商后进行调整。故只有当附件 6 中约定的权重因发包人实施的工程变更较大导致原合同下的权重不再合理时，工程师才有权执行权重调整程序。

【风险识别与防范】

承包人和发包人中任何一方不能想当然地认为合同条件中存在调价条款和调价公式，其利益就会在发生市场波动时得到保障。本款所系风险与合同双方在合同附件 6［价格指数权重表］的取值，特别是公式中定值"A"和各项变值权重密切相关，

同时，鉴于本款下的费用调整既包括费用上调，也包括费用下调。双方在签署合同时应重视附件 6［价格指数权重表］的编制，本着公平原则，根据项目实际情况，确定定值和各项权重。

【法条索引】

• 《建筑工程施工发包与承包计价管理办法》

第三条 建筑工程施工发包与承包价在政府宏观调控下，由市场竞争形成。

工程发承包计价应当遵循公平、合法和诚实信用的原则。

• 《最高人民法院关于审理建设工程施工合同纠纷案件适用法律问题的解释（一）》（法释〔2020〕25 号）

第十九条 当事人对建设工程的计价标准或者计价方法有约定的，按照约定结算工程价款。

因设计变更导致建设工程的工程量或者质量标准发生变化，当事人对该部分工程价款不能协商一致的，可以参照签订建设工程施工合同时当地建设行政主管部门发布的计价方法或者计价标准结算工程价款。

建设工程施工合同有效，但建设工程经竣工验收不合格的，依照民法典第五百七十七条规定处理。

第 14 条 合同价格与支付

14.1 合同价格形式

14.1.1 除专用合同条件中另有约定外，本合同为总价合同，除根据第 13 条

［变更与调整］，以及合同中其他相关增减金额的约定进行调整外，合同价格不做调整。

【条文释义】

本项是对工程总承包合同合同价格形式的原则性约定，如无其他特殊约定，本合同采用固定总价形式。

在以往的建设工程领域，根据合同计价方式的不同，签订的施工总承包合同一般可以分为总价合同、单价合同与成本加酬金合同三大类。总价合同中，发包人和承包人一般会约定以施工图及其预算和有关条件进行合同价款的计算、调整和确认。单价合同中，发包人和承包人则会确定"量变、价不变"的基本原则，后以实际的工程量及其综合单价进行合同价款计算、调整和确认。成本加酬金合同中，发包人和承包人一般会约定以施工工程成本再加合同约定酬金进行合同价款计算、调整和确认。单价合同一般应用在工程范围暂时无法确定的工程中，成本加酬金合同则主要应用于一些紧急工程和保密工程中，总价合同则被广泛应用在建设工程领域。根据价款是否可调，总价合同可以进一步分为固定总价合同和可调总价合同；同样的，单价合同也可以进一步分为可调单价合同和不可调单价合同；与此同时，在成本加酬金合同中，由于其是将实际投资划分为直接成本和承包人完成工作后应得的酬金两个部分，工程实施过程中发生的直接成本费由发包人实报实销，所以一般往往并不存在可调与不可调的问题。

这里进一步对总价合同与单价合同、固定价格与可调价格的区别做一个简单介绍。总价合同和单价合同的区别在于计量的不同，在总价合同中，如实际施工内容与合同签订时的施工内容相同，且施工条件未发生变化，则视为实际施工的工程量等于合同签订时的工程量，工程价款不因量的改变发生变化，即量是不可调的；单价合同中，合同签订时的价格清单中的工程量或工程范围通常没有强制约束性，最终结算是以实际完成的工程量乘以单价确定总价，即量是可调的。固定价格与可调价格的区别在于价的区分，在固定价格合同中，除发生合同约定的价格调整的情况，否则合同签订时候的价格即为结算时应使用的价格（无论是单价还是总价），即价是不可调的；而在可调价格合同中，价格一般按照合同约定的方式，根据市场价格的变化等进行调整，即价是可调的。

之所以在工程总承包模式中推行固定总价合同，一方面在工程总承包模式下，承包人承担全部或者大量的设计责任，承包人对于完成的工程量多少是有着直接控制能力的。如果采用单价合同，即便是固定单价合同，工程量还是据实计算，此种情况下由于商事主体的逐利性，将会给工程造价的控制带来隐患。另一方面，在工程总承包模式下，实际上对于工程造价的确定性是有着很高的要求，这也是为什么只有在相对成熟的发承包市场才能推广工程总承包模式的原因，工程总承包模式的背后是发包人对于固定价格、固定工期的迫切需求。因此，工程总承包模式下无论是在工程造价控制还是后期结算便利中，总价合同都要优于单价合同。

值得注意的是，"固定总价"是工程总承包模式合同价格的原则性约定，那么有原则就有例外。工程总承包模式下，受制于发包阶段和设计深度的影响，在项目发包、合同签订的阶段，也会出现一些施工部位过于复杂，工程量难以估算，或者一些零星工程无法完全套用固定总价，这个时候在工程总承包合同中可以对这些部分工程的价格形式作零星约定，如采用单价合同。因此在工程总承包的价格形式确定过程中，各方应当从项目实际出发，对合同价格形式作出妥善约定，减少履行中纠纷的出现，确保合同目的顺利实现。

【使用指引】

1. 基于国际惯例，目前国家推行的工程总承包模式鼓励采用固定总价的价格形式，但应关注：（1）项目是否具备适用固定总价的条件，如项目有关的建设规模、标准尚不明确，或者包含大量地下工程无法确定价款的，可能不具备固定总价的条件；（2）项目是否属于政府审计范围内，且是否在合同中约定结算以政府审计为准，如发包人有此类要求且有关条款不可协商的，应当注意约定仅就变更部分的价款依据政府审计调整，固定总价部分不予调整。并要求发包人负责协调将总包合同约定的计价原则、计价依据作为审计的依据。

2. 鉴于工程总承包项下的设计、采购、施工分别适用不同增值税税率，为了避免视为兼营从高适用税率，应在合同中对于设计、采购、施工的委托范围和造价、税率、支付等条件分别约定，依法合理进行税务筹划，以减轻税务负担。

【风险识别与防范】

1. 慎重选择项目发包阶段，妥善把握"总价合同"的边界

工程总承包模式与传统承发包模式相比，承包人应该根据招标人的要求同时负责项目的工程设计和施工，具体工作内容、范围边界与责任风险的划分，目前尚无成熟、稳定的做法。所以发包人应当充分考虑项目情况，尽可能在项目条件、功能要求、技术标准和相关参数较为明确后再行组织发包。同时，承包人在合同谈判、签订、履行的过程中，应做好市场调研、现场勘察，对招标文件的要求作精准解读，认真分析发包人提供的前期基础资料，充分预测项目实施过程中可能面临的承包范围边界无法封闭的风险，妥善选择应对方式。

2. 固定总价针对合同双方，不能仅从合同一方的角度解读

采用固定总价方式对工程总承包项目进行结算时，只要发包方没有改变合同的施工内容，合同双方在合同当中约定的价款就是双方对项目最终的结算款，可以省去大量的计量及核价工作。在以往的传统认知中，在固定总价下，于承包人来说，因工程的固定总价已经全部约定完毕，在没有改变合同内容的情况之下，承包人要对工程的价格波动、投标询价、工程漏算等价格有关情况承担风险。而于发包人来说，由于省去了大量的管理、核算、计量成本，风险实际上是在一定程度上转移到了总承包方的身上，总承包方要对工程的价款、工作量及进度负责。

但是，这并不是推行工程总承包模式，或者说推行采用固定总价下工程总承包模式的初衷，不宜也不应将发包人与承包人的关系对立起来。确实，发包人通过在工程总承包项

目中采用固定总价方式可以在一定程度上转移自身的风险，但这部分风险也恰恰应当是一个成熟的承包商在经历了充分的市场竞争后可以预见并能够处理和化解的。从另一个角度来说，固定总价下的工程总承包项目是对承包人项目管理和风险管控的一个正向激励，固定总价针对的不是合同一方，而是合同双方都要受此约束。固定总价下，发包人与承包人在实施工程总承包项目时并非"此消彼长"的关系，而是携手并进的关系，这才是我们推行工程总承包模式并出台合同示范文本的初衷。

3. 合理制定合同价格清单，科学确定项目费用组成

2017 年 9 月 4 日，住房和城乡建设部办公厅发布《关于征求〈建设项目总投资费用项目组成〉〈建设项目工程总承包费用项目组成〉意见的函》（建办标函〔2017〕621 号），在附件《建设项目工程总承包费用项目组成》（征求意见稿）中对工程总承包项目的费用组成进行了划分，由建筑安装工程费、设备购置费、总承包其他费、暂列费四大部分组成。发包人在总承包项目组织发包时，应当尽量结合住房和城乡建设主管部门制定的工程总承包项目计价规则进行组价，并将制作好的价格清单作为合同文本附件，当变更事项发生时，可参照合同价格清单中的项目确定变更价款的依据。

4. 固定总价只是原则性约定，仍需要双方在专用合同条件中将可调价格范围进一步明确，避免出现合同履行僵局

虽然示范文本中约定的合同价格形式为固定总价合同，但是这里的固定总价并非"绝对"的固定价。在一定条件下，这一原则也可以被适当突破，否则合同履行过程中极易陷入僵局，也会给工期带来不利影响。因此，需要双方在专用合同条件中对可以调整的范围及调整后的责任承担做一个明确合理的约定。这些调整范围的依据和内容可以参照《房屋建筑和市政基础设施项目工程总承包管理办法》第十五条中有关风险分担的条款来逐一进行设置。

【法条索引】

• 《建筑法》

第十八条第一款　建筑工程造价应当按照国家有关规定，由发包单位与承包单位在合同中约定。公开招标发包的，其造价的约定，须遵守招标投标法律的规定。

• 《建设工程价款结算办法》

第八条　发、承包人在签订合同时对于工程价款的约定，可选用下列一种约定方式：（一）固定总价。合同工期较短且工程合同总价较低的工程，可以采用固定总价合同方式。（二）固定单价。双方在合同中约定综合单价包含的风险范围和风险费用的计算方法，在约定的风险范围内综合单价不再调整。风险范围以外的综合单价调整方法，应当在合同中约定。（三）可调价格。可调价格包括可调综合单价和措施费等，双方应在合同中约定综合单价和措施费的调整方法。

• 《房屋建筑和市政基础设施项目工程总承包管理办法》

第十六条第一款　企业投资项目的工程总承包宜采用总价合同，政府投资项目的工程总承包应当合理确定合同价格形式。采用总价合同的，除合同约定可以调整的情形外，合

同总价一般不予调整。

14.1.2　除专用合同条件另有约定外：

（1）工程款的支付应以合同协议书约定的签约合同价格为基础，按照合同约定进行调整；

（2）承包人应支付根据法律规定或合同约定应由其支付的各项税费，除第13.7款［法律变化引起的调整］约定外，合同价格不应因任何这些税费进行调整；

（3）价格清单列出的任何数量仅为估算的工作量，不得将其视为要求承包人实施的工程的实际或准确的工作量。在价格清单中列出的任何工作量和价格数据应仅限用于变更和支付的参考资料，而不能用于其他目的。

【条文释义】

本条是关于合同价款调整的进一步细化，进一步明晰了除专用合同条件另有约定外固定总价合同中可调与不可调的情形和种类。本项第一目约定了固定总价下工程总承包项目工程款支付应当以签约合同价格为基础，按照合同中的约定进行调整。

本项第二目则是明确约定除专用合同条件另有约定外，承包人应当支付依据法律规定或合同约定由其承担的各项税费，而且除了法律变更调整外，合同价格不会因任何这些税费做出调整。值得注意的是，实践中各地国税部门在认定工程总承包项目中总承包的应税行为和种类可能会存在细微差异，发包人与承包人在参与投标前应当对当地国税部门如何认定工程总承包项目的应税行为和种类做充分了解，并在报价过程中充分沟通。

本项最后一目则约定了价格清单对合同价格的影响，明确除专用合同条件另有约定外，价格清单所列出的任何数量仅为估算的工作量，不得将其视为要求承包人实施的工程的实际或准确的工作量。在价格清单中列出的任何工作量和价格数据应仅限用于变更和支付的参考资料，而不能用于其他目的。该目参考了《标准设计施工总承包招标文件（2012版）》第七章投标文件格式第五部分"价格清单"的"1.1 价格清单列出的任何数量，不视为要求承包人实施的工程的实际或准确的工作量。在价格清单中列出的任何工作量和价格数据应仅限于合同约定的变更和支付的参考资料，而不能用于其他目的。"

【使用指引】

1. 发包人与承包人如果对工程款支付和价格调整形成新的合意，应当在专用合同条件中予以明确。

2. 承包人在投标活动中组织报价时，应当认真估算项目应税情况及税费构成，并结合各地工程总承包应税实践做好相关税费计算工作。

3. 即使发包人在招标时要求承包人提供了作为投标文件和合同文件组成部分包括价格和工程量的价格清单，但该价格清单中所列的任何工程量只是参考量，仅用于变更估价和付款参考，不能用作其他用途。

【风险识别与防范】

1. 承包人在进行报价时应当区分业务种类计算相应税款，同时发承包人也应关注各地具体税收政策，避免引起合同价款的非必要调整。

在建筑业全面"营改增"的背景下，工程总承包项目覆盖多个应税行为，所适用的税率也不同。承包人在投标阶段制作价格文件时应当区分设计费、设备购置费、建筑安装工程费，并且分别列明不同费用组成、适用税率、税金等内容，以免因适用"营改增"税收法律及政策，导致从高适用税率的风险，避免合同发承包双方之间因为税费计算口径的差异以及税收政策调整引发合同价格的争议。值得注意的是，在各地的工程总承包应税实践中，各地国税部门对于工程总承包项目中应税行为的认定可能会存在差异，比如有的地方认定是混合销售行为，有的地方则认为需要区分各项业务适用的不同税率分别计税。这就要求发承包人在开展工程总承包项目的招标和采购活动前对当地有关工程总承包的税收政策做一个清楚的了解。

2. 价格清单所列工程量不能视为发包人对工程量的认可，价格清单中对于量和价的列举只是变更估价的参考材料。

在示范文本的协议书中将价格清单作为合同文本的一项构成，其优先顺序次于承包人建议书，优于双方约定的其他合同文件。通用合同条件词语解释和定义的 1.1.1.8 项价格清单约定：指构成合同文件组成部分由承包人按发包人提供的项目清单规定的格式和要求填写并标明价格的清单。在工程总承包项目的投标阶段，价格清单是投标响应文件的一部分；在工程总承包项目合同签订阶段，价格清单则是合同文件的一个重要组成部分。作为对发包人项目清单的具体响应，价格清单可以说是招标人报价的基础文件。这里需要投标人注意，在采用固定总价模式下的工程总承包合同是对价的固定，但这并不妨碍发包人在项目清单中列举出相应价款所对应的工程量。但受制于发包人招标文件的编制阶段，即一般在初步设计完成甚至是可研阶段，所以很难对工程量有一个准确的预估，这也是工程总承包项目中不再要求发包人编制工程量清单，只要提供项目清单的原因。在这种情况下承包人需要对价格清单的性质有一个清醒的认识，即价格清单所列工程量不能视为发包人对工程量的认可，价格清单中对于量和价的列举只是变更估价的参考材料。发包人并不必然地受到价格清单的约束，并承担提供工程量预估错误的责任。

实际上在以往采用固定总价的施工总承包项目中，发包人是否对其提供的工程量清单的准确性、完整性负责一直是一类常见的争议焦点。承包人在处理此类问题时，往往以《建设工程工程量清单计价规范》（GB 50500—2013）中的 4.1.2 项："招标工程量清单必须作为招标文件的组成部分，其准确性和完整性应有招标人负责"的规定为突破点。但是在工程总承包项目中，受到项目发包阶段的限制，发包人无法编制完整的工程量清单，而且承包人所做的工作包括了设计、采购和施工，因此即便价格清单中列举了工程量，并且也作为了合同文件的组成部分，但这并不意味着发包人对于这部分工程量的认可，承包人也不能据此将其作为挑战固定总价的工具。

14.1.3　合同约定工程的某部分按照实际完成的工程量进行支付的，应按照专用合同条件的约定进行计量和估价，并据此调整合同价格。

【条文释义】

本项是工程总承包合同中根据实际工程量进行支付部分工程的计价和计量的原则，即按照专用合同条件的约定进行计量和估价。工程总承包合同中发包人与承包人之所以会约定工程的某部分按照实际完成的工程量进行支付，还是因为工程总承包项目的发包阶段较早，而项目中的有些工程的工程量确实在投标时难以确认或存在较大的不确定性，因此双方约定按照实际完成工程量进行支付，避免后续产生较大纠纷。比如深圳市住房和建设局印发的《EPC工程总承包招标工作指导规则（试行）》规定："建议采用总价包干的计价模式，但地下工程不纳入总价包干范围，而是采用模拟工程量的单价合同，按实计量。"

【使用指引】

发包人如果认为某部分工程在发包阶段无法对工程量进行预测，或者内容过于复杂，施工任务难以明确，可以在专用合同条件中约定这部分工程根据实际完成工程量进行结算，并对其计量和计价方式进行约定。

【风险识别与防范】

固定总价是原则，但也要结合项目实际情况允许例外情形出现。

工程总承包中，固定总价并非"绝对"的固定价，为了避免合同僵局的出现，合同双方需要在专用合同条件中对可调范围和调整后的责任承担做一个明确。另一方面，受制于项目发包阶段和设计深度等多个因素的影响，在价格形式上有时候也需要针对项目实际情况对这一原则做进一步的突破。如果说前者是在总价合同范围内对"可调"与"不可调"的进一步细化，那么后者则是对整个项目实施过程中部分工程价格形式的除外约定，比如约定在某些复杂、不确定的部分工程中采取单价合同的形式，在一些比较紧急的部分工程中采用成本＋酬金的价格形式，这些都是需要在项目招标策划阶段就做好考虑和应对的。

【法条索引】

•《房屋建筑和市政基础设施项目工程总承包管理办法》

第十六条　企业投资项目的工程总承包宜采用总价合同，政府投资项目的工程总承包应当合理确定合同价格形式。采用总价合同的，除合同约定可以调整的情形外，合同总价一般不予调整。建设单位和工程总承包单位可以在合同中约定工程总承包计量规则和计价方法。

14.2　预付款

14.2.1　预付款支付

预付款的额度和支付按照专用合同条件约定执行。预付款应当专用于承包人为合同工程的设计和工程实施购置材料、工程设备、施工设备、修建临时设施以及组织施工队伍进场等合同工作。

除专用合同条件另有约定外，预付款在进度付款中同比例扣回。在颁发工程接收证书前，提前解除合同的，尚未扣完的预付款应与合同价款一并结算。

发包人逾期支付预付款超过7天的，承包人有权向发包人发出要求预付的催告通知，发包人收到通知后7天内仍未支付的，承包人有权暂停施工，并按第15.1.1项［发包人违约的情形］执行。

【条文释义】

本项是对工程总承包项目预付款的支付时间、适用范围、扣回方式、逾期支付责任等问题进行了规定。

工程预付款是由发包人按照合同约定，在正式开工前由发包人预先支付给承包人，用于购买工程施工所需的材料及组织施工机械和人员进场的价款。在以往的施工总承包领域，按照《2017版施工合同示范文本》的规定，工程预付款主要用于材料、工程设备、施工设备的采购及修建临时工程、组织施工队伍进场等。本次工程总承包示范文本中，明确了如果发包人同意支付预付款，双方应当在专用合同条件中对于进度款的额度和支付做进一步明确。相较于施工总承包，工程总承包中预付款的应用范围不仅包括实施阶段的各类准备活动，还涵盖了设计阶段的各类工程准备活动，明确预付款专用于承包人为合同工程的设计和工程实施购置材料、工程设备、施工设备、修建临时设施以及组织施工队伍进场等合同工作。这里还有一个点值得注意，就是在以往的施工总承包示范文本中，一般都会对预付款的最迟支付时间做约定，即至迟应在开工通知载明的开工日期7天前支付。工程总承包项目中，承包人还要承担项目的设计工作，因此很难给预付款的最迟支付日期在通用合同条件中给出一个确切的时间点，需要发包人和承包人在专用合同条件中结合项目实际情况作出更加细化的约定。

除了预付款的使用范围，本项还对预付款的回扣方式做出了明确约定，在专用合同条件没有特殊约定的情况下，工程总承包项目中项目的预付款在进度款中同比例回扣。同时如果在颁发工程接收证书前，提前解除合同的，尚未扣完的预付款应与合同价款一并结算。对于预付款的扣回方式，实践中主要分为两类：一类是百分比扣款，即发包人和承包人通过洽商后在合同中予以确定，一般是在承包人完成金额累计达到合同总价的一定比例后，由承包人开始向发包人还款，发包人从每次应付给承包人的金额中扣回工程预付款，发包人至少在合同规定的完工期前将工程预付款的总金额逐次扣回。本次工程总承包示范文本中预付款的扣回参照了FIDIC合同条款，同时结合我国的《建设工程价款结算暂行办法》（财建〔2004〕369号）中有关预付款比例的规定（一般在合同金额的10%～30%之间），继而在示范文本中做出了预付款在进度款中同比例扣回的约定，这也与既往的施工总承包有关预付款扣回的实践相一致。除了百分比扣回外，实践中预付款的扣回还有一种起扣点计算法，该方法下，从未施工工程尚需的主要材料及构件的价值相当于工程预付款数额时起扣，此后每次结算工程价款时，按材料所占比重扣减工程价款，至工程竣工前全部扣清。采用此种方法会对承包人比较有利，可以最大程度地占用发包人的流动资金，一定程度上会给发包人的资金优化使用带来影响。

本项的最后一目明确了在合同约定需要支付预付款的情况下，如果发包人逾期支付预付款超过 7 天的，承包人在经过催告程序后有权采取暂停施工的方式，并向发包人主张违约责任。

【使用指引】

1. 在签订工程总承包合同时，发包人和承包人应注意需要在专用合同条件中就预付款支付的以下事项做进一步明确：

发包人是否支付预付款，预付款的比例或者金额，预付款的支付时间，虽然工程总承包示范文本不似施工总承包示范文本中明确要求"（预付款）至迟应在开工通知载明的开工日期 7 天前"支付，但是工程总承包中发包人和承包人仍应当结合项目实际在专用合同条件中对预付款的支付时间做一个明确约定。

预付款是否抵扣以及预付款扣回的方式，示范文本通用合同条件中约定的是采用百分比扣回的方式但并不妨碍发包人与承包人在专用合同条件中约定其他扣回方式。

2. 发包人应当及时支付预付款，避免因违约支付而引起项目停工给整个工期带来不利影响。

【风险识别与防范】

1. 承包人需要按照约定的预付款使用范围使用预付款。

工程预付款是适应建设工程的特点和客观规律应运而生的一种计价、付款方式。工程合同中通常约定工程预付款的专门用途，当承包商未按约定使用预付款时业主有权收回。如果因承包人使用预付款不当而给发包人带来损失的，承包人需要承担相应的损失赔偿责任。因此，承包人需要按照合同约定妥善使用预付款。

2. 避免未签订合同或者不具备施工条件时支付预付款。

有的工程总承包项目因为时间紧、任务重，在中标后签订正式合同前就会同意承包人的预付款申请，这就存在一个早付的问题。因此，需要发包人明确预付款的支付时间，避免在未签订合同或者不具备施工条件时支付预付款。

3. 确保预付款按照合同的约定在进度款中及时扣回，保函中的担保金额递减与扣回金额也需要保持一致。

根据《建设工程价款结算暂行办法》（财建〔2004〕369 号），预付的工程款必须在合同中明确抵扣方式，并在合同中予以扣回。在工程总承包项目的付款中，因为项目体量大，横跨设计、采购和施工多个阶段，预付款的金额也比较大，往往需要若干次才能全部扣回，尤其是在采用按月支付进度款的情况下，进度款的扣回周期很长，容易在进度款支付的时候未及时扣回预付款。因此，发包人和工程师需要做好台账记录，并及时对进度款进行扣回，避免出现工程款已经支付完而预付款尚未扣清的情况。

【法条索引】

• 《建设工程价款结算暂行办法》（财建〔2004〕369号）

第十二条 工程预付款结算应符合下列规定：（一）包工包料工程的预付款按合同约定拨付，原则上预付比例不低于合同金额的10%，不高于合同金额的30%，对重大工程项目，按年度工程计划逐年预付。计价执行《建设工程工程量清单计价规范》（GB 50500—2003）的工程，实体性消耗和非实体性消耗部分应在合同中分别约定预付款比例。（二）在具备施工条件的前提下，发包人应在双方签订合同后的一个月内或不迟于约定的开工日期前的7天内预付工程款，发包人不按约定预付，承包人应在预付时间到期后10天内向发包人发出要求预付的通知，发包人收到通知后仍不按要求预付，承包人可在发出通知14天后停止施工，发包人应从约定应付之日起向承包人支付应付款的利息（利率按同期银行贷款利率计），并承担违约责任。（三）预付的工程款必须在合同中约定抵扣方式，并在工程进度款中进行抵扣。（四）凡是没有签订合同或不具备施工条件的工程，发包人不得预付工程款，不得以预付款为名转移资金。

14.2.2 预付款担保

发包人指示承包人提供预付款担保的，承包人应在发包人支付预付款7天前提供预付款担保，专用合同条件另有约定除外。预付款担保可采用银行保函、担保公司担保等形式，具体由合同当事人在专用合同条件中约定。在预付款完全扣回之前，承包人应保证预付款担保持续有效。

【条文释义】

本条规定的是预付款担保条款，明确预付款担保的提供时间、保函形式和担保期限。

预付款担保是承包人正确、合理使用发包人支付的工程预付款的担保。其主要目的是保证承包人按照合同约定将预付款用于工程建设，以保证发包人在规定期限内能够从应付工程款中扣除全部预付款；而一旦承包人拿到预付款后挪作他用、携款潜逃或宣布破产，将由担保人承担赔偿责任。从预付款担保的主体来看，预付款保函是指担保人（银行）根据申请人（承包人）的要求向受益人（发包人）开立的，保证一旦申请人未能履约，或者未能全部履约，将在收到受益人提出的索赔后向其返还该预付款的书面保证承诺。从作用上来看，预付款保函是确保一旦承包商未能履约或者未能全部履约，发包人可以向承包人提出索赔并要求其返还预付款。而且在完全偿还预付款前，承包人需要保证预付款保函一直有效且可兑现，预付款保函担保的额度可以随预付款逐步偿还而减少。预付款保函可约束承包人在收到预付款后，按合同约定履行预付款偿还义务。从提交时间上看，预付款担保的提交先于预付款支付。从保函形式上看，预付款保函可以采用银行保函和担保保函等形式，实践中也有抵押等担保形式。从担保期限上看，预付款担保期限应长于预付款返还期间——两个维度共同保证发包人的预付款能够完全收回。发包人在工程款中逐期扣回预付款后，预付款的担保额度应当相应减少，但剩余的预付款担保金额不得低于未被扣回的预付款金额。

值得注意的是，不同于 FIDIC 合同规定预付款保函的提交是业主支付预付款的强制性要求：只有承包商提交预付款保函，业主才会支付预付款；预付款保函的出具也是工程师向承包方签发期中支付的前提之一。我国预付款担保的提供与否由发包人决定，不具有强制性。

【使用指引】

1. 预付款担保并非强制性条款，需要在合同中予以明确，同时对预付款担保的形式、期限予以约定。

2. 承包人应当确保预付款担保在预付款全部扣回前一直持续有效。

【风险识别与防范】

在提供预付款担保，尤其是采用独立保函方式提供预付款担保的，要防止在预付款已经抵扣但尚未完毕的情况下发包人在保函约定的到期事件发生时主张全额抵扣。

工程承包合同签约后承包商通常已经就工程进行大规模的前期投入。而预付款通常为合同金额的 10%～30%，在开工后很快即全部或大部分用于工程前期建设，与此同时，预付款的扣回往往是按照一定比例在进度款中逐期扣回的。而一些承包商在提供预付款保函的时候，往往会忽视在预付款保函中约定减额条款，只是约定预付款保函的担保失效期限为预付款全部扣回后。在这种情况下，尤其是以独立保函提供担保的，一旦保函兑付事件发生，发包人实际上就可以此全额兑付预付款保函。在既有的实践案例中，确实存在双方未在预付保函中约定减额条款。同时也仅仅粗略地约定，保函付款条件仅为具有发包人关于承包人未能按照合同规定履行合同义务申明的书面索赔通知，且无须提交任何证明文件，继而在预付款扣回期限内全额兑付保函。由此，承包单位在提供预付款担保时，一定要约定好相应的减额条款。

14.3　工程进度款

14.3.1　工程进度付款申请

（1）人工费的申请

人工费应按月支付，工程师应在收到承包人人工费付款申请单以及相关资料后 7 天内完成审查并报送发包人，发包人应在收到后 7 天内完成审批并向承包人签发人工费支付证书，发包人应在人工费支付证书签发后 7 天内完成支付。已支付的人工费部分，发包人支付进度款时予以相应扣除。

（2）除专用合同条件另有约定外，承包人应在每月月末向工程师提交进度付款申请单，该进度付款申请单应包括下列内容：

1）截至本次付款周期内已完成工作对应的金额；

2）扣除依据本款第（1）目约定中已扣除的人工费金额；

3）根据第 13 条［变更与调整］应增加和扣减的变更金额；

4）根据第 14.2 款［预付款］约定应支付的预付款和扣减的返还预付款；

5）根据第 14.6.2 项［质量保证金的预留］约定应预留的质量保证金金额；

6）根据第 19 条［索赔］应增加和扣减的索赔金额；

7）对已签发的进度款支付证书中出现错误的修正，应在本次进度付款中支付或扣除的金额；

8）根据合同约定应增加和扣减的其他金额。

【条文释义】

本项是关于工程进度款申请的规定，在示范文本中特地将人工费的申请抽离出来，并单独对其支付周期、审批和付款时限做了明确约定。对于除人工费之外的工程进度款付款申请，示范文本明确了进度款申请单的提出时间、内容和范围。工程进度款的支付在工程施工实践中具有十分重要的作用，尤其是对承包人来说，如果工程进度款支付比例过低或者不及时，将会给承包人带来极大的资金风险，甚至无法施工，给项目工期带来影响。

作为我国劳动力要素市场的重要主体，建筑工人也是新型城镇化建设的主力军，保护建筑工人合法权利对建设法治市场、维护社会稳定有着重要作用。尤其是《保障农民工工资支付条例》颁布后，对农民工的权益保护提升到前所未有的高度。《保障农民工工资支付条例》第三十一条明确：工程建设领域推行分包单位农民工工资委托施工总承包单位代发制度。分包单位应当按月考核农民工工作量并编制工资支付表，经农民工本人签字确认后，与当月工程进度等情况一并交施工总承包单位。施工总承包单位根据分包单位编制的工资支付表，通过农民工工资专用账户直接将工资支付到农民工本人的银行账户，并向分包单位提供代发工资凭证。用于支付农民工工资的银行账户所绑定的农民工本人社会保障卡或者银行卡，用人单位或者其他人员不得以任何理由扣押或者变相扣押。国家以此确立了施工总承包模式下的总包代发工资制度，为了贯彻国家对于农民工权利的保护政策，在工程总承包示范文本的制定过程中也对此进行了落实，将人工费的申请和支付作为一个单独的条款进行明确，最大程度保障了工人权利。

在通用合同条件中明确，人工费采取按月支付，工程师在收到由承包人编制的人工费付款申请单以及相关资料后 7 天内同时完成审查和向发包人报送的工作，然后再由发包人在 7 天内完成审批并签发人工费支付证书，并在签发支付证书后的 7 天内完成支付。也就是说，根据通用合同条件的约定，在材料齐全无误的情况下，人工费的支付从申请到付款需要在 21 天之内完成。

本项第二目是对工程进度款付款申请单内容的规定，承包人在进度款付款申请单的编制过程中，应当确保进度款申请单的内容完整全面，以避免遗漏造成利益的损失，一般应包含的内容有：截至本次付款周期内已完成工作对应的金额；扣除依据本款第（1）目约定中已扣除的人工费金额；根据第 13 条［变更与调整］应增加和扣减的变更金额；根据第 14.2 款〔预付款〕约定应支付的预付款和扣减的返还预付款；根据第 14.6.2 项〔质量保证金的预留〕约定应预留的质量保证金金额；根据第 19 条〔索赔〕应增加和扣减的索赔金额；对已签发的进度款支付证书中出现错误的修正，应在本次进度付款中支付或扣除的金额；根据合同约定应增加和扣减的其他金额。

【使用指引】

1. 承包人在进行进度款申报时，要做好人工费付款申请单和进度款付款申请单的区分，避免重复申报。

2. 发包人应及时做好人工费付款申请的审核工作，承包人也应确保进度款付款申请单的完整性和真实性。

【风险识别与防范】

承包人在进行进度款付款申请编制时应当遵循以下几个原则：

时效性原则：承包人必须在每月规定时间内提交进度款申请给工程师审核。

准确性原则：承包人必须按照工程实际进度和实际完成量申请工程进度款和结算款，并提交资金计划，同时监理应认真审核。

表格统一原则：工程款申报需按照发包人制定的表格填写和申报，如承建商上报表格错误，自行承担工程款拖延支付的责任。

完整性原则：工程款申报的手续需齐全，一份完整的进度款申报报告包括申请报告、封面、编制说明、预算清单、形象进度、变更签证申报汇总表、变更签证单。

【法条索引】

• **《最高人民法院关于审理建设工程施工合同纠纷案件适用法律问题的解释（一）》（法释〔2020〕25 号）**

第二十七条　利息从应付工程价款之日开始计付。当事人对付款时间没有约定或者约定不明的，下列时间视为应付款时间：（一）建设工程已实际交付的，为交付之日；（二）建设工程没有交付，为提交竣工结算文件之日；（三）建设工程未交付，工程价款也未结算的，为当事人起诉之日。

• **《保障农民工工资支付条例》（国务院令第 724 号）**

第二十六条　施工总承包单位应当按照有关规定开设农民工工资专用账户，专项用于支付该工程建设项目农民工工资。/开设、使用农民工工资专用账户有关资料应当由施工总承包单位妥善保存备查。

第二十九条　建设单位应当按照合同约定及时拨付工程款，并将人工费用及时足额拨付至农民工工资专用账户，加强对施工总承包单位按时足额支付农民工工资的监督。/因建设单位未按照合同约定及时拨付工程款导致农民工工资拖欠的，建设单位应当以未结清的工程款为限先行垫付被拖欠的农民工工资。/建设单位应当以项目为单位建立保障农民工工资支付协调机制和工资拖欠预防机制，督促施工总承包单位加强劳动用工管理，妥善处理与农民工工资支付相关的矛盾纠纷。发生农民工集体讨薪事件的，建设单位应当会同施工总承包单位及时处理，并向项目所在地人力资源社会保障行政部门和相关行业工程建设主管部门报告有关情况。

14.3.2 进度付款审核和支付

除专用合同条件另有约定外，工程师应在收到承包人进度付款申请单以及相关资料后 7 天内完成审查并报送发包人，发包人应在收到后 7 天内完成审批并向承包人签发进度款支付证书。发包人逾期（包括因工程师原因延误报送的时间）未完成审批且未提出异议的，视为已签发进度款支付证书。

工程师对承包人的进度付款申请单有异议的，有权要求承包人修正和提供补充资料，承包人应提交修正后的进度付款申请单。工程师应在收到承包人修正后的进度付款申请单及相关资料后 7 天内完成审查并报送发包人，发包人应在收到工程师报送的进度付款申请单及相关资料后 7 天内，向承包人签发无异议部分的进度款支付证书。存在争议的部分，按照第 20 条［争议解决］的约定处理。

除专用合同条件另有约定外，发包人应在进度款支付证书签发后 14 天内完成支付，发包人逾期支付进度款的，按照贷款市场报价利率（LPR）支付利息；逾期支付超过 56 天的，按照贷款市场报价利率（LPR）的两倍支付利息。

发包人签发进度款支付证书，不表明发包人已同意、批准或接受了承包人完成的相应部分的工作。

【条文释义】

本项是关于进度款审核与支付的约定。本项第一目明确了发包人对承包人提交进度款付款申请单及相关资料的审批期限和逾期审批的后果，即工程师在收到承包人进度付款申请单以及相关资料后 7 天内完成审查并报送发包人，发包人应在收到后 7 天内完成审批并向承包人签发进度款支付证书。同时若发包人逾期（包括因工程师原因延误报送的时间）未完成审批也未提出异议的，应视为已签发进度款支付证书。

本项第二目则是对承包人提供进度款付款申请单的异议处理，明确工程师如果对承包人提供的进度款付款申请单有异议的，有权要求承包人修正和提供补充资料。待承包人进行修正和材料补充后，工程师、发包人需要按照第一目约定的时限完成审批。存在争议的，按照 20 条［争议］的约定处理。

本项第三目是关于进度款支付期限的约定，明确除专用合同条件另有约定外，发包人应当在进度款支付证书签发后 14 天内完成支付，如果发包人逾期支付进度款，56 天以内的按照贷款市场报价利率（LPR）支付利息；超过 56 天的，按照贷款市场报价利率（LPR）的两倍支付利息。

本项最后一目约定了签发进度款支付证书，不表明发包人已同意、批准或接受了承包人完成的相应部分的工作。换言之，对进度款付款申请的审批并不构成对工程质量的认可，或对承包人工作的认可。

【使用指引】

发包人应当按照合同约定在规定期限内完成进度款的审批和支付，否则需要承担相应的违约责任和逾期审批不利后果。

【风险识别与防范】

预付款审批逾期默示条款仅在通用合同条件中做了约定，一旦发生进度款支付纠纷并诉至法院的，如果在专用合同条件中没有对应约定的，可能不会得到法院支持。

对于通用合同条件中发包人逾期审批视为默示的效力认定，在一些施工承包案件中的竣工结算审批中最高人民法院已经做出自己的认定，即：通用合同条件确定了发包人对承包人结算资料的审查时限，同时也确定了发包人逾期未提交审查意见的法律后果（即视为认可承包人提交的竣工结算文件）；专用合同条件仅约定发包人对承包人结算资料的审查时限，而未约定发包人逾期未提交审查意见的法律后果。这种情况下不能作出发包人即接受了通用合同条件所预设的法律后果的解释。因此，承包人有必要就发包人逾期审批进度款申请即视为认可在专用合同条件中做进一步约定。

【法条索引】

•**《最高人民法院关于审理建设工程施工合同纠纷案件适用法律问题的解释（一）》（法释〔2020〕25号）**

第二十六条　当事人对欠付工程价款利息计付标准有约定的，按照约定处理。没有约定的，按照同期同类贷款利率或者同期贷款市场报价利率计息。

•**《建设工程价款结算暂行办法》（财建〔2004〕369号）**

第十三条　工程进度款结算与支付应当符合下列规定：

（一）工程进度款结算方式

1. 按月结算与支付。即实行按月支付进度款，竣工后清算的办法。合同工期在两个年度以上的工程，在年终进行工程盘点，办理年度结算。

2. 分段结算与支付。即当年开工、当年不能竣工的工程按照工程形象进度，划分不同阶段支付工程进度款。具体划分在合同中明确。

（二）工程量计算

1. 承包人应当按照合同约定的方法和时间，向发包人提交已完工程量的报告。发包人接到报告后14天内核实已完工程量，并在核实前1天通知承包人，承包人应提供条件并派人参加核实，承包人收到通知后不参加核实，以发包人核实的工程量作为工程价款支付的依据。发包人不按约定时间通知承包人，致使承包人未能参加核实，核实结果无效。

2. 发包人收到承包人报告后14天内未核实完工程量，从第15天起，承包人报告的工程量即视为被确认，作为工程价款支付的依据，双方合同另有约定的，按合同执行。

3. 对承包人超出设计图纸（含设计变更）范围和因承包人原因造成返工的工程量，

发包人不予计量

（三）工程进度款支付

1. 根据确定的工程计量结果，承包人向发包人提出支付工程进度款申请，14 天内，发包人应按不低于工程价款的 60％，不高于工程价款的 90％向承包人支付工程进度款。按约定时间发包人应扣回的预付款，与工程进度款同期结算抵扣。

2. 发包人超过约定的支付时间不支付工程进度款，承包人应及时向发包人发出要求付款的通知，发包人收到承包人通知后仍不能按要求付款，可与承包人协商签订延期付款协议，经承包人同意后可延期支付，协议应明确延期支付的时间和从工程计量结果确认后第 15 天起计算应付款的利息（利率按同期银行贷款利率计）。

3. 发包人不按合同约定支付工程进度款，双方又未达成延期付款协议，导致施工无法进行，承包人可停止施工，由发包人承担违约责任。

14.4 付款计划表

14.4.1 付款计划表的编制要求

除专用合同条件另有约定外，付款计划表按如下要求编制：

（1）付款计划表中所列的每期付款金额，应为第 14.3.1 项［工程进度付款申请］每期进度款的估算金额；

（2）实际进度与项目进度计划不一致的，合同当事人可按照第 3.6 款［商定或确定］修改付款计划表；

（3）不采用付款计划表的，承包人应向工程师提交按季度编制的支付估算付款计划表，用于支付参考。

【条文释义】

本项是关于付款计划表编制原则问题的约定。付款计划表作为重要的支付管理和资金管理手段，应当引起工程总承包各方主体的重视。本项第一目约定了付款计划表中所列的每期付款金额应当就是 14.3.1 项［工程进度付款申请］每期进度款的估算金额。本项第二目约定了在实际进度和项目进度计划不一致的情况下，发包人与承包人可以通过 3.6 款［商定或确定］对付款计划表进行修改。本项第三目约定了如双方不采用付款计划表，承包人应当向工程师提交按季度编制的支付估算付款计划表用作支付的参考。

【使用指引】

1. 鉴于付款计划表对于资金管理计划和支付的重要作用，承包人在编制付款计划表时应集合相应的项目管理文件进行全面仔细的测算，确保付款计划与进度计划、资源投入相匹配。

2. 付款计划表应当与进度计划同步修订，方可作为支付进度款的依据。

【风险识别与防范】

确保付款计划编制与进度计划的一致性，保护总价合同合同目的的实现。

编制付款计划表的目的在于每个付款周期付款数额的确定，但是在总价合同中，各项目的工程量只是承包人用于结算的最终工程量，换言之，在施工过程中，除了合同约定的构成变更而引起的工程量调整，否则就不会产生工程量的增减。因此，在工程总承包付款计划的编制过程中，尤其是采取按月编制的情况下，需要确保付款计划与进度计划的一致性，避免导致最终的付款金额超出或少于合同价款，进而违背总价合同的本意。

14.4.2　付款计划表的编制与审批

（1）除专用合同条件另有约定外，承包人应根据第8.4款［项目进度计划］约定的项目进度计划、签约合同价和工程量等因素对总价合同进行分解，确定付款期数、计划每期达到的主要形象进度和（或）完成的主要计划工程量（含设计、采购、施工、竣工试验和竣工后试验等）等目标任务，编制付款计划表。其中人工费应按月确定付款期和付款计划。承包人应当在收到工程师和发包人批准的项目进度计划后7天内，将付款计划表及编制付款计划表的支持性资料报送工程师。

（2）工程师应在收到付款计划表后7天内完成审核并报送发包人。发包人应在收到经工程师审核的付款计划表后7天内完成审批，经发包人批准的付款计划表为有约束力的付款计划表。

（3）发包人逾期未完成付款计划表审批的，也未及时要求承包人进行修正和提供补充资料的，则承包人提交的付款计划表视为已经获得发包人批准。

【条文释义】

本项是关于付款计划表的编制和审批的约定，作为资金管理计划和支付重要组成部分，付款计划表的重要性不言而喻。本项第一目约定了付款计划表编制的依据，以及编制的方式，即根据第8.4款［项目进度计划］约定的项目进度计划、签约合同价和工程量等因素对总价合同进行分解，确定付款期数、计划每期达到的主要形象进度和（或）完成的主要计划工程量（含设计、采购、施工、竣工试验和竣工后试验等）等目标任务，编制付款计划表。同时明确了人工费也应按月确定付款期和付款计划，付款计划表的编制时间应当控制在收到工程师和发包人批准的项目进度计划后7天内。

本项第二目是付款计划表审批的约定，明确工程师应当在收到付款计划表7天内完成审核并向发包人报送，发包人则需要在收到工程师报送的付款计划表7日内完成审核，且只有仅发包人批准的付款计划表才是有约束力的。

本项第三目是有关付款计划表逾期审批的后果的约定，即发包人逾期未完成付款计划表审批的，也未及时要求承包人进行修正和提供补充资料的，则承包人提交的付款计划表视为已经获得发包人批准。

【使用指引】

1. 承包人应当结合项目进度计划、签约合同价和工程量等因素对总价合同进行分解，确定付款期数、计划每期达到的主要形象进度和（或）完成的主要计划工程量（含设计、采购、施工、竣工试验和竣工后试验等）等目标任务，准确编制项目付款计划表。

2. 发包人应在约定期限内完成对付款计划表的审核。

【风险识别与防范】

付款计划表应当得到发包人的审批认可，否则就没有约束力。

在编制付款计划表的过程中，承包人除了要做到依据充分、内容完整，并且在规定时间内完成编制外，还需要确保付款计划表得到发包人的审批认可，否则付款计划表对于承包人来说就没有约束力。

14.5 竣工结算

14.5.1 竣工结算申请

除专用合同条件另有约定外，承包人应在工程竣工验收合格后 42 天内向工程师提交竣工结算申请单，并提交完整的结算资料，有关竣工结算申请单的资料清单和份数等要求由合同当事人在专用合同条件中约定。

除专用合同条件另有约定外，竣工结算申请单应包括以下内容：

（1）竣工结算合同价格；

（2）发包人已支付承包人的款项；

（3）采用第 14.6.1 项［承包人提供质量保证金的方式］第（2）种方式提供质量保证金的，应当列明应预留的质量保证金金额；采用第 14.6.1 项［承包人提供质量保证金的方式］中其他方式提供质量保证金的，应当按第 14.6款［质量保证金］提供相关文件作为附件；

（4）发包人应支付承包人的合同价款。

【条文释义】

工程总承包项目中，竣工结算直接关系到合同目的的实现和合同利益的获得，无论是对于发包人还是承包人来说，都是十分重要的条款。在以往的施工总承包项目实践中，结算一直是极其容易发生争议、矛盾和纠纷的环节。虽然工程总承包项目可以通过固定总价的方式加强发包人对项目总投资超支风险的管控能力，但是在实践中发包人和承包人仍会在竣工结算环节产生争议，比如因为对计价标准和价款调整等情形的不同理解而产生分歧并最终诉诸法院或仲裁机构。为了确保工程总承包项目竣工结算的管理，示范文本从结算时限、程序和内容等多个方面进行约定，以期规范工程总承包中的结算行为，促进合同的顺利履行。

本项主要是围绕工程总承包项目竣工结算申请的主体、时限、形式、程序和内容。约定了竣工结算申请的提出主体是承包人，载明专用合同条件无特殊约定的情况下，承包人需要在竣工验收合格后的 42 天内提交竣工结算申请单及完整的结算资料。

【使用指引】

1. 承包人应在合同约定的时限内及时提交竣工结算申请。

2. 承包人在申请竣工结算、提交竣工结算申请单时，应当确保申请单及竣工结算资料的完整性。同时建议合同双方尽可能地在专用合同条件中对结算资料的范围和内容做进一步明确约定。

【风险识别与防范】

承包人应当认识到竣工结算资料的完整性对整个审批工作的影响，摒弃"边申报、边补充"的思维。

在以往的施工总承包项目实践中，在办理竣工结算时，承包人往往采取"边申报、边补充"的方式和发包人办理竣工结算。当双方发生纠纷时，承包人往往会主张其在竣工结算申请单提交至发包人时就已经完成了自己的申请义务，枉顾在申请提交后仍不断补充竣工资料的事实。在这种情况下，如果诉至法院，法院在审理中只会以承包人最后提交竣工结算资料的日期来作为认定承包人履行竣工结算资料提交义务的起算时点。承包人需要充分认识到竣工结算资料的完整性对整个审批工作和己方权益的影响，认真做好项目台账的管理工作，在规定时间、规定范围内完整的提交竣工结算资料。

【法条索引】

•《**建设工程价款结算暂行办法**》（**财建〔2004〕369 号**）

第十四条　工程完工后，双方应按照约定的合同价款及合同价款调整内容以及索赔事项，进行工程竣工结算。

（一）工程竣工结算方式

工程竣工结算分为单位工程竣工结算、单项工程竣工结算和建设项目竣工总结算。

（二）工程竣工结算编审

1. 单位工程竣工结算由承包人编制，发包人审查；实行总承包的工程，由具体承包人编制，在总包人审查的基础上，发包人审查。

2. 单项工程竣工结算或建设项目竣工总结算由总（承）包人编制，发包人可直接进行审查，也可以委托具有相应资质的工程造价咨询机构进行审查。政府投资项目，由同级财政部门审查。单项工程竣工结算或建设项目竣工总结算经发、承包人签字盖章后有效。

第二十一条　工程竣工后，发、承包双方应及时办清工程竣工结算，否则，工程不得交付使用，有关部门不予办理权属登记。

14.5.2　竣工结算审核

（1）除专用合同条件另有约定外，工程师应在收到竣工结算申请单后 14 天内完成核查并报送发包人。发包人应在收到工程师提交的经审核的竣工结算申请单后 14 天内完成审批，并由工程师向承包人签发经发包人签认的竣工付款证书。工程师或发包人对竣工结算申请单有异议的，有权要求承包人进行修正和提供补充资料，承包人应提交修正后的竣工结算申请单。

发包人在收到承包人提交竣工结算申请书后 28 天内未完成审批且未提出异议的，视为发包人认可承包人提交的竣工结算申请单，并自发包人收到承包人提交的竣工结算申请单后第 29 天起视为已签发竣工付款证书。

（2）除专用合同条件另有约定外，发包人应在签发竣工付款证书后的 14 天内，完成对承包人的竣工付款。发包人逾期支付的，按照贷款市场报价利率（LPR）支付违约金；逾期支付超过 56 天的，按照贷款市场报价利率（LPR）的两倍支付违约金。

（3）承包人对发包人签认的竣工付款证书有异议的，对于有异议部分应在收到发包人签认的竣工付款证书后 7 天内提出异议，并由合同当事人按照专用合同条件约定的方式和程序进行复核，或按照第 20 条［争议解决］约定处理。对于无异议部分，发包人应签发临时竣工付款证书，并按本款第（2）项完成付款。承包人逾期未提出异议的，视为认可发包人的审批结果。

【条文释义】

本项是对工程总承包竣工结算申请的审批、支付和异议程序的约定。本项第一目约定了工程师在收到承包人提供的竣工结算申请单后的 14 天内完成审核并报批发包人，发包人在收到经工程师审核的竣工结算申请单后也需要在 14 天内完成审批，如无异议则由工程师向承包人颁发经发包人签认的竣工付款证书，如有异议，工程师和发包人均可要求承包人对竣工结算申请单进行修正或补充相关材料。如果发包人在收到承包人提交的竣工结算申请书后 28 天内未完成审批且未提出异议的，视为发包人认可承包人提交的竣工结算申请，并且竣工付款证书自第 29 天起视为已经签发。这里发包人收到承包人竣工结算申请的 28 天内应当理解为工程师审批的 14 天加上发包人的 14 天，而不是理解为发包人 28 天加上工程师 14 天。

本项第二目是对竣工付款时限和违约责任的约定。明确发包人应当在签发竣工付款证书后 14 天内完成对承包人的竣工付款。如果发包人逾期支付，56 天以内的按照贷款市场报价利率（LPR）支付违约金，超过 56 天的按照贷款市场报价利率（LPR）的两倍支付违约金。

本项最后一目是对竣工付款证书签认的异议处理。明确了承包人如果对发包人签认的竣工付款证书有异议的，可以在收到竣工付款证书后 7 天内提出异议，逾期则视为认可。但对于承包人无异议的部分，发包人应当颁发临时竣工付款证书，并在 14 天内完成付款，这就是无异议先行支付制度。

【使用指引】

1. 发包人在收到承包人的竣工结算申请后，应当在审核期限内完成审核并通知承包人审核结果，怠于行使审批签证权利的实际上就是对承包人申请的默示。

2. 竣工付款证书签发后，发包人应当在规定时限内完成付款，未在规定时限内完成付款的，需要承担支付相应利息的不利后果。

【风险识别与防范】

如果仅在通用合同条件中规定发包人未在约定期限内对承包人提交的竣工结算申请单予以答复，即视为认可，但专用合同条件没有予以确认的，该竣工结算申请单仍有不能作为付款依据的风险。

实际上早在2006年最高人民法院作出的〔2005〕民一他字第23号《复函》就曾明确：建设工程施工合同格式文本中通用条款的约定，不能简单地推论出，双方当事人具有发包人收到竣工结算文件一定期限内不予答复，则视为认可承包人提交的竣工结算文件的一致意思表示，承包人提交的竣工结算文件不能作为工程款结算的依据。

复函中的对象虽指向的是施工总承包合同，但是其对于工程总承包合同仍有着直接的借鉴意义，就这一问题上二者并无实质性差异。因此，承包人应当特别注意，即便通用合同条件中约定了发包人对于竣工结算申请单一定期限内不予答复的后果，但这一后果仍需要在专用合同条件中同时予以明确，否则仍有不被认可的风险。

【法条索引】

•**《建设工程价款结算暂行办法》（财建〔2004〕369号）**

第十六条　发包人收到竣工结算报告及完整的结算资料后，在本办法规定或合同约定期限内，对结算报告及资料没有提出意见，则视同认可。/承包人如未在规定时间内提供完整的工程竣工结算资料，经发包人催促后14天内仍未提供或没有明确答复，发包人有权根据已有资料进行审查，责任由承包人自负。/根据确认的竣工结算报告，承包人向发包人申请支付工程竣工结算款。发包人应在收到申请后15天内支付结算款，到期没有支付的应承担违约责任。承包人可以催告发包人支付结算价款，如达成延期支付协议，承包人应按同期银行贷款利率支付拖欠工程价款的利息。如未达成延期支付协议，承包人可以与发包人协商将该工程折价，或申请人民法院将该工程依法拍卖，承包人就该工程折价或者拍卖的价款优先受偿。

•**《最高人民法院关于审理建设工程施工合同纠纷案件适用法律问题的解释（一）》（法释〔2020〕25号）**

第二十一条　当事人约定，发包人收到竣工结算文件后，在约定期限内不予答复，视为认可竣工结算文件的，按照约定处理。承包人请求按照竣工结算文件结算工程价款的，人民法院应予支持。

14.5.3　扫尾工作清单

经双方协商，部分工作在工程竣工验收后进行的，承包人应当编制扫尾工作清单，扫尾工作清单中应当列明承包人应当完成的扫尾工作的内容及完成时间。

承包人完成扫尾工作清单中的内容应取得的费用包含在第 14.5.1 项［竣工结算申请］及第 14.5.2 项［竣工结算审核］中一并结算。

扫尾工作的缺陷责任期按第 11 条［缺陷责任与保修］处理。承包人未能按照扫尾工作清单约定的完成时间完成扫尾工作的，视为承包人原因导致的工程质量缺陷按照第 11.3 款［缺陷调查］处理。

【条文释义】

本项是关于扫尾工作清单的编制、费用取得和缺陷责任期的处理等方面的规定。本项第一目是编制扫尾工作清单的基本要求，其范围应当是部分需要在工程竣工验收后进行的工作，但这些工作不应是主体的、关键性的工作，而应当是辅助性的、零星的、尚未完成的部分工作。同时在清单编制过程中，发包人需要对工作的内容和期限做一个清楚的明确。

本项第二目是关于承包人完成扫尾工作清单后费用取得的约定。明确了扫尾工作的费用是纳入竣工结算申请单的编制中，可以在"发包人应当支付承包人的合同价款"中详列，承包人应当按照竣工结算申请中的约定对该部分费用进行确认或提出异议。

本项第三目是关于扫尾工作缺陷责任期的约定，明确了扫尾工作的缺陷责任期参照 11 条［缺陷责任与保修］处理。第三目同时还约定了承包人未能按时完成扫尾工作的后果，即视为承包人原因导致的工程质量缺陷按照第 11.3 款［缺陷调查］处理。

【使用指引】

1. 双方在协商确定扫尾工作清单时，应当明确清单所包含的内容并不会影响项目的正常使用，即扫尾工作清单中的工作内容都是零星的、辅助性的工程或工作，不会对整个项目的使用产生影响。

2. 发包人在决定启用扫尾工作清单时，自身首先要明确扫尾工作对项目移交使用、工期、竣工结算和竣工验收等方面的影响，保证项目实施的可操作性，避免其可能招致的合同履行纠纷。

【风险识别与防范】

1. 准确约定扫尾工作清单范围，避免引起结算和工期纠纷。

发包人在启用扫尾工作清单时，应当结合项目实际情况对其所包含的范围有一个清楚的认识。发包人应当认识到，扫尾工作所涉及的内容不能是项目的关键性工作，也就是这些工作并不会给项目实际运行或投产带来实质性影响，只能是一些零星的、辅助性的工作，比如尚未完成景观、绿化工程或者一些围护、围栏工作。一旦涉及关键性的工作，则极其容易引起双方在结算和工期方面的纠纷。承包人也应对此有着清醒的认识，不能盲目地追求快速完成竣工验收从而方便编制竣工结算材料，进而主张支付相应价款。

2. 有必要对扫尾工作的缺陷责任期起算时点做进一步明确。

通用合同条件中约定了扫尾工作的缺陷责任期按照通用合同条件 11 条［缺陷责任与保修］执行，这里就存在一个理解上的问题，即扫尾工作的缺陷责任期的起算时点。根据示范文本通用合同条件 11.2［缺陷责任期］中第二目的约定"单位/区段工程先于全部工程进行验收，经验收合格并交付使用的，该单位/区段工程缺陷责任期自单位/区段工程验收合格之日起算。因发包人原因导致工程未在合同约定期限进行验收，但工程经验收合格的，以承包人提交竣工验收报告之日起算；因发包人原因导致工程未能进行竣工验收的，在承包人提交竣工验收报告 90 天后，工程自动进入缺陷责任期；发包人未经竣工验收擅自使用工程的，缺陷责任期自工程转移占有之日起开始计算。"为避免歧义，这里扫尾工作的缺陷责任期也应当自验收合格之日起算。

【法条索引】

•《最高人民法院关于审理建设工程施工合同纠纷案件适用法律问题的解释（一）》（法释〔2020〕25 号）

第十二条　因承包人的原因造成建设工程质量不符合约定，承包人拒绝修理、返工或者改建，发包人请求减少支付工程价款的，人民法院应予支持。

14.6　质量保证金

经合同当事人协商一致提供质量保证金的，应在专用合同条件中予以明确。在工程项目竣工前，承包人已经提供履约担保的，发包人不得同时要求承包人提供质量保证金。

【条文释义】

本款是关于工程总承包项目质量保证金的原则性约定。2017 年住房和城乡建设部及财政部联合印发的《建设工程质量保证金管理办法》（建质〔2017〕138 号）第二条规定：本办法所称建设工程质量保证金（以下简称"保证金"）是指发包人与承包人在建设工程承包合同中约定，从应付的工程款中预留，用以保证承包人在缺陷责任期内对建设工程出现的缺陷进行维修的资金。缺陷是指建设工程质量不符合工程建设强制性标准、设计文件，以及承包合同的约定。缺陷责任期一般为 1 年，最长不超过 2 年，由发、承包双方在合同中约定。自此，制度层面对于工程质量保证金、工程质量保修金统一为工程质量保证金。质量保证金的实质是承包人用于保证其在缺陷责任期内履行缺陷修补义务的担保，其对应的一个重要期间就是缺陷责任期。在本款关于质量保证金的原则性约定中，明确发包人和承包人若协商一致采用质量保证金的，需要在专用合同条件中予以明确。但发包人也应注意到在工程项目竣工前，不能同时要求承包人提供履约保证金和质量保证金。

【使用指引】

1. 发包人和承包人应当在工程总承包合同中对质量保证金的提供方式、预留方式及数额和质量保证金的返还做出明确约定。

2. 发包人应当注意到在工程项目竣工前，不能同时要求承包人提供履约担保和质量保证金。

【风险识别与防范】

1. 发包人和承包人应当在工程总承包合同中对于质量保证金做出详细约定，但即便未明确约定的，发包人仍有可能要求参照《建设工程质量保证金管理办法》（建质〔2017〕138号），要求预留一定比例的质量保证金。

实践中，虽然《建设工程质量保证金管理办法》（建质〔2017〕138号）第三条要求发包人在招标文件中需要对质量保证金相关条款进行明确，但是也有发包人和承包人在签订合同的时候没有对此作出明确约定，或完全没有约定。在这种情况下，发包人和承包人仍然有可能要求参照《建设工程质量保证金管理办法》（建质〔2017〕138号）中的规定，要求预留一定比例的质量保证金，尤其是在一些涉及公共利益的项目中。值得注意的是，发包人和承包人约定的质保金比例，可以低于《建设工程质量保证金管理办法》（建质〔2017〕138号）中3％的规定。

2. 在竣工验收前，质量保证金与履约担保不能同时适用，但是在竣工验收合格后，发包人应当及时向承包人主张质量保证金，避免缺陷责任期满后无法主张。

质量保证金的实质是承包人用于保证其在缺陷责任期内履行缺陷修补义务的担保，履约担保对应的是工程总承包合同履行过程中确保承包人按照合同约定认真履行其自身的义务。其实这二者并不存在实质性的冲突，示范文本中要求质量保证金与履约担保不能同时适用可以进一步理解为，如果双方在工程总承包合同中约定了承包人需要提供履约担保，则质量保证金的收取就不能采取以支付工程进度款时逐次预留的方式，否则就会不平衡地加重承包人的负担。当然，由于履约担保的期限只能终于竣工验收，也就是项目竣工验收后履约担保就失效了，这时发包人应当及时向承包人主张质量保证金，发包人需要结合项目实际情况对履约担保和质量保证金的收取在合同层面做一个妥善处理。

【法条索引】

•《国务院办公厅关于清理规范工程建设领域保证金的通知》（国办发〔2016〕49号）

四、严格工程质量保证金管理。工程质量保证金的预留比例上限不得高于工程价款结算总额5％。在工程项目竣工前，已经缴纳履约保证金的，建设单位不得同时预留工程质量保证金。

•《建设工程质量保证金管理办法》（建质〔2017〕138号）

第三条　发包人应当在招标文件中明确保证金预留、返还等内容，并与承包人在合同条款中对涉及保证金的下列事项进行约定：

（一）保证金预留、返还方式；

（二）保证金预留比例、期限；

（三）保证金是否计付利息，如计付利息，利息的计算方式；

（四）缺陷责任期的期限及计算方式；

（五）保证金预留、返还及工程维修质量、费用等争议的处理程序；

（六）缺陷责任期内出现缺陷的索赔方式；

（七）逾期返还保证金的违约金支付办法及违约责任。

第六条 在工程项目竣工前，已经缴纳履约保证金的，发包人不得同时预留工程质量保证金。

采用工程质量保证担保、工程质量保险等其他保证方式的，发包人不得再预留保证金。

14.6.1 承包人提供质量保证金的方式

承包人提供质量保证金有以下三种方式：

（1）提交工程质量保证担保；

（2）预留相应比例的工程款；

（3）双方约定的其他方式。

除专用合同条件另有约定外，质量保证金原则上采用上述第（1）种方式，且承包人应在工程竣工验收合格后 7 天内，向发包人提交工程质量保证担保。承包人提交工程质量保证担保时，发包人应同时返还预留的作为质量保证金的工程价款（如有）。但不论承包人以何种方式提供质量保证金，累计金额均不得高于工程价款结算总额的 3%。

【条文释义】

本项是关于质量保证金提供的形式、期限和比例的约定。这里需要明确的是，质量保证金只是一种担保形式，它既可以通过采用保函的方式，也可以通过预留相应比例工程款的方式开展。本项明确约定，如果发包人与承包人在专用合同条件中没有其他约定的，则质量保证金的提交方式默示为采用保函形式，而且承包人需要在竣工验收合格的 7 天内向发包人提供工程质量保证担保。在这一过程中，发包人应同时返还预留的作为质量保证金的工程价款（如有）。值得注意的是，无论发包人要求承包人以何种形式提供质量保证金的，累计金额都不能高于工程价款结算总额的 3%。

【使用指引】

1. 发包人与承包人应当在合同专用合同条件中对质保金的提供形式做出明确约定。

2. 发包人在要求承包人提供质量保证金时，应注意质保金的累计金额不能高于工程价款结算总额的 3%。

【风险识别与防范】

1. 示范文本只对质量保证金的累计金额有要求，但对于其形式没有限制。

示范文本中明确要求发包人向承包人主张的质保金比例不能超过工程结算价款总额的

3%，但是对于质保金的提供形式并没有强制要求。也就是说，发包人可以同时要求承包人提供现金和保函担保，只要确保两者累计的数额不超过工程价款结算总额的 3% 即可。

2. 发包人和承包人在实践中约定质保金比例超过工程价款结算总额 3% 的并不一定导致条款无效，但可能导致合同无法备案或被行政处罚等不利行政监管后果。

在近两年来既有的裁判案例中，各地高院对于发包人与承包人合同中约定质量保证金比例超过工程价款结算总额 3% 的条款效力认定不一，有的高院认为由于发包人和承包人约定的质量保证金比例超过了《建设工程质量保证金管理办法》（建质〔2017〕138 号）规定的 3% 的比例，因而条款无效，质量保证金比例仍按 3% 计取。有的高院则认为即便双方约定的质量保证金比例超过工程价款结算总额的 3%，但由于《建设工程质量保证金管理办法》（建质〔2017〕138 号）并非效力性规范，所以发包人与承包人约定质量保证金超出工程价款结算总额的 3% 依然有效。值得注意的是，即便发包人与承包人约定质量保证金超过工程价款结算总额 3% 的司法实践判例有所差异，但是仍有可能会招致行政监管和处罚，比如《房屋建筑和市政基础设施工程施工招标投标管理办法》（中华人民共和国建设部令第 89 号）中就规定：建设行政主管部门发现招标文件有违反法律、法规内容的，应当责令招标人改正。

【法条索引】

• **《国务院办公厅关于清理规范工程建设领域保证金的通知》（国办发〔2016〕49 号）**

二、转变保证金缴纳方式。对保留的投标保证金、履约保证金、工程质量保证金、农民工工资保证金，推行银行保函制度，建筑业企业可以银行保函方式缴纳。

• **《建设工程质量保证金管理办法》（建质〔2017〕138 号）**

第五条　推行银行保函制度，承包人可以银行保函替代预留保证金。

第七条　发包人应按照合同约定方式预留保证金，保证金总预留比例不得高于工程价款结算总额的 3%。合同约定由承包人以银行保函替代预留保证金的，保函金额不得高于工程价款结算总额的 3%。

14.6.2　质量保证金的预留

双方约定采用预留相应比例的工程款方式提供质量保证金的，质量保证金的预留有以下三种方式：

（1）按专用合同条件的约定在支付工程进度款时逐次预留，直至预留的质量保证金总额达到专用合同条件约定的金额或比例为止。在此情形下，质量保证金的计算基数不包括预付款的支付、扣回以及价格调整的金额；

（2）工程竣工结算时一次性预留质量保证金；

（3）双方约定的其他预留方式。

除专用合同条件另有约定外，质量保证金的预留原则上采用上述第（1）种方式。如承包人在发包人签发竣工付款证书后 28 天内提交工程质量保证担保，发包人应同时返还预留的作为质量保证金的工程价款。发包人在返还本条款项下的质量保证金的同时，按照中国人民银行同期同类存款基准利率支付利息。

【条文释义】

本项是关于工程总承包项目质量保证金预留相关问题的约定。本项第一目明确如果发包人和承包人约定以预留相应比例工程款方式提供保证金，可以采取三种方式：第一种是在专用合同条件中约定在支付工程进度款时逐次预留，直至预留保证金比例总额达到专用合同条件约定的金额或比例为止，但在此种预留方式下质保金的计算基数不包括预付款的支付、扣回以及价格调整的金额；第二种则是在工程竣工结算时一次性预留质量保证金；第三种方式就是双方约定采取其他预留方式。

本项第二目明确，发包人与承包人在专用合同条件中没有另行约定的，质量保证金将会按照第一目中的第一种方式进行扣留。但同时给予了承包人通过提交质量保证金担保来替换预留的质量保证金的方式。即承包人在发包人签发竣工付款证书后 28 天内提交工程质量保证担保的，发包人应同时返还预留的质量保证金。而且如果双方没有在专用合同条件中另行约定，发包人在返还质量保证金的同时还需要按照中国人民银行同期同类存款基准利率支付利息。

【使用指引】

1. 发包人和承包人如果选择采用预留相应比例的工程款方式提供质量保证金，则应当在专用合同条件中进一步明确质量保证金预留的方式。

2. 发包人和承包人即便选择采用预留相应比例工程款方式提供质量保证金，但发包人仍应允许承包人在竣工验收后一定期限内用质量保证金担保替换扣留的质量保证金。

3. 如在专用合同条件中没有特殊约定，发包人在退还质量保证金时还需要按照中国人民银行同期同类存款基准利率支付利息。

【风险识别与防范】

1. 在约定采用预留相应工程款方式提供质量保证金时应注意避免和履约担保出现冲突。

《建设工程质量保证金管理办法》（建质〔2017〕138 号）第六条：在工程项目竣工前，已经缴纳履约保证金的，发包人不得同时预留工程质量保证金。采用工程质量保证担保、工程质量保险等其他保证方式的，发包人不得再预留保证金。因此，如果按照本项第一目中约定的第一种质量保证金预留方式——按专用合同条件的约定在支付工程进度款时逐次预留，直至预留的质量保证金总额达到专用合同条件约定的金额或比例为止。显然，如果发包人在合同中约定让承包人提供履约担保，则这两者将不可避免地会出现冲突，并构成对《建设工程质量保证金管理办法》（建质〔2017〕138 号）第六条的直接违反。因此，发包人应进一步确定预留相应工程款提供质量保证金的方式，并避免和履约担保条款出现冲突。

2. 进一步厘清本项下约定的发包人返还质量保证金时还需要支付利息，避免在利息返还时发生错误。

本项第二目中约定了发包人在返还本条款项下的质量保证金的同时，按照中国人民银行同期同类存款基准利率支付利息。这是一个新增条款，在以往的施工总承包和工程总承包合同示范文本中均没有此类表述，其背后的法律、法规和政策依据在于《建设工程质量保证金管理办法》（建质〔2017〕138 号）第三条。这里需要进一步厘清的是如何计算质量保证金利息，如果采用预留工程款方式中的在工程进度款中逐次扣留的方式，且双方没有在专用合同条件中明确约定计息标准，那么质保金利息的计算应当从第一笔扣留的质保金开始，逐次、分段计算。如果采用预留工程款方式中的工程竣工结算时一次性扣留质量保证金的方式，则质保金利息的起算时点就是扣留之日起次日，无须分段计算。因此，质保金的扣留方式需要发包人结合自身实际进行选择。

【法条索引】

• **《建设工程质量保证金管理办法》（建质〔2017〕138 号）**

第三条　发包人应当在招标文件中明确保证金预留、返还等内容，并与承包人在合同条款中对涉及保证金的下列事项进行约定：（一）保证金预留、返还方式；（二）保证金预留比例、期限；（三）保证金是否计付利息，如计付利息，利息的计算方式；（四）缺陷责任期的期限及计算方式；（五）保证金预留、返还及工程维修质量、费用等争议的处理程序；（六）缺陷责任期内出现缺陷的索赔方式；（七）逾期返还保证金的违约金支付办法及违约责任。

14.6.3　质量保证金的返还

缺陷责任期内，承包人认真履行合同约定的责任，缺陷责任期满，发包人根据第 11.6 款［缺陷责任期终止证书］向承包人颁发缺陷责任期终止证书后，承包人可向发包人申请返还质量保证金。

发包人在接到承包人返还质量保证金申请后，应于 7 天内将质量保证金返还承包人，逾期未返还的，应承担违约责任。发包人在接到承包人返还质量保证金申请后 7 天内不予答复，视同认可承包人的返还质量保证金申请。

发包人和承包人对质量保证金预留、返还以及工程维修质量、费用有争议的，按本合同第 20 条［争议解决］约定的争议和纠纷解决程序处理。

【条文释义】

本项规定了工程总承包合同中质量保证金返还的条件、申请流程、审批流程、违约责任和争议解决。本项第一目约定，承包人在认真履行合同约定责任至缺陷责任期满，可以在发包人向其颁发缺陷责任期终止证书后向发包人申请返还质量保证金。

本项第二目约定，发包人应当在收到承包人的返还质量保证金申请后 7 日内向承包人返还质量保证金，逾期未返还应承担违约责任。而且有一条发包人的默示条款，即发包人在接到承包人返还质量保证金申请 7 日内不予答复的就视为认可承包人的返还质量保证金申请。

本项第三目约定，发包人与承包人就质量保证金预留、返还以及工程维修质量、费用有争议的，应按照合同第 20 条［争议解决］约定的争议和纠纷解决程序处理。

【使用指引】

1. 申请质量保证金返还的前提是承包人依约履行合同义务至缺陷责任期满，同时还要取得发包人颁发的缺陷责任期终止证书。

2. 发包人应当积极重视对承包人质量保证金返还申请的审核工作，及时支付质量保证金，避免逾期失权和承担违约责任的情况发生。

【风险识别与防范】

1. 发包人与承包人应当做好质保金返还和最终结清的衔接工作。

示范文本 14.7.1 项［最终结清申请单］中约定："除专用合同条件另有约定外，承包人应在缺陷责任期终止证书颁发后 7 天内，按专用合同条件约定的份数向发包人提交最终结清申请单，并提供相关证明材料。

除专用合同条件另有约定外，最终结清申请单应列明质量保证金、应扣除的质量保证金、缺陷责任期内发生的增减费用。"

也就是说在专用合同条件无特殊约定的情况下，缺陷责任期终止证书颁发后的 7 天内承包人需要提交列明质量保证金、应扣除的质量保证金和缺陷责任期内发生的增减费用的最终结清申请单。本项第一目中虽然对于质量保证金返还申请的前提条件进行了明确——发包人颁发缺陷责任期终止证书，但没有对申请的时限进行约定。这里就存在一个质量保证金申请与最终结清申请单的衔接问题，当然，两者在实质上并不存在冲突，前者只关注质量保证金的返还，而后者除了质量保证金外还涉及一些其他费用的增减问题，比如在缺陷责任期内要求承包人修复第三人造成的工程质量问题。但是，发包人和承包人仍应做好这两项工作的衔接，或者在专用合同条件中进一步明确地协调好二者的申报时间，或者承包人自身就要及时做好质量保证金的申请工作，避免给最终结清带来不利影响。

2. 质量保证金的返还与保修期无关，对应的是缺陷责任期。

在建设工程施工合同的签订和履行过程中，应区分保修期和缺陷责任期。与保修期相对应的是承包人的保修责任，保修期届满，承包人不再承担保修义务；与缺陷责任期对应的是承包人的瑕疵担保责任，缺陷责任期届满，发包人应当向承包人退还建设工程质量保证金，但如果缺陷责任期已经届满但保修期尚未届满，承包人仍需承担保修责任。

【法条索引】

•《建设工程质量保证金管理办法》（建质〔2017〕138 号）

第十一条　发包人在接到承包人返还保证金申请后，应于 14 天内会同承包人按照合同约定的内容进行核实。如无异议，发包人应当按照约定将保证金返还给承包人。对返还期限没有约定或者约定不明确的，发包人应当在核实后 14 天内将保证金返还承包人，逾期未返还的，依法承担违约责任。发包人在接到承包人返还保证金申请后 14 天内不予答复，经催告后 14 天内仍不予答复，视同认可承包人的返还保证金申请。

第十二条　发包人和承包人对保证金预留、返还以及工程维修质量、费用有争议的，按承包合同约定的争议和纠纷解决程序处理。

•《最高人民法院关于审理建设工程施工合同纠纷案件适用法律问题的解释（一）》（法释〔2020〕25 号）

第十七条　有下列情形之一，承包人请求发包人返还工程质量保证金的，人民法院应予支持：（一）当事人约定的工程质量保证金返还期限届满；（二）当事人未约定工程质量保证金返还期限的，自建设工程通过竣工验收之日起满二年；（三）因发包人原因建设工程未按约定期限进行竣工验收的，自承包人提交工程竣工验收报告九十日后当事人约定的工程质量保证金返还期限届满；当事人未约定工程质量保证金返还期限的，自承包人提交工程竣工验收报告九十日后起满二年。发包人返还工程质量保证金后，不影响承包人根据合同约定或者法律规定履行工程保修义务。

14.7　最终结清

14.7.1　最终结清申请单

（1）除专用合同条件另有约定外，承包人应在缺陷责任期终止证书颁发后 7 天内，按专用合同条件约定的份数向发包人提交最终结清申请单，并提供相关证明材料。

除专用合同条件另有约定外，最终结清申请单应列明质量保证金、应扣除的质量保证金、缺陷责任期内发生的增减费用。

（2）发包人对最终结清申请单内容有异议的，有权要求承包人进行修正和提供补充资料，承包人应向发包人提交修正后的最终结清申请单。

【条文释义】

缺陷责任期满之后，需要对工程款项进行最终结清的清算，合同所涉及的相关款项都需要进行最终的结清，尤其是关于质量保证金问题，以及在缺陷责任期内发生因维修或其他原因产生的增减费用的承担。

本项是关于最终结清申请单的提交时间、内容以及发包人异议处理的约定。

最终结清是工程总承包项目中发包人与承包人在缺陷责任期满后就项目质量保证金、维修费用等款项进行的结算和支付。而在最终结清阶段，由于工程师的工作基本已经完成，委托期限已经到期，所以最终结清申请是由承包人直接向发包人提供，并由发包人审核，不再需要经过工程师的审核和确认。本项第一款明确约定在专用合同条件无明确约定的情况下，承包人应当在缺陷责任期终止证书颁发后的 7 日内，按照合同约定的份数向发包人提交最终结清申请单,最终结清申请单中应当包括质量保证金、应扣除的质量保证金、缺陷责任期内发生的增减费用。

本项第二款则约定了发包人对于最终结清申请单的异议处理程序,即发包人如果对最终结清申请单内容有异议的,比如对维修费用的不认可等,可以要求承包人进行修正和提供补充资料,承包人也有义务提交修正和补充资料后的最终结清申请单。

【使用指引】

1. 缺陷责任期满后,承包人应当及时编制最终结清申请单,在合同约定的期限内向发包人提交全面、完整和真实的最终结清申请单,如果涉及缺陷责任期内索赔的,应当在最终结清申请单中明确。

2. 发包人在收到最终结清申请单时,也应及时对承包人提交的最终结清申请单的全面、完整和真实性进行审查,如果发现问题,应立即要求承包人予以修正和补充。

【风险识别与防范】

1. 承包人要及时做好最终结清申请单的编制工作。

通用合同条件约定的是缺陷责任期终止证书颁发后 7 天内承包人就应当按照专用合同条件约定的份数向发包人提交最终结清证书,这就要求承包人要及时做好最终结清申请单的编制工作,而且这一工作应当是始终贯穿缺陷责任期的,需要承包人就缺陷责任期内已经发生的引起质保金变化,或产生的维修费用做好相关的台账管理工作。尤其是当发生维修事件时,一定要确定好维修的责任主体以及费用承担主体,不能将自身施工缺陷引起维修而产生的维修费用编入最终结清申请单中。

2. 承包人应确保最终结清申请单内容的全面性和完整性。

承包人需要注意,一定要确保最终结清申请单内容的全面性和完整性,尤其是涉及质保金的扣减和维修费用的承担等相关费用的增减时,一定要做好相关证明材料的梳理,并且需要保证这些材料的真实性。如果最终结清申请单的全面性和完整性无法保证,发包人也很难去验证材料的真实性,从而会不确认清单的结果。

3. 发包人在对承包人提供的最终结清申请单进行审核时,也需要对应地对最终结清申请单的全面性、完整性和真实性进行审核。

最终结清工作可以说是双方在工程总承包合同中所需要共同完成的最后一项工作。最终结清申请的审核既是发包人的权利——发包人可以对缺陷责任期满后还需要向承包人返还/支付的款项做一个明确,也是发包人的一项义务——有义务在审核完成并且确认无误后向承包人办理最终结清证书并支付相关的费用。在这样的背景下,发包人应当重视最终结清申请单的审核工作,而且这些工作很多是在缺陷责任期内就需要完成的,比如对于质保金扣减的确认,及缺陷责任期内维修责任及费用的承担。而且为了提高这部分工作的效率和准确性,发包人也可以将这部分工作委托给工程师,从而规避可能的风险。

【法条索引】

• **《建设工程质量保证金管理办法》（建质〔2017〕138号）**

第九条　缺陷责任期内，由承包人原因造成的缺陷，承包人应负责维修，并承担鉴定及维修费用。如承包人不维修也不承担费用，发包人可按合同约定从保证金或银行保函中扣除，费用超出保证金额的，发包人可按合同约定向承包人进行索赔。承包人维修并承担相应费用后，不免除对工程的损失赔偿责任。

由他人原因造成的缺陷，发包人负责组织维修，承包人不承担费用，且发包人不得从保证金中扣除费用。

第十条　缺陷责任期内，承包人认真履行合同约定的责任，到期后，承包人向发包人申请返还保证金。

14.7.2　最终结清证书和支付

（1）除专用合同条件另有约定外，发包人应在收到承包人提交的最终结清申请单后14天内完成审批并向承包人颁发最终结清证书。发包人逾期未完成审批，又未提出修改意见的，视为发包人同意承包人提交的最终结清申请单，且自发包人收到承包人提交的最终结清申请单后15天起视为已颁发最终结清证书。

（2）除专用合同条件另有约定外，发包人应在颁发最终结清证书后7天内完成支付。发包人逾期支付的，按照贷款市场报价利率（LPR）支付利息；逾期支付超过56天的，按照贷款市场报价利率（LPR）的两倍支付利息。

（3）承包人对发包人颁发的最终结清证书有异议的，按第20条［争议解决］的约定办理。

【条文释义】

本项是对工程总承包项目下最终结清证书及款项支付的约定，最终结清证书的意义在于一方面明确了最终结清款项的支付期限；另一方面，最终结清证书的颁布意味着除质量保修期内承包人的保修责任外，发包人和承包人之间权利义务的终止。本项明确了发包人审批最终结清申请单和向承包人颁发最终结清证书的期限，同时对发包人逾期未完成最终结清申请单审批的后果，以及对最终结清证书颁发后发包人款项支付的时间和违约责任进行了明确，最后还对承包人对最终结清证书异议的处理予以约定。

根据本项第一目的约定，在专用合同条件没有特殊约定的情况下，发包人应当在收到承包人提交的最终结清申请单后14天内完成审批并向承包人颁发最终结清证书，如果发包人逾期审批且没有提出修改意见的则视为发包人同意承包人提交最终结清申请单，且自发包人收到承包人提交的最终结清申请单后15天起视为已颁发最终结清证书。这就要求发包人及时对最终结清申请单进行审核，值得注意的是，如果发包人对最终结清申请单提出了修正和补充相关材料的要求，那么审核期限应当自承包人提交修正和补充材料后重新予以计算。

本项第二目约定了发包人应在最终结清证书颁布后 7 日内完成结清款项的支付，逾期支付的，发包人需要按照贷款市场报价利率（LPR）支付利息。对于逾期支付超过 56 天的，发包人还要承担一个加重责任，即按照贷款市场报价利率（LPR）的两倍支付利息。这里需要注意的就是对于逾期支付结清价款的利息计取实际上是一个分段的计取，即逾期支付不满 56 天的仍按照贷款市场报价利率（LPR）计算，若逾期支付超过 56 天则计息时点为第 57 天起，计息标准为贷款市场报价利率（LPR）的两倍。

本项最后一目则是约定了承包人对于最终结清证书有异议的处理方式，即按照示范文本第 20 条〔争议解决〕的约定办理。

【使用指引】

1. 发包人应在合同约定的期限内完成最终结清申请的审核并向承包人颁发最终结清证书。双方可以在专用条件中约定不同于 14 天的时限，但发包人应当知晓，如果在约定期限内没有予以答复或提出修改意见，就视为认可承包人的最终结清申请书。

2. 最终结清证书颁发后，发包人应当在合同约定的时间内完成支付，双方可以结合项目实际情况以及工程总承包合同的实际履行情况，在专用合同条件中对于支付时间和逾期支付的不利后果作出调整和细化。

【风险识别与防范】

1. 承包人准确把握缺陷责任期内发生索赔事项的索赔期限。

示范文本通用合同条件第 19.4 款〔提出索赔的期限〕，第二目明确约定："承包人按第 14.7 款〔最终结清〕提交的最终结清申请单中，只限于提出工程接收证书颁发后发生的索赔。提出索赔的期限均自接受最终结清证书时终止。"这里需要承包人注意两个问题：一个是在最终结清申请单中所提出的索赔事项，只能是工程接收证书颁发后发生的；另一个则是这些索赔的最终提出期限的截止时间是承包人接受最终结清证书之日止。

2. 最终结清证书的颁发和接受并不免除承包人的保修义务。

《建设工程质量保证金管理办法》（建质〔2017〕138 号）第二条第三款规定："缺陷责任期一般为 1 年，最长不超过 2 年，由发、承包双方在合同中约定。"因此示范文本通用合同条件第 11.2 款〔缺陷责任期〕中也明确约定："缺陷责任期原则上从工程竣工验收合格之日起计算，合同当事人应在专用合同条件约定缺陷责任期的具体期限，但该期限最长不超过 24 个月。"也就是说在我国，工程项目的缺陷责任期最长时间不得超过 2 年。因此，在工程总承包项目中，原则上最长自工程竣工验收合格的 2 年后就需要依据承包人的申请颁布最终结清证书，表明双方权利义务的终止。但这里需要承包人注意的是，最终结清证书的颁布并不意味着工程质量保修责任的免除，在缺陷责任期满之后，承包人依然需要按照合同约定的工程各部位保修年限承担保修义务。

【法条索引】

• 《建设工程质量保证金管理办法》（建质〔2017〕138号）

第三条 发包人应当在招标文件中明确保证金预留、返还等内容，并与承包人在合同条款中对涉及保证金的下列事项进行约定：

（一）保证金预留、返还方式；

（二）保证金预留比例、期限；

（三）保证金是否计付利息，如计付利息，利息的计算方式；

（四）缺陷责任期的期限及计算方式；

（五）保证金预留、返还及工程维修质量、费用等争议的处理程序；

（六）缺陷责任期内出现缺陷的索赔方式；

（七）逾期返还保证金的违约金支付办法及违约责任。

第 15 条　违约

15.1　发包人违约

15.1.1　发包人违约的情形

除专用合同条件另有约定外，在合同履行过程中发生的下列情形，属于发包人违约：

（1）因发包人原因导致开始工作日期延误的；

（2）因发包人原因未能按合同约定支付合同价款的；

（3）发包人违反第13.1.1项约定，自行实施被取消的工作或转由他人实施的；

（4）因发包人违反合同约定造成工程暂停施工的；

（5）工程师无正当理由没有在约定期限内发出复工指示，导致承包人无法复工的；

（6）发包人明确表示或者以其行为表明不履行合同主要义务的；

（7）发包人未能按照合同约定履行其他义务的。

15.1.2　通知改正

发包人发生除第15.1.1项第（6）目以外的违约情况时，承包人可向发包人发出通知，要求发包人采取有效措施纠正违约行为。发包人收到承包人通知后28天内仍不纠正违约行为的，承包人有权暂停相应部位工程实施，并通知工程师。

15.1.3 发包人违约的责任

发包人应承担因其违约给承包人增加的费用和（或）延误的工期，并支付承包人合理的利润。此外，合同当事人可在专用合同条件中另行约定发包人违约责任的承担方式和计算方法。

【条文释义】

本款通过列举发包人的违约行为以及明确违约责任的承担方式，来督促发包人严格履行合同义务。发包人未履行合同义务或者履行义务不符合约定的，则应当向承包人承担相应的违约责任。当发包人出现违约情形的，本款第 15.1.2 项赋予了承包人在一定条件下的停工权。发包人和承包人可以通过专用合同条件另行约定发包人违约责任的承担方式，如支付一定标准的违约金或损失赔偿的计算标准等。

【使用指引】

1. 发包人的违约情形

发包人未按照合同的约定履行义务即构成违约。本条款中第 15.1.1 项针对工期、工程款和工程范围三个主要方面的问题，列举了 7 项发包人常见的违约行为，包括因发包人原因导致延期开工或停工、迟延付款、擅自变更工作范围等违约。第 15.1.1 项第（6）目规定的是发包人预期违约的情形，第（7）目则是针对发包违约行为的兜底条款。如发承包双方对于发包人违约行为有更为严格的规定的，则可以通过专用合同条件另行约定。

2. 发包人违约情形下承包人的停工权

（1）本条赋予承包人在一定条件下的停工权，是守约方防止损失扩大的一种表现。发包人的违约行为已经影响到工程施工的，若承包人此时无视发包人违约行为继续施工，将造成其所遭受的违约损失不断扩大。赋予承包人停工权不仅能够防止承包人的损失扩大，同时也能够促使发包人尽快纠正违约行为。尽管本条赋予了承包人在发包人出现违约行为的情形下享有停工权，但需要特别注意承包人的停工应当视发包人的违约行为的情形、范围和严重性等而定，不能够以发包人违约为由任意做出停工决定或者擅自停止整体工程的施工，否则由此造成的工期延误或增加的费用仍然应当由承包人承担。

（2）第 15.1.2 项明确了承包人在发包人违约的情形下行使停工权的条件。承包人得以在发包人违约时行使停工权的前置条件是向发包人发出改正通知，发包人在收到承包人通知 28 天内拒绝改正违约行为的，承包人由此取得停工权。在通用合同条件的其他条款中对于承包人的停工权也进行了规定，因此，承包人拟通过停工方式促使发包人纠正自身违约行为的，应当首先确定行使停工权的合同依据以及必要的前置条件。例如，通用合同条件第 8.9.2 项专门对"由承包人暂停工作"作出了规定。第 8.9.2 项规定："合同履行过程中发生下列情形之一的，承包人可向发包人发出通知，要求发包人采取有效措施予以纠正。发包人收到承包人通知后的 28 天内仍不予以纠正，承包人有权暂停施工，并通知工程师。承包人有权要求发包人延长工期和（或）增加费用，并支付合理利润：①发包人拖延、拒绝批准付款申请和支付证书，或未能按合同约定支付价款，导致付款延误的；

②发包人未按约定履行合同其他义务导致承包人无法继续履行合同的，或者发包人明确表示暂停或实质上已暂停履行合同的。"通用合同条件第 14.2.1 项则规定发包人逾期支付工程预付款超过 7 日，经承包人催告后 7 日内仍拒绝支付的，承包人即有权停工。

（3）按照通用合同条件第 1.7.1 项的规定，与合同有关的通知均应采用书面形式。承包人通知发包人纠正违约行为或者催告支付工程款的均应当采用书面形式。同时，承包人应当注意收集和保存证据，包括发包人违约的各项证据、书面通知的寄送和签收文件、要求工期顺延和增加费用等的索赔文件。

（4）若发包人出现第 15.1.1 项第（6）目规定的预期违约的情形，承包人的合同目的将无法实现，此时承包人按照合同约定和法律规定可以取得合同解除权，单纯通过停工已经无法救济承包人的权利。此时，承包人无须再书面通知发包人纠正违约行为，而是可以直接按照通用合同条件第 16 条合同解除的规定，向发包人发出书面解约通知。

3. 发包人违约责任的形式

根据《民法典》第五百七十七条和第五百八十二条的规定，违约责任的形式主要包括继续履行、采取补救措施和赔偿损失，其中采取补救措施包括修理、重作、更换、退货、减少价款或者报酬等形式。而本条款第 15.1.3 项中规定发包人承担违约责任的形式包括承担增加的费用、承担延误的工期、支付承包人合理的利润。第 15.1.3 项对于发包人违约责任形式的约定与《民法典》第五百七十七条和五百八十二条的规定有所区别。《民法典》这两条属于违约责任的一般规定，若《民法典》合同编第二分编"典型合同"中对于违约责任有特别规定的，则应当优先适用第二分编中的特别规定。《民法典》第二分编"建设工程合同"一章中第八百零三条规定："发包人未按照约定的时间和要求提供原材料、设备、场地、资金、技术资料的，承包人可以顺延工程日期，并有权请求赔偿停工、窝工等损失。"针对建设工程合同的特殊性质，《民法典》在该章明确规定建设工程合同中的违约责任形式包括损失赔偿、工期顺延。因此，第 15.1.3 项在《民法典》的框架下确定发包人违约责任的承担形式包括承担延误的工期、承担增加的费用和支付承包人合理的利润，其中后两项可以视为损失赔偿的分解。

《民法典》第五百八十四条规定了违约方向守约方损失赔偿的数额应当相当于因违约所造成的损失，包括合同履行后可得的利润。《民法典》的这条规定也属于一种原则性的规定，工程总承包合同的双方当事人有权在法律规定的范围内对违约责任作出事先约定。发包人并非在任何违约情形下均需赔偿承包人的利润，本条款第 15.1.3 项将发包人损失赔偿责任中增加的费用和承包人合理的利润进行拆分，按照发包人的违约事由及违约行为的严重性来确定是否需要赔偿承包人合理的利润。例如，发包人擅自取消承包人部分工作或者将工作另行委托第三方实施的，发包人应当向承包人支付此部分工作的利润。在通用合同条件第 1.12 款中明确《发包人要求》和基础资料错误的，发包人除了承担工期延误责任、赔偿承包人增加的费用外，还应当向承包人支付合理的利润。而在通用合同条件第 2.2.3 项中则规定发包人逾期提供施工现场和施工条件的，发包人仅向承包人承担工期延误责任和支付增加的费用，无须赔偿承包人合理的利润。

发承包双方可以在专用合同条件中另行约定违约金、损失赔偿的计算方式。在通用合同条件中对于发包人逾期支付工程款的违约金计算方式已经作出规定。例如，在第10.1.2项竣工验收程序中规定："除专用合同条件另有约定外，发包人不按照本项和第10.4款［接收证书］约定组织竣工验收、颁发工程接收证书的，每逾期一天，应以签约合同价为基数，按照贷款市场报价利率（LPR）支付违约金。"发承包双方在专用合同条件中约定违约金计算方式时，可以参考通用合同条件的规定以贷款市场报价利率（LPR）为标准计算违约金或利息损失。

【风险识别与防范】

1. 合同效力与违约责任条款的效力

由于建设工程的复杂性和巨大的利益空间导致建筑市场频繁出现超越资质承接工程、借用他人资质承接工程、应当招标项目未招标等情形，此类情形下签订的建设工程合同为无效合同。根据《民法典》第一百五十七条的规定，合同无效的双方当事人应当互相返还因无效合同而取得的财产，不能返还的应当折价补偿；对于合同无效有过错的一方应当赔偿对方所受损失。《民法典》第七百九十三条规定建设工程施工合同无效但是工程验收合格的，可以参照合同关于工程价款的约定折价补偿承包人。合同无效的法律后果则应当是恢复到该法律行为从未实施过的状态，因此在合同无效的情况下自然不存在追究违约方违约责任的问题。违约责任是一方当事人不履行合同义务或履行合同义务不符合约定所产生的一种民事责任，产生违约责任应当以合同义务有效，也即合同有效为前提。

出现发包人违约情形时，违约责任条款是否有效，将直接影响到承包人损失填补的方式以及证明责任。当工程总承包合同为有效合同时，若承包人与发包人在专用合同条件中明确约定了发包人违约情形下的违约金或损失赔偿的计算方式，发包人违约时承包人可以直接援引合同条款计算损失或违约金并向发包人主张赔偿。此时承包人仅需收集证据证明发包人存在合同约定的违约情形即可。在合同仅约定了违约金而非损失计算方式的情形下，若承包人认为违约金不足以填补其所受损失的，还应当证明其所受损失的大小。

若工程总承包合同被认定为无效合同的，当发包人出现违约时承包人根本无权向发包人主张违约责任，仅能要求发包人承担损失赔偿责任。举例来说，在工程总承包合同无效的情况下，若发包人迟延支付工程款或者因发包人原因造成工期延误的，专用合同条件中对此约定了违约金或违约金计算方式的，承包人无权直接援引专用合同条件的约定要求发包人承担违约责任，并按照合同约定的标准支付违约金。当工程总承包合同被认定为无效合同时，承包人仅能要求发包人赔偿其所受损失。承包人不仅需要举证证明所受损失的大小，还应当举证证明发包人存在过错、发包人的过错与承包人所受损失之间存在因果关系。尽管《最高人民法院关于审理建设工程施工合同纠纷案件适用法律问题的解释（一）》（法释〔2020〕25号）规定合同无效，但经竣工验收合格的工程可以参照合同约定进行工程款的结算，但仅是提供了折价补偿的计算标准，而非将无效合同条款均按照有效对待，只有在损失大小无法确定的情形下人民法院可以考虑参考合同中对于质量标准、建设工期、工程价款支付时间的约定来确定损失。很显然，在合同无效的情况下承包人将承担更为严苛的举证责任，若承包人在履约过程中不注重工程资料的管理，或者发包人过错行为并未落实到书面确认文件上，承包人举证困难的只能由自己来承担所遭受的损失。

2. 专用合同条件中违约责任的约定

在第 15.1.3 项中已经明确了发包人三种主要的违约责任承担形式，包括承担工期延误、支付增加的费用和承包人的合理利润。承包人在专用合同条件中与发包人就违约责任作出特别约定时，应当注意承包人的利润能否得到赔偿。本条款第 15.1.1 项中列举的是发包人不履行主合同义务的违约情形，在通用合同条件中，除了主合同义务之外发包人还应当履行各项从合同义务，包括各类协助承包人完成工程建设的义务。发包人不履行或者不按照约定履行从合同义务的，也属于违约行为。对于此类从合同义务，第 15.1.1 项在第（7）目以兜底条款的形式作出规定。发包人违反从合同义务的违约责任，在通用合同条件中的各条款中已作出规定。当发包人违约时承包人是否能够主张利润损失，应当按照通用合同条件的约定进行判断。例如，根据 6.2.1 项的规定，因发包人原因导致设备材料不合格的，或者延误交付的，发包人应当向承包人支付合理的利润；根据第 2.2.3 项的规定发包人迟延提供施工现场和施工条件的，发包人只承担延误的工期和增加的费用。承包人与发包人可以在专用合同条件中对于通用合同条件的约定作出修改，例如增加或减少发包人应当赔偿合理利润的情形。承包人在签订工程总承包合同时应当格外注意此类条款，避免发包人以优势地位制约承包人的权利，减少承包人可能的索偿范围。

在实践中，如何确定承包人的合理利润是一大难点。承包人的合理利润是指发承包双方在订立工程总承包合同时能够预见的利益，也即承包人订立工程总承包合同时的预期利益。根据《民法典》第五百八十四条的规定，预期利益的赔偿以违约一方在订立合同时能够预见为前提条件。在确定承包人的合理利润时，首先承包人应当证明其所主张的利润损失是在签订合同时发包人即可以预见的。更为重要的一点是承包人应当如何证明预期利益的金额。若发承包双方在合同中并未对违约金或损失计算方式作出明确约定的，则在发包人违约后发承包双方极有可能就合理利润的计算产生争议。因此，建议承包人在专用合同条件中与发包人明确约定损失的赔偿方式或者违约金，以避免主张违约责任时再产生争议。

3. 承包人的证据收集与保管

承包人应当配备专门的合同管理人员，对于合同条款中除了商务条款之外的其他条款也应当充分熟悉。承包人应当对哪些情形属于发包人违约有充分的把握，以及在发包人违约之后及时按照合同约定发出通知，搜集发包人违约的各项证据。

4. 发包人的风险识别

由于本条款是对发包人违约行为的规定，发包人也应当注意对自身违约风险的识别。对于发包人来说，按时支付工程款是主合同义务，发包人应当格外注意工程款支付的条件和期限，对于承包人上报的进度款应当及时审核反馈。除了支付工程款，发包人还应当注意需要承担的各项从合同义务，尤其是需要由发包人办理的许可审批、提供场地设备材料、过程中的审批检查等。对于通用合同条件中规定的发包人违约情形下应当向承包人支付合理利润的，发包人应当在签约时结合项目特征、自身资金情况、履约能力等因素进行综合考量，在适当情况下可以与承包人在专用合同条件中另行作出约定。

【法条索引】

•《民法典》

第一百五十七条 民事法律行为无效、被撤销或者确定不发生效力后，行为人因该行为取得的财产，应当予以返还；不能返还或者没有必要返还的，应当折价补偿。有过错的一方应当赔偿对方由此所受到的损失；各方都有过错的，应当各自承担相应的责任。法律另有规定的，依照其规定。

第五百七十七条 当事人一方不履行合同义务或者履行合同义务不符合约定的，应当承担继续履行、采取补救措施或者赔偿损失等违约责任。

第五百七十八条 当事人一方明确表示或者以自己的行为表明不履行合同义务的，对方可以在履行期限届满前请求其承担违约责任。

第五百八十二条 履行不符合约定的，应当按照当事人的约定承担违约责任。对违约责任没有约定或者约定不明确，依据本法第五百一十条的规定仍不能确定的，受损害方根据标的的性质以及损失的大小，可以合理选择请求对方承担修理、重作、更换、退货、减少价款或者报酬等违约责任。

第五百九十一条 当事人一方违约后，对方应当采取适当措施防止损失的扩大；没有采取适当措施致使损失扩大的，不得就扩大的损失请求赔偿。

第七百九十三条 建设工程施工合同无效，但是建设工程经验收合格的，可以参照合同关于工程价款的约定折价补偿承包人。

第八百零三条 发包人未按照约定的时间和要求提供原材料、设备、场地、资金、技术资料的，承包人可以顺延工程日期，并有权请求赔偿停工、窝工等损失。

第八百零四条 因发包人的原因致使工程中途停建、缓建的，发包人应当采取措施弥补或者减少损失，赔偿承包人因此造成的停工、窝工、倒运、机械设备调迁、材料和构件积压等损失和实际费用。

第八百零七条 发包人未按照约定支付价款的，承包人可以催告发包人在合理期限内支付价款。

•《最高人民法院关于审理建设工程施工合同纠纷案件适用法律问题的解释（一）》（法释〔2020〕25号）

第六条 建设工程施工合同无效，一方当事人请求对方赔偿损失的，应当就对方过错、损失大小、过错与损失之间的因果关系承担举证责任。

损失大小无法确定，一方当事人请求参照合同约定的质量标准、建设工期、工程价款支付时间等内容确定损失大小的，人民法院可以结合双方过错程度、过错与损失之间的因果关系等因素作出裁判。

15.2 承包人违约

15.2.1 承包人违约的情形

除专用合同条件另有约定外，在履行合同过程中发生的下列情况之一的，属于承包人违约：

（1）承包人的原因导致的承包人文件、实施和竣工的工程不符合法律法规、工程质量验收标准以及合同约定；

（2）承包人违反合同约定进行转包或违法分包的；

（3）承包人违反约定采购和使用不合格材料或工程设备；

（4）因承包人原因导致工程质量不符合合同要求的；

（5）承包人未经工程师批准，擅自将已按合同约定进入施工现场的施工设备、临时设施或材料撤离施工现场；

（6）承包人未能按项目进度计划及时完成合同约定的工作，造成工期延误；

（7）由于承包人原因未能通过竣工试验或竣工后试验的；

（8）承包人在缺陷责任期及保修期内，未能在合理期限对工程缺陷进行修复，或拒绝按发包人指示进行修复的；

（9）承包人明确表示或者以其行为表明不履行合同主要义务的；

（10）承包人未能按照合同约定履行其他义务的。

15.2.2 通知改正

承包人发生除第15.2.1项第（7）目、第（9）目约定以外的其他违约情况时，工程师可在专用合同条件约定的合理期限内向承包人发出整改通知，要求其在指定的期限内改正。

15.2.3 承包人违约的责任

承包人应承担因其违约行为而增加的费用和（或）延误的工期。此外，合同当事人可在专用合同条件中另行约定承包人违约责任的承担方式和计算方法。

【条文释义】

在工程总承包项目中，承包人的合同义务是按照发包人的要求在一定时间内完成工程的设计和建设等工作，并且保证工程质量符合法律法规的要求和合同的约定。承包人违反合同约定，导致工程无法继续或无法按照约定的时间、质量标准完成的，均构成违约。本条款通过列明承包人的违约行为、承包人违约后的处理以及承包人违约责任的承担方式，以此督促承包人依照合同约定忠实地履行合同义务，保障工程建设顺利完成。

【使用指引】

1. 承包人的违约行为

工程总承包合同中承包人的义务可以区分为主合同义务和从合同义务。承包人的主合同义务是按照合同约定的期限、质量标准等条件完成工程设计和施工工作，向发包人交付符合约定的工程，任何因承包人自身原因导致的工期延误、质量不合格、工程无法正常进行等，均属于承包人违约。本条款第15.1.2项列举了十项常见的承包人违反主合同义务的违约行为，其中第（9）目属于承包人的预期违约，此时发包人获得合同解除权。

由于建设工程实施过程中的复杂性，工程总承包合同中除了承包人的主合同义务之外还约定了许多承包人的从合同义务。承包人不履行或者不按照约定履行从合同义务的行为也构成违约，因此第15.1.2项中以第（10）目兜底条款的形式明确了承包人未按照合同约定履约的均构成违约。承包人违反从合同义务的违约行为分散约定于工程总承包合同的各个条款之中，发承包双方在签订合同以及实际履行的过程当中对于此类条款也应当予以重视。例如，通用合同条件第6.4.3项规定承包人未通知工程师即将隐蔽工程遮盖的构成违约，第4.3.2项规定承包人的工程总承包项目经理未经批准擅自离开施工现场的构成承包人违约。

在工程总承包项目中，承包人在发包人同意的情况下可以将部分项目进行合法分包。发承包双方应当注意，承包人应严格履行合同义务并就其承包的全部工程向发包人承担责任，即使因分包人原因导致承包人违约的，承包人也应当先行向发包人承担违约责任再向分包人追偿。此时涉及本条款第15.1.3项中所规定的因第三人原因导致违约的处理方式。承包人不得以分包人原因造成违约拒绝向发包人承担违约责任，尤其是在工程质量方面，因为分包人原因导致部分工程质量不合格，也不能免除工程总承包人因质量不合格而应当向发包人承担的违约责任。

2. 承包人违约的处理方式

第15.2.2项明确了承包人在出现第（7）和（9）目的情形之外的情况时，工程师有权发出整改通知要求承包人予以改正。本项中所明确的改正属于承包人违约责任的承担形式之一。根据《民法典》第五百七十七条和五百八十二条的规定，违约责任的形式包括继续履行、采取补救措施（承担修理、重作、更换、退货、减少价款或者报酬等）和赔偿损失。当承包人出现违约行为时，除了赔偿发包人的损失之外，为弥补其违约行为采取适当的补救措施并且保证能够继续履行合同义务应当是"改正"的应有之意。本项中明确了工程师可以代表发包人向承包人发出整改通知，要求承包人承担继续履行、采取补救措施的违约责任。

值得注意的是，15.1.2项规定可以视为程序上的规定，即具体由谁来要求承包人承担违约责任、以何种方式要求承包人承担违约责任。本项规定不应当视为禁止工程师以外的其他人员向承包人发出整改通知。由于承包人应当直接向发包人承担继续履行、采取补救措施的违约责任，因此发包人可以以自身的名义或者由发包人授权的主体要求承包人承担违约责任。工程师是接受发包人委托对承包人实施监督管理的第三方主体，基于工程师具有监督管理职责，本项明确由工程师代表发包人要求承包人进行整改。工程师发出的整改通知应当载明违约事项、整改期限、整改要求等具体内容，并要求承包人予以签收。承包人完成整改后，工程师和承包人应当进行复核。

3. 违约责任形式

除了通过整改的方式承担继续履行和采取补救措施的责任之外，第15.1.3项还明确了承包人的损失赔偿责任，即承包人应当承担因为自身违约行为而导致增加的费用和工期。本项中规定的承包人承担增加的费用以及延误的工期有两方面含义：一方面若因承包人的违约行为造成发包人费用损失或者工期延误的，承包人应当向发包人承担相应的赔偿责任；另外一方面因承包人违约行为造成其自身成本增加或者工期增加的，承包人无权向发包人索赔。

发承包双方可以通过专用合同条件中对于承包人损失赔偿责任的计算方式作出详细约定，或者直接约定一定金额的违约金。关于违约金的计算方式，发承包双方可以考虑参考通用合同条件中的约定方式，以贷款市场报价利率为标准计算违约金。

【风险识别与防范】

1. 违约金条款与损失赔偿能否同时适用的问题

违约金是合同当事人通过事先约定一定数额的违约金来向债务人施加一定的压力，确保债务人能够按照约定履行自身的合同义务。违约金是我国民法体系中承担违约责任的主要方式之一，适用违约金的前提条件是在合同中明确约定违约金条款。如发承包双方当事人拟在合同中约定违约金条款的，则应当明确使用"违约金"的表述。过去实践中发承包双方有时会在合同中采用"罚款"等类似表述，以期达到违约金条款的效果。由于违约金条款的适用前提和赔偿内容与损失赔偿有明显的区别，为了避免在适用时产生争议，建议发承包双方在违约金条款中直接适用"违约金"一词。

为了平衡双方当事人的利益，我国民法将违约金区分为赔偿性违约金和惩罚性违约金。通说认为，违约金具有"赔偿＋惩罚"的双重属性，应当以填补守约方的损失为基础，以惩罚违约方为辅。赔偿性违约金的性质是违约方损害赔偿数额的预定，即发承包双方在签订工程总承包合同时即能够预见因一方违约而可能给守约方造成的损失数额。而惩罚性违约金则更多地体现了一种履约担保功能，以一定数额的违约金赔偿责任来促使债务人忠实地履行合同义务。由于违约金是发承包双方在签订合同时的一种预先设定，在实际履约过程中有可能出现承包人的违约行为给发包人所造成的损失与违约金数额有较大出入，此时发包人将面临的问题就是违约金条款与损失赔偿能否同时主张的问题。该问题在司法实践中存在一定的争议，人民法院在不同的案件中也作出了不同的裁判。

违约金条款与损失赔偿相比优势在于发包人无须举证证明自身的实际损失，只要证明承包人存在违约行为发包人即可援引合同条款主张承包人支付违约金。从原则上来说，违约金条款与损失赔偿属于并行的违约责任承担方式，并没有明确的法律依据禁止违约金与损失赔偿的同时适用。但是，发包人在适用时应当注意区分合同中约定的违约金条款属于赔偿性违约金还是惩罚性违约金。若违约金条款中明确表述了补偿发包人所受损失或者直接约定损失计算方式的，则此种违约金条款属于赔偿性违约金。由于我国的违约金制度是以补偿守约方损失为主，以惩罚违约方为辅，因此在合同约定的违约金足以填平发包人损失的情况下，发包人再主张损失赔偿则可能难以得到支持。那么当约定的违约金数额不足以填补发包人的损失时，发包人是否有权主张承包人承担损失赔偿责任呢？民法理论认为，损害赔偿请求权与调整违约金请求权均属于守约方的权利，且两种权利并不互相排斥，守约方有自由选择的权利。当约定的违约金数额不足以填补发包人实际损失时，发包人有权请求承包人就不足部分承担损失赔偿责任。但是发包人应当注意的是，若合同中约定的不是固定数额的违约金而是损失赔偿的计算方式，若损失赔偿计算方式不足以填补损失的，发包人仅能请求调整违约金而无权再另行要求损害赔偿。

如果发承包双方在工程总承包合同中约定的违约金条款属于惩罚性违约金的，此时惩罚性违约金与损失赔偿当然可以同时适用。惩罚性违约金的目的不是为了填补发包人所受损失，其适用不以承包人违约行为给发包人造成损失为前提。例如，发承包双方约定承包人的关键人员擅自离场的，承包人应当向发包人支付一定数额的违约金。此类违约金条款属于为承包人特定违约行为施加惩罚措施，承包人的违约行为本身并不一定会给发包人造成实际损失。

2. 约定的违约金是否存在过高的问题

由于合同本身是当事人意思自治的产物，对于违约金的约定及适用也应当充分尊重合同当事人的意思表示自由。然而，遵守意思自治原则之下必然会面临一个问题，如果约定的违约金远远高于守约方所受损失总额时，支持守约方支付违约金的请求是否将导致利益失衡，使得守约方因违约行为获得利益远高于合同实际履行的利益。一旦允许当事人对违约金作出任意约定，则可能出现合同一方当事人恶意造成另一方当事人违约以此获取不正当的利益。为了防止这种情形的发生，法律赋予违约方在违约金约定过高的情形下要求降低违约金的请求权。《民法典》第五百八十五条中明确规定了，违约方认为约定的违约金过高的有权请求人民法院或仲裁机构予以适当调低。在司法实践中，即使当事人未申请调整违约金，人民法院审理认为存在违约金约定过高的情形的，也会向当事人释明，告知其有请求调整违约金的权利。

《民法典》第五百八十五条中明确了违约金约定是否过高应当以守约方所受损失为基础。《全国法院民商事审判工作会议纪要》中明确："认定约定违约金是否过高，一般应当以《合同法》第一百一十三条规定的损失为基础进行判断，这里的损失包括合同履行后可以获得的利益。除借款合同外的双务合同，作为对价的价款或者报酬给付之债，并非借款合同项下的还款义务，不能以受法律保护的民间借贷利率上限作为判断违约金是否过高的标准，而应当兼顾合同履行情况、当事人过错程度以及预期利益等因素综合确定。主张违约金过高的违约方应当对违约金是否过高承担举证责任。"发承包双方可以通过专用合同条件对于承包人各类违约行为应当支付的违约金标准或计算方式作出约定，例如因承包人原因导致逾期竣工的违约金、工程未能通过竣工后试验的违约金等。发包人在约定赔偿性违约金时应当充分考虑因承包人违约可能给自身造成的损失，例如因承包人违约导致发包人增加的成本、预期利润损失、可能向第三方承担的赔偿责任等。当合同中约定的为惩罚性违约金时，尽管此时不以发包人实际受有损失作为支付违约金的前提，承包人仍然可以请求适当调低违约金。

3. 违约金请求权诉讼时效的问题

发包人要求承包人支付违约金的，应当注意违约金请求权的诉讼时效是否经过。《民法典》第一百八十八条明确了诉讼时效一般为 3 年，诉讼时效期间自权利人知道或者应当知道权利受到损害以及义务人之日起计算。例如，合同中约定承包人关键人员擅自离场应当支付违约金的，发包人从知道承包人关键人员离场之日起开始起算违约金请求权的诉讼时效。若发包人在此过程中一直未向承包人主张过违约责任，且办理工程结算时已经超过了 3 年期限，则发包人主张在结算款中扣除承包人违约金的请求将可能不被支持。因此，发包人在履约过程中应当注意纠正承包人的违约行为，并及时向承包人发出书面通知。

4. 联合体的违约责任承担

实践中不乏设计单位、施工单位组成联合体共同实施工程总承包项目的情形。通用合同条件中第 1.1.2.4 项规定："联合体是指经发包人同意由两个或两个以上法人或者其他组织组成的，作为承包人的临时机构。"第 4.6.2 项则要求联合体成员在合同条件中明确联合体各成员的分工。值得发承包双方共同注意的一点是，联合体成员应当为履行合同向发包人承担连带责任，联合体成员的内部分工不能减轻或者免除其对发包人的责任。也即，即便是因联合体成员中的一方造成承包人违约的，联合体成员也应当共同向发包人承担违约责任。因此，承包人在签订联合体协议时，应当格外注意联合体成员之间的责任分担问题。尤其是在设计单位和施工单位共同组建联合体的情况下，区分设计问题造成的违约和施工问题造成的违约各自的责任分担方式。

【法条索引】

• 《民法典》

第一百八十八条　向人民法院请求保护民事权利的诉讼时效期间为三年。法律另有规定的，依照其规定。

诉讼时效期间自权利人知道或者应当知道权利受到损害以及义务人之日起计算。法律另有规定的，依照其规定。但是，自权利受到损害之日起超过二十年的，人民法院不予保护，有特殊情况的，人民法院可以根据权利人的申请决定延长。

第五百八十二条　履行不符合约定的，应当按照当事人的约定承担违约责任。对违约责任没有约定或者约定不明确，依据本法第五百一十条的规定仍不能确定的，受损害方根据标的的性质以及损失的大小，可以合理选择请求对方承担修理、重作、更换、退货、减少价款或者报酬等违约责任。

第五百八十三条　当事人一方不履行合同义务或者履行合同义务不符合约定的，在履行义务或者采取补救措施后，对方还有其他损失的，应当赔偿损失。

第五百八十五条　约定的违约金低于造成的损失的，人民法院或者仲裁机构可以根据当事人的请求予以增加；约定的违约金过分高于造成的损失的，人民法院或者仲裁机构可以根据当事人的请求予以适当减少。

第八百零一条 因施工人的原因致使建设工程质量不符合约定的，发包人有权请求施工人在合理期限内无偿修理或者返工、改建。经过修理或者返工、改建后，造成逾期交付的，施工人应当承担违约责任。

• 《房屋建筑和市政基础设施项目工程总承包管理办法》

第十条 工程总承包单位应当同时具有与工程规模相适应的工程设计资质和施工资质，或者由具有相应资质的设计单位和施工单位组成联合体。工程总承包单位应当具有相应的项目管理体系和项目管理能力、财务和风险承担能力，以及与发包工程相类似的设计、施工或者工程总承包业绩。

设计单位和施工单位组成联合体的，应当根据项目的特点和复杂程度，合理确定牵头单位，并在联合体协议中明确联合体成员单位的责任和权利。联合体各方应当共同与建设单位签订工程总承包合同，就工程总承包项目承担连带责任。

15.3 第三人造成的违约

在履行合同过程中，一方当事人因第三人的原因造成违约的，应当向对方当事人承担违约责任。一方当事人和第三人之间的纠纷，依照法律规定或者按照约定解决。

【条文释义】

按照合同相对性的原则，即使由于第三人原因造成一方当事人违约的，违约方也应当按照工程总承包合同的约定向守约方承担违约责任。违约方向守约方承担责任后，可以依照法律规定或者按照其双方协议约定进行追偿。

【使用指引】

1. 第三人原因不免除违约方应向守约方承担的违约责任

在工程建设过程中，经常会出现因第三人原因导致一方当事人违约的情形。例如，承包人向供应商采购材料，供应商向承包人提供了不符合条件的材料导致承包人违约的。当一方当事人因第三人原因违约的，守约方应当向合同相对方主张违约责任，而不能直接向第三人追偿，违约方也不得以第三人原因造成违约为由免除自身应当承担的违约责任。违约方受到守约方追偿时，应当注意收集保存第三人造成违约的相关文件、资料等证据，以便向第三人追偿。

2. 发承包双方应当注意合同相对性原则

在实务中，发包人为了强化承包人以及分包人的责任，有时会在合同中约定工程总承包合同中的部分条款对分包人同样具有拘束力等表述。同样的，承包人为了免除自身责任，会在与第三人的合同中约定如因第三人原因造成承包人违约的，由第三人直接向发包人承担责任等表述。应当注意，合同相对性是合同的基本原则，没有法定事由或者多方当事人共同达成合意的，合同仅能对签订合同的主体产生拘束力。因此，工程总承包合同只能约束发包人和承包人双方，无论是加重分包人责任的条款还是发承包双方分别与第三人签订的合同，均无法减轻或免除发承包双方在违约时按照合同约定应当承担的违约责任。为了避免产生争议，发承包双方在签订工程总承包合同时应当遵循合同相对性原则的要求，尽量避免在合同中作出类似约定。

【风险识别与防范】

1. "背靠背"条款的效力

实践中承包人为了转移工程款收款风险，会在分包合同中约定分包工程价款支付以发包人向承包人支付工程款为前提，此类约定通常称为"背靠背"条款。尽管"背靠背"条款一般在分包合同中约定，发承包双方也应当对该问题予以重视。按照合同相对性原则，发包人是否按时足额向承包人支付工程款都不应当成为承包人不向分包人按时足额支付工程款的理由。由于建筑市场是完全的买方市场，各类霸王条款屡见不鲜，分包人为了承接工程不得不同意"背靠背"条款。若承包人与分包人在分包合同中约定了"背靠背"条款，是否能够基于意思自治原则认可"背靠背"条款的效力，在实践中仍然存在不少争议。在司法实践中，法律法规及司法解释并没有完全否认"背靠背"条款的效力，人民法院在审理案件中通常是结合具体案件情况对"背靠背"条款的效力进行认定。承包人应当注意，即便是分包合同中约定了"背靠背"条款，在发包人未按约定条件支付工程款时，承包人也应当积极主张自身的权利，追究发包人的违约责任。承包人不应当以存在"背靠背"条款为由，怠于行使请求权，损害承包人的利益。

2. 联合体一方造成违约的，不属于本项规定的情形

即使是由于联合体一方的原因导致承包人违约的，联合体成员也应当共同向发包人承担违约责任。因联合体成员共同作为承包人整体，因此联合体一方造成违约的不属于因第三方原因造成的违约。

3. 承包人应当加强对分包商、供应商等的管理能力

相较于发包人而言，承包人因第三人原因导致违约的风险更高。在工程总承包项目实施过程中，承包人进行的分包、采购等各个环节均可能涉及工程总承包合同之外的第三方主体。承包人应当注重加强管理能力，建立工程管理与协调制度，加强设计、采购与施工之间的协调和各个环节的配合，尽量避免因第三方原因造成承包人违约的情形出现。

尤其是在工人工资支付问题上，2020年施行的《保障农民工工资支付条例》第三十条第三款规定："分包单位拖欠农民工工资的，由施工总承包单位先行清偿，再依法进行追偿。"通用合同条件第7.5.2项中则规定："承包人应当在工程项目部配备劳资专管员，对分包单位劳动用工及工资发放实施监督管理。承包人拖欠建筑工人工资的，应当依法予以清偿。分包人拖欠建筑工人工资的，由承包人先行清偿，再依法进行追偿。……合同当事人可在专用合同条件中约定具体的清偿事宜和违约责任。"第7.5.3项则规定："承包人应当按照相关法律法规的要求，进行劳动用工管理和建筑工人工资支付。"发承包双方可以在专用合同条件中约定如果出现未按时支付工人工资导致工人闹事的，承包人应当向发包人支付一定金额的违约金。承包人应当格外注意对分包单位的监督和管理，尤其在分包单位支付工人工资的问题上，一旦分包单位未按时支付工人工资，承包人不仅要承担清偿

责任还要向发包人承担违约责任。

【法条索引】

•《民法典》

第五百九十三条 当事人一方因第三人的原因造成违约的,应当依法向对方承担违约责任。当事人一方和第三人之间的纠纷,依照法律规定或者按照约定处理。

•《保障农民工工资支付条例》

第三条 农民工有按时足额获得工资的权利。任何单位和个人不得拖欠农民工工资。

第三十条 分包单位对所招用农民工的实名制管理和工资支付负直接责任。

施工总承包单位对分包单位劳动用工和工资发放等情况进行监督。

分包单位拖欠农民工工资的,由施工总承包单位先行清偿,再依法进行追偿。

工程建设项目转包,拖欠农民工工资的,由施工总承包单位先行清偿,再依法进行追偿。

第 16 条 合同解除

16.1 由发包人解除合同

16.1.1 因承包人违约解除合同

除专用合同条件另有约定外,发包人有权基于下列原因,以书面形式通知承包人解除合同,解除通知中应注明是根据第 16.1.1 项发出的,发包人应在发出正式解除合同通知 14 天前告知承包人其解除合同意向,除非承包人在收到该解除合同意向通知后 14 天内采取了补救措施,否则发包人可向承包人发出正式解除合同通知立即解除合同。解除日期应为承包人收到正式解除合同通知的日期,但在第 (5) 目的情况下,发包人无须提前告知承包人其解除合同意向,可直接发出正式解除合同通知立即解除合同:

(1) 承包人未能遵守第 4.2 款 [履约担保] 的约定;

(2) 承包人未能遵守第 4.5 款 [分包] 有关分包和转包的约定;

(3) 承包人实际进度明显落后于进度计划,并且未按发包人的指令采取措施并修正进度计划;

(4) 工程质量有严重缺陷,承包人无正当理由使修复开始日期拖延达 28 天以上;

(5) 承包人破产、停业清理或进入清算程序,或情况表明承包人将进入破产和(或)清算程序,已有对其财产的接管令或管理令,与债权人达成和解,或为其债权人的利益在财产接管人、受托人或管理人的监督下营业,或采取了任何行动或发生任何事件（根据有关适用法律）具有与前述行动或事件相似的效果；

（6）承包人明确表示或以自己的行为表明不履行合同，或经发包人以书面形式通知其履约后仍未能依约履行合同，或以不适当的方式履行合同；

（7）未能通过的竣工试验、未能通过的竣工后试验，使工程的任何部分和（或）整个工程丧失了主要使用功能、生产功能；

（8）因承包人的原因暂停工作超过56天且暂停影响到整个工程，或因承包人的原因暂停工作超过182天；

（9）承包人未能遵守第8.2款［竣工日期］规定，延误超过182天；

（10）工程师根据第15.2.2项［通知改正］发出整改通知后，承包人在指定的合理期限内仍不纠正违约行为并致使合同目的不能实现的。

【条文释义】

本项条款明确了发包人合同约定解除权的具体情形。从法律上讲，合同解除分为约定解除和法定解除两种。在承包人违法或严重违约导致合同目的无法实现时，应赋予发包人解除合同的权利，以减少合同当事人的损失，并有利于后续工程建设任务的完成，及早发挥工程经济和社会价值。

《民法典》第五百六十二条规定："当事人协商一致，可以解除合同。当事人可以约定一方解除合同的事由。解除合同的事由发生时，解除权人可以解除合同。"《民法典》第五百六十五条第一款规定："当事人一方依法主张解除合同的，应当通知对方。合同自通知到达对方时解除；"即，合同解除权系形成权，是指一方当事人享有的、通过其单方行为即可导致民事法律关系产生、变更、消灭的权利。与请求权相比，形成权的特别之处在于，它根据权利人单方的意思表示就可以发生法律效果。因此，为了避免"当事人意思自治"过于放任、解除权人的权利肆意扩大，保障"促进商事交易、稳定商事市场"这一合同立法的核心价值，对约定解除的条件有必要加以限制。本项即将其限缩为发包人有权解除合同的10种情形。其中第（5）目属于合同当事人主体资格消灭的情形，第（6）目、第（10）目属于《民法典》第五百六十三条规定的法定解除事由，其他7项情形属于合同当事人约定承包人违约发包人可以解除合同的其他事由。

在解除形式方面，本项设置了解除权人先行催告的前置程序，即，在承包人发生除本项条款第（5）目约定以外的其他违约情况时，发包人应在发出正式解除合同通知14天前告知承包人其解除合同意向，承包人可在14天内采取补救措施，而后发包人才可向承包人发出正式解除合同通知解除合同。在第（5）目的情况下，因合同相对方已丧失主体资格，无法补救，发包人无须提前告知承包人其解除合同意向，可直接发出正式解除合同通知立即解除合同。前置程序的设置有利于保障合同双方的权益，稳定商事市场，并给予了违约方采取补救措施的机会，与《民法典》的立法本意契合。

合同当事人也可以在专用合同条件另行补充其他常见的发包人有权通知承包人解除合同的情形。承包人发生除本项条款第（5）目约定以外的其他违约情况时，发包人应在发出正式解除合同通知 14 天前告知承包人其解除合同意向，承包人应在 14 天内采取补救措施，否则发包人可向承包人发出正式解除合同通知立即解除合同。但在第（5）目的情况下，发包人无须提前告知承包人其解除合同意向，可直接发出正式解除合同通知立即解除合同。

【使用指引】

发包人按照本条款约定解除合同时，应注意以下几点：

1. 合同解除需以合同有效为前提，在工程实践中，工程类合同无效的情形较常发生，如建设工程必须进行招标而未招标或者中标无效的、承包人没有资质或超越资质等等，而在工程总承包合同无效的情形下，发包人不应再适用本条款解除合同。

2. 除承包人出现第 16.1.1 项［因承包人违约解除合同］第（5）目情形外，发包人依据其他事由要求解除合同的应以提前 14 天催告，且承包人在 14 天内未采取补救措施为前提。

3. 发包人应对承包人是否满足该条所列的违约情形承担证明的责任，如果发包人无法提供有效证明资料予以佐证，则需要承担合同无法解除的不利后果。

4. 发包人解除合同的通知应以书面形式送达承包人，未送达承包人的，不产生解除合同的法律效果。发包人应按照工程总承包合同约定的送达地址和送达方式送达承包人，没有约定地址的，应该按照承包人的注册地址或办公地址送达。解除通知中应注明是根据第 16.1.1 项发出的。解除合同的日期为承包人收到正式解除合同通知的日期。

5. 发包人既可以通过发函的方式解除合同，也可以通过直接提起诉讼或申请仲裁的方式解除合同，根据《民法典》第五百六十五条第二款的规定，当事人一方未通知对方，直接以提起诉讼或者申请仲裁的方式依法主张解除合同，人民法院或者仲裁机构确认该主张的，合同自起诉状副本或者仲裁申请书副本送达对方时解除。

6. 发包人的合同解除函一经发出不得随意撤销。根据《民法典》第五百六十五条的规定，合同自通知到达对方时解除，因此，在承包人确实存在本项中规定的违约情形时，发包人的解除通知在到达承包人时，合同即已解除，发包人一般不得再行撤销。

7. 承包人对发包人的合同解除函有异议的，应直接请求人民法院或仲裁机构确认解除合同的效力。

8. 合同当事人可以在专用合同条件另行约定其他发包人有权通知承包人解除合同的情形。

【风险识别与防范】

1. 合法有效的合同对承发包双方都有约束力，任何一方都不得擅自解除。解除合同的最大风险在于解除合同的依据是否符合法律的规定或者合同的约定。如果发包人单方通知解除合同，但其解除合同的事由并不符合法律的规定或合同约定，则不能达到合同解除的目的。如因发包人单方认为合同已解除而不继续履行合同义务，将需要承担违约责任。

2. 需要注意的是，发包人根据第 16.1.1 项通知承包人解除合同，除发生第（5）目情形，发包人无须提前告知承包人其解除合同意向，可直接发出正式解除合同通知立即解除合同外，发包人应在发出正式解除合同通知 14 天前告知承包人其解除合同意向。如果承包人在收到发包人发出的解除合同意向通知后的 14 天内采取了补救措施，或者工程师根据第 15.2.2 项〔通知改正〕发出整改通知后，承包人在指定的合理期限内纠正了违约行为，发包人在整改期限内或者整改期限后发出的解除合同通知达到承包人时都将不发生解除合同的效果。

3. 解除权人在解除事由发生时，应及时主张权利，避免解除权灭失的风险。根据《民法典》第五百六十四条的规定，法律规定或者当事人约定解除权行使期限，期限届满当事人不行使的，该权利消灭。法律没有规定或者当事人没有约定解除权行使期限，自解除权人知道或者应当知道解除事由之日起一年内不行使，或者经对方催告后在合理期限内不行使的，该权利消灭。

4. 关于发包人的任意解除权，根据《民法典》第八百零八条的规定，建设工程合同章节没有规定的，适用承揽合同的有关规定，根据《民法典》第七百八十七条对承揽合同的规定，定作人在承揽人完成工作前可以随时解除合同。并且，1999 版的 FIDIC 银皮书中亦明确："在任何时候，为了业主的便利，业主有权向承包方发出终止通知，终止本合同。"即，结合法律推演及国际惯例，部分观点认为发包人可享有任意解除权，且在本合同的征求意见过程中，也有部分意见认为应当增加发包人的任意解除条款。最终，本合同并未采纳该观点，其一，国内工程承包市场上业主过于强势，如果在通用合同条件中再赋予业主"在承包人没有任何过错的情况下"可以随时解除合同的权利，将可能导致业主滥用合同解除权，从而将承包人置于更加不利的地位，不利于市场管控；其二，工程总承包合同涉及的工程体量一般较大，且存在资金大、周期长、技术复杂等特点，不同于一般的承揽合同，不宜径行赋予发包人任意解除权；其三，本项明确了专用合同条件中可对合同解除的事由另行约定，即，合同使用者可以在专用合同条件中自行设立任意解除权或排除适用任意解除权。但对于承包人来说，若专用合同条件中设置了任意解除权，需对任意解除权的行使进行限制，以保障自身权益，如"业主不得为了亲自实施本工程，或安排其他承包方实施本工程，而根据本款约定行使任意解除权终止本合同。"或"业主行使任意解除权时，给承包人造成损失的，应当赔偿相应损失。"等。

【法条索引】

• 《民法典》

第五百六十二条　当事人协商一致，可以解除合同。当事人可以约定一方解除合同的事由。解除合同的事由发生时，解除权人可以解除合同。

第五百六十三条　有下列情形之一的，当事人可以解除合同：

（一）因不可抗力致使不能实现合同目的；

（二）在履行期限届满前，当事人一方明确表示或者以自己的行为表明不履行主要债务；

（三）当事人一方迟延履行主要债务，经催告后在合理期限内仍未履行；

（四）当事人一方迟延履行债务或者有其他违约行为致使不能实现合同目的；

（五）法律规定的其他情形。

以持续履行的债务为内容的不定期合同，当事人可以随时解除合同，但是应当在合理期限之前通知对方。

第五百六十四条　法律规定或者当事人约定解除权行使期限，期限届满当事人不行使的，该权利消灭。

法律没有规定或者当事人没有约定解除权行使期限，自解除权人知道或者应当知道解除事由之日起一年内不行使，或者经对方催告后在合理期限内不行使的，该权利消灭。

第五百六十五条　当事人一方依法主张解除合同的，应当通知对方。合同自通知到达对方时解除；通知载明债务人在一定期限内不履行债务则合同自动解除，债务人在该期限内未履行债务的，合同自通知载明的期限届满时解除。对方对解除合同有异议的，任何一方当事人均可以请求人民法院或者仲裁机构确认解除行为的效力。

当事人一方未通知对方，直接以提起诉讼或者申请仲裁的方式依法主张解除合同，人民法院或者仲裁机构确认该主张的，合同自起诉状副本或者仲裁申请书副本送达对方时解除。

第七百八十七条　定作人在承揽人完成工作前可以随时解除合同，造成承揽人损失的，应当赔偿损失。

第八百零六条　承包人将建设工程转包、违法分包的，发包人可以解除合同。发包人提供的主要建筑材料、建筑构配件和设备不符合强制性标准或者不履行协助义务，致使承包人无法施工，经催告后在合理期限内仍未履行相应义务的，承包人可以解除合同。

合同解除后，已经完成的建设工程质量合格的，发包人应当按照约定支付相应的工程价款；已经完成的建设工程质量不合格的，参照本法第七百九十三条的规定处理。

《广东省高级人民法院关于审理建设工程合同纠纷案件疑难问题的解答》："发包人或承包人行使建设工程合同的解除权应符合《建设工程司法解释》第八条和第九条的规定，其以《合同法》第二百六十八条和第二百八十七条规定为依据主张随时解除施工合同的，不予支持，合同另有约定的除外。"

《福建省高级人民法院关于审理建设工程施工合同纠纷案件疑难问题的解答》："发包人行使解除权必须符合最高人民法院《关于审理建设工程施工合同纠纷案件适用法律问题的解释》第八条的规定，不宜任意扩大解除权的行使。"

16.1.2　因承包人违约解除合同后承包人的义务

合同解除后，承包人应按以下约定执行：

（1）除了为保护生命、财产或工程安全、清理和必须执行的工作外，停止执行所有被通知解除的工作，并将相关人员撤离现场；

（2）经发包人批准，承包人应将与被解除合同相关的和正在执行的分包合同及相关的责任和义务转让至发包人和（或）发包人指定方的名下，包括永久性工程及工程物资，以及相关工作；

（3）移交已完成的永久性工程及负责已运抵现场的工程物资。在移交前，妥善做好已完工程和已运抵现场的工程物资的保管、维护和保养；

（4）将发包人提供的所有信息及承包人为本工程编制的设计文件、技术资料及其它文件移交给发包人。在承包人留有的资料文件中，销毁与发包人提供的所有信息相关的数据及资料的备份；

（5）移交相应实施阶段已经付款的并已完成的和尚待完成的设计文件、图纸、资料、操作维修手册、施工组织设计、质检资料、竣工资料等。

【条文释义】

本项条款是关于因承包人违约合同解除后承包人的附随义务。合同解除后，为了便于工程后续建设的顺利衔接，继续完成工程的需要，承包人应当依据16.1.2项的约定执行。合同自解除通知到达承包人时解除。承包人应当停止执行所有被通知解除的工作，并将相关人员撤离现场。经过发包人的批准，承包人应当将被解除合同相关的工作、永久性工程、工程物资移交给发包人和（或）发包人指定方的名下。在移交前，承包人应当妥善做好已完工程和已运抵现场的工程物资的保管、维护和保养工作。同时，承包人应当将为本工程编制的相关文件、技术资料一并移交给发包人并且销毁已备份的与该工程和发包人有关的资料和数据。

【使用指引】

合同使用者在使用本项时，应注意对本项下各子目规定的完整适用，具体为以下几点：

1. 对于发包人来说，根据《建筑法》第六十一条及《建设工程质量管理条例》第十六条的规定，交付竣工验收的建筑工程，必须符合规定的建筑工程质量标准，有完整的工程技术经济资料、完整的技术档案和施工管理资料以及工程使用的主要建筑材料、建筑构配件和设备的进场试验报告等材料，而上述材料在施工过程中多存于承包人处，承包人一般会在竣工验收及竣工结算时向发包人完成提交。但由于合同的提前解除，将导致上述材料的提交需提前进行，提前进行就会导致不同节点、阶段下的合同解除，承包人需提交材料的内容、种类、数量都不尽相同。因此，发包人在合同解除后应注意对承包人提交材料的完整性进行充分复核，避免发生资料缺漏情形，影响工程最终的竣工验收及竣工验收备案。

2. 对于承包人来说，根据《建筑法》第五十八条的规定，建筑施工企业需对工程的施工质量负责，即便总承包合同中途解除，承包人亦应对已完工部分的质量负责，而能够证明已完工部分质量合格的证据即为本项所规定的材料。因此，承包人应积极配合本项的约定，做好材料移交工作，并保证移交材料的完整性，移交的资料不仅需要包含相应实施阶段已经付款的并已完成的文件资料，也需要一并移交尚待完成的设计文件、图纸、资料、操作维修手册、施工组织设计、质检资料、竣工资料等，同时注意保留移交的证据，避免日后纠纷。

3. 承包人应当做好合同解除后的保密工作，及时销毁与本工程有关的以及发包人提供的所有信息相关的数据及资料的备份。

4. 承包人依据第 16.1.2 项履行合同解除后的附随义务不免除或者减轻承包人按照合同约定应承担的违约责任，当然发包人同意免除或者减轻的除外。

【风险识别与防范】

1. 关于合同解除后发包人知识产权的问题。根据本示范文本第 1.10.1 条对"发包人知识产权"的规定，除专用合同条件另有约定外，由发包人（或以发包人名义）编制的《发包人要求》和其他文件，就合同当事人之间而言，其著作权和其他知识产权应归发包人所有。承包人可以为实现合同目的而复制、使用此类文件，但不能用于与合同无关的其他事项。未经发包人书面同意，承包人不得为了合同以外的目的而复制、使用上述文件或将之提供给任何第三方。因此，在合同解除后，承包人应当做好相应知识产权保密和脱密工作，及时销毁与发包人提供的所有信息相关的数据及资料的备份，避免承担知识产权侵权责任。

2. 关于合同解除后承包人知识产权的问题。根据本示范文本第 1.10.2 条对"承包人知识产权"的规定，除专用合同条件另有约定外，由承包人（或以承包人名义）为实施工程所编制的文件、承包人完成的设计工作成果和建造完成的建筑物，就合同当事人之间而言，其著作权和其他知识产权应归承包人享有。发包人可因实施工程的运行、调试、维修、改造等目的而复制、使用此类文件，但不能用于与合同无关的其他事项。未经承包人书面同意，发包人不得为了合同以外的目的而复制、使用上述文件或将之提供给任何第三方。因此，在合同解除后，根据本项第（4）目的规定，虽然承包人需将其为本工程编制的设计文件、技术资料及其他文件移交给发包人，但上述材料的知识产权原则上仍属承包人所有。因此，发包人在使用上述材料时亦需注意保密工作，避免将其用于合同以外的目的或提交给任何第三方，避免承担知识产权侵权责任。

3. 关于合同解除后工程交接的问题。在工程交接时，发承包双方需注意两点问题，首先是对工程界面的清晰划分，这对发承包双方来说都非常重要，对发包人来说，工程界面的清晰划分有利于发包人后期开展建设工作，且有利于区分不同承包单位的质量责任。对承包人来说，工程届满的清晰划分有利于规避后期工程施工带来的缺陷责任。其次是对已完工工程量的确认，对已完工工程量的确认有利于发承包双方对已完工工程的结算，避免后期产生争议。结合实践，对于上述工程交接问题的防范，最节省成本、效率最高的方式是发承包双方对于已完工程量、工程界面划分达成一致。对于发承包双方不能达成一致的，可先行通过公证保全证据，再通过争议解决程序对已完工程量、工程界面进行司法确认，即委托专业鉴定机构进行现场测量、确认，并依据合同约定对已完工程的价款作出鉴定意见。

4. 关于总包合同解除后的分包合同解除问题。结合《民法典》关于合同解除的立法目的，当合同目的难以实现时，当事人可以解除合同。在工程总承包中，总承包合同与分包合同原则上相互独立，但由于总包合同的解除将致使分包合同的承包方客观上发生履行不能，对应合同目的无法实现，因此，分包合同原则上亦应相应解除。此外，结合最高人民法院在（2016）最高法民再 53 号中的观点，因总承包合同解除致使分包合同解除的，分包合同解除的时间应与总承包合同解除的时间具有同步性，即分包合同解除时间应与总承包合同解除时间一致。本项第（2）目为解决上述问题，避免产生过多纠纷，提出了经发包人批准，承包人应将与被解除合同相关的和正在执行的分包合同及相关的责任和义务转让至发包人和（或）发包人指定方的名下。因此，发包人在合同解除前，应尽可能提前对承包人项下的各分包进行充分梳理，并筛选出愿意继续与之合作的分包商，在合同解除时尽快完成分包合同的转移工作，保障项目的后续开展进度，具体转移工作的完成时间可以参照本款第 16.1.4 项的规定进行，即"发包人有权要求承包人将其为实施合同而订立的材料和设备的订货合同或任何服务合同利益转让给发包人，并在承包人收到解除合同通知后的 14 天内，依法办理转让手续"。

【法条索引】

•《民法典》

　　第五百五十八条　债权债务终止后，当事人应当遵循诚信等原则，根据交易习惯履行通知、协助、保密、旧物回收等义务。

　　第五百六十七条　合同的权利义务关系终止，不影响合同中结算和清理条款的效力。

　　第五百七十七条　当事人一方不履行合同义务或者履行合同义务不符合约定的，应当承担继续履行、采取补救措施或者赔偿损失等违约责任。

16.1.3　因承包人违约解除合同后的估价、付款和结算

　　因承包人原因导致合同解除的，则合同当事人应在合同解除后 28 天内完成估价、付款和清算，并按以下约定执行：

　　（1）合同解除后，按第 3.6 款［商定或确定］商定或确定承包人实际完成工作对应的合同价款，以及承包人已提供的材料、工程设备、施工设备和临时工程等的价值；

　　（2）合同解除后，承包人应支付的违约金；

　　（3）合同解除后，因解除合同给发包人造成的损失；

　　（4）合同解除后，承包人应按照发包人的指示完成现场的清理和撤离；

　　（5）发包人和承包人应在合同解除后进行清算，出具最终结清付款证书，结清全部款项。

　　因承包人违约解除合同的，发包人有权暂停对承包人的付款，查清各项付款和已扣款项，发包人和承包人未能就合同解除后的清算和款项支付达成一致的，按照第20条［争议解决］的约定处理。

【条文释义】

　　本项条款是关于因承包人违约合同解除后工程价款估价、付款和结算的约定。根据《民法典》第五百六十七条规定，合同的权利义务关系终止，不影响合同中结算和清理条款的效力。合同中的结算条款，其效力具有独立性。合同终止，双方当事人的合同权利义务终结，但是合同中有关结算和清理的条款仍然有效。

　　合同应自通知到达承包人时解除，合同解除后28天内，合同当事人应当依据第16.1.3项约定就已完工程与合同工作事项完成估价、付款和清算事宜，并将承包人应支付的违约金以及给发包人造成的损失一并计入结算款内。在进行估价和价款清算过程中发生异议时，合同当事人应当按照第3.6款［商定或确定］机制解决。如仍然无法达成一致的，则按照第20条［争议解决］的约定处理。本项在《标准设计施工总承包招标文件（2012年版）》第22.1.4项的基础上进行了部分修改，无实质性变动。

【使用指引】

　　发包人按照第16.1.1项约定解除合同，合同当事人应当依据第16.1.3项的约定完成估价、付款和清算，应注意以下几点：

　　1. 合同解除后，合同当事人应及时核对已完成工程量以及各项应付款项，并收集整理相应的文件资料。对于核对无误的款项，合同当事人应及时结清；对于存在争议的款项可以按第20条争议解决方法解决。

　　2. 合同解除后，发包人还应当退还质量保证金、履约保函等，但在质量保修期内如发现工程存在质量问题，发包人仍可依据法律规定向承包人主张维修。

　　3. 在结算过程中，应将承包人应支付的违约金、因解除合同给发包人造成的损失一并计算在结算价款中，形成最终结清付款证书，避免后续争议。

【风险与防范】

　　固定总价模式下的工程总承包合同在未履行完毕时解除的估价、结算风险。

　　工程总承包合同在未履行完毕时解除，如何对未完工工程进行估计、结算始终是司法实践中较为棘手的问题。根据住房和城乡建设部出台的《房屋建筑和市政基础设施项目工程总承包管理办法》以及各地出台的工程总承包发展意见都在鼓励固定总价的计价方式，如浙江省住房和城乡建设厅、浙江省发展改革委2021年2月3日出台的《关于进一步推进房屋建筑和市政基础设施项目工程总承包发展的实施意见》第三条第十一项明确，工程总承包合同宜采用总价合同，除合同约定可以调整的情形外，合同总价一般不予调整。对于固定总价计价模式的工程总承包合同在未履行完毕时的结算，对发承包双方都存在较大的不确定性风险。结合常设中国建设工程法律论坛第十工作组完成的《建设工程总承包合同纠纷裁判指引》中对裁判观点的总结，对于固定总价模式下的工程总承包合同在未履行完毕时解除的估价、结算可参照以下几种情形进行，合同使用者亦可在补充协议中形成可预见性条款，防范不确定性风险。

1. 工程总承包合同采用总价合同模式，设计费、采购费和施工价款分别列明的，结算价款可以按各部分实际完成的比例分别折算后累加。

2. 工程总承包合同采用总价合同模式，设计费、采购费和施工价款未单独列明的，施工图设计已经完成的，可以参照设计相关收费标准、设备市场价格、预算定额计算出设计费、采购费和施工价款，以合同总价除以前述价款之和得出下浮率，用该下浮率分别乘以各部分的价款得出合同总价中的设计费、采购费和施工价款，再按各部分实际完成的比例分别折算后累加得出合同结算价款。

3. 工程总承包合同采用总价合同模式，设计费、采购费和施工价款未单独列明的，初步设计已经完成、施工图设计未完成的，可以参照设计相关收费标准、设备市场价格、概算定额计算出设计费、采购费和施工价款，以合同总价除以前述价款之和得出下浮率，用该下浮率分别乘以各部分的价款得出合同总价中的设计费、采购费和施工价款，再按各部分实际完成的比例分别折算后累加得出合同结算价款。

4. 工程总承包合同采用总价合同模式，设计费、采购费和施工价款未单独列明的，初步设计未完成的，可以参照设计相关收费标准、设备市场价格、工程定额并参考市场下浮率分别计算出设计费、采购费和施工价款后累加得出合同结算价款。工程总承包合同对下浮率有约定的，适用合同约定的下浮率。①

【法条索引】

•《民法典》

第五百六十七条　合同的权利义务关系终止，不影响合同中结算和清理条款的效力。

16.1.4　因承包人违约解除合同的合同权益转让

合同解除后，发包人可以继续完成工程，和（或）安排第三人完成。发包人有权要求承包人将其为实施合同而订立的材料和设备的订货合同或任何服务合同利益转让给发包人，并在承包人收到解除合同通知后的 14 天内，依法办理转让手续。发包人和（或）第三人有权使用承包人在施工现场的材料、设备、临时工程、承包人文件和由承包人或以其名义编制的其他文件。

【条文释义】

本项条款是关于因承包人违约合同解除后相关合同权益转让的约定。为了避免损失的扩大，以及尽快推进工程后续建设，本项条款约定了因承包人违约解除合同后，发包人可以自行继续完成工程，和（或）安排第三人完成。承包人应按照发包人要求将为实施合同而订立的材料和设备的订货合同或任何服务合同的权益转让给发包人。

---

① 引自常设中国建设工程法律论坛第十工作组完成的《建设工程总承包合同纠纷裁判指引》第 4.16 条。

承包人为了实施合同需要签订一系列的材料和设备订货合同或其他服务合同，在提前解除合同的情况下，为了尽快推进工程后续建设，使用承包人已经采购的材料和设备或其他服务合同利益可以有效节约时间。因此本项条款约定，发包人有权要求承包人将其为实施合同而签订的材料和设备的订货合同或任何服务合同的权益转让给发包人，承包人应在收到解除合同通知后14天内协助发包人与订货合同的供应商或服务合同的合同相对人达成相关的转让协议并且办理完成转让手续。因继续完成工程的需要，发包人和（或）第三人有权使用承包人在施工现场的材料、设备、临时工程、承包人文件和由承包人或以其名义编制的其他文件。

【使用指引】

发包人按照第16.1.1项约定解除合同，合同当事人在使用本项条款时应该注意以下事项：

1. 合同当事人应本着诚实信用原则，积极妥善处理合同解除后的后续事项，避免损失的扩大。

2. 发包人要求承包人转让订货合同或其他服务合同权益的，应向承包人提出明确的要求，承包人应遵照执行并在收到解除合同通知后的14天内，依法办理转让手续。但如果因此增加承包人费用，应由发包人在合理范围内予以支付。

3. 承包人依据第16.1.4项履行合同解除后为实施合同订立的订货或服务合同的权益转让义务，并不免除或者减轻承包人按照合同约定应承担的违约责任，当然发包人同意免除或者减轻的除外。

4. 发包人和（或）第三人为了工程的继续施工需要，有权使用承包人在施工现场的材料、工程设备、施工设备以及承包人文件等，但应当支付相应的对价，发包人继续使用的行为不免除或者减轻承包人按照合同约定应承担的违约责任，当然发包人同意免除或者减轻的除外。

【法条索引】

•《民法典》

第五百五十八条 债权债务终止后，当事人应当遵循诚信等原则，根据交易习惯履行通知、协助、保密、旧物回收等义务。

第五百九十一条 当事人一方违约后，对方应当采取适当措施防止损失的扩大；没有采取适当措施致使损失扩大的，不得就扩大的损失请求赔偿。当事人因防止损失扩大而支出的合理费用，由违约方负担。

16.2 由承包人解除合同

16.2.1 因发包人违约解除合同

除专用合同条件另有约定外，承包人有权基于下列原因，以书面形式通知发包人解除合同，解除通知中应注明是根据第16.2.1项发出的，承包人应在发出正式解除合同通知 14 天前告知发包人其解除合同意向，除非发包人在收到该解除合同意向通知后 14 天内采取了补救措施，否则承包人可向发包人发出正式解除合同通知立即解除合同。解除日期应为发包人收到正式解除合同通知的日期，但在第（5）目的情况下，承包人无须提前告知发包人其解除合同意向，可直接发出正式解除合同通知立即解除合同：

（1）承包人就发包人未能遵守第 2.5.2 项关于发包人的资金安排发出通知后 42 天内，仍未收到合理的证明；

（2）在第 14 条规定的付款时间到期后 42 天内，承包人仍未收到应付款项；

（3）发包人实质上未能根据合同约定履行其义务，构成根本性违约；

（4）发承包双方订立本合同协议书后的 84 天内，承包人未收到根据第 8.1 款［开始工作］的开始工作通知；

（5）发包人破产、停业清理或进入清算程序，或情况表明发包人将进入破产和（或）清算程序或发包人资信严重恶化，已有对其财产的接管令或管理令，与债权人达成和解，或为其债权人的利益在财产接管人、受托人或管理人的监督下营业，或采取了任何行动或发生任何事件（根据有关适用法律）具有与前述行动或事件相似的效果；

（6）发包人未能遵守第 2.5.3 项的约定提交支付担保；

（7）发包人未能执行第 15.1.2 项［通知改正］的约定，致使合同目的不能实现的；

（8）因发包人的原因暂停工作超过 56 天且暂停影响到整个工程，或因发包人的原因暂停工作超过 182 天的；

（9）因发包人原因造成开始工作日期迟于承包人收到中标通知书（或在无中标通知书的情况下，订立本合同之日）后第 84 天的。

发包人接到承包人解除合同意向通知后 14 天内，发包人随后给予了付款，或同意复工，或继续履行其义务，或提供了支付担保等，承包人应尽快安排并恢复正常工作；因此造成工期延误的，竣工日期顺延；承包人因此增加的费用，由发包人承担。

【条文释义】

本项条款明确了承包人合同约定解除权的具体情形。在发包人严重违约导致合同目的无法实现时，应赋予承包人解除合同的权利，且在司法实践中，因发包人原因导致承包人要求解除合同的情形更为常见。本条明确约定了承包人有权解除合同的 9 项情形。其中第（5）目属于合同当事人主体资格消灭的情形；第（3）目、第（7）目情形属于《民法典》

第五百六十三条规定的法定解除合同事由。其他 6 项情形属于合同当事人约定发包人违约承包人可以解除合同的事由，在解除形式方面，本项亦设置了承包人作为解除权人时先行催告的前置程序。

本项条款约定了承包人有权通知发包人解除合同的 9 种发包人违约的情形，其中包括迟延下达开工通知、因发包人原因停工、延迟付款等。第（3）种情形即是发包人根本违约的定义，第（7）种情形系发包人在指定的合理期限内仍不纠正违约行为并致使合同目的不能实现令承包人有权解除合同的兜底条款。合同当事人也可以在专用合同条件另行补充其他常见的承包人有权通知发包人解除合同的情形。发包人发生除本项条款第（5）目约定以外的其他违约情况时，承包人应在发出正式解除合同通知 14 天前告知发包人其解除合同意向，发包人如在 14 天内采取给予付款，或同意复工，或继续履行义务，或提供支付担保等补救措施，承包人应尽快安排恢复施工，否则承包人可向发包人发出正式解除合同通知立即解除合同。因此造成工期延误，承包人恢复施工后竣工日期应当顺延；因此产生的额外费用，发包人应当承担。但在第（5）目的情况下，承包人无须提前告知发包人其解除合同意向，可直接发出正式解除合同通知立即解除合同。

【使用指引】

承包人按照本条款约定解除合同时，应注意以下几点：

1. 合同解除需以合同有效为前提，在工程实践中，工程类合同无效的情形较常发生，如建设工程必须进行招标而未招标或者中标无效等，而在工程总承包合同无效的情形下，承包人不应再适用本条款解除合同。

2. 除发包人出现第 16.2.1 项第（5）目的情形外，承包人依据其他事由要求解除合同的，应以提前 14 天催告，且发包人在 14 天内未采取补救措施为前提。

3. 承包人应对发包人是否满足该条所列的违约情形承担证明的责任，如果承包人无法提供有效证明资料予以佐证，则需要承担合同无法解除的不利后果。

4. 承包人解除合同的通知应以书面形式送达发包人，未送达发包人的，不产生解除合同的法律效果。承包人应按照工程总承包合同约定的送达地址和送达方式送达发包人，如果没有约定地址的，应该按照发包人的注册地址或办公地址送达。解除通知中应注明是根据第 16.2.1 项发出的。解除合同的日期为发包人收到正式解除合同通知的日期。

5. 承包人既可以通过发函的方式解除合同，也可以通过直接提起诉讼或申请仲裁的方式解除合同，根据《民法典》第五百六十五条第二款的规定，当事人一方未通知对方，直接以提起诉讼或者申请仲裁的方式依法主张解除合同，人民法院或者仲裁机构确认该主张的，合同自起诉状副本或者仲裁申请书副本送达对方时解除。

6. 承包人的合同解除函一经发出不得随意撤销，根据《民法典》第五百六十五条的规定，合同自通知到达对方时解除，因此，在发包人确存在本项中规定的违约情形时，承包人的解除通知到达发包人时，合同即已解除，承包人不得再行撤销。

7. 对于承包人来说，若发包人在催告的 14 天内给予了付款，则承包人应当尽快安排并恢复正常工作，否则存在需承担工期延误责任的风险。

8. 发包人对承包人的合同解除函有异议的，应请求人民法院或仲裁机构确认解除合同的效力。

9. 合同当事人可以在专用合同条件中另行约定其他承包人有权解除合同的情形。

【风险识别与防范】

1. 合法有效的合同对承发包双方都有约束力，任何一方都不得擅自解除。解除合同的最大风险在于解除合同的依据是否符合法律的规定或者合同的约定。如果承包人单方通知解除合同，但其解除合同的事由并不符合法律的规定或合同约定，则不能达到合同解除的目的。如因承包人单方认为合同已解除而不继续履行合同义务将需要承担违约责任、工期延误责任以及由此增加的其他费用。

2. 需要注意的是，承包人根据第 16.2.1 项通知发包人解除合同，除发生第（5）目情形，承包人无须提前告知发包人其解除合同意向，可直接发出正式解除合同通知立即解除合同外，承包人都应在发出正式解除合同通知 14 天前告知发包人其解除合同意向。如果发包人在收到承包人发出的解除合同意向通知后的 14 天内采取了补救措施，或者工程师根据第 15.2.2 项［通知改正］发出整改通知后，发包人在指定的合理期限内纠正了违约行为，承包人在整改期限内或者整改期限后发出的解除合同通知达到发包人时都将不发生解除合同的效果。

3. 解除权人在解除事由发生时，应及时主张权利，否则存在解除权灭失的风险。根据《民法典》第五百六十四条的规定，法律规定或者当事人约定解除权行使期限，期限届满当事人不行使的，该权利消灭。法律没有规定或者当事人没有约定解除权行使期限，自解除权人知道或者应当知道解除事由之日起一年内不行使，或者经对方催告后在合理期限内不行使的，该权利消灭。

【法条索引】

·《民法典》

第五百六十二条　当事人协商一致，可以解除合同。当事人可以约定一方解除合同的事由。解除合同的事由发生时，解除权人可以解除合同。

第五百六十三条　有下列情形之一的，当事人可以解除合同：

（一）因不可抗力致使不能实现合同目的；

（二）在履行期限届满前，当事人一方明确表示或者以自己的行为表明不履行主要债务；

（三）当事人一方迟延履行主要债务，经催告后在合理期限内仍未履行；

（四）当事人一方迟延履行债务或者有其他违约行为致使不能实现合同目的；

（五）法律规定的其他情形。

以持续履行的债务为内容的不定期合同，当事人可以随时解除合同，但是应当在合理期限之前通知对方。

第五百六十四条　法律规定或者当事人约定解除权行使期限，期限届满当事人不行使的，该权利消灭。

法律没有规定或者当事人没有约定解除权行使期限，自解除权人知道或者应当知道解除事由之日起一年内不行使，或者经对方催告后在合理期限内不行使的，该权利消灭。第五百六十五条　当事人一方依法主张解除合同的，应当通知对方。合同自通知到达对方时解除；通知载明债务人在一定期限内不履行债务则合同自动解除，债务人在该期限内未履行债务的，合同自通知载明的期限届满时解除。对方对解除合同有异议的，任何一方当事人均可以请求人民法院或者仲裁机构确认解除行为的效力。

当事人一方未通知对方，直接以提起诉讼或者申请仲裁的方式依法主张解除合同，人民法院或者仲裁机构确认该主张的，合同自起诉状副本或者仲裁申请书副本送达对方时解除。

16.2.2　因发包人违约解除合同后承包人的义务

合同解除后，承包人应按以下约定执行：

（1）除为保护生命、财产、工程安全的工作外，停止所有进一步的工作；承包人因执行该保护工作而产生费用的，由发包人承担；

（2）向发包人移交承包人已获得支付的承包人文件、生产设备、材料和其他工作；

（3）从现场运走除为了安全需要以外的所有属于承包人的其他货物，并撤离现场。

【条文释义】

本项条款是关于因发包人违约合同解除后承包人的附随义务。合同解除后，为了便于工程后续建设的顺利衔接，继续完成工程的需要，承包人应当依据16.2.2项的约定执行。除为保护生命、财产、工程安全的工作外，承包人应当停止执行所有工作并及时撤离现场、向发包人移交已获得支付的承包人文件、生产设备、材料等。承包人因执行该保护工作而产生费用的，由发包人承担。

【使用指引】

承包人执行第16.2.2项的约定，应注意以下几点：

1. 承包人应当自合同解除起即配合执行第16.2.2项的约定。承包人依约履行合同义务就工程有关的材料、设备以及工程本身的移交和照管进行妥善处理，便于工程后续建设的顺利衔接，同时保留移交证据也是为了避免合同当事人之间就此产生纠纷。

2. 承包人自合同解除起停止进一步工作。因保护生命、财产、工程安全的需要执行保护工作而产生费用的，由发包人承担。

3. 承包人自合同解除起应及时从施工现场运走除为了安全需要以外的所有属于承包人的物品并撤离现场。

4. 因发包人违约，承包人仅需向发包人移交已经获得支付的承包人文件、生产设备、材料和其他工作。

【风险识别与防范】

根据本项第（1）目的规定，承包人因执行该保护工作而产生费用的，由发包人承担。在司法实践中，因发包人原因导致承包人产生维护损失或窝工损失的情形时常发生，但因承包人对维护损失或窝工损失的计算无基础资料支撑、发包人不愿意签字确认或未及时索赔等原因，往往导致承包人的停窝工损失无法实际获偿。据此，根据本示范文本第 19.1 款第（1）项的规定，索赔方应在知道或应当知道索赔事件发生后 28 天内，向对方递交索赔意向通知书，并说明发生索赔事件的事由；索赔方未在前述 28 天内发出索赔意向通知书的，丧失要求追加/减少付款、延长缺陷责任期和（或）延长工期的权利。即承包人在产生损失后应及时向发包人发出索赔意向通知书，并将费用产生的依据进行充分列举，避免逾期或基础资料缺失等原因丧失合同权利。

【法条索引】

• **《民法典》**

第五百六十七条　合同的权利义务关系终止，不影响合同中结算和清理条款的效力。

16.2.3　因发包人违约解除合同后的付款

承包人按照本款约定解除合同的，发包人应在解除合同后 28 天内支付下列款项，并退还履约担保：

（1）合同解除前所完成工作的价款；

（2）承包人为工程施工订购并已付款的材料、工程设备和其他物品的价款；发包人付款后，该材料、工程设备和其他物品归发包人所有；

（3）承包人为完成工程所发生的，而发包人未支付的金额；

（4）承包人撤离施工现场以及遣散承包人人员的款项；

（5）按照合同约定在合同解除前应支付的违约金；

（6）按照合同约定应当支付给承包人的其他款项；

（7）按照合同约定应返还的质量保证金；

（8）因解除合同给承包人造成的损失。

承包人应妥善做好已完工程和与工程有关的已购材料、工程设备的保护和移交工作，并将施工设备和人员撤出施工现场，发包人应为承包人撤出提供必要条件。

【条文释义】

本项条款是关于因发包人违约合同解除后付款的约定。根据《民法典》第五百六十七条规定，合同的权利义务关系终止，不影响合同中结算和清理条款的效力。合同中的结算条款，其效力具有独立性。合同终止，双方当事人的合同权利义务终结，但是合同中有关结算和清理的条款仍然有效。

合同解除后，发包人应当依据第16.2.3项条款结清应付款项，并退还履约担保。其中包含已完工程款、撤场费用、违约金、质保金等。承包人应妥善做好已完工程和与工程有关的已购材料、工程设备的保护和移交工作并及时撤离施工现场。发包人应为承包人撤场提供必要条件。

【使用指引】

承包人按照第16.2.1项约定解除合同，合同当事人应当依据第16.2.3项约定执行付款事宜，应注意以下几点：

1. 合同解除后，合同当事人应及时核对已完成工程量以及各项应付款项，尤其是承包人应及时统计各项费用及损失，并准备相应的证明资料。对于核对无误的款项，发包人应及时予以支付。

2. 合同解除后，发包人按照本条款约定支付应付款项的同时，还应退还质量保证金、解除履约担保，但在质量保修期内，承包人仍应对工程承担质量责任，且发包人仍可依据法律规定向承包人主张维修责任。

3. 在结算过程中，承包人应将发包人应支付的违约金、因解除合同给承包人造成的损失以及其他款项一并计算在结算价款中，形成最终结清付款证书，避免后续争议。

【风险识别与防范】

1. 对于承包人而言，停工或者单方通知解除合同的风险在于停工或者解除合同的依据是否符合法律的规定或者合同的约定。如果单方通知解除合同的事由不符合法律的规定或者合同的约定，将不能产生解除合同的效果，反而有可能被发包人要求承担违约责任。从而导致工期拖延造成的额外费用将由承包人承担，也可能因延期交付工程而面临索赔。

2. 固定总价模式下的工程总承包合同在未履行完毕时解除的估价、结算风险。请参照16.1.3款［由发包人解除合同］的论述。

3. 承包人需特别注意，工程总承包合同解除后不平衡报价的调整问题。工程总承包模式下的不平衡报价是指，承包人在投标时对设计、采购、施工各阶段价格的不平衡报价或者施工阶段建筑安装工程费中各分部分项工程存在的不平衡报价。若承包人在投标时存在不平衡报价的，在合同提前解除的情况下，需特别注意完成自身的举证，若承包人在投标时承诺不存在不平衡报价，合同解除时又要求调整合同价款的，存在不被支持的风险。结合司法实践，人民法院或者仲裁机构一般会区分合同解除的阶段以及造成合同解除的过错别分进行处理，对于因发包人原因导致的合同解除，合同解除的阶段为设计阶段的，法院一般不会支持发包人调低设计费的要求，而对于承包人认为设计费约定过低要求调整，且设计费明显低于市场价格的，法院一般会酌情予以调整；对于因发包人原因导致的合同解除，合同解除的阶段为施工阶段的，且建筑安装工程费中各分部分项工程存在不平衡报价的，则可参照施工总承包模式下的解决方式，一般为量价比例折算法。如《北京市高级人民法院关于审理建设工程施工合同纠纷案件若干疑难问题的解答》第十三条的规定，建设工程施工合同约定工程价款实行固定总价结算，承包人未完成工程施工，其要求发包人支付工程款，经审查承包人已施工的工程质量合格的，可以采用"按比例折算"的方式，即由鉴定机构在相应同一取费标准下分别计算出已完工程部分的价款和整个合同约定工程的总价款，两者对比计算出相应系数，再用合同约定的固定价乘以该系数确定发包人应付的工程款；如《江苏省高级人民法院关于审理建设工程施工合同纠纷案件若干问题的解答》第八条的规定：建设工程施工合同约定工程价款实行固定总价结算，承包人未完成工程施工，其要求发包人支付工程款，发包人同意并主张参照合同约定支付的，可以采用"按比例折算"的方式，即由鉴定机构在相应同一取费标准下计算出已完工程部分的价款占整个合同约定工程的总价款的比例，确定发包人应付的工程款。但建设工程仅完成一小部分，如果合同不能履行的原因归责于发包人，因不平衡报价导致按照当事人合同约定的固定价结算将对承包人利益明显失衡的，可以参照定额标准和市场报价情况据实结算。

【法条索引】

•《民法典》

第五百六十七条　合同的权利义务关系终止，不影响合同中结算和清理条款的效力。

16.3　合同解除后的事项

16.3.1　结算约定依然有效

合同解除后，由发包人或由承包人解除合同的结算及结算后的付款约定仍然有效，直至解除合同的结算工作结清。

【条文释义】

本项条款的目的是强调合同解除不影响结算约定的法律规定。根据《民法典》第五百六十七条的规定，合同的权利义务关系终止，不影响合同中结算和清理条款的效力。因发包人或承包人违约解除合同后，16.1和16.2项条款中的结算约定仍然有效，直至解除合同的结算工作结清。

【使用指引】

因承包人或发包人违约，发包人或承包人按照16.1.1、16.2.1项条款解除合同，不影响16.1.3、16.2.3项结算约定的效力。合同当事人应当依据结算条款核对已完成工程量以及各项应付款项。对于核对无误的款项，合同当事人应及时结清。

【法条索引】

•《民法典》

第五百六十七条　合同的权利义务关系终止，不影响合同中结算和清理条款的效力。

16.3.2 解除合同的争议

双方对解除合同或解除合同后的结算有争议的，按照第 20 条［争议解决］的约定处理。

【条文释义】

本项条款是关于合同当事人对解除合同发生争议解决方式的约定。合同当事人未能就解除合同或解除合同后的结清达成一致的，按照第 20 条［争议解决］的约定处理。

【使用指引】

合同解除后，对于存在争议的款项，可以自行协商解决或按第 20 条争议解决处理。

【风险识别与防范】

根据《民法典》第五百六十四条的规定，法律规定或者当事人约定解除权行使期限，期限届满当事人不行使的，该权利消灭。法律没有规定或者当事人没有约定解除权行使期限，自解除权人知道或者应当知道解除事由之日起一年内不行使，或者经对方催告后在合理期限内不行使的，该权利消灭。据此，解除权人在解除事由发生时，应及时主张权利，否则存在解除权灭失的风险。

【法条索引】

• **《民法典》**

第五百零七条　合同不生效、无效、被撤销或者终止的，不影响合同中有关解决争议方法的条款的效力。

第五百六十四条　法律规定或者当事人约定解除权行使期限，期限届满当事人不行使的，该权利消灭。

法律没有规定或者当事人没有约定解除权行使期限，自解除权人知道或者应当知道解除事由之日起一年内不行使，或者经对方催告后在合理期限内不行使的，该权利消灭。

第五百六十五条　当事人一方依法主张解除合同的，应当通知对方。合同自通知到达对方时解除；通知载明债务人在一定期限内不履行债务则合同自动解除，债务人在该期限内未履行债务的，合同自通知载明的期限届满时解除。对方对解除合同有异议的，任何一方当事人均可以请求人民法院或者仲裁机构确认解除行为的效力。

当事人一方未通知对方，直接以提起诉讼或者申请仲裁的方式依法主张解除合同，人民法院或者仲裁机构确认该主张的，合同自起诉状副本或者仲裁申请书副本送达对方时解除。

第 17 条　不可抗力

17.1　不可抗力的定义

不可抗力是指合同当事人在订立合同时不可预见，在合同履行过程中不可避免、不能克服且不能提前防备的自然灾害和社会性突发事件，如地震、海啸、瘟疫、骚乱、戒严、暴动、战争和专用合同条件中约定的其他情形。

【条文释义】

本款为不可抗力的定义，明确了不可抗力的含义并举出典型事件进行说明，同时明确合同当事人可以在专用合同条件中约定不可抗力的范围。不可抗力是不受当事人意志左右、支配的自然现象和社会现象。不可抗力需要满足四个条件，即不可预见、不可避免、不能克服、不能提前防备。关于不可抗力的典型事件，列举了地震、海啸、瘟疫、骚乱、戒严、暴动、战争七种情形。

【使用指引】

合同当事人在使用本款时应注意以下事项：

1. 不可抗力的不可预见性和偶然性决定了本款不可能列举出全部外延，事实上没有一个国家能够确切地规定不可抗力的范围，而且由于习惯和法律意识不同，各国对不可抗力的范围理解也不同，我国法律也没有对构成不可抗力的情形进行全部列举式的规定。但当事人可以在合同中约定不可抗力条款，包括对不可抗力的范围、通知方式及时间等作出具体的约定。除双方当事人另有约定外，通用合同条件一旦选择适用即对双方均具有法律约束力。

2. 合同中是否约定不可抗力条款，不影响合同当事人直接援引法律规定，即使当事人在合同中没有约定不可抗力条款，但是由于不可抗力属于法定免责事由，所以当发生法定范围内的不可抗力事件时，也可以直接主张不可抗力，进行损失承担的抗辩。当发生不可抗力事件时，即使合同当事人未在合同中进行约定，也可以直接主张不可抗力，进行损失承担的抗辩。

3. 如果不可抗力条款约定的不可抗力事件的范围小于法定不可抗力事件的范围，多数法院倾向于当发生法定范围的不可抗力事件时，当事人仍可直接适用法律规定，仅有极个别法院持相反态度。如果不可抗力条款约定的不可抗力事件的范围大于法定不可抗力事件的范围，法院普遍对当事人合意予以尊重，认可该不可抗力条款的效力，超出部分应视为另外成立了免责条款，但是这种免责条款必须有效，不能违反法律的强制性规定，如订立的不可抗力条款使农民工者等弱者群体权益受损，则该不可抗力条款就可能会被认定无效。

【风险识别与防范】

如果在合同中对不可抗力的范围和界定没有进行较为详细的明确，可能会导致实践中不可抗力认定的困难，容易产生法官高度自由裁量权之下导致的不同认定风险。

此外，虽然合同中未约定不可抗力条款或合同条款约定的不可抗力范围如小于法定范围，不影响合同当事人直接援引法律规定主张不可抗力进行损失承担的抗辩，但是这种情况下，当事人主张因不可抗力免责的路径通常是，就不可抗力事件的具体分担方式等进行协商，在协商过程运用不可抗力规定时，在不可抗力的范围、免责范围、法律后果、责任分担、合同目的等方面产生争议的概率会大大增加，争议无法达成一致，就只能通过诉讼或仲裁来解决争议。而这样的解决路径通常需要耗费的时间成本较高，并且存在着主张不被认可的风险。而建设工程项目中，由于履行周期较长，期间容易发生各种不确定因素，受到各种突发情况的影响。

因此承包人和发包人在签订合同时，有必要在合同中对不可抗力进行专门的约定，尽量在合同中既概括地约定不可抗力的具体含义，又具体罗列属于不可抗力的事件，在合同中对不可抗力的范围和界定进行明确，会在一定程度上减少实践中不可抗力认定的困难，可以降低不确定性对合同效率的影响，提高合同效率，降低风险。此外，应当注意在合同中约定不可抗力条款以及风险分担问题，着重明确双方的责任分配，当不可抗力发生后，在不违反法律的强制性规定的情况下，司法实践应当会尊重当事人约定。

【法条索引】

• 《民法典》

第一百八十条　因不可抗力不能履行民事义务的，不承担民事责任。法律另有规定的，依照其规定。不可抗力是不能预见、不能避免且不能克服的客观情况。

17.2　不可抗力的通知

合同一方当事人觉察或发现不可抗力事件发生，使其履行合同义务受到阻碍时，有义务立即通知合同另一方当事人和工程师，书面说明不可抗力和受阻碍的详细情况，并提供必要的证明。

不可抗力持续发生的，合同一方当事人应每隔 28 天向合同另一方当事人和工程师提交中间报告，说明不可抗力和履行合同受阻的情况，并于不可抗力事件结束后 28 天内提交最终报告及有关资料。

【条文释义】

第 17.2 款约定的是不可抗力的通知义务，是一种附随义务。本款目的是避免不可抗力事件发生后，给合同当事人造成更大的损失。特别是对持续发生的不可抗力事件，由于持续时间比较长，对合同当事人造成的潜在危害更大，所以，遭遇不可抗力事件的当事人更有义务及时通知事件的进展情况，减轻可能给另一方当事人造成的损失或避免继续履行义务所导致的不必要损失。

根据本款约定，对因不可抗力事件发生导致履行合同义务受到阻碍时合同主体的要求，除了17.2款将损失减至最小的义务，主要包括两个方面：一是履行必要的通知义务，即觉察或发现不可抗力事件发生时立即通知合同另一方当事人和工程师，书面说明不可抗力和受阻碍的详细情况；二是提供必要的证明。该约定与17.2款将损失减至最小的义务约定为工程总承包项目各方主体如何应对不可抗力事件提供了原则性要求。

【使用指引】

合同当事人在使用本款时应注意以下事项：

1. 根据《民法典》第五百九十条规定"当事人一方因不可抗力不能履行合同的，根据不可抗力的影响，部分或者全部免除责任，但是法律另有规定的除外。因不可抗力不能履行合同的，应当及时通知对方，以减轻可能给对方造成的损失，并应当在合理期限内提供证明。"不可抗力事件的通知义务既是一项合同义务，也是法定义务。即使合同没有约定，当事人也必须履行通知义务。

2. 当事人履行通知义务时效上应注意及时性。即遭受不可抗力一方应在察觉或应已察觉到构成不可抗力的相应事件或情况发生后立即通知。这一点要求当事人应当在察觉或已察觉到不可抗力事件对其履行合同造成影响后的短时间内发出通知。受不可抗力影响，邮政、快递等业务可能出现延缓、暂停等情况，需注意应通过电子通信等手段及时通知。不可抗力事件持续发生的，遭受不可抗力一方应每隔28天向合同另一方当事人和工程师提交中间报告，说明不可抗力和履行合同受阻的情况，并在不可抗力事件结束后28天内提交最终报告及有关资料。

3. 当事人履行通知义务内容上应注重全面性。通知内容包括不可抗力和履行合同受阻碍的详细情况，以及必要的证明，对于不可抗力的证明，不应机械地理解为对不可抗力事件本身的证明，而应侧重于对因不可抗力事件不能履行合同之事实提供证明，以便债权人确认如何保护自己的权益。通常情况下，通知包括不可抗力发生的时间、地点、程度等造成合同不能履行的证明，还可在通知中加入对合同履行的预期、解决合同履行障碍等方面的内容。

4. 当事人履行通知义务应注意留存证据，以减少潜在纠纷、防范法律风险。另一方当事人收到不可抗力的通知及证明文件后，应当及时对对方所称的不可抗力事实以及该事实与损害后果之间的联系进行核实、取证，以免时过境迁后难以收集证据。无论同意与否，都应及时回复。

【风险识别与防范】

常理来说，通知义务作为附随义务，那么违反此项义务应承担违约责任，但是我国《民法典》并没有对附随义务的法律后果做出明确的规定，本条款也没有对未履行通知义务的法律后果做出约定，这将导致这种情况下，当事人主张对方当事人因未履行通知义务的损害赔偿责任或不能免除其违约责任等的路径，通常因无法律依据也无合同依据双方只能进行协商，协商不成，最终通过诉讼或仲裁来解决争议。实践中部分法院裁判观点会认为一方当事人未及时履行通知义务或者未尽通知义务，另一方当事人因此受到损失的，如果未及时履行通知义务或者未尽通知义务与损失存在因果关系，应履行通知义务一方当事人应对损失承担责任。但在违反该通知义务是否承担法律责任以及应当承担何种法律责任仍然存在争议。

此外，如果当事人在履行通知义务未留存证据，或另一方当事人收到不可抗力的通知及证明文件后，未及时对对方所称的不可抗力事实以及该事实与损害后果之间的联系进行核实、取证，时过境迁后双方都难以收集证据，和对自己的主张进行举证，双方当事人都将存在着主张不被认可的风险。

为避免在处理上述问题时因举证和责任承担问题产生争议，拖延处理时间，甚至主张不被认可，为减少潜在纠纷、防范法律风险，双方当事人应当通过合同约定对相关的义务履行以及证明提供进行明确化和具体化的约定，并明确约定将遭受"不可抗力"的通知作为一项义务之后，如果没有按约履行，就要承担相应的责任，可以为赔偿被通知方由此遭受的损失或不能因不可抗力减免责任等。在具体的权益丧失标准方面，可以借鉴国际商会（ICC）《不可抗力及艰难情形条款2020》第五条规定："如果及时发出通知，受影响的当事人自障碍出现时免责，但如果未及时发出通知，责任免除自通知到达合同相对人时生效。"或借鉴《国际商事合同通则》第7.1.7条规定："（3）未能履行义务的一方当事人必须将障碍及对其履约能力的影响通知另一方当事人。若另一方当事人在未履行义务方当事人知道或理应知道该障碍后的一段合理时间内没有收到通知，则未履行义务方当事人应对另一方当事人因未收到通知而导致的损害负赔偿责任。"

而在履行通知义务时，当事人应注意固定和收集因不可抗力造成合同履行困难的证据，双方就不可抗力沟通协商所产生的证据（如往来函件、邮件、聊天记录等），继续履行原合同将使合同目的无法实现的证据，对于一些不易固定、容易流失的证据可以考虑通过公证方式予以固定。

【法条索引】

•《民法典》

第五百九十条　当事人一方因不可抗力不能履行合同的，根据不可抗力的影响，部分或者全部免除责任，但是法律另有规定的除外。因不可抗力不能履行合同的，应当及时通知对方，以减轻可能给对方造成的损失，并应当在合理期限内提供证明。当事人迟延履行后发生不可抗力的，不免除其违约责任。

•《最高人民法院关于依法妥善审理涉新冠肺炎疫情民事案件若干问题的指导意见（一）》

三、依法妥善审理合同纠纷案件。

受疫情或者疫情防控措施直接影响而产生的合同纠纷案件，除当事人另有约定外，在适用法律时，应当综合考量疫情对不同地区、不同行业、不同案件的影响，准确把握疫情或者疫情防控措施与合同不能履行之间的因果关系和原因力大小，按照以下规则处理：

（一）疫情或者疫情防控措施直接导致合同不能履行的，依法适用不可抗力的规定，根据疫情或者疫情防控措施的影响程度部分或者全部免除责任。当事人对于合同不能履行或者损失扩大有可归责事由的，应当依法承担相应责任。因疫情或者疫情防控措施不能履行合同义务，当事人主张其尽到及时通知义务的，应当承担相应举证责任。

17.3 将损失减至最小的义务

　　不可抗力发生后，合同当事人均应采取措施尽量避免和减少损失的扩大，使不可抗力对履行合同造成的损失减至最小。另一方全力协助并采取措施，需暂停实施的工作，立即停止。任何一方当事人没有采取有效措施导致损失扩大的，应对扩大的损失承担责任。

【条文释义】

　　将损失减至最小的义务是指不可抗力发生后，合同各方当事人应当相互协作采取必要的措施，以防止损失的扩大，否则应对扩大的损失承担责任，可见这种义务要求当事人采取积极的作为。该款具体规定了一方面，在发生不可抗力的情况下，遭遇不可抗力事件的当事人有义务及时通知，以减轻可能给另一方造成的损失或避免继续履行义务所导致的不必要损失。另一方面，合同当事人均应采取措施防止损失的扩大，而不能认为有不可抗力作为法定免责事由便可放任损失的扩大，否则须承担因没有采取有效措施导致损失扩大的赔偿责任，这也符合公平合理的法律原则，保护社会财产以免遭受不必要的损失。

【使用指引】

　　合同当事人在使用本款时应注意以下事项：

　　1. 不可抗力发生后，合同双方当事人均有采取有效措施避免损失扩大的义务，如任何一方消极对待导致损失均应对扩大的损失承担责任。

　　2. 虽然本款没有规定，但是《民法典》规定当事人迟延履行后发生不可抗力的，不免除其违约责任，也就是说因合同一方迟延履行合同义务，在迟延履行期间遭遇不可抗力的，不免除其违约责任，各方当事人应当注意不可抗力不能覆盖违约行为。

【风险识别与防范】

　　合同当事人在使用本款时应注意，不管是遭受不可抗力一方合同当事人，还是另一方合同当事人，均有采取措施防止损失扩大的义务。因为工程总承包具有设计采购和施工一体化的特征，所以不可抗力发生后，总承包人应当积极协调工程总承包项目的设计、采购和施工进程，调整各种工作的完成顺序，减少不可抗力对于整个工程项目工期的影响，这也与总承包人对工程总承包项目全面负责的项目特性相一致，而建设单位同样应当注意积极配合总承包人协调工程总承包项目的设计、采购和施工进程等方面减小损失扩大的合理安排。如因自然灾害事故等原因导致施工现场出现停工的，工程总承包方应积极采取措施明确停工时间和具体撤场要求，积极采取措施避免损失扩大，包括综合考虑未来停工时间的基础上另行安排所雇用的建筑工人、尽快归还租赁的相关机械等，而不能任由工人留守工地、机械无期限地租赁。建设单位也不应盲目放任停工状态的持续以及停工损失的扩大，否则将承担因没有采取有效措施导致损失扩大的责任。

【法条索引】

• **《民法典》**

第六条　民事主体从事民事活动，应当遵循公平原则，合理确定各方的权利和义务。

第七条　民事主体从事民事活动，应当遵循诚信原则，秉持诚实，恪守承诺。

第五百九十条　当事人一方因不可抗力不能履行合同的，根据不可抗力的影响，部分或者全部免除责任，但是法律另有规定的除外。因不可抗力不能履行合同的，应当及时通知对方，以减轻可能给对方造成的损失，并应当在合理期限内提供证明。当事人迟延履行后发生不可抗力的，不免除其违约责任。

第五百九十一条　当事人一方违约后，对方应当采取适当措施防止损失的扩大；没有采取适当措施致使损失扩大的，不得就扩大的损失请求赔偿。当事人因防止损失扩大而支出的合理费用，由违约方负担。

• **《最高人民法院关于依法妥善审理涉新冠肺炎疫情民事案件若干问题的指导意见（一）》**

三、依法妥善审理合同纠纷案件。

受疫情或者疫情防控措施直接影响而产生的合同纠纷案件，除当事人另有约定外，在适用法律时，应当综合考量疫情对不同地区、不同行业、不同案件的影响，准确把握疫情或者疫情防控措施与合同不能履行之间的因果关系和原因力大小，按照以下规则处理：

（一）疫情或者疫情防控措施直接导致合同不能履行的，依法适用不可抗力的规定，根据疫情或者疫情防控措施的影响程度部分或者全部免除责任。当事人对于合同不能履行或者损失扩大有可归责事由的，应当依法承担相应责任。因疫情或者疫情防控措施不能履行合同义务，当事人主张其尽到及时通知义务的，应当承担相应举证责任。

17.4　不可抗力后果的承担

不可抗力导致的人员伤亡、财产损失、费用增加和（或）工期延误等后果，由合同当事人按以下原则承担：

（1）永久工程，包括已运至施工现场的材料和工程设备的损害，以及因工程损害造成的第三人人员伤亡和财产损失由发包人承担；

（2）承包人提供的施工设备的损坏由承包人承担；

（3）发包人和承包人各自承担其人员伤亡及其他财产损失；

（4）因不可抗力影响承包人履行合同约定的义务，已经引起或将引起工期延误的，应当顺延工期，由此导致承包人停工的费用损失由发包人和承包人合理分担，停工期间必须支付的现场必要的工人工资由发包人承担；

（5）因不可抗力引起或将引起工期延误，发包人指示赶工的，由此增加的赶工费用由发包人承担；

（6）承包人在停工期间按照工程师或发包人要求照管、清理和修复工程的费用由发包人承担。

不可抗力引起的后果及造成的损失由合同当事人按照法律规定及合同约定各自承担。不可抗力发生前已完成的工程应当按照合同约定进行支付。

【条文释义】

本款主要约定了不可抗力发生后，合同当事人对不可抗力导致的人员伤亡、财产损失、费用增加和（或）工期延误等损失分担的基本原则，有利于明确合同当事人对损失分担的范围。本款明确不可抗力引起的后果及造成的损失由合同当事人按照法律规定及合同约定各自承担的所有者承担的基本原则外，重点强调总承包合同双方当事人应合理分担风险，所以在本款中约定"发包人和承包人各自承担其人员伤亡及其他财产损失""由此导致承包人停工的费用损失由发包人和承包人合理分担等"，另外对于"停工期间必须支付的现场必要的工人工资"规定由发包人承担，"永久工程、已运至施工现场的材料和工程设备的损坏，以及因工程损坏造成的第三人人员伤亡和财产损失"由发包人承担。此外，已运至施工现场的材料和工程设备损失、因不可抗力引起或将引起工期延误的损失也都是由发包人承担。此外，本条款还约定了不可抗力发生前已完成的工程应当按照合同约定进行支付。

【使用指引】

合同当事人在使用本条款时应注意以下事项：

1. 本款约定了不可抗力发生的损失分担基本原则，合同当事人应该按照本款基本原则承担损失，对于本条款中没有涉及的内容，可以在专用合同条件中另行约定。除双方当事人另有约定外，通用合同条件一旦选择适用即对双方均具有法律约束力。

2. 使用本款时应综合考虑不可抗力对损失产生影响的因果关系。对于工程总承包合同履行而言，不可抗力造成的损失可能有工地停工窝工、设备交付延迟、工期延误等直接后果。而与不可抗力不构成直接因果关系的违约责任原则上是不能免责的，例如总承包人不得以发生不可抗力为由要求对工程质量不合格的违约责任予以免责。

3. 合同当事人在确认不可抗力事件发生后，应该及时确认不可抗力造成的损失范围，对不可抗力事件发生前已完工程进行计量，并对不可抗力事件造成的具体损失进行统计。

4. 一般情况下，如果确因不可抗力导致延误工期的，承包人可以不可抗力为由，要求顺延工期并免除相关责任，不可抗力的持续时间也并不必然等于工期应当顺延的时间，是否应当顺延工期以及工期顺延的时间应结合个案情况具体分析和适用，不能一概而论全部顺延工期。并且不可抗力发生前已经存在工程逾期的行为，不能免除不可抗力发生前已经逾期的违约责任。

5. 赶工费一定是发包人要求赶工或者承发包双方在合同中有明确约定时才可以适用。如果没有约定或者发包人的指令，承包人自行赶工的，一般情况下无权主张赶工费。承包人要注意保存因赶工而增加的如调整施工工序、增加施工班组、扩大作业面、组织机械设备、临时招工等额外资金投入。

6. 发包人和承包人因不可抗力未能在支付日期支付工资的，应当在不可抗力消除后及时支付。

【风险识别与防范】

不可抗力发生后，对不可抗力导致的人员伤亡、财产损失、费用增加和（或）工期延误等损失分担，往往会在不可抗力事件的构成、不可抗力对损失产生影响的因果关系、不可抗力导致的损失大小，不可抗力导致的损失承担四个方面产生争议。我国司法实践中的不可抗力案件的裁判文书数量并不多，法院对不可抗力事件与合同的履行不能之间是否存在因果关系的认定较为审慎，采用严格的认定标准，因此，当事人在具体案件中如何证明因果关系是这类案件的关键。

而不可抗力导致的损失大小，通常也是双方当事人争议的焦点，包括损失的内容和计算方式、损失的举证等，在认定、计算相应损失时，通常需要完整的施工组织设计、施工方案、施工日志、进度计划、现场管理记录、机械台班进出场记录、往来函件等资料，如果总承包人上述资料的管理存在疏漏或者不细致，就可能会导致相应损失的主张得不到支持的风险。为避免这种风险，不可抗力发生后的处理程序，包含通知、证据提交等程序的约定，以及不可抗力发生后的管理程序就显得十分重要。承包人在发生不可抗力后，应及时会同工程师收集证明不可抗力发生以及造成损失的证据，说明不可抗力引起阻碍的详细情况，及时详细地统计所造成的损失，并按合同规定通知和报告。对于停工、复工通知等证据、项目会议纪要、有关工程的往来函件、施工进度表、施工日记，在施工中发生不可抗力影响工期和索赔有关的事项，都要及时做好记录，停工期间的支付清单、窝工损失、停工期间机械停滞损失证据、其他直接费证据、间接费证据（包括管理费、现场管理人员的现场经费）等。此外，对于不可抗力导致的人员伤亡、财产损失、费用增加和（或）工期延误等损失风险，也可以通过购买保险的方式进行相应的风险转移。

【法条索引】

•《民法典》

第一百八十条 因不可抗力不能履行民事义务的，不承担民事责任。法律另有规定的，依照其规定。

不可抗力是不能预见、不能避免且不能克服的客观情况。

第五百九十条 当事人一方因不可抗力不能履行合同的，根据不可抗力的影响，部分或者全部免除责任，但是法律另有规定的除外。因不可抗力不能履行合同的，应当及时通知对方，以减轻可能给对方造成的损失，并应当在合理期限内提供证明。

当事人迟延履行后发生不可抗力的，不免除其违约责任。

•《房屋建筑和市政基础设施项目工程总承包管理办法》

第十五条 建设单位和工程总承包单位应当加强风险管理，合理分担风险。建设单位承担的风险主要包括：

（一）主要工程材料、设备、人工价格与招标时基期价相比，波动幅度超过合同约定幅度的部分；

（二）因国家法律法规政策变化引起的合同价格的变化；

（三）不可预见的地质条件造成的工程费用和工期的变化；

（四）因建设单位原因产生的工程费用和工期的变化；

（五）不可抗力造成的工程费用和工期的变化。

具体风险分担内容由双方在合同中约定。

鼓励建设单位和工程总承包单位运用保险手段增强防范风险能力。

• **《保障农民工工资支付条例》**

第十四条　用人单位与农民工书面约定或者依法制定的规章制度规定的具体支付日期，可以在农民工提供劳动的当期或者次期。具体支付日期遇法定节假日或者休息日的，应当在法定节假日或者休息日前支付。

用人单位因不可抗力未能在支付日期支付工资的，应当在不可抗力消除后及时支付。

• **《最高人民法院关于依法妥善审理涉新冠肺炎疫情民事案件若干问题的指导意见（二）》**

第七条　疫情或者疫情防控措施导致承包方未能按照约定的工期完成施工，发包方请求承包方承担违约责任的，人民法院不予支持；承包方请求延长工期的，人民法院应当视疫情或者疫情防控措施对合同履行的影响程度酌情予以支持。

17.5　不可抗力影响分包人

分包人根据分包合同的约定，有权获得更多或者更广的不可抗力而免除某些义务时，承包人不得以分包合同中不可抗力约定向发包人抗辩免除其义务。

【条文释义】

本款是指不管工程总承包单位和分包单位对不可抗力作了何种规定，均不能对抗发包人与工程总承包单位之间的合同关系。这是依据合同相对性原理而作出的约定。建设工程合同作为一种特殊的合同，参与主体众多、各方当事人法律地位不平等、权利义务相互交叉，于是在以合同相对性原则为适用基础的前提下，分包合同中的不可抗力免责条款不对发包人产生法律约束力，即如果工程总承包合同中并未约定某非法定不可抗力事项为不可抗力并且可以免责，分包单位因为分包合同中约定了该事项的不可抗力免责条款而免除赔偿义务时，工程总承包单位也不得以分包合同中有该不可抗力约定，或已经免除分包人赔偿义务而向发包人抗辩免除其相应赔偿义务。

【使用指引】

合同当事人在使用本条款时应注意以下事项：

1. 如果分包合同约定的不可抗力是法定范围内的不可抗力事件，总包合同中未约定该不可抗力条款，不影响总包直接援引法律规定，主张不可抗力，进行损失承担的抗辩。

2. 合同相对性原则例外作为合同相对性原则的补充，必须由当事人在合同中明确约定或者由法律明确规定，否则不能适用。

【风险识别与防范】

因为合同相对性原则在本款的不可突破性，承包人在与发包人订立总承包合同以及与分包人订立分包合同时，就应当注意不可抗力条款的统一，避免不可抗力发生后，无法向发包人主张免责却要对分包人免责，届时产生的损失也无法向分包人追偿。此外，承包人应当在发生不可抗力事件的时候，及时履行通知义务、积极与发包人和分包人进行协商沟通处理，注意保留相关证据。也要注意分包人主张不可抗力的时候，是否及时通知了承包人，是否有防止损失扩大的行为。

【法条索引】

• 《民法典》

第七百九十一条　发包人可以与总承包人订立建设工程合同，也可以分别与勘察人、设计人、施工人订立勘察、设计、施工承包合同。发包人不得将应当由一个承包人完成的建设工程支解成若干部分发包给数个承包人。

总承包人或者勘察、设计、施工承包人经发包人同意，可以将自己承包的部分工作交由第三人完成。第三人就其完成的工作成果与总承包人或者勘察、设计、施工承包人向发包人承担连带责任。承包人不得将其承包的全部建设工程转包给第三人或者将其承包的全部建设工程支解以后以分包的名义分别转包给第三人。

禁止承包人将工程分包给不具备相应资质条件的单位。禁止分包单位将其承包的工程再分包。建设工程主体结构的施工必须由承包人自行完成。

17.6　因不可抗力解除合同

因单次不可抗力导致合同无法履行连续超过 84 天或累计超过 140 天的，发包人和承包人均有权解除合同。合同解除后，承包人应按照第 10.5 款 [竣工退场] 的规定进行。由双方当事人按照第 3.6 款 [商定或确定] 商定或确定发包人应支付的款项，该款项包括：

（1）合同解除前承包人已完成工作的价款；

（2）承包人为工程订购的并已交付给承包人，或承包人有责任接受交付的材料、工程设备和其他物品的价款；当发包人支付上述费用后，此项材料、工程设备与其他物品应成为发包人的财产，承包人应将其交由发包人处理；

（3）发包人指示承包人退货或解除订货合同而产生的费用，或因不能退货或解除合同而产生的损失；

（4）承包人撤离施工现场以及遣散承包人人员的费用；

（5）按照合同约定在合同解除前应支付给承包人的其他款项；

（6）扣减承包人按照合同约定应向发包人支付的款项；

（7）双方商定或确定的其他款项。

除专用合同条件另有约定外，合同解除后，发包人应当在商定或确定上述款项后 28 天内完成上述款项的支付。

【条文释义】

本款主要约定了如果不可抗力造成合同当事人无法继续履行合同，或者继续履行合同将造成更大的损失，合同当事人均有权解除合同。

关于不可抗力影响导致双方解除合同的情形，本条款约定了两种：一种是合同无法继续履行连续超过 84 天的；另一种是累计超过 140 天的，均是从不可抗力影响的时间长短来约定的，没有约定不可抗力造成损失的大小对合同当事人解除合同的影响情形。

合同解除后，应对合同当事人之间的债权债务进行处理，对于建设项目工程总承包合同而言，双方当事人的主要债权债务即为发包人应向承包人支付的工程款项，故此，本条款约定发包人需要支付的工程款项的范围以及支付的时限。

本条款约定的合同解除后发包人应支付的款项范围，主要包括承包人已完工程的工程款；由于发包人对工程拥有物权，而承包人已经购买的材料、设备或者正在交付的材料、设备是为了实施本工程所需，所以发包人同样应当向承包人承担上述材料、设备的款项；同理，因不可抗力发包人要求承包人退货或解除订货合同而产生的费用，或因不能退货或解除合同而产生的损失，均是由实施发包人所有的工程产生，应当由发包人支付；由于发包人作为建设单位，通常情况下应当由其承担投资风险，故此，因不可抗力解除合同的，承包人撤离现场以及遣散承包人人员的费用，应当由发包人支付；双方商定或确定的其他款项为兜底条款，对于不属于本条款约定范围的款项，合同当事人有权另行商定。

【使用指引】

合同当事人在使用本条款时应注意以下事项：

1. 合同当事人应了解清楚本款使用的前提。合同订立后在履行过程中发生了不可抗力，其对合同效力与合同履行会产生怎样的影响，取决于不可抗力本身的程度、影响的范围、合同履行所依赖的条件等各种因素，并非所有的不可抗力均会导致合同的完全不能履行，并非不可抗力导致合同不能履行就可以解除合同。本款规定只有单次不可抗力导致合同无法履行连续超过 84 天或累计超过 140 天的，发包人和承包人才有合同解除权。

2. 合同当事人应履行通知义务。发包人和承包人虽然均有附条件解除权，但行使附条件解除权应该作出明确解除合同的意思表示，并有效送达对方，只要一方当事人解除合同的通知到达对方，便发生解除合同的效力，同时还应当注意解除通知发出的时间。当事人需注意，有约定从约定，没有约定从法定，如果合同约定了明确的合同解除通知的期限，则应当遵守该期限，若没有约定的期限，也没有关于解除权行使的特殊规定，则应当在知道或者应当知道解除事由之日起一年内发出通知。所以当出现不可抗力且直接影响到合同履行符合合同解除的条件时，应尽快确定合同权利义务的状态，及时告知另一方，从而避免自身损失。

3. 合同当事人应依约妥善处理合同解除后的相关事宜，重点处理合同解除后的已完工程部分的结算。对于发包人支付款项的时间，一般为商定或确定上述款项后 28 天，如果当事人有其他约定，可以在专用合同条件中约定，但是时间不宜约定太长。

【风险识别与防范】

不可抗力对合同履行的影响是各种各样的，可能导致只能部分履行的后果，可能导致全部不能履行的后果，也可能导致迟延履行的后果，而本款之所以能够产生赋予当事人解除合同的权利，关键是在于其导致当事人无法履行合同后果并且超过一定时间。所以对于不可抗力导致合同履行结果的证明以及合同无法履行的证明，十分重要，也往往会在实践中引起争议。不可抗力影响合同履行的证明标准，针对不可抗力如何直接影响一方当事人对合同的履行，强调不可抗力直接导致民事义务部分或者全部不能履行的事实以及不可抗力与合同无法履行不能的因果关系。实践中，项目的性质、体量、项目进度、款项支付情况等都是作为合同无法履行的判断要件，当事人应该注意收集和保存相关证据以证明上述事实，否则可能会出现主张无法得到支持的情况，所以在实践中如果依据本款规定解除合同，需审慎决定。

此外，发包人在合同解除后进行工程款的结算与支付时，还应当综合考量已经完成的建设工程是否存在质量不合格的情况。

【法条索引】

•《民法典》

第五百六十二条　当事人可以约定一方解除合同的事由。解除合同的事由发生时，解除权人可以解除合同。

第五百六十三条　有下列情形之一的，当事人可以解除合同：

（一）因不可抗力致使不能实现合同目的；

（二）在履行期限届满前，当事人一方明确表示或者以自己的行为表明不履行主要债务；

（三）当事人一方迟延履行主要债务，经催告后在合理期限内仍未履行；

（四）当事人一方迟延履行债务或者有其他违约行为致使不能实现合同目的；

（五）法律规定的其他情形。

以持续履行的债务为内容的不定期合同，当事人可以随时解除合同，但是应当在合理期限之前通知对方。

第五百六十四条　法律规定或者当事人约定解除权行使期限，期限届满当事人不行使的，该权利消灭。

法律没有规定或者当事人没有约定解除权行使期限，自解除权人知道或者应当知道解除事由之日起一年内不行使，或者经对方催告后在合理期限内不行使的，该权利消灭。

第五百六十五条　当事人一方依法主张解除合同的，应当通知对方。合同自通知到达对方时解除；通知载明债务人在一定期限内不履行债务则合同自动解除，债务人在该期限内未履行债务的，合同自通知载明的期限届满时解除。对方对解除合同有异议的，任何一方当事人均可以请求人民法院或者仲裁机构确认解除行为的效力。

当事人一方未通知对方，直接以提起诉讼或者申请仲裁的方式依法主张解除合同，人民法院或者仲裁机构确认该主张的，合同自起诉状副本或者仲裁申请书副本送达对方时解除。

第五百六十六条　合同解除后，尚未履行的，终止履行；已经履行的，根据履行情况和合同性质，当事人可以请求恢复原状或者采取其他补救措施，并有权请求赔偿损失。

第七百九十三条　建设工程施工合同无效，但是建设工程经验收合格的，可以参照合同关于工程价款的约定折价补偿承包人。

建设工程施工合同无效，且建设工程经验收不合格的，按照以下情形处理：

（一）修复后的建设工程经验收合格的，发包人可以请求承包人承担修复费用；

（二）修复后的建设工程经验收不合格的，承包人无权请求参照合同关于工程价款的约定折价补偿。

发包人对因建设工程不合格造成的损失有过错的，应当承担相应的责任。

第八百零六条　承包人将建设工程转包、违法分包的，发包人可以解除合同。

发包人提供的主要建筑材料、建筑构配件和设备不符合强制性标准或者不履行协助义务，致使承包人无法施工，经催告后在合理期限内仍未履行相应义务的，承包人可以解除合同。

合同解除后，已经完成的建设工程质量合格的，发包人应当按照约定支付相应的工程价款；已经完成的建设工程质量不合格的，参照本法第七百九十三条的规定处理。

• **《最高人民法院关于依法妥善审理涉新冠肺炎疫情民事案件若干问题的指导意见（一）》**

二、依法准确适用不可抗力规则。

人民法院审理涉疫情民事案件，要准确适用不可抗力的具体规定，严格把握适用条件。对于受疫情或者疫情防控措施直接影响而产生的民事纠纷，符合不可抗力法定要件的，适用《中华人民共和国民法总则》第一百八十条、《中华人民共和国合同法》第一百一十七条和第一百一十八条等规定妥善处理；其他法律、行政法规另有规定的，依照其规定。当事人主张适用不可抗力部分或者全部免责的，应当就不可抗力直接导致民事义务部分或者全部不能履行的事实承担举证责任。

三、依法妥善审理合同纠纷案件。

受疫情或者疫情防控措施直接影响而产生的合同纠纷案件，除当事人另有约定外，在适用法律时，应当综合考量疫情对不同地区、不同行业、不同案件的影响，准确把握疫情或者疫情防控措施与合同不能履行之间的因果关系和原因力大小，按照以下规则处理：

（一）疫情或者疫情防控措施直接导致合同不能履行的，依法适用不可抗力的规定，根据疫情或者疫情防控措施的影响程度部分或者全部免除责任。当事人对于合同不能履行或者损失扩大有可归责事由的，应当依法承担相应责任。因疫情或者疫情防控措施不能履行合同义务，当事人主张其尽到及时通知义务的，应当承担相应举证责任。

（二）疫情或者疫情防控措施仅导致合同履行困难的，当事人可以重新协商；能够继续履行的，人民法院应当切实加强调解工作，积极引导当事人继续履行。当事人以合同履行困难为由请求解除合同的，人民法院不予支持。继续履行合同对于一方当事人明显不公平，其请求变更合同履行期限、履行方式、价款数额等的，人民法院应当结合案件实际情况决定是否予以支持。合同依法变更后，当事人仍然主张部分或者全部免除责任的，人民法院不予支持。因疫情或者疫情防控措施导致合同目的不能实现，当事人请求解除合同的，人民法院应予支持。

（三）当事人存在因疫情或者疫情防控措施得到政府部门补贴资助、税费减免或者他人资助、债务减免等情形的，人民法院可以作为认定合同能否继续履行等案件事实的参考因素。

第 18 条　保险

18.1　设计和工程保险

18.1.1　双方应按照专用合同条件的约定向双方同意的保险人投保建设工程设计责任险、建筑安装工程一切险等保险。具体的投保险种、保险范围、保险金额、保险费率、保险期限等有关内容应当在专用合同条件中明确约定。

【条文释义】

第18.1款中约定了设计和工程保险，其中分两项分别约定了建筑工程设计责任险、建筑安装工程一切险等保险（18.1.1项）以及第三者责任险（18.1.2项）。因承包人的承包范围包括设计和施工，因此，关于设计和施工方面的相关保险都应当在合同中作出约定。本项中约定双方应按专用合同条件约定向双方同意的保险人投保建设工程设计责任险、建筑安装工程一切险等保险，并明确具体的投保险种、保险范围、保险金额、保险费率、保险期限等有关内容应当在专用合同条件中约定。

建设工程设计责任险是指以建设工程设计人因设计上的疏忽或过失而引发工程质量事故造成损失或费用时应承担的经济赔偿责任为保险标的的职业责任保险。住房和城乡建设部与国家发展改革委发布的《房屋建筑和市政基础设施项目工程总承包管理办法》第十条规定，工程总承包单位应当同时具有与工程规模相适应的工程设计资质和施工资质，或者由具有相应资质的设计单位和施工单位组成联合体。第十五条第三款规定鼓励建设单位和工程总承包单位运用保险手段增强防范风险能力。基于《房屋建筑和市政基础设施项目工程总承包管理办法》对工程总承包单位的双资质要求，在设计终身责任制的大背景下，投保建设工程设计责任险无疑是控制设计责任风险，提高工程设计质量的有力保障。我国早在 1999 年就在全国推行建设工程设计责任险，其中深圳作为早期的试点地区，已将建设工程设计责任险作为部分工程项目的强制性保险。因此，此次工程总承包合同示范文本中约定双方应投保建设工程设计责任保险，一方面符合我国现有的政策要求，另一方面也有利于保障工程总承包模式在我国的推广与发展，增强发包人和承包人的风险防范能力。

建筑安装工程一切险包含了建筑工程一切险与安装工程一切险，所谓建筑工程一切险是指对于各类民用、工业和公用事业建筑工程项目，包括房屋、道路、水坝、桥梁、港埠等，在建造过程中因自然灾害或意外事故而引起一切损失的责任保险，此种保险是工程保险中最为常见的保险。安装工程一切险是针对各种设备、装置的安装工程，在安装过程中因自然灾害或意外事故而引起一切损失的责任保险。此两种责任保险的责任范围皆为保险单除外责任以外的因自然灾害或意外事故而引起的一切损失。所谓的自然灾害是指地震、海啸、雷电、飓风、台风、龙卷风、风暴、暴雨、洪水、水灾、冻灾、冰雹、地崩、山崩、雪崩、火山爆发、地面下陷下沉及其他人力不可抗拒的破坏力强大的自然现象。意外事故则是指不可预料的以及被保险人无法控制并造成物质损失或人身伤亡的突发性事件，包括火灾和爆炸等。此两种保险都有规定除外责任的范围，而保险公司也会在实践中设置较多的免责条款，因此在订立保险合同时投保人需要特别注意。

【使用指引】

本项中约定关于双方应投保的"建设工程设计责任保险、建筑安装工程一切险等保险"的具体投保险种、保险范围、保险金额、保险费率、保险期限等有关内容应当在专用合同条件中明确约定，而专用合同条件中也相应设置了 18.1.1 项供双方当事人对"关于设计和工程保险的特别约定"作出明确。因此发包人与承包人在签订合同时应当在专用条款中对上述保险的保险条款作出更为详细的约定，具体包括投保人（即由谁来投保并承担保险费用）、投保险种、保险范围、保险金额、保险费率、保险期限等有关保险合同条款的内容。同时，本项通用合同条件中约定双方应按专用合同条件的约定向"双方同意的保险人"投保相关保险，则双方还应当对"双方同意的保险人"作出明确约定，以避免在合同签订后对此产生不必要的争议。在具体约定时，可以明确具体的一家或几家保险公司为"双方同意的保险人"，也可以约定"双方同意的保险人"所应具备的条件，双方向具备该条件的保险公司进行投保即可。

在投保建设工程设计责任保险时应注意以下问题和情形，特别是保险合同中是否将以下情形约定为除外责任或免责条款，如保险合同中将以下情形约定为除外责任或免责条款的，则承包人应避免出现以下情形：

1. 根据《建设工程勘察设计管理条例》的规定，设计单位应当承揽与其资质等级许可相适应的设计业务，禁止设计单位超越其资质范围或者以其他设计单位的名义承揽设计业务。国家对从事设计活动的专业技术人员实行执业资格注册管理制度。除此以外，根据建设部发布的《建设工程勘察设计资质管理规定》（建设部令第 160 号）第三条的规定，设计企业在取得设计资质证书后，方可在资质等级许可的范围内从事设计活动。根据上述规定，作为建设工程设计责任保险的被保险人，需要经国家建筑行业主管部门的许可，申领到相应的资质证书，方能从事工程设计活动。如若工程设计单位因违反国家现行资质管理规定承接工程设计业务，由此造成工程项目发生损失，对于此部分的保险责任，保险合同中可能会约定保险人将不予赔付。

2. 根据《建设工程勘察设计管理条例》的规定，建设工程设计单位不得将所承揽的建设工程设计转包。根据《房屋建筑和市政基础设施项目工程总承包管理办法》第二十一条的规定，工程总承包单位可以采用直接发包的方式进行分包。但以暂估价形式进行分包时，属于依法必须进行招标的项目应当依法招标。根据《建筑法》第二十九条的规定，建筑工程总承包单位可以将承包工程中的部分工程发包给具有相应资质条件的分包单位；但是，除总承包合同中约定的分包外，必须经建设单位认可。施工总承包项目的建筑工程主体结构的施工必须由总承包单位自行完成。在工程总承包项目中，如总承包单位自行承担设计任务的，不得再将工程总承包项目的主体部分的设计业务分包给其他单位。如果工程总承包单位存在将工程设计任务进行转包或违法分包的行为，因此造成工程项目损失的，保险合同中可能会约定保险人将不负赔偿责任。

3. 在投保建筑安装工程一切险时，需要关注保险期限与工程期限的衔接问题。建筑工程一切险与安装工程一切险是服务建设工程项目全生命周期的工程保险，其保险期限一般从工程开工时起至工程完工时止，其承保的范围十分广，即保险单除外责任以外的因自然灾害或意外事故所引起的一切损失。因此，为了确保建筑安装工程一切险持续、有效地保障在建的工程项目，在投保建筑安装工程一切险时，要确保保险期限不能短于工程期限。同时，因影响和制约工程施工的因素较多，为避免出现因工期延误而导致已投保的建筑安装工程一切险的保险期限已届满但工程尚未竣工验收的情形，双方还应对工期延误情形下相关保险的继续投保事宜及其责任承担作出明确约定。

【风险识别与防范】

本项在使用过程中的风险主要有：（1）双方在签订合同时能否在专用合同条件中对具体的投保险种、保险范围、保险金额、保险费率、保险期限等有关内容作出清楚、明确的约定，避免出现遗漏或约定不清的情形。（2）双方在合同中对具体的投保险种、保险范围、保险金额、保险费率、保险期限等有关内容所作出的约定，能否在与保险公司签订保险合同时予以体现和落实。（3）在投保具体的保险险种时如何最大化地维护投保人的合法权益，该问题涉及与保险公司之间的沟通、协调和谈判。投保人在签订保险合同时，应当对保险合同及其合同条款进行认真细致研究，尤其是保险合同中的核心条款。为在与保险公司签订保险合同时能够最大化地维护投保人的合法权益，投保人可采取以下风险防范措施：

1. 建设工程设计责任险主要是对建设工程设计人依据设计合同所承担的设计责任进行保障的一类保险。设计责任是一种职业责任，因此，建设工程设计责任险从性质上而言属于职业责任险。但是按照设计合同上的约定，设计责任属于约定难以明确且量化的责任，除此以外，根据大部分《建设工程设计责任保险条款》的内容，保险人的责任范围约定不明确且范围有限，而保险人的责任免除内容的约定具体且充分。这样来看，建设工程设计责任险无法有效地转移建设工程设计人的责任风险。因此，发包人与承包人在签订设计合同或工程总承包合同时应尽可能明确设计责任的范围，除此以外，在投保建设工程设计责任险时，应注重与选定的保险人之间对《建设工程设计责任保险条款》内容的磋商，明确并扩大保险范围，将建设工程设计责任险的作用落到实处。

2. 建设工程设计责任险的种类繁多，根据保险标的不同，可以分为综合年度保险、单项工程保险、多项工程保险三种。综合年度保险是指以工程设计单位1年内完成的全部工程设计项目，可能发生的对受害人的赔偿责任作为保险标的的建设工程设计责任保险。单项工程保险是指以工程设计单位完成的一项工程设计项目，可能发生的对受害人的赔偿责任，作为保险标的的建设工程设计责任保险。多项工程保险是指以工程设计单位完成的数项工程设计项目，可能发生的对受害人的赔偿责任，作为保险标的的建设工程设计责任保险。在实践中，不同种类的建设工程设计责任险，其保险费率与免赔额的差异较大，极容易发生投保人选择建设工程设计责任险错误的情形，导致损失产生并进行保险索赔后仍无法有效弥补已发生的损失。因此，发包人与承包人在选定建设工程设计责任险时，应重点关注《建设工程设计责任保险条款》的内容，在对自身的资金实力、项目的设计水平及工程项目的实际环境等进行综合评估的基础上，对建设工程设计责任险进行选择。

3. 一般情况下，建筑安装工程一切险的保险合同生效时间与保险责任开始的时间一致，但在合同另有约定的情况下，保险合同生效的时间并不等于保险责任开始的时间。在实践中，保险合同可能会采取附条件生效的方式。常见的约定有，投保人应按约定交付保险费，约定一次性交付保险费的，投保人在约定交费日后交付保险费的，保险人对交费之前发生的保险事故不承担保险责任。而《保险法》第十四条规定，保险合同成立后，投保人按照约定交付保险费，保险人按照约定的时间开始承担保险责任。因此，在保险合同中对保险公司承担保险责任的时间另有约定的情况下，投保人面临着保险人以此为由拒绝承担建筑安装工程一切险的保险责任的风险。针对此种风险，投保人在签订建筑安装工程一切险的保险合同时，应明确保险合同成立生效的时间与保险责任开始的时间并非同一时间概念，着重关注与考量对保险责任开始时间的约定。

4. 根据中国保险行业协会发布的《建筑工程一切险保险条款》的内容来看，其责任免除的范围较多，且规定细致具体。一般情况下，在保险事故发生时，投保人面临着保险人以责任免除条款作为拒绝赔偿的抗辩的风险。针对此种风险，根据《保险法》第十七条的规定，订立保险合同，采用保险人提供的格式条款的，保险人向投保人提供的投保单应附格式条款，保险人应当向投保人说明合同的内容。对保险合同中免除保险人责任的条款，保险人在订立合同时应当在投保单、保险单或者其他保险凭证上作出足以引起投保人注意的提示，并对该条款的内容以书面或者口头形式向投保人作出明确说明；未作提示或者说明的，该条款不产生效力。根据最高人民法院《关于适用〈中华人民共和国保险法〉若干问题的解释（二）》的相关规定，保险人对保险合同中免除保险人责任的条款，应当以"足以引起投保人注意的文字、字体、符号或者其他明显标志作出提示"。因此，投保人在签订保险合同时需要着重关注保险合同中的这些责任免除条款，如保险人在签订保险合同时并未尽到相应的提示和说明义务的，如之后保险公司依据保险合同中的责任免除条款进行免责抗辩的，投保人可以依据上述法律和司法解释中的规定主张相应责任免除条款无效，来对抗保险人的免责抗辩。

【法条索引】

·《保险法》

第十条　保险合同是投保人与保险人约定保险权利义务关系的协议。投保人是指与保险人订立保险合同，并按照合同约定负有支付保险费义务的人。保险人是指与投保人订立保险合同，并按照合同约定承担赔偿或者给付保险金责任的保险公司。

第十四条　保险合同成立后，投保人按照约定交付保险费，保险人按照约定的时间开始承担保险责任。

第十七条　订立保险合同，采用保险人提供的格式条款的，保险人向投保人提供的投保单应当附格式条款，保险人应当向投保人说明合同的内容。对保险合同中免除保险人责任的条款，保险人在订立合同时应当在投保单、保险单或者其他保险凭证上作出足以引起投保人注意的提示，并对该条款的内容以书面或者口头形式向投保人作出明确说明；未作提示或者明确说明的，该条款不产生效力。

·《房屋建筑和市政基础设施项目工程总承包管理办法》

第十五条　建设单位和工程总承包单位应当加强风险管理，合理分担风险。

建设单位承担的风险主要包括：

（一）主要工程材料、设备、人工价格与招标时基期价相比，波动幅度超过合同约定幅度的部分；

（二）因国家法律法规政策变化引起的合同价格的变化；

（三）不可预见的地质条件造成的工程费用和工期的变化；

（四）因建设单位原因产生的工程费用和工期的变化；

（五）不可抗力造成的工程费用和工期的变化。

具体风险分担内容由双方在合同中约定。

鼓励建设单位和工程总承包单位运用保险手段增强防范风险能力。

·《最高人民法院关于适用〈中华人民共和国保险法〉若干问题的解释（二）》

第十一条　保险合同订立时，保险人在投保单或者保险单等其他保险凭证上，对保险合同中免除保险人责任的条款，以足以引起投保人注意的文字、字体、符号或者其他明显标志作出提示的，人民法院应当认定其履行了保险法第十七条第二款规定的提示义务。

18.1.2　双方应按照专用合同条件的约定投保第三者责任险，并在缺陷责任期终止证书颁发前维持其持续有效。第三者责任险最低投保额应在专用合同条件内约定。

【条文释义】

本项中约定了第三者责任险的投保，本项中约定双方应按专用合同条件的约定投保第三者责任险，并在缺陷责任期终止证书颁发前维持其持续有效，双方应在专用合同条件中约定第三者责任险最低投保额。

第三者责任险是指由于意外事故导致项目法人或承包人以外的第三人受到财产损失或人身伤害的保险。在通用合同条件中约定当事人应按专用合同条件的约定投保第三者责任险，可以引导双方通过投保第三者责任险防范和规避相关风险。第三者责任险的投保目的在于保护工地内及邻近区域的第三者的人身和财产损失，通过投保第三者责任险可以规避因发生意外事件而引发的对第三者的相关赔偿责任。

【使用指引】

本项通用条款中约定双方应按专用合同条件的约定投保第三者责任险，同时第三者责任险最低投保额也应在专用合同条件内约定，发包人与承包人应当在专用合同条件中对此保险的保险条款作出更为详细的约定，具体包括投保人（由谁来投保并承担保险费用）、投保险种、保险范围、保险金额（最低投保额）、保险费率、保险期限等有关保险条款的内容。

关于第三者责任险的保险期限问题，本项通用合同条件中明确约定投保人"在缺陷责任期终止证书颁发前"应维持第三者责任险持续有效，也即第三者责任险的保险期间应为从工程开工时起至缺陷责任期终止证书颁发之日为止，而不是至工程竣工验收合格之日为止。缺陷责任期是指承包人按照合同约定承担缺陷修复义务，且发包人预留质量保证金的期限。缺陷责任期一般自工程实际竣工之日起计算，而缺陷责任期的时间长短，根据《建设工程质量保证金管理办法》第二条第三款的规定，缺陷责任期一般为1年，最长不超过2年，由发、承包双方在合同中约定。在缺陷责任期届满后，发包人与承包人应当依据本合同第11.6款［缺陷责任期终止证书］的约定，由发包人向承包人颁发缺陷责任期终止证书。发包人与承包人在确定投保第三者责任险时，应注意对第三者责任险的保险期限的条款设置，注意第三者责任险的保险期间与工程项目缺陷责任期之间的衔接。

关于第三者责任险的除外责任问题，一般来讲，第三者责任险除外责任的范围包含：第一，保单明细表所列的应由被保险人自行负担的免赔款。第二，发包方和承包方在现场从事工程有关工作的职工的人身伤亡和疾病，以及他们所有的或由其照管、控制的财产损失。第三，领有公共运输用执照的车辆、船舶和飞机造成的事故。第四，被保险人根据与他人的协议所支付的赔偿或其他款项。第五，由于震动、移动或减弱支撑而造成的其他财产、土地、房屋的损失或由于上述原因造成的人身伤亡及其他财产损失。发包人与承包人在投保第三者责任险时，应注意第三者责任险除外责任的范围规定，防止保险索赔失败的结果发生。

【风险识别与防范】

就本项约定而言，首先，双方在签订合同时应当在专用合同条件中对第三者责任险的投保人及其保险费用承担以及保险范围、保险金额（最低投保额）、保险期限等核心保险条款作出清楚、明确的约定，避免出现遗漏或约定不清的情形；其次，在合同签订后，负有投保义务的一方应当按照合同约定投保第三者责任保险，并按约定保持该保险持续有效。

关于第三者责任险的保险期限问题，本项通用合同条件中约定投保人应"在缺陷责任期终止证书颁发前维持其持续有效"。在已投保第三者责任险的情况下，由于缺陷责任期内发生的意外事故导致项目法人或承包人以外的第三人受到财产损失或人身伤害的，由保险人承担赔偿责任。但是在实践中，经常会出现缺陷责任期延长的情形，虽然说缺陷责任期最长不超过2年，但是发包人与承包人仍有可能面临缺陷责任期延长并超过第三者责任险保险期限的风险。若在第三者责任险保险期限届满后，但仍处于延长后的缺陷责任期内发生意外事故导致第三者遭受损害，其损害承担，根据《民法典》第一千二百五十二条及第一千二百五十三条的规定，发包人与承包人对外系承担连带责任，对内享有追偿权（即承担了赔偿责任的一方有权向其他责任人追偿）。但是由于此时处于缺陷责任期，承包人需要对工程质量承担缺陷修复责任，如因工程出现质量缺陷而导致第三者损害的，应由承包人承担最终的赔偿责任，即发包人先行承担赔偿责任的，有权向承包人追偿。因此，在缺陷责任期内且未办理第三者责任险或者第三者责任险保险期限已届满的情形下，第三者遭受损害的赔偿责任最终承担主体为承包人。为应对此风险，承包人一方面需要积极依照第11.6款［缺陷责任期终止证书］的约定，督促发包人在缺陷责任期届满时向其颁发终止证书；另一方面，若出现缺陷责任期顺延的情形，承包人应及时延长工程项目第三者责任险的保险期限，确保第三者责任险的持续有效。

关于第三者责任险的最低投保额问题，本项通用合同条件中要求双方应在专用合同条件内约定第三者责任险的最低投保额，发包人与承包人应当共同确定并明确约定最低投保额。第三者责任险的投保金额与赔付限额存在直接挂钩的关系，在实践中，可能会出现给第三者造成的损害远远超出保险人赔付金额的限度。此时，发包人与承包人则面临着对超过保险赔付金额的责任承担的问题。从前文分析来看，基于承包人对工程质量负责的原则，承包人须承担超出保险限额外的损失赔偿责任。针对此种责任风险，发包人和承包人应当确定合理、适当的最低投保额，尤其是对承包人而言，不能为了少交保险费用而将第三者责任险的最低投保额设定过低。

【法条索引】

•《民法典》

第一千二百五十二条　建筑物、构筑物或者其他设施倒塌、塌陷造成他人损害的，由建设单位与施工单位承担连带责任，但是建设单位与施工单位能够证明不存在质量缺陷的除外。建设单位、施工单位赔偿后，有其他责任人的，有权向其他责任人追偿。

因所有人、管理人、使用人或者第三人的原因，建筑物、构筑物或者其他设施倒塌、塌陷造成他人损害的，由所有人、管理人、使用人或者第三人承担侵权责任。

第一千二百五十三条　建筑物、构筑物或者其他设施及其搁置物、悬挂物发生脱落、坠落造成他人损害，所有人、管理人或者使用人不能证明自己没有过错的，应当承担侵权责任。所有人、管理人或者使用人赔偿后，有其他责任人的，有权向其他责任人追偿。

• **《保险法》**

第十条　保险合同是投保人与保险人约定保险权利义务关系的协议。

投保人是指与保险人订立保险合同，并按照合同约定负有支付保险费义务的人。

保险人是指与投保人订立保险合同，并按照合同约定承担赔偿或者给付保险金责任的保险公司。

第六十五条　保险人对责任保险的被保险人给第三者造成的损害，可以依照法律的规定或者合同的约定，直接向该第三者赔偿保险金。

责任保险的被保险人给第三者造成损害，被保险人对第三者应负的赔偿责任确定的，根据被保险人的请求，保险人应当直接向该第三者赔偿保险金。被保险人怠于请求的，第三者有权就其应获赔偿部分直接向保险人请求赔偿保险金。

责任保险的被保险人给第三者造成损害，被保险人未向该第三者赔偿的，保险人不得向被保险人赔偿保险金。

责任保险是指以被保险人对第三者依法应负的赔偿责任为保险标的的保险。

• **《建设工程质量保证金管理办法》**

本办法所称建设工程质量保证金（以下简称保证金）是指发包人与承包人在建设工程承包合同中约定，从应付的工程款中预留，用以保证承包人在缺陷责任期内对建设工程出现的缺陷进行维修的资金。

缺陷是指建设工程质量不符合工程建设强制性标准、设计文件，以及承包合同的约定。

缺陷责任期一般为1年，最长不超过2年，由发、承包双方在合同中约定。

18.2　工伤和意外伤害保险

18.2.1　发包人应依照法律规定为其在施工现场的雇用人员办理工伤保险，缴纳工伤保险费；并要求工程师及由发包人为履行合同聘请的第三方在施工现场的雇用人员依法办理工伤保险。

18.2.2　承包人应依照法律规定为其履行合同雇用的全部人员办理工伤保险，缴纳工伤保险费，并要求分包人及由承包人为履行合同聘请的第三方雇用的全部人员依法办理工伤保险。

【条文释义】

第18.2款约定了工伤保险和意外伤害保险，其中第18.2.1项和第18.2.2项分别从发包人方面和承包人方面约定了工伤保险的办理，第18.2.3项约定了意外伤害保险的办理。工伤保险是指劳动者在工作中或在规定的特殊情况下，遭受意外伤害或患职业病导致暂时或永久丧失劳动能力以及死亡时，劳动者或其遗属从国家和社会获得物质帮助的一种社会保险制度。第18.2.1项约定发包人应依照法律规定为其在施工现场的雇用人员办理工伤保险并缴纳工伤保险费，第18.2.2项约定承包人应依照法律规定为其履行合同雇用的全部人员办理工伤保险并缴纳工伤保险费。发包人和承包人应为其各自雇用人员办理工伤保险并缴纳工伤保险费，属于其各自的法定义务，当无疑义。除此之外，第18.2.1项中还约定发包人有义务要求"工程师及由发包人为履行合同聘请的第三方"为其在施工现场的雇用人员依法办理工伤保险，第18.2.2项中还约定承包人有义务要求"分包人及由承包人为履行合同聘请的第三方"为其雇用的全部人员依法办理工伤保险，工程师、发包人以及由发包人/承包人为履行合同聘请的第三方为其各自雇用人员办理工伤保险，亦属于这些公司的法定义务，但发包人或承包人负有要求、监督、督促这些公司依法办理工伤保险的义务。

根据我国《工伤保险条例》第二条的规定，用人单位应当依照本条例规定参加工伤保险，为本单位全部职工或者雇工缴纳工伤保险费，即依法办理工伤保险并缴纳工伤保险费属于用人单位的法定义务。因此，工程总承包合同示范文本通用合同条件中约定发包人和承包人应依法办理工伤保险，既是在遵守国家法律法规，也体现了对劳动者合法权益的保护。

【使用指引】

因办理工伤保险并缴纳工伤保险费属于用人单位的法定义务，发包人和承包人都应当依法为其雇用人员办理工伤保险，同时对发包人或承包人为履行合同所聘请的工程师、分包人及其他第三方，发包人或承包人还应要求、监督、督促这些第三方依法办理工伤保险。如果双方需要对工伤保险作出特别约定的，可在专用合同条件第18.2.3项中作出约定，该项供双方对"关于工伤保险和意外伤害保险"作出特别约定。

国家历来对建筑业工伤保险工作高度重视，制定各项规定来监督、督促建设单位和施工单位依法办理工伤保险。如2014年12月29日人力资源社会保障部、住房和城乡建设部、安全监管总局、全国总工会联合印发《关于进一步做好建筑业工伤保险工作的意见》，要求建设单位在办理施工许可手续时，应当提交建设项目工伤保险参保证明，作为保证工程安全施工的具体措施之一；安全施工措施未落实的项目，各地住房和城乡建设主管部门不予核发施工许可证。2017年3月9日人力资源社会保障部办公厅发布《关于进一步做好建筑业工伤保险工作的通知》，再次强调联合有关部门，切实把握好政策关键点，在"项目参保证明作为保证工程安全施工的具体措施之一，不落实不予核发施工许可证"的问题上不开口子，不搞变通，守住政策底线。从上述规定可以看出，办理工伤保险是申领施工许可证的前提条件，因此，在工程总承包项目中，发包人与承包人一方面需要积极办理自身人员的工伤保险，另一方面也要督促相关方积极办理工伤保险。

如发包人或承包人未依法办理工伤保险的，需承担相应的工伤保险责任，如由发包人或承包人为履行合同所聘请的其他相关方未依法办理工伤保险的，也可能会导致发包人或承包人需承担相应的工伤保险责任。《关于进一步做好建筑业工伤保险工作的意见》中规定，建立健全工伤赔偿连带责任追究机制。建设单位、施工总承包单位或具有用工主体资格的分包单位将工程（业务）发包给不具备用工主体资格的组织或个人，该组织或个人招用的劳动者发生工伤的，发包单位与不具备用工主体资格的组织或个人承担连带赔偿责任。2014 年 6 月 18 日发布的《最高人民法院关于审理工伤保险行政案件若干问题的规定》第三条规定，社会保险行政部门认定下列单位为承担工伤保险责任单位的，人民法院应予支持：（四）用工单位违反法律、法规规定将承包业务转包给不具备用工主体资格的组织或者自然人，该组织或者自然人聘用的职工从事承包业务时因工伤亡的，用工单位为承担工伤保险责任的单位。（五）个人挂靠其他单位对外经营，其聘用的人员因工伤亡的，被挂靠单位为承担工伤保险责任的单位。从上述规定可以看出，在工程总承包项目中，发包人与承包人在进行业务发包、分包时，需要遵守法律法规的规定进行。若存在违法发包、转包、挂靠等情形，发包人与承包人可能面临着承担工伤保险责任的风险。为避免承担上述法律责任，发包人和承包人不仅应当为自己所雇用的人员办理工伤保险，还应当要求相关第三方（包括工程师、分包人及为履行合同所聘请的其他第三方）为其所雇用的人员依法办理工伤保险。

【风险识别与防范】

因办理工伤保险并缴纳工伤保险费用属于用人单位的法定义务，故发包人和承包人都应当依法办理工伤保险。在工伤保险办理过程中，发包人和承包人需要重点关注和防范工伤赔偿连带责任的承担。在我国的建筑行业大环境下，工程转包、挂靠、违法分包的行为屡见不鲜。虽然依据《民法典》《建筑法》《建设工程质量管理条例》《最高人民法院关于审理建设工程施工合同纠纷案件适用法律问题的解释》等法律法规、司法解释的规定，转包、挂靠、违法分包工程不仅面临着相关建设工程合同被认定为无效的法律后果，还可能会导致发包人和承包人不仅需要为其自己雇用的人员承担工伤保险责任，还要为相关第三方（包括工程师、分包人及发包人/承包人为履行合同所聘请的其他第三方）所雇用的人员承担工伤保险责任。在工程总承包模式下，承包人往往会将部分工程分包给其他单位予以完成，若存在分包给不具备用工主体资格的单位等违法情形时，承包人面临着承担工伤事故连带赔偿责任的风险。为应对此风险，发包人和承包人不仅要自己依法办理工伤保险，还应当要求相关第三方（包括工程师、分包人及发包人/承包人为履行合同所聘请的其他第三方）依法办理工伤保险，并将其已依法办理工伤保险的证明文件提交给发包人/承包人。

此外，在实践中，部分劳动者（尤其是施工单位所雇用的农民工）并不愿意缴纳工伤保险（及其他社会保险），而要求将用人单位原本应缴纳的工伤保险费用（及其他社会保险费用）的全部或部分直接以工资的形式发放给劳动者，同时劳动者在签订的书面合同、其他协议或单方出具的承诺中确认"如劳动者发生工伤事故，责任由其本人承担"。而承包人出于节约工伤保险费用（及其他社会保险费用）的考虑往往会同意劳动者该要求，部分承包人甚至会主动要求劳动者采取该方式。但此种约定属于用人单位免除自己的法定责任、排除劳动者权利的约定，属于无效条款。此外，根据《社会保险法》第三十三条的规定，职工应该参加工伤保险，工伤保险的保险费由用人单位缴纳，职工不缴纳工伤保险费。在此情形下，即使发包人与承包人按照劳动者的要求每月以工资形式将工伤保险费直接发放给劳动者，但是仍然会面临着一旦劳动者出现工伤保险事故，发包人或承包人仍需承担工伤责任的风险。因此，发包人与承包人在面对劳动者提出不缴纳工伤保险的请求时，应明确拒绝，并积极主动依法为劳动者缴纳工伤保险。

【法条索引】

•《建筑法》

第四十八条　建筑施工企业应当依法为职工参加工伤保险缴纳工伤保险费。鼓励企业为从事危险作业的职工办理意外伤害保险，支付保险费。

•《工伤保险条例》

第二条　中华人民共和国境内的企业、事业单位、社会团体、民办非企业单位、基金会、律师事务所、会计师事务所等组织和有雇工的个体工商户（以下称用人单位）应当依照本条例规定参加工伤保险，为本单位全部职工或者雇工（以下称职工）缴纳工伤保险费。

中华人民共和国境内的企业、事业单位、社会团体、民办非企业单位、基金会、律师事务所、会计师事务所等组织的职工和个体工商户的雇工，均有依照本条例的规定享受工伤保险待遇的权利。

•《关于进一步做好建筑业工伤保险工作的意见》

一、完善符合建筑业特点的工伤保险参保政策，大力扩展建筑企业工伤保险参保覆盖面。建筑施工企业应依法参加工伤保险。针对建筑行业的特点，建筑施工企业对相对固定的职工，应按用人单位参加工伤保险；对不能按用人单位参保、建筑项目使用的建筑业职工特别是农民工，按项目参加工伤保险。房屋建筑和市政基础设施工程实行以建设项目为单位参加工伤保险的，可在各项社会保险中优先办理参加工伤保险手续。建设单位在办理施工许可手续时，应当提交建设项目工伤保险参保证明，作为保证工程安全施工的具体措施之一；安全施工措施未落实的项目，各地住房城乡建设主管部门不予核发施工许可证。

九、建立健全工伤赔偿连带责任追究机制。建设单位、施工总承包单位或具有用工主体资格的分包单位将工程（业务）发包给不具备用工主体资格的组织或个人，该组织或个人招用的劳动者发生工伤的，发包单位与不具备用工主体资格的组织或个人承担连带赔偿责任。

•《关于进一步做好建筑业工伤保险工作的通知》

二、进一步加强领导，推动形成更高水平、更高效率的部门协作机制

建筑业按项目参加工伤保险工作涉及多部门职责，需要多部门联动。各级人社部门要进一步发挥好牵头作用，会同有关部门加强和完善联席会议、联合督查、信息共享、定期会商等行之有效的部门协作机制。要联合有关部门，切实把握好政策关键点，在"项目参保证明作为保证工程安全施工的具体措施之一，不落实不予核发施工许可证"的问题上不开口子，不搞变通，守住政策底线。

•《最高人民法院关于审理工伤保险行政案件若干问题的规定》

第三条　社会保险行政部门认定下列单位为承担工伤保险责任单位的，人民法院应予

支持：

（四）用工单位违反法律、法规规定将承包业务转包给不具备用工主体资格的组织或者自然人，该组织或者自然人聘用的职工从事承包业务时因工伤亡的，用工单位为承担工伤保险责任的单位；

（五）个人挂靠其他单位对外经营，其聘用的人员因工伤亡的，被挂靠单位为承担工伤保险责任的单位。

前款第（四）、（五）项明确的承担工伤保险责任的单位承担赔偿责任或者社会保险经办机构从工伤保险基金支付工伤保险待遇后，有权向相关组织、单位和个人追偿。

• **《劳动合同法》**

第二十六条　下列劳动合同无效或者部分无效：（一）以欺诈、胁迫的手段或者乘人之危，使对方在违背真实意思的情况下订立或者变更劳动合同的；（二）用人单位免除自己的法定责任、排除劳动者权利的；（三）违反法律、行政法规强制性规定的。对劳动合同的无效或者部分无效有争议的，由劳动争议仲裁机构或者人民法院确认。

• **《社会保险法》**

第三十三条　职工应当参加工伤保险，由用人单位缴纳工伤保险费，职工不缴纳工伤保险费。

18.2.3　发包人和承包人可以为其施工现场的全部人员办理意外伤害保险并支付保险费，包括其员工及为履行合同聘请的第三方的人员，具体事项由合同当事人在专用合同条件约定。

【条文释义】

本项中约定了意外伤害保险的办理，发包人和承包人可以为其施工现场的全部人员办理意外伤害保险并支付保险费，被保险人包括发包人或承包人的员工及为履行合同聘请的第三方的人员；就意外伤害保险办理的具体事项，合同当事人可以在专用合同条件中作出具体约定。

意外伤害险是以被保险人因遭受意外伤害造成死亡、残废为给付保险金条件的人身保险，系对施工人员的人身安全的另一种保护。根据本项通用合同条件约定，意外伤害保险的被保险人员既包括发包人和承包人自己所雇用的员工，还包括发包人和承包人为履行合同聘请的第三方的人员。本项中并未将意外伤害保险列为合同当事人必须投保的保险，而是将其交由发包人与承包人意思自治。究其原因在于我国《建筑法》第四十八条的规定为"鼓励企业为从事危险作业的职工办理意外伤害保险，支付保险费"。但国务院制定的行政法规《建设工程安全生产管理条例》第三十八条规定："施工单位应当为施工现场从事危险作业的人员办理意外伤害保险。"因此，发包人和承包人应当依法为其在"施工现场从事危险作业的人员"办理意外伤害保险。

【使用指引】

本项通用合同条件中约定就办理意外伤害保险的具体事项由合同当事人在专用合同条

件中约定，专用合同条件中相应设置了第 18.2.3 项供合同当事人对"关于工伤保险和意外伤害保险"作出特别约定，如合同当事人需要对办理意外伤害保险的具体事项作出特别约定的，可以在专用合同条件第 18.2.3 项中作出具体、详细的约定，包括保险范围、保险金额、保险费率、保险期限等有关保险条款的内容。

虽然本项通用合同条件中约定发包人和承包人"可以"（而不是"必须"）为其施工现场的全部人员办理意外伤害保险并支付保险费，但国务院发布的《建设工程安全生产管理条例》第三十八条中规定："施工单位应当为施工现场从事危险作业的人员办理意外伤害保险。意外伤害保险费由施工单位支付。实行施工总承包的，由总承包单位支付意外伤害保险费。意外伤害保险期限自建设工程开工之日起至竣工验收合格止。"因此，发包人与承包人在签订合同时应当根据该规定对办理意外伤害保险的相关事宜作出约定，承包人应当依法为"施工现场从事危险作业的人员"办理意外伤害保险并支付意外伤害保险费，在保险期限上应注意与工程期限的衔接问题。

关于意外伤害保险的被保险人的范围问题，本项通用合同条件中约定为"施工现场的全部人员"，该全部人员包括其员工及为履行合同聘请的第三方的人员。对该问题，建设部 2003 年 5 月 23 日发布的《关于加强建筑意外伤害保险工作的指导意见》第六条中规定，工程项目中存在分包的，由总承包施工企业为劳动人员统一办理意外伤害险，分包单位则需要合理承担投保费用；业主直接发包的工程项目则由承包企业负责直接办理意外伤害险。由此可知，在工程总承包项目中，一般由承包人负责办理意外伤害险并承担意外伤害险的保险费，若存在项目分包的，承包人需要预先为分包人的劳动人员办理意外伤害险，而此部分意外伤害险的保险费则是由分包单位合理承担。而对发包人直接发包的工程项目，则由该发包工程项目的承包企业直接办理意外伤害保险并承担保险费。

【风险识别与防范】

根据本项通用合同条件中的约定，以及《关于加强建筑意外伤害保险工作的指导意见》第六条的规定，承包人负有为分包单位劳动人员办理意外伤害险并预先承担保险费的义务，但是此部分保险费本应由分包单位承担。因此，对承包人而言，承包人享有向分包单位追索保险费的债权，并面临着追索债权失败的风险。针对该风险，承包人一方面在报价时需要将分包单位劳动人员的意外伤害险保险费考量在合同价格中；另一方面，承包人在进行项目分包时，应当在分包合同中约定分包单位人员意外伤害保险费由分包人承担，并明确分包人所需承担的意外伤害保险费的金额或计算方式，在分包合同履行过程中，对承包人预先缴纳的分包单位人员的保险费，优先从应付分包人的分包工程款中予以扣除并由分包人书面确认。

工伤保险与意外伤害险都是保护劳动者人身权益的保险，因此建筑施工企业在选择投保此类保险时会存在不同的选择，投保工伤保险或意外伤害险，或同时投保两种保险。对建筑施工企业及其劳动者而言，同时投保两种保险，显然可以为建筑施工企业及其劳动者提供更充分、更有效的保障。在劳动者发生工伤事故时，如同时投保了两种保险，则会产生意外伤害险与工伤保险双重赔付的情况。该情况会衍生出以下问题：

第一，意外伤害险的赔付能否抵扣工伤保险待遇的问题。针对此问题有两种不同的裁判观点，一种裁判观点认为：意外伤害险的赔付不能抵扣工伤保险待遇。根据《工伤保险条例》的规定，工伤保险属于法定的强制责任保险。应当参加工伤保险而未参加工伤保险的用人单位劳动人员发生工伤的，应由用人单位按照工伤保险待遇向劳动人员支付费用。另一种裁判观点认为：意外伤害险的赔付可以抵扣工伤保险待遇。根据《关于加强建筑意外伤害保险工作的指导意见》的规定，意外伤害险是法定的强制性保险，也是保护建筑业从业人员合法权益、转移企业事故风险、增强企业预防和控制事故能力、促进企业安全生产的重要手段。而建筑施工企业为劳动人员办理意外伤害险的目的在于保障员工的权益，在发生意外事故后可以获得经济补偿，减轻公司的赔偿责任。

第二，在同时办理意外伤害险与工伤保险的情形下，劳动者能否同时获得双重赔付。《最高人民法院公报》2017年第12期中的一个保险纠纷案例中确立了以下裁判规则："用人单位为职工购买商业性人身意外伤害保险的，不因此免除其为职工购买工伤保险的法定义务。职工获得用人单位为其购买的人身意外伤害保险赔付后，仍然有权向用人单位主张工伤保险待遇。"① 根据该最高院公报案例，建筑施工企业为其劳动者同时投保工伤保险和意外伤害保险的，劳动者发生工伤事故的，如同时也符合意外伤害保险的赔付条件的，则劳动者可享受双重赔付。

综上所述，对承包人而言，承包人应当首先遵守国家工伤保险法律法规的规定，为其全部劳动人员办理工伤保险，至于是否办理意外伤害险主要应依据工程项目施工作业的危险程度而定，可以为其从事危险作业的劳动人员办理意外伤害保险，以此降低企业的风险，而对其并不从事危险作业的劳动人员不办理意外伤害保险，以此节约不必要的意外伤害保险费支出。

【法条索引】

• 《建筑法》

第四十八条　建筑施工企业应当依法为职工参加工伤保险缴纳工伤保险费。鼓励企业为从事危险作业的职工办理意外伤害保险，支付保险费。

• 《建设工程安全生产管理条例》

第三十八条　施工单位应当为施工现场从事危险作业的人员办理意外伤害保险。

意外伤害保险费由施工单位支付。实行施工总承包的，由总承包单位支付意外伤害保险费。意外伤害保险期限自建设工程开工之日起至竣工验收合格止。

• 《关于加强建筑意外伤害保险工作的指导意见》

一、全面推行建筑意外伤害保险工作

根据《建筑法》第四十八条规定，建筑职工意外伤害保险是法定的强制性保险，也是保护建筑业从业人员合法权益，转移企业事故风险，增强企业预防和控制事故能力，促进企业安全生产的重要手段。2003年内，要实现在全国各地全面推行建筑意外伤害保险制

---

① 参见《重磅！最高人民法院公报：意外险与工伤保险可以兼得！》，载于法律公园微信公众号。

度的目标。

六、关于建筑意外伤害保险的投保

施工企业应在工程项目开工前，办理完投保手续。鉴于工程建设项目施工工艺流程中各工种调动频繁、用工流动性大，投保应实行不记名和不计人数的方式。工程项目中有分包单位的由总承包施工企业统一办理，分包单位合理承担投保费用。业主直接发包的工程项目由承包企业直接办理。

各级建设行政主管部门要强化监督管理，把在建工程项目开工前是否投保建筑意外伤害保险情况作为审查企业安全生产条件的重要内容之一；未投保的工程项目，不予发放施工许可证。

投保人办理投保手续后，应将投保有关信息以布告形式张贴于施工现场，告之被保险人。

18.3　货物保险

承包人应按照专用合同条件的约定为运抵现场的施工设备、材料、工程设备和临时工程等办理财产保险，保险期限自上述货物运抵现场至其不再为工程所需要为止。

【条文释义】

本款中约定了货物保险的投保。根据本款约定，承包人应按专用合同条件约定为"运抵现场的施工材料、工程设备和临时工程等"办理财产保险，保险期限自上述货物运抵现场至其不再为工程所需要为止。

货物保险是以施工现场的施工设备、材料、工程设备和临时工程等货物作为保险标的，保险人对保险单载明的保险责任范围内原因造成的货物损失负赔偿责任的保险。货物保险从性质上来讲是一种财产保险，保护的是财产标的的经济价值与经济利益，而财产保险最重要的赔付原则是损失补偿原则。损失补偿原则是指在财产保险中，当保险事故发生导致被保险人经济损失时，保险公司给予被保险人经济损失赔偿，使其恢复到遭受保险事故前的经济状况。因此，承包人投保货物保险的目的是因为施工现场风险因素多，而项目所需的施工设备、材料、工程设备和临时工程等价值大，一旦发生意外事故或自然灾害，将会给承包人造成巨大的经济损失，投保货物保险也是为了降低因货物损失给企业造成的风险。

【使用指引】

本项通用合同条件中约定承包人应当按照专用合同条件的约定办理货物保险，专用合同条件中相应设置了第18.3款供合同当事人对"承包人应为其施工设备、材料、工程设备和临时工程等办理的财产保险"作出特别约定，如合同当事人需要对承包人应办理的货物保险的具体事项作出特别约定的，可以在专用合同条件第18.3款中作出具体、详细的约定，包括投保险种、保险范围、保险金额、保险费率、保险期限等有关保险条款的内容。

本款中约定由承包人办理货物保险，是因为在工程总承包模式下，承包人的承包范围不仅包括设计、施工，还包括采购，而且在很多工程总承包项目中，采购的货物价值在整个工程总承包项目中占有非常重要的比重。为了保障总承包单位的利益，防范因意外事故或自然灾害导致施工设备、材料等货物受损的后果，承包人需要积极主动地为进场货物投保货物保险。

在本款约定使用过程中，发包人和承包人需要注意货物保险的投保人、保险标的及保险期限等三方面的问题。首先，货物保险的投保人为承包人，那么意味着投保货物保险的保险费用由承包人承担。其次，货物保险的标的范围为运抵现场的施工设备、材料、工程设备和临时工程等，工程总承包项目是一项时间长、工程量大、风险因素多的活动，其所需的货物材料往往具有价值大或数量多等方面的特点，是否所有运抵现场的施工设备、材料、工程设备和临时工程等都需要投保货物保险，这点需要发包人与承包人在专用合同条件中加以确定。最后，货物保险的保险期限为自上述货物运抵现场至其不再为工程所需要为止，从本条的约定看，能发现货物保险的保险期间具有不确定性，"不再为工程所需要"往往是一个难以确定的时间节点，它受到工程进展等多方面的影响，发包人和承包人在签订合同时，应当对何为"不再为工程所需要"作出具体、明确的约定。另外需要注意的是，本款中约定货物的保险期限均为"至其不再为工程所需要为止"，并不严谨，对最终并不成为工程组成部分的货物（如施工设备和临时工程等），其保险期限"至其不再为工程所需要为止"是合理的，而对最终要成为工程组成部分的货物（如施工材料、工程设备等），其保险期限"至其不再为工程所需要为止"就不符合逻辑了，因为这部分货物最终要成为工程的组成部分，会一直为工程所需要，对这部分货物的保险期限，可以约定为"至这部分货物被施工安装于工程之上"并为其他保险（如建筑安装工程一切险）的保险范围所覆盖为止。因此，对承包人需投保的货物保险的保险期限问题，发包人和承包人应当根据不同货物的情形作出不同的合理约定。

【风险识别与防范】

对承包人应投保的货物保险，发包人和承包人应当在专用合同条件中对应投保的货物的具体范围及其保险期限作出具体、明确的约定，避免出现遗漏或约定不清的情形。同时，在工程实施中，如果存在由发包人供应材料设备的情形，则对发包人供应的材料设备是否需要投保货物保险，以及需要投保货物保险时由哪一方负责投保并承担保险费用，应当作出相应约定。

在实践中，常见的货物保险是工程机械设备保险。发包人与承包人在投保工程机械设备保险时，需要着重注意工程机械设备保险的保险责任与除外责任的范围。一般来讲，因火灾、爆炸；雷电、暴雨、洪水、台风、龙卷风、暴雪、冰雹、冰凌、泥石流、崖塌、突发性滑坡、地面突然下陷下沉；外界物体倒塌或坠落，造成保险标的的损失，保险人方承担赔偿责任。在保险责任范围外造成的损失，保险人不承担责任亦不赔偿，保险合同一般也会对除外责任的范围进行详细的列举与说明，并附有兜底条款。这样便导致承包人在投保后依旧会面临着极大的可能无法顺利获得保险理赔的风险。为应对此类风险，承包人可以在投保工程机械设备保险时根据具体工程的实际情况和自身需求，通过附加投保各种附加险，来降低风险，常见的附加险有：自燃损失附加险、设备盗抢附加险、碰撞、倾覆附加险等。

如由承包人负责投保货物保险，则承包人应承担货物保险的保费，如果由发包人供应的材料设备需由承包人办理货物保险，则承包人可以提出由发包人承担相应的保险费用或者在投标报价时将该部分保险费用纳入合同价款中。同时，根据本款约定，承包人负责投保的货物保险的保险期限具有极大的不确定性。而保险期限的长短不仅直接决定保险费用的多少，同时还涉及保险期限到期后是否需要延长保险期限以及延长保险期限而增加的保险费用如何承担等问题。针对此风险，承包人应与发包人在专用合同条件中对此部分增加的保险费用的承担问题进行约定，明确约定如果非承包人原因而导致承包人所投保的货物保险的保险期限需要延长的，则延长保险期限所增加的保险费用由发包人承担。

【法条索引】

·《保险法》

第十条 保险合同是投保人与保险人约定保险权利义务关系的协议。投保人是指与保险人订立保险合同，并按照合同约定负有支付保险费义务的人。保险人是指与投保人订立保险合同，并按照合同约定承担赔偿或者给付保险金责任的保险公司。

18.4 其他保险

发包人应按照工程总承包模式所适用的法律法规和专用合同条件约定，投保其他保险并保持保险有效，其投保费用发包人自行承担。承包人应按照工程总承包模式所适用法律法规和专用合同条件约定投保相应保险并保持保险有效，其投保费用包含在合同价格中，但在合同执行过程中，新颁布适用的法律法规规定由承包人投保的强制保险，应根据本合同第 13 条［变更与调整］的约定增加合同价款。

【条文释义】

本款为一个兜底条款，约定了其他保险的投保。本款中所约定的"其他保险"是指发包人或承包人应按照工程总承包模式所适用的法律法规和专用合同条件约定应投保的保险，或在合同执行中，新颁布适用的法律法规规定由承包人投保的强制保险。本款中约定发包人和承包人均应按照"工程总承包模式所适用法律法规和专用合同条件约定"投保其他保险。关于本款中约定的其他保险的投保费用的承担，由于发包人是工程所有权人，从利益归属的角度出发，发包人应最终承担一切的工程保险费用，因此在发包人或承包人按照工程总承包模式所适用的法律法规和专用合同条件约定投保其他保险的情况下，发包人或承包人承担投保费用的规则是不同的，发包人投保费用自行承担，而承包人投保费用包含在合同价格中。若出现在合同执行过程中，新颁布适用的法律法规规定由承包人投保的强制保险的情形，承包人则需要根据本合同第 13 条［变更与调整］的约定增加合同价款，因为投保该新增强制保险的投保费用并未包含在合同价格中，该投保费用应增加到合同价款中，由发包人支付给承包人，亦即投保该新增强制保险的投保费用最终系由发包人来承担。

【使用指引】

本款中约定发包人和承包人均应当按照"工程总承包模式所适用的法律法规"和"专用合同条件约定"，投保其他保险并保持保险有效。对"工程总承包模式所适用的法律法规"中规定应投保的其他保险，发包人和承包人应当按照规定进行投保，同时可以在专用合同条件中对此类其他保险的投保事宜作出约定。如 2017 年 12 月 12 日国家安全监管总局、保监会、财政部联合发布的《安全生产责任保险实施办法》第六条规定，建筑施工作为高危行业领域，从事建筑施工的生产经营单位应当投保安全生产责任保险。鼓励其他行业领域生产经营单位投保安全生产责任保险。各地区可针对本地区安全生产特点，明确应当投保的生产经营单位。安全生产责任保险是指保险机构对投保的生产经营单位发生的生产安全事故造成的人员伤亡和有关经济损失等予以赔偿，并且为投保的生产经营单位提供生产安全事故预防服务的商业保险。因此，发包人和承包人在投保其他保险时，应优先考虑法律法规规章所要求投保的强制性保险险种，然后再根据项目的实际和行业情况加以选择、分析，投保其他相关保险。

除"工程总承包模式所适用的法律法规"中规定的其他保险之外，如果发包人和承包人根据具体工程项目的实际情况和需求，需要投保其他相关保险的，发包人和承包人可在专用合同条件中作出约定。如对有较大环境危害风险的项目，可以考虑投保环境污染责任保险。专用合同条件中也相应设置了第 18.4 款供合同当事人对"其他保险"作出约定。如果发包人或承包人需要投保其他保险的，应当在专用合同条件中对其他保险的投保人（及投保费用的承担）、投保险种、保险范围、保险金额、保险费率、保险期限等有关保险条款的内容作出约定。

如果发包人和承包人已经投保了或将要投保建设工程设计责任险、建筑安装工程一切险、工伤保险、意外伤害保险等保险的，在确定投保其他保险时，应尽量与已投保或将要投保的保险相互衔接，一方面，应避免在保险责任和保障范围上出现交叉重复而导致承担不必要的保险费用，另一方面，也要注意避免在保险责任和保障范围上出现遗漏和真空地带。保险责任包含了基本责任、除外责任与附加责任三种责任。基本责任是指约定在保险合同中的保险人应承担的经济赔偿责任的范围，一般包括自然灾害、意外事故、抢救或防止灾害蔓延采取必要措施造成的保险财产损失等支出的合理费用。除外责任是指约定在保险合同中的保险人不承担经济赔偿责任的风险范围。附加责任是指在保险合同约定的基本责任以外，经保险双方协商一致后特别约定附加承保范围的一种责任范围。发包人与承包人在投保其他保险时要明晰不同保险的责任范围，防止发生因超出该保险责任范围而无法索赔的情形。

【风险识别与防范】

本款中对发包人或承包人需投保的其他保险的约定，系一种兜底条款，本款使用中的难点在于如何确定按照"工程总承包模式所适用的法律法规"规定需要投保的其他保险的种类，以及如何确定在"工程总承包模式所适用的法律法规"规定之外需要投保的其他保险的种类。发包人和承包人在确定按照本款约定需要投保的其他保险的种类时，应当遵循以下原则：一方面，应避免在保险责任和保障范围上出现交叉重复而导致承担不必要的保险费用，另一方面，也要注意避免在保险责任和保障范围上出现遗漏和真空地带。

发包人与承包人在投保其他保险时，应注意保险索赔与工程索赔之间的区别与衔接问题。保险索赔是指当被保险人的货物或其他保险标的遭受承保责任范围内的风险损失时，被保险人向保险人提出的索赔要求。工程索赔是指在合同履行过程中，对于并非自己的过错，而是应由对方承担责任的情况造成的实际损失向对方提出经济补偿和（或）时间补偿的要求。在项目建设过程中，常会出现保险索赔与工程索赔竞合的情形，此时发包人或承包人同时享有两种索赔的路径和权利，在实践中，常会出现保险索赔失败又工程索赔无门的境遇。为了避免索赔失败的风险，发包人或承包人应视具体情况选择索赔的路径，在属于保险责任范围、事故责任方不明确或无能力赔付的情况下，宜进行保险索赔。当然发包人或承包人在选择保险索赔时，应注意工程索赔权利的保留，或者在进行保险索赔的同时按照合同约定进行工程索赔。

另外，本款中约定在合同执行过程中，因新颁布适用的法律法规规定导致承包人需要另行投保某强制保险，进而导致承包人成本费用增加的，承包人应根据本合同第 13 条［变更与调整］的约定来增加合同价款。根据该约定可以看出，发包人与承包人皆面临因法律法规变化而导致合同价款变更的风险。根据第 13.7 款［法律变化引起的调整］的约定，此部分合同价款变更的费用由发包人承担。为了应对合同价款变更的风险，一方面，发包人需要注意限定承包人行使权利的边界，如发包人可在专用合同条件中另行约定"承包人在根据新颁布适用的法律法规规定投保某强制保险之前应当事先告知发包人，并与发包人协商确定保险人及核心保险条款，如双方对此无法协商达成一致的，发包人有权自行确定保险人并与保险人协商确定各项核心保险条款，承包人应按照发包人与保险人协商确定的各项核心保险条款向发包人确定的保险人投保该强制保险"，另一方面，在出现新颁布适用的法律法规规定承包人需投保某强制保险的，承包人应严格按照合同价款变更的程序来要求增加合同价款，并注意证据的留存与签证的办理。

【法条索引】

• **《保险法》**

第十条　保险合同是投保人与保险人约定保险权利义务关系的协议。投保人是指与保险人订立保险合同，并按照合同约定负有支付保险费义务的人。保险人是指与投保人订立保险合同，并按照合同约定承担赔偿或者给付保险金责任的保险公司。

• **《安全生产责任保险实施办法》**

第六条　煤矿、非煤矿山、危险化学品、烟花爆竹、交通运输、建筑施工、民用爆炸物品、金属冶炼、渔业生产等高危行业领域的生产经营单位应当投保安全生产责任保险。鼓励其他行业领域生产经营单位投保安全生产责任保险。各地区可针对本地区安全生产特点，明确应当投保的生产经营单位。

对存在高危粉尘作业、高毒作业或其他严重职业病危害的生产经营单位，可以投保职业病相关保险。

对生产经营单位已投保的与安全生产相关的其他险种，应当增加或将其调整为安全生产责任保险，增强事故预防功能。

18.5　对各项保险的一般要求

18.5.1　持续保险

合同当事人应与保险人保持联系，使保险人能够随时了解工程实施中的变动，并确保按保险合同条款要求持续保险。

【条文释义】

第18.5款系对第18.1款至第18.4款中所约定的各项保险的一般要求，分4项分别规定了持续保险义务（18.5.1项）、保险凭证提交义务（18.5.2项）、未按约定投保的补救（18.5.3项）、通知义务（18.5.4）。本项中约定了合同当事人确保持续保险的义务。工程总承包项目的合同周期相比一般建设工程施工周期更长，而且工程总承包项目在实施过程中往往会面临着工期的变动、不可抗力等情况，这在一定程度上增加了保险人承保的风险。本项约定的主要目的在于加强合同当事人与保险人之间的联系与交流，落实合同当事人的通知义务，避免因信息不到位等情形导致自身保险利益受损。

本项约定合同当事人应与保险人保持联系，使保险人能够随时了解工程实施中的变动，并确保按保险合同条款要求持续保险，该约定是发包人或承包人在保险合同中承担通知义务的一个体现，根据《中华人民共和国保险法》第五十二条的规定，通知义务是指在合同有效期内，保险标的的危险程度显著增加，被保险人应当按照合同约定及时通知保险人，保险人可以按照合同约定增加保险费或者解除合同。由于工程总承包项目往往存在项目价值高、工期长、突发情况多等情况，且被保险人和投保人相较于保险人更容易及时获取工程的实时情况，因此订立保险合同时，保险人都会在合同中约定被保险人、投保人负有相应的通知义务，对保险合同中的该等约定，合同当事人应予遵照履行，以确保保险持续有效。

【使用指引】

本项中约定合同当事人负有确保按保险合同条款要求持续保险的义务，该义务涉及保险期限与工程工期的衔接问题。保险期限亦称"保险期间"，保险单所提供的保障期限，即从保险责任开始到终止的时间。不同险种的保险合同有着不同的保险期限。保险期限不仅是保险合同双方当事人履行权利和承担义务的责任期限，也是保险人计算保险费的重要依据，保险期间的长短直接关系到保险人是否有义务履行相应的保险赔偿责任。因此在签订保险合同时，投保人需要着重关注保险合同的保险期间条款的约定。而发包人和承包人在对合同第 18.1 款至第 18.4 款中所约定的各项保险进行约定时，也应当着重关注各项保险的保险期限问题，确保各项保险能够在工程工期内持续有效、持续提供保险保障。

本项中约定合同当事人应确保"按保险合同条款要求"持续保险，涉及投保人与保险人所签订的保险合同条款。保险合同是典型的格式合同，其内容约定存在一定数量的格式条款。所谓格式条款，又称为标准条款，是指当事人为了重复使用而预先拟定并在订立合同时未与对方协商的条款。因这些格式条款都是保险公司所事先拟定，因此往往对保险人有利，而对投保人或被保险人不利，但实践中部分投保人和被保险人在进行投保时往往对保险合同中的格式条款并不关注或并不过多关注，而在发生保险事故理赔时，保险人依据保险合同中的格式条款进行抗辩时，投保人或被保险人往往才开始关注到相应的格式条款。虽然法律和司法解释在对格式条款的解释规则上作出了对非格式条款提供方有利的规定，但由于保险人在签订合同时往往已经依据法律和司法解释中的规定履行了相应的提示和说明等义务，这些格式条款在绝大部分情况下都会作为解决投保人/被保险人与保险人双方之间保险合同争议的合同依据。因此，合同当事人在签订保险合同时要高度注意保险合同条款的内容，尤其是其中对自己不利的格式条款，如对条款理解有问题，应及时要求保险人予以解释说明，避免因自己对条款理解存在歧义或错误而导致在发生保险事故后出现无法获得理赔的情形。

【风险识别与防范】

本项约定的是合同当事人确保按保险合同条款要求持续保险的义务，该义务的履行要依赖于合同当事人对保险合同条款的了解、理解和履行。对投保人而言，在签订保险合同时，应当高度关注保险合同中的各项条款约定，尽可能签订一份对自己有利的保险合同；在保险合同签订之后，无论其中的条款约定是否为格式条款，是否对自己有利，投保人或被保险人都应当按照保险合同条款约定履行。

在合同当事人确保持续保险过程中最为重要和关键的因素为相关保险的保险期限问题。从理论上来讲，工程保险的保险期限应与建设工程的工期相一致。但是在实践中，建设工程的工期会受到施工单位、建设单位、材料、技术、资金、环境等众多因素的影响，工程实际施工时间往往会长于原定工期时间。如果简单地将保险期限约定为与工期一致，则会出现保险期限到期但工程尚未完工的情形，此时若发生自然灾害或意外事故，保险人可以以保险期限届满，不负赔偿责任为由拒绝进行赔付。针对该风险，一方面，投保人需要密切注意工期与保险期限的衔接问题，及时延长保险合同的保险期限，以避免超过保险期限发生保险事故但无法进行保险赔付情况的发生；另一方面，若发生因保险期限届满事故损失无法赔付的情形时，合同当事人可以在专用合同条件中对此损失责任承担进行事前约定，约定为由负有投保义务或者负有持续保险义务的当事人承担此损失责任。

在实践中，因保险合同属于格式合同，其中的绝大部分合同条款属于格式条款，可能会发生对保险期限等保险合同条款理解存在差异致使合同当事人与保险人发生保险合同争议的情形。在这种情况下，保险人往往会主张保险期限已经届满或者存在其他免责情形，不应承担保险赔偿责任。而投保人则认为保险期限尚未届满或者保险人所主张的免责情形不成立或相关免责条款无效等，保险人应承担保险赔偿责任。虽然法律在格式条款的解释规则上采取对了对被保险人和受益人有利的规定，为被保险人和受益人提供了相应的救济途径，但是，时间成本与诉讼/仲裁成本也是一种损失与消耗。因此，为应对此风险，合同当事人在签订保险合同时应充分利用专业法律人员的知识，对保险合同进行严格把控与审核，对不易理解或理解有争议的保险合同条款，应积极要求保险人予以解释说明，并及时通过书面形式对此予以确认，尽量做到双方对保险合同的条款内容认识一致。

【法条索引】

•《保险法》

第三十条　采用保险人提供的格式条款订立的保险合同，保险人与投保人、被保险人或者受益人对合同条款有争议的，应当按照通常理解予以解释。对合同条款有两种以上解释的，人民法院或者仲裁机构应当作出有利于被保险人和受益人的解释。

第五十二条　在合同有效期内，保险标的的危险程度显著增加的，被保险人应当按照合同约定及时通知保险人，保险人可以按照合同约定增加保险费或者解除合同。保险人解除合同的，应当将已收取的保险费，按照合同约定扣除自保险责任开始之日起至合同解除之日止应收的部分后，退还投保人。

被保险人未履行前款规定的通知义务的，因保险标的的危险程度显著增加而发生的保险事故，保险人不承担赔偿保险金的责任。

•《民法典》

第四百九十八条　对格式条款的理解发生争议的，应当按照通常理解予以解释。对格式条款有两种以上解释的，应当作出不利于提供格式条款一方的解释。格式条款和非格式条款不一致的，应当采用非格式条款。

18.5.2　保险凭证

合同当事人应及时向另一方当事人提交其已投保的各项保险的凭证和保险单复印件，保险单必须与专用合同条件约定的条件保持一致。

【条文释义】

本项约定的是保险凭证的提交义务，其中约定了两部分内容：（1）合同当事人应及时向另一方当事人提交其已投保的各项保险的凭证和保险单复印件；（2）合同当事人提交的保险单必须与专用合同条件约定的条件保持一致。合同第18.1款［设计和工程保险］、第18.2款［工伤和意外伤害保险］、第18.3款［货物保险］及第18.4款［其他保险］中约定了发包人与承包人各自应当办理的相关保险的义务，这些保险的投保人往往是发包人或承包人一方（有时相关保险虽然是以发包人和承包人双方名义进行投保，但实际办理投保事宜的往往也只是发包人或承包人一方），因此，为使得非投保方能够及时了解投保方投保相关保险的情况（包括投保方是否已投保相关保险，以及所投保的相关保险是否符合双方在工程总承包合同中的约定），投保方在投保相关保险后有义务向对方提交其已投保各项保险的保险凭证。本条的目的即在于通过对发包人与承包人设定提供各项保险的凭证和保险单复印件的义务，以保证发包人与承包人对所办理的各项保险的知情权与索赔权。

【使用指引】

本项作为通用合同条件仅约定了合同当事人负有及时向另一方当事人提交其已投保的各项保险的凭证和保险单复印件的义务，但是关于该义务的履行时间、履行方式等未作规定，因此在实践中，合同当事人应在专用合同条件中针对合同当事人提交各项保险凭证的义务的履行方式与履行时间等作出细致的规定。如本项中约定合同当事人应"及时"向另一方当事人提交保险凭证，但并未明确约定何为"及时"，对投保人向另一方提交保险凭证的时间，可以约定为投保人应在取得保险凭证后的合理时间（如 5 日、7 日等）内向对方提交，为了避免投保人延迟履行投保义务，还应当对投保人向另一方提交保险凭证的绝对时间（即不得晚于一个特定时间）作出约定。

此外，本项中约定保险单必须与专用合同条件约定的条件保持一致，专用合同条件中也相应设置了第 18.5.2 项供合同当事人对保险单的条件作出约定，合同当事人应当在专用合同条件第 18.5.2 项中对保险单的条件作出具体、明确的约定。需要注意的是，投保人提交的保险单除了要符合本项专用合同条件中的约定之外，第 18.1 款至第 18.4 款（包括通用合同条件、专用合同条件）中如果已经对相应保险所应具备的条件（包括保险范围、保险金额、保险费率、保险期限等）作出约定，投保人应当按照该等约定投保相应保险并取得符合该等约定的保险单，亦即投保人提交的保险单还应符合第 18.1 款至第 18.4 款（包括通用合同条件、专用合同条件）约定。

【风险识别与防范】

本项中约定的是保险凭证的提交义务及保险单应具备的条件，合同当事人除了应当在签订合同时对保险凭证的提交期限、提交方式及其他要求作出具体、明确的约定，还应当在合同签订后及时要求、督促投保方及时提交保险凭证。而在投保人提交其已投保保险的凭证和保险单复印件之后，接受方应当要求投保人出示保险凭证的原件以供核对，同时，接受方在必要时还应当通过保险公司等其他途径查询核实保险凭证的真伪，以确保投保方确实投保了其提交的保险凭证中的保险。

非投保方要求、监督投保方及时提交其已投保保险的保险凭证具有极其重要的作用和意义，一方面，可以核实确认投保人是否已按合同约定投保了相应保险，同时，通过投标人提交的保证凭证将投保人已投保相关保险的情况予以固定，避免投保方事后随意变更其已投保保险的保险合同；另一方面，在投保人并未按合同约定投保相应保险时，非投保方可以及时采取合同第 18.5.3 项［未按约定投保的补救］中约定的各项补救措施。

对投保方而言，在其投保相关保险之后，应当及时取得保险单等保险凭证并按合同约定及时提交给对方。在投保中，会存在多种类别的保险凭证，如保险单、投保单、保险合同等。各类凭证之间可能会存在内容的冲突、时间的模糊、文书形式不一致等方面的问题。此时，投保人会面临以何种凭证进行保险索赔的风险。根据《最高人民法院关于适用〈中华人民共和国保险法〉若干问题的解释（二）》第十四条的规定，当投保单与保险单或者其他保险凭证不一致的，以投保单为准，但不一致的情形系经保险人说明并经投保人同意的除外。因此，针对此方面的风险，投保人在投保保险时，应更加注重投保单的内容而对非投保方而言，在投保方提交保险凭证时，应更加注重要求其提交投保单。

【法条索引】

• **《最高人民法院关于适用〈中华人民共和国保险法〉若干问题的解释（二）》**

第十四条　保险合同中记载的内容不一致的，按照下列规则认定：

（一）投保单与保险单或者其他保险凭证不一致的，以投保单为准。但不一致的情形系经保险人说明并经投保人同意的，以投保人签收的保险单或者其他保险凭证载明的内容为准；

（二）非格式条款与格式条款不一致的，以非格式条款为准；

（三）保险凭证记载的时间不同的，以形成时间在后的为准；

（四）保险凭证存在手写和打印两种方式的，以双方签字、盖章的手写部分的内容为准。

18.5.3　未按约定投保的补救

负有投保义务的一方当事人未按合同约定办理保险，或未能使保险持续有效的，则另一方当事人可代为办理，所需费用由负有投保义务的一方当事人承担。

负有投保义务的一方当事人未按合同约定办理某项保险，导致受益人未能得到足额赔偿的，由负有投保义务的一方当事人负责按照原应从该项保险得到的保险金数额进行补足。

【条文释义】

本项中约定了未按约定投保的补救及其后果承担，其中规定了两项内容：（1）未按约定投保时的补救，本项第1段中约定负有投保义务的一方当事人未按合同约定办理保险，或未能使保险持续有效的，另一方当事人可以代为办理，所需费用由负有投保义务的一方当事人承担。（2）未按约定投保时的后果承担，本项第2段中约定负有投保义务的一方当事人未按合同约定办理某项保险，导致受益人未能得到足额赔偿的，由负有投保义务的一方当事人负责按照原应从该项保险得到的保险金额进行补足。

在工程总承包合同中，发包人与承包人都可能负有为工程项目投保相应保险的义务，如若一方未按合同约定办理保险或未能使保险持续有效的，这不仅违反了合同约定，还会给另一方合同当事人造成不必要的损失。因此本项约定的目的之一在于通过另一方当事人代为办理相关保险的方式来防范和降低一方当事人违约行为而可能给另一方当事人造成的损失。

　　根据法律规定，如若一方当事人未按合同约定办理保险或未能使保险持续有效的，另一方当事人此时仅能依据合同的约定请求对方承担违约责任，如对方对其应承担的违约责任提出异议的，则守约方还需要通过诉讼或者仲裁的方式解决，但是这样守约方不仅面临着无法继续办理保险的情况，同时还面临着巨大的时间成本和损失成本。因此，本项是对工程总承包合同中一方当事人未按约投保的情况进行补救的约定。这样，一方面不仅赋予另一方当事人可以代为办理保险的权利，并由负有投保义务的一方当事人承担费用，另一方面对未按约投保所造成的损失，守约方有要求负有投保义务的一方当事人按照原应从该项保险得到的保险金数额进行补足的权利。这样的约定既解决了损失发生前的风险防控问题，也为损失发生后的守约方提供了救济途径。

【使用指引】

　　本项中约定了一方当事人未按合同约定办理保险或未能使保险持续有效的，另一方当事人可代为办理相关保险的权利。但是本项中并未明确约定另一方当事人代为办理保险时的具体程序和细节问题，如代为办理保险的具体流程。因此，发包人与承包人应在工程总承包合同的专用合同条件中对此作出具体约定，明确约定另一方当事人代为办理保险的具体流程等内容，保证另一方当事人知情的权利，同时避免出现重复办理的情形。当另一方当事人依据本项约定代为办理好保险后，应留存好保险单、保险凭证及缴费单等证据，以作为要求未投保方承担保费的依据。

　　根据《民法典》第五百零九条第二款的规定，当事人应遵循诚信原则，根据合同的性质、目的和交易习惯履行通知等义务。为避免事后出现扯皮现象，在负有投保义务一方未按合同约定办理保险或者未能使保险持续有效的，代为办理方在办理之前应当事先通知对方，告知其将代为办理相关保险，如果时间允许还可以事先催告对方在合理期限内办理保险；在代为办理方代为办理好相关保险之后，应当及时将已办理好相关保险的保险凭证、缴费单据等复印件提交给对方，并要求对方承担代为办理保险的费用支出。

【风险识别与防范】

　　本项约定中赋予了另一方当事人可以代为办理保险的权利，但是权利的行使不是漫无边界的，在实践中，如若不对当事人行使代为办理保险的权利加以限定，则可能会对对方当事人造成不必要的金钱上的损失。限定他人权利行使边界的法理基础源于禁止滥用权利原则，禁止滥用权利是指民事主体不得以不正当的方式行使权利，加损于他人。该原则也规定于《民法典》第一百三十二条，民事主体在行使权利时不得滥用民事权利损害国家利益、社会公共利益或者他人合法权益。依据禁止滥用权利原则，另一方当事人虽享有代为办理保险的权利，但同时应注意该权利行使的边界及限度。代为办理保险方在代为办理保险之前和之后都应当依据诚实信用原则履行必要的通知等义务，而不应未经事先告知对方即直接代为办理保险，也不应在已代为办理好保险之后不及时告知对方。同时，代为办理保险方在实际代为办理保险时，应当施以合理的注意义务，而不能不当增加对方当事人的负担和费用支出。如代为办理保险方未能妥善履行前述义务而给对方当事人造成不必要的或额外的损失或费用支出的，该损失或费用支出应由代为办理保险方承担或合理分担。

本项中还约定了负有投保义务的一方当事人未按合同约定办理某项保险时的补足责任，需要注意的是，如果负有投保义务的当事人虽然按合同约定办理了某项保险，但未能使保险持续有效的，负有投保义务的当事人也应当承担本项约定的补足责任，为避免双方对此种情形下的负有投保义务的当事人是否需要承担补足责任产生争议，双方在签订合同时可以在专用合同条件中对此作出明确约定。无论是发包人还是承包人，都应当按照合同约定投保相应的保险并使保险持续有效，否则，一旦发生保险事故而发包人或承包人并未投保相应保险的，发包人或承包人将需要承担补足责任。

【法条索引】

• 《民法典》

第一百三十二条 民事主体不得滥用民事权利损害国家利益、社会公共利益或者他人合法权益。

第五百零九条 当事人应当按照约定全面履行自己的义务。

当事人应当遵循诚信原则，根据合同的性质、目的和交易习惯履行通知、协助、保密等义务。

当事人在履行合同过程中，应当避免浪费资源、污染环境和破坏生态。

18.5.4 通知义务

除专用合同条件另有约定外，任何一方当事人变更除工伤保险之外的保险合同时，应事先征得另一方当事人同意，并通知工程师。

保险事故发生时，投保人应按照保险合同规定的条件和期限及时向保险人报告。发包人和承包人应当在知道保险事故发生后及时通知对方。

双方按本条规定投保不减少双方在合同下的其他义务。

【条文释义】

本项中约定了当事人的通知义务，具体包括两项通知义务：（1）变更保险合同时的事先通知并征得另一方同意的义务，本项第1段中约定除专用合同条件中另有约定外，任何一方当事人变更除工伤保险之外的保险合同时，应事先征得另一方当事人同意，并通知工程师。因工伤保险的缴纳和变更具有法定性，且通常也不会就工伤保险签订保险合同，故本项第1段中在约定当事人变更保险合同的事先通知义务时，将工伤保险排除在外。（2）保险事故发生后的通知义务，本项第2段中约定保险事故发生时，投保人应按照保险合同规定的条件和期限及时向保险人报告，发包人和承包人应当在知道保险事故发生后及时通知对方。

本项第3段中约定："双方按本条规定投保不减少双方在合同下的其他义务。"该段约定内容实际上是针对整个第18条，而并不仅是针对第18.5.4项［通知义务］而言。即发包人或承包人按照第18条约定投保相应保险之后，仍然需要按照本合同其他各个条款的约定履行各自的义务，因为投保保险只是合同当事人防范和转移风险的方式，而并不能替代合同当事人对其他合同义务的履行。

本项约定的目的在于通过设置合同一方当事人的通知义务以保证另一方合同当事人的知情权。这样既保证了发包人与承包人的合同变更权利，也有利于发包人和承包人在发生保险事故后及时采取措施防止损失扩大，也便于其后续向保险人提出保险索赔。

我国《保险法》从法律规定的层面明确了被保险人、投保人与保险人之间的通知义务。但是在工程总承包项目领域，仅规定被保险人、投保人与保险人之间的通知义务无法满足实际参与主体的需要，因此，本项中约定了发包人与承包人之间的通知义务，若发生变更除工伤保险之外的保险合同或保险事故发生时，任何一方合同当事人都应该及时通知对方，以保证对方及时了解保险合同的内容与保险事故的情况。关于保险事故发生后的通知义务，发包人和承包人应在发生保险事故时及时通知对方，以便对方及时了解保险事故的情况并采取相应的措施进行补救，防止损失进一步扩大，同时这也是《保险法》下对被保险人减损义务要求的体现。

【使用指引】

本项第 1 段中约定除专用合同条件另有约定外，变更除工伤保险之外的保险合同时应征得对方当事人的同意，并通知工程师。专用合同条件中相应设置了第 18.5.4 项［通知义务］供合同当事人对"变更保险合同时的通知义务"作出约定。合同当事人可以在专用合同条件中对当事人变更保险合同时是否需要事先通知对方并征得对方同意作出约定。如约定需要事先通知对方并征得对方同意的，还应当对通知的期限、方式及对方接到通知后回复是否同意的期限以及逾期未予回复时如何处理（是视为同意，还是视为拒绝）等事项作出约定，以增强本项约定的可操作性。同时，为使得非投保方了解变更后的保险合同情况，投保方在征得对方同意后变更保险合同的，应当及时将变更后的保险合同提交给非投保方，双方还可在专用合同条件中对投保方将变更后的保险合同提交给非投保方所涉及的相关事宜（包括提交期限等）作出约定。

同时，本项中仅约定了当事人的通知义务，而并未规定当事人未履行该等通知义务时所应当承担的违约责任，合同当事人可以在专用合同条件中对此作出明确约定。

根据《保险法》第二十一条的规定，投保人、被保险人或者受益人知道保险事故发生后，应当及时通知保险人。故意或者因重大过失未及时通知，致使保险事故的性质、原因、损失程度等难以确定的，保险人对无法确定的部分，不承担赔偿或者给付保险金的责任，但保险人通过其他途径已经及时知道或者应当及时知道保险事故发生的除外。根据该条法律规定，投保人、被保险人或者受益人若没有及时通知保险人，则可能会产生保险人不承担相应赔偿责任的后果。对该部分损失如何承担的问题，发包人与承包人可以在专用合同条件中作出约定，如可约定为由未及时通知保险人的一方承担该部分损失。

【风险识别与防范】

本项第 1 段中约定了当事人变更保险合同时应事先通知并征得另一方当事人同意。而按照合同相对性原则，保险合同系投保人与保险人所签订，投保人与保险人双方经协商一致即可变更保险合同，无需征得作为非投保人的另一方当事人的同意。因此，实践中可能会出现投保方违反本项约定擅自变更保险合同的情形，而作为非投保方的另一方当事人往往很难防范和杜绝该种情形，甚至可能都无法获知投保方已经擅自变更了保险合同。为防范该风险，一方面，合同当事人在签订合同时应当对投保人擅自变更保险合同所应承担的违约责任作出明确的约定；另一方面，如有可能，应当要求投保人在与保险人签订保险合同时在保险合同中增加条款约定保险合同的变更应事先经作为非投保人的另一方当事人同意，否则无效。

本项第 2 段中约定了保险事故发生后投保人应按照保险合同约定及时向保险人报告。但实践中可能会出现因投保人为发包人或承包人一方，而投保人一方可能并不知道或者不能及时知道保险事故的发生，从而不能及时履行通知保险人的义务的情形。为保证投保人通知保险人义务的及时履行，发包人或承包人在获知保险事故发生后，如果其同时为投保人的，应当及时通知对方和保险人，如果其非投保人的，应当及时通知对方并要求对方按照保险合同约定及时通知保险人。

另需要注意的是，本项中约定了保险事故发生后承包人与发包人之间的通知义务，作出该约定的原因之一在于根据《保险法》第五十七条的规定，保险事故发生时，被保险人应当尽力采取必要的措施，防止或者减少损失。即被保险人在事故发生后，负有减损义务，防止事故损失的扩大，若被保险人没有履行相应的减损义务，则保险人对该部分损失将不承担赔偿责任。因此，一方当事人在知道出现保险事故后，应当及时告知另一方当事人并保留好相应证据，以便于另一方当事人及时采取措施防止损失扩大，维护自身的利益；而发包人和承包人在知道保险事故发生后都有义务及时采取措施防止损失扩大，否则，不仅可能会导致投保人无法就扩大的损失向保险人进行理赔，还可能会导致发包人和承包人相互之间也无法就扩大的损失向对方进行索赔。

【法条索引】

•《民法典》

第五百四十三条　当事人协商一致，可以变更合同。

•《保险法》

第二十条　投保人和保险人可以协商变更合同内容。变更保险合同的，应当由保险人在保险单或者其他保险凭证上批注或者附贴批单，或者由投保人和保险人订立变更的书面协议。

第二十一条　投保人、被保险人或者受益人知道保险事故发生后，应当及时通知保险人。故意或者因重大过失未及时通知，致使保险事故的性质、原因、损失程度等难以确定的，保险人对无法确定的部分，不承担赔偿或者给付保险金的责任，但保险人通过其他途径已经及时知道或者应当及时知道保险事故发生的除外。

第五十七条　保险事故发生时，被保险人应当尽力采取必要的措施，防止或者减少损失。

保险事故发生后，被保险人为防止或者减少保险标的的损失所支付的必要的、合理的费用，由保险人承担；保险人所承担的费用数额在保险标的损失赔偿金额以外另行计算，最高不超过保险金额的数额。

第 19 条　索赔

19.1　索赔的提出

根据合同约定，任意一方认为有权得到追加/减少付款、延长缺陷责任期和（或）延长工期的，应按以下程序向对方提出索赔：

（1）索赔方应在知道或应当知道索赔事件发生后 28 天内，向对方递交索赔意向通知书，并说明发生索赔事件的事由；索赔方未在前述 28 天内发出索赔意向通知书的，丧失要求追加/减少付款、延长缺陷责任期和（或）延长工期的权利；

（2）索赔方应在发出索赔意向通知书后 28 天内，向对方正式递交索赔报告；索赔报告应详细说明索赔理由以及要求追加的付款金额、延长缺陷责任期和（或）延长的工期，并附必要的记录和证明材料；

（3）索赔事件具有持续影响的，索赔方应每月递交延续索赔通知，说明持续影响的实际情况和记录，列出累计的追加付款金额、延长缺陷责任期和（或）工期延长天数；

（4）在索赔事件影响结束后 28 天内，索赔方应向对方递交最终索赔报告，说明最终要求索赔的追加付款金额、延长缺陷责任期和（或）延长的工期，并附必要的记录和证明材料；

（5）承包人作为索赔方时，其索赔意向通知书、索赔报告及相关索赔文件应向工程师提出；发包人作为索赔方时，其索赔意向通知书、索赔报告及相关索赔文件可自行向承包人提出或由工程师向承包人提出。

【条文释义】

1.［索赔］条款概述

本合同第 19 条约定了工程总承包合同的索赔机制，包括索赔权利行使的内容、程序及期限等规定。［索赔］条款的设置为合同当事人合理且高效地解决合同履行过程中的索赔问题与争议提供了程序性路径，同时本条项下约定了发包人与承包人平等的索赔权利，以及相同的索赔程序。在索赔的界面，《建设项目工程总承包合同（示范文本）》（GF—2020—0216）更强调了合同当事人地位的平等性和风险分担的公平性。

关于索赔的定义和特性。索赔既可以根据相对方违约行为要求承担违约责任，也可以根据非相对方违约行为如工程变更、不利物质条件或恶劣气候条件、不可抗力等情形向对方主张经济补偿或工期顺延。所以索赔事由既包括被索赔方有过错的情形，也存在不可归责于被索赔方的情形。且在违约的情况下，一般索赔方提出索赔范围的主张自然不限于实际损失，还包括了预期利益。鉴于工程实践中索赔事件较为复杂，并考虑到合同当事人也有可能以补偿方式提出其索赔请求，本款约定的索赔条件，即"任意一方认为有权得到追加/减少付款、延长缺陷责任期和（或）延长工期的"，即有权向对方索赔。

关于索赔原因。前文已经提到，产生索赔的原因具有多样性，既包括合同当事人不履行或未完全履行合同的违约行为，如发包人未及时交付图纸和基础资料、承包人施工质量瑕疵、所使用材料不合格等；也包括不可归责于合同当事人的事件，如合同履行过程中遭遇不可抗力、异常恶劣的气候条件、不利物质条件、市场价格的变化、法律变化等，且一般无需在合同中载明导致索赔发生的全部具体事件。

关于索赔内容。在工程总承包法律实践中，索赔权利内容以时间索赔和费用索赔为主，本合同包括要求追加/减少付款、延长缺陷责任期和（或）延长工期。一般情况下，对于因一方当事人违约产生的索赔，既可以索赔费用和时间，还可以索赔利润，如因发包人无正当理由延迟提供材料设备导致施工受阻的，承包人除可以要求发包人赔偿费用、延长工期外，还可以要求发包人支付合理的利润。但对于不可归责于合同当事人的原因产生的索赔，仅限于索赔费用和时间，不包括利润，如施工过程中遭遇异常恶劣的气候条件，承包人有权向发包人索赔因采取额外的措施所增加的费用和（或）延误的工期。

关于索赔与违约责任的关系。工程总承包合同的索赔与违约责任存在着一定的联系，同时亦存在明显的差异：（1）工程总承包合同索赔机制的建立目的是解决索赔方向被索赔方关于损失求偿的问题，其前提条件限制在合同约定的范围内，包括索赔权利的内容和程序等方面，主要作用亦在于用协议的方式解决争议；而违约责任则是来源于合同法的一种责任承担方式，其归责原则为不问过错，即严格责任原则，主要作用在于弥补损失。（2）产生索赔的原因具有多样性且较为复杂，既包括被索赔方的违约行为，也包括不可归责于被索赔方的事件，且一般无需在合同中明确约定全部具体事件；而违约责任必须以存在合同一方的违约行为为前提，且违约责任的承担方式有多种，包括违约金、继续履行、赔偿损失等方面。（3）索赔和违约责任的表现形式虽然都是由合同一方当事人请求合同相对方弥补其损失，但索赔通常的内容仅限于费用、时间和利润的赔偿，而违约责任的承担形式则较为多样，除支付违约金外，还可以表现为修复、重做、返工等补救措施。[①]

第19.1款将承包人的索赔和发包人的索赔纳入了统一的索赔处理程序，不再区分请求主体，在索赔方面强调了双方的平等性。该合同项下，称提出索赔的一方为"索赔方"，称被索赔的一方为"被索赔方"。根据本条款约定索赔行为具有双向性，即索赔行为作为一种依合同约定、合同双方当事人皆可获得的权利主张，承包人可以向发包人索赔，发包人亦可向承包人进行索赔。

---

① 黄鹏. 正确理解运用索赔 准确高效维护权益——关于 2013 版施工合同的索赔条款. 招标与投标，2013（4）：12-15.

2. 索赔程序

第 19.1 条规定了索赔方行使索赔权的具体程序。所谓索赔程序，一般是指合同一方当事人根据合同约定或者法律规定的要求按照一定的时间期限通过第三人或直接向另一方以合同约定或法律规定的形式提出索赔申请。关于工程索赔程序主要有三方面的具体要求：一是提出索赔的时间；二是通过谁提出索赔；三是通过什么形式提出索赔。三种程序条件缺一不可。根据本条款约定，只要满足"根据合同约定"的前提条件，合同任意一方认为有权得到追加/减少付款、延长缺陷责任期和（或）延长工期的，均有权向合同相对方提出索赔请求。首先，索赔方应在知道或应当知道索赔事件发生后 28 天内，向对方递交索赔意向通知书，并说明发生索赔事件的事由。索赔方未在合同约定期限内发出索赔意向通知书的，则丧失索赔的权利。其次，索赔方应在发出索赔意向通知书后 28 天内，向对方正式递交索赔报告；索赔报告应包括索赔理由以及要求，并附必要的记录和证明材料。索赔方应按照便利原则及时向被索赔方递交索赔报告，但需注意的是，逾期递交索赔报告的行为不直接产生索赔权丧失的法律后果。另外，索赔意向通知书和索赔报告的内容有所不同。一般情况下，索赔意向通知书仅需载明索赔事件的大致情况、可能造成的结果以及索赔方的索赔意思表示即可；而索赔报告除了详细说明索赔事件的发生过程和实际发生的结果外，还需载明索赔方索赔的具体项目以及依据。[①] 索赔事件具有持续影响时，索赔方应每月递交延续索赔通知，并在该事件影响结束后 28 天内，索赔方应向对方递交最终索赔报告。

3. 索赔期限

在［索赔］条款中需要着重研究的是索赔期限问题。第 19.1 条约定，索赔方知道或应当知道索赔事件发生后 28 天内，未向对方递交索赔意向通知书的，丧失要求追加/减少付款、延长缺陷责任期和（或）延长工期的权利。这一制度并非是《建设项目工程总承包合同（示范文本）》（GF—2020—0216）的创新，FIDIC 系列合同条件就设置了类似条款，而在我国有关部门制定的《标准施工招标文件》和《建设工程施工合同》等文件中都已经确立了逾期索赔失权制度。这样约定的目的是为了督促索赔方及时行使索赔权利，避免长时间的法律纠纷或争议影响工程的施工效率，具体的制度功能如下：第一，索赔期限条款有利于承包人和发包人及时保存和固定证据；第二，索赔期限条款具有警示发包人的功能；第三，索赔期限条款具有维护合同顺利履行的功能。[②]

4. 索赔文件提交对象

索赔权请求主体不同的情况下，相关索赔文件的递交对象则不同。工程总承包合同条件下的索赔程序和传统施工合同下没有太大区别，只是有一点非常重要，即承包人作为索赔方时，其索赔意向通知书、索赔报告及相关索赔文件应向工程师提出，但通常而言，在

① 本书编委会. 建设工程施工合同（示范文本）（GF—2013—0201）使用指南. 北京：中国建筑工业出版社，2013.

② 高印立，石伟. 比较法视野下的建设工程合同索赔期限条款的适用——兼评《建设工程施工合同司法解释二》第 6 条第 2 款. 北京仲裁，2019（3）：70-87.

实践中如果承包人直接向发包人递交索赔意向通知书、正式索赔报告及相关索赔文件，与向工程师递交具有同等法律效果；而发包人作为索赔方时，其索赔意向通知书、索赔报告及相关索赔文件可自行向承包人提出或由工程师向承包人提出。

【使用指引】

合同当事人在使用本条款时应注意以下事项：

1. 索赔程序，参见图2

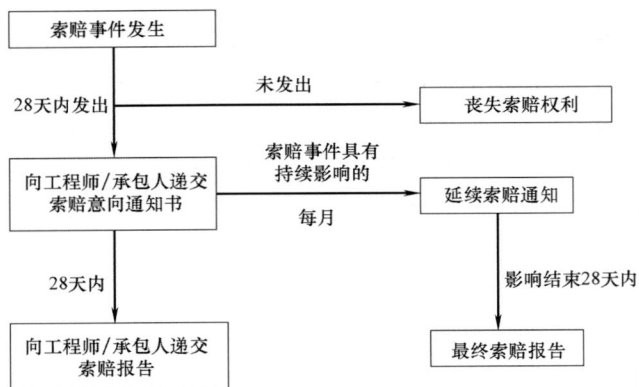

图 2　索赔程序

2. 在工程索赔时应遵循以下原则

（1）以法律或合同为依据，索赔方应依法依约索赔；（2）实际损失原则，索赔必须以客观的损失或损害发生为充分必要条件；（3）合理分担风险原则，承包人与发包人应公平合理地承担合同履行中的风险；（4）逾期失权原则，索赔方应依约及时行使索赔权利，否则存在逾期丧失权利的风险；（5）证据充分原则，索赔方提出索赔应提供真实、充分的证据；（6）充分友好协商原则，合同当事人应对合同问题友好协商，谋求和解。

3. 索赔方应按合同约定的期限及时向被索赔方递交索赔意向通知书和索赔报告。索赔意向通知书只需简要说明发生的索赔事件与索赔意向。索赔报告应详细说明索赔事件的发生过程和实际发生的结果，并载明索赔方索赔的具体项目以及依据，如索赔事件给索赔方造成的实际损失、构成明细、计算依据以及相应的证明材料等。关于索赔证据，应符合以下要求：（1）真实性。索赔证据必须是实施合同中确定存在和发生的，必须反映索赔事件真实情况，符合事实逻辑。（2）全面性。索赔方提供的证据应当能说明索赔事件的全过程，应全方面证明索赔报告中所涉及的索赔理由、事件过程、影响、索赔数额等。（3）关联性。索赔的证据应相互说明，相互具有关联性，不能相互矛盾。（4）及时性。索赔证据的取得和提出应当及时，应符合合同和法律要求的时效性。（5）一般要求证据材料是书面文件，具有法律证明效力。[1]

---

[1] 宿辉，何佰洲. 2017版《建设工程施工合同（示范文本）》（GF—2017—0201）条文注释与应用指南. 北京：中国建筑工业出版社，2017.

4. 按本合同约定，承包人作为索赔方时，其索赔意向通知书、索赔报告及相关索赔文件应向工程师提出。实践中，如果承包人直接向发包人递交索赔意向通知书、正式索赔报告及相关索赔文件，与向工程师递交具有同等法律效果；而发包人作为索赔方时，其索赔意向通知书、索赔报告及相关索赔文件可自行向承包人提出或由工程师向承包人提出。

【风险识别与防范】

1. 我国建筑行业受计划经济体制的影响已久，多数合同当事人对索赔的认识还停留在传统的观念之下，认为索赔行为会伤害合同双方的合作关系，影响工程的进度和自己的收益，因此不愿索赔、不敢索赔，从而忽略甚至放弃了使用索赔这一项正当权利，反而采取一些不合理甚至不合法的手段，导致受损失方的损失扩大。但是，索赔是一种弥补受损失方损失的合法行为，而非对被索赔方的惩罚。合同双方应在合同中明确索赔的权利和程序，在发生索赔事由时，双方应友好协商，依照合同约定行使索赔权，积极谋求与相对方达成索赔和解。在具体的索赔实践中，合同管理是建设项目管理的核心，索赔管理是合同管理的关键，参与索赔管理的人员，需要具备扎实的专业功底，熟悉法律法规并具有丰富的施工管理和实践经验，还需要掌握诸如财务、公关、外语等其他领域的知识。索赔方在防范索赔失败的风险时应注意以下几点：

（1）索赔的及时性。索赔方应严格按照合同约定的索赔期限向被索赔方提出索赔，并且索赔方进行索赔应在索赔事件发生之时而不是之后出具正式函件通知被索赔方。依据本合同约定，若索赔方不按照合同约定的索赔期限和程序提出索赔，尤其是未依约承担告知义务，索赔方存在丧失索赔权利的风险。实践中，合同当事人往往对索赔时效没有给予足够重视，未能依约及时行使索赔的权利，导致索赔超时限而未能获得支持。尤其是国内的建设施工企业通常不具备完善的索赔事项管理制度，对索赔材料、证据的管理较为不严谨，时常会出现证据材料不足、搜集证据困难或者忽视合同期限约定的情形，从而错失索赔机会。为避免逾期失权，索赔方应加强索赔事项的管理制度，特别注意索赔时效的约定和遵守，在知道或应当知道索赔事件发生后 28 天内，向对方递交索赔意向通知书，并说明发生索赔事件的事由权；并且，索赔方应以方便合同当事人确认索赔事件影响和双方责任的方式行使索赔权。需注意的是，承包人作为索赔方时，提出索赔的期限还应遵守本合同第 19.4 条［提出索赔的期限］的最终期限要求。

（2）索赔资料的完整性。只有实际发生了经济损失或权利损害，一方才能向对方索赔。发生了实际的经济损失或权利损害，应是一方提出索赔的一个基本前提条件。所以，索赔方提出的索赔申请应有确凿的索赔证据。在工程管理中，管理人员应注意所有原始资料的保管、分类、汇总，以便在索赔事件发生时能提供齐备的资料证明。如材料费索赔，在投标前就必须做大量的工作，进行材料询价，编制材料基本价表，并附上报价原始单据与标书一起投标。否则，会因索赔证据不足而失败。

（3）索赔的技巧性。在工程承包活动中，承包人与发包人的地位并不平等，尤其是承包人常常处于不利的地位，这是由激烈的市场竞争造成的。在解决索赔问题中，由于双方利益和期望的差异性，在谈判过程中常常会出现大的争执。如果承包人态度强硬的坚持自己的观点，结果会造成双方关系紧张，失去长期合作的机会。因此，在索赔谈判中，承包商应避免和业主发生冲突，要注意融合双方的差异，寻找付出较小代价就能给业主带来很大利益的条款。此外，让步是解决争议的常用技巧。在具体操作中，承包人应提出较高的索赔期望，经双方谈判，在业主感兴趣或利益所在之处作出让步，如缩短工期、提高工程质量等，同时争取业主作出相应的让步，从而实现索赔目标。

2. 在索赔原因上，索赔方既可以因相对方的违约行为要求其承担违约责任，也可以因不可归责于相对方的行为，如工程变更、不利物质条件或恶劣气候条件、不可抗力等情形向对方主张费用补偿或工期顺延。那么在合同载明索赔条款，且索赔的范围包括违约行为的情况下，超过索赔期限索赔方是否无权要求被索赔方承担违约责任？[①] 我们认为在索赔方未依照索赔期限条款约定向被索赔方主张违约责任时，并不当然丧失违约赔偿请求权。合同当事人应在工程总承包合同商议阶段明确约定违约条款和索赔条款之间的衔接问题，尤其是索赔期限条款的适用范围以及法律后果。在合同履行阶段，如发生相对人违约，且索赔人错失索赔期限的情况下，索赔人不应消极放弃权利主张，很多看似无解的事件，只是观察的角度不同而已，应仔细研究合同内容和当事人真实意思表示，如发生条款和权利的竞合，索赔方应以便利原则选择最有利的条款和权利主张方式追求弥补损失的最大可能性。

【法条索引】

•《民法典》

第一百八十六条　因当事人一方的违约行为，损害对方人身权益、财产权益的，受损害方有权选择请求其承担违约责任或者侵权责任。

第五百七十七条　当事人一方不履行合同义务或者履行合同义务不符合约定的，应当承担继续履行、采取补救措施或者赔偿损失等违约责任。

第五百七十九条　当事人一方不履行非金钱债务或者履行非金钱债务不符合约定的，对方可以请求履行，但是有下列情形之一的除外：

（一）法律上或者事实上不能履行；

（二）债务的标的不适于强制履行或者履行费用过高；

（三）债权人在合理期限内未请求履行。

有前款规定的除外情形之一，致使不能实现合同目的的，人民法院或者仲裁机构可以根据当事人的请求终止合同权利义务关系，但是不影响违约责任的承担。

第七百九十八条　隐蔽工程在隐蔽以前，承包人应当通知发包人检查。发包人没有及时检查的，承包人可以顺延工程日期，并有权请求赔偿停工、窝工等损失。

第八百零一条　因施工人的原因致使建设工程质量不符合约定的，发包人有权请求施工人在合理期限内无偿修理或者返工、改建。经过修理或者返工、改建后，造成逾期交付的，施工人应当承担违约责任。

---

① 最高人民法院（2019）最高法民终 491 号。

第八百零二条　因承包人的原因致使建设工程在合理使用期限内造成人身损害和财产损失的，承包人应当承担赔偿责任。

第八百零三条　发包人未按照约定的时间和要求提供原材料、设备、场地、资金、技术资料的，承包人可以顺延工程日期，并有权请求赔偿停工、窝工等损失。

第八百零四条　因发包人的原因致使工程中途停建、缓建的，发包人应当采取措施弥补或者减少损失，赔偿承包人因此造成的停工、窝工、倒运、机械设备调迁、材料和构件积压等损失和实际费用。

第八百零五条　因发包人变更计划，提供的资料不准确，或者未按照期限提供必需的勘察、设计工作条件而造成勘察、设计的返工、停工或者修改设计，发包人应当按照勘察人、设计人实际消耗的工作量增付费用。

•《最高人民法院关于审理建设工程施工合同纠纷案件适用法律问题的解释（一）》

第十条第二款　当事人约定承包人未在约定期限内提出工期顺延申请视为工期不顺延的，按照约定处理，但发包人在约定期限后同意工期顺延或者承包人提出合理抗辩的除外。

第十二条　因承包人的原因造成建设工程质量不符合约定，承包人拒绝修理、返工或者改建，发包人请求减少支付工程价款的，人民法院应予支持。

第十三条　发包人具有下列情形之一，造成建设工程质量缺陷，应当承担过错责任：

（一）提供的设计有缺陷；

（二）提供或者指定购买的建筑材料、建筑构配件、设备不符合强制性标准；

（三）直接指定分包人分包专业工程。

承包人有过错的，也应当承担相应的过错责任。

第十四条　建设工程未经竣工验收，发包人擅自使用后，又以使用部分质量不符合约定为由主张权利的，人民法院不予支持；但是承包人应当在建设工程的合理使用寿命内对地基基础工程和主体结构质量承担民事责任。

第十八条　因保修人未及时履行保修义务，导致建筑物毁损或者造成人身损害、财产损失的，保修人应当承担赔偿责任。

保修人与建筑物所有人或者发包人对建筑物毁损均有过错的，各自承担相应的责任。

19.2　承包人索赔的处理程序

（1）工程师收到承包人提交的索赔报告后，应及时审查索赔报告的内容、查验承包人的记录和证明材料，必要时工程师可要求承包人提交全部原始记录副本。

（2）工程师应按第3.6款［商定或确定］商定或确定追加的付款和（或）延长的工期，并在收到上述索赔报告或有关索赔的进一步证明材料后及时书面告知发包人，并在42天内，将发包人书面认可的索赔处理结果答复承包人。

工程师在收到索赔报告或有关索赔的进一步证明材料后的 42 天内不予答复的，视为认可索赔。

（3）承包人接受索赔处理结果的，发包人应在作出索赔处理结果答复后 28 天内完成支付。承包人不接受索赔处理结果的，按照第 20 条［争议解决］约定处理。

【条文释义】

本条款设定了承包人作为索赔方时，发包人处理承包人索赔的程序。

被索赔方的工程师收到承包人提交的索赔报告后，应及时审查索赔报告的内容、查验承包人的记录和证明材料，若对报告存在异议或其他必要情况时工程师可要求承包人提交全部原始记录副本。该阶段着重于对承包人提交的索赔材料和证明证据进行审查。

工程师应按本合同第 3.6 款［商定或确定］商定或确定追加的付款和（或）延长的工期，并在收到索赔报告或有关索赔的证明材料后及时书面告知发包人。相对于承包人和工程师来说，发包人在工程专业知识上较为欠缺，鉴于此，工程师应侧重对承包人索赔报告中的技术性问题进行审查和分析，并向发包人提交具体的审查结论。当然工程师还可以在审查结论中向发包人提出明确的建议，如建议发包人应支付的费用、利润金额或应延长的工期天数，以便于发包人及时准确地作出判断。[①] 发包人拥有索赔申请的最终审核权。发包人应在工程师收到索赔报告或有关索赔的证明材料后的 42 天内对索赔申请完成审批，并由工程师将发包人书面认可的索赔处理结果答复承包人。《2020 版工程总承包合同》对索赔处理期限有所延长，为工程总承包项目中相对复杂的工程争议提供了更为充足的处理时间。工程师的答复可以是发包人同意或部分同意承包人的索赔，也可以是发包人明确拒绝承包人的索赔。但无论处理结果如何，工程师都应按照合同约定的期限以书面形式答复承包人，否则，工程师逾期答复的，视为认可索赔。本条款为承包人索赔被认可的默示规则，目的是促使发包人及其工程师及时处理承包人索赔申请，提高问题和争议的解决效率。

本合同还明确了承包人进行索赔的情况下发包人的付款期限，避免因发包人迟延履行赔付义务导致承包人现金流困难。承包人接受索赔处理结果的，发包人应在作出索赔处理结果答复后 28 天内完成支付。承包人不接受索赔处理结果的，可以继续补充提交相关证明材料，也可以按照第 20 条［争议解决］约定处理。

【使用指引】

合同当事人在使用本条款时应注意以下事项：

1. 承包人索赔的具体处理程序，见图 3。

2. 发包人应依据本合同第 3 条［发包人的管理］条款内容明确授予其工程师处理承

[①] 黄鹏. 正确理解运用索赔 准确高效维护权益——关于 2013 版施工合同的索赔条款. 招标与投标，2013（4）：12-15.

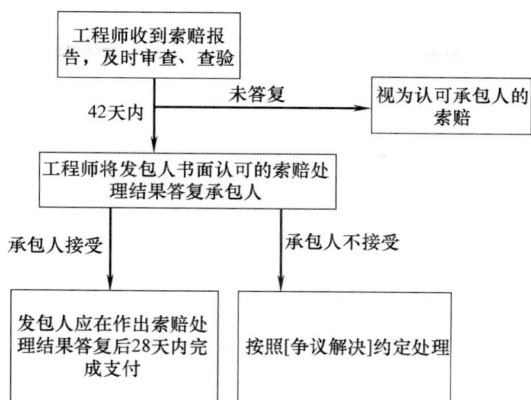

图 3　承包人索赔的具体处理程序

包人索赔的权利范围，并且发包人应督促其工程师按照合同约定及时妥善处理承包人的索赔申请。

3. 承包人提出索赔申请，应重视证据的保留和搜集。能够作为索赔证据的种类包括：（1）招标文件、工程合同、发包人认可的施工组织设计、工程图纸、技术规范等；（2）工程各项有关的设计交底记录、变更图纸、变更施工指令等；（3）工程各项经发包人或合同中约定的发包人现场代表或工程师签认的签证；（4）工程各项往来信件、指令、信函、通知、答复；（5）工程各项会议纪要；（6）施工计划及现场实施情况记录；（7）施工日报及工长工作日志、备忘录；（8）工程送电、送水、道路开通、封闭的日期及数量记录；（9）工程停电、停水和干扰事件影响的日期及恢复施工的日期记录；（10）工程预付款、进度拨付款的数额及日期记录；（11）工程图纸、因发包人要求的图纸变更、交底记录的送达份数及日期记录；（12）工程有关施工部位的照片及录像等；（13）工程现场气候记录，如有关天气的温度、风力、雨雪等；（14）竣工验收报告及各项技术鉴定报告等；（15）工程材料采购、订货、运输、进场、验收、使用等方面的凭据；（16）国家和省级或行业建设主管部门有关影响工程造价、工期的文件、规定等等。[①]

4. 承包人应在合同履行前、中、后三个阶段，全过程加强索赔的风险控制：第一，加强工程签证和工程索赔的签约管理；第二，建立严格的资料记录和保管制度；第三，加强项目管理人员的管理责任；第四，深入研究获得签证和索赔的方法和实际效果，依法依约友好协商和谋求调解是最重要和最有效的方法。[②]

【风险识别与防范】

1. 索赔报告回复期限条款的默示规则不但影响发包人承担赔偿义务，也关切承包人

---

① 宿辉，何佰洲. 2017 版《建设工程施工合同（示范文本）》（GF—2017—0201）条文注释与应用指南. 北京：中国建筑工业出版社，2017.

② 王志毅. 建设项目工程总承包合同示范文本（试行）（GF—2011—0216）评注. 北京：中国建材工业出版社，2012.

实现索赔权利。发包人需注意，本条款约定工程师在收到上述索赔报告或有关索赔的进一步证明材料后及时书面告知发包人，并在 42 天内，将发包人书面认可的索赔处理结果答复承包人。因为工程师收到承包人提交的索赔报告后需要一定时间审查索赔报告的内容、查验承包人的记录和证明材料并告知发包人，所以发包人的实际索赔申请审核时间不足 42 天。发包人收到索赔报告及相关证明材料后，应与工程师核实收到时间，并及时完成审批工作，以免逾期导致不利后果。为避免因无法证明送达时间导致期限计算争议，承包人应及时保留真实、完整、具有法律证明效力的证据，以证明索赔报告或其他索赔材料已送达工程师。

2. 发包人逾期赔付的，可能导致逾期利息的产生及其他法律责任的风险。发包人同意索赔，并且承包人接受索赔处理结果的，发包人应与承包人达成书面协议，并按约及时完成支付。

3. 索赔程序和事项十分复杂，对此，承包人应注重加强以下签证及索赔的风险控制：（1）加强工程签证和工程索赔的签约管理。工程签证要及时，尤其在施工过程中随时发生随时进行签证，应做到一次一签证，一事一签证，及时处理。签证最好一式数份，各方至少保存一份原件，避免自行修改，为最终结算提供真实可靠的凭据。尤其是对于隐蔽工程的签证，一旦缺少将难以获得其工程变更价款，因此隐蔽工程的签证要以图纸为依据，标明被隐蔽部位、桩入土深度、基坑开挖验槽记录、基础换填、材质、宽度记录、钢筋验收记录等。对于需要施工现场临时签证的，争取在第一时间内完成签证，不能等事后再补签，以免发生漏签，更要避免把各个索赔事件进行累加后再签证的情况。（2）加强组织管理：由于索赔需要项目多个部门的配合，才能获得索赔所需的各类数据，因此良好的组织管理是索赔成功的组织保障。（3）加强文档管理：文档管理是索赔成功的基础。承包人提出索赔要求时就必须进行大量的索赔取证工作，以充分的证据来证明自己拥有索赔的权利。完善高效的文档管理可以及时、准确、全面、有条理地解决索赔需提供的分析资料和证据，用以证明索赔事件的存在和影响以及索赔要求的合理性和合法性。（4）关于索赔报告的编写。索赔报告是关乎索赔成功与否的一份重要文件，要求索赔报告必须描述全面、逻辑严谨、计算准确、证据充分可靠。承包人在编写索赔报告时应特别周密、审慎地论证和阐述，充分地提供证据资料，对索赔计算反复核对校正。索赔报告的具体内容因索赔事件的性质、特点和复杂程度不同而有所不同，但索赔报告通常应包括总论、合同引证部分、索赔款额计算部分、工期延长计算部分和证据部分。（5）深入研究获得签证和索赔的方法和实践效果，友好协商和谋求调解是最重要和最有效的方法。（6）实践中发包人与承包人往往会因为索赔方面法律知识的匮乏、过程管理的失控而导致索赔时的被动局面，因此有必要聘请专业律师和机构加强索赔管理工作，以最大限度维护自己的利益并减少工程索赔成本。①

---

① 王志毅，潘蓉. 中国合同库：《建设工程施工合同（示范文本）》（GF—2017—0201）应用指南. 北京：法律出版社，2017.

【法条索引】

•《民法典》

第五百七十七条 行为人可以明示或者默示作出意思表示。

沉默只有在有法律规定、当事人约定或者符合当事人之间的交易习惯时，才可以视为意思表示。

19.3 发包人索赔的处理程序

（1）承包人收到发包人提交的索赔报告后，应及时审查索赔报告的内容、查验发包人证明材料；

（2）承包人应在收到上述索赔报告或有关索赔的进一步证明材料后42天内，将索赔处理结果答复发包人。承包人在收到索赔通知书或有关索赔的进一步证明材料后的42天内不予答复的，视为认可索赔；

（3）发包人接受索赔处理结果的，发包人可从应支付给承包人的合同价款中扣除赔付的金额或延长缺陷责任期；发包人不接受索赔处理结果的，按第20条［争议解决］约定处理。

【条文释义】

本条款设定了发包人作为索赔方时，承包人处理发包人索赔的程序。

相对于承包人的索赔，发包人的索赔原因较为简单清楚。一般的索赔事件是可归责于承包人的事由，如因承包人的原因导致工期延误、工程质量瑕疵或造成人身财产损害等等。[①] 承包人收到发包人提交的索赔报告后，应及时审查索赔报告的内容、查验发包人证明材料。与对承包人索赔的处理程序一致，承包人应在收到发包人提出的索赔报告或有关索赔的进一步证明材料后42天内完成审核，并将索赔处理结果答复发包人。需注意的是，本条款约定的承包人答复时限的起算点为承包人收到索赔报告或有关索赔的进一步证明材料之时，而非收到索赔意向书之时。

承包人的答复可以是同意或部分同意发包人的索赔，也可以是发包人明确拒绝承包人的索赔。但无论处理结果如何，承包人都应按照合同约定的期限以书面形式答复发包人，否则，承包人逾期答复的，视为认可索赔。本条款为承包人认可发包人索赔的默示规则，目的是促使承包人及时处理发包人索赔申请，尽快解决合同当事人的争议和问题，保证合同的顺利履行。

承包人同意索赔，且发包人对于索赔处理结果不存在争议的，发包人可从应支付给承包人的合同价款中扣除赔付的金额或延长缺陷责任期；发包人不接受索赔处理结果的，发包人可以再次提交补充材料，也可以直接按本合同第20条［争议解决］约定处理。需注

---

① 本书编委会. 建设工程施工合同（示范文本）（GF—2013—0201）使用指南. 北京：中国建筑工业出版社，2013.

意，发包人索赔的情形下，必须遵守承包人赔偿责任限制。《2020 版工程总承包合同》设置了对承包人的赔偿责任金额限制，体现了对承包人的保护。本合同第 1.13 条［责任限制］约定，承包人对发包人的赔偿责任不应超过专用合同条件约定的赔偿最高限额。若专用合同条件未约定，则承包人对发包人的赔偿责任不应超过签约合同价。但对于因欺诈、犯罪、故意、重大过失、人身伤害等不当行为造成的损失，赔偿的责任限度不受上述最高限额的限制。

【使用指引】

合同当事人在使用本条款时应注意以下事项：

1. 承包人对索赔的具体处理程序，参见下图。

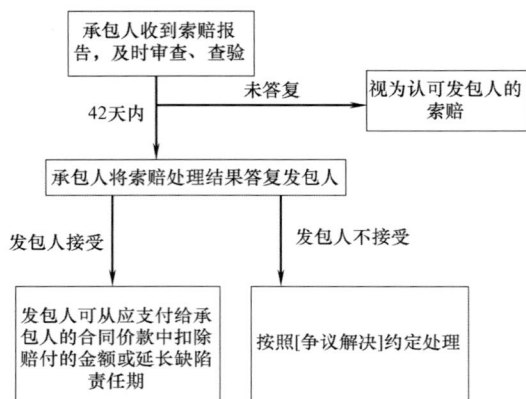

图 4　承包人对索赔的具体处理流程

2. 承包人同意索赔，并且发包人接受索赔处理结果的，承包人应与发包人达成书面协议，该协议需明确承包人应赔付的具体金额、需要延长的具体缺陷责任期限等等，以免约定不明导致后续的问题和争议。另外，依据本合同第 11.2 ［缺陷责任期］约定，缺陷责任期限最长不超过 24 个月。所以，如承包人与发包人关于延长缺陷责任期达成合意，则延长后的缺陷责任期限不能超过本合同约定的最长缺陷责任期限。

【风险识别与防范】

1. 相对于传统施工总承包来说，工程总承包加重了承包人的义务和风险。在工程总承包模式下的索赔类型未发生明显变化，如发包人违约、基准日后的法律变化、工程变更、不可抗力等仅增加发包人的干预和发包人对承包人的延迟答复。但是工程总承包模式下总承包人的合同义务较施工总承包合同下发生较大变化，时间跨度较长，原来因设计错误、图纸延误、设计变更可以发起的索赔必然不再存在。但总承包人面临发包人和分包人两方的索赔机会增加，总承包人的合同管理能力提升是其经营能力的应有内容，才能在异常竞争环境中生存。

2. 在适用本条款时需注意默示条款存在的风险。承包人收到发包人提交的索赔报告后，应及时审查索赔报告的内容、查验发包人证明材料。发包人应及时保留真实、完整、具有法律证明效力的证据，以证明索赔报告或其他索赔材料已送达承包人。承包人应在收到发包人提出的索赔报告或有关索赔的进一步证明材料后 42 天内完成审核，并将索赔处理结果答复发包人。答复内容可以是接受索赔或部分接受索赔，也可以是不接受索赔，但在程序上，承包人必须按照合同约定答复，并依法留存答复凭证对以上程序进行证明，承包人逾期答复视为同意发包人的索赔申请。

【法条索引】

• 《民法典》

第五百七十七条　行为人可以明示或者默示作出意思表示。

沉默只有在有法律规定、当事人约定或者符合当事人之间的交易习惯时，才可以视为意思表示。

19.4　提出索赔的期限

（1）承包人按第 14.5 款［竣工结算］约定接收竣工付款证书后，应被认为已无权再提出在合同工程接收证书颁发前所发生的任何索赔。

（2）承包人按第 14.7 款［最终结清］提交的最终结清申请单中，只限于提出工程接收证书颁发后发生的索赔。提出索赔的期限均自接受最终结清证书时终止。

【条文释义】

本条款规定了承包人申请索赔的最终期限，目的在于督促承包人及时行使索赔权利，提高争议解决效率，同时也是与竣工结算和最终结清的目的相统一，即本合同的竣工结算应是对合同履行结果的整体结算，包括工程价款、违约金、赔偿金等所有与工程建设过程中合同履行相关的价格和责任的清算。

承包人在合同履行过程中，因变更、工程停工、材料价格变动等因素发生的各项损失，承包人具有向发包人索赔的权利。依据本条款，承包人行使索赔权应以接收竣工付款证书之时为界分为具体三个阶段：接收竣工付款证书前，承包人可以就工程接收证书颁发前所发生的索赔事件依据本合同第 19.1 条［索赔的提出］的约定内容提出索赔；接收竣工付款证书后，承包人无权就此前的索赔事件进行索赔；而最终结清申请单中只限于提出工程接收证书颁发后发生的索赔，承包人也应遵守本合同第 19.1 条［索赔的提出］的约定内容，但如果在缺陷责任期内，发包人不再委托工程师的，则工程师的地位和作用应由发包人代替。提出索赔的期限均自接受最终结清证书时终止。

关于［竣工结算］和［最终结清］，合同当事人应依照本合同第 14.5 款和 14.7 款约定进行具体工作，包括第 14.5.1 项［竣工结算申请］，第 14.5.2 项［竣工结算审核］，第 14.5.3 项［扫尾工作清单］，第 14.7.1 项［最终结清申请单］，第 14.7.2 项［最终结清证书和支付］。

竣工付款证书是工程竣工验收后竣工结算过程中，由承包人申请，工程师、发包人审核后签发的同意竣工付款的证明文件。承包人接收竣工付款证书的行为实质表明合同双方已经就结算达成合意，合同当事人因此受到约束。一般情况下，承包人不能在接收竣工付款证书之后再就此前的索赔事件提出索赔申请，否则就是承包人事实推翻了合同当事人就竣工结算的合意。如果存在充分的证据证明发包人存在欺诈、胁迫等强制承包人接收竣工付款证书，不合承包人真实意思表示的违法、违约情形为例外情况。

接受最终结清证书为承包人提出索赔的最终期限，并只限于提出工程接收证书颁发后发生的索赔。承包人接受最终结清证书的，则视为合同当事人已经就合同履行过程中的权利义务的结算结果达成一致，承包人不再享有索赔的权利。

因为承包人除了需要履行合同约定的义务外，还需承担法律规定的工程质量担保责任和较长的保修责任，所以本合同未针对发包人的索赔设定这个最终期限。

【使用指引】

合同当事人在使用本条款时应注意以下事项：

1. 根据本条款第（1）项的约定，承包人在工程接收证书颁发前，可向发包人就工程接收证书颁发前发生的索赔事件提出索赔。根据第（2）项的约定，承包人在接收最终结清证书之前，可向发包人就工程接收证书颁发后所发生的索赔事件提出索赔。承包人提出索赔的期限自接受发包人最终结清证书之时终止。

2. 合同当事人应做好竣工结算和最终清算的工作，尤其是竣工结算应是对囊括工程价款、违约金、赔偿金等合同当事人权利义务的全面清理，并且在结算完成后应及时完成确认。

【风险识别与防范】

1. 本合同项下的索赔期限规定对承包人的权利实现影响尤为重大，承包人未严格遵守合同约定期限进行索赔可能导致丧失索赔权的风险。承包人在合同履行过程中，应及时做好记录和资料保留的工作，当发生索赔事件时，承包人应依照合同约定的期限积极行使索赔权利，既要遵循本合同第19.1条［索赔提出］的约定程序和期限，也要遵循本合同第19.4条［提出索赔的期限］的约定期限，承包人需避免因疏忽或拖延而逾期索赔或未按照约定程序索赔导致索赔失权的情况，并依法依约解决合同当事人的争议。

2.《2020版工程总承包合同》的［索赔］项只规定了通用合同条件而未设合同专用条件，涉及索赔的规范架构属于行业交易习惯条款内容。虽然学理界和实务界普遍认同承包人最终索赔期限的效力，但是，因为最终索赔期限制度涉及承包人的重大权能和利益，承包人逾期索赔或未符合程序索赔可能导致索赔权利的丧失，而且合同条款的订立和履行更强调合同当事人权利义务的公平性和意思表示的真实性，未充分协商的合同的索赔条款可能因违反公平原则或满足显失公平的构成要件，存在被司法机关依承包人诉请变更或撤销的风险。

【法条索引】

•《民法典》

第八百零一条　因施工人的原因致使建设工程质量不符合约定的，发包人有权请求施工人在合理期限内无偿修理或者返工、改建。经过修理或者返工、改建后，造成逾期交付的，施工人应当承担违约责任。

第八百零二条　因承包人的原因致使建设工程在合理使用期限内造成人身损害和财产损失的，承包人应当承担赔偿责任。

•《最高人民法院关于审理建设工程施工合同纠纷案件适用法律问题的解释（一）》（法释〔2020〕25号）

第九条　当事人对建设工程实际竣工日期有争议的，人民法院应当分别按照以下情形予以认定：

（一）建设工程经竣工验收合格的，以竣工验收合格之日为竣工日期；

（二）承包人已经提交竣工验收报告，发包人拖延验收的，以承包人提交验收报告之日为竣工日期；

（三）建设工程未经竣工验收，发包人擅自使用的，以转移占有建设工程之日为竣工日期。

第二十一条　当事人约定，发包人收到竣工结算文件后，在约定期限内不予答复，视为认可竣工结算文件的，按照约定处理。承包人请求按照竣工结算文件结算工程价款的，人民法院应予支持。

第二十二条　当事人签订的建设工程施工合同与招标文件、投标文件、中标通知书载明的工程范围、建设工期、工程质量、工程价款不一致，一方当事人请求将招标文件、投标文件、中标通知书作为结算工程价款的依据的，人民法院应予支持。

第 20 条　争议解决

20.1　和解

合同当事人可以就争议自行和解，自行和解达成协议的经双方签字并盖章后作为合同补充文件，双方均应遵照执行。

【条文释义】

和解因其自身具有避免风险、节约成本、保护隐私等方面的优势，在推进矛盾纠纷多元化解机制进程中不断受到重视。和解是双方彼此妥协、避免争讼的一种协议达成方式，其中心为双方当事人。本项约定了合同当事人可以就争议自行和解，达成和解后需签订协议作为合同补充文件，由双方遵照执行。本项中"和解"是指双方当事人在自愿互谅的基础上通过信息的交换和沟通，就产生纠纷的事项进行协商、妥协与让步达成共识和就纠纷的解决做出一致的决定的过程和结果。

【使用指引】

和解主要是依赖于当事人自行协商。和解可以在纠纷的任何阶段进行，无论是否已经进入诉讼或仲裁程序，只要终审裁判未生效或者仲裁裁决未作出，当事人均可自行和解。达成和解协议后，若双方已进入诉讼阶段，可选择的结案方式有两种：（1）由原告选择撤回起诉，此时案件尚未经过实体处理，若另一方未履行和解协议约定，当事人可以对同一争议再次提起诉讼；（2）申请由法院依据和解协议制作调解书，法院依据和解协议制作的调解书具有执行力，当一方不履行时另外一方可以且只能选择申请强制执行调解书。

【风险识别与防范】

当事人如选择通过和解谈判的方式解决争议问题，在就争议焦点达成一致的基础上，还需注意，当事人在和解谈判的过程中，为表达诚意往往会承认一些可能增加己方责任的事件，或者作出某些于己不利的承诺。虽然最高人民法院关于适用《民事诉讼法》的解释第一百零七条规定："在诉讼中，当事人为达成调解协议或者和解协议作出妥协而认可的事实，不得在后续的诉讼中作为对其不利的根据，但法律另有规定或者当事人均同意的除外。"但在实践中，对于涉及和解过程中当事人陈述的证明力问题，其裁判观点未明确统一。和解双方显然不希望以上内容在双方无法达成一致协议时被对方提交至法院/仲裁机构作为证据，因此，双方只能在和解谈判过程中尽量避免签署一些详细记录谈判过程的会议纪要或和解草稿，在最终形成的和解协议中，就争议事项部分仅需明确问题及解决方案即可。

【法条索引】

• 《民事诉讼法》

第五十条　双方当事人可以自行和解。

第九十七条　调解达成协议，人民法院应当制作调解书。调解书应当写明诉讼请求、案件的事实和调解结果。

调解书由审判人员、书记员署名，加盖人民法院印章，送达双方当事人。

调解书经双方当事人签收后，即具有法律效力。

第二百三十六条　发生法律效力的民事判决、裁定，当事人必须履行。一方拒绝履行的，对方当事人可以向人民法院申请执行，也可以由审判员移送执行员执行。

调解书和其他应当由人民法院执行的法律文书，当事人必须履行。一方拒绝履行的，对方当事人可以向人民法院申请执行。

• 《仲裁法》

第四十九条　当事人申请仲裁后，可以自行和解。达成和解协议的，可以请求仲裁庭根据和解协议作出裁决书，也可以撤回仲裁申请。

第五十条　当事人达成和解协议，撤回仲裁申请后反悔的，可以根据仲裁协议申请仲裁。

·《最高人民法院关于适用〈中华人民共和国民事诉讼法〉的解释》

第二百一十四条 原告撤诉或者人民法院按撤诉处理后，原告以同一诉讼请求再次起诉的，人民法院应予受理。

·《最高人民法院关于执行和解若干问题的规定》（全文）

20.2 调解

合同当事人可以就争议请求建设行政主管部门、行业协会或其他第三方进行调解，调解达成协议的，经双方签字盖章后作为合同补充文件，双方均应遵照执行。

【条文释义】

调解是指纠纷的当事人在中立的第三方的介入下，通过谈判达成和解、解决纠纷的过程和结果，其特点在于中立第三方通过所掌握的行业知识与专业调解技巧，遵循严格保密原则，为双方友好解决纷争打破僵局提供契机与建议。其目的在于推行多元化纠纷解决机制，鼓励当事人以调解方式解决纠纷，积极吸纳专业组织、鉴定机构、行业专家等多方力量参与纠纷化解，以弥补诉讼或者仲裁的专业性缺陷。

需要注意的是，本条规定的调解属于社会救济，达成的调解协议无强制执行力。在我国，调解的主要方式是人民调解、行政调解、仲裁调解、法院调解、行业调解以及专业机构调解：

1. 人民调解，又称诉讼外调解，指根据《人民调解法》，人民调解委员会可以基于当事人自愿，对民间纠纷进行调解，促使当事人达成调解协议。人民调解过程中不向当事人收取费用，人民调节委员会受事发行政主管部门管理，从性质上，人民调解很难吸引具有专业性的行业专家任其调解员，尚不具备解决涉及较复杂问题的建设工程合同纠纷的专业条件，我国正在大力推进行业性、专业性人民调解工作。

2. 行政调解，指与争议焦点相关的行政管理部门对于平等主体之间，以其所掌握的业务知识与经验，通过说服教育的方式促使双方当事人自愿达成协议，但行政调节的性质更倾向于国家行政机关对经济活动执行管理和监督的一种方式，可能产生行政干预的弊端。

3. 法院/仲裁调解，又称诉讼/仲裁中调解，是我国法律规定的一项重要制度，在诉讼和仲裁前及全过程中应当基于自愿和合法的原则进行调解，其调解协议经法院/仲裁机构确认，即具有法律上的效力。这种调解的启动不仅需要双方当事人具有调解的意愿，而且需要启动起诉或者申请仲裁的程序，在整个调解过程中受到规范程序的约束，但其优势也很明显，一般的调解协议仅具有合同效力，以这种方式进行调解结案的调解书或和解裁决经双方签字后，属于生效的法律文书，具有强制执行力。

4. 行业调解，指行业内具有行业调解职能的专业调解机构根据调解规则，组织、协调和解决双方商事纠纷。以2016年北京成立的"中国建筑业协会调解中心"为例，该中心的业务范围主要包含：调解会员及会员与其他当事人之间发生的建设工程合同纠纷和其他财产权益纠纷；协助当事人将调解协议转化成具有强制执行效力的法律文书；提供建设工程合同争议评审服务等。行业调解机构的调解员一般由有该行业专业知识、实践经验、道德品行良好的国内外资深人士组成。其优势在于行业调解更注重行业内部自我约束，更具有令行业内部成员信服的权威性，但行业调解机构一般具有一定的地域性与局限性，当事人出于对避免地方保护、地方行政干预的考虑，不容易对一些地方行业调解机构产生信任感。

5. 其他第三方调解，本款进一步明确了建设工程合同可以经建设行政主管部门、行业协会或其他第三方进行调解。目前在建设工程领域可以适用的调解机构有行政机关下属的具有调解职能的机构、行业协会调解机构、仲裁机构的调解中心、有专业声望的调解员等，如北京市造价管理部门的工程造价经济纠纷调解、中国建筑业协会经营与劳务管理委员会调解中心、北京仲裁委员会调解中心、中国国际经济贸易仲裁委员会调解中心等。这里需要着重关注的是争议评审制度，通用合同条件第 20.3 款中详细约定了该制度的适用问题，我国虽然在一些合同中存在该制度，但截至目前该制度的运用并不普遍。

【使用指引】

建设工程合同纠纷不同于一般民事合同纠纷，基于建设工程合同产生的纠纷主要包括价款纠纷、质量纠纷、工期纠纷等多种类型，由于建设工程具有建设周期长、投资规模大、技术要求高等特点，发生纠纷可能使工程停工、窝工或需更换施工主体，后续的争议解决所消耗的时间往往要持续一到两年甚至更久，在合同双方因纠纷发生损失的基础上又消耗了当事人大量的资源及时间成本，因此解决纠纷的效率就显得尤为重要。解决该类纠纷应尽量避免被专业问题的认定与鉴定程序无限拉长审限，考虑经济、迅速、化解矛盾，以将双方损失最小化。从多元化解决纠纷的视角出发，调解制度较其他方式保密性更高，更重视谋求双方远期共同利益，而不是单纯强调合同权利与损失赔偿。承发包双方选择专业的建筑工程纠纷调解机构处理纠纷，更有利于及时高效地化解矛盾，得到专业的、公正的且双方都信服的调解结果。

本款所对应专用合同条件中也没有为当事人约定其他第三方调解机构预留空间，实务上，建议当事人在合同中明确约定其选择的调解机构及其他有关细节。若确认选择"其他第三方"，应尽量选择行业认可度高、信誉良好的专业机构。对于争议问题在当事人调解达成一致后，应依照条款内容，签订书面协议，经双方签字盖章后作为合同补充文件以供双方后期遵照执行。需要注意，如果当事人确认选择争议评审的方式进行调解，应当依据通用合同条件第 20 条第 3 项［争议评审］中提到的争议避免，争议评审小组的组成、决定及其决定效力进行明确约定。除此之外，对于通用合同条件中未进行约定或与当事人约定不一致的部分，应在其所对应的专用合同条件中表述清楚。

【法条索引】

• 《民事诉讼法》

第九条　人民法院审理民事案件，应当根据自愿和合法的原则进行调解；调解不成的，应当及时判决。

第一百九十四条　申请司法确认调解协议，由双方当事人依照人民调解法等法律，自调解协议生效之日起三十日内，共同向调解组织所在地基层人民法院提出。

第一百九十五条　人民法院受理申请后，经审查，符合法律规定的，裁定调解协议有效，一方当事人拒绝履行或者未全部履行的，对方当事人可以向人民法院申请执行；不符合法律规定的，裁定驳回申请，当事人可以通过调解方式变更原调解协议或者达成新的调解协议，也可以向人民法院提起诉讼。

- 《仲裁法》

第五十一条　仲裁庭在作出裁决前，可以先行调解。当事人自愿调解的，仲裁庭应当调解。调解不成的，应当及时作出裁决。

- 《最高人民法院关于人民法院民事调解工作若干问题的规定》（全文）
- 《北京仲裁委员会调解中心调解规则》

第二十三条　经过调解，当事人达成一致意见的，签订和解协议。和解协议对各方当事人有约束力。

当事人可以向北京仲裁委员会申请仲裁，请求仲裁庭依据和解协议的内容制作调解书或者裁决书。未达成仲裁协议的除外。

- 《中国国际经济贸易仲裁委员会调解中心调解规则》

第二十条　调解协议

在调解程序进行的任何阶段，当事人均可自行达成解决争议的协议或者在调解员的主持下达成协议。

各方当事人及调解员在调解协议上签字或盖章后，由中心加盖印章。调解协议对各方当事人均具有约束力，各方当事人均应善意遵守并执行。

- 《关于发挥商会调解优势推进民营经济领域纠纷多元化解机制建设的意见》

第八条　强化司法保障作用。经调解达成的调解协议，具有法律约束力，当事人应当按照约定履行。能够即时履行的，调解组织应当督促当事人即时履行。当事人申请司法确认的，人民法院应当及时审查，依法确认调解协议的效力。人民法院在立案登记后委托商会调解组织进行调解达成协议的，当事人申请出具调解书或者撤回起诉的，人民法院应当依法审查并制作民事调解书或者裁定书。对调解不成的纠纷，依法导入诉讼程序，切实维护当事人的诉权。

- 《北京多元调解发展促进会调解规则（试行）》

第二十一条　经过调解达成调解协议的，由各方当事人和调解员及调解中心在调解协议上签字或盖章，调解协议对各方当事人有约束力。

当事人就部分调解请求达成和解的，可据此签署部分调解协议。

第二十三条　当事人达成调解协议的，双方当事人可以依法共同向有管辖权的人民法院申请司法确认。符合条件的，可以依法向人民法院申请强制执行。

20.3 争议评审

合同当事人在专用合同条件中约定采取争议评审方式及评审规则解决争议的，按下列约定执行：

20.3.1 争议评审小组的确定

合同当事人可以共同选择一名或三名争议评审员，组成争议评审小组。如专用合同条件未对成员人数进行约定，则应由三名成员组成。除专用合同条件另有约定外，合同当事人应当自合同订立后28天内，或者争议发生后14天内，选定争议评审员。

选择一名争议评审员的，由合同当事人共同确定；选择三名争议评审员的，各自选定一名，第三名成员由合同当事人共同确定或由合同当事人委托已选定的争议评审员共同确定，为首席争议评审员。争议评审员为一人且合同当事人未能达成一致的，或争议评审员为三人且合同当事人就首席争议评审员未能达成一致的，由专用合同条件约定的评审机构指定。

除专用合同条件另有约定外，争议评审员报酬由发包人和承包人各承担一半。

20.3.2 争议的避免

合同当事人协商一致，可以共同书面请求争议评审小组，就合同履行过程中可能出现争议的情况提供协助或进行非正式讨论，争议评审小组应给出公正的意见或建议。

此类协助或非正式讨论可在任何会议、施工现场视察或其他场合进行，并且除专用合同条件另有约定外，发包人和承包人均应出席。

争议评审小组在此类非正式讨论上给出的任何意见或建议，无论是口头还是书面的，对发包人和承包人不具有约束力，争议评审小组在之后的争议评审程序或决定中也不受此类意见或建议的约束。

20.3.3 争议评审小组的决定

合同当事人可在任何时间将与合同有关的任何争议共同提请争议评审小组进行评审。争议评审小组应秉持客观、公正原则，充分听取合同当事人的意见，依据相关法律、规范、标准、案例经验及商业惯例等，自收到争议评审申请报告后14天或争议评审小组建议并经双方同意的其他期限内作出书面决定，并说明理由。合同当事人可以在专用合同条件中对本项事项另行约定。

20.3.4 争议评审小组决定的效力

争议评审小组作出的书面决定经合同当事人签字确认后，对双方具有约束力，双方应遵照执行。

任何一方当事人不接受争议评审小组决定或不履行争议评审小组决定的，双方可选择采用其他争议解决方式。

任何一方当事人不接受争议评审小组的决定，并不影响暂时执行争议评审小组的决定，直到在后续的采用其他争议解决方式中对争议评审小组的决定进行了改变。

【条文释义】

争议评审机制是建设工程全过程纠纷处理的特色制度，指在工程开始或进行中，由当事人选择独立的评审专家，就当事人之间发生的争议及时提出解决建议或者作出决定的一种争议解决方式。争议评审并非解决争议的必需程序，但在国际上已被多个国际金融机构和各类合同范本推荐或规定采用，其优势主要在于较传统方式专业度及效率更高，更有助于维护当事人双方间的关系，以确保项目的经济效益和社会效益。

本款包含四项，分别为争议评审小组的确定、争议的避免、争议评审小组的决定及争议评审小组决定的效力，当事人双方可依照本款约定争议评审小组的确定方式、争议评审的程序、争议评审员的报酬分担、争议小组的决定、争议小组决定对合同当事人的约束力等具体事项。《2020版工程总承包合同》对于争议评审的规定主要有三处较大变动：第一，对于争议评审小组人数的组成，在一人或三人之间确定了以三人为主要原则，除非专用合同条件另有约定。第二，新增了"争议避免"条款，即只要当事人协商一致，可以共同书面请求争议评审小组，就合同履行过程中可能出现争议的情况提供协助或进行非正式讨论。但争议评审小组对此类协助或非正式讨论给出的任何意见或建议，对发包人和承包人不具有约束力。与正式的争议评审小组的经当事人同意的正式书面决定对当事人具有约束力不同。第三，明确当事人采取其他争议解决方式的并不影响暂时执行争议评审小组的决定，直到在后续的采用其他争议解决方式中对争议评审小组的决定进行了改变。

【使用指引】

当事人双方应通过协商确认是否采取争议评审方式解决争议，若选择采用争议评审方式解决争议的，则应在专用合同条件中作出约定，若当事人未在专用合同条件中进行约定，则本款不适用。

对于争议评审小组的确定，双方当事人应尽量依照上述条款在专用合同条件中对于相关程序进行约定，若已有明确评审机构的，可适当参考相关机构评审规则。合同当事人首先应依照约定程序及期限选择争议评审员，组成争议评审小组。当事人可依据工程项目特点自行决定评审小组人员数量，按照国际惯例，部分小型工程项目可以由一人组成；工程量大、涉及范围广且合同多的工程项目可成立三人以上的评审组；如专用合同条件未对成员人数进行约定，则可按照本款内容由三名成员组成。原则上合同当事人可以共同选择一名或三名争议评审员，组成争议评审小组。选择一名争议评审员的，由合同当事人共同确定；选择三名争议评审员的，各自选定一名，第三名成员由合同当事人共同确定或由合同当事人委托已选定的争议评审员共同确定，为首席争议评审员。争议评审员为一人且合同当事人未能达成一致的，或争议评审员为三人且合同当事人就首席争议评审员未能达成一致的，由专用合同条件约定的评审机构指定。除以上选定程序规则外，当事人可进一步对评审专家的资质、身份及替换规则进行约定，若当事人对评审专家资格有特殊要求的，应当在向评审机构发出代为指定评审专家的请求时一并说明。评审小组人员报酬均由当事人均摊，除当事人另有约定，原则上争议评审员报酬由发包人和承包人各承担一半。

合同当事人协商一致，可以共同书面请求争议评审小组，就合同履行过程中可能出现争议的情况提供协助或进行非正式讨论。这里的"协助或非正式讨论"主要指应合同双方的共同要求，非正式地参与或尝试进行合同双方纠纷问题或争议的处理。合同当事人可在任何时间将与合同有关的任何争议共同提请争议评审小组进行评审。争议评审小组应秉持客观、公正原则，充分听取合同当事人的意见，依据相关法律、规范、标准、案例经验及商业惯例等，自收到争议评审申请报告后 14 天作出书面决定，并说明理由。此类讨论可以在任何地点进行，但是，若无其他约定，发包人和承包人需出席。从效力上，双方不受此类非正式会议给出的任何意见或建议约束。

合同当事人通过协议授权争议评审小组调查、听证、建议或裁决，争议评审小组的决定可依据相关法律、规范、标准、案例经验及商业惯例等，争议评审小组作出的书面决定经合同当事人签字确认后，对双方具有约束力，双方应遵照执行。

【风险识别与防范】

当事人在拟定争议评审条款时应尽量完备。当事人约定的争议评审条款可作为建设工程合同的一部分，也可以单独拟定成为独立的协议文件。本合同争议评审条款中若有未尽事宜，依据意思自治原则可以由当事人另行约定。

首先，争议评审条款应就争议评审的主要事项进行明确规定，由于争议评审制度在国内尚未推广，当事人对此不能十分熟练地约定争议评审条款时，可能导致后期实际发生纠纷时相关条款缺失，因此，建议当事人在拟定该部分及所对应的专用合同条件时寻求评审机构的帮助，尽量充分全面，减少谈判的工作量，或参照适用选定评审机构的评审规则，减少相应的文件起草量。

若当事人未事先拟定争议评审条款，或拟定内容不完备，当事人可协商选择补充拟定争议评审条款，无法达成一致形成争议评审条款的，可以根据双方当事人的选择直接适用仲裁委员会的评审规则。为避免当上述情形发生时短时间内双方未能达成一致延缓纠纷解决进度，当事人双方可在专用合同条件 20.3［争议评审］中补充拟定期间的具体处理方式，例如："争议评审期间，在评审结果作出前，争议事项双方暂按总监理工程师的决定执行。"

其次，一般当事人对费用的发生及各方承担比例较容易产生分歧，引发二次纠纷，使约定的争议评审程序无法进行下去，因此，对于收费原则应事先在合同文本中尽量明确。若当事人选择仲裁机构（如贸仲、北仲等）作为争议评审机构并约定适用其评审规则，则其争议评审收费也应遵照该机构收费办法。一般情况下，可能发生的费用主要包含：因申请建设工程争议评审解决争议产生的评审专家报酬、评审组因履行职责而发生的交通食宿费用、行政费等，以上通常由各方当事人平均分担，但当事人另有约定的除外。

最后，争议评审小组的建议、意见及决定的效力问题直接关系到该机制在纠纷解决过程中是否起到了实质性作用，当事人应注意对其效力进行明确约定，以防止双方在经过评审付出较高成本后，其结论并未发挥实质作用。根据当事人的授权不同，评审意见可以只是建议性的，可以是有约束力的，也可以是综合性的，即评审组对某些事项的决定是有约束力的，对某些事项的决定是没有约束力的。当事人可根据需求自由约定不同的争议评审方式及其效力，国内对评审意见效力的相关规定较少，缺乏参考性，当事人也可在本条款所规定内容的基础上，适当借鉴国际 ADR（Alternative Dispute Resolution）经验，例如：争端评审委员会（DRB）可以对意见差异或争端快速给出建议，但无直接约束力。争端裁决委员会（DAB）或争端避免/裁决委员会（DAAB）可以对意见差异或争端快速做出决定，在决定做出后便具备临时约束力且立即生效，有"准仲"的性质。若双方未在规定期限内提起仲裁或诉讼，DAB 决定即转化为具有最终约束力。混合争端委员会（CDB）既可以给出建议，也可以给出决定。通常的做法是给出建议，当一方要求混合争端委员会需给出决定，而另一方未反对时，给出决定。

【法条索引】

•《国家发展改革委、工业和信息化部、财政部等关于印发简明标准施工招标文件和标准设计施工总承包招标文件的通知》

17.3　争议评审

发包人和承包人在履行合同中发生争议的，可以友好协商解决或者提请争议评审组评审。

合同当事人友好协商解决不成、不愿提请争议评审或者不接受争议评审组意见的，可在专用合同条件中约定下列一种方式解决：

在提请争议评审、仲裁或者诉讼前，以及在争议评审、仲裁或诉讼过程中，发包人和承包人均可共同努力友好协商解决争议。

20.4　仲裁或诉讼

因合同及合同有关事项产生的争议，合同当事人可以在专用合同条件中约定以下一种方式解决争议：

（1）向约定的仲裁委员会申请仲裁；

（2）向有管辖权的人民法院起诉。

【条文释义】

本款为争议解决条款，即引导当事人就纠纷的主管及管辖问题进行约定，涉及一个争议解决方式选择的问题，当事人在签订合同时应充分了解诉讼与仲裁的区别、优劣，尽量通过综合分析选择最适合的争议解决途径。仲裁和诉讼都是解决争议的有效途径，但两者相互排斥，当事人可以任选其中一种作为争议解决方式。仲裁与诉讼有很多明显的区别。

受案范围，诉讼案件不受受案范围限制，仲裁受案范围不包含涉及人身关系的民事纠纷及行政争议。

当事人意愿，选择诉讼方式无需双方进行协商，只要一方起诉符合法定条件且双方未约定仲裁，而选择仲裁则需当事人在合同中明确仲裁条款及仲裁机构。

保密性，诉讼案件除法律另有规定以外，原则上一般都应当公开审理，仲裁一般不公开审理。

审理程序，我国民事诉讼案件两审终审，且可申诉，当事人对一审结果不服的可以提起上诉，二审法院作出判决后即发生效力，当事人如果还不服可以提起再审，但并不能阻碍二审判决的生效。仲裁机构作出的仲裁裁决是终局裁决，一经做出立即发生法律效力，如果当事人对裁决的结果不服可以向仲裁机构所在地的中级人民法院提起撤销之诉，但需举证证明裁决具有以下情形：（1）没有仲裁协议的；（2）裁决的事项不属于仲裁协议的范围或者仲裁委员会无权仲裁的；（3）仲裁庭的组成或者仲裁的程序违反法定程序的；（4）裁决所依据的证据是伪造的；（5）对方当事人隐瞒了足以影响公正裁决的证据的；（6）仲裁员在仲裁该案时有索贿受贿，徇私舞弊，枉法裁决行为的。当事人不得就同一事实再次申请仲裁或向人民法院提起诉讼。

追加被告，诉讼案件原告可以依法申请追加被告，申请追加被告需符合相关法律规定，人民法院认为必须追加的被告也可依职权追加，仲裁案件追加被告需各方一致签署仲裁协议。

费用承担，依据法律的规定，诉讼费可以申请减免、缓交、免交，撤诉或者调解的诉讼费只收取法律规定的一半。仲裁案件受理费用一般较诉讼高，不同仲裁机构的收费标准也存在差异。对于建设工程类纠纷，诉讼案件的律师费用一般由当事人方自行承担，仲裁案件依照部分仲裁机构的规定可由败诉方承担。

裁判人员选择，诉讼案件由法院指定法官审理，一般是由审判员（法官）和人民陪审员组成，庭审人员的组成方式当事人没有选择的权力。仲裁案件根据当事人意思自治的基本原则，当事人享有选择仲裁员的权利。值得注意的是，仲裁机构所聘任的仲裁员一般为资深律师、行业专家及学者，均具有较高的纠纷解决能力和业务水平，由精通专业知识的仲裁员组成的仲裁庭仲裁相关专业的经济纠纷，更能迅速准确地抓住争议的焦点，提高纠纷解决的效率。

协议管辖，如当事人选择诉讼方式，需依照《民事诉讼法》第三十四条协议管辖的范围对管辖法院进行约定，可以选择被告住所地、合同履行地、合同签订地、原告住所地、标的物所在地等与争议有实际联系的地点，但不得违反级别管辖和专属管辖，建设工程合同纠纷属于专属管辖，由工程所在地法院管辖。如当事人选择仲裁方式，则争议的内容必须是平等主体的自然人、法人和其他组织之间发生的合同纠纷和其他财产权益纠纷，且争议的当事人需有明确的仲裁管辖约定，包括请求仲裁的意思表示、仲裁事项及选定的仲裁委员会，仲裁没有地域和级别限制。

【使用指引】

当事人首先应协商一致确认解决争议的方式：

1. 当事人选择仲裁方式

根据《仲裁法》第十六条第二款规定："仲裁协议应当具有下列内容：（一）请求仲裁的意思表示；（二）仲裁事项；（三）选定的仲裁委员会。"首先应协商确定发生纠纷双方提交申请的仲裁委员会，应当注意明确具体的仲裁机构，在专用合同条件20.4［仲裁或诉讼］中正确填写仲裁机构的名称，如中国国际经济贸易仲裁委员会（简称"贸仲"）。同时，为最大程度地尊重当事人意思自治原则，避免当事人之间不必要的争议，如双方当事人认为有必要，应当同时约定仲裁语言、仲裁适用法律等，通常，各仲裁机构也会在仲裁规则中对此进行规定。

对仲裁语言的选择在合同实际签订过程中容易被忽视，未选择仲裁语言不会影响仲裁协议的效力，没有约定仲裁语言，可能会增加仲裁程序的不确定性。基于本合同示范文本的性质与适用场景，一般无需就语言部分进行特别约定，当仲裁当事人对仲裁语言没有约定时，仲裁机构通常会采取以仲裁地的官方语言、合同/仲裁协议的语言，或以仲裁庭意见为准的方式。

仲裁中的法律适用问题分为仲裁协议、仲裁程序与仲裁实体问题三个方面，只有在具有涉外或国际因素的仲裁案件中才需要当事人进行约定。仲裁协议的法律适用与主合同法律适用是相互独立的，当事人可以对其进行分别约定，《中华人民共和国涉外民事关系法律适用法》第十八条规定："当事人可以协议选择仲裁协议适用的法律。当事人没有选择的，适用仲裁机构所在地法律或者仲裁地法律。"《关于适用〈中华人民共和国涉外民事关系法律适用法〉若干问题的解释（一）》第十四条规定："当事人没有选择涉外仲裁协议适用的法律，也没有约定仲裁机构或者仲裁地，或者约定不明的，人民法院可以适用中华人民共和国法律认定该仲裁协议的效力。"

2. 当事人选择诉讼方式

首先，应明确根据《民事诉讼法》的规定，当事人可以书面协议选择某地的人民法院管辖，这里的书面不仅指合同中的协议管辖条款，也包含诉讼前双方以书面形式达成的选择管辖协议；其次，协议管辖仅适用于第一审民事案件，且不得违反相关法律对级别管辖和专属管辖的规定。对于约定管辖法院的范围，我国《民事诉讼法》第二十五条规定，合同的双方当事人可以在书面合同中协议选择被告住所地、合同履行地、合同签订地、原告住所地、标的物所在地人民法院管辖。对于专属管辖诉讼《民事诉讼法》第三十三条规定，下列案件，由本条规定的人民法院专属管辖：（1）因不动产纠纷提起的诉讼，由不动产所在地人民法院管辖；（2）因港口作业中发生的纠纷提起的诉讼，由港口所在地人民法院管辖；（3）因继承遗产纠纷提起的诉讼，由被继承人死亡时住所地或者主要遗产所在地人民法院管辖。

需注意，工程总承包合同具有多类型集合特性，涵盖了设计、采购、施工等多项环节，并非单一的建设工程施工合同，但法院在处理工程总承包合同纠纷案件时一般会将其作为特殊的建设工程施工合同纠纷案件进行审理，根据《最高人民法院关于适用〈中华人民共和国民事诉讼法〉的解释》第二十八条第二项规定："农村土地承包经营合同纠纷、房屋租赁合同纠纷、建设工程施工合同纠纷、政策性房屋买卖合同纠纷，按照不动产纠纷确定管辖。"适用专属管辖，由工程所在地法院管辖。

【风险识别与防范】

当事人之间可以通过约定仲裁的方式突破专门法院管辖，但需注意仲裁约定的效力问题，以下事项可能导致仲裁约定无效：

当事人之间仅约定仲裁地点（如北京）而没有约定仲裁机构或机构名称填写错误。相关法院在认定仲裁协议效力时，所遵循的审理步骤是：先考虑当事人约定地点所在区是否存在唯一的仲裁机构，再考虑当事人约定地点所在市（地级市或直辖市）是否存在唯一的仲裁机构，最终认定"该地是否仅有一个仲裁机构"。

当事人同时约定了诉讼与仲裁两种争议解决方式，通常是按诉讼处理的。但若一方向约定的仲裁机构提出申请，另一方未提出管辖异议，则仲裁机构可以取得管辖权。

【法条索引】

•《民事诉讼法》

第三十四条　合同或者其他财产权益纠纷的当事人可以书面协议选择被告住所地、合同履行地、合同签订地、原告住所地、标的物所在地等与争议有实际联系的地点的人民法院管辖，但不得违反本法对级别管辖和专属管辖的规定。

第一百二十四条　人民法院对下列起诉，分别情形，予以处理：

（二）依照法律规定，双方当事人达成书面仲裁协议申请仲裁、不得向人民法院起诉的，告知原告向仲裁机构申请仲裁。

第二百五十二条　对判决、裁定和其他法律文书指定的行为，被执行人未按执行通知履行的，人民法院可以强制执行或者委托有关单位或者其他人完成，费用由被执行人承担。

•《最高人民法院关于适用〈中华人民共和国民事诉讼法〉的解释》

第二百一十五条　依照民事诉讼法第一百二十四条第二项的规定，当事人在书面合同中订有仲裁条款，或者在发生纠纷后达成书面仲裁协议，一方向人民法院起诉的，人民法院应当告知原告向仲裁机构申请仲裁，其坚持起诉的，裁定不予受理，但仲裁条款或者仲裁协议不成立、无效、失效、内容不明确无法执行的除外。

•《仲裁法》

第六条　仲裁委员会应当由当事人协议选定。仲裁不实行级别管辖和地域管辖。

第六十二条　当事人应当履行裁决。一方当事人不履行的，另一方当事人可以依照民事诉讼法的有关规定向人民法院申请执行。受申请的人民法院应当执行。

•《中国国际经济贸易仲裁委员会仲裁规则（2015版）》

第四十九条　裁决的作出

（九）裁决是终局的，对双方当事人均有约束力。任何一方当事人均不得向法院起诉，也不得向其他任何机构提出变更仲裁裁决的请求。

• 《北京仲裁委员会仲裁规则》

第五十一条 裁决的效力和履行

（一）裁决书自作出之日起发生法律效力。

（二）裁决书作出后，当事人应当按照裁决书确定的履行期限履行裁决；没有规定履行期限的，应当立即履行。任何一方不履行的，当事人可以向有管辖权的法院申请强制执行。

20.5 争议解决条款效力

合同有关争议解决的条款独立存在，合同的不生效、无效、被撤销或者终止的，不影响合同中有关争议解决条款的效力。

【条文释义】

本款是关于解决争议条款的效力独立性的约定。本款中"有关争议解决的条款"仅指不对各方当事人在合同中约定的权利义务产生实体性影响的"独立存在的"用来解决争议的手段和途径的条款，是争议解决的程序性条款，并非双方具体权利义务的实体性条款。约定争议条款的目的在于，当合同双方发生纠纷时，充分尊重当事人之间的约定，以事前协商确认的方式及程序解决争端，保障合同主体事先意思自治。其独立性主要体现在：本款虽归属与主合同之内，但其效力完全独立，两者仅具有形式上的联系，实质上可以是两个独立存在的合同，除当事人进行特别约定的情况外，任何一部分无效均不会影响另一部分发生效力。

本款中"合同的不生效、无效、被撤销或者终止"可能存在以下情形：（1）主合同成立但不生效；（2）主合同被认定无效；（3）主合同被撤销；（4）主合同被解除；（5）主合同终止。对于以上情形，只要当事人之间就争议解决条款协商一致，未签订改变争议条款内容或效力的补充协议，且不违反法律及行政法规的强制规定，在实践中一般认定其约定有效，当事人依然可以根据争议条款的约定，以其所约定的方式、程序及适用法律来解决彼此之间的纠纷。

【使用指引】

争议解决条款的效力取决于相关法律规定，保证争议条款的有效性需注意遵守《民法典》及相关法律的规定。

1. 需满足法律行为生效的一般要件，《民法典》第一百四十三条规定民事法律行为有效需具备下列条件："（一）行为人具有相应的民事行为能力；（二）意思表示真实；（三）不违反法律、行政法规的强制性规定，不违背公序良俗。"

2. 应注意双方约定是否涉及《民事诉讼法》《仲裁法》及相关司法解释规定的内容，

《民事诉讼法》规定违反级别管辖和专属管辖被认定无效的情形已在本条第三款［仲裁或诉讼］中释明，《仲裁法》第十七条规定有下列情形之一的，仲裁协议无效："（一）约定的仲裁事项超出法律规定的仲裁范围的；（二）无民事行为能力人或者限制民事行为能力人订立的仲裁协议；（三）一方采取胁迫手段，迫使对方订立仲裁协议的。"

【法条索引】

· **《民法典》**

　　第五百零七条　合同不生效、无效、被撤销或者终止的，不影响合同中有关解决争议方法的条款的效力。

· **《仲裁法》**

　　第十九条　仲裁协议独立存在，合同的变更、解除、终止或者无效，不影响仲裁协议的效力。

第三部分　专用合同条件

第1条　一般约定

1.1　词语定义和解释

1.1.1　合同

1.1.1.10　其他合同文件：_____。

【条文释义】

其他合同文件主要指补充协议、工程洽商、变更签证等对双方构成约束的书面文件。

【使用指引】

合同当事人可以在专用合同条件中，对合同文件的组成进行补充，特别是对于工程实施具有重要指导意义或有助于界定合同当事人权利义务的文件，合同当事人可以将其纳入合同文件组成，如招标文件、补充协议等。

1.1.3　工程和设备

1.1.3.5　单位/区段工程的范围：_____。

【条文释义】

单位工程是指具备独立施工条件并能形成独立使用功能的建筑物或构筑物，是单项工程的组成部分，可分为多个分部工程。在公路专业里，介于单项工程和单位工程之间，由几个单位工程组成的叫作"区段工程"。

【使用指引】

如汽车制造厂是一个建设项目，厂里的各车间属于单项工程，而车间作为一个单项工程是由土建、电器照明、卫生技术、机械设备安装等单位工程组成的。

1.1.3.9　作为施工场所组成部分的其他场所包括：_____。

【条文释义】

施工现场是指用于工程施工的场所，以及在专用合同条件中指明作为施工场所组成部分的其他场所，包括永久占地和临时占地。

【使用指引】

承发包双方应在专用合同条件中约定施工现场的范围和相应的用途，例如：××市××区（县）××路××号，砂石堆放等。

1.1.3.10　永久占地包括：＿＿＿＿＿＿＿＿＿＿＿＿＿＿＿＿。
1.1.3.11　临时占地包括：＿＿＿＿＿＿＿＿＿＿＿＿＿＿＿＿。

【条文释义】

永久占地是指专用合同条件中指明为实施工程需永久占用的土地。临时占地是指专用合同条件中指明为实施工程需临时占用的土地。

【使用指引】

合同当事人应在专用合同条件中明确永久占地、临时占地的范围，一般来说永久占地的范围与工程规划红线范围内的土地范围一致。临时占地需要办理临时用地许可的应一并说明。

1.2　语言文字

本合同除使用汉语外，还使用＿＿＿＿＿＿＿＿＿＿＿＿语言。

【条文释义】

合同当事人可以在专用合同条件中约定采用的除汉语简体之外的其他语言文字，但应保证不同语言文字的合同版本之间意思表示的一致性。

【使用指引】

如：本合同除使用汉语外，还使用英语语言。

若使用两种以上语言的，建议说明以哪种语言为准，避免意思表示不一致时产生纠纷而无法快速解决。

1.3　法律

适用于合同的其他规范性文件：＿＿＿＿＿＿＿＿＿＿＿＿＿＿＿。

【条文释义】

合同当事人也可以在专用合同条件中约定合同适用的其他规范性文件。

【使用指引】

适用于合同的其他规范性文件：如《房屋建筑和市政基础设施项目工程总承包管理办法》《江苏省房屋建筑和市政基础设施项目工程总承包计价规则（试行)》。

1.4　标准和规范

1.4.1　适用于本合同的标准、规范（名称）包括：＿＿＿＿＿＿＿＿＿。

1.4.2　发包人提供的国外标准、规范的名称：_____；发包人提供的国外标准、规范的份数：_____；发包人提供的国外标准、规范的时间：_____。

1.4.3　没有成文规范、标准规定的约定：_____。

1.4.4　发包人对于工程的技术标准、功能要求：_____。

【条文释义】

明确技术标准和要求是承包人组织工程设计、采购、施工，保证工程质量和施工安全的前提条件，也是判断工程质量是否合格的依据。

【使用指引】

发包人对工程的技术标准、功能要求高于或严于现行国家、行业或地方标准的，合同当事人应在专用合同条件中予以明确，有具体标准名称的应列明名称，无名称只有技术要求的，应详细列明技术要求。

1.5　合同文件的优先顺序

合同文件组成及优先顺序为：_____。

【条文释义】

对于合同文件之间可能存在不一致甚至相互矛盾，从而影响合同的理解和履行，容易产生争议的，应明确解释合同文件的优先顺序，以便在合同文件内容出现不一致或矛盾时，确定合同文义，减少双方分歧。

【使用指引】

解释合同文件的优先顺序尊重合同当事人的意思表示，合同当事人认为某些合同文件更为准确地表达了双方的真实意思的，可以在专用合同条件中另行约定合同文件的优先顺序。

1.6　文件的提供和照管

1.6.1　发包人文件的提供

发包人文件的提供期限、名称、数量和形式：_____。

1.6.2　承包人文件的提供

承包人文件的内容、提供期限、名称、数量和形式：_____
_____。

1.6.4　文件的照管

关于现场文件准备的约定：_____。

【条文释义】

本款明确了合同当事人应当提供的文件，除了通用合同条件明确的承包人应在现场保留一份合同、《发包人要求》中列出的所有文件、承包人文件、变更以及其他根据合同收发的往来信函，合同当事人也可以明确现场文件准备的特殊约定。

【使用指引】

合同当事人应当约定发包人向承包人提供前期工作相关的资料、环境保护、气象水文、地质条件及进行工程设计、现场施工等工程实施所需的文件的期限、数量和形式，同时约定承包人应当向发包人提供的工程设计、现场施工等工程实施有关的承包人文件，明确提供的期限、名称、数量和形式，并明确现场文件准备的特殊约定。

1.7 联络

1.7.2 发包人指定的送达方式（包括电子传输方式）：＿＿＿＿＿＿＿＿＿
＿＿＿＿＿＿＿＿＿＿。

　　发包人的送达地址：＿＿＿＿＿＿＿＿＿＿＿＿＿＿＿。

　　承包人指定的送达方式（包括电子传输方式）：＿＿＿＿＿＿＿＿＿
＿＿＿＿＿＿＿＿。

　　承包人的送达地址：＿＿＿＿＿＿＿＿＿＿＿＿＿＿＿。

【条文释义】

为保证合同履行过程中准确、及时地传递信息，本款约定了与合同有关的通知、批准、证明、证书、指示、指令、要求、请求、同意、意见、确定和决定等，均应采用书面形式，并应在合同约定的期限内（如无约定，应在合理期限内）通过特快专递或专人、挂号信、传真或双方商定的电子传输方式送达收件地址，拒不签收来往文件将承担相应的责任。

【使用指引】

合同当事人应当约定各自的送达方式和收件地址，在填写时应当确保信息尽可能详尽，包括接收人员的姓名、职务、电话、邮箱、地址等信息，当指定的送达方式或收件地址发生变动时，应提前3天以书面形式通知对方。

1.10 知识产权

1.10.1 由发包人（或以发包人名义）编制的《发包人要求》和其他文件的著作权归属：＿＿＿＿＿＿＿＿＿＿＿＿。

1.10.2 由承包人（或以承包人名义）为实施工程所编制的文件、承包人完成的设计工作成果和建造完成的建筑物的知识产权归属：＿＿＿＿＿＿＿
＿＿＿＿＿＿＿＿。

1.10.4 承包人在投标文件中采用的专利、专有技术、技术秘密的使用费的承担方式＿＿＿＿＿＿＿＿＿＿＿＿＿。

【条文释义】

通用合同条件约定，在工程实施过程中，由发包人（或以发包人名义）编制的《发包人要求》和其他文件属于发包人作品，著作权和其他知识产权归属于发包人。同样的，由承包人（或以承包人名义）为实施工程所编制的文件、承包人完成的设计工作成果和建造完成的建筑物属于承包人作品，著作权和其他知识产权归属于承包人。但合同当事人可以在专用合同条件中另行约定。

【使用指引】

专用合同条件 1.10.1 项一般约定由发包人（或以发包人名义）编制的《发包人要求》和其他文件的著作权归属发包人，承包人仅在履行本合同期间有权使用发包人提供的文件。

专用合同条件 1.10.2 项可以约定由发包人支付相关费用后，承包人（或以承包人名义）为实施工程所编制的文件、承包人完成的设计工作成果和建造完成的建筑物的除署名权外的知识产权归属发包人所有。若该费用已包括在签约合同价内，也应当明确说明。

专用合同条件 1.10.3 项可以约定承包人在投标文件中采用的专利、专有技术、技术秘密的使用费由承包人承担，该费用应计入签约合同价中。

1.11　保密

双方订立的商业保密协议（名称）：＿＿＿＿＿＿＿＿，作为本合同附件。

双方订立的技术保密协议（名称）：＿＿＿＿＿＿，作为本合同附件。

【条文释义】

本条款约定了承发包人的保密义务，未经对方同意，任何一方当事人不得将对方提供的文件、技术秘密以及声明需要保密的资料信息等商业、技术秘密泄露给第三方或者用于本合同以外的目的。

【使用指引】

合同当事人认为必要时，可订立保密协议，并且在专用合同条件中明确。

1.13　责任限制

承包人对发包人赔偿责任的最高限额为＿＿＿＿＿＿＿＿＿。

【条文释义】

本款约定了承包人基于工程总承包合同的赔偿最高限额，但对于因欺诈、犯罪、故意、重大过失、人身伤害等不当行为造成的损失，赔偿的责任限度不受该最高限额的限制。

【使用指引】

合同当事人可以在专用合同条件中另行约定承包人对发包人赔偿责任的最高限额，例如签约合同价的 10% 或 20%。

1.14 建筑信息模型技术的应用

关于建筑信息模型技术的开发、使用、存储、传输、交付及费用约定如下：_____。

【条文释义】

本合同示范文本专门规定了建筑信息模型技术的应用，并在专用合同条件中预留了当事人自行约定的条款。

【使用指引】

若采用建筑信息模型技术的，则其技术开发主体、使用方式和范围、存储及传输路径、交付载体和方式及费用承担应在此处作详细约定。

第 2 条　发包人

2.2　提供施工现场和工作条件

2.2.1　提供施工现场

关于发包人提供施工现场的范围和期限：_____。

【条文释义】

对于提供施工现场，根据通用合同条件的约定，发承包双方应当在本项中约定发包人需要提供的施工现场的范围。同时，发包人应与承包人在专用合同中约定移交时间。设置本项供发承包双方协商，旨在要求发包人按照合同约定向承包人提供施工现场，保证施工的顺利进行。

【使用指引】

发包人应按专用合同条件约定向承包人提供"三通一平"或"五通一平"的施工现场，给承包人进入和占用施工现场各部分的权利，并明确与承包人的交接界面。

本项中的施工现场范围是指用于工程施工的场所，包括永久占地和临时占地。本款以专用合同条件约定为准，若专用合同条件未约定，则遵守通用合同条件相关规定。

2.2.2　提供工作条件

关于发包人应负责提供的工作条件包括：_____。

【条文释义】

对于提供工作条件，根据通用合同条件的约定，发包人应按专用合同条件约定向承包人提供工作条件。设置本项供发承包双方协商，旨在明确发包人应该向承包人提供的工作条件，进一步确保发包人按照合同约定向承包人提供相应工作条件，保证施工的顺利进行。

【使用指引】

发承包双方应当在本项中约定发包人需要向承包人提供的工作条件，包括但不限于以下几个方面：（1）施工用水、电力、通信线路等施工所必需的条件；（2）施工设备和工程设备、材料及车辆等所需要的进入施工现场的交通条件；（3）施工现场周围地下管线和邻近建筑物、构筑物、古树名木的保护；（4）工程现场邻近发包人正在使用、运行或由发包人用于生产的建筑物、构筑物、生产装置、设施、设备等；（5）根据工程特点及施工环境所需要提供的其他设施和条件。本款以专用合同条件约定为准，若专用合同条件未约定，则遵守通用合同条件相关规定。

第 2.2.1 项提供施工现场与第 2.2.2 项提供工作条件关系到承包人施工能否顺利进行，因此，发包人与承包人在订立合同时均应重视该项工作，并在专用合同条件中就施工现场、工作条件的内容和标准作出明确的规定。对于施工现场和工作条件的标准，发包人提供的施工场地的条件应当与招标文件中明确的施工场地的标准一致，以保证承包人能够按照投标文件中的施工组织设计组织施工。

2.3　提供基础资料

关于发包人应提供的基础资料的范围和期限：＿＿＿＿＿＿＿＿。

【条文释义】

对于提供基础资料，根据通用合同条件的约定，发包人应在本款约定需提交给承包人的基础资料的详细范围和期限。本款旨在要求发包人按照合同约定及时向承包人提供符合合同约定的基础资料，并对基础资料的真实性、完整性和准确性负责。

【使用指引】

发包人应当在本款中约定提供基础资料的期限、数量和形式，本款中的"基础资料"通常是指《建设工程质量管理条例》第六条、《建设工程安全生产管理条例》第六条所规定的："施工现场及工程施工所必需的毗邻区域内供水、排水、供电、供气、供热、通信、广播电视等地下管线资料，气象和水文观测资料，地质勘察资料，相邻建筑物、构筑物和地下工程等有关基础资料。"合同双方有其他需提交的资料的，也应一并列明。

发包人应在移交施工现场前向承包人提交基础资料，而且按照法律规定确需在开工后方能提供的基础资料，发包人应尽其努力及时地在相应工程施工前的合理期限内提供，合理期限应以不影响承包人的正常施工为限，一般不超过 14 天，但对于具体工艺或分部分项工程而言，差别较大，因此必须在专用合同条件中加以明确，否则将会导致严重的纠纷。

2.5　支付合同价款

2.5.2　发包人提供资金来源证明及资金安排的期限要求：＿＿＿＿＿＿＿＿＿＿

_____。

【条文释义】

根据通用合同条件的约定，发承包双方应当在本项中约定发包人需向承包人提供资金来源证明及资金安排的期限要求。设置本项供发承包双方协商，旨在要求发包人证明其具有按合同约定支付工程价款的能力，合理平衡各方风险，促进合同的顺利履行。

【使用指引】

根据不同的资金来源渠道，资金来源证明也有所区别。当前建设投资资金的来源渠道主要有以下几方面：（1）财政预算投资；（2）自筹资金投资；（3）银行贷款投资；（4）利用外资；（5）利用有价证券市场筹措建设资金。对于财政预算投资的工程，项目立项批复文件应当对此载明，故项目立项批复文件即为资金来源证明；对于自筹资金投资、银行贷款投资、利用外资、证券市场筹措资金等工程，发包人应当取得资金来源方的投资文件或资金提供文件，并应明确提供的时限。

2.5.3　发包人提供支付担保的形式、期限、金额（或比例）：_____
_____。

【条文释义】

根据通用合同条件的约定，发承包双方应当在本项中约定发包人需向承包人提供支付担保的形式、期限、金额（或比例）。设置本项供发承包双方协商，旨在明确发包人提供工程款支付担保的义务。同时约定发包人未遵守约定提供支付担保的，构成16.2.1［因发包人违约解除合同］的情形，以保障工程价款支付安全性。

【使用指引】

支付担保是指担保人为发包人提供的，保证发包人按照合同约定支付工程款的担保，较为常见的支付担保包括银行或担保公司的保函，也有母公司为其子公司提供的担保以及其他第三人提供的担保。

如果合同当事人需要对方提供保函，建议采取无条件不可撤销保函形式，以有效约束保函提供方的履约行为。支付担保的金额或比例通常与履约担保的金额或比例相同。

2.7　其他义务

发包人应履行的其他义务：_____。

【条文释义】

对于其他义务，根据通用合同条件的约定，发承包人双方可在专用合同条件内对发包人应履行的其他义务进行补充约定。

【使用指引】

发承包双方在约定发包人应履行的其他义务时，应当注意与合同其他条款的衔接问题，避免在专用合同条件中出现相互冲突的情形。

第3条　发包人的管理

3.1　发包人代表

发包人代表的姓名：＿＿＿＿＿＿＿＿＿＿＿＿＿＿＿；

发包人代表的身份证号：＿＿＿＿＿＿＿＿＿＿＿＿＿；

发包人代表的职务：＿＿＿＿＿＿＿＿＿＿＿＿＿＿＿；

发包人代表的联系电话：＿＿＿＿＿＿＿＿＿＿＿＿＿；

发包人代表的电子邮箱：＿＿＿＿＿＿＿＿＿＿＿＿＿；

发包人代表的通信地址：＿＿＿＿＿＿＿＿＿＿＿＿＿；

发包人对发包人代表的授权范围如下：＿＿＿＿＿＿＿；

发包人代表的职责：＿＿＿＿＿＿＿＿＿＿＿＿＿＿＿。

【条文释义】

发包人代表是发包人的委托代理人，本专用合同条件相当于发包人对发包人代表的授权委托书，所具有的内容和表述程度应与授权委托书相同。

【使用指引】

本款填写的着重点为对发包人代表的授权范围。

发包人代表是由发包人派驻现场负责处理合同履行过程中与发包人有关的具体事宜，对发包人代表的授权范围填写应考虑权利的充分性，除不适合交由发包人代表处理的由发包人自己行使，其他所有发包人的权利应概括纳入。

对于承包人，因为发包人授权发包人代表的授权范围由发包人决定，承包人无提出反对意见的权利，但通用合同条件允许承包人对发包人代表的人选提出合理反对意见，所以承包人与发包人还应补充约定应予排除的名单，也可以设置一定的排除条件，当然这需要承包人有充分的理由。

3.2　发包人人员

发包人人员姓名：＿＿＿＿＿＿＿＿＿＿＿＿＿＿＿；

发包人人员职务：＿＿＿＿＿＿＿＿＿＿＿＿＿＿＿；

发包人人员职责：＿＿＿＿＿＿＿＿＿＿＿＿＿＿＿。

【条文释义】

本款发包人人员为除发包人代表和工程师及其团队之外的由发包人派驻施工现场的担任较重要角色的人员，其职位和所承担的职责应较为恒定。通用合同条件第3.2款中发包人或发包人代表可随时指派任务的助手不在本专用合同条件填写之列。

【使用指引】

本款填写的着重点为发包人人员职责。

发包人人员与发包人代表地位不同，发包人代表是发包人的委托代理人，而除发包人代表之外的发包人人员为职务代理，仅就其职权范围内的事项，以法人或者非法人组织的名义实施的民事法律行为。所以除发包人代表之外的发包人人员的职权应明确具体，不能过于概括，应是发包人代表某一部分的职责，负责某一方面的业务。且因有专门的工程师条款，这里的发包人人员的具体约定不包括工程师。

3.3 工程师

3.3.1 工程师名称：_____；工程师监督管理范围、内容：_____；工程师权限：_____
_____。

【条文释义】

此处的工程师应为法人或组织。监督管理范围应与项目范围有关，与工作阶段有关，与工作种类（设计、采购、施工、服务）有关，包括质量、安全、成本、进度等；监理内容可以具体到分部工程。权限为与合同履行有关的作出约定指示或动作的权利。

【使用指引】

工程师通常为一个，如发包人委托有多个咨询工程师的，应用附件方式分别列明，此处填写的应当是起统筹协调作用的总咨询工程师。监督管理范围、内容可以在专用合同条件中概括描述，最好在附件中详细列明；存在多个工程师时，监督管理范围、内容应能够划分清楚各自的界限，但建议由总咨询工程师统一行使工程师的职权。工程师的权限应该具体明确，一般应在附件中列明，权限应与合同条文约定一致，以方便遵照合同行使；对于多个工程师，应分别确定权限。值得注意的是，按照通用合同条件第 3.3.4 条约定，通用合同条件中约定由工程师行使的职权如不在发包人对工程师的授权范围内的，则视为没有取得授权，专用合同条件的工程师的授权应注意该约定，以免授予工程师的权力不足，从而不能行使合同某一款（项）约定的权力；另，因商定或确定是工程师专属权力，如不包含在本专用合同条件中，将会引起合同履行困境，建议载明。

3.6 商定或确定

3.6.2 关于商定时间限制的具体约定：_____。

【条文释义】

商定的期限如未在本专用合同条件中另行约定，则为通用合同条件中约定的 42 天，当然在实际协商时，工程师也可根据商定事由的重要性和解决难度另行提出一个时限，但应经合同双方同意。

【使用指引】

在合同签订之初，合同双方都难以确定具体多长的期限合适，确定的时间过长，会影响效率，时间过短，则会导致协商不充分。双方可以根据项目的大小、难易程度，以及项目的紧迫程度，结合经验确定。

3.6.3 关于商定或确定效力的具体约定：＿＿＿＿＿＿＿；关于对工程师的确定提出异议的具体约定：＿＿＿＿＿＿＿。

【条文释义】

商定或确定效力是指超过一定期限或触发一定条件导致确定是否具有终局性，亦即确定的期限经过任何一方未提出异议是否会引起工程师的确定具有终局性。对工程师的确定提出异议的具体约定是指提出异议的期限、提出异议的方式和向谁提出异议有效。

【使用指引】

第一部分可以约定无论是否对工程师的确定提出异议，确定都不具有终局性，具有终局性的只有经协商商定的以及按照第 20 条［争议解决］解决的方案，但仍应暂时按照确定执行。也可以约定在没有按约定时间提出异议的视为具有终局性。

第二部分可以约定异议的期限为其他数值，也可以约定可向工程师提出异议，也可以约定提出异议的除了书面的其他能够记载和达到的方式。

3.7 会议

3.7.1 关于召开会议的具体约定：＿＿＿＿＿＿＿＿＿＿。

【条文释义】

本款为会议发起的方式，在通用合同条件中只约定了合同的主体才有权发起会议，其他参与方只能通过合同的主体发起；如果与其有关联的一方合同主体不愿意发起会议，则该参与方无法采用会议的方式解决争议。

【使用指引】

可以按申报的方式，统一将问题申报给发包人代表或者工程师，由发包人代表或者工程师组织，也可以多种方式并行。

3.7.2 关于保存和提供会议纪要的具体约定：＿＿＿＿＿＿。

【条文释义】

会议纪要记载一次会议的主要议题和问题的解决方案，会议参与人可以会议纪要记载的内容为依据进行下一步工作，也是日后发生争议时的重要证据。

【使用指引】

保存会议纪要原件的主体可以是发包人、会议发起方、工程师，也可以要求在第三方存档。提供会议纪要的对象可以是参会的每一方，也可以是会议纪要涉及的所有参会方，也可以是会议纪要涉及的所有方，包括未参会的相关方。

第4条　承包人

4.1　承包人的一般义务

承包人应履行的其他义务：_____。

【条款释义】

本款的通用合同条件规定了承包人应履行的主要义务，共规定了7项，并且在通用合同条件第一句即表明可在专用合同条件约定认为需要的其他主要义务。因此，发承包双方可综合考虑工程规模、技术要求等项目特点，若有需要，则经协商一致后可在本款约定其他义务。

【使用指引】

承包人的一般义务，是较重要、对发承包双方影响较大而有必要增加的义务，故应确实存在对工程实施影响较大的事项时方可使用本款。例如，若工程地质情况极其复杂，容易出现不可预见的情况，则双方可对勘探、地质资料的提供进行特别约定，而该约定应符合工程总承包管理办法和本示范文本对发承包双方权利义务分配的一般规定，并注意与示范文本其他条款相衔接，不得冲突。

4.2　履约担保

承包人是否提供履约担保：_____。

履约担保的方式、金额及期限：_____。

【条文释义】

是否提供履约担保属发包人与承包人意思自治的领域，因此通用合同条件并未规定承包人一定要提供履约担保，故双方应在专用合同条件中对此予以明确，若承包人提供履约担保，则应同时明确担保的方式、金额、期限等必须具备的条款。

【使用指引】

履约担保的形式，较多的为银行保函、担保公司担保。对于常见的银行保函，一般采用银行自己拟定的格式，对承包人较为苛刻。而担保公司实力较银行弱，若承包人提供该种方式的履约担保，发包人应对担保公司的资质和实力提出要求。

4.3 工程总承包项目经理

4.3.1 工程总承包项目经理姓名：_____；

    执业资格或职称类型：_____；

    执业资格证或职称证号码：_____；

    联系电话：_____；

    电子邮箱：_____；

    通信地址：_____。

    承包人未提交劳动合同，以及没有为工程总承包项目经理缴纳社会保险证明的违约责任：_____。

【条文释义】

    项目经理除应具备专业能力和管理能力外，其应为承包人的员工。本项专用合同条件除了对项目经理的个人信息、执业资格进行规定之外，还约定了承包人与项目经理不具备劳动关系情况下的违约责任，以期更好地规范项目经理制度。

【使用指引】

    承包人应注意要如实填写项目经理信息，避免因不必要的错误导致承担责任。发包人应紧抓落实，通过各种方式验证、核查项目经理信息，对于不符合条件的，应坚决不予通过，同时追究承包人的违约责任。

4.3.2 工程总承包项目经理每月在现场的时间要求：_____。

    工程总承包项目经理未经批准擅自离开施工现场的违约责任：_____。

【条文释义】

    项目经理驻场履职具有极其重要的意义，而对于每月在现场的时间作出规定，有利于将该项制度以量化方式衡量。对于擅自违反驻场履职义务的项目经理，应约定违约责任，以此对项目经理形成约束并进行管理。

【使用指引】

    双方确定的项目经理驻场时间应符合项目实际，具备合理性，可细化至每月的工作日以及每日工作时间。对于违约金形式，可约定按日计算，具体标准应双方协商确定。

4.3.3 承包人对工程总承包项目经理的授权范围：_____。

【条文释义】

承包人对项目经理的授权范围，一般包括确定组织架构，组织制定各项管理制度，协调设计、采购、施工、试运行等各个工程实施环节，接受委托处理对外和对内事务的范围，例如履行合同、签发签证，统一管理、调配设计、采购、施工所涉及的人员、资金、工程设备，组织提供承包人文件等。

【使用指引】

对项目经理的授权范围不清晰，会有发生表见代理的风险，故授权范围应具体、明确，不要用全权委托等概况授权，表达应清晰不含糊，避免引起歧义。

4.3.4　承包人擅自更换工程总承包项目经理的违约责任：_____

_____。

【条文释义】

符合项目要求的项目经理驻场履职，对项目成败有非常重要的作用，在工程实施过程中对项目经理进行更换通常都会对项目造成不利影响，因此正常情况下不允许项目经理更换。承包人擅自更换项目经理的行为一旦发生，会影响整个工程的顺利进行，对发包人造成损失。因此，对这种行为一定要约定违约责任，以约束承包人的行为。

【使用指引】

违约责任可约定为违约金，金额由双方协商确定。

4.3.5　承包人无正当理由拒绝更换工程总承包项目经理的违约责任：_____

_____。

【条文释义】

随着工程实施，当发包人、工程师发现项目经理并不具备与项目相适应的专业能力、职业态度、管理协调能力时，应立即更换合格的项目经理，这是发包人的权利，也是项目正常进行的保证。承包人无正当理由拒绝更换的行为，实际违反了合同中对项目经理任职资格和条件等条款的约定，给发包人造成损失，故应约定违约责任。

【使用指引】

违约责任可约定为违约金，金额由双方协商确定。

4.4　承包人人员

4.4.1　人员安排

承包人提交项目管理机构及施工现场人员安排的报告的期限：_____

_____。

承包人提交关键人员信息及注册执业资格等证明其具备担任关键人员能

力的相关文件的期限：＿＿＿＿＿＿＿＿＿＿＿＿。

【条文释义】

发承包双方对项目管理机构及施工现场人员的报告期限一般为 14 天，若双方有特殊要求，可自行协商确定期限。该报告包括证明履职能力的文件，即资格、业绩等。对于该等文件的提交期限，亦可根据具体情况自行确定。现场关键人员须具有符合工程承包范围的专业能力和资质，若相关证明文件迟交、漏交，会影响工程实施。

【使用指引】

可填写承包人提交报告和证明文件的期限，也可填写按照通用合同条件的约定，期限为承包人在接到开始工作通知之日起 14 天。

4.4.2　关键人员更换

承包人擅自更换关键人员的违约责任：＿＿＿＿＿＿＿＿＿＿。

承包人无正当理由拒绝撤换关键人员的违约责任：＿＿＿＿＿＿＿＿＿＿

＿＿＿＿＿＿＿＿＿＿＿＿＿＿＿＿＿＿。

【条文释义】

关键人员是负责现场施工的管理、技术等中坚力量，对工程实施极为重要，故本项参照项目经理有关规定，对承包人擅自更换或无正当理由拒绝更换关键人员的行为约定违约责任。

【使用指引】

违约责任可约定为违约金，金额由双方协商确定。

4.4.3　现场管理关键人员在岗要求

承包人现场管理关键人员离开施工现场的批准要求：＿＿＿＿＿＿＿＿＿

＿＿＿＿＿＿＿＿＿＿＿＿＿＿＿。

承包人现场管理关键人员擅自离开施工现场的违约责任：＿＿＿＿＿＿＿

＿＿＿＿＿＿＿＿＿＿＿＿＿＿＿。

【条文释义】

本项对应的通用合同条件相应条款约定了关键人员离开现场的批准要求，以离开天数为标准，根据时间长短不同分别报工程师或发包人批准。若发包人对现场管理关键人员另有要求的，可通过本项进行规定。对于关键人员擅自离开现场，亦可比照项目经理设定违约责任。

【使用指引】

1. 对于批准要求，可填写批准的程序要件和实质要件，前者如批准程序、有权批准的人员名单，后者如关键人员每月须在岗达到一定天数、离开施工现场不能超过一定天数。

2. 违约责任可约定为违约金，金额由双方协商确定。

4.5 分包

4.5.1 一般约定

禁止分包的工程包括：＿＿＿＿＿＿＿＿＿＿＿＿＿＿＿＿＿。

【条文释义】

除违法分包之外，发包人也可根据工程特点和具体情况，约定禁止承包人分包的工程，承包人须自己完成。

【使用指引】

可填写双方经协商确定的禁止分包的工程。承包人进行分包，应在符合法律规定的前提下，与发包人达成合意，并非本项约定之外的工程就可以径行分包。

4.5.2 分包的确定

允许分包的工程包括：＿＿＿＿＿＿＿＿＿＿＿＿＿＿＿＿。
其他关于分包的约定：＿＿＿＿＿＿＿＿＿＿＿＿＿＿＿＿。

【条文释义】

为明确承包人可以分包的范围，发承包双方应在本项明确列举允许分包的工程，凡未列举而承包人认为需要分包的，应按通用合同条件的要求处理。此外，若发承包双方对分包有其他特殊要求，可协商一致后在本项进行约定。

【使用指引】

双方协商一致后填写允许分包的工程，若有其他需要约定的有关分包的事项，亦可填写。承包人进行分包的工程，应以本项专用合同条件和通用合同条件的约定为依据，不得未取得发包人同意径行分包。

4.5.5 分包合同价款支付

关于分包合同价款支付的约定：＿＿＿＿＿＿＿＿＿＿＿＿＿＿＿。

【条文释义】

本项对应的通用合同条件对于分包价款的支付进行了明确约定，若发承包双方均同意由发包人直接支付给分包人的，可在本项进行约定。若对此无法达成合意，则本项不进行约定，分包工程价款支付以通用合同条件约定为准。

【使用指引】

本项若填写，则应将发包人对分包人支付的方式、期限、标准等均约定清楚，避免出现因约定不明无法操作而发生纠纷的现象，既损害了分包关系所涉及各方的利益，也对工程质量造成严重不利影响。若发包人直接支付分包工程款，发承包人均可能承担较大风险，故双方均应慎重考虑和决策。

4.6　联合体

4.6.2　联合体各成员的分工、费用收取、发票开具等事项：_____

_____。

【条文释义】

本项系对联合体成员的分工等事项进行约定，由于联合体成员的分工配合对工程实施具有重要影响，而该分工一般约定在联合体协议中，本项进行披露的意义在于可以使发包人了解联合体各成员在工程实施中的分工内容，使发包人可以对工程实施有更好的把握和判断。

【使用指引】

各成员的分工应与其各自具有的资质资格相适应，不得无资质或超越资质进行设计、施工工作。同时，联合体成员共同对发包人负责是责任承担的原则规定，不得在本项中进行任何有违上述责任承担的约定，亦不得在本项中约定减免任一联合体成员对发包人的责任。有详细约定的也可以附件形式将联合体协议附后。

4.7　承包人现场查勘

4.7.1　双方当事人对现场查勘的责任承担的约定：_____

_____。

【条文释义】

本项对应的通用合同条件对于基础资料出现错误、遗漏时双方的责任分配做了规定，但是若双方考虑到具体的项目特点和地质情况，若认为对责任承担应确定新的分配原则，则可在本项进行约定。

【使用指引】

当承包人对基础资料的解释和推断出现错误时，一般应由承包人承担责任，但若工程所涉基础资料较为复杂或具体地质条件等极为罕见，承包人即使具备较强的专业能力，也可能会在解释、推断时出现错误，为避免双方权利义务失衡，可在本项确定新的责任分配方式，调整双方的权利义务。

4.8　不可预见的困难

不可预见的困难包括：_____。

【条文释义】

本款对应的通用合同条件对于不可预见的困难进行了列举，即：不可预见的自然物质条件、非自然的物质障碍和污染物，包括地表以下物质条件和水文条件，但列举法并不能穷尽构成不可预见的困难的情形，因此若双方对具体项目有可能遇到的其他情形，认为属于不可预见的困难的，可在本项进行约定。

【使用指引】

对于是否将某种情形定义为不可预见的困难并规定在本项中，发承包双方应持慎重态度，这是因为作为不可预见的困难的定义并非非常清晰明确，而是具有较大的解释空间。当符合不可预见的困难的情形发生时，可能会产生新的变更、增加费用、延长工期，可能会引发双方的争议，故在适用本项时应从严。

第5条　设计

5.2　承包人文件审查

5.2.1　承包人文件审查的期限：＿＿＿＿＿＿＿＿＿＿＿＿＿＿＿＿。

【条文释义】

根据通用合同条件的约定，自工程师收到承包人文件以及承包人的通知之日起，发包人对承包人文件审查期不超过21天。该约定主要是为了约束发包人在合理期限内尽快审查承包人文件并给出明确意见，以便于承包人进行后续流程和推进项目进度。但是，不同项目类型以及前期资料的情况不同，会导致审查承包人文件的期限存在较大差别，故设置本项供发承包人进行协商，合理确定特定项目的具体审查期限。

【使用指引】

发承包人在协商承包人文件审查期限时，均应当从项目实际需求出发确定合理期限。对发包人而言，期限过短不利于工程师和发包人对承包人文件进行有效、深入地审查并提出反馈意见；期限过长则会耽误项目进度，最终影响到项目的按期使用投产。对承包人而言，期限过短可能导致发包人审查流于形式，发包人的真实想法没有得到充分体现，而增加后续合同履行过程中产生争议的风险；期限过长则不利于承包人及时推进项目、回笼资金和提高绩效。而对项目本身而言，合理的审查期限是建立在对项目特点的准确分析基础上的。例如，前期资料充分的项目，在编制承包人文件时的确定性更强，利于承包人编制出高质量的承包人文件，则审查期限可以适度缩短，反之亦然。因此，无论从发包人角度还是承包人角度，都应当立足项目自身特点，审慎、合理地协商确定文件审查期限。

5.2.2　审查会议的审查形式和时间安排为：＿＿＿＿＿＿＿＿，审查会议的相关费用由＿＿＿＿＿＿＿＿＿＿承担。

【条文释义】

对于审查的具体形式，根据通用合同条件的约定，发包人可直接审查，也可组织审查会议审查。对于组织审查会议审查的，审查会议的组织方为发包人，但发承包双方在审查会议中都有相应义务，故需对审查会议的审查形式、时间安排、费用承担达成一致的意思表示，方能有效地推动审查会议的进行。因此，设置本项供发承包双方协商，以促成审查会议的顺利召开并发挥实质性作用。

【使用指引】

考虑到审查会议由发包人组织，故在审查形式和时间安排上通常以发包人为主，承包人进行必要配合。在协商审查会议的审查形式和时间安排时，发包人作为主导方，应当充分考虑自身项目的特点和审查难度，全盘比较审查会议的不同组织形式的优劣和必要性，采取最适合自身项目的形式。对于时间安排，应当结合项目进度，充分尊重承包人的意见，协商出便利双方的时间。另外，发包人应当充分预估到组织审查会议的各类风险，如专家临时不能参加的情况下有备用专家库供替换；在新型冠状病毒肺炎疫情背景下将线下审查改为线上审查等。对承包人而言，虽然不是审查会议的主导方，但也需要参加发包人组织的审查会议；向审查者介绍、解答、解释承包人文件，并提供有关补充资料；按照相关审查会议批准的文件和纪要，并依据合同约定及相关技术标准，对承包人文件进行修改、补充和完善等。审查会议的形式、时间安排和质量都将影响到承包人的相关工作进度和工作量，因此，承包人应当积极与发包人沟通谈判，共同确定双方均可接受的审查形式和时间安排。

对于费用承担，因是发包人行使审查权，故相关费用可视为发包人行使权利的对价，承包人可主张由发包人承担。但对承包人而言，也可将费用承担作为谈判筹码，以让利的方式向发包人承诺由己方承担。但承包人需注意的是充分评估审查会议的各项费用成本，并在报价阶段可提前考虑纳入自身成本范畴。

5.2.3　关于第三方审查单位的约定：＿＿＿＿＿＿＿＿＿＿。

【条文释义】

我国实行施工图审查制度，此前施工图审查是行政审批事项，2000版《建设工程质量管理条例》第十一条即规定施工图设计文件由县级以上人民政府建设行政主管部门或者其他有关部门审查。后逐步由行政审批改为以政府购买服务形式委托第三方机构审查。目前，随着简政放权的进一步推进，全国多地在试点取消施工图审查，改为告知承诺制，在此大背景下，未来合同当事人委托第三方审查机构审查的情形将显著增加，故设置本项供合同当事人就第三方审查单位进行细化约定。

【使用指引】

发承包双方可根据订立合同时就第三方审查单位的协商确定状况进行本项约定：对于

双方对第三方审查单位已经协商一致的，可直接约定第三方审查单位的名称、审查范围、审查内容、审查标准、费用承担等；对于双方尚未确定第三方审查单位但已经协商或以其他方式形成备选库的，可对备选库单位清单、遴选机制及后续安排等进行约定；对于双方仅需要第三方审查单位进行文件审查，但尚未确定第三方审查单位也无备选机构清单的，双方可协商关于第三方审查单位的遴选机制，采用招标方式的，可就招标文件的核心内容，如工作范围、技术标准、工作期限、费用及承担主体等达成一致意见，或达成初步意见后通过补充协议、会议纪要等方式继续就细节展开磋商。

5.3 培训

培训的时长为_____，承包人应为培训提供的人员、设施和其它必要条件为_____。

【条文释义】

根据通用合同条件约定，承包人对发包人的雇员或其他发包人指定的人员培训的要求和标准应当以《发包人要求》为依据，培训主要指向工程操作、维修或其他合同中约定的内容。考虑到工程接收和试运行、竣工验收等环节的紧密关系，对于合同中约定在接收之前进行培训的，应在约定的竣工验收前或试运行结束前完成培训。设置本项的目的，是为了便于发承包双方就按照合同约定时间节点和质量要求完成培训需要的必要条件展开进一步磋商，包括培训需要的时长、培训的人员安排、设施供应和其他的必要条件等。

【使用指引】

首先，培训的时长一方面取决于项目类型、《发包人要求》提出的培训要求和标准以及发包人相关人员的接受程度，对于重大复杂项目、标准要求较高的培训内容，原则上应当安排更多的培训课时。另一方面也受限于约定的时间节点限制，对于合同中约定在接收之前进行培训的，应在约定的竣工验收前或试运行结束前完成培训，以免影响到后续流程。故双方应当以上述两个约束条件为出发点进行磋商，以期按时按质地完成培训工作。

为了达到良好的培训效果，承包人需要为培训提供必要的人员、设施和其他条件。关于人员，如发承包双方对特定人员作为培训导师有要求或有意向性名单的，可以在本项中进行约定；如无特定人员要求的，可以在本项约定培训人员的专业、资质、职称、从业经验等，并以此为标准进行遴选。关于设施，由于培训主要指向工程操作、维修等，故培训课程必然涉及大量的实践操作内容，此时就需要为必要的实操提供相应的设施。如双方在订立合同时对培训内容达成了较为明确的合意，则可基于培训内容议定必要的设施；如未达成明确合意，则设施提供以完成培训目的的必要性为限。关于其他条件，是指为了完成培训内容所必需的条件，包括但不限于培训的场所、资料、软件。需要注意的是，人员、设施和其他条件的要求都以达到培训效果的必要性为判断标准，双方应在达到培训要求的基础上控制好时间和成本。

5.4 竣工文件

5.4.1　竣工文件的形式、提供的份数、技术标准以及其它相关要求：_____
_____。

【条文释义】

本项是对竣工文件形式、份数、技术标准等的约定，由于竣工文件的种类繁多，各类文件之间的形式差异较大，不同文件的原件份数也不同，为了就竣工文件的形式和内容达成一致，减少履行过程中的反复和争议，有必要在订立合同阶段进行协商。此外，发包人根据自身需要提高技术标准是发包人的权利，但承包人应有权要求相应对价，故双方应就技术标准的特别约定进行磋商。此外，针对不同项目，双方还可有针对性地协议其他要求。

【使用指引】

竣工文件是指项目竣工时形成的反映施工过程和项目真实面貌的文件，主要由项目施工文件、项目竣工图和项目监理文件组成。不同竣工文件的形式要求存在较大差别，如施工文件可细分为施工技术文件、设备文件、材料文件等，其中技术文件往往以图片和文字说明为主，设备和材料文件则主要反映设备、材料的性能、用途、质量、价格等重要信息，以说明书、清单、质量保证书、签收文件等形式存在。所以，不同的竣工文件的具体形式，需要发承包人双方根据实际情况商议并达成一致。此外，对于竣工文件份数，涉及原件份数的问题。如果原件份数少于约定的竣工文件份数，需要就发承包人双方保留原件的情况进行协商。此外，提交竣工文件的份数也应当以必要性为基本判断标准，并适度给出冗余备份，原则上提交份数应当大于等于行政主管部门、档案管理部门、发包人要求的份数之和。关于技术标准，双方可通过合意约定适用推荐性标准或行业标准等非强制性标准，也可适度提高技术标准以提高项目的技术水平，但不得在涉及质量、安全、生态环境保护等方面约定低于国家强制性标准的技术标准。此外，双方还可根据项目的实际需要进行其他要求的约定，对于发包人提出的高于行业平均水平的标准导致费用增加的，承包人应注意计取合理的对价。

5.4.3　关于竣工文件的其它约定：_____。

【条文释义】

结合通用合同条件第 5.4.3 项的约定："除专用合同条件另有约定外，在工程师收到本款下的文件前，不应认为工程已根据第 10.1 款［竣工验收］和第 10.2 款［单位/区段工程的验收］的约定完成验收。"本项的其他约定主要是对通用合同条件第 5.4.3 项的排除性约定，即是否将提交竣工文件作为完成验收的必要前提条件。

【使用指引】

严格意义上讲，提交竣工文件并审核通过应作为竣工验收的前置条件，《房屋建筑和市政基础设施工程竣工验收规定》等也规定，有完整的技术档案和施工管理资料是进行竣工验收的前置条件。但从工程实践角度出发，竣工文件审查过程中发现的问题可区分为实质问题和形式问题，对于实质问题，如竣工图纸出现明显错误、缺漏页等情况，则应当要求承包人重新制作竣工文件；但对于形式问题，如文件存在瑕疵，格式、份数不完全满足要求等，为了推进项目进度，可在竣工验收合格的基础上要求承包人进行补正。因此，合同双方可以在竣工文件未提交视为未完成竣工验收的大原则下，详细约定哪些情形可以适用事后补正的方式。对发包人而言，约定例外情形的范围不宜过宽，尤其不能允许实质性不符的情况下视为完成竣工验收，否则竣工验收程序的根本价值将被动摇。

5.5 操作和维修手册

5.5.3 对最终操作和维修手册的约定：＿＿＿＿＿＿＿＿＿。

【条文释义】

结合通用合同条件第5.5.3项的约定："除专用合同条件另有约定外，承包人应提交足够详细的最终操作和维修手册，以及在《发包人要求》中明确的相关操作和维修手册。除专用合同条件另有约定外，在工程师收到上述文件前，不应认为工程已根据第10.1款［竣工验收］和第10.2款［单位/区段工程的验收］的约定完成验收。"本项的约定主要是对通用合同条件第5.5.3项的排除性约定，即承包人是否应提交足够详细的最终操作和维修手册，以及在《发包人要求》中明确的相关操作和维修手册；还有是否将提交最终操作和维修手册作为完成验收的必要前提条件。

【使用指引】

考虑到工程总承包项目，尤其是市政基础设施项目，往往涉及项目的投产和运维，承包人不可能始终驻扎项目现场提供技术支持，故有必要帮助发包人建立基本的操作和维修团队及技术储备。其中重要的一个方面就是承包人应当向发包人提交足够详细的最终操作和维修手册，以及在《发包人要求》中明确的相关操作和维修手册，作为发包人使用的技术辅导文件，帮助发包人尽快熟悉投产和运维工作。最终操作和维修手册及相关操作和维修手册，一方面要结合培训的情况确保发包人相关人员可以熟练使用，另一方面也可以在《发包人要求》中明确约定需要达到的技术水平。承包人应当统筹考虑培训的内容和实际情况，结合项目特征和发包人技术团队的特点编制相关技术手册，尽量做到详细、准确、实用，便于发包人相关人员学习和操作。上述文件的提交，应当在竣工验收前完成。

进行本项专门约定时，应当结合《发包人要求》第九条［文件要求］的第（五）款［操作和维修手册］，该款专门供发承包人约定操作和维修手册的具体要求，可能涉及操作和维修手册的类型、内容、形式、技术要求、易用性标准和详细程度等，尤其是承包人，应当注意其约定，避免和专用合同条件的约定出现冲突而产生争议。

第6条　材料、工程设备

6.1　实施方法

双方当事人约定的实施方法、设备、设施和材料：＿＿＿＿＿＿＿＿＿＿

＿＿＿＿＿＿＿＿＿＿＿＿＿＿＿＿＿。

【条文释义】

通用合同条件第6.1款中约定了承包人进行"材料的加工、工程设备的采购、制造和安装以及工程的所有其他实施作业"的实施方法，其中第（1）项约定承包人应"按照法律规定和合同约定的方法"，第（3）项约定承包人"除专用合同条件另有规定外，应使用适当配备的实施方法、设备、设施和无危险的材料"，对通用合同条件中的该两项约定，合同当事人可以在专用合同条件中作出"另有约定"。本专用合同条件供合同当事人在通用合同条件约定的基础上对承包人应采取的"实施方法、设备、设施和材料"作出"另有约定"。

【使用指引】

因通用合同条件第6.1款第（3）项中已经约定"除专用合同条件另有规定外，应使用适当配备的实施方法、设备、设施和无危险的材料"，其中对承包人应采取的"实施方法、设备、设施"作出了"适当配备"的要求，对承包人应采取的"材料"作出了"无危险"的要求，如果合同当事人无需对此作出"另有约定"，可在本专用合同条件中填写"无"或划"/"；如果合同当事人需要对此作出"另有约定"，可以在本专用合同条件中对此作出相应约定。

合同当事人在本专用合同条件中对承包人应采取的实施方法等作出"另有约定"时需要注意，通用合同条件第6.1款中约定承包人"应使用适当配备的实施方法、设备、设施和无危险的材料"，这应当属于是对承包人最低限度的要求，即无论双方如何约定，承包人都应当使用"适当配备"的实施方法、设备、设施和"无危险"的材料，也就是说，合同当事人在本专用合同条件中对承包人应采取的实施方法等所作出的"另有约定"，不应低于通用合同条件第6.1款中所约定的标准和要求，而应高于该标准和要求。

6.2　材料和工程设备

6.2.1　发包人提供的材料和工程设备

发包人提供的材料和工程设备验收后，由＿＿＿＿＿＿负责接收、运输和保管。

【条文释义】

通用合同条件第6.2.1项第3段中约定："除专用合同条件另有约定外，发包人提供的材料和工程设备验收后，由承包人负责接收、运输和保管。"本专用合同条件供合同当事人对发包人提供的材料和工程设备验收后由哪一方负责接收、运输和保管作出"另有约定"。

【使用指南】

本专用合同条件的具体约定方式有两种，要么约定由发包人负责，要么约定由承包人负责。究竟约定由哪一方来负责接收、运输和保管，从权利义务对等、等价有偿和公平原则角度出发，应当要看合同价款中是否包含了承包人实施该项工作的费用，如已包含，则应约定由承包人负责，如未包含，则应当约定由发包人负责或者由承包人负责但发包人应承担因此而产生的合理费用。

另，本专用合同条件在使用过程中还需要注意与第 6.2.3 项［材料和工程设备的保管］中第（1）目"发包人供应材料与工程设备的保管与使用"之间的协调，避免两者之间出现不一致，该目中约定："发包人供应的材料和工程设备，承包人清点并接收后由承包人妥善保管，保管费用由承包人承担，但专用合同条件另有约定除外。"如合同当事人在本专用合同条件中约定发包人供应的材料设备由发包人保管，则第 6.2.3 项第（1）目通用合同条件中的约定应作相应修改。

6.2.2 承包人提供的材料和工程设备

材料和工程设备的类别、估算数量：＿＿＿＿＿＿＿＿＿＿。

竣工后试验的生产性材料的类别或（和）清单：＿＿＿＿＿＿＿＿＿

＿＿＿＿＿＿＿＿＿＿＿＿＿＿。

【条文释义】

通用合同条件第 6.2.2 项中约定："承包人应按照专用合同条件的约定，将各项材料和工程设备的供货人及品种、技术要求、规格、数量和供货时间等报送工程师批准。"本专用合同条件供合同当事人对承包人提供的材料和工程设备的"类别、估算数量"作出约定，但本专用合同条件中约定的项目（类别、估算数量）与通用合同条件第 6.2.2 项中要求合同当事人作出约定的项目（供货人及品种、技术要求、规格、数量和供货时间等）并不对应。

【使用指引】

通用合同条件第 6.2.2 项第 1 段中约定承包人应"按照专用合同条件的约定"，将各项材料和工程设备的供货人及品种、技术要求、规格、数量和供货时间等报送工程师批准。合同当事人可以在本专用合同条件中对由承包人提供的"材料和工程设备的类别、估算数量"作出约定，如果还需要对由承包人提供的材料和工程设备的其他事项（如供货人、技术要求、规格、供货时间等要求）作出约定的，也可以在本专用合同条件中作出约定。

本专用合同条件中还设置了供合同当事人对"竣工后试验的生产性材料的类别或（和）清单"作出约定，虽然该内容在通用合同条件第 6.2.2 项中找不到直接相对应的条款约定，但如果具体工程需要进行竣工后试验，而竣工后试验需要生产性材料的，则双方应当对竣工后试验所需的生产性材料的类别或（和）清单作出约定。合同当事人可以在本专用合同条件中对竣工后试验的生产性材料由哪一方负责采购以及所需费用是否已包含在合同价款中（如未包含在合同价款中应由哪一方承担）等内容作出相应约定。

6.2.3　材料和工程设备的保管

发包人供应的材料和工程设备的保管费用由＿＿＿＿＿承担。

承包人提交保管、维护方案的时间：＿＿＿＿＿＿＿＿＿＿。

发包人提供的库房、堆场、设施和设备：＿＿＿＿＿＿＿＿。

【条文释义】

通用合同条件第 6.2.3 项第（1）目中约定："发包人供应的材料和工程设备，承包人清点并接收后由承包人妥善保管，保管费用由承包人承担，但专用合同条件另有约定的除外。"本专用合同条件供合同当事人对"发包人供应的材料和工程设备"由承包人负责保管时的保管费用由哪一方承担作出"另有约定"。

本专用合同条件中还设置了内容供合同当事人对"承包人提交保管、维护方案的时间"以及"发包人提供的库房、堆场、设施和设备"作出约定，但这两项内容在通用合同条件第 6.2.3 项中并不存在直接对应的条款约定。如在工程和材料设备的保管过程中涉及这两项内容的，合同当事人可以在本专用合同条件中对此作出约定。

【使用指引】

合同当事人可以在本专用合同条件中对"发包人供应的材料和工程设备"由承包人负责保管时的保管费用由哪一方承担作出约定，要么约定由发包人承担，要么约定由承包人承担，合同当事人可以根据具体工程的实际情况（如合同价款中是否已包含了发包人供应材料设备的保管费用等）来对此作出公平合理的约定。另，本项约定（包括通用合同条件和专用合同条件）需要与第 6.2.1 项［发包人提供的材料和工程设备］中第 3 段（包括通用合同条件和专用合同条件）的约定相协调、保持一致。

在承包人对材料和工程设备进行保管过程中涉及保管、维护方案的问题，因此，如果需要承包人对由其负责保管的材料和工程设备提交保管、维护方案的，合同当事人可在本专用合同条件中对承包人提交保管、维护方案的时间及其他要求作出约定，同时还可以对工程师或发包人收到承包人提交的保管、维护方案后进行审批的时间作出约定。

在通常情况下，由承包人负责保管材料和工程设备的，进行材料和工程设备保管所需的库房、堆场、设施和设备系由承包人来负责提供，但如果需要由发包人来全部或部分提供这些库房、堆场、设施和设备的，则合同当事人可以在本专用合同条件中对此作出明确约定，包括发包人应提供哪些库房、堆场、设施和设备，以及提供的期限和具体要求，包括逾期提供应承担的违约责任等。

6.3 样品

6.3.1 样品的报送与封存

需要承包人报送样品的材料或工程设备，样品种类、名称、规格、数量：

_____。

【条文释义】

通用合同条件第 6.3.1 项中约定："需要承包人报送样品的材料或工程设备，样品的种类、名称、规格、数量等要求均应在专用合同条件中约定。"本专用合同条件供合同当事人对需要承包人报送材料或工程设备的样品的"样品种类、名称、规格、数量"作出约定。

【使用指引】

如在工程实施中存在需要由承包人报送样品的材料或工程设备，合同当事人可以在本专用合同条件中对此作出具体、明确的约定，包括承包人报送样品的种类、名称、规格、数量等要求，以便在合同履行过程中作为承包人报送样品和发包人（工程师）对样品进行审批的依据。另需要注意的是，通用合同条件第 6.3.1 项第（1）目中约定承包人提供样品的规格、数量应当满足"足以表明材料或工程设备的质量、型号、颜色、表面处理、质地、误差和其他要求的特征"的要求，但对何为"足以表明"该等特征的规格、数量，并未作明确约定，容易产生争议，为避免产生争议，合同当事人应当在本专用合同条件中对需要承包人报送样品的规格、数量作出明确约定。另，除了本专用合同条件中所明确列举的"样品种类、名称、规格、数量"之外，如果还需要对承包人报送的样品的其他要求作出约定的，也可以在本专用合同条件中作出相应约定。

6.4 质量检查

6.4.1 工程质量要求

工程质量的特殊标准或要求：_____。

【条文释义】

通用合同条件第 6.4.1 项中约定："工程质量标准必须符合现行国家有关工程施工质量验收规范和标准的要求。有关工程质量的特殊标准或要求由合同当事人在专用合同条件中约定。"本专用合同条件供合同当事人对"工程质量的特殊标准或要求"作出约定，如合同当事人对工程质量有特别标准或要求的，可以在本专用合同条件中作出约定。

【使用指引】

通用合同条件第 6.4.1 项中已约定："工程质量标准必须符合现行国家有关工程施工质量验收规范和标准的要求。"如合同当事人对工程质量并无特殊标准或要求的，可在本专用合同条件中填写"无"或划"/"；如合同当事人对工程质量有特殊标准或要求，可以在本条款中对此作出具体、明确的约定。

本专用合同条件在使用时，应当与合同第1.4款［标准和规范］相结合使用，并保持两者之间的协调统一。合同第1.4款［标准和规范］中所约定的标准规范（包括外国标准规范、发包人向承包人列明的技术要求、《发包人要求》中明确的高于或严于现行国家、行业或地方标准的技术标准、功能要求等），其中都可能包含对工程质量标准的规定和要求（包括特殊标准和要求），工程质量标准必须符合这些标准规范。因此，如合同其他专用合同条件和《发包人要求》中已经对"工程质量的特殊标准或要求"作出明确约定的，则合同当事人可以在本专用条款中约定"工程质量的特殊标准或要求"参见相关专用合同条件和《发包人要求》中的相关约定，无需再重复作出约定。

6.4.2　质量检查

除通用合同条件已列明的质量检查的地点外，发包人有权进行质量检查的其他地点：_____。

【条文释义】

通用合同条件第6.4.2项中约定发包人有权进行质量检查，承包人应为工程师或发包人的检查和检验提供方便，包括到施工现场，或制造、加工地点，或专用合同条件约定的其他地方进行察看和查阅施工原始记录。本合同条件供合同当事人对"除通用合同条件已列明的质量检查的地点外，发包人有权进行质量检查的其他地点"进行约定，如存在该等地点，可在本合同条件中作出约定。

【使用指引】

通用合同条件第6.4.2项约定在发包人进行质量检查时，承包人应提供方便，包括允许工程师或发包人到"施工现场，或制造、加工地点，或专用合同条件约定的其他地方进行察看和查阅施工原始记录"，其中列明承包人应允许工程师或发包人进行质量检查的地点包括"施工现场，或制造、加工地点"，如果在通用合同条件中已列明的"施工现场，或制造、加工地点"之外，还存在其他地方需要允许工程师或发包人进行质量检查（包括"进行察看和查阅施工原始记录"）的，则合同当事人可以在本专用合同条件中对此作出约定；如不存在其他地方的，可在本专用条款中填写"无"或划"/"。

6.4.3　隐蔽工程检查

关于隐蔽工程和中间验收的特别约定：_____。

【条文释义】

通用合同条件第6.4.3项中约定了"隐蔽工程检查"，包括隐蔽工程检查的程序等事项，如果合同当事人需要对隐蔽工程检查的程序等事项作出特别约定的，可在本专用合同条件中作出特别约定。同时，通用合同条件第 6.4.3 项中虽然仅约定了"隐蔽工程检查"，而并未约定"中间验收"，但工程施工过程中除了"隐蔽工程检查"之外，还存在着"中间验收"，本专用合同条件供合同当事人对关于"隐蔽工程"和"中间验收"的特别约定作出约定。

【使用指引】

本专用合同条件系供合同当事人对隐蔽工程和中间验收作出特别约定，首先，关于隐蔽工程检查，通用合同条件第 6.4.3 项中已经作出了相应约定，如果合同当事人需要对此作出与通用合同条件约定不同的特别约定的，可在本专用合同条件中作出相应约定。通用合同条件第 6.4.3 项中两处使用了"除专用合同条件另有约定外"，就通用合同条件中的这两处约定，如合同当事人有特别约定或需要另作约定的，可在本专用合同条件中作出约定。如通用合同条件第 6.4.3 项第 3 段中约定"除专用合同条件另有约定外"，工程师不能按时进行检查可提出延期要求，但顺延时间不得超过 48 小时，合同当事人可以在本专用合同条件中对工程师是否可以提出延期要求以及顺延时间的最长上限等作出特别约定。

其次，通用合同条件第 6.4.3 项中仅涉及隐蔽工程检查，而并不涉及中间验收的内容，本专用合同条件中供合同当事人作出特别约定的内容，不仅有隐蔽工程，还有中间验收。合同当事人在签订合同时，可以在本专用合同条件中对中间验收相关事宜作出约定，包括中间验收的程序等要求，具体约定可参照合同中对隐蔽工程检查的程序等的约定。

6.5 由承包人试验和检验

6.5.1 试验设备与试验人员

试验的内容、时间和地点：＿＿＿＿＿＿＿＿＿＿＿＿＿＿＿＿＿＿。

试验所需要的试验设备、取样装置、试验场所和试验条件：＿＿＿＿＿＿＿＿＿＿＿＿＿＿＿＿＿＿＿＿＿＿＿＿＿＿＿＿＿＿＿。

试验和检验费用的计价原则：＿＿＿＿＿＿＿＿＿＿＿＿＿＿＿＿＿＿。

【条文释义】

试验与检验直接影响着工程质量，只有通过合法与科学的试验与检验手段才能为建设工程质量评价提供准确、科学的依据。检验与试验在工程建设过程中是对工程总承包项目的施工质量实施有效控制的重要手段之一。实践中，大多数工程的质量问题和安全事故是由于承包人偷工减料和对工程粗制滥造导致的，因此，加强对工程总承包的材料、设备和工程各部分及整体工程的性能进行检验和检测是确保工程质量和安全的重要手段之一。本条款明确了承包人在提供试验设备与试验人员方面的义务。

【使用指引】

合同当事人应当在本条款中对需要由承包人在施工现场配置的试验场所、试验设备和其他试验条件以及具体的要求作出明确约定。如果试验和检验费用未包含在工程造价内，则应当对试验和检验费用的计价原则进行明确约定。

第 7 条　施工

7.1　交通运输

7.1.1　出入现场的权利

关于出入现场的权利的约定：＿＿＿＿＿＿＿＿＿＿＿＿＿＿。

【条文释义】

通用合同条件第 7.1.1 项约定了施工过程中出入现场的权利，发包人应当承担："根据工程实施需要，负责取得出入施工现场所需的批准手续和全部权利，以及取得因工程实施所需修建道路、桥梁以及其他基础设施的权利，并承担相关手续费用和建设费用。"承包人应当："协助发包人办理修建场内外道路、桥梁以及其他基础设施的手续。"合同当事人可以在专用合同条件中对双方权利义务的分配另行作出约定。

【使用指引】

合同当事人可以通过专用合同条件将"负责取得出入施工现场所需的批准手续和全部权利""取得因工程实施所需修建道路、桥梁以及其他基础设施的权利"交由相对更为专业的承包人承担，相应增加的费用应当由发包人支付。

相应地，如果合同当事人约定将取得出入现场的权利交由承包人承担，应当注意与专用合同条件第 2.2.2 项［提供工作条件］第（2）目进行衔接，避免条文前后冲突。第（2）目约定发包人"保证向承包人提供正常施工所需要的进入施工现场的交通条件"。

7.1.2　场外交通

关于场外交通的特别约定：＿＿＿＿＿＿＿＿＿＿＿＿＿＿。

【条文释义】

通用合同条件第 7.1.2 项约定了施工过程中关于场外交通双方权利义务的承担，发包人主要承担"提供场外交通设施的技术参数和具体条件""场外交通设施无法满足工程施工需要的，由发包人负责承担由此产生的相关费用"等；而"承包人车辆外出行驶所需的场外公共道路的通行费、养路费和税款等由承包人承担"。

【使用指引】

除了通用合同条件中约定的承包人关于限速、限行、禁止超载等规定外，合同当事人可以对双方权利义务另行作出约定，例如发包人将"提供场外交通设施的技术参数和具体条件"义务交由承包人自行完成，相应增加的费用应当由发包人支付。

7.1.3 场内交通

关于场内交通的特别约定：_____。

关于场内交通与场外交通边界的约定：_____。

【条文释义】

通用合同条件第7.1.3项约定了施工过程中主要由承包人负责场内交通的修建、维修、养护等，并承担相应费用。

【使用指引】

一般来说，承包人修建的临时道路和交通设施应免费提供给发包人和工程师为实现合同目的使用，但是该种使用以不影响承包人正常工作和不增加承包人负担为限，否则合同当事人可以协商，由发包人向承包人支付合理的费用。

另外，由于承发包双方针对场内交通和场外交通的权利义务不一致，因此合同当事人应当在专用合同条件中明确场内交通与场外交通的边界。

7.1.4 超大件和超重件的运输

运输超大件或超重件所需的道路和桥梁临时加固改造费用和其他有关费用由_____承担。

【条文释义】

通用合同条件第7.1.4项约定了超大件或超重件的运输、向交通管理部门办理申请手续以及相关费用均由承包人承担，合同当事人可以另行约定"运输超大件或超重件所需的道路和桥梁临时加固改造费用和其他有关费用"的承担主体。

【使用指引】

一般来说，承包人在投标或者签订合同时就应当合理预估"运输超大件或超重件所需的道路和桥梁临时加固改造费用和其他有关费用"，该费用应包含在签约合同价中，由承包人承担。

但是，承包人对于"运输超大件或超重件所需的道路和桥梁临时加固改造费用和其他有关费用"的预估是建立在发包人提供的场外交通设施的技术参数和具体条件真实、准确、全面的基础上，合同当事人可以在专用合同条件中另行约定，如：因发包人提供的场外交通设施的技术参数和具体条件不真实、不准确、不全面，则由发包人承担由此增加的"运输超大件或超重件所需的道路和桥梁临时加固改造费用和其他有关费用"。

7.2 施工设备和临时设施

7.2.1 承包人提供的施工设备和临时设施

临时设施的费用和临时占地手续和费用承担的特别约定：_____

_____。

【条文释义】

通用合同条件第7.2.1项约定了承包人应"按项目进度计划的要求，及时配置施工设备和修建临时设施""承包人应自行承担修建临时设施的费用"，同时约定了"需要临时占地的，应由发包人办理申请手续并承担相应费用"等。合同当事人可以对修建临时设施的费用、临时占地手续和费用承担进行另行约定。

【使用指引】

临时设施，如临时给水排水管线、临时供电管线等，一般建造标准较低，多数在竣工交付前需拆除清理，修建费用已经体现在签约合同价中，由承包人承担。如发包人对临时设施的建造有特殊要求，或者在竣工交付后要求移交发包人等其他特殊情况的，合同当事人可以另行约定修建临时设施的费用承担方式。

施工现场中的临时占地应履行必要的占地审批手续，经规划和自然资源行政主管部门审批。合同当事人应当在专用合同条件中约定承包人向发包人提交临时占地资料的时间。

临时占用的土地一般由合同当事人通过租赁或借用方式从第三方处取得，合同当事人也可以在专用合同条件中另行约定是否由发包人承担相应的租赁或借用费用。

7.2.2 发包人提供的施工设备和临时设施

发包人提供的施工设备或临时设施范围：_____。

【条文释义】

根据通用合同条件第7.2.2项约定"配置施工设备和修建临时设施"是承包人的合同义务，如果需要由发包人提供部分施工设备或临时设施的，应当在本项专用合同条件中另行约定。

【使用指引】

如果约定由发包人提供部分施工设备或临时设施的，合同当事人应当在本项专用合同条件中明确发包人提供施工设备或临时设施的名称、技术参数、质量标准等，并明确约定：（1）发包人提供的施工设备或临时设施需经工程师核查后才能投入使用；（2）如发包人未能按照约定提供应当承担的责任等。

7.3 现场合作

关于现场合作费用的特别约定：_____。

【条文释义】

根据通用合同条件第7.3款的约定：承包人应与发包人人员、发包人的其他承包人等人员就在现场或附近实施与工程有关的各项工作进行合作并提供适当条件、协调相关活动，并且只有在上述合作、条件或协调在《发包人要求》所列内容是不可预见的情况下，承包人有权就额外费用和合理利润从发包人处获得支付，且因此延误的工期应相应顺延。合同当事人可以针对现场合作费用在专用合同条件中另行约定。

【使用指引】

从发包人角度而言，作为一个有经验的承包人，应当预估到施工过程中的合作工作，承包人在工程价款报价时，已经考虑到相关合作工作的费用，因此，发包人可以对该条款约定的条件苛刻一些，满足一定条件时，承包人才有权就额外费用和合理利润进行主张。

从承包人角度而言，可以在专用合同条件中约定如发生现场合作、条件或协调是《发包人要求》所列内容不可预见的情况下，承包人收取额外费用和合理利润、顺延工期的计算方式。

7.4　测量放线

7.4.1　关于测量放线的特别约定的技术规范：_____
_____。施工控制网资料的告知期限：_____。

【条文释义】

通用合同条件第7.4.1项约定承包人应根据国家测绘基准、测绘系统和工程测量技术规范，按基准点（线）以及合同工程精度要求，测设施工控制网，并将施工控制网资料报送工程师。合同当事人可以在专用合同条件中对测设施工控制网的要求、报送施工控制网资料的时间作出约定。

【使用指引】

合同当事人应当在专用合同条件中对报送施工控制网资料的时间作出约定，如承包人应在计划开始现场施工日期21天前，将施工控制网资料报送工程师。

另外，合同当事人也可以约定对于承包人测设的施工控制网，工程师可以要求承包人进行复测、修正、补测等。

7.5　现场劳动用工

7.5.2　合同当事人对建筑工人工资清偿事宜和违约责任的约定：_____
_____。

【条文释义】

通用合同条件第7.5.2项对于建筑工人工资清偿事宜约定了"承包人应当在工程项目部配备劳资专管员，对分包单位劳动用工及工资发放实施监督管理""承包人拖欠建筑工人工资的，应当依法予以清偿""分包人拖欠建筑工人工资的，由承包人先行清偿，再依法进行追偿""因发包人未按照合同约定及时拨付工程款导致建筑工人工资拖欠的，发包人应当以未结清的工程款为限先行垫付被拖欠的建筑工人工资"，合同当事人可以在专用合同条件中对建筑工人工资清偿事宜和违约责任另行约定。

【使用指引】

鉴于《保障农民工工资支付条例》已经明确规定："施工总承包单位根据分包单位编制的工资支付表，通过农民工工资专用账户直接将工资支付到农民工本人的银行账户，并向分包单位提供代发工资凭证""分包单位拖欠农民工工资的，由施工总承包单位先行清偿，再依法进行追偿""因建设单位未按照合同约定及时拨付工程款导致农民工工资拖欠的，建设单位应当以未结清的工程款为限先行垫付被拖欠的农民工工资"等。因此合同当事人不宜在专用合同条件中对通用合同条件中约定的清偿义务另行约定。

对承包人应采取的建筑工人工资保障措施（包括农民工工资专用账户、工资保证金、劳动用工实名制等），合同当事人可以通过专用合同条件落实。具体而言，发包人可在专用合同条件中约定承包人应采取的措施，匹配设置有关违约责任及造成停工时的责任承担。

7.6　安全文明施工

7.6.1　安全生产要求

合同当事人对安全施工的要求：＿＿＿＿＿＿＿＿＿＿＿＿＿＿。

【条文释义】

通用合同条件第7.6.1项约定："合同履行期间，合同当事人均应当遵守国家和工程所在地有关安全生产的要求。"合同当事人可以在专用合同条件中明确安全生产标准化目标及相应事项。

【使用指引】

合同当事人可以通过协商一致，提出高于国家和工程所在地有关安全生产的标准，对于上述标准没有规定的空白，也可以结合工程特点进行约定。

7.6.3　文明施工

合同当事人对文明施工的要求：＿＿＿＿＿＿＿＿＿＿＿＿＿＿。

【条文释义】

通用合同条件第7.6.3项约定："承包人在工程施工期间，应当采取措施保持施工现场平整，物料堆放整齐。工程所在地有关政府行政管理部门有特殊要求的，按照其要求执行。"合同当事人可以在专用合同条件中明确文明施工的其他要求。

【使用指引】

合同当事人在满足法律规定和当地建设行政主管部门对文明施工的基础上，可以自行约定文明施工的要求。

为了便于承包人履行保修义务或者便于甩项工程的后续施工，经发包人书面同意，承包人可在发包人指定的地点保留承包人必要的材料、施工设备和临时工程，合同当事人可以对此类情况在专用合同条件中具体约定。

7.9 临时性公用设施

关于临时性公用设施的特别约定：_____。

【条文释义】

根据通用合同条件第 7.9.1 项约定"发包人应在承包人进场前将施工临时用水、用电等接至约定的节点位置，并保证其需要""发包人按实际计量结果收费"等，而承包人则应"在计划开始现场施工日期 28 天前或双方约定的其他时间，按专用合同条件中约定的发包人能够提供的临时用水、用电等类别，向发包人提交施工（含工程物资保管）所需的临时用水、用电等的品质、正常用量、高峰用量、使用时间和节点位置等资料。"合同当事人可以针对提供临时用水、用电等和节点铺设、临时用水、用电等另行作出约定。

【使用指引】

合同当事人应当在本项专用合同条件中约定：（1）发包人提供的临时使用的水、电等的类别、取费单价；（2）发包人无法提供的水、电等。

合同当事人也可以在本项专用合同条件中对以下事项作出不同于通用合同条件的约定：（1）发包人应在承包人进场前将施工临时用水、用电等接至约定的节点位置；（2）承包人应自费购买、安装和维护计量仪器，承包人应向发包人交水、电费用。

7.10 现场安保

承包人现场安保义务的特别约定：_____。

【条文释义】

通用合同条件第 7.10 款约定了承包人的现场安保责任，同时约定了承包人的现场安保责任不因其与他人共同合法占有施工现场而减免。合同当事人可以对承包人的现场安保责任另行作出约定。

【使用指引】

发包人和承包人可以在专用合同条件中约定如何建立现场安保机构或联防组织。

从公平原则出发，如果他人进入施工现场，合法占有施工现场，施工现场安保问题就不是承包人可以单独控制的，因此发包人可以和承包人协商一致，就该问题进行特别约定，明确划分现场安保责任范围。

第 8 条 工期和进度

8.1 开始工作

8.1.1 开始准备工作：_____。

【条文释义】

通用合同条件第 8.1.1 项中约定："合同当事人应按专用合同条件约定完成开始工作准备工作。"本专用合同条件供合同当事人对双方应当完成的"开始准备工作"作出具体、明确的约定。发包人和承包人都要按约定完成开始工作准备工作，具体需要完成哪些准备工作以及何时完成，包括完成的具体要求等，双方可以在本合同条件中作出约定。

【使用指引】

通用合同条件第 8.1.1 项中的约定非常简单，其中仅约定合同当事人应按专用合同条件约定完成开始工作准备工作，而合同当事人具体需要完成哪些开始工作准备工作，则留待合同当事人在本专用合同条件中作出约定。至于哪些工作属于"开始工作准备工作"，或者哪些工作需要在"开始工作"之前完成，发包人和承包人应当根据具体工程的实际情况作出约定。其中可以采取的约定方式为：在本专用合同条件中对发包人应完成的开始工作准备工作作出具体、明确的约定，并约定除此之外的准备工作由承包人完成，同时，为避免对发包人应完成的准备工作的约定出现遗漏情形，还可对发包人应完成的准备工作作出兜底式的约定。合同当事人还可以在本专用条款中对各方应当完成的准备工作的期限及其他具体要求（如有）作出约定。

8.2　竣工日期

竣工日期的约定：＿＿＿＿＿＿＿＿＿＿＿＿＿＿＿＿＿＿＿。

【条文释义】

本条款是关于竣工日期的约定。需要注意的是，工程总承包模式下项目包括了设计、设备采购、安装调试、土建施工以及试运行等多个阶段，会导致工程总承包模式下项目的竣工日期与施工总承包模式下竣工日期在实践中的认定存在较大差异。因此本条是关于如何确定竣工日期的约定。

【使用指引】

发承包双方应当在本条款中对竣工日期如何确定进行明确约定，尤其是对需要进行竣工试验和竣工后试验的项目，应当对竣工试验、竣工验收、竣工后试验、竣工验收备案的流程和时间节点进行详细的约定。如果合同约定需要进行竣工试验的，则应当在竣工试验通过后，承包人提交工程接收申请或者竣工验收申请，发包人接收工程后，以竣工验收合格之日为竣工日期。

通用合同条件约定，因发包人原因，在工程师收到承包人竣工验收申请报告 42 天后未进行验收的，视为验收合格，实际竣工日期以提交竣工验收申请报告的日期为准，但发包人由于不可抗力不能进行验收的除外。通用合同条件对发包人的验收时间进行了比较严格的规定，合同各方当事人可以根据项目的实际情况对于发包人收到承包人竣工验收申请报告后应当完成竣工验收或者提出异议的天数进行重新约定。

8.3 项目实施计划

8.3.1 项目实施计划的内容

项目实施计划的内容：_____。

8.3.2 项目实施计划的提交和修改

项目实施计划的提交及修改期限：_____。

【条文释义】

《建设项目工程总承包管理规范》（GB/T 50358—2017）规定：项目实施计划应包括下列主要内容：（1）概述；（2）总体实施方案；（3）项目实施要点；（4）项目初步进度计划等。但工程总承包项目根据项目类型的不同，项目实施计划所应包含的内容通常有较大差异。如果发包人对工程的实施计划有特别要求的，应将此等要求在招标文件或专用合同条件中予以明确，承包人在编制实施计划时应予以考虑。

【使用指引】

项目实施计划应根据工程规模、特点、技术复杂程度和施工条件进行编制，以满足不同工程的实施需求。项目实施计划应由项目经理签署，并在合同订立后 14 天内向工程师提交，相关的法律规定、规范、标准等应一并提交。

合同当事人可以在本条款中对项目实施计划内容，以及提交时间和修改程序进行约定。比如应当约定何种情况下应当对项目实施计划进行修改，修改后的实施计划应当何时提交等。

8.4 项目进度计划

8.4.1 工程师在收到进度计划后确认或提出修改意见的期限：_____
_____。

【条文释义】

通用合同条件约定，承包人提交进度计划后，工程师应在 21 天内批复或提出修改意见，否则该项目初步进度计划视为已得到批准。合同各方当事人可以根据项目的实际情况对工程师在收到进度计划后确认或提出修改意见的期限进行约定。

【使用指引】

本条款仅约定了承包人提交初步进度计划的时间，以及工程师批复或提出修改意见的时间，但对工程师要求修改后，承包人修改完善的时间没有明确约定，各方当事人可以在专用合同条件中约定进度计划的提交时间、审核、修改流程及规定的时间。

另外，建议合同各方当事人应当在专用合同条件中明确进度计划的修改是否会产生工期调整、费用增加等后果，避免结算时产生争议。

8.4.2 进度计划的具体要求：＿＿＿＿＿＿＿＿＿＿＿＿。

关键路径及关键路径变化的确定原则：＿＿＿＿＿＿＿＿。

承包人提交项目进度计划的份数和时间：＿＿＿＿＿＿。

【条文释义】

本条款为合同各方当事人对进度计划的具体要求，关键路径及关键路径变化的确定原则，以及承包人提交项目进度计划的份数和时间作具体约定而设置。

进度计划的内容应当包括设计、承包人文件提交、采购、制造、检验、运达现场、施工、安装、试验的各个阶段的预期时间以及设计和施工组织方案说明等，并应包括进度计划图表和编制说明。

【使用指引】

工程总承包模式下的进度计划可能包括设计工期、施工工期几个概念，在确定关键路径及关键路径变化原则时需注意应综合考虑。另外进度计划中应当包括主要生产设备及材料的采购、发货、抵达现场等重要时间节点，并详细列明各项试验工作计划开始的时间以及需要发包人配合的资源和事项。

按照《建设项目工程总承包管理规范》（GB/T 50358—2017）的规定，项目进度计划应按合同要求的工作范围和进度目标，制定工作分解结构并编制进度计划。应包括进度计划图表和编制说明。项目总进度计划应依据合同约定的工作范围和进度目标进行编制。项目分进度计划在总进度计划的约束条件下，根据细分的活动内容、活动逻辑关系和资源条件进行编制。

8.4.3 进度计划的修订

承包人提交修订项目进度计划申请报告的期限：＿＿＿＿＿。

发包人批复修订项目进度计划申请报告的期限：＿＿＿＿＿。

承包人答复发包人提出修订合同计划的期限：＿＿＿＿＿。

【条文释义】

本条款为合同各方当事人对承包人提交修订项目进度计划申请报告的期限、发包人批复修订项目进度计划申请报告的期限、承包人答复发包人提出修订合同计划的期限进行区别于通用合同条件的规定而设置。

【使用指引】

通用合同条件约定，除专用合同条件另有约定外，工程师应在收到修订的项目进度计划后14天内完成审批或提出修改意见，如未按时答复视作已批准承包人修订后的项目进度计划。合同各方当事人可以对发包人批复修订项目进度计划申请报告的期限进行重新约定。

另外，建议各方在专用合同条件中约定，发包人和工程师对修改后的项目进度计划的审查和确认，更多的是从工期管理角度出发的程序上的权利，其审查和确认不应减轻和免除承包人对工期所应承担的责任和义务，也不能因此视为双方通过施工进度计划对合同约定的工期进行了变更。

8.5　进度报告

进度报告的具体要求：_____。

【条文释义】

进度报告是发包人和工程师了解并管理承包人工程进度的重要手段之一，是工程总承包项目重要的管控机制之一。本条款对进度报告的内容及提交要求进行了规定。

【使用指引】

建议各方当事人应当在本条款中明确进度报告包括的具体要求，即首次进度报告的提交时间、提交周期及后续进度报告的提交时间，另外，也应当对进度报告的提交形式及份数进行明确约定。

8.7　工期延误

8.7.2　因承包人原因导致工期延误

因承包人原因使竣工日期延误，每延误1日的误期赔偿金额为合同协议书的合同价格的____％或人民币金额为：_____、累计最高赔偿金额为合同协议书的合同价格的：____％或人民币金额为：_____。

【条文释义】

通用合同条件第8.7.2项中约定由于承包人原因造成工期延误并导致逾期竣工的，承包人应支付逾期竣工违约金，逾期竣工违约金的计算方法和最高限额在专用合同条件中约定。本专用合同条件供合同当事人对承包人应承担的逾期竣工违约金（误期赔偿金额）的计算方法和最高限额（累计最高赔偿金额）作出约定。

【使用指引】

本专用合同条件系供合同当事人对承包人应承担的误期赔偿金额的具体计算方式以及累计最高赔偿金额作出约定。本专用合同条件中对承包人应承担的误期赔偿金额的约定方式有两种：（1）每延误1日的误期赔偿金额为合同协议书的合同价格的__％；（2）每延误1日的误期赔偿金额为固定的金额。对承包人累计最高赔偿金额的约定也相应有两种方式。合同当事人可以在本专用合同条件中对承包人应承担的误期赔偿金额的每日标准和累计最高赔偿金额作出明确的约定。

本专用合同条件在使用过程中，对发包人而言，一方面要避免将承包人应承担的逾期竣工违约金的标准约定得过低或过高，另一方面要避免约定承包人应承担的逾期竣工违约金的上限，即便要约定该上限，也不能将该上限约定得过低（当然最好是不约定上限）。

对承包人而言，一方面要尽可能将已方应承担的逾期竣工违约金的标准约定得低点，另一方面要尽可能约定已方应承担的逾期竣工违约金的上限并尽可能将该上限约定得低点。

8.7.3　行政审批迟延

行政审批报送的职责分工：_____。

【条文释义】

通用合同条件第8.7.3项中约定："合同约定范围内的工作需要国家有关部门审批的，发包人和（或）承包人应按照专用合同条件约定的职责分工完成行政审批报送。"本专用合同条件供合同当事人对"行政审批报送的职责分工"作出约定，合同当事人可以在本专用合同条件中对发包人和（或）承包人各自负责的行政审批报送工作作出约定。

【使用指引】

工程实施过程中涉及众多需要国家有关部门行政审批的事项，合同当事人可以在本专用合同条件中对行政审批报送工作的职责分工作出具体、明确的约定。对发包人应办理的许可和批准，合同第2.4.1项中有相应约定，《建筑法》第42条中有相应规定，合同当事人可以以这些约定和规定为基础，并结合具体工程的实际情况，对发包人应负责办理的许可和批准以及相对应的行政报送工作作出具体、明确地约定。在对发包人应负责办理的许可和批准以及相对应的行政报送工作作出约定之后，可约定除此之外的许可和批准以及相对应的行政报送工作由承包人负责办理。

此外，在发包人和（或）承包人负责办理相关许可和批准过程中，如果需要对方给予协助的，对方应当给予必要的协助，合同当事人可以在本专用合同条件中对对方应当给予的协助以及未能给予协助时所应当承担的责任等作出约定。

8.7.4　异常恶劣的气候条件

双方约定视为异常恶劣的气候条件的情形：_____。

【条文释义】

通用合同条件第8.7.4项中约定了"异常恶劣的气候条件"的定义，并约定："合同当事人可以在专用合同条件中约定异常恶劣的气候条件的具体情形。"本专用合同条件供合同当事人对"视为异常恶劣的气候条件的情形"作出约定。

【使用指引】

本专用合同条件系供合同当事人对"视为异常恶劣的气候条件的情形"作出约定，双方可以在本专用合同条件中对"异常恶劣的气候条件"的具体情形作出明确、详尽的约定。所谓恶劣气候条件包括台风、暴雨、寒潮、大风、沙尘、高温、雷电等气候条件，但只有达到一定等级或级别的恶劣气候条件才能构成异常恶劣的气候条件，其中关键在于对何为"异常"恶劣的界定，故双方在本专用合同条件中不仅应当对异常恶劣的气候条件具体包括哪些情形作出明确约定，还应当对这些情形达到何种等级或级别才属于异常恶劣的气候条件作出明确约定。

另外，合同当事人在对"视为异常恶劣的气候条件"的具体情形作出约定时，应当避免将属于"不可抗力事件"的情形约定为"异常恶劣的气候条件"，因为通用合同条件第8.7.4项中约定"异常恶劣的气候条件"属于"尚未构成不可抗力事件的恶劣气候条件"，其中并不包括已经构成不可抗力事件的异常恶劣的气候条件。

8.8 工期提前

8.8.2 承包人提前竣工的奖励：＿＿＿＿＿＿＿＿＿＿＿＿＿＿＿＿＿＿。

【条文释义】

本条款是对承包人提前竣工奖励的特别约定，如果承包人的合理化建议降低了合同价格、缩短了工期或者提高了工程经济效益的，双方可以按照本条款的约定进行利益分享。

【使用指引】

发包人可以从因提前竣工所获得的经济收益或节约的投资中向承包人支付提前竣工的奖励，合同各方应在本条款中明确奖励的计算方式及支付时间。

第9条 竣工试验

9.1 竣工试验的义务

9.1.3 竣工试验的阶段、内容和顺序：＿＿＿＿＿＿＿＿＿＿＿＿＿＿。

竣工试验的操作要求：＿＿＿＿＿＿＿＿＿＿＿＿＿＿＿＿＿＿。

【条文释义】

本项是竣工试验的实操环节，直接决定了竣工试验的客观性和准确性，并且关系到竣工试验过程中工程、人员的安全问题，实践中发生故障甚至事故时有发生，易发生纠纷，因此本项作为合同专用合同条件进行设置。设置本专用合同条件的目的是通过各种合同及科学手段达到客观、准确的竣工试验结果，保障试验过程中工程及人员的安全，最终达到发包人在合同及附件《发包人要求》中约定的性能保证指标。设置本专用合同条件的作用是使得竣工试验的阶段划分更加合理，各个阶段的任务和标准更加完善，开展各个阶段的前提条件更加清晰，试验遵循的操作要求更加明确。

竣工试验的阶段、内容和顺序的主要内容：

承包人提交的竣工试验计划内容原则上不得违反合同附件《发包人要求》，如《发包人要求》符合法律法规，及国家、行业、地方的规范和标准，承包人应遵照执行，如果不符合，承包人应按合同变更程序提议修改合同专用合同条件及《发包人要求》，承包人应按发包人修改后的《发包人要求》编制竣工试验计划。

承包人应根据经确认的竣工试验计划以及第6.5款［由承包人试验］的要求进行竣工试验，如果承包人违反需负相应的违约责任。发包人不得干扰承包人正常的竣工试验工作，承包人对竣工试验的过程和结果负责。发包人有权制止承包人违反审批的竣工试验计划、《发包人要求》及其他违法违规行为。

竣工试验应按以下顺序分阶段进行（具体按照竣工试验计划调整），同时需承包人注意只有在工程或区段工程已通过上一阶段试验并被各方书面确认的情况下，才可进行下一阶段试验：

1. 承包人进行启动前试验，包括适当的检查和功能性试验，以证明工程或区段工程的每一部分均能够安全地承受下一阶段试验，承包人应事先指定检查清单，检查时各方同时参与，承包人对检查和功能性试验的过程和结果负责，发包人确有责任的，由其承担相应的责任。

2. 各方确认可以进行启动试验后承包人进行启动试验，按照专用合同条件和《发包人要求》、竣工试验计划及其他发包人批准文件的规定操作，以证明工程或区段工程能够在所有可利用的操作条件下安全运行，承包人对启动试验的过程和结果负责，发包人确有责任的，由其承担相应的责任。

3. 各方确认启动试验合格的，承包人进行试运行试验。当工程或区段工程能稳定安全运行时，承包人应通知工程师，承包人对试运行试验的过程和结果负责，发包人确有责任的，由其承担相应的过错责任。

4. 各方确认试运行试验合格后，经工程师批准可以进行其他竣工试验，包括各种性能测试，以证明工程或区段工程符合《发包人要求》中列明的性能保证指标，注意在此之前承包人需对发包人提供的材料、设备进行检验。承包人需对性能指标试验的过程和结果负责，发包人确有责任的，由其承担相应的过错责任。

5. 进行上述试验不应构成第10条［验收和工程接收］规定的接收，双方需约定具体移交的标准、范围、方式和日期。

6. 竣工试验所产生的任何产品或其他收益均应归属于发包人。竣工试验的操作要求的主要内容：

首先，竣工试验应按操作手册进行，操作手册是按合同及其附件《发包人要求》编制的操作规程。该操作规程不得违反法律法规及国家、行业、地方的规范和标准。需履行承包人内部的审批程序且需要工程师审批。

其次，设立竣工试验领导、保障小组，做好管理组织、技术组织和保障工作。竣工试验的单位、人员、仪器设备均须具备相应的资质，仪器设备在试验前检测性能合格。试验用的物资需准备齐全。各方面的保障到位。

再次，竣工试验时应坚持安全第一：操作人员持证上岗，穿戴好劳动保护，按操作规程和操作手册逐项开展工作。各方人员不得违章指挥。

【使用指引】

1. 专用合同中需明确承包人有权利有义务按照工程师同意或默示推定同意的竣工试

验计划和示范文本 6.5 款［由承包人试验］开展竣工试验。如果由于发包人的原因导致竣工试验计划不能按期实施，则发包人需按 9.2 款［延误的试验］承担责任。如果承包人擅自改变试验计划，发包人可以当场否决，另外承包人需按 9.2 款［延误的试验］承担责任。发承包双方需做好催告对方履约的工作并收集好证据。

2. 竣工试验过程的安全和结果的准确性均为承包人的义务，所以承包人要引起关注。另外，如果合同中附件《发包人要求》的试验程序不同于上述程序，优先适用《发包人要求》，但承包人需尽到对其合法合规性的审核义务，不能满足的及时向发包人提出修订《发包人要求》，否则承包人作为工程总承包方也要承担相应的责任。

3. 承包人需在确保安全的前提下，按照合同及其附件《发包人要求》规定的程序进行启动试验，如果不按约定擅自进行试验，承包人需对产生的结果负责。

4. 发承包双方需关注竣工试验的最终目的是验证工程是否符合合同约定的质量标准、技术性能要求，这是发包人签订合同的根本目的，因此需围绕合同要求的项目内容及标准进行竣工试验，同时需注意不得低于法律法规及国家、行业、地方的规范和标准。

5. 约定试运行阶段产品归属于发包人，保证了发包人的利益。承包人可通过对等地约定试运行的成本费用也同时归属于发包人来达到维护自己合法权益的目的。

6. 作为承包人需注意在合同中约定免责条款，对于承包人不能控制、不能进行检测或发包人强行要求带来的风险免责。

7. 作为发包人一定要关注性能指标的范围和标准是否合法合规，是否满足生产要求，同时发包人要关注试验结果的准确性，一旦签署同意竣工试验报告，就代表认可该工程是合格的。

第 10 条　验收和工程接收

10.1　竣工验收

10.1.2　关于竣工验收程序的约定：＿＿＿＿＿＿＿＿＿＿＿。

发包人不按照合同约定组织竣工验收、颁发工程接收证书的违约金的计算方式：＿＿＿＿＿＿＿＿＿＿＿＿＿＿＿＿。

【条文释义】

本项中合同双方可以对竣工验收程序以及对发包人不按照合同约定组织竣工验收、颁发工程接收证书的违约金的计算方式进行约定。

【使用指引】

1. 如果合同双方对于工程竣工验收程序有特殊要求的，应在本处明确约定。

2. 如果合同双方对发包人不按约定组织竣工验收、颁发工程接收证书的违约责任有其他约定的，应在本处明确。

10.3　工程的接收

10.3.1　工程接收的先后顺序、时间安排和其他要求：＿＿＿＿＿＿＿＿＿＿＿

＿＿＿＿＿＿＿＿＿＿＿＿＿＿＿＿＿＿＿。

【条文释义】

本项中，合同双方应该对工程接收方式，对单位/区段工程接收的先后顺序、接收的时间安排和其他要求进行明确约定。

【使用指引】

合同当事人应当在专用合同中明确工程接收的方式，如按整体工程接收的，需明确接收的时间安排和其他要求进行明确约定；如按单位/区段工程进行接收的，双方需对单位/区段工程接收的先后顺序、接收的时间安排和其他要求进行明确约定。如未对上述问题明确约定，将会造成工程接收阶段的双方的履行期限不明确，违约责任亦难以确定，会影响接收工作的效率。

10.3.2　接受工程时承包人需提交竣工验收资料的类别、内容、份数和提交时间：＿＿＿＿＿＿＿＿＿＿＿＿＿＿＿＿＿＿＿＿＿。

【条文释义】

本项中，合同双方应该对工程接收时承包人提交竣工验收资料类别、内容、份数和提交时间作出明确约定。

【使用指引】

1. 发包人应该在本专用合同条件中对竣工验收资料的类别、内容、份数和提交时间作明确、完整的要求，该内容应符合竣工验收的相关法律规定，符合竣工验收备案的要求。

一般来说，承包人需要提交的竣工验收资料根据《工程质量管理条例》第十六条包括：（1）有完整的技术档案和施工管理资料，主要包括以下档案和资料：工程项目竣工报告；分项、分部工程和单位工程技术人员名单；图纸会审和设计交底记录；设计变更通知单，技术变更核实单；工程质量事故发生后调查和处理资料；隐蔽验收记录及施工日志；竣工图；质量检验评定资料等以及合同约定的其他资料。（2）材料、设备、构配件的质量合格证明资料和试验、检验报告。对建设工程使用的主要建筑材料、建筑构配件和设备的进场，除具有质量合格证明资料外，强调了这些使用于工程的主要建筑材料、建筑构配件和设备的进场，还应当有试验、检验报告。试验、检验报告中应当注明其规格、型号、用于工程的哪些部位、批量批次、性能等技术指标，其质量要求必须符合国家规定的标准。（3）有勘察、设计、施工、工程监理等单位分别签署的质量合格文件。勘察、设计、施工、工程监理等有关单位依据工程设计文件及承包合同所要求的质量标准，对竣工工程进行检查和评定，符合规定的，签署合格文件。竣工验收所依据的国家强制性标准有土建工程、安装工程、人防工程、管道工程、桥梁工程、电气工程及铁路建筑安装工程验收标准等。（4）承包人签署的工程质量保修书。承包人与发包人应在竣工验收前签署工程质量保修书，保修书是合同的附合同。工程保修书的内容包括：保修项目内容及范围；保修期；保修责任和保修金支付方法等。健全完善的工程保修制度，对于促进承包方加强质量管理，保护用户及消费者的合法权益可起着重要的保障作用。

双方应对竣工验收资料约定明确，应避免出现因约定竣工验收资料不完整导致影响工程正常竣工验收和备案的情况。

2. 按照单位/区段工程先后接收的，合同当事人对于各个单位/区段工程接收时，承包人应提交的竣工验收资料，应按先后顺序对竣工验收资料的类别、内容、份数和提交时间约定明确。

10.3.3　发包人逾期接收工程的违约责任：＿＿＿＿＿＿＿＿＿＿＿＿＿＿＿＿＿
＿＿＿＿＿＿＿＿＿＿＿＿。

【条文释义】

本项中，合同双方可以对发包人逾期接收工程的违约责任进行约定，以督促发包人在工程具备接收条件时尽快接收工程。

【使用指引】

如果合同当事人对于发包人逾期接收工程的违约金计算方式有其他约定，应当在本专用合同条件中明确，如每逾期一天支付违约金的数额。

10.3.4　承包人无正当理由不移交工程的违约责任：＿＿＿＿＿＿＿＿＿＿＿＿
＿＿＿＿＿＿＿＿＿＿＿＿＿。

【条文释义】

本项中，合同双方可以对承包人无正当理由不移交工程的违约责任进行约定，以督促承包人尽快使得工程具备接收条件并移交工程。

【使用指引】

如果合同当事人对于承包人无正当理由不移交工程的违约金计算方式有其他约定，应当在本专用合同条件中明确，如每逾期一天支付违约金的数额。

10.4　接收证书

10.4.1　工程接收证书颁发时间：＿＿＿＿＿＿＿＿＿＿＿＿＿＿。

【条文释义】

本项中，合同双方可以对发包人颁发工程接收证书时间进行约定，此处的颁发时间可以理解为包含对发包人颁发工程接收证书的条件和程序的特殊要求。

【使用指引】

根据本项对应的合同通用条件，在工程竣工验收合格后，承包人应先按照合同第14.6款关于质量保证金的规定向发包人提交质量保证金，发包人则应在工程具备接收条件后的14天内向承包人颁发工程接收证书。但合同当事人对工程接收证书的条件和程序有其他特殊要求的，应当在本专用合同条件中进行约定。

10.5 竣工退场

10.5.1 竣工退场的相关约定：_____。

【条文释义】

本项中，合同双方应补充关于竣工退场的相关约定。本项对应的通用合同条件中对承包人竣工退场的程序、费用承担和责任进行了规定，并规定了合同当事人应在专用合同条件中约定承包人竣工退场的时限。因此，此处的相关约定包括承包人竣工退场的时限，以及对承包人竣工退场的程序、费用承担和责任的特殊要求（如有）。

【使用指引】

1. 本项对应的通用合同条件中未明确承包人完成竣工退场的具体期限，该期限需由合同当事人在本专用合同条件中结合工程具体情况进行明确。按照本项约定的期限，如承包人逾期完成竣工退场的，发包人有权自行出售或另行处理承包人遗留在现场的物品，由此支出的费用由承包人承担，发包人出售承包人遗留物品所得款项在扣除必要费用后应返还承包人。

2. 合同双方可以在本专用合同条件中约定发生工程总承包合同提前解除的情形下的承包人退场，参照本条款约定来执行。

10.5.3 人员撤离

工程师同意需在缺陷责任期内继续工作和使用的人员、施工设备和临时工程的内容：_____。

【条文释义】

本项中，合同双方可以对竣工退场时，承包人保留缺陷责任期内所需人员、施工设备和临时工程进行约定。本项约定的或经工程师同意的人员、施工设备和临时工程，无须在竣工退场时撤离施工现场或拆除。

同时，也可以对缺陷责任期满时，如何安排承包人按上款约定保留的人员、施工设备和临时工程作出不同于合同通用条件约定。

【使用指引】

1. 本项中承包人保留的人员、施工设备和临时工程的，应是需在缺陷责任期内继续工作和使用的必要的人员、施工设备和临时工程，上述人员、施工设备和临时工程的使用和到期的撤离和拆除费用应由承包人承担，包含在合同价格中。

2. 合同双方可以在本项中约定缺陷责任期满时，承包人应将人员和施工设备全部撤离施工现场的具体期限，也可以在本项中约定延长承包人保留部分人员和施工设备的时间，以方便承包人履行保修义务。

3. 为防止承包人拖延将其人员、施工设备和临时工程撤离施工现场或拆除的，也可以在本项中约定承包人逾期完成人员撤离工作的违约责任。

第 11 条　缺陷责任与保修

11.2　缺陷责任期

缺陷责任期的期限：＿＿＿＿＿＿＿＿＿＿＿＿＿＿＿＿＿＿＿＿＿。

【条文释义】

通用合同条件设置了原则上不超过 24 个月的缺陷责任。具体期限由当事人在本专用合同条件进行约定，约定方式可将工程作为一个整体约定一个缺陷责任；也可以根据工程不同部位、不同专业工程特点区分确定缺陷责任期。同时，对于缺陷责任期起算点，示范文本采用通用合同条件的统一规定，即原则上为工程竣工验收合格之日以及四种情形下的例外规定。但，如若当事人对于缺陷责任起算点需要结合项目情况另行约定的，仍可以在专用合同条件中以同一条款号增加相关条款的内容。

【使用指引】

本条中，当事人可以通过专用合同条件的具体约定修改通用合同条件关于缺陷责任期限和起算点的规定，但专用合同条件的约定不得违背法律法规的强制性规定。

11.3　缺陷调查

11.3.4　修复通知

承包人收到保修通知并到达工程现场的合理时间：＿＿＿＿＿＿。

【条文释义】

在缺陷责任期内，发包人在使用过程中，发现已接收的工程存在缺陷或损坏的，应书面通知承包人予以修复。但情况紧急必须立即修复缺陷或损坏的，发包人可以口头通知承包人，不受以上通知要求限制并在口头通知后 48 小时内书面确认。示范文本不仅对于发包人通知的方式进行了限定，须为书面形式，同时发包人通知的时间也必须合情合理，受到减损义务的限制。例如，不能在问题扩大到无法控制的事态时才通知或者在已经修复之后才通知。

根据权利义务对等原则，承包人收到发包人保修通知后应在合理时间内到达工程现场。该合理时间须结合项目所在地、交通情况、承包人所在地等具体情况，尽量具体到以小时为单位，做到准确并具有操作性。

【使用指引】

为便于合同履行具有可操作性，建议发承包双方还是应重视对于专用合同条件的补充完善。以通用合同条件已经约定的较为具体为由，而专用合同条件全部填写"无"或划"/"态度不可取。否则何为合理时间，无法判断且举证非常困难。根据《民事诉讼法》第六十四条的规定"当事人对自己提出的主张，有责任提供证据。"在发包人主张承包人未在合理时间内到达现场的，可能会因此承担举证不能的后果。

11.6　缺陷责任期终止证书

承包人应于缺陷责任期届满后____天内向发包人发出缺陷责任期届满通知，发包人应在收到缺陷责任期满通知后____天内核实承包人是否履行缺陷修复义务，承包人未能履行缺陷修复义务的，发包人有权扣除相应金额的维修费用。发包人应在收到缺陷责任期届满通知后____天内，向承包人颁发缺陷责任期终止证书。

【条文释义】

缺陷责任期满是一种自然状态时间的经过，但是对于在合同中的权利义务状态，须承包人提前发起缺陷责任期届满通知，启动合同约定上的缺陷责任期届满和程序。通用合同条件约定的日期均为 7 天，对此专用合同条件可以根据具体项目情况考虑延长或者缩短以上期限。

【使用指引】

若当事人未能在专用合同条件补充完善具体期限的，按照通用合同条件约定的时间执行。

11.7　保修责任

工程质量保修范围、期限和责任为：_____。

【条文释义】

关于保修范围、期限的约定，不得小于法律规定的保修范围、不得低于法律规定的期限，同时当事人可以基于项目的特殊要求扩大保修范围和延长保修期限，即：地基基础工程和主体结构工程，为设计文件规定的该工程的合理使用年限；屋面防水工程、有防水要求的卫生间、房间和外墙面的防渗漏，为 5 年；供热与供冷系统，为 2 个采暖期、供冷期；电气管线、给水排水管道、设备安装为 2 年；装修工程为 2 年。对于法律未明确规定的保修项目和期限，当事人也应在专用合同条件中予以补充。

同时，总承包人将工程分包出去的，不得因此免除自己的保修责任，保修责任的范围应与自身承包范围一致。

【使用指引】

此条款应结合示范文本附件 3［工程质量保修书］，并与之保持一致，对于细节问题当事人可以在项目竣工时的质量保修书中予以详细约定。对于专用合同条件和《工程质量保修书》约定的保修范围、保修期限、保修责任与法律法规强制性规定相抵触的，仍应该按照法律规定的最低限期承担法定的保修责任。

第 12 条　竣工后试验

本合同工程是否包含竣工后试验：＿＿＿＿＿＿＿＿＿＿＿＿＿。

12.1　竣工后试验的程序

12.1.2　竣工后试验全部电力、水、污水处理、燃料、消耗品和材料，以及全部其他仪器、协助、文件或其他信息、设备、工具、劳力，启动工程设备，并组织安排有适当资质、经验和能力的工作人员等必要条件的提供方：＿＿＿＿＿＿＿＿＿＿＿＿＿＿＿＿。

【条文释义】

为了清楚界定合同内工程是否需要竣工后试验以及合同当事人在竣工后试验中的责任、义务和费用承担，合同当事人应当在专用合同条件中对竣工后试验的责任主体进行明确，需明确内容主要包括竣工后试验所需的相关资源、信息、设备以及工作人员等由哪方提供。当然，合同当事人双方亦可根据项目的实际情况对各类资源的提供进行详细划分。

合同当事人在制订专用合同条件时需注意本条与竣工验收合格或发包人颁发工程接收证书后的时间节点衔接。

【使用指引】

对于合同内工程需要进行竣工后试验的，建议承包方明确竣工后试验在竣工验收合格后或发包人颁发工程接收证书后的一定期限内进行，超过该期限的应视为通过竣工后试验，进而保证承包人的合理预期权利，避免承包人产生额外的费用增加及利润损失。

需提醒承包人的是，对于包含竣工后试验阶段的项目来说，工程竣工验收合格并不足以评判发包人的要求能否最终实现，还需要有竣工后试验来检验合同目的的顺利实现与否。所以即便工程已通过竣工验收进入了缺陷责任期，承包人仍需积极配合发包人完成并通过竣工后试验，避免承担未通过竣工后试验的相应违约金。

第 13 条　变更与调整

13.2　承包人的合理化建议

13.2.2　工程师应在收到承包人提交的合理化建议后＿＿＿日内审查完毕并报

送发包人，发现其中存在技术上的缺陷，应通知承包人修改。发包人应在收到工程师报送的合理化建议后＿＿＿日内审批完毕。合理化建议经发包人批准的，工程师应及时发出变更指示，由此引起的合同价格调整按照＿＿＿＿＿＿＿＿执行。发包人不同意变更的，工程师应书面通知承包人。

【条文释义】

该项规定了工程师在收到承包人提交的合理化建议后的具体处理程序。按照合同规定，工程师在收到承包人的合理化建议后有审查权，但必须在约定期限内审查完毕报送发包人，同时将审查发现的技术缺陷，通知承包人修改。

结合通用合同条件第13.2.2项规定，能否适用通用合同条件规定的程序取决于专用合同条件有无其他约定。同时，工程师和发包人审核承包商合理化建议的期限，关系着承包商基于合理化建议的变更权利能否真正得以实现。因此，在专用合同条件中对发包人和工程师的审核期限以及合同价格调整程序进行明确约定十分必要。

【使用指引】

承包人在填写或者审核本项内容时，应确保将工程师和发包人的审核周期限定在一个合理期间内，避免将来承包人提出的合理化建议受到工程师和发包人审核的延阻，阻碍工程变更的实施。

建议本项参照《2020版工程总承包合同》"通用合同条件"部分第13.2.2项的文本进行填写。

13.2.3　承包人提出的合理化变更建议的利益分享约定：＿＿＿＿＿＿＿＿
＿＿＿＿＿＿＿＿＿＿＿＿＿＿＿＿。

【条文释义】

利益分享是13.2款［承包人的合理化建议］的内核，是承包人提出合理化建议的动力。承包人基于利益分享约定，从提升项目收益出发提出合理化建议；发包人从提升项目在施工期间和后续运行阶段的整体效益出发，对承包人提出的合理化建议进行审核和确认。本合同通用条件没有对承包人合理化建议产生利益的分配方法提供具体化建议，而是鼓励双方在专用条件中进行约定。

发包人和承包人在合同专用条件中进行利益分享约定时，应援引13.3［变更程序］所列内容对利益分配方案进行详细约定。

【使用指引】

填写本项内容时，建议从双方可以进行利益分配的最晚时间节点、合理化变更建议产生利益的构成、最终利益数额确定程序、承包人应享有的利益比例、承包人在合理化建议项下有无其他权利等方面进行约定。

因该等合理化建议被采纳后通常构成变更，降低项目总投资或缩短工期或提高工程经济效益，利益的获得者首先是发包人，所以承包人只是利益的分享者，收益比例应向发包人倾斜。同时，应特别注意发包人对于本项内容若附加了限制性用语，可能造成承包人合理化变更建议产生的利益无法进入分配程序，或者无法在双方之间公平分配。

13.3 变更程序

13.3.3 变更估价

13.3.3.1 变更估价原则

关于变更估价原则的约定：＿＿＿＿＿＿＿＿＿＿＿＿＿＿＿＿＿＿。

【条文释义】

通用合同条件13.3.3.1项［变更估价原则］规定："除专用合同条件另有约定外，变更估价按照本款约定处理：……"按照该项规定，合同双方应在专用合同条件中明确约定变更估价原则。通用合同条件该项规定的变更估价程序，是参照相应费率和价格，以成本加利润的原则进行变更估价的。

【使用指引】

在填写或审核本项时，应特别注意变更估价原则的可适用性，避免出现模棱两可或者参照没有优先适用顺序的情形，以保障将来发生变更时双方可以参照变更估价原则达成合意。

双方可参照《2020版工程总承包合同》"通用合同条件"第13.3.3.1项［变更估价原则］的文本进行填写。

13.4 暂估价

13.4.1 依法必须招标的暂估价项目

承包人可以参与投标的暂估价项目范围：＿＿＿＿＿＿＿＿＿。

承包人不得参与投标的暂估价项目范围：＿＿＿＿＿＿＿＿＿。

招投标程序及其他约定：＿＿＿＿＿＿＿＿＿＿＿＿＿＿＿。

【条文释义】

根据通用合同条件13.4.1［依法必须招标的暂估价项目］的规定，对于依法必须招标的暂估价项目，需要在专用合同条件中约定的事项包括：暂估价项目由"由承包人作为招标人的"还是"由发包人和承包人共同作为招标人"，以及"具体的招标程序以及发包人和承包人权利义务关系"。承包人和发包人需要在专用合同条件中对上述问题明确约定，通用条件中的具体规定才会有所指向并发生实质约束力。

【使用指引】

填写本项时，建议结合具体项目的执行情况和双方意向来确定承包人负责招标的范围。如果项目发包人从效率角度出发计划将大多数暂估价项目的招标交由承包人负责，双方可以在"承包人可以参与投标的暂估价项目范围"中以概括方式约定：承包人满足招标人资质要求的项目可以作为招标人，同时在"承包人不得参与投标的暂估价项目范围"中约定：发包人在合同签订时书面说明不允许承包人作为招标人的项目，承包人不得作为招标人。

填写"招投标程序及其他约定"时，应明确约定招标应该遵守的法律法规及发包人和（或）承包人内部的招标管理办法等文件。同时应明确由承包人招标，还是由发包人和承包人共同招标。约定由承包人作为招标人的，承包人应注意在专用合同条件中约定发包人在何种程度和标准内审核承包人提交的招标文件、评标方案和评标结果，以及发包人审核上述文件的期限，以避免暂估价项目的履行受到发包人审批程序延误。双方约定由发包人和承包人共同招标的，在专用合同条件中约定招标程序和双方权利义务时，承包人应关注的核心包括：招标费用的分担，双方在招标过程中的角色定位，招标过程各环节的牵头方，最终中标人的确定程序，招标过程中的决定程序以及招标陷入僵局状态时的解决机制等。

同时，合同各方当事人应特别注意招标流程要符合法律规定及双方内部合规要求，同时应明确发包人对相关招标文件的审核程序和期限，以及招标程序陷入僵局时的救济方式，以保障招标流程的效率。同时对于招标过程中发生的费用，应做好费用分担约定。

13.4.2　不属于依法必须招标的暂估价项目

不属于依法必须招标的暂估价项目的协商及估价的约定：＿＿＿＿＿＿＿
＿＿＿＿＿＿＿＿＿＿＿＿＿＿＿＿＿＿＿＿＿。

【条文释义】

根据 13.4.2 项［不属于依法必须招标的暂估价项目］的规定，"对于不属于依法必须招标的暂估价项目，承包人具备实施暂估价项目的资格和条件的，经发包人和承包人协商一致后，可由承包人自行实施暂估价项目，具体的协商和估价程序以及发包人和承包人权利义务关系可在专用合同条件中约定"，承、发包双方需要在专用合同条件中约定该种情形下具体的协商和估价程序以及发包人和承包人权利义务关系。

【使用指引】

使用本项时，建议发包人和承包人双方参照 13.3.3.2 项［变更估价程序］，明确双方就承包人自行实施暂估价项目的协商和估价程序、协商和估价陷入僵局状态时的解决机制，以及双方对暂估价合同订立和履行延迟的归责机制和界限等。

承包人在填写或者审核本款时，还应注意在编制暂估价项目招标文件或者提交估价文件时，应确保招标文件或估价文件中的报价方法和风险范围尽可能背靠背承接总承包合同对应的报价方法和风险范围，避免将来出现价格和（或）风险漏项的风险。

13.5　暂列金额

其他关于暂列金额使用的约定：＿＿＿＿＿＿＿＿＿＿＿＿＿＿＿＿。

【条文释义】

暂列金额是指发包人在项目清单中给定的，用于在订立协议书时尚未确定或不可预见变更的设计、施工及其所需材料、工程设备、服务等的金额，包括以计日工方式支付的金额。除专用合同条件另有规定，只有按照发包人的指示才能全部或者部分使用暂列金额，使用的部分将成为合同价格的一部分。用暂列金额支付给承包人的总金额应包括两个前提条件：一是发包人下达指示，二是承包人将要实施的工作，提供的货物或服务属于暂列金额相关的内容。

通用合同条件 13.5 款规定了暂列金额的使用原则和程序。按照该款规定，"除专用合同条件另有约定外，每一笔暂列金额只能按照发包人的指示全部或部分使用，并对合同价格进行相应调整。"因此，承、发包双方如果对暂列金额有额外约定，可以在专用合同条件的本项内容中进行约定。

【使用指引】

双方约定改变通用条件 13.5 款规定的双方权利义务划分原则时，应保证该项内容清晰且没有歧义，并与通用条件 13.5 款保持一致。

13.8　市场价格波动引起的调整

13.8.2　关于是否采用《价格指数权重表》的约定：＿＿＿＿＿＿＿＿＿＿＿＿＿
＿＿＿＿＿＿＿＿＿＿＿＿＿。

13.8.3　关于采用其他方式调整合同价款的约定：＿＿＿＿＿＿＿＿＿＿＿＿＿
＿＿＿＿＿＿＿＿＿。

【条文释义】

通用合同条件 13.8.2 项明确规定："发包人与承包人在专用合同条件中约定采用《价格指数权重表》的，适用本项约定。"因此，双方在编制完成示范文本附件 6〔价格指数权重表〕后，应在专用合同条件中明确约定采用附件 6 所列〔价格指数权重表〕。

通用合同条件 13.8.3 项规定，"双方约定采用其他方式调整合同价款的，以专用合同条件约定为准"，通过本款内容对合同双方进行其他合同价款调整约定提供了优先性开口设置。当合同双方在专用合同条件本项中进行其他约定时，如果与通用合同条件中的规定不符，以专用合同条件约定为准。

【使用指引】

13.8.2 项，建议明确约定"双方同意采用附件 6《价格指数权重表》"。

13.8.3 项，如果无其他调整合同价款方式，建议填写"无"。如有其他调价方式，应保证填写内容清晰且没有歧义，并与通用条件 13.8 款保持一致。对调价方式做出其他约定时，须参照 13.8 款的规定进行，保证专用合同条件与通用合同条件的匹配性。

第 14 条　合同价格与支付

14.1　合同价格形式

14.1.1　关于合同价格形式的约定：_____。

【条文释义】

　　本项是对工程总承包合同合同价格形式的原则性约定，如果专用合同条件中没有其他约定，本合同采用总价形式。对一些工期紧、复杂程度低的工程总承包项目中，如果发包人有合适的承包人可供挑选的，可以选择采用单价合同或成本＋酬金等合同价格形式。

【使用指引】

　　基于国际惯例，目前国家推行的工程总承包模式鼓励采用固定总价的价格形式，但应关注：（1）项目是否具备适用固定总价的条件，如项目有关的建设规模、标准尚不明确，或者包含大量地下工程无法确定价款的，可能不具备固定总价的条件；（2）项目是否属于政府审计范围内，且是否在合同中约定结算以政府审计为准，如发包人有此类要求且有关条款不可协商的，应当注意约定仅就变更部分的价款依据政府审计调整，固定总价部分不予调整。并要求发包人负责协调将总包合同约定的计价原则、计价依据作为审计的依据。除前述价格形式外，目前市场价格形式还有下浮费率的，下浮费率转固定总价，综合单价转固定总价，中标价转基准单价等等，不同的价格形式下应详细约定计量计价的标准。

　　对合同价格是否固定税率也应一并进行表述。

14.1.2　关于合同价格调整的约定：_____。

【条文释义】

　　作为对合同价款调整的进一步细化，通用合同条件中进一步明晰了除专用合同条件另有约定外固定总价合同中可调与不可调的情形和种类，涉及税费的计算和价格清单的作用。

【使用指引】

　　发包人与承包人如果对工程款支付和价格调整形成新的合意，应当在本项中予以明确。承包人在投标活动中组织报价时，应当认真估算项目应税情况及税费构成，并结合各地工程总承包应税实践做好相关税费计算工作。

　　建议采用对发生没有可参照价格情形的调整时的处理原则。

**14.1.3　按实际完成的工程量支付工程价款的计量方法、估价方法：_____
_____。**

【条文释义】

本项是工程总承包合同中根据实际工程量进行支付部分工程的计价和计量的原则，即按照专用合同条件的约定进行计量和估价。工程总承包合同中发包人与承包人之所以会约定工程的某部分按照实际完成的工程量进行支付，还是因为工程总承包项目的发包阶段较早，而项目中的有些工程量确实在投标时难以确认或存在较大的不确定性，因此双方约定按照实际完成工程量进行支付，避免后续产生较大纠纷。比如深圳市住房和城乡建设局印发的《EPC工程总承包招标工作指导规则（试行）》规定："建议采用总价包干的计价模式，但地下工程不纳入总价包干范围，而是采用模拟工程量的单价合同，按实计量。"

【使用指引】

发包人如果认为某部分工程在发包阶段无法对工程量进行预测，或者内容过于复杂，施工任务难以明确，可以在专用合同条件中约定这部分工程根据实际完成工程量进行结算，并对其计量和计价方式进行约定，尤其是计量和计价方式需要约定清楚，否则后期如果出现纠纷可能会据实结算并按照市场价对价格进行估测。

14.2 预付款

14.2.1 预付款支付

预付款的金额或比例为：＿＿＿＿＿＿＿＿＿＿＿＿＿＿＿。

预付款支付期限：＿＿＿＿＿＿＿＿＿＿＿＿＿＿＿＿。

预付款扣回的方式：＿＿＿＿＿＿＿＿＿＿＿＿＿＿＿。

【条文释义】

工程预付款是由发包人按照合同约定，在正式开工前由发包人预先支付给承包人，用于购买工程施工所需的材料和组织施工机械和人员进场的价款。相较于施工总承包，工程总承包中预付款的应用范围不仅包括实施阶段的各类准备活动，还涵盖了设计阶段的各类工程准备活动，明确预付款专用于承包人为合同工程的设计和工程实施购置材料、工程设备、施工设备、修建临时设施以及组织施工队伍进场等合同工作。发包人如果和承包人协商确定需要支付预付款的，需要在专用合同条件中对预付款的金额或比例、支付期限和扣回方式做进一步明确。

【使用指引】

发包人和承包人应注意需要在专用合同条件中就预付款支付的以下事项做进一步明确：

发包人是否支付预付款，预付款的比例或者金额，预付款的支付时间，虽然工程总承包示范文本不似施工总承包示范文本中明确要求"（预付款）至迟应在开工通知载明的开工日期7天前"支付，但是工程总承包中发包人和承包人仍应当结合项目实际在专用合同条件中对预付款的支付时间做一个明确的约定。

预付款是否抵扣以及预付款扣回的方式，示范文本通用合同条件中约定的是采用百分比扣回的方式但并不妨碍发包人与承包人在专用合同条件中约定其他扣回方式。

14.2.2 预付款担保

提供预付款担保期限：＿＿＿＿＿＿＿＿＿＿＿＿＿＿＿＿＿＿。

预付款担保形式：＿＿＿＿＿＿＿＿＿＿＿＿＿＿＿＿＿＿＿。

【条文释义】

预付款担保是承包人正确、合理使用发包人支付的工程预付款的担保。其主要目的是保证承包人按照合同约定将预付款用于工程建设，以保证发包人在规定期限内能够从应付工程款中扣除全部预付款；而一旦承包人拿到预付款后挪作他用、携款潜逃或宣布破产，将由担保人承担赔偿责任。在专用合同条件中，发、承包人可以对预付款的担保期限、提供时间作另行约定，同时对于预付款担保的形式予以明确。

【使用指引】

预付款担保并非强制性条款，需要在合同中予以明确，同时对预付款担保的形式、期限要予以约定。此外，在提供预付款担保，尤其是采用独立保函方式提供预付款担保的，要防止在预付款已经抵扣但尚未完毕的情况下发包人在保函约定的到期事件发生时主张全额抵扣，因此在选择预付款担保形式时，无论采取何种担保形式，都需要进一步约定减额条款。

14.3 工程进度款

14.3.1 工程进度付款申请

工程进度付款申请方式：＿＿＿＿＿＿＿＿＿＿＿＿＿＿＿＿。

承包人提交进度付款申请单的格式、内容、份数和时间：＿＿＿＿＿＿
＿＿＿＿＿＿＿＿＿＿＿＿＿＿＿＿＿＿＿＿。

进度付款申请单应包括的内容：＿＿＿＿＿＿＿＿＿＿＿＿＿＿。

【条文释义】

本项是关于工程进度款申请的规定，值得注意的是，在示范文本通用合同条件中特地将人工费的申请抽离出来，并单独对其支付周期、审批和付款时限做了明确约定。对于除人工费之外的工程进度款付款申请，示范文本明确了进度款申请单的提出时间、内容和范围。工程进度款的支付在工程施工实践中具有十分重要的作用，尤其是对承包人来说，如果工程进度款支付比例过低或者不及时，将会给承包人带来极大的风险，甚至无法施工，给项目工期带来影响。专用合同条件中需要发、承包人对进度款的申请方式、格式、内容、份数和时间等进一步明确。

【使用指引】

发包人在进行进度款付款申请编制时应当遵循以下几个原则：时效性原则，承包人必须在每月规定时间内提交进度款申请给工程师审核。准确性原则：承包人必须按照工程实际进度和实际完成量申请工程进度款和结算款，并提交资金计划，同时工程师应认真审核。表格统一原则：工程款申报需按照发包人制定的表格填写和申报，如承建商上报表格错误，自行承担工程款拖延支付的责任。完整性原则：工程款申报的手续需齐全，一份完整的进度款申报报告包括：申请报告、封面、编制说明、预算清单、形象进度、变更签证申报汇总表、变更签证单。

14.3.2　进度付款审核和支付

进度付款的审核方式和支付的约定：＿＿＿＿＿＿＿＿＿＿＿。

发包人应在进度款支付证书或临时进度款支付证书签发后的＿＿＿天内完成支付，发包人逾期支付进度款的，应按照＿＿＿支付违约金。

【条文释义】

通用合同条件中明确了进度款的审核方式采取工程师先审再报批发包人，并且对进度款的审核期限、支付期限做了相应约定。专用合同条件中需要发、承包人结合项目实际情况看是否需要调整进度款审核和支付方式。同时对进度款的支付时间和逾期支付违约金标准需要进一步明确。

【使用指引】

值得注意的是，专用合同条件中没有特别明确进度款审批的逾期默示条款，这里需要提醒承包人，仅通用合同条件中约定逾期默示并不足以在出现付款纠纷诉诸法院时，让法院支持按照通用合同条件约定界定审批逾期失权，仍需要在专用合同条件中进一步明确。

14.4　付款计划表

14.4.1　付款计划表的编制要求：＿＿＿＿＿＿＿＿＿＿＿＿。

【条文释义】

编制付款计划表的目的在于每个付款周期付款数额的确定，但是在总价合同中，各项目的工程量只是承包人用于结算的最终工程量，换言之，在施工过程中，除了合同约定的构成变更而引起的工程量调整，不会产生其他工程量的增减。因此，在工程总承包付款计划的编制过程中，尤其是采取按月编制的情况下，需要确保付款计划与进度计划的一致性，避免导致最终的付款金额超出或少于合同价款，进而违背总价合同的本意。

【使用指引】

鉴于付款计划表对于资金管理计划和支付的重要作用，承包人在编制付款计划表时应集合相应的项目管理文件进行全面仔细地测算，确保付款计划与进度计划、资源投入相匹配。付款计划表应当与进度计划同步修订，方可作为支付进度款的依据。

14.4.2 付款计划表的编制与审批

付款计划表的编制：_____。

【条文释义】

作为资金管理计划和支付的重要组成部分，付款计划表的重要性不言而喻。在通用合同条件部分，已经对付款计划表编制的依据、时间，以及审批的时限和逾期审批的后果做了明确约定。在专用合同条件部分，可以对编制时间、审批时间和逾期审批的后果结合项目实际情况和双方协商情况做出调整。

【使用指引】

发、承包人应当明确是否按照通用合同条件中约定的付款计划编制条款执行，如有调整，需要在专用合同条件中进一步明确，尤其涉及编制、审批时限的。

14.5 竣工结算

14.5.1 竣工结算申请

承包人提交竣工结算申请的时间：_____。

竣工结算申请的资料清单和份数：_____。

竣工结算申请单的内容应包括：_____。

【条文释义】

工程总承包项目中，竣工结算直接关系到合同目的的实现和合同利益的获得，无论是对于发包人还是承包人来说，都是十分重要的条款。在以往的施工总承包项目实践中，结算一直是极其容易发生争议、矛盾和纠纷的环节。通用合同条件中已经对竣工结算申请的主体、时限、形式、程序和内容做出了初步约定。这里需要发、承包人结合项目实际情况看是否需要对竣工结算申请时间和竣工结算申请单的内容进一步明确与细化，同时需要确定承包人竣工结算申请资料清单及份数。

【使用指引】

承包人在申请竣工结算、提交竣工结算申请单时，应当确保申请单及竣工结算资料的完整性。承包人需要充分认识到竣工结算资料的完整性对整个审批工作和己方权益的影响，认真做好项目台账的管理工作，在规定时间、规定范围内完整地提交竣工结算资料。这里资料清单及内容尤其要明确、具体约定，以免双方在结算资料的提交上存在分歧。

14.5.2 竣工结算审核

发包人审批竣工付款申请单的期限：_____。

发包人完成竣工付款的期限：_____。

关于竣工付款证书异议部分复核的方式和程序：_____

_____。

【条文释义】

竣工结算审核既是发包人的权利，也是发包人的义务。通用合同条件中对于发包人审批竣工结算申请单的期限和完成竣工付款的时限做了比较详细的约定。但发、承包人仍可在专用合同条件中对相应的时限进行调整，比如适当延长或缩短相应的审批时限。同时，发、承包人也可对异议部分的符合方式和程序做进一步约定。其中专用合同条件的第一目应是发包人审批竣工结算申请单期限的约定，和通用合同条件中保持一致即可。

【使用指引】

如果仅在通用合同条件规定发包人未在约定期限内审核承包人提交的竣工结算申请单即视为认可，但专用合同条件没有予以确认的，该竣工结算申请单仍有不能作为付款依据的风险。因此，如果可能，建议在专用合同条件中对逾期默示的条款做进一步约定。

14.6 质量保证金

14.6.1 承包人提供质量保证金的方式

质量保证金采用以下第_____种方式：

（1）工程质量保证担保，保证金额为：_____；

（2）_____％的工程款；

（3）其他方式：_____。

【条文释义】

质量保证金只是一种担保形式，它既可以采用保函的方式，也可以通过预留相应比例工程款的方式开展。质量保证金的实质是承包人用于保证其在缺陷责任期内履行缺陷修补义务的担保，其对应的一个重要期间就是缺陷责任期。通用合同条件中已经对工程总承包项目质保金的提供进行了一些原则性的约定，但专用合同条件仍需要进一步对质保金的三种提供方式做进一步选择。

【使用指引】

无论发包人要求承包人以何种形式提供质量保证金的，累计金额都不能高于工程价款结算总额的3％。在竣工验收前，质量保证金与履约担保不能同时适用，但是在竣工验收合格后，发包人应当及时向承包人主张质量保证金，避免缺陷责任期满后无法主张。

14.6.2 质量保证金的预留

质量保证金的预留采取以下第_____种方式：

（1）在支付工程进度款时逐次预留的质量保证金的比例：_____，

在此情形下，质量保证金的计算基数不包括预付款的支付、扣回以及价格调整的金额；

（2）工程竣工结算时一次性预留专用合同条件第14.6.1项第（2）目约定的工程款预留比例的质量保证金；

（3）其他预留方式：＿＿＿＿＿＿＿＿＿＿＿＿＿。

关于质量保证金的补充约定：＿＿＿＿＿＿＿＿＿＿＿＿。

【条文释义】

发包人和承包人如果选择采用预留相应比例的工程款方式提供质量保证金，则应当在专用合同条件中进一步明确质量保证金预留的方式。

也即专用合同条件中三种方式选择其中一种，专用合同条件中还需要对关于质保金预留的其他内容进行明确，比如是否允许承包人在竣工验收后一定期限内用质量保证金担保替换扣留的用作质量保证金的部分工程款，以及发包人在退还质量保证金时是否需要支付相应的利息。

【使用指引】

在约定采用预留相应工程款方式提供质量保证金时应注意避免和履约担保出现冲突；进一步厘清本项下约定的发包人返还质量保证金时还需要支付利息，避免在利息返还时出现错误。

14.7　最终结清

14.7.1　最终结清申请单

当事人双方关于最终结清申请的其他约定：＿＿＿＿＿＿。

【条文释义】

缺陷责任期满之后，需要对工程款项进行最终结清的清算，合同所涉及的相关款项都需要进行最终结清，尤其是关于质量保证金问题，以及在缺陷责任期内发生因维修或其他原因产生的增减费用的承担。

本项是关于最终结清申请单的提交时间、内容以及发包人异议处理的约定。

【使用指引】

缺陷责任期满后，承包人应当及时编制最终结清申请单，在合同约定的期限内向发包人提交全面、完整和真实的最终结清申请单，如果涉及缺陷责任期内索赔的，应当在最终结清申请单中明确。承包人在收到最终结清申请单时，也应及时对承包人提交的最终结清申请单的全面、完整和真实性进行审查，如果发现问题，应立即要求承包人予以修正和补充。

14.7.2　最终结清证书和支付

当事人双方关于最终结清支付的其他约定：＿＿＿＿＿＿。

【条文释义】

通用合同条件中的本项是对工程总承包项目下最终结清证书及款项支付的约定，最终结清证书的意义在于一方面明确了最终结清款项的支付期限；另一方面，最终结清证书的颁布意味着除质量保修期内承包人的保修责任外，发包人和承包人之间权利义务的终止。

【使用指引】

发包人应在合同约定的期限内完成最终结清申请的审核并向承包人颁发最终结清证书。双方可以在专用合同条件中约定不同于 14 天的时限，但发包人应当知晓，如果在约定期限内没有予以答复或提出修改意见的，就视为认可承包人的最终结清申请书。最终结清证书颁发后，发包人应当在合同约定的时间内完成支付，双方可以结合项目实际情况以及工程总承包合同的实际履行情况，在专用合同条件中对于支付时间和逾期支付的不利后果作出调整和细化。

第 15 条 违约

15.1 发包人违约

15.1.1 发包人违约的情形

发包人违约的其他情形＿＿＿＿＿＿＿＿＿＿＿＿＿＿＿。

【条文释义】

尽管通用合同条件中第 15.1.1 项已经列明了发包人的主要违约情形，发包人仍有多项配合承包人的协助义务，这些义务应当属于发包人的从合同义务。在通用合同条件中，部分条款直接对发包人违反从合同义务的违约责任作出了约定，部分条款则未作约定。发承包双方可以通过在专用合同条件中对发包人违反从合同义务的情形作出详细约定。若根据项目性质，发承包双方对于发包人的义务有额外要求的，也可以在本条内对发包人违约情形作出特别约定。

【使用指引】

通用合同条件中第 15.1.1 项的规定以及通用合同条件中对于发包人从合同义务约定的条款已经足以涵盖发包人常见的违约情形，在专用合同条件中若承包人对于发包人违约情形没有特殊约定的，本条款可以填写"无"或者"/"。

由于不同的工程总承包项目具有不同的特性，发承包双方在合同谈判中可能会附加各项履约条件或协助义务。若承包人认为有必要的，可以在专用合同条件中对于违反此类义务的违约责任作出约定。尤其是针对一些性质特殊的项目，除了常规工程审批外发包人还需取得的其他行政审批，发承包双方可在本条款中约定发包人未取得特定行政审批的也构成违约。发承包双方应当注意专用合同条件中第 2.7 款是否另行约定了发包人的其他义务，在本条中是否需要针对 2.7 款的约定明确发包人相应的违约责任。

15.1.3　发包人违约的责任

发包人违约责任的承担方式和计算方法：＿＿＿＿＿＿＿＿＿＿＿。

【条文释义】

通用合同条件第 15.1.3 项中规定了发包人违约应当承担工期延误、增加的费用并支付合理的利润。但是，通用合同条件中并没有约定具体的计算标准和计算方法。发承包双方可以通过专用合同条件详细约定发包人违约责任的承担方式，也可以在本条中约定发包人应当支付的违约金以及违约金的计算方式。

【使用指引】

通用合同条件中规定了 7 项发包人的违约情形，发承包双方可以在专用合同条件中分别针对每一项不同的违约情形约定不同的违约责任的承担方式和计算方法。例如，针对发包人原因导致开始工作日期延误的违约情形，发承包双方可以在本条款中约定承包人是否需要另行书面提出，除了承担延误的工期外发包人是否需要向承包人支付费用以及合理利润。针对发包人未能按照合同约定支付合同价款的，承包人可以选择按照通用合同条件中以贷款市场报价利率为标准计算违约金，也可以另行约定逾期付款的违约金计算标准。针对因发包人违反合同约定造成工程暂停施工的，可以在本条款中约定发包人是否应当赔偿承包人的损失以及合理的利润。针对通用合同条件中明确规定的发包人的其他从合同义务，发承包双方也可以在本条款中列明发包人不履行各项从合同义务的违约责任。

承包人应当格外注意对本条款的约定。由于建筑市场仍然属于买方市场，一般来说发包人在工程总承包合同签订过程中居于强势地位。通用合同条件第 15.1.3 项中规定了发包人承担违约责任的形式包括承担延误的工期、增加的费用以及合理的利润，通用合同条件中也有多处约定发包人违约时应当赔偿承包人的合理利润。但是，发包人完全可以通过在专用合同条件中作出另行约定豁免其赔偿承包人合理利润的责任。因此，承包人在与发包人进行谈判以及签约时应当格外注意发包人是否通过专用合同条件豁免其责任，以及违约责任承担中的约定与其他合同条款之间是否存在冲突。

15.2　承包人违约

15.2.1　承包人违约的情形

承包人违约的其他情形：＿＿＿＿＿＿＿＿＿＿＿＿＿＿＿＿＿＿。

【条文释义】

发承包双方可以通过在专用合同条件中对承包人违反从合同义务的情形作出详细约定。若根据项目具体情形，发包人认为有必要对承包人附加其他义务的，也可以通过专用合同条件进行约定，并在本条款中对于承包人违反此类义务的违约责任作出特别约定。

【使用指引】

发承包双方可以在本款中对于通用合同条件中所规定的承包人违反从合同义务的各类违约情形予以列明。例如承包人擅自更换项目经理或关键人员的、项目经理或关键人员擅自离开施工现场的、因承包人原因导致设备材料与第三人产生物权纠纷的、承包人擅自遮盖隐蔽工程的、欠付工人工资的、未按照约定条件移交工程资料等。发承包双方在约定承包人违约的其他情形时，应当结合本项目特征进行确定，并且在列明违约情形时需注意与合同其他条款的衔接问题，避免在专用合同条件中出现相互冲突的情形。

15.2.2 通知改正

工程师通知承包人改正的合理期限是：_____。

【条文释义】

通用合同条件第15.2.2项中规定了当承包人违约时，工程师可以在合理期限内向承包人发出整改通知。发承包双方应当结合项目情况以及谈判情况，在专用合同条件中约定工程师向承包人发出整改通知的合理期限或者是期限的确定方式。

【使用指引】

在本条中，除了约定工程师发出整改通知的合理期限之外，发承包双方同时可以约定工程师向承包人发出整改通知的方式、承包人收到整改通知之后是否需书面答复工程师等内容。发承包双方应当注意对合理期限的约定不宜过长，否则可能造成发包人损失进一步扩大。

15.2.3 承包人违约的责任

承包人违约责任的承担方式和计算方法：_____。

【条文释义】

除了通用合同条件第15.2.1项中所列承包人违约情形之外，通用合同条件中其他条款也规定了发承包双方可以在专用合同条件中针对承包人违反从合同义务的违约责任作出约定。因此，发承包双方应当根据项目具体情况以及双方谈判结果，在本条款中对于承包人违约时的违约责任作出明确约定。

【使用指引】

本项中发承包双方可以逐项对承包人违约行为的责任承担方式作出约定。例如，承包人采购的设备材料质量不达标的，除了承担由此导致的工期延误外，还应当赔偿发包人的损失；因承包人原因导致逾期竣工的、未能通过竣工后试验的，可以约定承包人以工程价款为基数以一定比例按日向发包人支付违约金；承包人的关键人员擅自离场的，可以约定承包人向发包人支付固定数额的违约金。

针对不同的违约情形，发承包双方也可以约定违约金的最高限额。发承包双方在约定违约金时应当注意，尽管违约金具有一定的惩罚性质，但是发包人也不宜将违约金数额或者计算标准设定得过高，应当以损失填补为原则。

第 16 条 合同解除

16.1 由发包人解除合同

16.1.1 因承包人违约解除合同
双方约定可由发包人解除合同的其他事由：＿＿＿＿＿＿＿。

【条文释义】

合同当事人可以约定除通用合同条件第 16.1.1 项外其他常见的发包人有权通知承包人解除合同的事由。

【使用指引】

双方约定可由发包人解除合同的事由的前提应当是承包人违约导致合同目的无法实现，赋予发包人合同解除权的目的是避免扩大损失并有利于后续工程建设任务的完成。虽然合同是当事人协商一致的产物，但合同、有效的合同应当尽可能使之存续，直至当事人履行完毕。如果解除合同事由约定得过于宽泛，无形中将大大增加合同解除的概率，与"促进交易"这一合同立法的核心价值相悖，也增加了当事人双方履约风险。

双方当事人应当明确约定是否先行告知承包人解除合同意向给予承包人纠正违约行为的补救期限以及具体补救期限。建议约定：承包人发生本项条款约定的违约情形时，发包人应在发出正式解除合同通知 14 天前告知承包人其解除合同意向，承包人应在 14 天内采取补救措施，否则发包人可向承包人发出正式解除合同通知立即解除合同。

16.2 由承包人解除合同

16.2.1 因发包人违约解除合同
双方约定可由承包人解除合同的其他事由：＿＿＿＿＿＿＿。

【条文释义】

合同当事人可以约定除通用合同条件第 16.2.1 项外其他常见的承包人有权通知发包人解除合同的事由。

【使用指引】

双方约定可由承包人解除合同的事由的前提应当是发包人违约导致合同目的无法实现，赋予承包人合同解除权的目的是避免扩大损失。虽然合同是当事人协商一致的产物，但合同、有效的合同应当尽可能使之存续，直至当事人履行完毕。如果解除合同事由约定过于宽泛，无形中将大大增加合同解除的概率，与"促进交易"这一合同立法的核心价值相悖，也增加了当事人双方履约风险。

双方当事人应当明确约定是否先行告知发包人解除合同意向给予发包人纠正违约行为的补救期限以及具体补救期限，也应当明确约定工期延误以及造成额外费用的解决办法。建议约定：发包人发生本项条款约定的违约情形时，承包人应在发出正式解除合同通知14天前告知发包人其解除合同意向，发包人如在14天内采取补救措施，承包人应尽快安排恢复施工，否则承包人可向发包人发出正式解除合同通知立即解除合同。因此造成工期延误的，承包人恢复施工后竣工日期应当顺延；因此产生的额外费用，发包人应当承担。

第 17 条　不可抗力

17.1　不可抗力的定义

除通用合同条件约定的不可抗力事件之外，视为不可抗力的其他情形：_____。

【条文释义】

结合通用合同条件第17.1款的约定："不可抗力的定义，不可抗力是指合同当事人在订立合同时不可预见，在合同履行过程中不可避免、不能克服且不能提前防备的自然灾害和社会性突发事件，如地震、海啸、瘟疫、骚乱、戒严、暴动、战争和专用合同条件中约定的其他情形。"本项的约定主要是对通用合同条件第17.1款的补充性约定，即双方当事人对构成不可抗力的其他情形进行列举式的约定。

【使用指引】

当事人在专用合同条件约定不可抗力的情形时，应注意：

1. 如果合同条款约定的不可抗力范围如小于法定范围不可抗力事件，当发生法定范围的不可抗力事件时，当事人仍可直接适用法律规定。进行本项专门约定时，应注意如合同条款约定不可抗力范围大于法定范围，超出部分应视为另外成立了免责条款，但是这种免责条款必须有效，不能违反法律的强制性规定。如订立的不可抗力条款使农民工等弱者群体权益受损，则该不可抗力条款就可能会被认定无效。

2. 进行本项专门约定时，应注意不可抗力作为免责条款具有强制性，当事人不得约定将不可抗力排除在免责事由之外，即不得在专用合同条件中将法定的不可抗力排除在外。如果能尽可能详细地具体罗列属于不可抗力的事件，在合同中对不可抗力的范围和界定进行明确，会减少实践中对不可抗力认定的困难，减少对合同效率产生影响的风险。

17.6　因不可抗力解除合同

合同解除后，发包人应当在商定或确定发包人应支付款项后的_____天内完成款项的支付。

【条文释义】

结合通用合同条件第 17.6 款的约定："因不可抗力解除合同，因单次不可抗力导致合同无法履行连续超过 84 天或累计超过 140 天的，发包人和承包人均有权解除合同。合同解除后，承包人应按照第 10.5 款［竣工退场］的规定进行。由双方当事人按照第 3.6 款［商定或确定］商定或确定发包人应支付的款项，该款项包括：（1）合同解除前承包人已完成工作的价款；（2）承包人为工程订购的并已交付给承包人，或承包人有责任接受交付的材料、工程设备和其他物品的价款；当发包人支付上述费用后，此项材料、工程设备与其他物品应成为发包人的财产，承包人应将其交由发包人处理；（3）发包人指示承包人退货或解除订货合同而产生的费用，或因不能退货或解除合同而产生的损失；（4）承包人撤离施工现场以及遣散承包人人员的费用；（5）按照合同约定在合同解除前应支付给承包人的其他款项；（6）扣减承包人按照合同约定应向发包人支付的款项；（7）双方商定或确定的其他款项。除专用合同条件另有约定外，合同解除后，发包人应当在商定或确定上述款项后 28 天内完成上述款项的支付。"本项的约定主要是对通用合同条件第 17.6 款的排除性约定，即双方如果在本条款约定合同解除后，发包人应当在商定或确定相应款项后某特定时间内完成相应款项的支付，通用合同条件中支付时间为 28 天的约定将不再适用。

【使用指引】

进行本项专门约定时，尤其是承包人应当注意，对于发包人支付款项的时间，不宜约定太长。如果约定太长，不仅会导致承包人利息损失，还会增加发包人支付款项的风险。双方对解除合同或解除合同后的结算有争议的，按照第 20 条［争议解决］的约定处理。

第 18 条　保险

18.1　设计和工程保险

18.1.1　双方当事人关于设计和工程保险的特别约定：＿＿＿＿＿＿＿＿＿＿＿＿

＿＿＿＿＿＿＿＿＿＿＿＿＿＿＿＿＿＿＿＿。

【条文释义】

通用合同条件第 18.1.1 项约定双方应"按照专用合同条件的约定"投保建设工程设计责任险、建筑安装工程一切险等保险，具体的投保险种、保险范围、保险金额、保险费率、保险期限等有关内容应当在"专用合同条件中"明确约定。本专用合同条件供合同当事人对通用合同条件第 18.1.1 项中约定的"关于设计和工程保险"（即建设工程设计责任险、建筑安装工程一切险等保险）作出特别约定。

【使用指引】

发包人和承包人在签订合同时应当在本专用合同条件中对建设工程设计责任险、建筑安装工程一切险等保险的投保事宜作出明确、详细约定，具体包括投保人（即由谁来投保并承担保险费用）、投保险种、保险范围、保险金额、保险费率、保险期限等有关保险合同条款的内容。发包人与承包人在投保建筑安装工程一切险时，应注意与工程工期的衔接问题。双方约定的保险期限应长于工程工期，兼顾采用预留延长保险期限的方式。

另外，通用合同条件第18.1.1项中约定双方应按专用合同条件的约定向"双方同意的保险人"投保相关保险，则双方还应当对"双方同意的保险人"作出明确约定，以避免在合同签订后对此产生不必要的争议。在具体约定时，可以明确具体的一家或几家保险公司为"双方同意的保险人"，也可以约定"双方同意的保险人"所应具备的条件，双方向具备该条件的保险公司进行投保即可。

18.1.2 双方当事人关于第三方责任险的特别约定：＿＿＿＿＿＿＿＿＿＿＿＿＿＿
＿＿＿＿＿＿＿＿＿＿＿＿＿＿＿＿＿＿。

【条文释义】

通用合同条件第18.1.2项约定双方应"按照专用合同条件的约定"投保第三者责任险，第三者责任险最低投保额应"在专用合同条件内约定"。本专用合同条件供合同当事人对"第三者责任险"作出特别约定。

【使用指引】

通用合同条件第18.1.2项中约定双方应按专用合同条件约定的条件投保第三者责任险，同时第三者责任险最低投保额也应在专用合同条件内约定，发包人与承包人应当在本专用合同条件中对此保险的投保条件和保险条款作出更为详细的约定，具体包括投保人（由谁来投保并承担保险费用）、投保险种、保险范围、保险金额（最低投保额）、保险费率、保险期限等有关保险条款的内容。

由于通用合同条件第18.1.2项中约定第三者责任险应在缺陷责任期终止证书颁发维持其持续有效，为了保证第三者责任险的持续有效，发包人与承包人在投保第三者责任险与保险人约定第三者责任险的保险期限时，应注意与工程缺陷责任期之间的衔接问题。

18.2 工伤和意外伤害保险

18.2.3 关于工伤保险和意外伤害保险的特别约定：＿＿＿＿＿＿＿＿＿＿＿＿＿＿
＿＿＿＿＿＿＿＿＿＿＿＿＿＿＿＿＿。

【条文释义】

通用合同条件第18.2.1项和第18.2.2项中约定了"工伤保险"的办理，其中并未约定需要合同当事人在专用合同条件中作出另行约定或特别约定的条款内容。通用合同条件第18.2.3项中约定了"意外伤害保险"的办理，其中约定办理意外伤害保险的具体事项由合同当事人"在专用合同条件约定"。本专用合同条件虽然是针对通用合同条件第

18.2.3 项所设置，但其中的内容不仅包括意外伤害保险，也包括工伤保险。本专用合同条件供合同当事人对"工伤保险和意外伤害保险"作出特别约定。

【使用指引】

因工伤保险的办理具有法定性、强制性，故通用合同条件第 18.2.1 项、第 18.2.2 项中并未约定需要合同当事人在专用合同条件中作出约定的内容，如果合同当事人对工伤保险的办理有特别约定的，可以在本专用合同条件中作出约定。

就意外伤害保险的办理，如合同当事人需要对办理意外伤害保险的具体事项作出特别约定的，可以在本专用合同条件中作出具体、详细的约定，包括保险范围、保险金额、保险费率、保险期限等有关保险条款的内容。需要注意的是，通用合同条件第 18.2.3 项中系约定发包人和承包人"可以"（而非"必须"）为其施工现场的全部人员办理意外伤害保险，但根据《建设工程安全生产管理条例》第三十八条的规定，施工单位应当为施工现场从事危险作业的人员办理意外伤害保险，承包人应当按照该规定依法为其施工现场从事危险作业的人员投保意外伤害保险。

18.3　货物保险

关于承包人应为其施工设备、材料、工程设备和临时工程等办理财产保险的特别约定：_____。

【条文释义】

通用合同条件第 18.3 款约定了"货物保险"，其中约定承包人应"按照专用合同条件的约定"为运抵现场的施工设备、材料、工程设备和临时工程等办理财产保险。本专用合同条件供合同当事人对"承包人应为其施工设备、材料、工程设备和临时工程等办理的财产保险"作出特别约定。

【使用指引】

本专用合同条件系供合同当事人对"承包人应为其施工设备、材料、工程设备和临时工程等办理的财产保险"作出特别约定，如合同当事人需要对承包人应办理的货物保险的具体事项作出特别约定，可以在本专用合同条件中作出具体、详细的约定，包括投保险种、保险范围、保险金额、保险费率、保险期限等有关保险条款的内容。

在此过程中需要特别注意的是货物保险的保险期限问题，通用合同条件第 18.3 款中约定货物保险的保险期限为自货物运抵现场至其不再为工程所需要为止，首先，通用合同条件中所约定的货物保险的保险期限（至货物不再为工程所需要为止）是一个难以确定的时间节点，它受到工程进展等多方面的影响，发包人和承包人在签订合同时，应当对何为"不再为工程所需要"作出具体、明确的约定。其次，并非所有货物的保险期限均应当"至其不再为工程所需要为止"，如对最终要成为工程组成部分的货物（如施工材料、工程设备等），其保险期限"至其不再为工程所需要为止"并不符合逻辑，因为这部分货物最终要成为工程的组成部分，会一直为工程所需要，对这部分货物的保险期限，可以约定为

"至这部分货物被施工安装于工程之上"并为其他保险（如建筑安装工程一切险）的保险范围所覆盖为止。因此，对承包人需投保的货物保险的保险期限问题，发包人和承包人应当根据不同货物的情形作出不同的合理约定。

18.4 其他保险

关于其他保险的约定：_____。

【条文释义】

通用合同条件第18.4款中约定发包人/承包人应按照工程总承包模式所适用的法律法规和"专用合同条件约定"，投保其他保险并保持保险有效。本专用合同供合同当事人对其他保险作出约定，发包人和承包人可以在本专用合同条件中对需要投保的其他保险作出具体约定。

【使用指引】

首先，对"工程总承包模式所适用的法律法规"中规定的需要发包人/承包人投保的其他保险，合同当事人也可以在本专用合同条件中作出约定。除"工程总承包模式所适用的法律法规"中规定的其他保险之外，如果发包人和承包人根据具体工程项目的实际情况和需求，需要投保其他相关保险的，发包人和承包人可在本专用合同条件中作出约定。如对有较大环境危害风险的项目，可以考虑投保环境污染责任保险。

如果发包人或承包人需要投保第18.1款至第18.3款所约定保险之外的其他保险，应当在本专用合同条件中对其他保险的投保人（及投保费用的承担）、投保险种、保险范围、保险金额、保险费率、保险期限等有关保险条款的内容作出约定。

18.5 对各项保险的一般要求

18.5.2 保险凭证

保险单的条件：_____。

【条文释义】

通用合同条件第18.5.2项［保险凭证］中约定了合同当事人提交其已投保的各项保险的凭证和保险单复印件的义务，并约定保险单必须与"专用合同条件约定的条件"保持一致。本专用合同条件供合同当事人对保险单所应满足或具备的条件作出约定。

【使用指引】

首先，通用合同条件第18.5.2项中仅约定了合同当事人负有及时向另一方当事人提交保险凭证的义务，但是关于该义务的履行时间、履行方式等未作规定，合同当事人在签订合同时可以在专用合同条件中对此作出具体约定。如通用合同条件第18.5.2项中约定合同当事人应"及时"向另一方当事人提交保险凭证，但并未明确约定何为"及时"，对投保人向另一方提交保险凭证的时间，可以约定为投保人应在取得保险凭证后的合理时间（如 5 日、7 日等）内向对方提交，同时，为了避免投保人延迟履行投保义务，还应当对投保人向另一方提交保险凭证的绝对时间（即不得晚于一个特定时间）作出约定。

其次，通用合同条件第 18.5.2 项中约定"保险单必须与专用合同条件约定的条件保持一致"，如合同当事人需要对相关保险的保险单所应满足或具备的条件作出约定的，可以在本专用合同条件中作出约定。另外，需要注意的是，如果合同第 18.1 款至第 18.4 款（包括通用合同条件、专用合同条件）中已经对相应保险所应具备的条件（包括保险范围、保险金额、保险费率、保险期限等）作出约定，则投保人还应当按照该等约定投保相应保险并取得符合该等约定的保险单。

18.5.4　通知义务

关于变更保险合同时的通知义务的约定：＿＿＿＿＿＿＿＿。

【条文释义】

通用合同条件第 18.5.4 项中约定了发包人和承包人在保险方面的通知义务，其中约定了两项通知义务：（1）本项第 1 段中约定"除专用合同条件另有约定外"，任何一方当事人变更除工伤保险之外的保险合同时，应事先征得另一方当事人同意，并通知工程师。（2）本项第 2 段中约定保险事故发生后投保人通知保险人的义务，以及发包人和承包人在知道保险事故发生后及时通知对方的义务。本专用合同条件供合同当事人对"变更保险合同时的通知义务"作出约定。

【使用指引】

通用合同条件第 18.5.4 项第 1 段中约定除专用合同条件另有约定外，变更除工伤保险之外的保险合同时应征得对方当事人的同意，并通知工程师。合同当事人可以在本专用合同条件中对当事人变更保险合同时是否需要事先通知对方并征得对方同意作出约定。如约定需要事先通知对方并征得对方同意的，还应当对通知的期限、方式及对方接到通知后回复是否同意的期限以及逾期未予回复时如何处理（是视为同意，还是视为拒绝）等事项作出约定，以增强本项约定的可操作性。同时，为使得非投保方了解变更后的保险合同情况，投保方在征得对方同意后变更保险合同的，应当及时将变更后的保险合同提交给非投保方，双方还可在本专用合同条件中对投保方将变更后的保险合同提交给非投保方所涉及的相关事宜（包括提交期限等）作出约定。合同当事人还可以在本专用合同条件中对当事人未履行本项约定的通知义务时所应当承担的违约责任作出明确约定。

第 20 条　争议解决

20.3　争议评审

合同当事人是否同意将工程争议提交争议评审小组决定：＿＿＿＿＿＿＿＿

_____。

20.3.1　争议评审小组的确定

争议评审小组成员的人数：_____。

争议评审小组成员的确定：_____。

选定争议避免/评审组的期限：_____。

评审机构：_____。

其他事项的约定：_____。

争议评审员报酬的承担人：_____。

20.3.2　争议的避免

发包人和承包人是否均出席争议避免的非正式讨论：_____

_____。

20.3.3　争议评审小组的决定

关于争议评审小组的决定的特别约定：_____。

【条文释义】

争议评审专用合同条件应就争议评审的相关要素进行明确规定，本款第20.3.1〔争议评审小组的确定〕应填写包括但不限于下列内容：（1）争议评审小组成员的人数；（2）争议评审小组成员的选定方式及相关资质；（3）选定争议避免/评审组的期限；（4）评审机构；（5）其他事项的约定，如评审规则及其适用、评审范围、评审意见的效力、评审小组成员与当事人的权利与义务、评审期限、评审小组成员的报酬等。第20.3.2〔争议的避免〕应确认发包人和承包人是否出席。第20.3.3〔争议评审小组的决定〕中当事人可对争议评审小组的决定效力、执行、变更等事项进行特别约定。

【使用指引】

1. 约定争议评审条款时，当事人应在合同中明确评审机构，当实际发生纠纷时，尽快寻求评审机构的帮助，以减少双方谈判的工作量。

2. 明确评审机构有助于在合同中参考适用该评审机构的评审规则，以减少相应的文件起草量，避免缺项漏项。

3. 机构评审规则仅为提供给当事人选择适用的流程文件，当事人可参照或选择适用，并不具有强制性，当事人对于争议评审事项另有约定的，从其约定。

4. 评审小组成员确定后，全体当事人应分别与每一位评审员签订协议，对必要的事项作出约定。协议生效后，评审组正式成立。

5. 当事人约定的争议评审条款可作为工程总承包合同的一部分，也可以单独作为补充协议。争议评审条款中若有未尽事宜的，当事人可遵循意思自治原则另行约定。

20.4　仲裁或诉讼

因合同及合同有关事项发生的争议，按下列第____种方式解决：

（1）向_____仲裁委员会申请仲裁；

（2）向_____人民法院起诉。

【条文释义】

　　工程总承包合同既具有建设工程合同纠纷的可仲裁性，同时又具有合同纠纷的协议管辖属性。本款为引导当事人选择争议解决方式的约定条款，属于合同的重要组成部分。在合同签订时，合同双方应对本款待填写部分给予充分关注，若当事人选择对纠纷的主管及管辖问题进行约定，应依照通用合同条件第 20.4［仲裁或诉讼］中［使用指引］部分准确填写所约定的仲裁机构或管辖法院名称。若当事人选择不约定争议解决方式，在发生争议时直接适用法律规定，应尽量书面清晰表述。

【使用指引】

　　若当事人确定采用协议管辖的方式解决纠纷，则双方在填写此专用合同条件时，应注意：

　　1. 确认争议事项是否属于专属管辖、专门法院管辖，若不属于，则应避免在条款中约定由与案件无实际管辖的人民法院管辖，忽略以上事项可能导致双方约定因违反法律规定而无效。

　　2. 避免在条款中约定"由守约方、原/被告/合同签订地"等地人民法院管辖，以上均具有不确定性。

　　3. 避免出现或裁或诉类约定，尽量使用"应当"等较为明确的表述方式，以减少被认定无效的可能性。

　　4. 若一方当事人放弃选择争议解决方式的权利，应删除此条或明示放弃，否则合同相对方在签字确认后单方填写本款内容后，双方当事人基于签字（盖章）的行为将视为对合同全部内容的认可，均需对整个合同负责。

专用合同条件附件

附件1 《发包人要求》

　　《发包人要求》应尽可能清晰准确，对于可以进行定量评估的工作，《发包人要求》不仅应明确规定其产能、功能、用途、质量、环境、安全，并且要规定偏离的范围和计算方法，以及检验、试验、试运行的具体要求。对于承包人负责提供的有关设备和服务，对发包人人员进行培训和提供一些消耗品等，在《发包人要求》中应一并明确规定。

　　《发包人要求》通常包括但不限于以下内容：

一、功能要求

（一）工程目的。

（二）工程规模。

（三）性能保证指标（性能保证表）。

（四）产能保证指标。

二、工程范围

（一）概述

（二）包括的工作

1. 永久工程的设计、采购、施工范围。

2. 临时工程的设计与施工范围。

3. 竣工验收工作范围。

4. 技术服务工作范围。

5. 培训工作范围。

6. 保修工作范围。

（三）工作界区

（四）发包人提供的现场条件

1. 施工用电。

2. 施工用水。

3. 施工排水。

4. 施工道路。

（五）发包人提供的技术文件

除另有批准外，承包人的工作需要遵照发包人的下列技术文件：

1. 发包人需求任务书。

2. 发包人已完成的设计文件。

三、工艺安排或要求（如有）

四、时间要求

（一）开始工作时间。

（二）设计完成时间。

（三）进度计划。

（四）竣工时间。

（五）缺陷责任期。

（六）其他时间要求。

五、技术要求

（一）设计阶段和设计任务。

（二）设计标准和规范。

（三）技术标准和要求。

（四）质量标准。

（五）设计、施工和设备监造、试验（如有）。

（六）样品。

（七）发包人提供的其他条件，如发包人或其委托的第三人提供的设计、工艺包、用于试验检验的工器具等，以及据此对承包人提出的予以配套的要求。

六、竣工试验

（一）第一阶段，如对单车试验等的要求，包括试验前准备。

（二）第二阶段，如对联动试车、投料试车等的要求，包括人员、设备、材料、燃料、电力、消耗品、工具等必要条件。

（三）第三阶段，如对性能测试及其他竣工试验的要求，包括产能指标、产品质量标准、运营指标、环保指标等。

七、竣工验收

八、竣工后试验（如有）

九、文件要求

（一）设计文件，及其相关审批、核准、备案要求。

（二）沟通计划。

（三）风险管理计划。

（四）竣工文件和工程的其他记录。

（五）操作和维修手册。

（六）其他承包人文件。

十、工程项目管理规定

（一）质量。

（二）进度，包括里程碑进度计划（如果有）。

（三）支付。

（四）HSE（健康、安全与环境管理体系）。

（五）沟通。

（六）变更。

十一、其他要求

（一）对承包人的主要人员资格要求。

（二）相关审批、核准和备案手续的办理。

（三）对项目业主人员的操作培训。

（四）分包。

（五）设备供应商。

（六）缺陷责任期的服务要求。

【文件释义】

本附件是合同文件的重要组成部分之一，根据本合同通用合同条件 1.1.1.6，《发包人要求》应"列明工程的目的、范围、设计与其他技术标准和要求，以及合同双方当事人约定对其所作的修改或补充"，因此发承包双方应在本附件中对相应的内容进行详细约定，以利于合同履行、避免纠纷争议。

【使用指引】

1. 应注意《发包人要求》与其他文件之间的一致性，特别是与优先顺序更高的文件之间的一致性。本合同通用合同条件 1.5［合同文件的优先顺序］已对合同文件的顺序进行了约定："组成合同的各项文件应互相解释，互为说明。除专用合同条件另有约定外，解释合同文件的优先顺序如下：（1）合同协议书；（2）中标通知书（如果有）；（3）投标函及投标函附录（如果有）；（4）专用合同条件及《发包人要求》等附件；（5）通用合同条件；（6）承包人建议书；（7）价格清单；（8）双方约定的其他合同文件。……"因此，《发包人条件》作为合同文件的一部分应与其他文件，特别是优先顺序更高的文件保持一致，以避免由此产生的纠纷争议。

2. 应根据合同履行过程中的实际情况对《发包人要求》进行修改或由发承包双方达成补充协议。根据本合同通用合同条件 5.2.3 "对于政府有关部门或第三方审查单位的审查意见，不需要修改《发包人要求》的，承包人需按该审查意见修改承包人的设计文件；

需要修改《发包人要求》的，承包人应按第 13.2 款［承包人的合理化建议］的约定执行。上述情形还应适用第 5.1 款［承包人的设计义务］和第 13 条［变更与调整］的有关约定"等条款，发承包双方应根据项目实际情况对《发包人要求》进行修改。

3.《发包人要求》虽从字面意思可能会理解为是发包人对承包人的要求，但实际上承包人也能通过《发包人要求》对发包人进行索赔。本合同通用合同条件 1.12［《发包人要求》和基础资料中的错误］即约定："《发包人要求》或其提供的基础资料中的错误导致承包人增加费用和（或）工期延误的，发包人应承担由此增加的费用和（或）工期延误，并向承包人支付合理利润"，因此承包人可以据此向发包人进行索赔。

4. 应注意区分《发包人要求》和"发包人要求"的区别。在本合同中的《发包人要求》为发承包双方达成合意的协议，因此专门加书名号与一般表述的"发包人要求"相区别。一般表述的"发包人要求"在本合同中也有体现，比如通用合同条件 17.4［不可抗力后果的承担］："……（6）承包人在停工期间按照工程师或发包人要求照管、清理和修复工程的费用由发包人承担。……"，即一般表述的"发包人要求"，应与《发包人要求》相区别。

【风险识别与防范】

1. "发包人要求"过于简洁概括。如果"发包人要求"过于粗略、概括，则意味着双方当事人对于合同目的的理解存在更大的偏差可能，换言之可能导致承包人所建设的工程根本不符合发包人的预期。这种结果是极其严重的，意味着合同的根本目的无法实现，对于发承包人双方而言都是一个重大损失。因此，对"发包人要求"文件的要求必须明确具体，应当达到合同双方当事人对于合同目的有基本一致的认识，且双方当事人对于"发包人要求"文件应当推进交底制度，应当互相对文件条款进行进一步解释，避免理解有误。

2. 建设单位提供的基础资料和前期条件未能准确、详细。根据《2017 版银皮书》第 2.5 款、5.1 款、《2017 版 FIDIC 黄皮书》第 1.9 款和 5.1 款的规定来看，工程总承包模式下，承包人对基础资料的真实性和准确性需要承担不同的责任。这与我国现行的施工总承包市场惯例存在较大的差异。工程项目中，基础资料的真实性和准确性往往对工程实施存在很大影响，因此这要求工程总承包人需要吸收国际工程惯例的先进经验并重视基础资料的风险承担约定对于合同履行的重大影响，合理适当地通过合同约定准确界定双方对于基础资料的负责范围。

3. 未能准确把握工程总承包模式下变更的概念。工程总承包模式下，由于是对设计、采购、施工、试运行等阶段的全面承包，所约定的固定总价范围更大，并且传统五方单位模式中"设计变更的概念在工程总承包模式下也发生了本质变化"。因为设计和施工在面对建设单位时已经不再分家，设计单位是工程总承包单位的内部机构或下属机构，其所发出的设计变更属于其内部行为，其单方法律效力不及外部，因此，单纯地由设计单位发出的设计变更，不再对固定总价范围造成影响，不再成为固定总价合同可鉴定的事由。取而代之的是一个新概念——FIDIC 合同体系中称为"雇主要求"，我国将其翻译为"发包人要求"。《2017 版 FIDIC 银皮书》第 13.1 款约定：在颁发工程接收证书前的任何时间，雇主可通过发布指示或要求承包商提交建议书的方式，提出变更。变更不应包括准备交他人进行的任何工作的删减。可见，在工程总承包模式下，变更权完全基于雇主的要求而产生。

【法条索引】

• **《建筑法》**

第十五条　建筑工程的发包单位与承包单位应当依法订立书面合同，明确双方的权利和义务。

发包单位和承包单位应当全面履行合同约定的义务。不按照合同约定履行义务的，依法承担违约责任。

• **《建设工程质量管理条例》**

第二十一条　设计单位应当根据勘察成果文件进行建设工程设计。

设计文件应当符合国家规定的设计深度要求，注明工程合理使用年限。

第二十二条　设计单位在设计文件中选用的建筑材料、建筑构配件和设备，应当注明规格、型号、性能等技术指标，其质量要求必须符合国家规定的标准。

除有特殊要求的建筑材料、专用设备、工艺生产线等外，设计单位不得指定生产厂、供应商。

第二十八条　施工单位必须按照工程设计图纸和施工技术标准施工，不得擅自修改工程设计，不得偷工减料。

施工单位在施工过程中发现设计文件和图纸有差错的，应当及时提出意见和建议。

附件 2　发包人供应材料设备一览表

序号	材料、设备品种	规格型号	单位	数量	单价(元)	质量等级	供应时间	送达地点	备注

【文件释义】

如果发承包双方合意确定由发包人提供材料和工程设备的，则双方应根据通用合同条件 6.2.1［发包人提供的材料和工程设备］等条款的约定在本附件中就材料和设备的规格型号、计量单位、数量、单价（元）、质量等级、供应时间、送达地点等作出明确约定，并对材料和工程设备须专门指出的特殊或特别要求作出备注。

【使用指引】

1. 除了规格型号、计量单位、数量、单价（元）、质量等级等材料和工程设备本身的情况，发承包双方对于发包人供应材料和工程设备的供应时间和送达地点也应在本附件中作出明确约定，并且可以在专用合同条件中增加如果发包人未能按约履行应当承担的违约责任，以便本附件在合同履行过程中的实际执行。

2. 如果发承包双方依据合同协议书第二条［合同工期］、通用合同条件 8.3［项目实施计划］、8.4［项目进度计划］等条款对合同履行时间节点进行修改或依据合同协议书第三条"质量标准"等条款对工作质量标准进行调整，需同时对本附件进行对应调整，以便本附件相关约定的实际执行，避免相关合同条款与本附件实质性内容不一致所导致的相关争议。

3. 发承包双方在本附件中所约定的材料和工程设备的规格型号、计量单位、数量、单价（元）、质量等级等应符合国家对于安全、质量等方面的相关要求及双方关于项目安全质量的专门约定。

【风险识别与防范】

1. 发包人提供材料和设备的数量或种类与实际设计、施工等阶段的需求不匹配。工程总承包项目较为复杂，在合同实际履行过程中受现实情况变化的影响较大，如果发包人提供材料和设备的数量或种类与实际需求不匹配，无论是多、少或者型号不同等情况，均有可能会引起造价、工期的变化以及相应的纠纷争议。虽然住房和城乡建设部《房屋建筑和市政基础设施项目工程总承包管理办法》第十五条第二款明确规定："建设单位承担的风险主要包括：……（四）因建设单位原因产生的工程费用和工期的变化；……"，但现实情况中，建设单位限于本身的工程管理能力和技术力量较为薄弱，在供应材料或设备时很可能需要由工程总承包单位提供技术支持或进行确认，这就为后续的风险爆发和纠纷争议埋下隐患。因此发承包双方有必要对此进行详细约定。

2. 发包人不能及时供应材料设备以及总包人怠于接收材料设备。现实情况中，部分发包人对建设工程行业、建筑材料和设备市场并不了解，但出于控制工程造价、管控工程质量等目的，利用自身在招标时的强势地位要求由己方提供材料和设备，最终在合同履约过程特别是施工过程中却出现了不能及时按质按量提供材料和设备的情况；而总包人由于发包人提供材料和设备可能影响到自身获取利润，则可能会出现怠于接收材料设备的情况。前述情况都可能会影响到项目的工期和造价，因此如果发包人决定自行提供材料设备，应考虑到后续能否及时按质按量提供及达不到要求后应如何处理，并详细约定承包人怠于接收材料设备的违约责任。

3. 由发包人提供材料设备引发的质量安全纠纷或保修问题。如果未由发包人提供材料设备，在发生与材料设备相关的安全质量纠纷或保修问题时，总包人将不能以"甲供材料设备出现问题"作为理由要求发包人承担责任或支付费用。但是一旦工程项目中存在发包人提供材料设备的情况，总包人提出"甲供材料设备出现问题"作为理由的可能性将大大增加，而此后的责任认定和随之而来的诉争和鉴定会消耗发承包双方的相当精力。因此，建议如果发包人的专业力量不能对工程总承包项目进行有效管控，可以通过工程管理单位或者全过程工程咨询单位控制提供材料设备过程当中的风险。

【法条索引】

• **《建筑法》**

第二十五条　按照合同约定，建筑材料、建筑构配件和设备由工程承包单位采购的，发包单位不得指定承包单位购入用于工程的建筑材料、建筑构配件和设备或者指定生产厂、供应商。

第五十七条　建筑设计单位对设计文件选用的建筑材料、建筑构配件和设备，不得指定生产厂、供应商。

• **《建设工程质量管理条例》**

第二十二条　设计单位在设计文件中选用的建筑材料、建筑构配件和设备，应当注明规格、型号、性能等技术指标，其质量要求必须符合国家规定的标准。

除有特殊要求的建筑材料、专用设备、工艺生产线等外，设计单位不得指定生产厂、供应商。

• **《房屋建筑和市政基础设施项目工程总承包管理办法》**

第二十三条　建设单位不得对工程总承包单位提出不符合建设工程安全生产法律、法规和强制性标准规定的要求，不得明示或者暗示工程总承包单位购买、租赁、使用不符合安全施工要求的安全防护用具、机械设备、施工机具及配件、消防设施和器材。

工程总承包单位对承包范围内工程的安全生产负总责。分包单位应当服从工程总承包单位的安全生产管理，分包单位不服从管理导致生产安全事故的，由分包单位承担主要责任，分包不免除工程总承包单位的安全责任。

附件 3 工程质量保修书

发包人（全称）：_____

承包人（全称）：_____

发包人和承包人根据《中华人民共和国建筑法》和《建设工程质量管理条例》，经协商一致就_____（工程全称）订立工程质量保修书。

一、工程质量保修范围和内容

承包人在质量保修期内，按照有关法律规定和合同约定，承担工程质量保修责任。

质量保修范围包括地基基础工程、主体结构工程，屋面防水工程、有防水要求的卫生间、房间和外墙面的防渗漏，供热与供冷系统，电气管线、给排水管道、设备安装和装修工程，以及双方约定的其他项目。具体保修的内容，双方约定如下：_____。

二、质量保修期

根据《建设工程质量管理条例》及有关规定，工程的质量保修期如下：

1. 地基基础工程和主体结构工程为设计文件规定的工程合理使用年限；

2. 屋面防水工程、有防水要求的卫生间、房间和外墙面的防渗为____年；

3. 装修工程为_____年；

4. 电气管线、给排水管道、设备安装工程为_____年；

5. 供热与供冷系统为_____个采暖期、供冷期；

6. 住宅小区内的给排水设施、道路等配套工程为_____年；

7. 其他项目保修期限约定如下：_____。

质量保修期自工程竣工验收合格之日起计算。

三、缺陷责任期

工程缺陷责任期为_____个月，缺陷责任期自工程通过竣工验收之日起计算。单位/区段工程先于全部工程进行验收，单位/区段工程缺陷责任期自单位/区段工程验收合格之日起算。

缺陷责任期终止后，发包人应返还剩余的质量保证金。

四、质量保修责任

1. 属于保修范围、内容的项目，承包人应当在接到保修通知之日起 7 天内派人保修。承包人不在约定期限内派人保修的，发包人可以委托他人修理。

2. 发生紧急事故需抢修的，承包人在接到事故通知后，应当立即到达事故现场抢修。

3. 对于涉及结构安全的质量问题，应当按照《建设工程质量管理条例》的规定，立即向当地建设行政主管部门和有关部门报告，采取安全防范措施，并由承包人提出保修方案，承包人将设计业务分包的，应由原设计分包人或具有相应资质等级的设计人提出保修方案，承包人实施保修。

4. 质量保修完成后，由发包人组织验收。

五、保修费用

保修费用由造成质量缺陷的责任方承担。

六、双方约定的其他工程质量保修事项：_____。

工程质量保修书由发包人、承包人在工程竣工验收前共同签署，作为工程总承包合同附件，其有效期限至保修期满。

发包人（公章）：	承包人（公章）：
地　　址：	地　　址：
法定代表人（签字）：	法定代表人（签字）：
委托代理人（签字）：	委托代理人（签字）：
电　　话：	电　　话：
传　　真：	传　　真：
开户银行：	开户银行：
账　　号：	账　　号：
邮政编码：	邮政编码：

【文件释义】

承包人完成合同约定工作、经竣工验收合格并将工程移交发包人后，根据《建筑法》《建设工程质量管理条例》等法律法规的规定，承包人还必须承担工程的质量缺陷修复义务和保修义务，本附件即是对承包人保修阶段义务所进行的约定。

【使用指引】

1. 合同当事人应在本附件具体约定工程或分部分项工程的保修期，保修期不应低于法定最低保修年限，如果没有约定，则适用法律法规的相关规定。

2. 发承包双方应当在本附件约定具体的缺陷责任期，根据工程项目的具体情况约定具体的缺陷责任期限。缺陷责任期满后，发包人应及时确认是否存在未完成的缺陷责任事项以及就该未完事项与承包人约定后续维修责任及费用承担问题。

【风险识别与防范】

1. 总包人怠于承担保修责任的情况。如果工程总承包项目在保修期内发生质量问题，总包人尽快进行维修是保证工程尽快正常使用、减少发包人或运营使用方经济损失的必要措施之一。但是，在现实情况中承包人怠于承担保修责任的情况却屡屡发生，造成争议纠纷的情况也并不鲜见。因此，可以在本附件或者对应的专用合同条件中再行专门约定总包人履行保修责任的相应时间，并明确怠于保修需要承担的责任。根据现行法律法规，考虑到我国的工程行业资质管理现状，住房和城乡建设部《房屋建筑和市政基础设施项目工程总承包管理办法》第十条规定："工程总承包单位应当同时具有与工程规模相适应的工程设计资质和施工资质，或者由具有相应资质的设计单位和施工单位组成联合体。工程总承包单位应当具有相应的项目管理体系和项目管理能力、财务和风险承担能力，以及与发包工程相类似的设计、施工或者工程总承包业绩。"允许以联合体的形式承揽工程总承包项目，而在工程保修的过程中由于还可能存在内部协调的问题，履行责任的响应期相比较单个同时具备资质的单位更长，这在洽商条款、签订合同前应予以充分考虑。

2. 发包人供应材料设备或者指定分包商原因导致质量问题的情况。相较于所有材料设备采购及工程项目分包商均由总包人负责的情况，发包人供应材料设备或者指定分包商原因导致质量问题后的保修问题则更为复杂，虽然本附件已经原则性地在第五条约定："保修费用由造成质量缺陷的责任方承担"，但如何确定责任方本身即是难题，该观点在专用合同条件附件 2〔发包人供应材料设备一览表〕项下的【风险识别与防范】第 3 点中已经进行了阐明。如果发包人出于各种因素的考虑由己方采供材料设备或者指定分包商，则发承包双方应在保修费用的承担界面方面做出更详细的约定以便执行。

【法条索引】

•《民法典》

第八百零一条　因施工人的原因致使建设工程质量不符合约定的，发包人有权请求施工人在合理期限内无偿修理或者返工、改建。经过修理或者返工、改建后，造成逾期交付的，施工人应当承担违约责任。

•《建筑法》

第六十一条　交付竣工验收的建筑工程，必须符合规定的建筑工程质量标准，有完整的工程技术经济资料和经签署的工程保修书，并具备国家规定的其他竣工条件。

建筑工程竣工经验收合格后，方可交付使用；未经验收或者验收不合格的，不得交付使用。

第六十二条　建筑工程实行质量保修制度。

建筑工程的保修范围应当包括地基基础工程、主体结构工程、屋面防水工程和其他土建工程，以及电气管线、上下水管线的安装工程，供热、供冷系统工程等项目；保修的期限应当按照保证建筑物合理寿命年限内正常使用，维护使用者合法权益的原则确定。具体的保修范围和最低保修期限由国务院规定。

• 《建设工程质量管理条例》

第三十九条　建设工程实行质量保修制度。

建设工程承包单位在向建设单位提交工程竣工验收报告时，应当向建设单位出具质量保修书。质量保修书中应当明确建设工程的保修范围、保修期限和保修责任等。

第四十条　在正常使用条件下，建设工程的最低保修期限为：

（一）基础设施工程、房屋建筑的地基基础工程和主体结构工程，为设计文件规定的该工程的合理使用年限；

（二）屋面防水工程、有防水要求的卫生间、房间和外墙面的防渗漏，为5年；

（三）供热与供冷系统，为2个采暖期、供冷期；

（四）电气管线、给排水管道、设备安装和装修工程，为2年。

其他项目的保修期限由发包方与承包方约定。

建设工程的保修期，自竣工验收合格之日起计算。

第四十一条　建设工程在保修范围和保修期限内发生质量问题的，施工单位应当履行保修义务，并对造成的损失承担赔偿责任。

• 《最高人民法院关于审理建设工程施工合同纠纷案件适用法律问题的解释（一）》（法释〔2020〕25号）

第十七条　有下列情形之一，承包人请求发包人返还工程质量保证金的，人民法院应予支持：

（一）当事人约定的工程质量保证金返还期限届满；

（二）当事人未约定工程质量保证金返还期限的，自建设工程通过竣工验收之日起满二年；

（三）因发包人原因建设工程未按约定期限进行竣工验收的，自承包人提交工程竣工验收报告九十日后当事人约定的工程质量保证金返还期限届满；当事人未约定工程质量保证金返还期限的，自承包人提交工程竣工验收报告九十日后起满二年。

发包人返还工程质量保证金后，不影响承包人根据合同约定或者法律规定履行工程保修义务。

第十八条　因保修人未及时履行保修义务，导致建筑物毁损或者造成人身损害、财产损失的，保修人应当承担赔偿责任。

保修人与建筑物所有人或者发包人对建筑物毁损均有过错的，各自承担相应的责任。

附件 4　主要建设工程文件目录

文件名称	套数	费用(元)	质量	移交时间	责任人

【文件释义】

根据本合同通用合同条件 2.3［提供基础资料］、5.2［承包人文件审查］、5.4［竣工文件］等条款，主要建设工程文件包括了发包人向承包人提供的基础资料、承包人向发包人提供的图纸等文件。主要建设工程文件是衡量发承包双方履行义务的标准之一，其质量决定工程的质量和安全，影响合同目的能否实现。因此，在专用合同条件的附件中专门列入了"主要建设工程文件目录"，以此督促发承包双方及时提交符合工程项目要求的文件。

【使用指引】

1. 根据本合同通用合同条件 2.3［提供基础资料］："发包人应按专用合同条件和《发包人要求》中的约定向承包人提供施工现场及工程实施所必需的毗邻区域内的供水、排水、供电、供气、供热、通信、广播电视等地上、地下管线和设施资料，气象和水文观测资料，地质勘察资料，相邻建筑物、构筑物和地下工程等有关基础资料"，且前述基础资料直接关系到后续承包人设计、施工等主要合同义务的履行，因此应当列入该附件中。

2. 传统的施工总承包模式中发包人承担向承包人提供施工图纸的义务，但在工程总承包模式中由于承包人承担了设计、施工等多阶段的工作，因此是由承包人向发包人提供包括施工图纸在内的设计阶段工作成果并由发包人进行审查，对此发承包双方应予注意。

3. 承包人完成竣工资料的整理，即承包人已按建设工程文件归档整理的要求及合同约定备齐了竣工资料是工程项目通过竣工验收的必需条件之一，对此类文件应在本附件中进行详细列明。参考《2017 版施工合同示范文本》13.1［分部分项工程验收］："分部分项工程的验收资料应当作为竣工资料的组成部分"，发承包双方可专门在本附件中约定分部分项工程的验收资料属于竣工资料的一部分并列入主要建设工程文件。

【风险识别与防范】

1. 主要建设工程文件签字的情况。在本附件表格中已有"质量"一栏供发承包双方约定填写，但仍应注意对主要建设工程文件的签字情况进行约定并检查。《建设工程质量管理条例》第十九条第二款规定："注册建筑师、注册结构工程师等注册执业人员应当在设计文件上签字，对设计文件负责。"第二十九条规定："施工单位必须按照工程设计要求、施工技术标准和合同约定，对建筑材料、建筑构配件、设备和商品混凝土进行检验，检验应当有书面记录和专人签字；未经检验或者检验不合格的，不得使用。"第三十七条第二款规定："未经监理工程师签字，建筑材料、建筑构配件和设备不得在工程上使用或者安装，施工单位不得进行下一道工序的施工。未经总监理工程师签字，建设单位不拨付工程款，不进行竣工验收。"发承包双方，特别是发包人在接收相关文件时应注意进行检查。

2. 提供主要建设工程文件并不表示代为完成相关工程手续的申报办理。工程总承包项目中，总包人的工作范围涵盖了设计、施工等各阶段，发包人可能会要求其不仅提供主要建设工程文件，还要求代为申报办理行政许可相关事项，这其中有很大一部分是法律法规明确规定应由建设单位，一般情况下也就是发包人办理的。以施工许可为例，《建筑法》

第七条第一款规定："建筑工程开工前，建设单位应当按照国家有关规定向工程所在地县级以上人民政府建设行政主管部门申请领取施工许可证；但是，国务院建设行政主管部门确定的限额以下的小型工程除外。"又以竣工验收备案为例，住房和城乡建设部《房屋建筑和市政基础设施工程竣工验收规定》第九条规定："建设单位应当自工程竣工验收合格之日起15日内，依照《房屋建筑和市政基础设施工程竣工验收备案管理办法》（住房和城乡建设部令第2号）的规定，向工程所在地的县级以上地方人民政府建设主管部门备案。"因此，一般在合同没有专门约定的情况下，总包人仅需向发包人移交法定和约定的主要建设工程文件即可，而无需为发包人代办后续的相关手续。如果发包人有此类需求，发承包双方则应在本附件及相应合同条款中依法作出专门约定。

【法条索引】

•《建筑法》

第六十一条　交付竣工验收的建筑工程，必须符合规定的建筑工程质量标准，有完整的工程技术经济资料和经签署的工程保修书，并具备国家规定的其他竣工条件。

建筑工程竣工经验收合格后，方可交付使用；未经验收或者验收不合格的，不得交付使用。

•《建设工程质量管理条例》

第九条　建设单位必须向有关的勘察、设计、施工、工程监理等单位提供与建设工程有关的原始资料。

原始资料必须真实、准确、齐全。

第十六条　建设单位收到建设工程竣工报告后，应当组织设计、施工、工程监理等有关单位进行竣工验收。

建设工程竣工验收应当具备下列条件：

（一）完成建设工程设计和合同约定的各项内容；

（二）有完整的技术档案和施工管理资料；

（三）有工程使用的主要建筑材料、建筑构配件和设备的进场试验报告；

（四）有勘察、设计、施工、工程监理等单位分别签署的质量合格文件；

（五）有施工单位签署的工程保修书。

建设工程经验收合格的，方可交付使用。

第二十一条　设计单位应当根据勘察成果文件进行建设工程设计。

设计文件应当符合国家规定的设计深度要求，注明工程合理使用年限。

•《建设工程勘察设计管理条例》

第二十六条　编制建设工程勘察文件，应当真实、准确，满足建设工程规划、选址、设计、岩土治理和施工的需要。

编制方案设计文件，应当满足编制初步设计文件和控制概算的需要。

编制初步设计文件，应当满足编制施工招标文件、主要设备材料订货和编制施工图设计文件的需要。

编制施工图设计文件，应当满足设备材料采购、非标准设备制作和施工的需要，并注明建设工程合理使用年限。

• **《房屋建筑和市政基础设施工程竣工验收规定》**

第五条　工程符合下列要求方可进行竣工验收：

（一）完成工程设计和合同约定的各项内容。

（二）施工单位在工程完工后对工程质量进行了检查，确认工程质量符合有关法律、法规和工程建设强制性标准，符合设计文件及合同要求，并提出工程竣工报告。工程竣工报告应经项目经理和施工单位有关负责人审核签字。

（三）对于委托监理的工程项目，监理单位对工程进行了质量评估，具有完整的监理资料，并提出工程质量评估报告。工程质量评估报告应经总监理工程师和监理单位有关负责人审核签字。

（四）勘察、设计单位对勘察、设计文件及施工过程中由设计单位签署的设计变更通知书进行了检查，并提出质量检查报告。质量检查报告应经该项目勘察、设计负责人和勘察、设计单位有关负责人审核签字。

（五）有完整的技术档案和施工管理资料。

（六）有工程使用的主要建筑材料、建筑构配件和设备的进场试验报告，以及工程质量检测和功能性试验资料。

（七）建设单位已按合同约定支付工程款。

（八）有施工单位签署的工程质量保修书。

（九）对于住宅工程，进行分户验收并验收合格，建设单位按户出具《住宅工程质量分户验收表》。

（十）建设主管部门及工程质量监督机构责令整改的问题全部整改完毕。

（十一）法律、法规规定的其他条件。

附件 5   承包人主要管理人员表

名　　称	姓名	职务	职称	主要资历、经验及承担过的项目
一、总部人员				
项目主管				
其他人员				
二、现场人员				
工程总承包项目经理				
项目副经理				
设计负责人				
采购负责人				
施工负责人				
技术负责人				
造价管理				
质量管理				
计划管理				
安全管理				
环境管理				
其他人员				

【文件释义】

本附件对承包人主要管理人员的姓名、职务、职称、主要资历、经验及承担过的项目进行了详细的约定，承包人主要管理人员包括了总部人员（项目主管、其他人员）和现场人员（工程总承包项目经理、项目副经理、设计负责人、采购负责人、施工负责人、技术负责人、造价管理、质量管理、计划管理、安全管理、环境管理、其他人员）。

【使用指引】

1. 应结合通用合同条件 4.3［工程总承包项目经理］、4.4［承包人人员］及对应专用合同条件对本附件进行填写。发承包双方应注意 4.4.1［人员安排］对关键人员的约定："关键人员是发包人及承包人一致认为对工程建设起重要作用的承包人主要管理人员或技术人员。关键人员的具体范围由发包人及承包人在附件 5［承包人主要管理人员表］中另行约定。"在本附件中明确约定关键人员相关详细信息。

2. 承包人主要管理人员应满足国家对其资质、资格等方面的强制要求。以工程总承包项目经理为例，《房屋建筑和市政基础设施项目工程总承包管理办法》即有须满足"取得相应工程建设类注册执业资格，包括注册建筑师、勘察设计注册工程师、注册建造师或者注册监理工程师等；未实施注册执业资格的，取得高级专业技术职称""担任过与拟建项目相类似的工程总承包项目经理、设计项目负责人、施工项目负责人或者项目总监理工程师""熟悉工程技术和工程总承包项目管理知识以及相关法律法规、标准规范""具有较强的组织协调能力和良好的职业道德"的条件要求，且"不得同时在两个或者两个以上工程项目担任工程总承包项目经理、施工项目负责人"。

3. 为加强建筑工人工资支付的管理，落实《保障农民工工资支付条例》的相关规定，本合同通用条件有大量相关劳动合同订立、工资清单、台账等的承包人工作，并安排了劳资专员的设置条款。本附件还需填写劳资专员的相关信息。

【风险识别与防范】

1. 承包人主要管理人员频繁变动或不在岗的情况。现实当中承包人主要管理人员频繁变动或不在岗的情况时有发生，发包人当然可以根据合同约定要求承包人方面承担相应的违约责任或者是要求行政主管部门依法依规进行查处，但最理想的情况当然是承包人能够依约确保管理人员的稳定在岗。这就要求发承包双方除了本附件中作出明确约定外，还应在合同条款中作出与之对应的详细约定，不能只局限于工程总承包项目经理，对本附件中的其他人员也应作出包括违约责任在内的约定，以督促承包人保证管理队伍的稳定。

2. 在设计等阶段对承包人主要管理人员进行管理的问题。相较于施工总承包，工程总承包由于涵盖了设计、采购等阶段，在对承包人主要管理人员的管理方面面临更加复杂的情况。从目前的实际情况来看，对于承包人主要管理人员在施工阶段应保证足够时间留驻现场，无论是法律法规、合同约定还是实际操作层面都已经达成了共识；但对于在设计和采购阶段如何保证承包人主要管理人员的工作时间、如何定义在现场的时间等方面则还需要继续探索。如果发包人对此方面有特别的要求，可以结合项目本身的实际情况和项目组织实施方式的选择同总包人达成一致。

【法条索引】

•《建设工程质量管理条例》

第二十六条　施工单位对建设工程的施工质量负责。

施工单位应当建立质量责任制，确定工程项目的项目经理、技术负责人和施工管理负责人。

建设工程实行总承包的，总承包单位应当对全部建设工程质量负责；建设工程勘察、设计、施工、设备采购的一项或者多项实行总承包的，总承包单位应当对其承包的建设工程或者采购的设备的质量负责。

•《建设工程勘察设计管理条例》

第九条　国家对从事建设工程勘察、设计活动的专业技术人员，实行执业资格注册管理制度。

未经注册的建设工程勘察、设计人员，不得以注册执业人员的名义从事建设工程勘察、设计活动。

第十条　建设工程勘察、设计注册执业人员和其他专业技术人员只能受聘于一个建设工程勘察、设计单位；未受聘于建设工程勘察、设计单位的，不得从事建设工程的勘察、设计活动。

•《房屋建筑和市政基础设施项目工程总承包管理办法》

第十九条　工程总承包单位应当设立项目管理机构，设置项目经理，配备相应管理人员，加强设计、采购与施工的协调，完善和优化设计，改进施工方案，实现对工程总承包项目的有效管理控制。

第二十条　工程总承包项目经理应当具备下列条件：

（一）取得相应工程建设类注册执业资格，包括注册建筑师、勘察设计注册工程师、注册建造师或者注册监理工程师等；未实施注册执业资格的，取得高级专业技术职称；

（二）担任过与拟建项目相类似的工程总承包项目经理、设计项目负责人、施工项目负责人或者项目总监理工程师；

（三）熟悉工程技术和工程总承包项目管理知识以及相关法律法规、标准规范；

（四）具有较强的组织协调能力和良好的职业道德。

工程总承包项目经理不得同时在两个或者两个以上工程项目担任工程总承包项目经理、施工项目负责人。

附件6 价格指数权重表

序号	名称		变更权重 B		基本价格指数 F0		备注
			代号	权重	代号	指数	
	变值部分		B1		F01		
			B2		F02		
			B3		F03		
			B4		F04		
定值部分权重 A							
合计							

【文件释义】

因人工、材料和设备等价格波动影响合同价格时，如果发承包双方按照通用合同条件中约定的公式计算差额并调整合同价格，其中价格调整公式列入的费用、权重、指数等数值，应当在本附件中进行约定。

【使用指引】

1. 发承包双方应研究分析市场近期价格波动状况、工程技术难易程度等方面，继而确定在采用价格调整机制后如何确定合理的权重、指数等数值。

2. 承包人在招标投标和合同订立阶段，应当非常谨慎地对待本附件的列入费用和各项数值，并针对混淆与不清晰之处及时提出澄清请求。合同履行过程中，应及时收集与调整价格有关的信息与资料，并按合同约定及时提交发包人。

【风险识别与防范】

1. 发包人不了解相关调价公式及权重、指数出现偏差的情况。对于工程总承包项目的合同价格形式，住房和城乡建设部《房屋建筑和市政基础设施项目工程总承包管理办法》第十六条第一款规定："企业投资项目的工程总承包宜采用总价合同，政府投资项目的工程总承包应当合理确定合同价格形式。采用总价合同的，除合同约定可以调整的情形外，合同总价一般不予调整。"第二款规定："建设单位和工程总承包单位可以在合同中约定工程总承包计量规则和计价方法。"该条其实肯定了发承包双方可以采取包括总价合同在内的各种计价形式的合同，而实际上发包人采取总价合同特别是固定总价合同是一个较为普遍的现象，其原因主要包括：固定总价合同形式较为简洁，对于缺乏专业技术力量的发包人而言更为简洁方便；固定总价合同形式将人材机等价格上涨的风险更多地转移给承包人；固定总价合同形式在后续可能发生的争议纠纷特别是诉讼中能更有效地避免鉴定程序等等。但是，正因为总价合同形式特别是固定总价形式的普遍使用，导致发包人对价格调差公式及对应的权重、指数等设置较为陌生，一旦使用则出现偏差的可能性会较大。因此，如果发承包双方达成合意采用调差公式根据实际情况调整合同价格，发包人应尤其注意相关权重、指数的确定，在自身技术和管理力量不足的情况下，可以先向造价咨询单位、工程管理单位征求意见后再行洽商决定。

【法条索引】

•《建筑法》

第十八条　建筑工程造价应当按照国家有关规定，由发包单位与承包单位在合同中约定。公开招标发包的，其造价的约定，须遵守招标投标法律的规定。

发包单位应当按照合同的约定，及时拨付工程款项。

•《房屋建筑和市政基础设施项目工程总承包管理办法》

第十六条　企业投资项目的工程总承包宜采用总价合同，政府投资项目的工程总承包应当合理确定合同价格形式。采用总价合同的，除合同约定可以调整的情形外，合同总价一般不予调整。

建设单位和工程总承包单位可以在合同中约定工程总承包计量规则和计价方法。

依法必须进行招标的项目，合同价格应当在充分竞争的基础上合理确定。

•《建设工程价款结算暂行办法》

第八条　发、承包人在签订合同时对于工程价款的约定，可选用下列一种约定方式：

（一）固定总价。合同工期较短且工程合同总价较低的工程，可以采用固定总价合同方式。

（二）固定单价。双方在合同中约定综合单价包含的风险范围和风险费用的计算方法，在约定的风险范围内综合单价不再调整。风险范围以外的综合单价调整方法，应当在合同中约定。

（三）可调价格。可调价格包括可调综合单价和措施费等，双方应在合同中约定综合单价和措施费的调整方法，调整因素包括：

1. 法律、行政法规和国家有关政策变化影响合同价款；

2. 工程造价管理机构的价格调整；

3. 经批准的设计变更；

4. 发包人更改经审定批准的施工组织设计（修正错误除外）造成费用增加；

5. 双方约定的其他因素。

后　记

　　修之益勤，守之益坚。如切如磋，如琢如磨。历时三载，在上海市建纬律师事务所《使用指南》编写组的共同努力和见证下，本书终于付梓。回顾建纬所著书立说的峥嵘岁月，本书当是建纬所成稿历时最久的一部。自2018年1月25日受住房和城乡建设部建筑市场监管司委托起草工程总承包合同示范文本，建纬所当即正式成立了《建设项目工程总承包合同（示范文本）》起草课题组并同步成立配套《使用指南》编写课题组开展编写工作。随着《2020版工程总承包合同》在2020年5月公开征求意见并于2020年11月正式印发，全社会和行业各界都展开了热烈的讨论，产生了积极反响。在《2020版工程总承包合同》修订的同时，作为配套的本书也在不断进行修改和完善，并最终不负期待，如约与广大读者见面。

　　日升月落，斗转星移，在本书编写的三年时光里，先后参与编写工作的作者共计25人，均系建纬所合伙人、专职律师和律师助理。经过他们的不懈努力，本书稿现呈现在大家面前。本书稿是编写组集体智慧的成果，要感谢编写组全体同仁的共同辛勤付出。同时向参与本书资料校对、汇总工作的行政助理张仪雯表示感谢。

《使用指南》编写课题组
2021年2月